化学工业出版社"十四五"普通高等教育规划教材

有机化学

关金涛　佘能芳　主编

第二版

ORGANIC
CHEMISTRY

化学工业出版社
·北京·

内容简介

《有机化学》（第二版）以按官能团体系讲授各类化合物的命名、结构、基本性质和基本反应，全书共 16 章，内容包含有机化学基本概念和理论、烃类、烃的衍生物、元素有机化合物、有机波谱分析、天然有机化合物和蛋白质核酸等，命名对照《有机化合物命名原则2017》进行了修订。本书在内容选择和体系编排方面，既考虑了有机化学学科的系统性、规律性和科学性，又兼顾了相关专业对有机化学的不同需求，内容精炼，循序渐进，层次分明，重点突出，有利于学生学习能力的养成。

本书可作为高等院校本科化学、材料、化工、制药、食品、环境、水产、医学等专业的通用教材，也可供相关科研人员参考。

图书在版编目（CIP）数据

有机化学 / 关金涛，佘能芳主编. -- 2 版. -- 北京：化学工业出版社，2024.9.--（化学工业出版社"十四五"普通高等教育规划教材）. -- ISBN 978-7-122-46592-4

Ⅰ. O62

中国国家版本馆 CIP 数据核字第 2024PQ6977 号

责任编辑：吕　尤　杨　菁　甘九林　　　装帧设计：张　辉
责任校对：宋　夏

出版发行：化学工业出版社
　　　　　（北京市东城区青年湖南街 13 号　邮政编码 100011）
印　　装　大厂回族自治县聚鑫印刷有限责任公司
787mm×1092mm　1/16　印张 21¾　字数 558 千字
2025 年 2 月北京第 2 版第 1 次印刷

购书咨询：010-64518888　　　　　售后服务：010-64518899
网　　址：http://www.cip.com.cn
凡购买本书，如有缺损质量问题，本社销售中心负责调换。

定　　价：59.00 元　　　　　　　　　版权所有　违者必究

编写人员名单

主　编： 关金涛　佘能芳

副主编： 张海燕

参　编（以姓氏笔画为序排列）：

　　　　杜传青　徐玉玲

❖ 前 言

有机化学是化学的一个重要分支，它主要研究有机化合物的结构、性质、合成、反应机理及其应用。有机化学不仅涵盖了从最简单的烃类到复杂天然产物及人工合成高分子的广泛领域，还深刻影响着材料科学、生命科学、医药学等多个学科的发展。

本教材第一版自 2022 年发行以来，受到了读者的认可和同行的好评。为了适应新时代学科和应用创新型人才培养的需要，第二版在第一版教学实践经验和使用反馈及保持原有教材优势和特色的基础上，对部分章节内容进行了修改和完善：（1）根据中国化学会《有机化合物命名原则 2017》（简称 2017 版）对有机化合物的命名进行了更新，并简单介绍了 2017 版规则要点。（2）为了方便教学，通过扫描各章节的二维码，可获得相关重难点知识点的教学视频和课后习题答案与讲解，有利于学生自主学习，提升学习效果。

本书由关金涛主编、统稿并编写第 1～9 章，佘能芳（华中师范大学）负责编写第 10～12 章，杜传青负责编写第 13 章，徐玉玲负责编写第 14 章，张海燕负责编写第 15、16 章。在本教材的编写过程中，还得到了陈红梅和王红红等大力支持和帮助，大家提出了许多宝贵的建议，在此表示由衷的感谢。

感谢在本教材编写过程中"武汉轻工大学教材建设基金"项目的大力资助，由于编者水平有限，书中疏漏和不妥之处在所难免，衷心希望各位专家和使用本书的师生予以批评指正，在此我们致以最诚挚的谢意。

编　者
2024 年 4 月于武汉

❖ 第一版前言

　　有机化学是化学学科中极为重要的一个组成部分，它是研究有机化合物的来源、组成、结构、性质、应用及其相关理论和方法的一门学科，与国计民生密切相关。有机化学是应用化学、材料化学、化学工程与工艺、生物工程、制药工程、食品科学与工程、环境科学与工程、动物科学、水产养殖、给排水工程等专业的一门重要基础课程。掌握有机化学知识，有助于学生提高从分子微观角度对专业知识的认知和理解，有助于学生综合能力的培养和提高。为了进一步适应应用型创新人才要求，编写团队结合有机化学当今研究和发展的趋势以及武汉轻工大学有机化学课题组长期的教学经验，研究和吸纳国内外优秀教材的优点，编写了这本教材。

　　本书编写以官能团为纲，以结构和反应为主线，阐明各类化合物的结构与性质之间的关系，共16章。其中第1章为绪论，主要介绍有机化学的发展史和有机结构理论及基本概念；第2~4、7~12章分别介绍了不同官能团的化合物，包括饱和烃，不饱和烃，芳烃，卤代烃，醇、酚、醚，醛、酮和醌，羧酸及其衍生物，有机含氮化合物，有机含硫、含磷及含硅化合物；第5章为对映异构，是现代立体化学的重要组成部分；第6章为有机化合物的波谱分析，介绍了现代物理方法学在有机化合物结构解析中的基本原理和应用；第13章为杂环化合物，介绍了各种基本的有机杂环化合物及其结构、命名、性质和应用等；第14章为类脂化合物，介绍了常见的类脂化合物种类、结构和应用；第15章和第16章为两大类天然有机聚合物——碳水化合物和蛋白质、核酸等基本知识。

　　本书内容精炼、重点突出、图文并茂、通俗易懂，可作为高等院校本科应用化学、材料化学、化学工程与工艺、生物工程、制药工程、食品科学与工程、环境科学与工程、动物科学、水产养殖、给排水工程等工科专业的通用教材，也可供相关专业师生参考。

　　关金涛为本书主编，统稿并编写第1~4、6~9章；张海燕负责编写第10、16章；杜传青负责编写第5章；方华负责编写第11章；费会负责编写第12章；徐玉玲负责编写第13章；周汉芬负责编写第14章；张瑞华负责编写第15章。

　　由于水平有限，书中疏漏和不妥之处在所难免，衷心希望各位专家和使用本书的师生予以批评指正，在此我们致以最诚挚的谢意。

编　　者

2020 年 4 月于武汉

目 录

第 5 章 对映异构 ⑩⑩⑴

第 **7** 章 卤代烃   130

第8章　醇、酚、醚　　158

第9章　醛、酮和醌　　183

第 15 章　糖类　　298

第 16 章　氨基酸、多肽、蛋白质、酶及核酸　　312

参考文献 332

第 **1** 章 绪 论

1.1 有机化合物和有机化学

有机化学（organic chemistry）这一名词于 1806 年首次由瑞典化学家 J. Berzelius（伯齐利乌斯）提出，当时是相对于"无机化学"而提出的。由于科研条件限制，有机化学研究的对象只能是从天然动植物有机体中提取的有机物。因而许多化学家都认为，在生物体内由于存在所谓的"生命力"，才能产生有机化合物，而在实验室里有机化合物是不能由无机化合物合成的。

J. Berzelius 定义有机化合物是"生物体中的物质"，把从地球上的矿物、空气和海洋中得到的物质定义为无机物。1828 年，德国化学家 F. Wöhler（维勒）首次利用无机化合物氰酸铵合成了有机物尿素。这是一个具有划时代意义的发现，是人类有机合成化学的重大开端，是有机化学发展史上的重要转折点。可是按照 J. Berzelius 对有机化合物的定义，尿素是不可能在实验室里制备出来的，所以这个实验结果在当时并不被化学家所认同。直到 1847 年德国化学家 H. Kolber（柯尔伯）合成了乙酸，1854 年法国化学家 M. Berthelot（贝特罗）合成了油脂，人们才冲破了传统的有机物来自"生命力"的束缚，有机化学进入有机合成时代。从 1850 年至 1900 年的 50 年中，数百万种有机化合物被合成出来。如今，许多生命物质，如蛋白质（我国科学家于 1965 年首次合成了分子量较小的蛋白质——胰岛素）、核酸和激素等也都成功地被合成出来。

研究发现，有机化合物在组成上都含有碳元素，如酒精、乙酸、油脂、糖等。因此，1945 年，德国化学家 L. Gmelin（格美林）提出有机化合物就是含碳的化合物，而有机化学就是研究含碳化合物的化学。当然，一些具有典型无机化合物性质的含碳化合物，如二氧化碳、碳酸盐、金属氰化物等，一般并不列入有机化合物进行讨论。通常，有机化合物都含有碳和氢两种元素，从结构上考虑，可将碳氢化合物看作有机化合物的母体，而将其它的有机化合物看作碳氢化合物分子中的氢原子被其它原子或基团直接或间接取代后生成的衍生物，因此，德国化学家 K. Schorlemmer（肖莱玛）建议把有机化合物定义为碳氢化合物及其衍生物，有机化学是研究碳氢化合物及其衍生物的化学。

有机化学经历了数百年的发展，与人类生活、国民经济等密切相关。脂肪、蛋白质和碳水化合物三大类重要食物是有机化合物；煤、天然气和石油等重要能源是有机化合物；橡胶、纸张、棉花、羊毛和蚕丝也是有机化合物；尤其现在的合成纤维、合成橡胶、合成塑料、各种药物、添加剂、染料及化妆品几乎都是有机化合物。随着社会的发展，有机化学将发挥越来越重要的作用。

1.2　有机化合物的特性

　　有机化合物与无机化合物的性质有着较大的不同，主要是由于典型的有机化合物在结构上与典型的无机化合物有着明显的差别。

　　组成有机化合物最基本的碳原子有特殊性质，使得碳原子与碳原子之间以及碳原子与其它原子之间能够形成稳定的共价键，可以通过单键、双键、三键连接成链状或环状化合物，且参与的碳原子数可多可少。同时，即使原子组成相同也可连接成不同的化合物，因此有机化合物的异构现象很普遍，这也是造成有机化合物数量非常庞大的原因。

　　有机化合物和无机化合物相比，在性质上存在明显差异，主要有如下特点。

　　① 容易燃烧：绝大多数有机化合物都容易燃烧，而绝大多数无机化合物却不易燃烧。

　　② 熔点低：有机化合物的熔点普遍较低，而无机化合物晶格较大通常难以熔化，熔点较高。

　　③ 热稳定性差：有机化合物的热稳定性大都较差，在较高温度下容易产生分解，而无机化合物非常稳定，难以分解。

　　④ 难溶于水：有机化合物大多数难溶于水，易溶于非极性或极性小的有机溶剂，而无机化合物则相反。

　　⑤ 反应速率慢：有机化合物的反应通常需要很长时间，有时需要几小时甚至数天，所以通常需要加热或加催化剂，而无机化合物的反应则多数可在瞬间完成。

　　⑥ 副反应多：有机化合物由于可能存在性能相近的官能团，往往同时有几个部位可以参与反应，因此容易产生副产物，而无机化合物反应一般都很直接，副反应较少。

　　当然这些特性并不是绝对的，例如，四氯化碳不但不易燃烧，甚至可用作灭火剂；葡萄糖和酒精等极易溶于水；三硝基甲苯（TNT）的反应速率很快，能以爆炸方式进行。

1.3　有机化合物的结构

　　有机化合物与无机化合物性质的差别主要是由于有机化合物内在因素，即结构所决定的。了解和掌握有机化合物的分子结构是学习有机化学的关键，是研究有机化合物分子行为，掌握有机化合物性质、反应、制备和应用的基础。分子是由组成的原子按照一定的连接顺序，相互影响相互作用而结合在一起的整体，这种排列顺序和相互关系称为分子结构。分子的性质不仅由组成元素的性质和数量决定，还取决于分子的结构。例如，乙酸和甲酸甲酯组成相同，分子式都是 $C_2H_4O_2$，但分子中原子相互结合的顺序和方式不同，即分子结构不同，因而性质各异，是两种不同的化合物。例如：

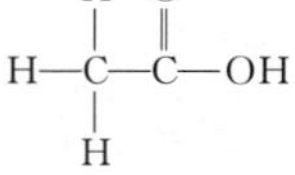

乙酸 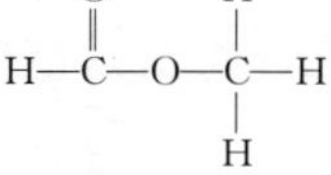　　　　　　　　　　甲酸甲酯

　　这种具有相同分子式的不同化合物称为同分异构体。有机化合物的同分异构包括构造异构和立体异构，立体异构又包括构型异构和构象异构。根据化合物的性质可以推测化合物的结构，也可以根据化合物的结构预测化合物的性质。

有机化合物分子结构通常用结构式表示。结构式是表示分子结构的化学式，通常使用的结构式有短线式、缩简式和键线式三种，如表 1-1 所示。但需要注意的是，在键线式中，键线代表碳原子构成碳链骨架，写出除氢原子外与碳链相连的其它原子（如 O、N、S 等）和官能团。

表 1-1　一些常见的结构式

化合物	短线式	缩简式	键线式
正丁烷	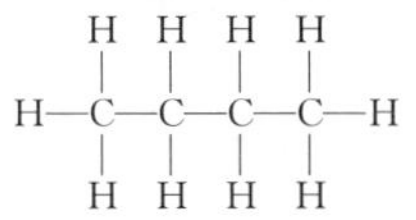	$CH_3CH_2CH_2CH_3$	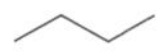
丁-1-烯 （原 1-丁烯）	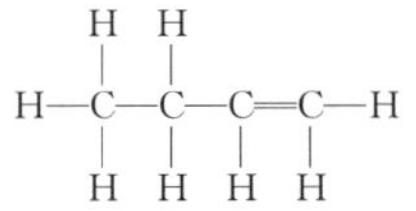	$CH_3CH_2CH=CH_2$	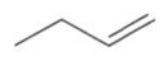
丙-1-醇 （原 1-丙醇）	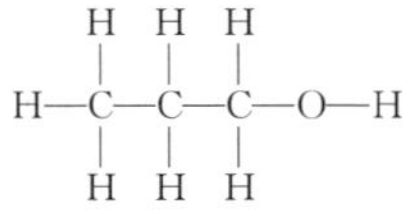	$CH_3CH_2CH_2OH$	
丁-2-酮 （原 1-丁酮）	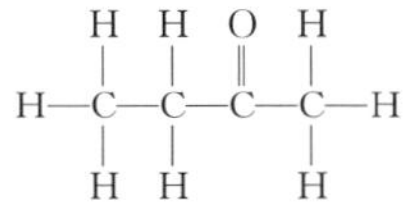	$CH_3CH_2CCH_3$	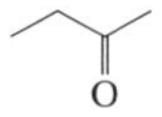
丙酸	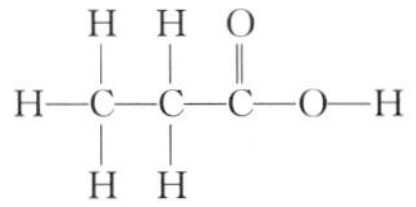	CH_3CH_2COOH	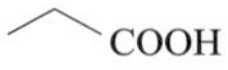
环丁烷	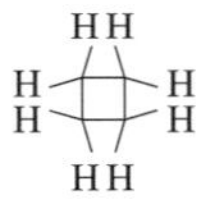	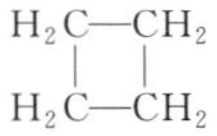 H_2C-CH_2 H_2C-CH_2	
甲苯	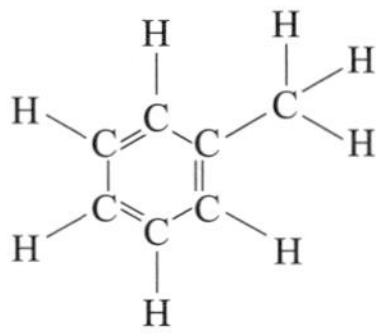	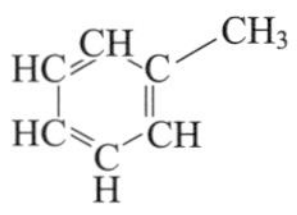	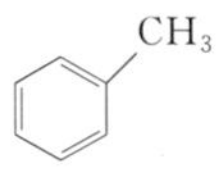

另外，上面所说的结构和所书写的结构式严格说来并不能描述分子的具体结构。分子结构通常包括组成分子的原子彼此之间的连接顺序，以及各原子在空间的相对位置，即分子结构包括分子的构造、构型和构象（将在以后章节中讨论）。而分子中原子间的连接顺序称为构造，故上面所书写的表示分子构造的化学式，称为构造式。

1.4　共价键

化学键有两种基本类型，就是离子键与共价键。离子键是由原子间电子的转移形成的，共价键则是原子间共用电子对形成的。对于有机化合物，主要且典型的化学键是共价键，以共价键结合是有机化合物分子基本的共同的结构特征。所以，了解和熟悉有机化合物分子的共价键,是研究和掌握有机化合物的结构和性质之间辩证关系的关键。

1.4.1 共价键的形成

G. N. Lewis(路易斯)于 1916 年首次提出了共价键理论,指出共价键就是通过共用电子对来实现惰性气体结构。例如,氢原子形成氢分子时,两个氢原子各提供一个电子,通过共用一对电子结合形成共价键,使氢分子中两个氢原子都具有类似于惰性气体氦的稳定电子构型:

$$H\cdot + \cdot H \longrightarrow H:H \text{(或写成H——H)}$$
$$\text{氢原子} \qquad \text{氢分子}$$

由一对共用电子的点来表示共价键的结构式称为路易斯(Lewis)结构式。以一根短线来表示共价键的结构式称为短线式或价键式,这是一种常用的表示分子的方法。

对于第二周期的碳原子,由于它具有四个价电子,可分别与四个氢原子形成四个共价键,构成甲烷分子。例如:

$$\cdot\overset{\cdot}{C}\cdot \ +4\cdot H \longrightarrow H:\overset{\cdot\cdot}{\underset{H}{\overset{H}{C}}}:H \quad \left(\text{或写成} \quad H\!-\!\overset{\overset{H}{|}}{\underset{\underset{H}{|}}{C}}\!-\!H\right)$$
$$\text{碳原子} \quad \text{氢原子} \qquad \text{甲烷分子}$$

甲烷分子中的碳原子具有类似于氖的稳定八电子构型(通称八隅体、八隅体规则)。上述共用一对电子形成的键称为单键。若共用两对或三对电子则分别构成双键或三键。例如,乙烯在其最稳定的路易斯结构中包含一个碳碳双键,其中每一个碳原子具有完整的八隅体;乙炔最稳定的路易斯结构包含一个碳碳三键,碳原子同样满足八隅体规则。例如:

$$\overset{H}{\underset{H}{}}:C::C:\overset{H}{\underset{H}{}} \quad \text{(或写成} \quad \overset{H}{\underset{H}{}}C\!=\!C\overset{H}{\underset{H}{}}) \qquad H:C:::C:H \text{(或写成}H\!-\!C\equiv C\!-\!H)$$
$$\text{乙烯} \hspace{6cm} \text{乙炔}$$

路易斯提出的共用电子对形成共价键的概念,虽然可以描述分子结构,但对共价键形成的本质并未予以说明,也无法解释某些不形成惰性气体电子层结构的分子。直到量子化学的建立和发展,才对共价键的形成有了理性认识。在量子力学的基础上,建立了价键理论和分子轨道理论,现简介如下。

(1)价键理论

根据价键理论,当两个原子互相接近生成共价键时,它们的原子轨道(从电子云的概念讲也可以说是电子云)相互重叠,两个原子轨道中自旋相反的两个平行电子,在轨道交盖区域内配对,电子云密集于两核之间,因此增加了对成键两原子的原子核的吸引力,减少了两原子核之间的排斥力,故降低了体系能量而成键。例如,氢分子的形成如图 1-1 所示。

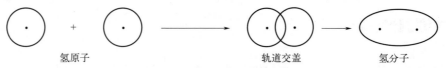

图 1-1　氢原子的 s 轨道交盖形成氢分子

如果一个原子的未成对电子与另一个原子的未成对电子配对,就不能再与第三个电子配对，这就是共价键的饱和性。

　　形成共价键的原子轨道重叠程度越大，核间电子云越密集，形成的共价键就越稳定。因此，原子总是尽可能地沿着原子轨道最大重叠方向形成共价键，这就是共价键的方向性。成键的两个原子间的连线称为键轴。按成键与键轴之间的关系，共价键的类型有 σ 键和 π 键。由两个成键原子轨道沿着键轴方向发生最大重叠所形成的共价键叫做 σ 键。σ 键的电子云围绕键轴呈对称分布。不管是由何种原子轨道重叠而成，也不管原子轨道的形状如何，只要重叠部分成轴对称分布的都是 σ 键，σ 键成键两原子可以沿键轴自由旋转，如图 1-2 所示，有机物中的单键都是 σ 键。由两个互相平行的 p 轨道侧面互相重叠而成的键叫 π 键，与 σ 键不同，其电子云分布在两原子键轴的上方和下方，成键的两原子不能自由旋转，如图 1-3 所示。

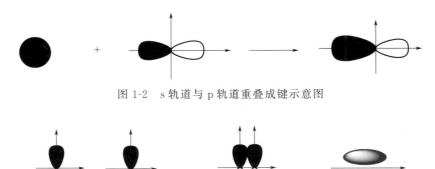

图 1-2　s 轨道与 p 轨道重叠成键示意图

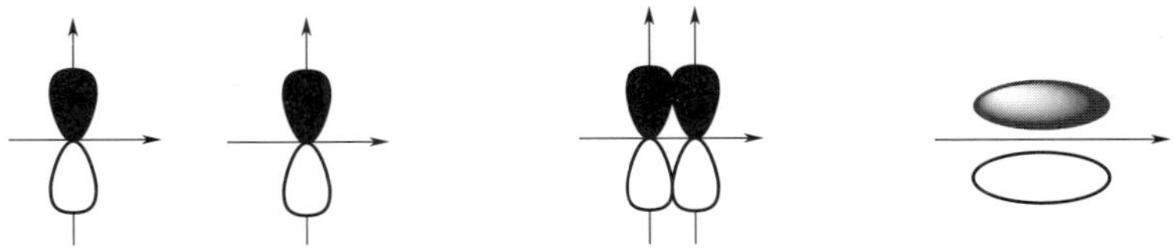

图 1-3　p 轨道与 p 轨道重叠成键示意图

　　根据价键理论的观点，成键电子处于以共价键相连原子的区域内，即成键电子处于成键原子之间，是定域的。在价键理论的基础上，后来又相继提出轨道杂化概念和共振论，它们是价键理论的延伸和发展。

（2）轨道杂化

　　按照价键理论，原子能够通过共用未成对电子彼此成键，每个键包含两个自旋反平行的电子。已知碳原子的电子构型是 $1s^2 2s^2 2p_x^1 2p_y^1 2p_z^0$，其外层只有 2 个单电子，按价键理论只能形成 2 个共价键，与有机化合物中碳原子为四价和甲烷分子呈正四面体构型等事实不符。

　　为了解释这一现象，1931 年 L. Pauling 和 J. C. Slater 提出了轨道杂化的概念。根据杂化轨道理论，为了使原子的成键能力更强，体系能量更低，能量相近的原子轨道在成键的瞬间可进行杂化，组成一组新的能量相等的轨道，即杂化轨道，这样成键后可以达到最稳定的分子状态。

　　在碳原子成键形成分子时，首先吸收能量，2s 轨道中的一个电子跃迁到空的 $2p_z$ 轨道中，形成 $2s^1 2p_x^1 2p_y^1 2p_z^1$（激发态），然后外层能量相近的 2s 轨道和 2p 轨道进行杂化（混合后再重新分配），组成能量相等的几个新轨道，称为杂化轨道。碳原子的轨道杂化一般有 sp^3、sp^2 和 sp 三种杂化轨道。下面分别进行讨论。

　　（a）sp^3 杂化轨道

　　碳原子在形成单键过程中，其外层 2s 轨道有一个电子激发到 $2p_z$ 轨道，形成激发态，此时一个 2s 轨道和三个 2p 轨道各有一个电子，为 $2s^1 2p_x^1 2p_y^1 2p_z^1$。然后 2s 轨道和三个 2p 轨道进行杂化，形成四个相同的杂化轨道，称为 sp^3 杂化轨道。每一个 sp^3 杂化轨道含有 1/4 s 轨道成分和 3/4 p 轨道成分。每个 sp^3 杂化轨道中都有一个未成对电子，可与四个电子配对形成共价键，故碳原子是四价的，如图 1-4 所示。

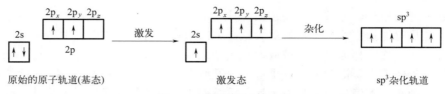

图 1-4   碳原子的 sp³ 杂化

sp³ 杂化轨道的能量稍高于 2s 轨道，而稍低于 2p 轨道。为了使成键电子之间的排斥力最小、最稳定，四个 sp³ 杂化轨道在空间的排布，是以碳原子为中心，四个杂化轨道分别指向正四面体的四个顶点，使 sp³ 杂化轨道具有方向性。同时两个轨道对称轴之间的夹角（键角）为 109.5°，如图 1-5(a) 所示。

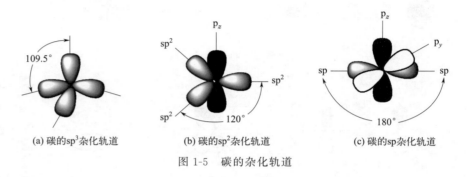

(a) 碳的sp³杂化轨道   (b) 碳的sp²杂化轨道   (c) 碳的sp杂化轨道

图 1-5   碳的杂化轨道

（b） sp² 杂化轨道

碳原子在形成双键过程中，基态 2s 轨道中的一个电子激发到 $2p_z$ 空轨道，形成激发态，然后碳的激发态中一个 2s 轨道和两个 2p 轨道重新组合杂化，形成三个相同的杂化轨道，称为 sp² 杂化轨道，还剩余一个 2p 轨道未参与杂化。每个 sp² 杂化轨道包含 1/3 s 轨道成分和 2/3 p 轨道成分。三个 sp² 杂化轨道和未参与杂化的一个 2p 轨道中各有一个未成对电子，因此碳原子仍表现为四价，如图 1-6 所示。

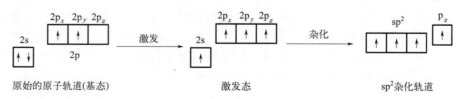

图 1-6   碳原子的 sp² 杂化

sp²杂化轨道的能量，同样稍高于 2s 轨道而稍低于 2p 轨道，但未参与杂化的 2p 轨道的能量，仍稍高于 sp² 杂化轨道。三个相等的 sp² 杂化轨道对称地分布在碳原子的周围，且处于同一平面上，对称轴之间的夹角为 120°，余下一个 2p 轨道，垂直于三个 sp² 轨道所处的平面，如图 1-5(b) 所示。

（c） sp 杂化轨道

碳原子在形成三键过程中，基态 2s 轨道中的一个电子激发到 $2p_z$ 空轨道，形成激发态，激发态的一个 2s 轨道与一个 2p 轨道重新组合杂化，形成两个相同的杂化轨道，称为 sp 杂化轨道。还剩余两个 2p 轨道未参与杂化。每个 sp 杂化轨道包含 1/2 s 轨道成分和 1/2 p 轨道成分。两个 sp 杂化轨道和两个未参与杂化的 2p 轨道中，各有一个未成对电子，碳原子也表现为四价，如图 1-7 所示。

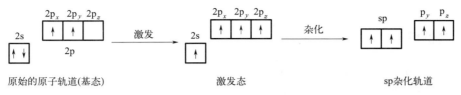

图 1-7　碳原子的 sp 杂化

sp 杂化轨道的能量也稍高于 2s 轨道而稍低于 2p 轨道。未参与杂化的两个 2p 轨道的能量，仍稍高于 sp 杂化轨道。这两个 sp 杂化轨道的对称轴形成 180°，呈直线形，余下两个互相垂直的 p 轨道又都与此直线垂直，如图 1-5(c) 所示。

(3) 分子轨道理论

分子轨道是指电子围绕多原子分子的原子核运动的状态，分子轨道用波函数 ψ 表示。波函数 ψ 是应用原子轨道的线性组合得到的近似结果，组成分子轨道的原子轨道必须具备能量上相近、对称性相同、轨道最大程度重叠三个条件，这样组成的分子轨道能量最低。按照分子轨道理论，分子轨道数目与其成键原子轨道数相等，即有几个成键原子轨道就有几个分子轨道。两个成键原子轨道组合成两个分子轨道，其中一个是成键轨道，能量比组成它的原子轨道低，性质稳定，另一个是反键轨道，能量比组成它的原子轨道高，性质不稳定。电子在分子轨道上的排布遵循能量最低原理、Pauling 和 Hund 规则，即电子首先填充在能级最低的分子轨道上，且每个轨道上只能容纳两个自旋相反的电子，然后按分子轨道能级，依次将电子从低能级轨道向高能级轨道填充。

对氢分子而言，两个氢原子的 1s 轨道组合成两个分子轨道，在基态下氢分子的两个电子占据在成键轨道上，且自旋相反，从而组成化学键，体系能量降低，形成稳定分子。而反键轨道上是空的，没有电子。图 1-8 是氢的原子轨道及分子轨道示意图。

原子轨道组成分子轨道必须满足三条原则：①能量相近原则，即只有能级相近的原子轨道才能有效地组合成分子轨道；②最大重叠原则，即重叠的方向性要求两个电子云之间重叠的区域最大，这样形成的键最稳定；③对称性匹配原则，只有对称性相同，即位相相同或对称性匹配的原子轨道才能组合成分子轨道。如 s 轨道与 p_x 轨道可以在 x 轴方向交盖成键，而 s 轨道与 p_y 轨道在 x 轴方向，由于上、下位相相反，交盖部分相互抵消，因此不能有效地组成分子轨道而成键，如图 1-9 所示。

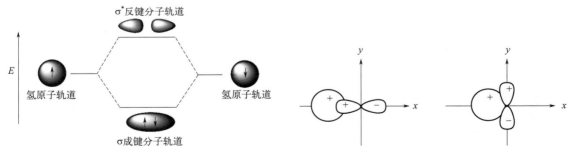

图 1-8　氢原子轨道及分子轨道示意图　　　　图 1-9　原子轨道的交盖与对称性

目前对共价键的描述，常用的是这两种理论。价键理论是从"形成共价键的电子只处于形成共价键的两原子之间"的定域观点出发的，而分子轨道理论则是以"形成共价键的电子是分布在整个分子之中"的离域观点为基础。虽然离域描述更为确切，但定域描述比较直观形象，易于理解，因此现在仍较多使用价键理论，而分子轨道理论通常用来描述离域体系。

1.4.2 共价键的属性

在有机化学中，经常用到的键参数有键长、键能、键角和键的极性（偶极矩），这些物理量可用来表征共价键的性质，它们可利用近代物理方法测定。

(1) 键长

键长（bond length）是指成键原子核间的平衡距离。因为原子核之间的距离受到核间引力、斥力及其它环境因素的制约，所以两核之间的距离会发生变化。键长是这种动态核距离的平均值。常见共价键的键长如表 1-2 所示。

表 1-2　常见共价键的键长

共价键	键长/nm	共价键	键长/nm
C—H	0.109	C—O	0.143
C—C	0.154	C—F	0.141
C=C	0.134	C—Cl	0.177
C≡C	0.120	C—Br	0.191
C—N	0.147	C—I	0.212

(2) 键能

键能（bond energy）是形成共价键的过程中体系释放出的能量，或共价键断裂过程中体系吸收的能量。以共价键结合的双原子分子的键能等于其解离能，例如，1mol 氢气分子分解成氢原子需要吸收 436kJ 的热量，这个数值就是 H—H 键的解离能，也是其键能。但对于多原子分子来说，键能与键的解离能是不同的。例如 CH_4 有四个碳氢键，其先后裂解所需的解离能是各不相同的，其键能就是四个碳氢键解离能的平均值（$414kJ \cdot mol^{-1}$）。

键能反映了共价键的强度，通常键能越大则键越牢固。一些常见共价键的键能如表 1-3 所示。

表 1-3　常见共价键的键能

共价键	键能/($kJ \cdot mol^{-1}$)	共价键	键能/($kJ \cdot mol^{-1}$)
C—H	414	C—O	359
C—C	347	C—F	485
C=C	610	C—Cl	339
C≡C	836	C—Br	285
C—N	305	C—I	218

(3) 键角

键角（bond angle）是指两个共价键之间的夹角，即分子中一个原子分别与另两个原子形成的共价键之间的夹角。例如：

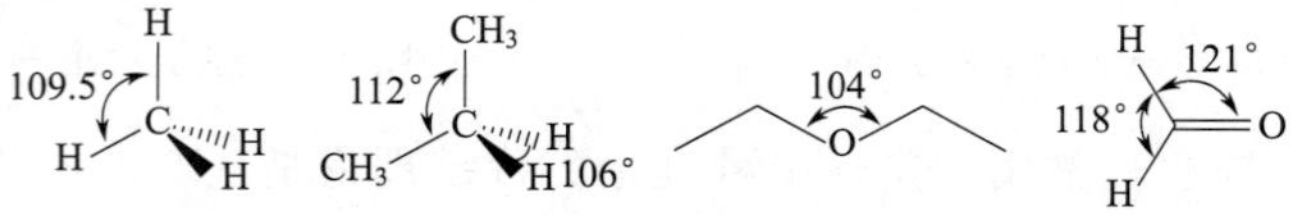

甲烷　　　丙烷　　　乙醚　　　甲醛

键角反映了分子的空间结构，键角的大小与成键的中心原子有关，也随着分子结构不同而改变，因为分子中各原子或基团是相互影响的。

（4）键的极性

当两个相同原子成键时，其电子云对称地分布于两个原子中间，这种键是没有极性的，称为非极性共价键，如乙烷分子中的 C—C 键，氢分子中的 H—H 键。当两个不同原子成键时，由于两种元素的电负性不同，电子云分布不对称而靠近其中电负性较强的原子，使它带有部分负电荷，用符号 δ^- 表示，另一原子带有部分正电荷，用符号 δ^+ 表示，如 H—Cl 键等。

键的极性大小用偶极矩（μ）表示，它的值等于正电荷和负电荷中心的距离 d 与电荷值 q 的乘积，$\mu = qd$，单位为 C·m（库仑·米）。偶极矩为矢量，具有方向性，用 $\longmapsto$ 表示其方向，由电负性较小的原子指向电负性较大的原子。

键的极性大小取决于成键两个原子的电负性差异，偶极矩值越大，键的极性也越强。常见元素的电负性值如表 1-4 所示。

表 1-4　有机化学中常见元素的电负性值

H						
2.1						
Li	Be	B	C	N	O	F
1.0	1.5	2.0	2.5	3.0	3.5	4.0
Na	Mg	Al	Si	P	S	Cl
0.9	1.2	1.5	1.8	2.1	2.5	3.0
K	Ca					Br
0.8	1.0					2.8
						I
						2.6

有机物中一些常见的共价键的偶极矩在 $(1.167 \sim 1.334) \times 10^{-30}$ C·m 之间。对于双原子分子来说，键的偶极矩就是分子的偶极矩。但对多原子分子来说，则分子的偶极矩是各键的偶极矩的矢量和，也就是说多原子分子的极性不只取决于键的极性，也取决于各键在空间分布的方向，亦即决定于分子的形状。例如四氯化碳分子中 C—Cl 键是极性键，偶极矩为 4.868×10^{-30} C·m，但分子呈正四面体构型，为对称分子，四个氯原子对称地分布于碳原子的周围，各键的极性相互抵消，所以四氯化碳分子没有极性（$\mu = 0$），是非极性分子。而一氯甲烷分子不对称，C—Cl 键的极性没有被抵消，分子的偶极矩为 6.201×10^{-30} C·m，为极性分子。

在多原子分子中，当两个直接相连原子的电负性不同时，由于电负性较大的原子吸引电子的结果，不仅两原子之间的电子云偏向电负性较大的原子（用 $\longrightarrow$ 表示电子云的偏移），使之带有部分负电荷（用 δ^- 表示），与之相连的原子则带有部分正电荷（用 δ^+ 表示），而且这种影响沿着分子链诱导传递，使与电负性较大原子间接相连的原子也受到一定影响。但这种影响随着分子链的增长而迅速减弱。例如，在 1-氯丁烷分子中：

$$\underset{3}{CH_3} \overset{\delta\delta\delta+}{CH_2} \longrightarrow \overset{\delta\delta+}{CH_2} \longrightarrow \underset{1}{\overset{\delta+}{CH_2}} \longrightarrow \overset{\delta-}{Cl}$$

由于氯原子的电负性比碳原子大，C—Cl 键之间的电子云偏向氯原子，氯原子带有部分负电荷（δ^-），C1 带有部分正电荷（δ^+），C1 和 C2 之间的电子云也产生一定偏移，使得 C2 上也带有很少的正电荷（$\delta\delta^+$），同样依次影响的结果，C3 上也多少带有部分正电荷（$\delta\delta\delta^+$）。像 1-氯丁烷这样，由于分子内成键原子的电负性不同，而引起分子中电子云密度分布不均匀，且这种影响沿分子链静电诱导地传递下去，这种分子内原子间相互影响的电子效应，称为诱导效应（inductive effect）。诱导效应是有机化学中电子效应的一种，常用 I 表示 [见第 10 章 10.1.3.1(1)]。

1.4.3　共价键的断裂与有机反应的类型

共价键是有机化合物分子中原子的主要结合方式。有机化学反应中必然存在着旧键的断裂和新键的生成。根据共价键断裂的方式不同，可以把有机反应分为不同的类型。

共价键的断裂存在两种方式。一种断裂方式是，成键的一对电子平均分给两个成键原子或基团。共价键的这种断裂方式称为均裂。均裂一般在光或热的作用下发生。均裂产生具有未成对电子的原子或基团，称为自由基（或游离基）。

$$C:L \xrightarrow{\text{均裂}} C\cdot + L\cdot$$

另一种断裂方式是，成键的一对电子完全为成键原子中的一个原子或基团所占有，形成正、负离子。共价键的这种断裂方式称为异裂。酸、碱或极性溶剂有利于共价键的异裂。当成键两原子之一是碳原子时，异裂既可生成碳正离子，也可生成碳负离子：

$$\overset{-}{C}{:} + L^+ \xleftarrow{\text{异裂}} C:L \xrightarrow{\text{异裂}} C^+ + \overset{-}{L}{:}$$

自由基、碳正离子、碳负离子都是在反应过程中暂时生成的、瞬间存在的活性中间体。在有机化学反应中，根据生成的活性中间体不同，将反应分为自由基反应和离子型反应两大类。通过共价键均裂生成自由基活性中间体的反应，属于自由基反应。通过共价键异裂生成碳正离子、碳负离子活性中间体而进行的反应，属于离子型反应。离子型反应又根据反应试剂是亲电试剂还是亲核试剂，分为亲电反应和亲核反应。

另外，还有一类反应，它不属于以上两类反应，反应过程中旧键的断裂和新键的生成同时进行，无活性中间体生成，这类反应称为协同反应。

这三类反应的主要区别见表 1-5。

表 1-5　三类有机反应的主要区别

类型	键断裂方式	中间体	催化剂的作用
自由基反应	均裂	自由基	引发剂
离子型反应	异裂	正、负离子	酸、碱
协同反应	协同	无	无

1.5　分子间相互作用力

前文所探讨的化学键是分子中原子与原子的相互作用力。这种原子间的相互作用力是很强的作用力，因而是决定分子化学性质的重要因素。分子间也存在相互作用力，相对于化学键而言，分子间的相互作用力较弱，但是它对化合物的物理、化学性质以至生物大分子的形状和功能会产生重要的影响。以下将介绍几种常见的分子间相互作用力。

1.5.1　偶极-偶极相互作用

偶极-偶极相互作用是极性分子之间的一种相互作用，由一个极性分子带有部分正电荷的一端与另一分子带有部分负电荷的一端相互吸引而产生的。例如，氯化氢分子是一个极性分子，电负性较大的氯原子吸引电子，结果使氯原子一端带有部分负电荷是负端，氢原子带有部分正电荷是正端，一个氯化氢分子的正端与另一氯化氢分子的负端相互吸引，这种相互作用即为偶极-偶极相互作用：

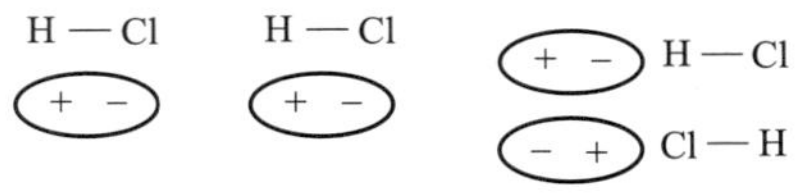

$$H—Cl \quad H—Cl \quad \begin{array}{c} H—Cl \\ Cl—H \end{array}$$

在许多有机化合物中，这种偶极-偶极相互作用也是存在的。例如，羰基化合物醛和酮，由于羰基官能团中氧原子的电负性较大，氧原子带有部分负电荷，碳原子带有部分正电荷，因此整个分子形成偶极子，发生偶极-偶极相互作用：

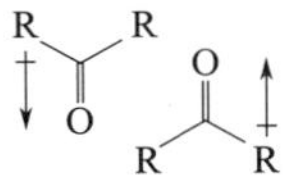

偶极-偶极相互作用导致极性分子之间结合得更为紧密，与非极性分子相比，熔点、沸点等物理性质是有差别的。例如，丙酮的沸点（56℃，分子量 58）比分子量相近的丁烷（−0.5℃，分子量 56）的沸点高。

1.5.2 范德瓦耳斯力

在非极性分子中，虽然电子云均匀分布在整个分子中，但在瞬间，由于电子的运动，在分子的一部分有稍微过量的电子，而另一部分稍微缺乏电子，这样在分子的局部产生了偶极，这种瞬间偶极将影响邻近的另一分子的电荷分布，即能够诱导邻近分子产生偶极（诱导偶极）。瞬间偶极和诱导偶极之间相反电荷的区域彼此吸引，使两分子之间产生吸引作用，这种非极性分子之间存在着的吸引力，称为范德瓦耳斯力（van der Waals force），它是一种很弱的分子间力。

例如，烷烃分子之间能够相互作用，且随着分子的增大，电子数增多，相互作用的强度增加。除烷烃外，其它如烯烃、炔烃以及芳烃等，分子之间也存在着范德瓦耳斯力。它虽然是一种很弱的作用力，但对化合物的性质有重要影响。例如，由于范德瓦耳斯力的存在，脂肪烃不溶于极性的水，而溶于非极性的溶剂。又如，甲烷分子之间只通过这种作用力结合在一起，因此它的沸点（−161.5℃）很低，在室温时是气体。

1.5.3 氢键

氢键也是通过分子之间偶极-偶极相互吸引作用生成的，但能生成氢键的分子在结构上通常具有一定特点。当氢原子与电负性很强、原子半径较小而且带有孤对电子的原子（如氮、氧、氟等原子）相连时，电子云偏向电负性较大的原子，使氢原子几乎成为裸露的质子而显正电性。此时，若与另一个电负性很强的原子相遇，则发生静电吸引作用，使氢原子在两个电负性很强的原子之间形成桥梁，形成氢键（氢键用虚线表示）。例如，两个水分子和两个甲醇分子之间均可形成氢键：

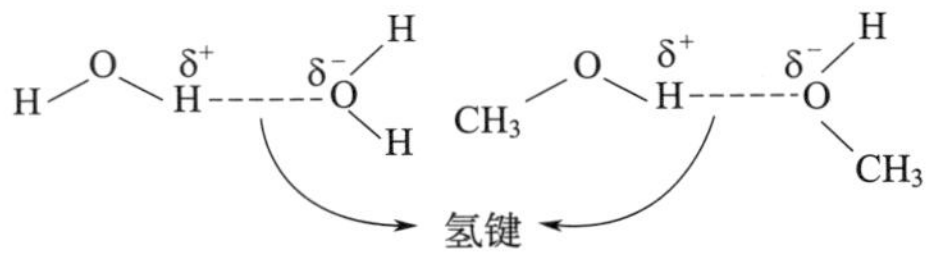

氢键是一种很强的偶极-偶极相互作用,比范德瓦耳斯力强,比化学键弱。氢键存在于气体、液体、晶体和溶液等各种状态中,许多化合物的物理和化学性质以及一些化合物(如蛋白质和核酸等)的立体结构均与氢键有关。例如,醇(如甲醇)分子之间能通过形成氢键而缔合,故其沸点比分子量相近的不能形成氢键的化合物(如乙烷)高得多。如甲醇的分子量为 32,沸点为 $65℃$,而乙烷的分子量为 30,但其沸点为 $-88.6℃$。又如,前面提到的甲烷不溶于水,但甲醇因能与水形成分子间的氢键而溶于水:

$$CH_3 \qquad\qquad\qquad\qquad CH_3$$
$$O\text{------}H \quad H\text{------}O$$
$$H \qquad\qquad\qquad\qquad\qquad H$$

1.6　有机酸碱理论

在有机反应中,常伴随有酸碱反应,而熟悉有机酸碱的概念对于理解有机反应是很重要的。有机反应中广泛被应用的是酸碱质子理论、酸碱电子理论(路易斯酸碱理论)和硬软酸碱理论。

1.6.1　酸碱质子理论

酸碱质子理论最具代表性的是布朗斯特(J. N. Brønsted)酸碱理论。该理论认为能给出质子(H^+)的物质是酸,能接受质子的物质是碱,即酸是质子的给予体,碱是质子的接受体。酸碱不再只限于分子,还可以是离子。

酸碱质子理论体现了酸与碱之间相互转化和互相依存的关系,即为:酸给出质子后就成为其共轭碱,碱接受质子后就成为其共轭酸;酸的酸性越强,其共轭碱的碱性越弱,碱的碱性越强,其共轭酸的酸性越弱;在酸碱反应中,平衡总是向着生成较弱的酸或较弱的碱的方向进行。例如:

$$HCl \ + \ H_2O \ \rightleftharpoons \ Cl^- \ + \ H_3O^+$$
$$\text{酸} \qquad \text{碱} \qquad\qquad \text{共轭碱} \qquad \text{共轭酸}$$

$$H_2SO_4 \ + \ C_2H_5\overset{\cdot\cdot}{O}H \ \rightleftharpoons \ HSO_4^- \ + \ C_2H_5\overset{+}{O}H_2$$
$$\text{酸} \qquad\qquad \text{碱} \qquad\qquad\qquad \text{共轭碱} \qquad\qquad \text{共轭酸}$$

对于酸而言,其给出质子的倾向越大,说明酸性越强,酸性强弱通常用酸在水中的解离常数 K_a 或其负对数 pK_a 表示,K_a 值越大或 pK_a 值越小,酸性越强。对于碱,其接受质子的倾向越大,说明碱性越强,碱性强弱可以用碱在水中的解离常数 K_b 或其负对数 pK_b 表示。K_b 值越大或 pK_b 值越小,碱性越强。

按照酸碱质子理论,如乙酸、甲醇等有机化合物,都含有羟基(—OH),它们都可以由羟基提供质子(H^+),所以都是酸,只是乙酸的酸性比甲醇强。而甲胺、甲醇等有机化合物都能接受质子,质子与氮和氧原子上的未共用电子对形成配位键,生成相应的共轭酸,所以它们都是碱,只是甲胺的碱性比甲醇强。在这里甲醇既可以是提供质子的酸,又可以是作为接受质子的碱;水也是如此,既可作为酸也可作为碱,这完全取决于它所处的环境。

1.6.2　酸碱电子理论

酸碱电子理论即通常所说的路易斯(Lewis)酸碱理论。路易斯酸是能接受一对电子形成共价键的物质；路易斯碱是能提供一对电子形成共价键的物质。酸是电子对的接受体；碱是电子对的给予体。

　　根据路易斯酸碱概念，缺电子的分子、原子和正离子等都属于路易斯酸。例如，溴化铁分子中的铁原子，其外层只有六个电子，有一空轨道，可以接受一对电子。因此溴化铁是路易斯酸。同样氯化铝的铝原子外层也是六电子，有一空轨道，可以接受一对电子，所以氯化铝也是路易斯酸。路易斯碱的结构特征是具有未共用电子对的分子或负离子，例如 NH_3、RNH_2、ROR、ROH、OH^-、RO^- 等都是路易斯碱。酸碱反应的实质是形成配位键，得到一个酸碱络合物的过程。例如：

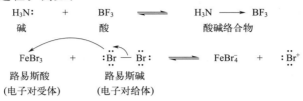

　　路易斯碱与布朗斯特碱是一致的，但路易斯酸则比布朗斯特酸范围广泛。布朗斯特酸碱理论和路易斯酸碱理论在有机化学中均具有重要用途。

1.6.3　硬软酸碱理论

　　路易斯酸碱反应包括了许多种类的化学反应，但反应进行的难易程度在该理论中没有得到明确的体现。酸碱反应发生的难易程度，不仅取决于酸和碱的强弱，而且还与反应物离子的大小、电荷的多少以及电负性等有关，即酸碱反应是否容易进行，还与酸碱的硬度或软度有关。"软""硬"是形容酸碱抓电子的松紧，根据这种观点，皮尔逊（Pearson）把路易斯酸碱分成两大类，命名为软、硬两大类。接受体的原子小，带正电荷多，价电子层里没有未共用电子对的称为硬酸，其电负性高，可极化性低，即外层电子抓得紧。接受体的原子大，带正电荷少，价电子层里有未共用电子对（p 或 d）的称为软酸，其电负性低，可极化性高，即外层电子抓得松。硬碱给予体的原子电负性高，可极化性低，不易被氧化，即对外层电子抓得紧，不易失去。软碱给予体的原子电负性低，可极化性高，易被氧化，即对外层电子抓得松，容易失去。

　　但由于松紧程度这种性质的界限很难划分，因此将酸碱又分为三类：硬的、软的和交界的。交界的指介于硬软之间的。一些硬软酸碱如表 1-6 所示。

表 1-6　一些硬软酸碱

种类	硬	交界	软
酸	H^+,Li^+,Na^+,K^+,Mg^{2+}, Ca^{2+},Al^{3+},Cr^{3+},Fe^{3+} BF_3,$Al(CH_3)_3$,$AlCl_3$, SO_3,RCO^+,CO_2, HX	Fe^{2+},Cu^{2+},Zn^{2+} $B(CH_3)_3$,SO_2,R_3C^+ $C_6H_5^+$	RX,$ROTos$[①] Cu^+,Ag^+,Hg^{2+},CH_3Hg^+, $(BH_3)_2$,RS^+ Br^+,I^+,HO^+,Br_2,I_2 CH_2（卡宾）
碱	H_2O,HO^-,F^-,Cl^-,AcO^- PO_4^{3-},SO_4^{2-},ClO_4^-,NO_3^- ROH,R_2O,RO^- NH_3,RNH_2,N_2H_4	$PhNH_2$,C_5H_5N N_3^-,Br^-,NO_2^-,SO_3^{2-} N_2	RSH,R_2S,RS^-,HS^- I^-,SCN^-,CN^- R_3P N_2H_4,C_6H_6,R^-,H^-

① $ROTos = CH_3 \!-\!\langle\bigcirc\rangle\!-\! SO_2OR$（对甲苯磺酸酯）。

根据酸碱的硬度或软度，Pearson 提出化学反应的软硬酸碱规则（hard and soft acids and bases，简写作 HSAB）：硬酸优先与硬碱结合；软酸优先与软碱结合。用一句形象的语言来表达，即"硬亲硬，软亲软，软硬交界就不管"。其意是：硬酸与硬碱或软酸与软碱能够形成稳定的化合物（络合物），且反应速率快；硬酸与软碱或软酸与硬碱形成的化合物（络合物）比较不稳定，且反应速率慢；交界酸碱不论是硬还是软均能反应，所形成的化合物（络合物）的稳定性差别不大，且反应速率适中。

1.7 有机化合物的分类

有机化合物数目众多，种类繁多。为了系统地进行研究和介绍，必须对其进行严格的、科学的分类。同时，结构理论的建立与现代仪器手段的发展也为科学的分类提供了手段和方法。有机化合物的结构及性质具有明显的规律性，这种规律性就是指导分类的基本原则。通常，有机化合物按照分子结构有两种分类方法：一是按碳骨架分类，二是按官能团分类。

1.7.1 按碳骨架分类

有机化合物分子中的碳原子相互连接构成分子骨架，即碳骨架。按照碳骨架形式通常可以将有机化合物分为开链化合物、碳环化合物和杂环化合物。

（1）开链化合物

这类化合物中，碳原子通过单键、双键或三键连接成链状，不形成闭合环状结构。由于开链化合物最初是在脂肪中发现的，因此开链化合物亦称为脂肪族化合物。例如：

$$CH_3{-}CH_2{-}CH_3 \qquad CH_3CH{=}CH_2 \qquad CH_3CH_2CO_2H \qquad CH_3CH_2CH_2OH$$

丙烷　　　　　　　丙烯　　　　　　　丙酸　　　　　丙-1-醇（原 1-丙醇）

（2）碳环化合物

完全由碳原子组成的环状化合物称为碳环化合物，根据其特点可分为以下两类。

（a）脂环化合物

这类化合物中，碳原子通过单键、双键或三键连接成闭合的环，其性质与脂肪族化合物相似。例如：

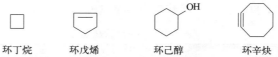

环丁烷　　　　环戊烯　　　　　环己醇　　　　环辛炔

（b）芳香族化合物

这类化合物中一般含有苯环结构，其性质不同于脂环化合物，具有"芳香性"。例如：

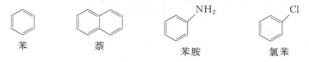

苯　　　　　　　萘　　　　　　　苯胺　　　　　　氯苯

（3）杂环化合物

分子中含有由碳原子和其它原子（如 O、N、S 等）连接成环的一类化合物。例如：

吡咯　　　　　噻吩　　　　　吡啶

1.7.2 按官能团分类

官能团是指分子中比较活泼而容易发生反应的原子或基团，它常常决定着化合物的主要性质。一般来说，含有相同官能团的化合物具有相类似的性质，将它们归于一类，按官能团进行研究和学习是比较方便的。常见的重要官能团如表 1-7 所示。

表 1-7　一些常见的官能团

化合物类型	官能团结构	官能团名称	实例	实例名称
烯烃	$\diagup C = C \diagdown$	碳碳双键	$CH_2 = CH_2$	乙烯
炔烃	$-C \equiv C-$	碳碳三键	$HC \equiv CH$	乙炔
卤代烃	$-X$	卤素	CH_3CH_2Cl	氯乙烷
醇	$-OH$	羟基	CH_3CH_2OH	乙醇
硫醇	$-SH$	巯基	CH_3CH_2SH	乙硫醇
醚	$R-O-R'$	醚键	$C_2H_5-O-C_2H_5$	乙醚
醛	$-\overset{O}{\overset{\|}{C}}-H$	醛基	$CH_3-\overset{O}{\overset{\|}{C}}-H$	乙醛
酮	$-\overset{O}{\overset{\|}{C}}-$	羰基	$CH_3-\overset{O}{\overset{\|}{C}}-CH_3$	丙酮
羧酸	$-\overset{O}{\overset{\|}{C}}-O-H$	羧基	$CH_3-\overset{O}{\overset{\|}{C}}-OH$	乙酸
酯	$-\overset{O}{\overset{\|}{C}}-O-$	酯键	$CH_3-\overset{O}{\overset{\|}{C}}-O-C_2H_5$	乙酸乙酯
胺	$-NH_2$	氨基	$C_2H_5-NH_2$	乙胺

一些有机化合物含有多个官能团，包括含有多个相同官能团的多官能团化合物和含有多个不相同官能团的混合官能团化合物。它们在性质上既能体现出各官能团的性质，也能体现出各官能团之间相互影响而产生的特殊性质。

1.8 有机化合物的研究方法

有机化学着重研究天然或人工合成化合物的性质和结构。为了达到这一目的，需要遵循科学、系统的研究方法。

（1）分离提纯

无论是从自然界提取的有机物，还是人工进行的有机化学反应，产物往往都是含有多种有机物的混合物。因此，如何除去这些杂质，提纯产物是研究有机化合物的必要步骤。目前采用的分离提纯的方法有很多，常见的有萃取、蒸馏、重结晶、升华和柱层析等。研究时，需要根据有机物的特点以及客观的实验条件挑选合适的提纯方法。

（2）物理常数测定

有机化合物的物理性质一般是指它们的状态、沸点、熔点、密度、溶解度和折射率等。

通常单一纯净的有机化合物的物理性质在一定的条件下是固定不变的，通过测定其物理性质得到的恒定数值称为物理常数。通过测定化合物的物理常数，可以鉴定有机化合物及其纯度，也可利用物理性质的不同分离有机化合物。

（3）元素分析和实验式的确定

通过分离提纯手段将化合物纯化后，须进一步知道这种化合物是由哪几种元素组成的，各元素的百分含量又是多少。在此基础上，通过计算可以求得此化合物的实验式。实验式是反映组成化合物分子的各元素原子的种类和比例的化学式，并不能反映分子中各原子的确切数目，也写不出化合物的确切分子式。

（4）分子量的测定和分子式的确定

有机化合物的分子式可以与实验式相同，也可以为实验式的整数倍。实验式是最简单的化学式，表示组成化合物分子的元素种类和各元素间原子的最小个数比，不代表分子中真正所含的原子数目。只有在测定分子量之后，才能在实验式的基础上确定化合物的分子式。例如，实验式为 CH_2O 的化合物，若测得的分子量为 30，则它的分子式也是 CH_2O；若测得的分子量为 180，则分子式是 $C_6H_{12}O_6$。对于不同的化合物可以采取不同的方法测定分子量，一般对于气体和容易挥发的液体常常采用蒸气密度法，而对液体和固体化合物可采用沸点升高法或凝固点降低法。近年来质谱仪的应用可以最准确、最快速地测定化合物的分子量。

（5）结构式的确定

有机化合物结构的确定是有机化学研究中极其重要的一个方面。有机分子的结构比较复杂，包括构造、构型和构象三个层面。确定一个有机化合物的分子结构是一项很艰巨的工作，一般要通过化学方法和物理方法的综合分析，才能获得比较准确的结果。化学法一般是采用对化合物进行降解、合成或衍生物制备等手段；现代物理方法应用于有机化学领域，为有机化合物结构的测定开辟了新途径，改进了分析鉴定的手段，而且大大简化了结构确定的过程，如紫外光谱、红外光谱、核磁共振谱（氢谱、碳谱等）、质谱、气液色谱和 X 射线衍射等。这两种方法是相辅相成的，往往由一种方法得到结论，再通过另一种方法加以验证，可以快速地为结构的确定提供准确可靠的数据。

扫码获取本章课件和微课

习　题

1. 解释下列名词。
（1）有机化合物　　　　（2）共价键　　　　　（3）极性键
（4）偶极矩　　　　　　（5）诱导效应　　　　（6）异裂
（7）官能团　　　　　　（8）sp 杂化　　　　　（9）路易斯酸

2. 写出下列化合物的路易斯结构式。
（1）CH_3OCH_3　　　　（2）CH_3COOH　　　　（3）CH_3CH_2OH
（4）$CH_3CH_2CH\!=\!CH_2$　　（5）C_2H_2

3. 判断下列化合物或离子哪些是路易斯酸，哪些是路易斯碱？

(1) $C_2H_5O^-$ (2) $FeBr_3$ (3) $ZnCl_2$

(4) $CH_3CH_2NH_2$ (5) CH_3^+ (6) CH_3OCH_3

(7) BF_3 (8) CH_3CH_2OH

4. 指出下列化合物所含官能团的名称和化合物的类别。

(1) $CH_3CH{=}CH_2$ (2) CH_3CH_2COOH (3) $HCHO$

(4) CH_3COOCH_3 (5) $CH_3CH_2OCH_2CH_3$ (6) CH_3CH_2Cl

(7) $CH_3CH_2NH_2$

5. 试判断下列化合物哪些是具有偶极的。

(1) CCl_4 (2) CH_3OCH_3 (3) HBr

(4) CH_3CH_2SH (5) CH_3Cl

6. 指出下列化合物中共价键的断裂方式。

(1) $CH_3{-}H \longrightarrow CH_3\cdot + H\cdot$ (2) $CH_3CH_2{-}Cl \longrightarrow CH_3CH_2^+ + Cl^-$

(3) $Cl{-}Cl \longrightarrow Cl\cdot + Cl\cdot$ (4) $Br{-}Br \longrightarrow Br^+ + Br^-$

7. 烟酰胺是一种维生素，可以防治糙皮病。经元素分析得知，含碳 59.10%，含氢 4.92%，含氧 13.07%，含氮 22.91%；经测定其分子量为 122。试写出其实验式。

8. 某一元醇经元素分析得知，含碳 68.2%，含氢 13.6%；其分子量为 88。试写出该醇的实验式和可能的结构式。

第 **2** 章　饱和烃：烷烃和环烷烃

只含有碳和氢两种元素的化合物称为碳氢化合物（hydrocarbon），简称烃。根据分子的碳骨架不司，烃可分为链烃和环烃两大类。根据分子中碳碳成键方式的不同，烃又可分为饱和烃、不饱和烃和芳烃。其它各类有机化合物可视作烃的衍生物，如 CH_3I（碘甲烷）、CH_3OH（甲醇）可视为 CH_4 分子中的一个氢原子分别被—I（碘）、—OH（羟基）取代的产物。

烃分子中碳原子之间均以碳碳单键相连，其余的价键均为氢原子所饱和的碳氢化合物，称为饱和烃（saturated hydrocarbon）。其中碳骨架是开链的称为烷烃（alkane），碳骨架是环状的称为环烷烃（cycloalkane）。

2.1　烷烃

2.1.1　烷烃的通式、同系列和构造异构

2.1.1.1　烷烃的通式、同系列

烷烃中最简单的是甲烷，含有一个碳原子和四个氢原子，分子式为 CH_4。其它烷烃随着碳原子数的递增分别为乙烷、丙烷、丁烷等，分子式分别为 C_2H_6、C_3H_8、C_4H_{10} 等。从分子式可以看出，烷烃的分子式符合通式 C_nH_{2n+2}，n 为正整数。

具有相同通式，分子式相差一个或若干个 CH_2 的一系列化合物，称为同系列。同系列中的化合物互称为同系物，CH_2 称为同系列的系差。同系物具有相似的结构和性质，所以通过研究某一代表性物质的性质可以推测同系物中其它化合物的性质。

2.1.1.2　烷烃的构造异构

同分异构现象是有机化合物中普遍存在的现象。甲烷、乙烷、丙烷分子中碳原子的连接方式只有一种，但含有四个或四个以上碳原子的烷烃，其碳原子的连接方式则不止一种。例如，分子式为 C_4H_{10} 的烷烃有两种排列方式：

$$CH_3CH_2CH_2CH_3 \qquad\qquad CH_3\underset{\underset{\displaystyle CH_3}{|}}{C}HCH_3$$

正丁烷　　　　　　　　　　　异丁烷

正丁烷和异丁烷具有相同的分子式，但它们是不同的化合物。因此将这种分子式相同的不同化合物称为同分异构体，这种现象称为同分异构现象。分子中原子相互连接的顺序和方式称为构造。分子式相同、分子构造不同的化合物称为构造异构体。正丁烷和异

丁烷属于构造异构体。这种异构是由于碳骨架不同引起的，故又称碳架异构。随着烷烃碳原子数的增加，构造异构体数目显著增多（表2-1）。异构现象是造成有机化合物数量庞大的原因之一。

表 2-1　烷烃构造异构体的数目

碳原子数	异构体数	碳原子数	异构体数
1～3	1	8	18
4	2	9	35
5	3	10	75
6	5	15	4347
7	9	20	366319

2.1.2　烷烃的命名

随着有机化学的发展，有机化合物数目庞大、结构复杂，若没有一个标准的、完整的、严格的命名方法来区分或指定，将会给学习和研究带来混乱。因此，认真学习并掌握有机化合物的命名是学习有机化学最重要的基本功之一，其中烷烃的命名是有机化合物命名的基础。

2.1.2.1　烷基的概念

（1）碳、氢原子种类

烷烃分子中的碳原子按照与其直接相连的碳原子的数目不同可分为伯、仲、叔、季碳原子。伯碳原子是只与一个其它碳原子相连的碳原子，亦称为一级碳原子，用1°表示；仲碳原子是与两个其它碳原子相连的碳原子，亦称为二级碳原子，用2°表示；叔碳原子是与三个其它碳原子相连的碳原子，亦称为三级碳原子，用3°表示；季碳原子是与四个其它碳原子相连的碳原子，亦称为四级碳原子，用4°表示。与伯、仲、叔碳原子相连的氢原子，分别称为伯（1°）、仲（2°）、叔（3°）氢原子。不同类型氢原子相对的反应活性各不相同。例如：

$$CH_3-CH_2-\underset{\substack{| \\ CH_3 \\ 4°}}{\overset{\substack{CH_3 \\ |}}{C}}-\underset{3°}{\overset{\substack{CH_3 \\ |}}{CH}}-CH_3$$

$$\underset{1°}{} \quad \underset{2°}{}$$

（2）烷基

烃分子中去掉一个氢原子所剩下的基团叫烃基。烷烃去掉一个氢原子所剩下的基团叫烷基，用R—表示，烷基的名称由相应的烷烃而来，英文后缀为-yl。表2-2列出一些常见的烷基的名称。

表 2-2　一些常见的烷基

烷基结构	中文系统名	英文系统名	中文俗名	英文俗名	英文缩写
CH_3-	甲基	methyl			Me
CH_3CH_2-	乙基	ethyl			Et
$CH_3CH_2CH_2-$	丙基	propyl			Pr
$(CH_3)_2CH-$	丙-2-基	prop-2-yl	异丙基	isopropyl	i-Pr
$CH_3(CH_2)_2CH_2-$	丁基	butyl	正丁基	butyl	Bu

续表

烷基结构	中文系统名	英文系统名	中文俗名	英文俗名	英文缩写
CH$_3$CH$_2$CH— $\overset{\mid}{\underset{}{}}CH_3$	1-甲基丙基或 丁-2-基	1-methylpropyl 或 but-2-yl	仲丁基	sec-butyl*	s-Bu
CH$_3$CHCH$_2$— $\overset{\mid}{\underset{}{}}CH_3$	2-甲基丙基	2-methylpropyl	异丁基	isobutyl*	i-Bu
(CH$_3$)$_3$C—	1,1-二甲基乙基	1,1-dimethylethyl	叔丁基	tert-butyl	t-Bu
(CH$_3$)$_3$CCH$_2$—	2,2-二甲基丙基	2,2-dimethylpropyl	新戊基	neopentyl*	

注：带 "*" 者为 IUPAC 不建议继续使用的名称。

此外，烷烃中同时去掉两个氢原子后所剩下的基团称为叉基或亚基，英文后缀为 "-diyl" 或 "-ylene"。例如：

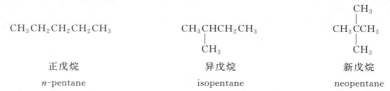

—CH$_2$—	CH$_3$CH$\diagdown$	—CH$_2$CH$_2$—	CH$_3$CH$_2$CH$\diagdown$	(CH$_3$)$_2$C$\diagdown$
甲叉基(亚甲基)	乙-1,1-叉基	乙-1,2-叉基(亚乙基)	丙-1,1-叉基	丙-2,2-叉基
methanediyl(methylene)	ethane-1,1-diyl	ethane-1,2-diyl	propane-1,1-diyl	propane-2,2-diyl

2.1.2.2 烷烃的命名方法

常用的命名法有普通命名法和系统命名法。

(1) 普通命名法

普通命名法亦称为习惯命名法，主要是以分子中碳原子数的多少来命名。碳直链烷烃按碳原子数叫"正某烷"。十个以下碳原子的烷烃，其碳原子数用天干（甲、乙、丙、丁、戊、己、庚、辛、壬、癸）表示。十个以上碳原子的烷烃用十一、十二、十三……中文数字表示。相应的英文名以-ane 为后缀。用"正""异""新"等词来区分直链和支链。"正"代表直链烷烃；"异"指仅在链的一端含有 (CH$_3$)$_2$CH—基团且无其它侧链的烷烃，则按碳原子总数叫做"异某烷"；"新"专指含有 (CH$_3$)$_3$C—结构的含五六个碳原子的烷烃。例如：

CH$_3$CH$_2$CH$_2$CH$_2$CH$_3$	CH$_3$CHCH$_2$CH$_3$ $\overset{\mid}{\underset{}{}}CH_3$	$\overset{CH_3}{\overset{\mid}{CH_3CCH_3}}$ $\overset{\mid}{\underset{}{}}CH_3$
正戊烷	异戊烷	新戊烷
n-pentane	isopentane	neopentane

普通命名法只适用结构简单的化合物。对于结构比较复杂的烷烃，就必须采用系统命名法。

(2) 系统命名法

系统命名法是 1892 年日内瓦国际化学会议上首次拟定的，称为日内瓦命名法。此外经国际纯粹与应用化学联合会（International Union of Pure and Applied Chemistry，IUPAC）多次修订，最近一次修订是在 1979 年，称为 IUPAC 命名法；1980 年我国根据 IUPAC 法的命名原则并结合汉字的特点而制定出我国的有机化学系统命名法，2017 年中国化学会有机化合物命名审定委员会再次修改出版了《有机化学命名原则》（2017 版）。本书以 2017 版为主要依据，其与 1980 版最主要的区别在于主链的确定和取代基的书写顺序。

根据系统命名法，直链烷烃的命名与普通命名法基本一致；而带有支链的烷烃则看作直链烷烃的烷基衍生物，其命名的步骤和基本原则如下。

（a）选主链

选择一条最长碳链作为母体氢化物（即主链），其余的看作取代基，按主链所含碳原子数命名为"某烷"。当含有多条相等的最长碳链时，应选择含有取代基最多的最长碳链为主链。例如：

$$CH_3-CH-CH_2-CH_2-CH_3$$
$$|$$
$$CH_2-CH_3$$

母体是己烷(hexane)，不是戊烷

$$CH_3-CH_2-CH_2-CH-CH_2-CH-CH_3$$
$$|\qquad\qquad |$$
$$CH-CH_3\qquad CH_3$$
$$|$$
$$CH_2$$
$$|$$
$$CH_3$$

母体是庚烷(heptane)

（b）定编号

从靠近取代基的一端开始，将主链上的碳原子依次用 1、2、3、4、5……编号。当主链编号有几种可能时，应遵循"最低位次组"原则，即顺次逐项比较各系列的不同位次，最先遇到的位次最小者定为"最低位次组"。两个不同的取代基位于相同位次时，按英文名称的字母顺序依次排列。例如：

$$\overset{7}{CH_3}-\overset{6}{CH_2}-\overset{5}{CH_2}-\overset{4}{CH_2}-\overset{3}{CH}-\overset{2}{CH_2}-\overset{1}{CH_3}$$
$$|$$
$$CH_2CH_3$$

3-乙基庚烷

3-ethylheptane

$$\overset{6}{CH_3}-\overset{5}{CH}-\overset{4}{CH_2}-\overset{3}{CH}-\overset{2}{CH}-\overset{1}{CH_3}$$
$$|\qquad\qquad |\quad |$$
$$CH_3\qquad\quad CH_3 CH_3$$

2,3,5-三甲基己烷

2,3,5-trimethylhexane

$$\overset{1}{CH_3}-\overset{2}{CH_2}-\overset{3}{CH}-\overset{4}{CH_2}-\overset{5}{CH}-\overset{6}{CH_2}-\overset{7}{CH_3}$$
$$|\qquad\qquad |$$
$$CH_3\qquad CH_2CH_3$$

3-乙基-5-甲基庚烷

3-ethyl-5-methylheptane

旧版：$$\overset{7}{CH_3}-\overset{6}{CH_2}-\overset{5}{CH}-\overset{4}{CH_2}-\overset{3}{CH}-\overset{2}{CH_2}-\overset{1}{CH_3}$$
$$|\qquad\qquad |$$
$$CH_3\qquad CH_2CH_3$$

3-甲基-5-乙基庚烷

（c）写名称

在主链"某烷"的前面写上取代基的位次与名称，位次用主链上碳原子的编号表示，两者之间用半字线"-"隔开。当含有几个相同的取代基时，相同基团合并，用二、三、四……数字表明取代基的个数，并逐个标明其位次，位次号之间用"，"隔开。当含有几个不同的取代基时，则按照英文名称的字母顺序依次写出取代基的名称。表示复数的前缀（如二、三、四对应的英文"di"、"tri"、"tetra"等）和表示连接方式的前缀（如 *sec-*、*tert-*）不参与字母排序，但表示端基骨架结构类型的"iso"、"neo"等被认为是基团名称的一部分，故参与字母排序。例如：

$$\overset{1}{CH_3}-\overset{2}{CH_2}-\overset{3}{CH}-\overset{4}{CH}-\overset{5}{CH_2}-\overset{6}{CH_2}-\overset{7}{CH_3}$$
$$|\qquad |$$
$$C_2H_5 CH_3$$

3-乙基-4-甲基庚烷

3-ethyl-4-methylheptane

（旧版：4-甲基-3-乙基庚烷）

$$\overset{4}{CH_3}-\overset{3}{CH}-CH-\overset{2}{CH_2}-\overset{1}{CH}-CH_3$$
$$CH_3 \overset{5}{CH}-CH_3\qquad CH_3$$
$$|$$
$$\overset{6}{CH_2}$$
$$|$$
$$\overset{7}{CH_3}$$

4-异丙基-2,5-二甲基庚烷

4-isopropyl-2,5-dimethylheptane

（旧版：2,5-二甲基-4-异丙基庚烷）

$$\qquad\qquad CH(CH_3)_2\qquad\qquad CH_2CH_2CH_3$$
$$CH_3-CH_2-CH-CH-CH-CH-CH_2-CH-CH_2-CH_2-CH-CH_3$$
$$\overset{13}{}\quad\overset{12}{}\quad\overset{11}{|}\quad\overset{10}{}\quad\overset{9}{}\quad\overset{8}{}\quad\overset{7}{}\quad\overset{6}{|}\quad\overset{5}{}\quad\overset{4}{}\quad\overset{3}{}\quad\overset{2}{}\quad\overset{1}{}$$
$$C_2H_5 CH_3\qquad\qquad\qquad C(CH_3)_3$$

6-叔丁基-11-乙基-8-异丙基-2,10-二甲基-5-丙基十三烷

6-*tert*-butyl-11-ethyl-8-isopropyl-2,10-dimethyl-5-propyltridecane

（旧版：2,10-二甲基-11-乙基-5-丙基-8-异丙基-6-叔丁基十三烷）

2.1.3 烷烃的结构

烷烃分子中的碳原子，即饱和碳原子，均为 sp³ 杂化，原子之间以 sp³ 杂化轨道形成 σ 键。以甲烷为例：碳原子经过 sp³ 杂化，形成的 4 个 sp³ 杂化轨道，分别与 4 个氢原子的 1s 轨道沿着对称轴的方向重叠形成 4 个 C—H σ 键，由于 sp³ 杂化轨道呈正四面体构型，所以甲烷分子也是正四面体构型。两个 sp³ 杂化轨道对称轴之间的夹角为 109.5°，故 H—C—H 键角也是 109.5°，如图 2-1 所示。

(a) sp³ 杂化轨道　　(b) 甲烷的球棍模型　　(c) 甲烷的比例模型

图 2-1　sp³ 杂化轨道与甲烷的分子结构模型

乙烷分子中的两个碳原子分别以 sp³ 杂化轨道重叠形成 C—C σ 键，其余 sp³ 杂化轨道分别与 6 个氢原子的 1s 轨道重叠形成 C—H σ 键，如图 2-2 所示。

依此类推，随着碳原子的增加，可形成丙烷、丁烷等各种烷烃。由于碳原子 sp³ 杂化的特征，使得 C—C—C 键角等于或近似于 109.5°，所以烷烃分子中的直链并不等于直线，实际上是锯齿形的，这从丁烷的分子结构模型可以看出，如图 2-3 所示。

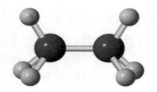

图 2-2　乙烷的分子结构模型　　　　图 2-3　丁烷的分子结构模型

2.1.4 烷烃的构象

烷烃分子中的 C—C σ 单键可以自由旋转，从而使具有一定构造和构型的化合物分子中各原子或基团在空间具有不同的排布方式。这种由于围绕 σ 单键旋转而导致的分子中各原子或基团在空间不同的排列方式称为构象（conformation），由单键旋转产生的异构体称为构象异构体（conformation isomer）。构象异构体的分子构造相同，但其空间排布不同，因此，构象异构体属于立体异构范畴。

2.1.4.1 乙烷的构象

在乙烷分子中，将一个甲基固定，而将另一个甲基沿着 C—C σ 键绕轴进行旋转，则两个碳原子上的氢原子在空间的相对位置随之发生变化，可产生无数种构象异构体。其中一种是两个碳原子的各个氢原子正好处在相互重叠的位置上，即氢原子相距最近的构象，称为重叠式构象（eclipsed form）；另一种是其中一个碳原子上的每一个氢原子处在另一个碳原子的两个氢原子正中间，即氢原子相距最远的构象，称为交叉式构象（staggered form）。重叠式构象和交叉式构象是乙烷无限构象中两个典型的极限构象。例如：

重叠式	交叉式	重叠式	交叉式

透视式　　　　　　　　　　　　纽曼投影式

透视式是从分子的侧面观察分子，能直接反映碳原子和氢原子在空间的排列情况。纽曼（Newman）投影式是从碳碳单键的延长线上观察分子，从圆圈中心伸出的三条线，表示离观察者近的碳原子上的价键，三个键互成 $120°$；而从圆周上伸出的三条线，表示离观察者远的碳原子上的价键，三个键也互成 $120°$。

在乙烷的交叉式构象中，前后两个碳原子上的氢原子距离最远，相互之间的排斥力最小，分子能量最低，是最稳定的构象；在重叠式构象中，前后两个碳原子上的氢原子相距最近，相互间的排斥力最大，分子的能量最高，所以是不稳定的构象。从乙烷分子各种构象的能量曲线图（图 2-4）可见，交叉式构象和重叠式构象之间能量差约为 $12.6kJ \cdot mol^{-1}$，此能量差称为能垒。室温下，由于分子间的碰撞即可产生 $83.8kJ \cdot mol^{-1}$ 的能量，足以使碳碳单键"自由"旋转，各构象间迅速互变，成为无数个构象异构体的动态平衡混合物，无法分离出其中某一构象异构体，但大多数乙烷分子是以最稳定的交叉式构象状态存在。介于交叉式和重叠式两种构象之间，尚有无数种构象，其能量也介于两者之间。

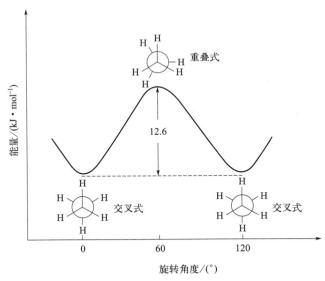

图 2-4　乙烷不同构象的能量曲线图

2.1.4.2　丁烷的构象

丁烷可以看作是乙烷分子中每个碳原子各有一个氢原子被甲基取代的化合物，其构象较为复杂。当丁烷分子在围绕 C2—C3 键旋转时，可形成四种典型的构象异构，即对位交叉式、邻位交叉式、部分重叠式和全重叠式。例如：

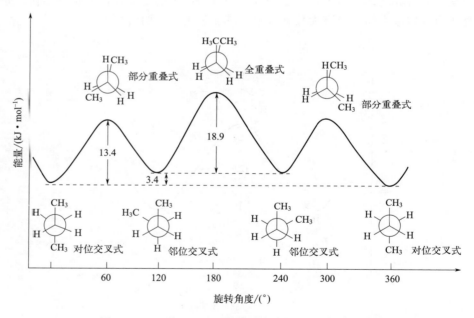

对位交叉式　　　　　　　　　　邻位交叉式

部分重叠式　　　　　　　　　　　全重叠式

对位交叉式中，两个体积较大的甲基处于对位，相距最远，故分子的能量最低。邻位交叉式中的两个甲基处于邻位，靠得比对位交叉式近，两个甲基之间的空间排斥力使这种构象的能量比对位交叉式的高，因而较不稳定。全重叠式中的两个甲基及氢原子都各处于重叠位置，相互间作用力最大，故分子的能量最高，是最不稳定的构象。部分重叠式中，甲基和氢原子的重叠使其能量较高，但比全重叠式的能量低。因此这几种构象的稳定性次序是：对位交叉式＞邻位交叉式＞部分重叠式＞全重叠式。在常温下，大多数丁烷分子都是以能量最低的对位交叉式构象存在，全重叠式构象实际上是不存在的。丁烷构象的能量变化曲线如图2-5所示。

图 2-5　正丁烷 C2—C3 旋转时各种构象的能量曲线

2.1.5　烷烃的物理性质

在室温下，$C_1 \sim C_4$ 的直链烷烃是气体，$C_5 \sim C_{17}$ 的直链烷烃是液体，十八个碳原子及以上的直链烷烃是固体。一些直链烷烃的物理常数见表2-3。

表 2-3　一些直链烷烃的物理常数

烷烃	英文	结构式	熔点/℃	沸点/℃	密度/(g·cm⁻³)
甲烷	methane	CH_4	−182.6	−161.6	0.424(−160℃)
乙烷	ethane	CH_3CH_3	−183	−88.5	0.546(−88℃)
丙烷	propane	$CH_3CH_2CH_3$	−187.1	−42.1	0.582(−42℃)
丁烷	butane	$CH_3(CH_2)_2CH_3$	−138	−0.5	0.597(0℃)
戊烷	pentane	$CH_3(CH_2)_3CH_3$	−129.7	36.1	0.626(20℃)
己烷	hexane	$CH_3(CH_2)_4CH_3$	−95	58.8	0.659(20℃)
庚烷	heptane	$CH_3(CH_2)_5CH_3$	−90.5	98.4	0.684(20℃)
辛烷	octane	$CH_3(CH_2)_6CH_3$	−56.8	125.7	0.703(20℃)
壬烷	nonane	$CH_3(CH_2)_7CH_3$	−53.7	150.7	0.718(20℃)
癸烷	decane	$CH_3(CH_2)_8CH_3$	−29.7	174.1	0.730(20℃)
十一烷	undecane	$CH_3(CH_2)_9CH_3$	−25.6	195.9	0.740(20℃)
十二烷	dodecane	$CH_3(CH_2)_{10}CH_3$	−9.7	216.3	0.749(20℃)
十三烷	tridecane	$CH_3(CH_2)_{11}CH_3$	−5.5	235.4	0.756(20℃)
十四烷	tetradecane	$CH_3(CH_2)_{12}CH_3$	6	253.5	0.763(20℃)
十五烷	pentadecane	$CH_3(CH_2)_{13}CH_3$	10	270.5	0.769(20℃)
十六烷	hexadecane	$CH_3(CH_2)_{14}CH_3$	18	287	0.773(20℃)
十七烷	heptadecane	$CH_3(CH_2)_{15}CH_3$	22	303	0.778(20℃)
十八烷	octadecane	$CH_3(CH_2)_{16}CH_3$	28	316.7	0.777(20℃)
十九烷	nonadecane	$CH_3(CH_2)_{17}CH_3$	32	330	0.777(20℃)
二十烷	eicosane	$CH_3(CH_2)_{18}CH_3$	36.4	343	0.789(20℃)
异丁烷	*iso*-butane	$(CH_3)_2CHCH_3$	−159	−12	0.603(0℃)
异戊烷	*iso*-pentane	$(CH_3)_2CHCH_2CH_3$	−160	28	0.620(20℃)
新戊烷	*neo*-pentane	$(CH_3)_4C$	−17	9.5	0.614(20℃)
异己烷	*iso*-hexane	$(CH_3)_2CH(CH_2)_2CH_3$	−154	60.3	0.654(20℃)
3-甲基戊烷	3-methylpentane	$CH_3CH_2CH(CH_3)CH_2CH_3$	−118	63.3	0.676(20℃)
2,2-二甲基丁烷	2,2-dimethylbutane	$(CH_3)_3CCH_2CH_3$	−98	50	0.649(20℃)
2,3-二甲基丁烷	2,3-dimethylbutane	$(CH_3)_2CHCH(CH_3)_2$	−129	58	0.662(20℃)

2.1.5.1　沸点

烷烃的沸点与分子间的作用力有关，烷烃分子间的作用力主要为范德瓦耳斯力。范德瓦耳斯力与分子中原子的数目和大小以及分子间的距离有关，随着烷烃分子中碳原子数目的增加，分子间的作用力增大，沸点也相应升高，如图 2-6 所示。在碳原子数相同的烷烃异构体中，分子的支链越多，分子间有效接触的程度就越小，分子间的作用力就越弱，沸点就越低。如正戊烷的沸点为 36.1℃，异戊烷的沸点为 28℃，新戊烷的沸点为 9.5℃。

2.1.5.2　熔点

直链烷烃熔点的变化规律与沸点基本相似，随着碳原子数目的增多而升高。含偶数碳原子的烷烃比含奇数碳原子的烷烃的熔点升高幅度大，并形成一条锯齿形的熔点曲线。将含偶数和奇数碳原子的烷烃分别画出熔点曲线，则可得偶数烷烃在上、奇数烷烃在下的两条平行曲线（图 2-7）。通过 X 射线衍射研究证明：含偶数碳原子的烷烃分子具有较好的对称性，

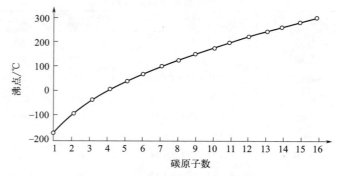

图 2-6　直链烷烃的沸点与分子中碳原子数目的关系

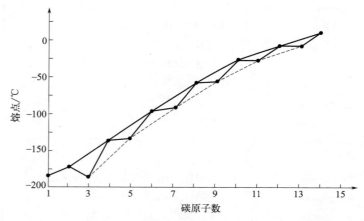

图 2-7　直链烷烃的熔点与分子中碳原子数目的关系

导致其熔点高于相邻的两个含奇数碳原子烷烃的熔点。

在具有相同碳原子数的烷烃异构体中，对称性较好的烷烃分子比对称性差的异构体的熔点高，这是由于对称性较好的烷烃分子，晶格排列较紧密，致使链间的作用力增大而熔点升高。如正戊烷的熔点是−129.7℃；对称性最差的异戊烷，熔点最低，为−160℃；而分子对称性最好的新戊烷，则熔点最高，为−17℃。

2.1.5.3　密度

烷烃比水轻，其相对密度都小于 1，烷烃是所有有机化合物中密度最小的一类化合物。随着碳原子数目的增加，烷烃的密度逐渐增大，最终接近于 0.78。

2.1.5.4　溶解度

烷烃分子是非极性或弱极性的化合物。根据"极性相似者相溶"的经验规律，烷烃易溶于非极性或极性较小的苯、氯仿、四氯化碳、乙醚等有机溶剂，而难溶于水和其它强极性溶剂。液态烷烃作为溶剂时，可溶解弱极性化合物，但不溶解强极性化合物。

2.1.6　烷烃的化学性质

有机化合物的性质取决于其分子结构。烷烃分子中 C—C 键和 C—H 键为非极性和弱极

性的 σ 键，键都比较稳定，所以，烷烃对离子型试剂有极大的化学稳定性。一般情况下与强酸、强碱、强氧化剂、强还原剂都不发生反应。但在一定条件下，如适当的温度、压力以及催化剂的作用下烷烃也可以发生一些反应。较为典型的是由共价键均裂产生的自由基型反应，如卤化反应。

2.1.6.1 取代反应

烷烃分子中的氢原子被其它原子或基团所取代的反应称为取代反应，被卤素取代的反应称为卤化反应。

（1）卤化反应

在紫外线照射（$h\nu$）、高温或催化剂的作用下，甲烷和氯气这两种气体的混合物可剧烈地发生氯化反应，生成氯甲烷和氯化氢，同时放出大量的热：

$$CH_4 + Cl_2 \xrightarrow{h\nu \text{ 或高温}} CH_3Cl + HCl$$

反应难以停留在一氯取代阶段，生成的一氯甲烷容易继续发生氯化反应生成二氯甲烷、三氯甲烷和四氯甲烷。甲烷的氯化反应通常得到的是四种氯代烷的混合物，但反应条件对反应产物的组成有较大的影响，所以，控制一定的反应条件，也可使其中一种氯代烷成为主要产物。例如：

$$CH_3Cl + Cl_2 \xrightarrow{h\nu \text{ 或高温}} CH_2Cl_2 + HCl$$

$$CH_2Cl_2 + Cl_2 \xrightarrow{h\nu \text{ 或高温}} CHCl_3 + HCl$$

$$CHCl_3 + Cl_2 \xrightarrow{h\nu \text{ 或高温}} CCl_4 + HCl$$

（2）卤化反应机制

反应机制是化学反应所经历的途径或过程，亦称反应历程。有机化合物的反应较为复杂，由反应物到产物往往不是简单的一步反应，也不是只有一种途径，因此只有了解了反应机制，才能认清反应的本质，掌握反应的规律，从而达到控制和利用反应的目的。所以反应机制的研究是有机化学理论的重要组成部分。

研究表明，烷烃卤化反应机制是自由基取代反应，其反应机制分为链引发（chain-initi-ating step）、链增长（chain-propagating step）和链终止（chain-terminating step）三个阶段，下面以甲烷的氯化反应为例说明这三个阶段。

（a）链引发

$$Cl_2 \xrightarrow{h\nu \text{ 或高温}} Cl\cdot + Cl\cdot \qquad \Delta H = 243kJ \cdot mol^{-1} \qquad (2\text{-}1)$$

氯分子从光或热中获得能量，使 Cl—Cl 键均裂，生成高能量的氯原子 Cl·，即氯自由基。自由基的反应活性很强，一旦形成就有获取一个电子的倾向，以形成稳定的八隅体结构。

（b）链增长

形成的氯自由基使甲烷分子中的 C—H 键均裂，并与氢原子生成氯化氢分子和新的甲基自由基 $CH_3\cdot$。例如：

$$CH_3{-}H + Cl\cdot \longrightarrow CH_3\cdot + HCl \qquad \Delta H = 4kJ \cdot mol^{-1} \qquad (2\text{-}2)$$

活泼的甲基自由基也有通过形成新键达到八隅体结构的倾向，它使氯分子的 Cl—Cl 键均裂，并与生成的氯原子形成一氯甲烷和新的氯自由基 Cl·。例如：

$$CH_3\cdot + Cl_2 \longrightarrow Cl\cdot + CH_3Cl \qquad \Delta H = -108kJ \cdot mol^{-1} \qquad (2\text{-}3)$$

反应（2-3）是放热反应，所放出的能量足以补偿反应（2-2）所需吸收的能量，因而可以不断地进行反应，将甲烷转变为一氯甲烷。

当一氯甲烷达到一定浓度时，氯原子除了与甲烷作用外，也可与一氯甲烷作用生成

·CH_2Cl自由基，它再与氯分子作用生成二氯甲烷CH_2Cl_2和新的$Cl·$。反应就这样继续下去，直至生成三氯甲烷和四氯甲烷等，因此，甲烷的氯化反应所得产物为四种氯甲烷的混合物。主要生成什么化合物取决于反应物与试剂的比例、反应的条件等诸多因素。例如：

$$CH_3Cl + Cl· \longrightarrow ·CH_2Cl + HCl$$
$$·CH_2Cl + Cl_2 \longrightarrow CH_2Cl_2 + Cl·$$
$$CH_2Cl_2 + Cl· \longrightarrow ·CHCl_2 + HCl$$
$$·CHCl_2 + Cl_2 \longrightarrow CHCl_3 + Cl·$$
$$CHCl_3 + Cl· \longrightarrow ·CCl_3 + HCl$$
$$·CCl_3 + Cl_2 \longrightarrow CCl_4 + Cl·$$

甲烷的氯化反应，每一步都消耗一个活泼的自由基，同时又为下一步反应产生另一个活泼的自由基，所以这是自由基的链反应。

（c）链终止

两个活泼的自由基相互结合，生成稳定的分子，而使链反应终止。例如：

$$Cl· + Cl· \longrightarrow Cl—Cl$$
$$CH_3· + CH_3· \longrightarrow CH_3—CH_3$$
$$CH_3· + Cl· \longrightarrow CH_3—Cl$$

在甲烷的氯化反应过程中，只是在链引发的阶段需要供给能量（光或热）以形成氯原子。而链增长的第一、二步反应所需的活化能都不高，所以一旦产生氯原子后即可继续进行链反应。在链终止阶段，两个自由基结合成稳定的分子时，由于没有键的断裂，活化能为零，反应非常容易进行。例如：

$$Cl· + Cl· \longrightarrow Cl—Cl \qquad \Delta H = -243 kJ·mol^{-1}, \ E_a = 0$$

甲烷的氯化反应历程，也适用于甲烷的溴化反应和其它烷烃的卤化反应。

（3）卤化反应的取向与自由基的稳定性

甲烷、乙烷分子中只有一种氢原子，发生卤素取代反应时不存在任何取向问题。而丙烷分子中存在伯、仲两种氢原子，氯化可以得到两种一氯代产物。例如：

$$CH_3CH_2CH_3 + Cl_2 \xrightarrow{h\nu} CH_3CH_2CH_2Cl + CH_3\underset{\underset{Cl}{|}}{C}HCH_3$$

1-氯丙烷（43%）　2-氯丙烷（57%）

在丙烷分子中一共有六个伯氢、两个仲氢，如果这两类氢原子被取代的概率相同，则伯氢和仲氢被取代的产物比例应为 3:1，但实验得到的两种一氯代产物分别为 43% 和 57%，这说明在丙烷分子中两类氢原子的反应活性是不相同的，伯氢和仲氢的相对反应活性比可按下式计算：

$$\frac{仲氢反应活性}{伯氢反应活性} = \frac{57/2}{43/6} = \frac{28.5}{7.16} \approx \frac{4}{1}$$

同理，异丁烷分子中存在伯、叔两种氢原子，氯化亦可以得到两种一氯代产物：

$$CH_3\underset{\underset{CH_3}{|}}{C}HCH_3 + Cl_2 \xrightarrow{h\nu} CH_3\underset{\underset{CH_3}{|}}{C}HCH_2Cl + CH_3\underset{\underset{Cl}{|}}{\overset{\overset{CH_3}{|}}{C}}CH_3$$

异丁基氯（64%）　叔丁基氯（36%）

在异丁烷分子中一共有九个伯氢、一个叔氢。如果这两类氢原子被取代的概率相同，则伯氢和叔氢被取代的产物比例应为 9:1，但实验得到的两种一氯代产物分别为 64% 和 36%，这说明在异丁烷分子中两类氢的反应活性也是不相同的，伯氢和叔氢的相对反应活性比可按下式计算：

$$\frac{叔氢反应活性}{伯氢反应活性} = \frac{36/1}{64/9} = \frac{36}{7.11} \approx \frac{5}{1}$$

通过大量烷烃氯化反应实验表明，室温下烷烃分子中伯、仲、叔三种氢原子的相对反应活性比为 $1:4:5$。由此可知，三种氢原子卤化反应的活性次序为：叔氢＞仲氢＞伯氢。

烷烃分子中不同氢原子的活性不同，与 C—H 键的解离能有关。共价键的解离能是指共价键发生均裂形成自由基所需要的能量。键的解离能越小，键均裂时吸收的能量越少，因此也就容易被取代。不同类型 C—H 键的解离能如下：

解离能

$$CH_3{-}H \longrightarrow CH_3\cdot + H\cdot \qquad\qquad 435 kJ\cdot mol^{-1}$$
$$CH_3CH_2CH_2{-}H \longrightarrow CH_3CH_2CH_2\cdot + H\cdot \qquad\qquad 406 kJ\cdot mol^{-1}$$
$$(CH_3)_2CH{-}H \longrightarrow (CH_3)_2CH\cdot + H\cdot \qquad\qquad 394 kJ\cdot mol^{-1}$$
$$(CH_3)_3C{-}H \longrightarrow (CH_3)_3C\cdot + H\cdot \qquad\qquad 377 kJ\cdot mol^{-1}$$

共价键的解离能越小，C—H 键越容易断裂，形成自由基所需要的能量越低，自由基越容易形成，所含有的能量就越低，结构就越稳定。自由基的稳定性次序为：$3°R\cdot > 2°R\cdot > 1°R\cdot > CH_3\cdot$。这与卤化反应中叔氢、仲氢、伯氢被取代的活性次序是一致的。

关于自由基的稳定性，也可以利用电子效应来判断（见第 3 章 3.3.3.3）。

（4）卤素的反应活性与选择性

除了以上氯化反应外，其它的卤素也能与烷烃发生卤化反应，只是表现出不同的反应活性。卤素的相对反应活性次序是：氟＞氯＞溴＞碘。氟很活泼，故烷烃与氟反应非常剧烈，不易控制，并放出大量热，甚至会引起爆炸。碘的活性较低，且碘化反应是吸热反应，活化能也很大，反应不易进行。其中具有实际意义的卤化反应只有氯化和溴化反应。表 2-4 的数据可以很好地解释各种卤素与烷烃的反应活性。

表 2-4　甲烷卤化的反应热与活化能

速率控制步骤	$X\cdot + CH_3{-}H \longrightarrow$	$CH_3\cdot + HX$	$\Delta H/(kJ\cdot mol^{-1})$	$E_a/(kJ\cdot mol^{-1})$
F	439.3	568.2	−128.9	4.2
Cl	439.3	431.8	7.5	16.7
Br	439.3	366.1	73.2	75.6
I	439.3	298.3	141	＞141

进一步研究不同卤素与烷烃的反应时发现，不同卤素对烷烃分子中氢原子的选择性也不同。例如：

$$CH_3CH_2CH_3 + Br_2 \xrightarrow{h\nu} CH_3CH_2CH_2Br + CH_3\underset{\underset{Br}{|}}{C}HCH_3$$

1-溴丙烷（3%）　2-溴丙烷（97%）

$$CH_3CH_2CH_3 + Cl_2 \xrightarrow{h\nu} CH_3CH_2CH_2Cl + CH_3\underset{\underset{Cl}{|}}{C}HCH_3$$

1-氯丙烷（43%）　2-氯丙烷（57%）

$$CH_3\overset{\overset{CH_3}{|}}{\underset{\underset{CH_3}{|}}{C}}H + Br_2 \xrightarrow{h\nu} CH_3\overset{\overset{CH_3}{|}}{\underset{\underset{CH_2Br}{|}}{C}}H + CH_3\overset{\overset{CH_3}{|}}{\underset{\underset{CH_3}{|}}{C}}Br$$

异丁基溴（痕量）　叔丁基溴（＞99%）

可见，溴化反应的选择性比氯化反应高。反应中，溴原子对烷烃分子中活性较大的叔氢原子有较高的选择性（伯氢：仲氢：叔氢≈1：82：1600）。无论是氯化反应还是溴化反应，温度越高，反应选择性越差。

2.1.6.2 氧化反应

在常温下，烷烃一般不与氧化剂（如高锰酸钾水溶液、臭氧等）反应，也不与空气中的氧气反应。但在空气或氧气存在下点燃，可以燃烧生成二氧化碳和水，同时放出大量的热量。例如：

$$CH_4 + 2O_2 \longrightarrow CO_2 + 2H_2O \qquad \Delta H = -243kJ \cdot mol^{-1}$$

$$2C_2H_6 + 7O_2 \longrightarrow 4CO_2 + 6H_2O \qquad \Delta H = -1560.8kJ \cdot mol^{-1}$$

烷烃的燃烧反应在自然界中被广泛应用，例如沼气、天然气的主要成分就是甲烷，它们通常都是作为燃料使用。反应的重要性不在于生成二氧化碳和水，而是反应中放出大量的热，可直接利用热能。而汽油等燃料油作为内燃机燃料的基本原理也是基于产生的热能使压力增加转换成机械能。

在着火点以下，烷烃也会发生自动氧化反应。在生活中经常遇见这样的现象，人老了皮肤有皱纹，橡胶制品用久了变硬变黏，塑料制品用久了变硬易裂，食用油放久了变质，这些现象称为老化。老化过程很缓慢，老化的原因首先是空气中的氧进入具有活泼氢的各种分子中而发生自动氧化反应，继而再发生其它反应。烷烃中具有叔氢（除此以外，醛基中的氢、醚 α 位的氢、烯丙位的氢）可与氧发生自由基反应。

烃基过氧化氢（R_3COOH）或其它过氧化物具有—O—O—键，这是一个弱键，在适当的温度下很容易分解，产生自由基，自由基引发链反应，产生大量自由基，促使反应很快进行，并放出大量的热，这是过氧化物产生爆炸的原因。过氧乙酸是一种很好的消毒剂，能杀死很多细菌和病毒，如 2003 年春季重症急性呼吸综合征（SARS）流行时曾采用过氧乙酸消毒，但在运输和使用中一定要注意安全，严防发生意外事故。

生物体的许多化学反应都与氧有关。氧的一些代谢产物及其含氧的衍生物，由于它们都含有氧，并具有较活泼的性质，故称为活性氧。活性氧一般是指超氧阴离子自由基（$\cdot O_2^-$）、羟自由基（$\cdot OH$）、单线态氧（$^1O_2$）和过氧化氢（H_2O_2）。由它们可衍生含氧有机自由基（$RO\cdot$）、有机过氧化物自由基（$ROO\cdot$）和过氧化物（$ROOH$）。

生物自由基的来源有外源性和内源性两种。外源性自由基是由物理或化学等因素产生；内源性自由基是由体内的酶促反应和非酶促反应产生。在生理状况下，机体一方面不断产生自由基，另一方面又不断清除自由基。处于产生与清除平衡状态的生物自由基，不仅不会损伤机体，还参与机体的生理代谢，也参与前列腺素和 ATP 等生物活性物质的合成。当吞噬细胞在对外源性病原微生物进行吞噬时，就生成大量活性氧以杀灭之。一旦自由基的产生和清除失去平衡，过多的自由基就会对机体造成损害，可使蛋白质变性、酶失活、细胞及组织损伤，从而引起多种疾病，并可诱发癌症和导致衰老。

2.1.6.3 裂解反应

烷烃在没有氧气存在下的热分解反应称为裂解反应或热解反应。裂解反应是个复杂的过程，其产物为许多化合物的混合物。而且烷烃分子中所含碳原子数越多，产物也越复杂，反应条件不同，产物也相应不同。但从主要反应的实质上看，无非是 C—C 键和 C—H 键断裂分解的反应。由于 C—C 键的键能（347kJ·mol^{-1}）小于 C—H 键的键能（414kJ·mol^{-1}），一般 C—C 键较 C—H 键更容易断裂。例如：

$$CH_3CH_2CH_2CH_3 \longrightarrow \begin{cases} CH_4 \ + \ C_3H_6 \\ CH_3CH_3 \ + \ C_2H_4 \\ C_4H_8 \ + \ H_2 \end{cases}$$

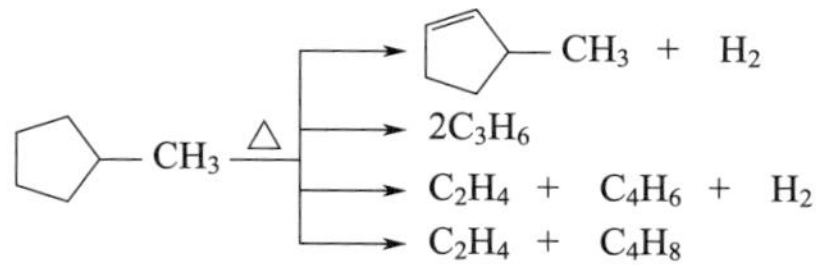

$$\text{环戊基}-CH_3 \xrightarrow{\triangle} \begin{cases} \text{环戊烯}-CH_3 \ + \ H_2 \\ 2C_3H_6 \\ C_2H_4 \ + \ C_4H_6 \ + \ H_2 \\ C_2H_4 \ + \ C_4H_8 \end{cases}$$

　　烷烃的裂解主要是由较长碳链的烷烃分解为较短碳链和烯烃的混合物，但同时也有异构化、环化、芳构化、缩合和聚合等反应伴随发生。裂解反应是石油化工行业的一个重要反应，其将高沸点馏分裂解为低沸点汽油和柴油，并从中得到乙烯、丙烯等化工原料。

2.1.6.4　异构化反应

　　化合物从一种异构体转变成另一种异构体的反应，称为异构化反应。在适当条件下，直链烷烃可以发生异构化反应转变成为支链烷烃。例如：

$$CH_3CH_2CH_2CH_3 \xrightarrow[\text{HBr}]{AlBr_3} CH_3\overset{\overset{\displaystyle CH_3}{\displaystyle |}}{C}HCH_3$$

　　又如，正己烷在无水氯化铝和盐酸三乙胺形成的离子液体催化剂的作用下，可以转变为2-甲基戊烷、3-甲基戊烷、2,2-二甲基丁烷和2,3-二甲基丁烷四种异构体。

　　利用烷烃的异构化反应，可以提高汽油的质量。表示汽油抗爆性的辛烷值就是以异辛烷和正庚烷为基准的。

2.2　环烷烃

　　环烷烃是指分子中具有以碳原子通过单键互相连接而成的环状骨架结构的饱和烃。根据分子中碳环的数目可分为单环烷烃、二环烷烃和多环烷烃。环烷烃可分为小环（三元环、四元环）、普通环（五元环、六元环）、中环（七元环至十二元环）及大环（十二元环以上）烷烃。

2.2.1　环烷烃的命名

　　本节主要学习单环烷烃和双环烷烃的命名。

2.2.1.1　单环烷烃的命名

　　单环烷烃的通式为C_nH_{2n}，与同碳数的烯烃互为同分异构体。单环烷烃的命名与烷烃相似，只是在同数碳原子的链状烷烃的名称前加"环"（cyclo）字，称作"环某烷"。例如三个碳原子的环烷烃叫环丙烷。若环上仅有一个取代基，将环上的支链看作取代基，其名称放在"环某烷"的前面。若环上有多个取代基，遵循"最低位次组"原则进行编号，使取代基的编号尽可能小，并按照英文名称的字母顺序依次写出。例如：

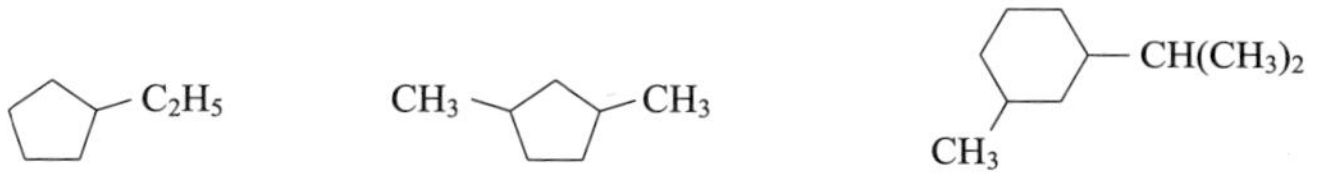

乙基环戊烷
ethylcyclopentane

1,3-二甲基环戊烷
1,3-dimethylcyclopentane

1-异丙基-3-甲基环己烷
1-isopropyl-3-methylcyclohexane

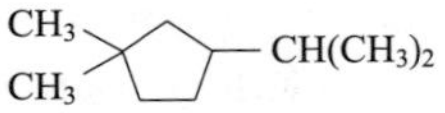

3-isopropyl-1, 1-二甲基环戊烷
3-isopropyl-1, 1-dimethylcyclopentane

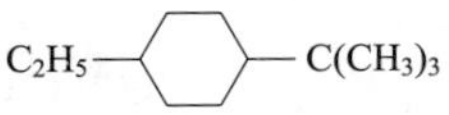

1-叔丁基-4-乙基环己烷
1-*tert*-butyl-4-ethylcyclohexane

当环上有复杂取代基时，可将环作为取代基命名。例如：

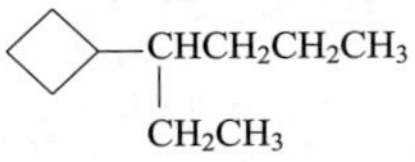

3-环丁基己烷
3-cyclobutylhexane

由于碳原子连成环，环上 C—C 单键受环的限制而不能自由旋转，所以当成环的两个碳原子各连有不同的原子或基团时，即可产生顺（*cis-*）、反（*trans-*）两种异构体。两个取代基位于环平面同侧的，称为顺式异构体；位于环平面异侧的，则称为反式异构体。顺式和反式异构体是由于键不能自由转动，导致分子中的原子或基团在空间的排列方式不同，而产生的两种构型不同的异构体，所以顺反异构是立体异构中的一种。例如 1,4-二甲基环己烷，具有顺式和反式两种异构体：

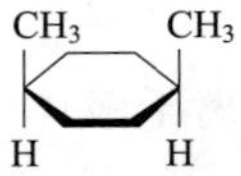

顺-1, 4-二甲基环己烷
cis-1, 4-dimethylcyclohexane

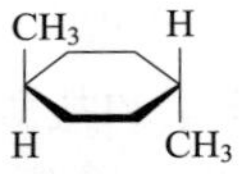

反-1, 4-二甲基环己烷
trans-1, 4-dimethylcyclohexane

在旧版命名法中，单环烷烃的命名与烷烃相似，只是在同数碳原子的链状烷烃的名称前加"环"字，称作"环某烷"。例如三个碳原子的环烷烃叫环丙烷。若环上仅有一个取代基，将环上的支链看作取代基，其名称放在"环某烷"的前面。若环上有多个取代基，将成环碳原子编号，编号时，按次序规则给较优基团以较大的编号，且使取代基的编号尽可能小。例如：

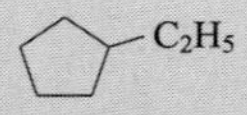

乙基环戊烷

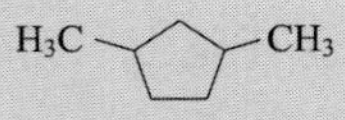

1, 3-二甲基环戊烷

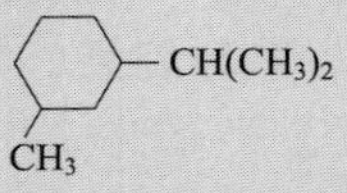

1-甲基-3-异丙基环己烷

当环上有复杂取代基时，可将环作为取代基命名。例如：

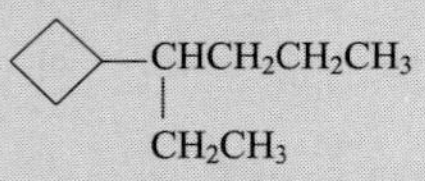

3-环丁基己烷

2.2.1.2 双环烷烃的命名

由两个碳环组成的环烷烃是双环烷烃。其中两环共用一个碳原子的双环化合物叫螺环化合物（spiro compound）；两环共用两个或多个碳原子的双环化合物叫桥环化合物（bridged compound）。

螺环化合物中，两环共用的碳原子称为螺碳原子。命名螺环化合物时，根据成环碳原子总数称为"螺某烷"。螺环的编号是从螺原子的邻位碳开始，由小环经螺原子至大环，并使环上取代基的立次最小。将连接在螺原子上的两个环的碳原子数，按由少到多的顺序写在方括号中，数字之间用下角圆点隔开，标在"螺"字与烷烃名之间。环上有取代基时，需要标出其位置。例如：

螺[3.4]辛烷	4-甲基螺[2.4]庚烷	5-乙基-2-甲基螺[3.5]庚烷
spiro[3.4]octane	4-methylspiro[2.4]heptane	5-ethyl-2-methylspiro[3.5]nonane

桥环化合物中环与环间相互连接的两个碳原子，称为"桥头"碳原子；连接在桥头碳原子之间的碳键则称为"桥路"。命名双桥环化合物时，根据成环碳原子总数称为"双环某烷或二环某烷"。在双环或二环与某烷之间加入方括号，然后在方括号内按桥路所含碳原子的数目由多到少的顺序列出，数字之间用下角圆点隔开。编号的顺序是从一个桥头开始，沿最长桥路到第二桥头，再沿次长桥路回到第一桥头，最后给最短桥路编号，并使取代基位次最小。例如：

  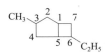

二环[4.2.0]辛烷	二环[3.2.1]辛烷	6-乙基-3-甲基二环[3.2.0]庚烷
bicyclo[4.2.0]octane	bicyclo[3.2.1]octane	6-ethyl-3-methylbicyclo[3.2.0]heptane

2.2.2 环烷烃的结构与环的稳定性

燃烧热（heat of combustion）是指 1mol 有机物完全燃烧生成二氧化碳和水时所放出的热量。燃烧热与分子中所含碳和氢原子数目有关，开链烷烃分子中每增加一个甲叉基（—CH_2—），燃烧热增加 $658.6kJ \cdot mol^{-1}$。环烷烃的燃烧热也与甲叉基单元的数量有关，但与开链烷烃不同的是，环烷烃分子中每个甲叉基单元的燃烧热是不相同的，而是因环的大小不同存在明显的差异，见表 2-5。

表 2-5 一些环烷烃的燃烧热

名称	成环碳原子数	分子燃烧热 /(kJ·mol^{-1})	每个 CH_2 的平均燃烧热 /(kJ·mol^{-1})	与开链烷烃燃烧热的差 /(kJ·mol^{-1})
环丙烷	3	2091.3	697.1	38.5
环丁烷	4	2744.1	686.2	27.6
环戊烷	5	3320.1	664.0	5.4
环己烷	6	3951.7	658.6	0
环庚烷	7	4636.7	662.3	3.7
环辛烷	8	5313.9	664.2	5.6
环壬烷	9	5981.0	664.4	5.8
环癸烷	10	6635.8	663.6	5.0
环十四烷	14	9220.4	658.6	0.0
环十五烷	15	9884.7	659.0	0.4
开链烃			658.6	

从表 2-5 中可以看出，从环丙烷到环己烷随着环的增大，每个甲叉基的平均燃烧热值逐渐下降，环越小则每个甲叉基单元的燃烧热越大，越不稳定。从环庚烷开始，每个甲叉基的

平均燃烧热值趋于恒定。其中环己烷和环十四烷分子中每个甲叉基的燃烧热与开链烷烃每个甲叉基的燃烧热相当。因此，环烷烃稳定性的排列次序是：环己烷＞环戊烷＞环丁烷＞环丙烷。随着环碳原子数的增加，中环烷烃出现一定的张力，到十二碳环以上的大环脂环烃便趋近环己烷的稳定性。

为了解释环的大小与环烷烃稳定性之间的关系，1885 年拜耳（A. von Bayer）提出了张力学说。该学说的论点是建立在碳原子成环时都处于同一平面，即具有平面的分子结构。并根据正四面体的模型，假设成环后键角为 109°28′（近似 109.5°）的环状化合物不仅稳定，而且容易形成。

张力学说认为环丙烷的三个碳原子在同一平面成正三角形，键角为 60°，环丁烷是正四边形，键角为 90°。由于烷烃的键角接近 109°28′，所以形成环丙烷时，每个键必须向内偏转 24°44′ [（109°28′－60°)/2]，形成环丁烷时，每个键向内偏转 9°44′。键的偏转使分子内部产生了张力，这种张力是由于键角的偏转而产生，故称角张力。键的偏转角度越大，张力也越大，环就越不稳定而易发生开环反应，以解除张力，生成较稳定的开链化合物。环丙烷的

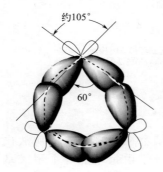

图 2-8　环丙烷分子轨道的重叠

偏转角度比环丁烷大，所以环丙烷更易开环。环戊烷和环己烷的键角均接近 109°28′，所以不易开环，化学性质稳定。

现代理论认为：脂环烃分子中的碳原子都以 sp^3 杂化轨道成键，当键角为 109°28′时，碳原子的 sp^3 杂化轨道才能达到最大重叠。在环丙烷分子中，两条 C—C 键的夹角为 60°，所以 sp^3 杂化轨道彼此不能沿键轴方向达到最大程度的重叠，从而减弱了键的强度和稳定性。根据 X 射线衍射解析和量子力学计算，环丙烷的 C—C 键的夹角约为 105°，成键时杂化轨道以弯曲方向进行部分重叠，所形成的这种"弯曲键"比正常形成的 σ 键弱，并产生很大的张力，导致分子的不稳定，如图 2-8 所示。环丙烷的不稳定性表现在具有较高的燃烧热和化学活性上。

2.2.3 环烷烃的构象

2.2.3.1 环己烷的构象

环己烷分子中 6 个碳原子不在同一平面，其 C—C—C 键角为 109.5°，没有角张力。通过绕 σ 键的旋转和键角的扭动可以得到椅式和船式两种不同的构象方式，如图 2-9 所示。

环己烷的椅式和船式两种构象之间可以相互转变，在常温下，处于相互转变的动态平衡体系中，椅式构象比船式构象能量低 29.7kJ·mol^{-1}，故常温下主要以能量较低的最稳定的椅式构象存在。

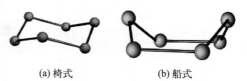

(a) 椅式　　　　(b) 船式

图 2-9　环己烷的椅式和船式构象

环己烷的椅式构象不仅没有角张力，而且所有相邻碳原子上的氢原子都处于交叉式，因而不存在重叠式所引起的扭转张力。此外，环上处于间位的两个碳上的同向平行氢原子间的距离最大，约为 0.250nm，与两个氢原子的范德瓦耳斯半径之和 0.240nm 相近，几乎不产生斥力，这些因素导致环己烷的椅式构象高度稳定。

环己烷的船式构象中 C2 和 C3、C5 和 C6 处于全重叠式，有较大的扭转张力。此外，船头上（C1 和 C4）两个氢原子相距较近（约 0.183nm），远小于两个氢原子的范德瓦耳斯半径之和（0.240nm），因而存在由于空间拥挤所引起的斥力，亦称跨环张力，这两种张力的

存在使船式构象能量升高，所以环己烷的船式构象较不稳定，如图 2-10 所示。

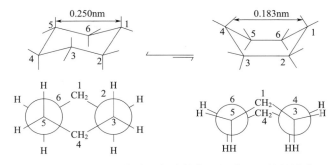

图 2-10 环己烷的椅式和船式构象透视式和纽曼投影式

在环己烷的椅式构象中，C1、C3、C5 在同一环平面上，C2、C4、C6 在另一环平面上，这两个环平面相互平行，穿过环中心并垂直于环平面的轴称为对称轴，据此可将环己烷中 12 个 C—H 键分为两种类型：一类是垂直于环平面的 6 个 C—H 键，即与对称轴平行，称为直立键（竖键）或 a 键（axial bond），3 个向上，3 个向下，交替排列；另一类是 6 个与竖直键（对称轴）呈 109°28′ 夹角的，称为平伏键（横键）或 e 键（equatorial bond）。每个碳原子上具有一个 a 键，一个 e 键，如 a 键向上则 e 键向下，在环中上下交替排列，如图 2-11 所示。

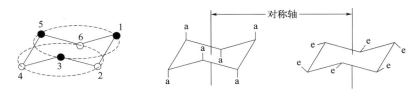

图 2-11 椅式构象的环平面、对称轴及直立键和平伏键

椅式环己烷通过环内 C—C 键的扭曲，可从一种椅式构象转变为另一种椅式构象。这种椅式构象的翻转作用，使原来环上的 a 键全部变为 e 键，而原来的 e 键则全部变为 a 键，但键在环上方或环下方的空间取向不变，如图 2-12 所示。

图 2-12 环己烷转环中的 a 键与 e 键相互转变

2.2.3.2 取代环己烷的构象

单取代环己烷的取代基可以处于 a 键，也可以处于 e 键，从而出现两种可能的构象。这两种构象异构体可以通过翻转作用而互相转换，达到平衡。一般情况下，e 键取代的构象能量较低，为优势构象。这是由于当取代基处在 a 键上时，与 C3、C5 上处于 a 键的氢原子相距较近，小于其范德瓦耳斯半径，存在着较大的空间排斥力（范德瓦耳斯张力），能量较高，不稳定；而当取代基处于 e 键上时，与所有碳上的处于 a 键的氢原子相距较远，空间张力较小，能量较低，较稳定。如甲基环己烷构象中，在常温下，两种椅式构象互相转换达到动态平衡时，甲基处于 e 键的构象约占 95%，处于 a 键的构象约占 5%，如图 2-13 所示。

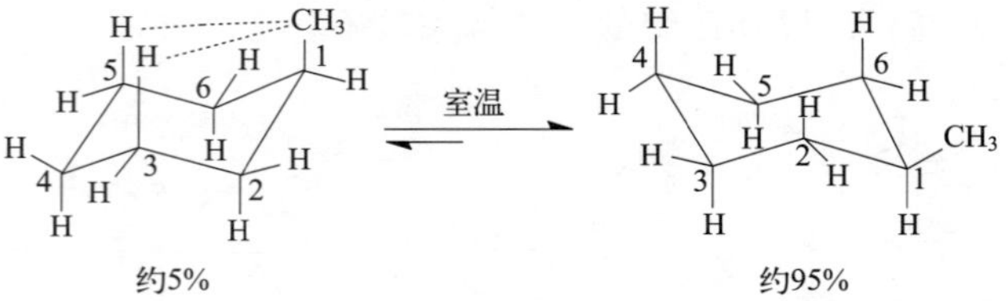

图 2-13　甲基在 a 键和 e 键的椅式构象

此外，通过纽曼投影式也看出，甲基处于 e 键时为最稳定的间位交叉式，甲基处于 a 键时为次稳定的邻位交叉式，如图 2-14 所示。

图 2-14　甲基在 a 键和 e 键的纽曼投影式

因此，环己烷的一元取代物一般倾向于取代基连在 e 键，而且取代基体积越大，取代基处于 e 键上的构象概率越大，例如，叔丁基环己烷 99.99％ 是叔丁基处于 e 键的构象。如果环上有两个不同的取代基时，一般规律是大的取代基优先处于 e 键。多取代的环己烷，则是取代基处于 e 键最多的一般是最稳定的构象。

2.2.4　环烷烃的物理性质

环烷烃难溶于水，比水轻。环烷烃的熔点、沸点和相对密度均比含相同碳原子数的链烷烃高，这主要是由于环烷烃具有较大的对称性和刚性，使得分子间的作用力较强之故。环烷烃的物理性质递变规律与烷烃相似，即随着成环碳原子数的增加，熔点和沸点升高。常见环烷烃的物理性质见表 2-6。

表 2-6　常见环烷烃的物理性质

名称	熔点/℃	沸点/℃	相对密度 d_4^{20}（液态时）	折射率（n_D^{20}）
环丙烷	−127.6	−32.9	0.720(−79℃)	
环丁烷	−80.0	11.0	0.703(0℃)	1.4260
环戊烷	−94.0	49.5	0.745	1.4064
环己烷	6.5	80.8	0.779	1.4266
环庚烷	−12.0	117.0	0.810	1.4449
环辛烷	11.5	147.0	0.830	1.458

2.2.5　环烷烃的化学性质

普通环烷烃与烷烃的化学性质相似，易发生取代反应，三元环和四元环这样的小环由于存在着张力，环稳定性差，容易开环进行加成反应。在常温下，环烷烃对氧化剂稳定，不容易与高锰酸钾水溶液或臭氧反应。下面主要讨论环烷烃的取代和加成反应。

2.2.5.1　取代反应

与烷烃类似，在光照或高温条件下，环烷烃（小环烷烃除外）能与卤素发生取代反应，反应也是按照自由基反应历程进行。例如：

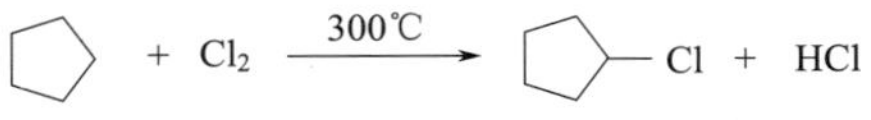

$$\text{环戊烷} + Cl_2 \xrightarrow{300℃} \text{氯代环戊烷-Cl} + HCl$$

氯代环戊烷

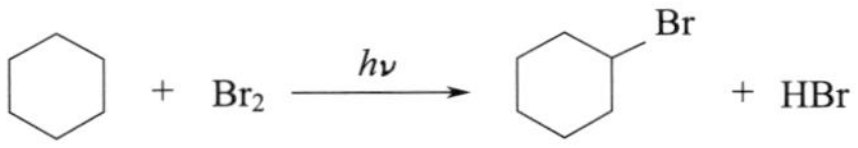

$$\text{环己烷} + Br_2 \xrightarrow{h\nu} \text{溴代环己烷(Br)} + HBr$$

溴代环己烷

2.2.5.2　催化氢化

在催化剂的作用下，环烷烃可与氢气反应，开环一边加上一个氢原子，生成开链的烷烃。环丙烷在 80℃ 时即可加氢生成丙烷，环丁烷在 200℃ 时可加氢生成丁烷，而环戊烷需要强烈的反应条件才能开环加氢，环己烷及更高级的环烷烃开环加氢则更为困难。例如：

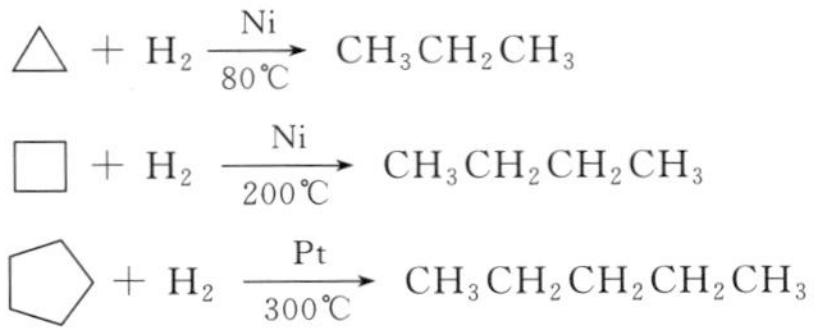

$$\triangle + H_2 \xrightarrow[80℃]{Ni} CH_3CH_2CH_3$$

$$\square + H_2 \xrightarrow[200℃]{Ni} CH_3CH_2CH_2CH_3$$

$$\text{环戊烷} + H_2 \xrightarrow[300℃]{Pt} CH_3CH_2CH_2CH_2CH_3$$

2.2.5.3　与卤素或卤化氢的开环反应

环丙烷及其衍生物在常温下易与卤素（X_2）发生加成反应而开环，环丁烷则需在加热条件下才能开环。例如：

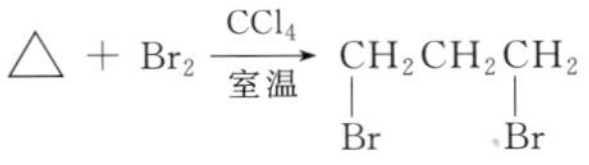

$$\triangle + Br_2 \xrightarrow[\text{室温}]{CCl_4} \underset{Br}{CH_2}CH_2\underset{Br}{CH_2}$$

1,3-二溴丙烷

$$\square + Br_2 \xrightarrow{\triangle} \underset{Br}{CH_2}CH_2CH_2\underset{Br}{CH_2}$$

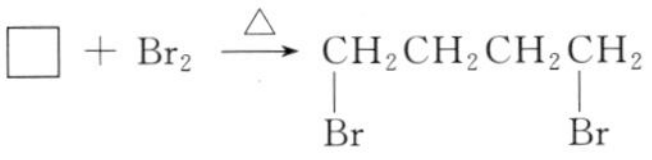

1,4-二溴丁烷

五元以上的环烷烃很难与卤素发生开环加成反应，当温度升高时则发生自由基取代反应。

利用环丙烷在室温下与溴的四氯化碳溶液反应，能使溴的红棕色褪色的性质，可用于环丙烷类化合物与烷烃及其它环烷烃的鉴别。

类似于加卤素，环丙烷也很容易与卤化氢（HX）发生加成反应。例如：

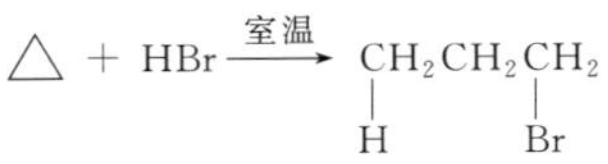

$$\triangle + HBr \xrightarrow{\text{室温}} \underset{H}{CH_2}CH_2\underset{Br}{CH_2}$$

取代环丙烷在常温下也可与卤化氢发生加成反应而开环，开环发生在含氢最多和最少的两个碳原子之间。卤化氢中的氢原子与环丙烷中含氢较多的碳原子结合，卤原子与含氢较少的碳原子结合。例如：

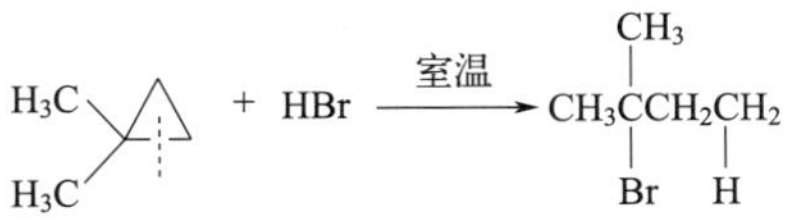

$$H_3C\overset{}{\underset{H_3C}{>}}\triangle + HBr \xrightarrow{\text{室温}} CH_3\underset{Br}{\overset{CH_3}{C}}CH_2\underset{H}{CH_2}$$

环丁烷及其以上的环烷烃常温下则难以与卤化氢发生加成反应。

2.3 饱和烃的主要来源和制备

2.3.1 饱和烃的来源

烷烃和环烷烃的工业来源主要是石油。石油是古代的动植物经细菌、地热、压力及其它无机物等漫长的催化作用而生成的物质。虽然因产地不同而成分各异，但其主要成分是各种烃（开链烷烃、环烷烃、芳香烃和杂环芳烃等）的复杂混合物。从油田得到的原油通常是深褐色的黏稠液体，根据不同的需要经分馏而得到各种不同的馏分，如表 2-7 所示。

表 2-7 石油的主要馏分

馏分	组分	沸点范围/℃
天然气	$C_1 \sim C_4$	<20
石油醚	$C_5 \sim C_6$	$20 \sim 60$
汽油	$C_4 \sim C_{12}$	$40 \sim 200$
煤油	$C_{10} \sim C_{16}$	$175 \sim 275$
柴油	$C_{15} \sim C_{20}$	$250 \sim 400$
润滑油	$C_{18} \sim C_{22}$	>300
沥青	C_{22} 以上	不挥发

从石油中分离出来的汽油、煤油、柴油以及润滑油最初只是用作燃料和润滑剂，随着以石油为原料的有机化工的迅速发展，石油产业已成为基础化工和能源化工的根本，在国民经济的发展中占有极其重要的地位。

烷烃和环烷烃的另一来源是天然气。所谓天然气是自然形成的蕴藏于地层中的烃类和非烃类气体。天然气的主要成分为甲烷，其次为乙烷和丙烷，此外还含有少量的其它烷烃。

2.3.2 饱和烃的制备

（1）烯烃和芳烃加氢
利用不饱和烃和芳烃加氢来制备相应的烷烃和环烷烃。例如：

$$CH_3CH=CHCH_3 + H_2 \xrightarrow[25℃, 5MPa]{Ni, C_2H_5OH} CH_3CH_2CH_2CH_3$$

$$\bigcirc + 3H_2 \xrightarrow[180\sim210℃, 2.8MPa]{Ni} \bigcirc$$

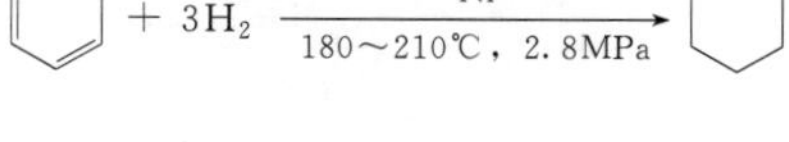

（2）由卤代烷制备
利用卤代烷与锌或钠反应，二者之间发生分子内偶联，生成环烷烃。例如：

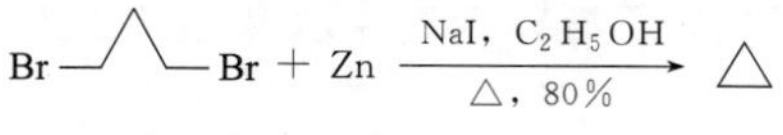

$$Br{-}\diagdown\diagup{-}Br + Zn \xrightarrow[\triangle, 80\%]{NaI, C_2H_5OH} \triangle$$

也可利用还原剂将卤代烷还原为烷烃。例如：

$$CH_3CH_2CH_2\underset{CH_3}{CH}{-}Cl \xrightarrow{LiAlH_4 \atop THF} CH_3CH_2CH_2\underset{CH_3}{CH}{-}H$$

（3）脱羧法

羧酸钠在一定条件下分解可以用来制备烷烃。例如：

$$CH_3COONa + NaOH \xrightarrow[\text{熔融}]{CaO} CH_4 + Na_2CO_3$$

扫码获取本章课件和微课

习 题

1. 写出分子式为 C_6H_{14} 的烷烃和 C_6H_{12} 的环烷烃的所有构造异构体，用短线式或缩简式表示。

2. 将下列各组化合物分别按照沸点和熔点由高到低排序。

（1）A. 3,3-二甲基戊烷　　　B. 2-甲基庚烷　　　C. 正己烷　　　D. 正庚烷

（2）A. 2,2,3,3-四甲基丁烷　　B. 3-甲基庚烷　　　C. 辛烷　　　D. 2-甲基己烷

3. 用系统命名法命名下列化合物。

（1）$CH_3CH_2CH_2CH_2CHCH_2CH_3$
　　　　　　　　　　　　　$|$
　　　　　　　　　　　　$CH_2CH_2CH_3$

（2）

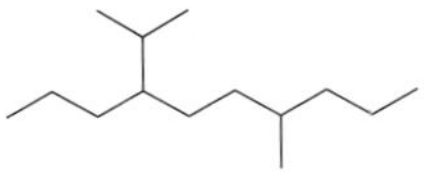

（3）$CH_3CHCH_2CH_2CH_2CHCHCH_3$
　　　　$|$　　　　　　　$|$　$|$
　　　CH_2CH_3　　$CH_2CH_2CH_3$ CH_3

（4）

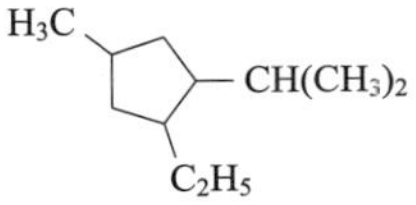

（5）

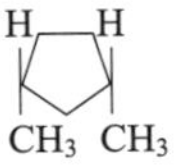

（6）

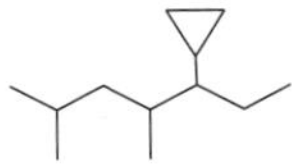

（7）

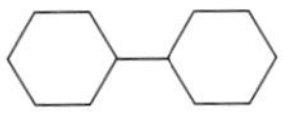

（8）

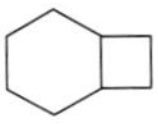

（9）

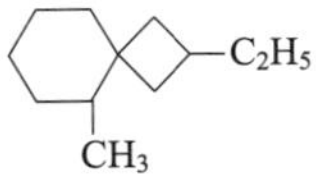

（10）

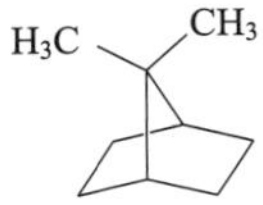

4. 写出下列化合物的结构式（2017 版）。

（1）3-乙基-4-异丙基庚烷

（2）反-1-异丙基-4-甲基环己烷（优势构象）

（3）4-叔丁基-2,2-二甲基辛烷

（4）新戊烷

（5）二环［3.3.0］辛烷

（6）4-甲基螺［2.5］辛烷

5. 写出下列化合物的结构式（旧版）。

（1）3-乙基-4-异丙基庚烷　　　（2）反-1-甲基-4-异丙基环己烷（优势构象）

（3）2,2-二甲基-4-叔丁基辛烷　　（4）新戊烷

（5）二环［3.3.0］辛烷　　　（6）4-甲基螺［2.5］辛烷

6. 下列化合物的系统命名是否正确，若有错误请改正。

（1）$CH_3CHCH_2CHCH_2CH_2CH_3$
　　　　$|$　　$|$
　　　CH_3　CH_3

　　　　2,4-甲基庚烷

（2）$(CH_3)_2CHCH_2CH_2CHCH_2CH_3$
　　　　　　　　　　　　　$|$
　　　　　　　　　　　　C_2H_5

　　　　1,1-二甲基-3-乙基戊烷

（3）$CH_3CH_2CH_2CHCH_2CH_3$
　　　　　　　　　$|$
　　　　　　　$CH(CH_3)_2$

　　　　3-异丙基己烷

7. 完成下列反应。

(1) $CH_4 + Cl_2$ (过量) $\xrightarrow{h\nu\ 或高温}$

(2) 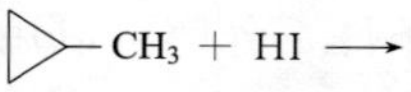 ▷—CH_3 + HI $\longrightarrow$

(3) ▷—CH_3 + Cl_2 $\longrightarrow$

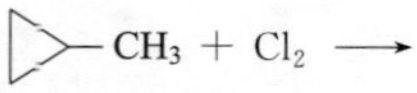

(4) 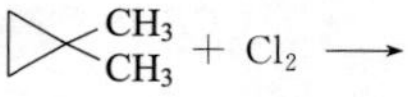 ◁$\begin{smallmatrix}CH_3\\CH_3\end{smallmatrix}$ + Cl_2 $\longrightarrow$

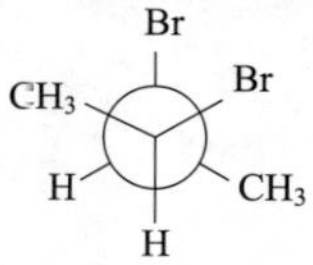

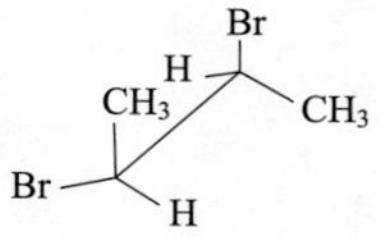

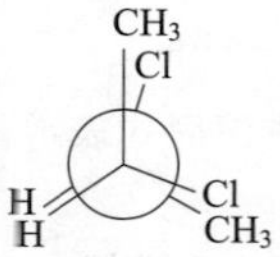

(5) 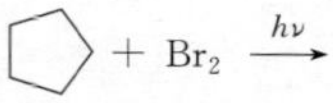 ⬠ + Br_2 $\xrightarrow{h\nu}$

(6) 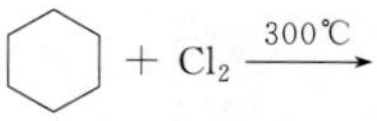 ⬡ + Cl_2 $\xrightarrow{300℃}$

8. 将下列的纽曼投影式改为透视式，透视式改为纽曼投影式。

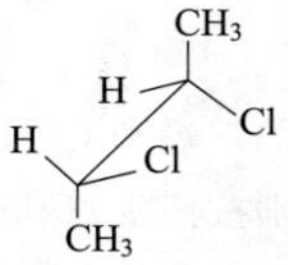

9. 已知烷烃的分子式为 C_6H_{14}，根据氯化产物的不同，试推测各烷烃的构造式。

(1) 一元氯代产物只有两种

(2) 一元氯代产物可以有三种

(3) 一元氯代产物可以有四种

10. 写出 2-甲基丁烷与氯气反应可能的一氯代产物，并推测各产物大致的含量。指出反应机制类型，可形成几个中间体，哪个中间体最稳定。

11. 将下列自由基按照稳定性大小排序。

(1) $CH_3\overset{\centerdot}{C}HCH_3$
       $|$
      CH_3

(2) $CH_3CHCH_2CH_2CH_2\centerdot$
            $|$
           CH_3

(3) $CH_3CH_2\overset{\centerdot}{C}(CH_3)_2$

(4) $CH_3\centerdot$

12. 用化学方法鉴别下列化合物。

(1) 丙烷与环丙烷   (2) 环丙烷与环戊烷

第3章 不饱和烃：烯烃、炔烃和二烯烃

含有碳碳重键（碳碳双键或/和碳碳三键）的烃统称为不饱和烃。其中含有一个碳碳双键的不饱和烃称为烯烃；含有一个碳碳三键的不饱和烃称为炔烃；含有两个碳碳双键的不饱和烃称为二烯烃。

3.1 烯烃

烯烃是一类含有碳碳双键的不饱和烃。由于烯烃比相应的烷烃少两个氢原子，故名烯烃，通式为 C_nH_{2n}。含相同碳原子个数的烯烃和单环烷烃互为构造异构体。

3.1.1 烯烃的结构

烯烃中最简单的是乙烯，分子式为 C_2H_4。近代物理学方法已证明，乙烯是一个平面结构，分子中所有原子都在一个平面中，键角都接近 $120°$，C=C 键长为 0.134nm，比 C—C 键（0.154nm）短，C—H 键长为 0.110nm。如图 3-1 所示。在乙烯分子中，两个碳原子都采取 sp^2 杂化形式。形成乙烯分子时，两个碳原子各以一个 sp^2 杂化轨道沿键轴方向以"头碰头"方式重叠形成一个 C—C σ键，又分别以两个 sp^2 杂化轨道与两个氢原子的 1s 轨道形成两

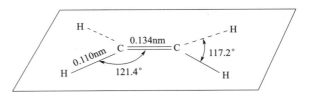

图 3-1 乙烯分子结构示意图

个 C—H σ键，这样形成的五个 σ键都处于同一平面。另外，每个碳原子余下的未参与杂化的 2p 轨道垂直于乙烯分子所在平面，彼此相互平行，以侧面"肩并肩"方式重叠形成一种新的分子轨道，即 π 轨道，在此轨道上的电子叫做 π 电子，所构成的键叫 π 键。如图 3-2 所示。

π键电子云不像 σ键的电子云那样集中于两个成键原子核之间的连线上，而是分布于分子平面的上方和下方，电子云呈平面对称，重叠程度低，这样原子核对 π 电子的束缚力较小，具有较大的流动性，比较容易断裂，因此，π 键比 σ键弱，π 键表现出较大的化学活泼性。经测定，C=C 的键能为 611kJ·mol^{-1}，与 C—C 的键能（347kJ·mol^{-1}）比较，C=C 双键的键能大于 C—C 单键，但又小于 C—C 键能的 2 倍。由此推断，π 键的键能小于

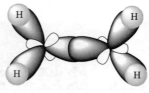
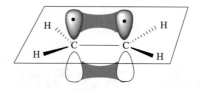

C——C和C——H σ键的形成   π键的形成

图 3-2   乙烯分子结构中的 σ 键和 π 键

σ 键的键能,这也证实了 π 键比 σ 键弱。π 键的成键方式决定了碳碳双键不能像 σ 键那样沿键轴自由旋转,如果旋转势必破坏双键,因此,双键碳上连接的原子和基团具有固定的空间排列。π 键与 σ 键的主要特点归纳如表 3-1 所示。

表 3-1   σ 键和 π 键的主要特点

σ 键	π 键
可单独存在,存在于任何共价键中	不能单独存在,只能在双键或三键中与 σ 键共存
成键轨道沿键轴"头碰头"重叠,重叠程度较大,键能较大,键较稳定	成键轨道"肩并肩"平行重叠,重叠程度较小,键能较小,键不稳定
电子云呈柱状,沿键轴呈圆柱形对称	电子云呈块状,通过键轴有一对称平面
电子云密集于两原子之间,受核的约束较大,键的极化性小	电子云分布在平面的上下方,受核的约束小,键的极化性大
成键的两个碳原子可以沿键轴自由旋转	成键的碳原子不能沿着键轴自由旋转

3.1.2 烯烃的异构现象和命名

3.1.2.1 烯烃的异构现象

烯烃的异构现象比烷烃复杂。四个碳以上的烯烃都有异构现象,烯烃不仅存在碳架异构,还存在双键位置异构。此外,当两个双键碳原子均连接不同的原子或基团时,还会产生烯烃的另一种异构现象——顺反异构(*cis-trans* isomerism)。

(1) 烯烃的构造异构

烯烃与同碳原子数的烷烃相比,其构造异构体的数目更多。如丁烯有丁-1-烯、丁-2-烯和 2-甲基丙烯三种构造异构体。例如:

$$CH_3CH_2CH{=\!=}CH_2 \qquad CH_3CH{=\!=}CHCH_3 \qquad CH_3\underset{\underset{CH_3}{|}}{C}{=\!=}CH_2$$

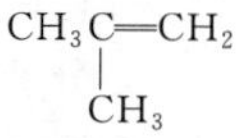

丁-1-烯   丁-2-烯   2-甲基丙烯

其中,丁-1-烯和丁-2-烯之间虽碳骨架相同,但双键的位置不同,这种异构现象称为位置异构。

(2) 烯烃的顺反异构

由于碳碳双键不能自由旋转,当双键碳原子上分别连接不同的原子或基团时,这些原子或基团在双键碳上有两种不同的空间排列方式,是两种不同的物质。例如:丁-2-烯就有下列两种异构体:

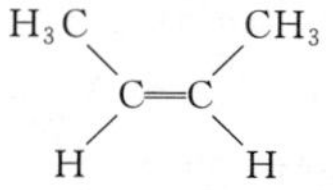

$$\underset{H}{\overset{H_3C}{\diagdown}}C{=\!=}\underset{H}{\overset{CH_3}{\diagup}} \qquad\qquad \underset{H}{\overset{H_3C}{\diagdown}}C{=\!=}\underset{CH_3}{\overset{H}{\diagup}}$$

顺式 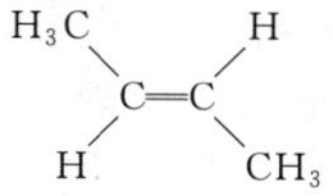   反式

　　两个相同的原子或基团在双键键轴同侧的称为顺式异构体（cis-isomer），在双键键轴不同侧的称为反式异构体（trans-isomer）。这种异构现象叫做顺反异构。顺反异构属于立体异构中的构型异构。顺反异构体之间在原子组成、成键原子连接顺序及官能团位置上均相同，只是分子中各原子或基团在空间的排列方式不同。分子中各原子或基团在空间的排列称为构型。构型与构象最重要的区别在于构型异构体之间不能通过 σ 键的旋转实现互变。

　　产生顺反异构必须具备两个条件：分子中存在着限制旋转的因素，如烯烃中的双键、某些脂环结构等；每个双键碳原子上均连接着不同的原子或基团。下列结构的烯烃都具有顺反异构体现象，例如：

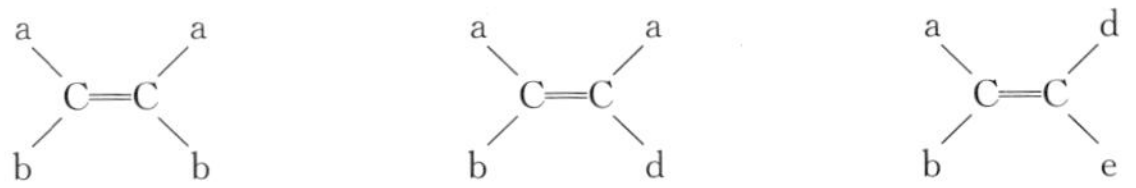

$$
\begin{array}{ccc}
\underset{b}{\overset{a}{C}}=\underset{b}{\overset{a}{C}} & \underset{b}{\overset{a}{C}}=\underset{d}{\overset{a}{C}} & \underset{b}{\overset{a}{C}}=\underset{e}{\overset{d}{C}}
\end{array}
$$

3.1.2.2　烯烃的命名

（1）烯基

烯烃分子中去掉一个氢原子后剩余的基团，称为烯基。常见的烯基如下：

$CH_2=CH-$	$\overset{3}{CH_2}=\overset{2}{CH}-\overset{1}{CH_2}$	$\overset{3}{CH_3}-\overset{2}{CH}=\overset{1}{CH}-$	$\overset{1}{CH_2}=\overset{2}{C}-\overset{\overset{3}{CH_3}}{\vert}$
乙烯基	丙-2-烯-1-基（烯丙基）	丙-1-烯-1-基（丙烯基）	丙-1-烯-2-基（异丙烯基）
vinyl	prop-2-en-1-yl（allyl）	prop-1-en-1-yl（propenyl）	prop-1-en-2-yl（isopropenyl）

烷烃去掉两个氢原子，连接分子骨架的同一原子（即双键）的叫做亚基。例如：

$CH_2=$	$CH_3CH=$	$CH_3CH_2CH=$	$CH_3\overset{\overset{CH_3}{\vert}}{C}=$
甲亚基	乙亚基	丙-1-亚基（丙亚基）	丙-2-亚基（异丙亚基）
methylidene	ethylidene	propan-1-ylidene（propylidene）	propan-2-ylidene（isopropylidene）

> 　　在旧版命名法中，烯烃分子中去掉一个氢原子后剩余的基团，称为烯基。必要时加以定位，定位数放在基名之前，定位时碳原子的编号以连接基的碳原子编号为1。常见的烯基如下：
>
> | $CH_2=CH-$ | $\overset{3}{CH_2}=\overset{2}{CH}-\overset{1}{CH_2}$ | $\overset{3}{CH_3}-\overset{2}{CH}=\overset{1}{CH}-$ |
> |---|---|---|
> | 乙烯基 | 2-丙烯基（烯丙基） | 1-丙烯基（丙烯基） |

（2）烯烃的命名

　　a. 普通命名法　烯烃的命名类似于烷烃，简单烯烃常用普通命名法命名，可根据烯烃含有的碳原子数目，称为"某烯"，英文名称以"-ene"结尾。例如：

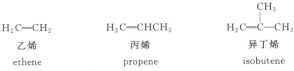

$H_2C=CH_2$	$H_2C=CHCH_3$	$H_2C=\overset{\overset{CH_3}{\vert}}{C}-CH_3$
乙烯	丙烯	异丁烯
ethene	propene	isobutene

　　b. 系统命名法　结构较复杂的烯烃一般采用系统命名法，其命名法的要点如下：

　　① 选择最长的碳链为母体氢化物，当含有多条相等的最长碳链时，应选择含有双键的最长碳链为母体氢化物。

　　② 从靠近双键的一端开始依次为主链碳原子编号。

　　③ 将取代基的位次、数目、名称写在母体氢化物名称之前，其原则和书写格式与烷烃相同。

④ 当烯的主链碳原子个数超过 10 个时，命名时汉字数字与烯字之间应加一个"碳"字。

例如：

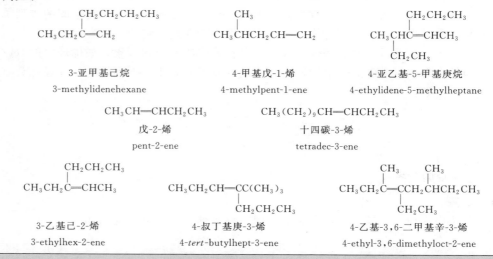

CH₃CH₂C=CH₂ 带 CH₂CH₂CH₂CH₃

3-亚甲基己烷
3-methylidenehexane

CH₃CHCH₂CH=CH₂ 带 CH₃

4-甲基戊-1-烯
4-methylpent-1-ene

CH₃C=CHCH₃ 带 CH₂CH₂CH₃, CH₂CH₃

4-亚乙基-5-甲基庚烷
4-ethylidene-5-methylheptane

CH₃CH=CHCH₂CH₃

戊-2-烯
pent-2-ene

CH₃(CH₂)₉CH=CHCH₂CH₃

十四碳-3-烯
tetradec-3-ene

CH₃CH₂C=CHCH₃ 带 CH₂CH₂CH₃

3-乙基己-2-烯
3-ethylhex-2-ene

CH₃CH₂C=C(CH₃)₃ 带 CH₂CH₂CH₃

4-叔丁基庚-3-烯
4-*tert*-butylhept-3-ene

CH₃CH₂C=CHCH₂CHCH₂CH₃ 带 CH₃, CH₃, CH₂CH₃

4-乙基-3,6-二甲基辛-3-烯
4-ethyl-3,6-dimethyloct-2-ene

在旧版命名法中结构较复杂的烯烃一般采用系统命名法，其命名法的要点如下。

① 选择含双键在内的最长碳链为主链，根据主碳链中所含的碳原子数目命名为"某烯"，多于 10 个碳原子的烯烃用中文数字加"碳烯"命名。

② 从靠近双键的一端开始依次为主链碳原子编号，双键的位次以两个双键碳原子中编号较小的表示。若双键居于主碳链中央，编号时应使取代基的位次较低。

③ 将取代基的位次、数目、名称写在烯烃母体名称之前，其原则和书写格式与烷烃相同。

例如：

CH₃CH=CHCH₂CH₃

2-戊烯

CH₃CHCH₂CH=CH₂ 带 CH₃

4-甲基-1-戊烯

CH₃(CH₂)₉CH=CHCH₂CH₃

3-十四碳烯

CH₃CH₂C=CH₂ 带 CH₂CH₂CH₃

2-乙基-1-己烯

CH₃CH₂C=CHCHCH₂CHCH₂CH₃ 带 CH₃, CH₃, CH₂CH₃

3,6-二甲基-4-乙基-3-辛烯

（3）顺反异构体的命名

烯烃存在顺反异构时，命名需标明其构型。通常采用顺/反-标记法和 Z/E-标记法两种方法。

（ε）顺/反-标记法　在两个双键碳上至少连有一对相同的原子或基团时，如果两个相同的原子或基团在双键的同侧称为顺式（*cis*），如果在双键的异侧称为反式（*trans*）。书写时分别冠以顺、反，并用半字线与化合物名次相连。例如：

CH₃, CH₂CH₃ / C=C / H, H

顺-戊-2-烯（*cis*-pent-2-ene）
（旧版：顺-2-戊烯）

CH₃, H / C=C / H, CH₂CH₃

反-戊-2-烯（*trans*-pent-2-ene）
（旧版：反-2-戊烯）

但当两个双键碳原子链有四个不同的原子或基团时，则难以用顺、反-标记法进行命名。例如：

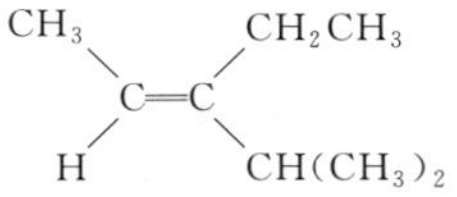

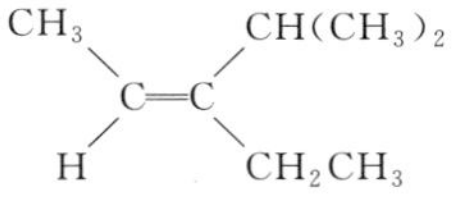

（b）Z/E-标记法　在系统命名法中对于无法简单地用顺/反构型标记法来命名的烯烃化合物可采用 Z/E 标记法来表示其构型。Z 是德文 Zusammen 的字首，同侧之意，E 是德文 Entgegen 的字首，相反之意。

在讨论 Z/E 标记法之前，首先介绍“CIP 顺序规则（Cahn-lngold-Prelog Rule）”。为了表示分子的某些立体化学关系，需要确定有关原子或基团的优先顺序，这种方法称为 CIP 顺序规则。CIP 顺序规则是取代基按照优先顺序排列的规则，具体如下。

① 将与双键碳原子直接相连原子按原子序数大小排序，原子序数越大的越优先。同位素质量数大的优先，未共用电子对（：）被规定为最小（原子序数定为 0）。几种常见原子优先顺序为：I＞Br＞Cl＞S＞P＞O＞N＞C＞H＞：。

② 如果与双键碳原子直接相连的原子的原子序数相同，则比较连在这个原子上的其它原子的原子序数，大者优先，依此类推。常见的烃基优先顺序为：$—C(CH_3)_3>—CH(CH_3)_2>—CH_2CH_3>—CH_3$。

③ 如果是不饱和基团，可看成是与两个或三个相同原子与之相连。例如：

$—CH═CH_2$ 相当于 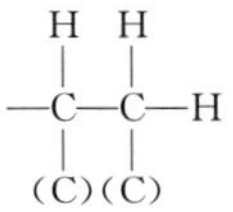　　$—C≡C—H$ 相当于 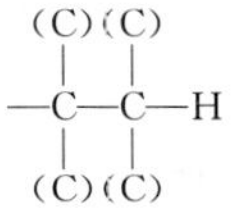

$—CH═O$ 相当于 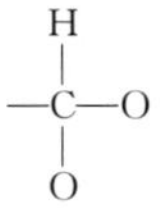　　$—C≡N$ 相当于 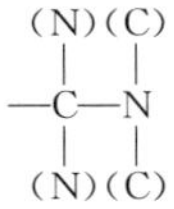

采用 Z/E 标记法时，首先要按照“CIP 顺序规则”分别确定每一个双键碳原子上所连接的两个原子或基团的优先顺序，当两个优先的原子或基团处于双键的同侧时，称为 Z 型；当两个优先的原子或基团位于双键的异侧时，称为 E 型。假定下面结构式中：a＞b，d＞e，则

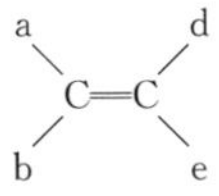

Z 型

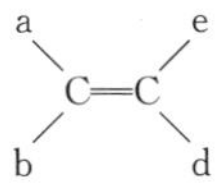

E 型

用 Z/E 标记法命名顺反异构体时，Z、E 写在小括号内，放在烯烃名称之前，并用半字线相连。例如：

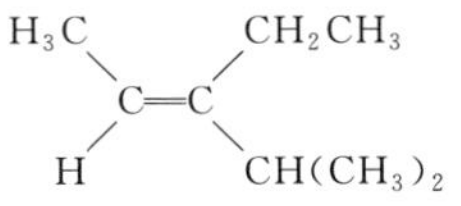

（*E*）-3-乙基-4-甲基-戊-2-烯

（*E*）-3-ethy-methylpent-2-ene

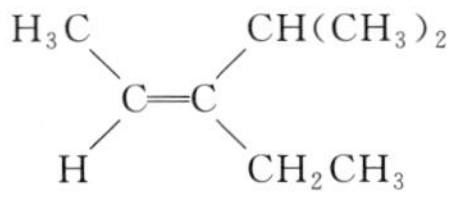

（*Z*）-3-乙基-4-甲基-戊-2-烯

（*Z*）-3-ethyl-methylpent-2-ene

旧版命名法：

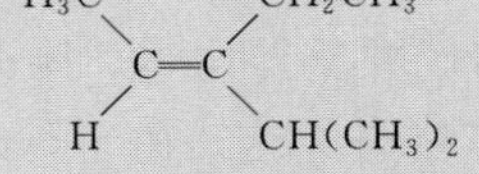

（*E*）-4-甲基-3-乙基-2-戊烯

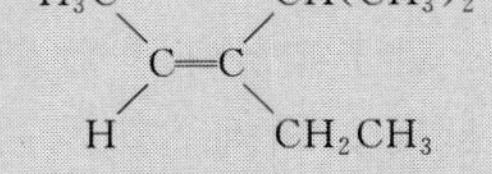

（*Z*）-4-甲基-3-乙基-2-戊烯

Z/E 构型标记法适用于所有顺反异构体，需要指出的是顺/反构型标记法和 Z/E 构型标记法是两种不同的命名方法，目前两种方法可以并用，但二者之间没有必然的对应关系。例如：

(E)-2-氯丁-2-烯（顺-2-氯丁-2-烯）   (Z)-2-氯丁-2-烯（反-2-氯丁-2-烯）
(E)-2-chlorobut-2-ene (cis-2-chlorobut-2-ene) (Z)-2-chlorobut-2-ene (trans-2-chlorobut-2-ene)

旧版命名法：

(E)-2-氯-2-丁烯（顺-2-氯-2-丁烯）   (Z)-2-氯-2-丁烯（反-2-氯-2-丁烯）

3.1.3 烯烃的物理性质

在室温下，4 个碳以下的烯烃是气体，5～18 个碳原子的烯烃是液体，高级（19 个碳原子以上）烯烃是固体。烯烃相对密度都小于 1。烯烃难溶于水，能溶于苯、乙醚、四氯化碳等非极性或弱极性有机溶剂。一些烯烃的物理常数见表 3-2。

表 3-2 一些烯烃的物理常数

名称	结构式	熔点/℃	沸点/℃	密度/(g·cm^{-3})
乙烯	$CH_2{=}CH_2$	-169.2	-103.7	0.519
丙烯	$CH_2{=}CHCH_3$	-185.3	-47.7	0.579
2-甲基丙烯	$CH_2{=}C(CH_3)_2$	-140.4	-6.90	0.590
丁-1-烯(旧版:1-丁烯)	$CH_2{=}CHCH_2CH_3$	-183.4	-6.50	0.625
顺-丁-2-烯(旧版:顺-2-丁烯)		-138.9	3.50	0.621
反-丁-2-烯(旧版:反-2-丁烯)		-105.6	0.88	0.604
戊-1-烯(旧版:1-戊烯)	$CH_2{=}CH(CH_2)_2CH_3$	-165.2	30.1	0.643
己-1-烯(旧版:1-己烯)	$CH_2{=}CH(CH_2)_3CH_3$	-139.8	63.5	0.673
庚-1-烯(旧版:1-庚烯)	$CH_2{=}CH(CH_2)_4CH_3$	-119.0	93.6	0.697
十八碳-1-烯(旧版:1-十八碳烯)	$CH_2{=}CH(CH_2)_{15}CH_3$	17.5	179.0	0.791

在烯烃分子中，饱和碳原子采取 sp^3 杂化，双键碳原子为 sp^2 杂化，这两种碳原子的电负性不同，$Csp^3{-}Csp^2$ σ 键具有偶极矩，因此不对称的烯烃分子具有一定的极性。例如，顺-丁-2-烯是不对称分子，偶极矩为 0.33 D，而反-丁-2-烯是对称分子，偶极矩为 0 D。

由表 3-2 可以看出，对于碳原子个数相同的烯烃顺反异构体，顺式异构体的沸点比反式异构体略高，而熔点则是反式异构体比顺式异构体略高。这是由于顺式异构体极性较大，分子间偶极-偶极相互作用力增加，故沸点略高。而反式异构体具有较高的对称性，其在晶格中排列比顺式异构体更为紧密，故熔点较高。

3.1.4　烯烃的化学性质

烯烃分子中的碳碳双键由一个 σ 键和一个 π 键组成，其中 π 键比较弱，在反应中容易发生断裂，分别与试剂的两部分结合，形成两个新的 σ 键，生成加成产物，这种反应称为加成反应。加成反应是烯烃最主要的反应。

受碳碳双键的影响，与其直接相连的烷基碳原子的氢原子表现出一定的活性。像这种与官能团直接相连的碳原子，称为 α-碳原子，α-碳原子上的氢原子称为 α-氢原子。烯烃的 α-氢原子比较活泼而较容易发生反应。

3.1.4.1　催化加氢

在金属铂、钯、镍等催化剂作用下，烯烃可以与氢气发生加成生成相应的烷烃。例如：

$$(C_2H_5)_2C{=}CHCH_3 + H_2 \xrightarrow[\text{5MPa}]{\text{Ni, } 90\sim100℃} (C_2H_5)_2CH{-}CH_2CH_3$$

由于反应具有很高的活化能，如果没有催化剂存在，反应很难发生。用高度分散的铂、钯、镍等金属作催化剂，可降低反应的活化能，使反应顺利发生。高分散度的金属细粉有很高的表面活性，能弱化吸附在其表面的烯烃和氢分子中的化学键，促使它们相互反应生成相应的烷烃，然后脱离催化剂表面。催化加氢反应是可逆的，过量的氢气、较低的温度和适当的压力对反应是有利的。烯烃的催化加氢是一个顺式加成反应，即两个氢原子都加成到双键平面的同一侧。

烯烃的催化加氢在工业上和有机化合物的结构确证中有十分重要的用途。工业上利用催化加氢可将汽油中的烯烃转化成烷烃来提高汽油的质量，还可将植物油通过催化加氢得到性质稳定便于运输和储存的固态脂肪。催化加氢反应是一个定量反应，可根据反应中所消耗氢气的体积推测化合物中所含的双键数目，为结构确证提供依据。

3.1.4.2　亲电加成

烯烃分子中 π 键较弱，π 电子受原子核的束缚力较小，流动性较大而易极化，容易受到缺电子试剂（亲电试剂）的进攻。这种烯烃与亲电试剂所进行的加成反应称为亲电加成反应（electrophilic addition reaction）。反应中，不饱和键中的 π 键断裂，形成两个更强的 σ 键，能与卤素、卤化氢、水、硫酸等试剂发生亲电加成反应生成相应的加成产物。

（1）与卤素加成

烯烃容易与卤素发生加成反应，生成邻二卤代物。例如：

$$CH_3CH{=}CH_2 + Br_2 \xrightarrow{\text{CCl}_4} \underset{\underset{Br}{|}\quad\underset{Br}{|}}{CH_3CH{-}CH_2}$$

将烯烃加入溴的四氯化碳溶液中，溴的红棕色很快褪去，生成无色的邻二溴代烷烃。反应速率快，现象明显，是实验室和工业上鉴别烯烃最常用的方法。

卤素中，氟与烯烃的反应非常剧烈，难以控制，产物复杂；而碘不活泼，很难与烯烃发生加成反应（碘的加成是溴的加成的 $\dfrac{1}{10^4}$）。所以，烯烃与卤素的加成通常是指与氯和溴的加成。卤素与烯烃加成的活性次序为 $F_2 > Cl_2 > Br_2 > I_2$。

环己烯与溴发生加成反应，具有很强的立体选择性，只生成反-1,2-二溴环己烷。例如：

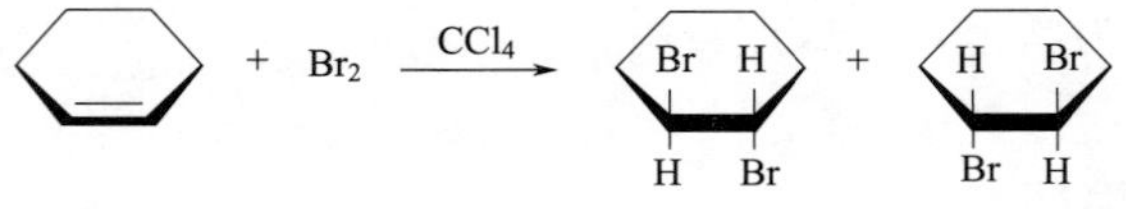

环己烯　　　　　　　　　　　　反-1,2-二溴环己烷

将乙烯通入含 NaCl 的溴水中时，反应产物中除了有二溴加成产物外还有 Cl^- 参与反应的氯溴加成产物。由于氯化钠并不能与烯烃发生加成反应，说明两个溴原子不是同时加到双键碳原子上的，而是分步加上去的。例如：

$$H_2C{=}CH_2 + Br_2 \xrightarrow{NaCl} BrCH_2CH_2Br + BrCH_2CH_2Cl$$

根据这些实验事实，可以推测烯烃与卤素的加成反应是分两步进行的离子型反应。第一步是溴分子受 π 电子云的极化变成了偶极分子，溴分子中带部分正电荷的一端与带负电荷的 π 电子云作用生成溴𬭬离子（cyclic bromonium ion）；第二步是溴负离子从溴𬭬离子的背面进攻碳原子，得到反式的加成产物。例如：

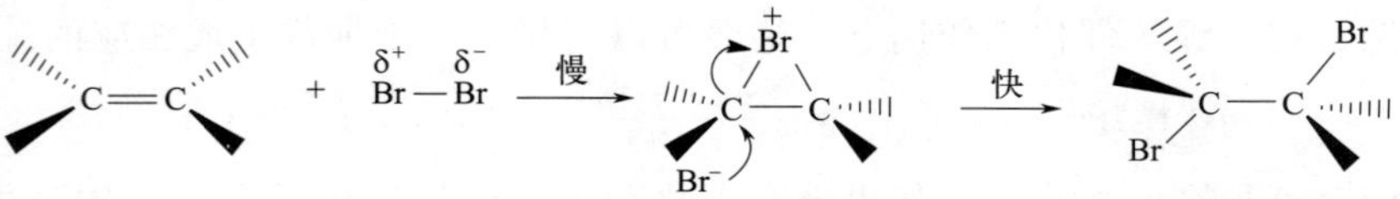

溴𬭬离子(环状正离子)　　　　　　反式加成产物

第一步反应涉及共价键的断裂，是决定反应速率的关键步骤。因反应是由溴分子异裂产生的溴正离子与 π 电子云作用引起，所以把这种加成反应称为亲电加成反应，其中溴正离子（缺电子试剂）称为亲电试剂（electrophile）。

溴𬭬离子是溴原子的孤对电子所占轨道与碳正离子的空轨道侧面重叠形成的环状正离子，所带的正电荷主要集中在溴原子上，溴原子和两个碳原子外层都是八隅体构型，比缺电子的碳正离子稳定。

由于氯原子的电负性比溴大，体积比溴小，形成氯𬭬离子的倾向比溴小，所以氯与烯烃加成时，一般是先形成碳正离子中间体，然后氯负离子很快与碳正离子结合生成加成产物。

不同取代基取代的乙烯与溴加成（-78℃，在二氯甲烷溶液中）的相对反应速率不同，如：

$CH_2{=}CHCOOH$	$CH_2{=}CHBr$	$CH_2{=}CH_2$	$CH_3CH{=}CH_2$
0.03	0.04	1.0	2.03

$(CH_3)_2C{=}CH_2$	$(CH_3)_2C{=}CHCH_3$		$(CH_3)_2C{=}C(CH_3)_2$
5.53	10.4		14.0

由此可以看出，当乙烯的两端与烷基供电子基团相连时，与溴加成的相对速率比乙烯快，而且烷基越多，相对反应速率越快。当乙烯两端与溴原子或羧基吸电子基团相连时，与溴的加成则比乙烯慢。这是由于烷基具有供电子作用，使双键电子云密度增大，烷基越多，双键电子云密度越大，越容易与缺电子的亲电试剂反应。溴原子和羧基具有吸电子作用，使双键电子云密度降低，反应较难进行。由此可见，烯烃与卤素的加成明显受电子效应的影响。

（2）与卤化氢加成和马氏规则

（a）与卤化氢加成

烯烃能与卤化氢发生加成反应，生成相应的卤化物。例如：

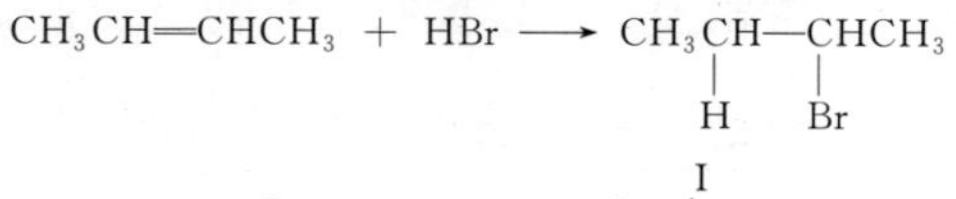

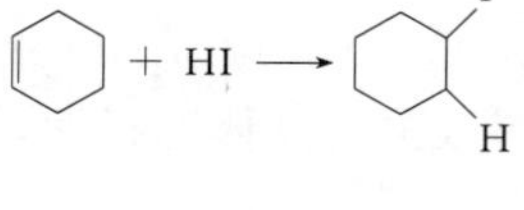

烯烃与卤化氢的加成，对烯烃来讲，其活性同与卤素的加成相似，即双键碳原子上连接供电子基团时，反应速率增加，连接吸电子基团时，反应速率减慢。对卤化氢来讲，反应活性与它们的酸性次序一致：$HI > HBr > HCl$。

烯烃与卤化氢的加成也是分两步进行的亲电加成反应。首先是卤化氢中的质子作为亲电试剂进攻碳碳双键的 π 电子，生成碳正离子中间体。然后卤负离子很快与碳正离子中间体结合形成加成产物。例如：

$$H—X \longrightarrow H^+ + X^-$$

第一步：

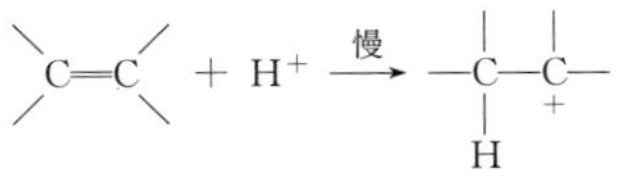

第二步：

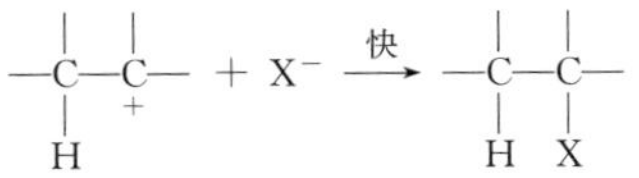

由碳正离子作为中间体的反应往往伴随着重排反应的发生，有的反应甚至以重排产物为主要产物。例如：

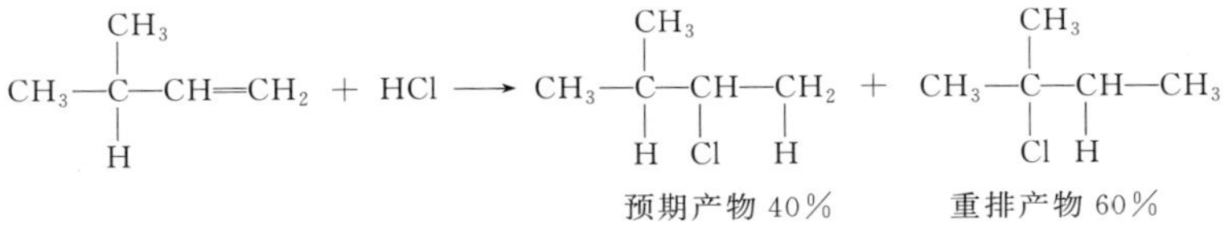

预期产物 40%　　　重排产物 60%

上述重排产物的生成是由于在反应中产生的 2° 碳正离子通过 1,2-氢迁移，重排为更为稳定的 3° 碳正离子。例如：

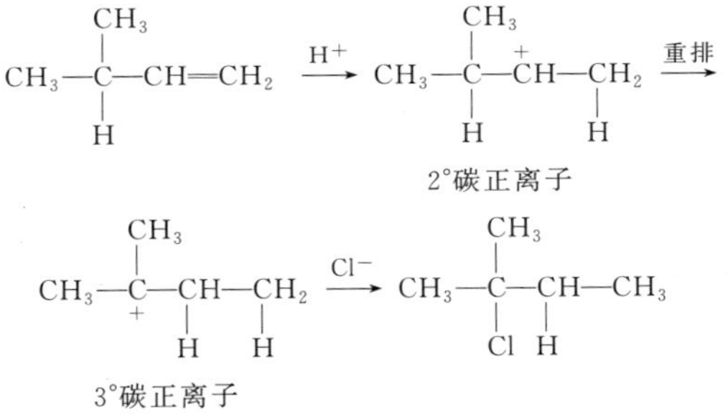

2°碳正离子

3°碳正离子

（b）马氏规则

不对称烯烃与卤化氢加成时，可能生成两种产物。例如：

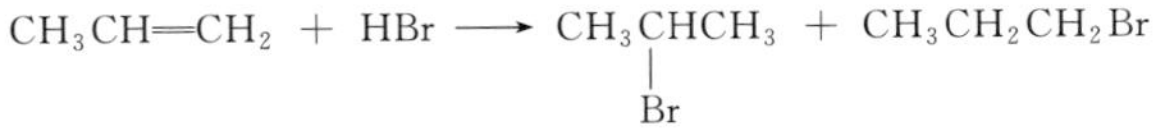

$$CH_3CH{=\!=}CH_2 + HBr \longrightarrow CH_3CHCH_3 + CH_3CH_2CH_2Br$$

实验证明，丙烯与溴化氢加成的主要产物是 2-溴丙烷。1870 年俄国化学家马尔科夫尼科夫（V. V. Markovnikov）根据大量的实验结果总结出：当不对称烯烃和卤化氢等极性试剂发生亲电加成反应时，氢原子总是加在含氢较多的双键碳原子上，卤原子或其它原子及基团则加在含氢较少的或不含氢的双键碳原子上，这一规则称为马尔科夫尼科夫规则，简称"马氏规则"。利用此规则可以预测很多加成反应的主要产物，与实验结果是一致的。例如：

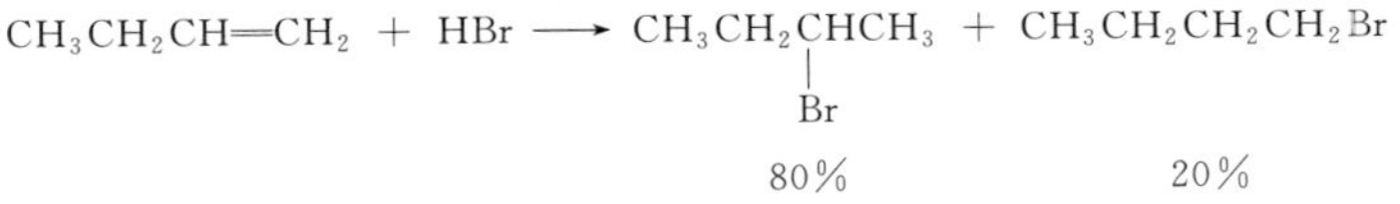

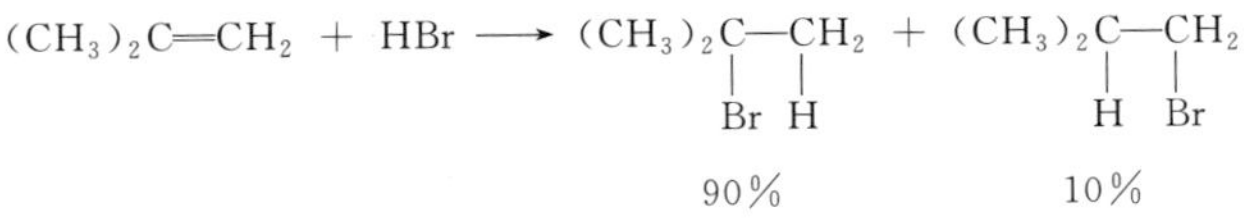

$$CH_3CH_2CH{=\!=}CH_2 + HBr \longrightarrow CH_3CH_2CHCH_3 + CH_3CH_2CH_2CH_2Br$$

80%　　　　　　20%

$$(CH_3)_2C{=\!=}CH_2 + HBr \longrightarrow (CH_3)_2C—CH_2 + (CH_3)_2C—CH_2$$

90%　　　　　10%

$$(CH_3)_2C=CH_2 \ + \ HCl \longrightarrow (CH_3)_2C-CH_2$$
$$\overset{|}{Cl} \quad \overset{|}{H}$$
约100%

不对称烯烃与卤化氢的加成反应可能有两种产物，但只生成或主要生成了一种产物，这种反应是区域选择性反应（regioselectivity reaction）。区域选择性是指当反应的取向有可能生成几种异构体时，主要生成其中某一种异构体的反应。

（c）马氏规则的理论解释

马氏规则可以利用反应过程中生成的活性中间体的稳定性进行解释。活性中间体越稳定，相应的过渡态所需要的活化能越低，则越容易生成。而加成的速率和方向往往取决于活性中间体生成的难易程度，即活化能的高低。以丙烯和卤化氢的加成反应为例，反应可能经过碳正离子中间体（Ⅰ）和（Ⅱ）得到两种相应的加成产物。例如：

$$CH_3CH=CH_2 + H-X \longrightarrow \begin{array}{l} \overset{a}{\longrightarrow} CH_3\overset{+}{C}HCH_3 \xrightarrow{X^-} CH_3CHCH_3 \\ \qquad\qquad (Ⅰ) \qquad\qquad\qquad \overset{|}{X} \\ \overset{b}{\longrightarrow} CH_3CH_2\overset{+}{C}H_2 \xrightarrow{X^-} CH_3CH_2CH_2X \\ \qquad\qquad (Ⅱ) \end{array}$$

碳王离子中带正电荷的碳原子是 sp^2 杂化，三个 sp^2 杂化轨道分别与其它原子或基团

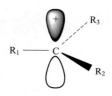

图3-3 碳正离子的结构

的轨道形成三个 σ 键，且三个 σ 键共平面，键角为120°，还有一个未参与杂化的空 p 轨道垂直于该平面。碳正离子的结构如图3-3所示。

碳正离子很不稳定，有获取电子形成稳定八隅体构型的趋势，因此当碳正离子中带正电荷的碳连接的供电子基团愈多，碳正离子的相对稳定性就愈大。对于烷基碳正离子来说，带正电荷的碳是 sp^2 杂化，其它的碳原子是 sp^3 杂化。由于 sp^2 杂化轨道中 s 轨道的成分较多，更靠近于碳原子核，对电子有较大的约束力，所以 sp^2 杂化轨道的电负性较 sp^3 杂化轨道大。因此，在烷基碳正离子中，烷基是供电子基团，能使正电荷分散从而增加碳正离子的稳定性。不同类型烷基碳正离子的相对稳定性次序为：叔碳正离子＞仲碳正离子＞伯碳正离子＞甲基碳正离子。例如：

$$CH_3-\overset{\overset{\displaystyle CH_3}{|}}{\underset{\underset{\displaystyle CH_3}{|}}{\overset{+}{C}}} > CH_3-\overset{\overset{\displaystyle CH_3}{|}}{\underset{\underset{\displaystyle H}{|}}{\overset{+}{C}}} > CH_3-\overset{\overset{\displaystyle H}{|}}{\underset{\underset{\displaystyle H}{|}}{\overset{+}{C}}} > H-\overset{\overset{\displaystyle H}{|}}{\underset{\underset{\displaystyle H}{|}}{\overset{+}{C}}}$$

由于碳正离子中间体（Ⅰ）比（Ⅱ）稳定，相应的活化能较低，因此丙烯与卤化氢的加成主要按生成（Ⅰ）的方式进行，对应的加成产物是主要产物。

马氏规则还可根据双键碳所连原子或基团的诱导效应来解释。当不对称烯烃与极性试剂加成时，试剂中的正离子或带部分正电荷部分加到重键的带有部分负电荷的碳原子上，而试剂中的负离子或带部分负电荷部分则加到重键的带有部分正电荷的碳原子上。如丙烯分子中双键上连有一个甲基，甲基的供电子诱导效应使碳碳双键的 π 电子云发生偏移，结果使含氢较多的双键碳原子带上部分负电荷，含氢较少的双键碳原子上带有部分正电荷。例如丙烯和卤化氢的加成：

$$CH_3-\overset{\delta^+}{CH}\overset{\delta^-}{=\!=\!=}CH_2 \xrightarrow[慢]{H^+} CH_3\overset{+}{C}HCH_3 \xrightarrow[快]{X^-} CH_3\underset{\overset{|}{X}}{CHCH_3}$$

马氏规则的适用范围是双键碳上有供电子基团的烯烃，若双键碳上有吸电子基团

（—CF₃、—CN、—COOH、—NO₂等）时，得到反马氏规则的加成产物，但仍符合电性规律，需要从原理上进行具体分析。例如：

$$CF_3 \overset{\delta^-}{\underset{}{-}} CH \overset{\delta^+}{=\!=} CH_2 \xrightarrow{H^+} CF_3-CH\overset{+}{\underset{\underset{H}{|}}{-}}CH_2 \xrightarrow{X^-} CF_3-\underset{\underset{H}{|}}{CH}-\underset{\underset{X}{|}}{CH_2}$$

由于—CF₃是强的吸电子基，生成碳正离子中间体只可能是伯碳正离子，再与卤负离子结合得到加成产物。

采用此理论还可用于判断不含氢原子的加成试剂的加成方向。例如：

$$CH_3 \overset{\delta^+}{\underset{}{-}} CH_2 \overset{\delta^-}{=\!=} CH_2 + \overset{\delta^+}{I} \overset{\delta^-}{-} Cl \longrightarrow CH_3-\underset{\underset{Cl}{|}}{CH}-\underset{\underset{I}{|}}{CH_2}$$

（d）过氧化物效应

卤化氢与不对称烯烃的加成一般符合马氏规则，但在过氧化物 ROOR 存在下，溴化氢与不对称烯烃的加成主要得到反马氏加成产物。例如：

$$CH_3CH=\!=CH_2 + HBr \begin{cases} \xrightarrow{\text{无过氧化物}} CH_3\underset{\underset{Br}{|}}{CH}\underset{\underset{H}{|}}{CH_2} \quad 90\% \\[2em] \xrightarrow{\text{有过氧化物}} CH_3\underset{\underset{H}{|}}{CH}\underset{\underset{Br}{|}}{CH_2} \quad 95\% \end{cases}$$

这是因为过氧化物很容易均裂产生自由基，烯烃受自由基的进攻而发生反应。这种由自由基引发的加成反应称为自由基加成反应（free radical addition），这种现象称为过氧化物效应（peroxide effect）。

过氧化物溴通常采用有机过氧化物，一般是指过氧化氢中的一个或两个氢原子被有机基团取代的化合物，其通式为 R—O—O—H 或 R—O—O—R。例如：

$$CH_3-\underset{\underset{O}{\|}}{C}-O-O-\underset{\underset{O}{\|}}{C}-CH_3 \qquad C_6H_5-\underset{\underset{O}{\|}}{C}-O-O-\underset{\underset{O}{\|}}{C}-C_6H_5$$

过氧化乙酰　　　　　　　　过氧化苯甲酰

在过氧化物存在时，由于过氧化物存在—O—O—键，受热很容易发生均裂，从而引发试剂溴化氢生成自由基，然后与烯烃进行自由基加成反应。在反应中，过氧化物实际用量很少，只要能引发反应按自由基加成机制进行即可。例如，溴化氢与丙烯的自由基加成机制如下：

链引发：

$$ROOR \longrightarrow 2RO\cdot$$
$$RO\cdot + HBr \longrightarrow ROH + Br\cdot$$

链增长：

$$CH_3CH=\!=CH_2 + Br\cdot \longrightarrow CH_3\overset{\cdot}{C}HCH_2Br$$
$$CH_3\overset{\cdot}{C}HCH_2Br + HBr \longrightarrow CH_3CH_2CH_2Br + Br\cdot$$

链终止：

$$2Br\cdot \longrightarrow Br_2$$
$$Br\cdot + CH_3\overset{\cdot}{C}HCH_2Br \longrightarrow CH_3CHBrCH_2Br$$
$$2CH_3\overset{\cdot}{C}HCH_2Br \longrightarrow \begin{matrix} CH_3CHCH_2Br \\ | \\ CH_3CHCH_2Br \end{matrix}$$

在这样的自由基加成反应机制中，首先进攻的不是氢自由基而是溴自由基，由于溴自由基加到丙烯双键的甲叉基（亚甲基）上生成的仲碳自由基（ $CH_3\overset{\cdot}{C}HCH_2Br$ ）比加到甲爪基（次甲基）上所生成的伯碳自由基（$CH_3CHBr\overset{\cdot}{C}H_2$）更稳定，而更容易生成。另外，溴自由基加到双键端位的甲叉基（亚甲基）上，比加到双键的甲爪基（次甲基）上空间阻碍作用较小，过渡态的拥挤程度较小，因此也较稳定容易生成。所以，在过氧化物存在下，溴化氢与丙烯的加成按上述自由基加成机制进行。

对于卤化氢而言，氟化氢、氯化氢和碘化氢都没有过氧化物效应。这是因为氟化氢和氯化氢的键能较大，难以形成自由基；虽碘化氢的键能较弱，容易形成碘自由基，但碘自由基活性较低，很难与烯烃发生自由基加成反应。所以只有溴化氢有过氧化物效应。

（3）与硫酸加成

烯烃可与硫酸发生加成，生成硫酸氢酯。烯烃与硫酸的加成也是亲电加成反应，反应机制与卤化氢的加成相似，第一步是质子进攻一个双键碳原子，生成碳正离子中间体。第二步是碳正离子与硫酸氢根负离子结合，生成加成产物。例如，乙烯与硫酸加成硫酸氢乙酯（酸性硫酸酯）：

$$H_2C{=}CH_2 + H_2SO_4 \longrightarrow CH_3\overset{+}{C}H_2 + \overset{-}{O}SO_2OH \longrightarrow CH_3CH_2{-}OSO_2OH$$
$$\text{硫酸氢乙酯}$$

硫酸是二元酸，有两个活泼氢原子，在一定条件下可与两分子乙烯进行加成，生成硫酸二乙酯（中性硫酸酯）。例如：

$$H_2C{=}CH_2 + H_2SO_4 + H_2C{=}CH_2 \longrightarrow CH_3CH_2{-}OSO_2O{-}CH_2CH_3$$
$$\text{硫酸二乙酯}$$

不对称烯烃与硫酸的加成符合马氏规则。例如：

$$CH_3CH{=}CH_2 + H_2SO_4 \xrightarrow{50℃} \underset{\underset{OSO_2OH}{|}}{CH_3{-}CH{-}CH_3}$$

$$\underset{\underset{CH_3}{|}}{CH_3C}{=}CH_2 + H_2SO_4 \xrightarrow{10\sim30℃} \underset{\underset{OSO_2OH}{|}}{\overset{\overset{CH_3}{|}}{CH_3{-}C{-}CH_3}}$$

从上述反应可以看出，烯烃双键上连的烷基越多，加成反应越容易进行，即烯烃的活性和烯烃与卤素、卤化氢的加成活性相同。

一分子烯烃与硫酸的加成产物硫酸氢酯与水加热可水解得到醇类化合物，这是工业上制备醇的方法之一，称为烯烃的间接水合法，或硫酸法。例如：

$$CH_3CH_2{-}OSO_2OH + H_2O \xrightarrow{\triangle} CH_3CH_2OH + HOSO_2OH$$

另外，由于硫酸氢酯能溶于硫酸中，在实验室常利用此反应除去化合物中少量的烯烃杂质。

（4）与水加成

在酸（稀硫酸或磷酸）的催化下，烯烃与水直接加成生成醇。不对称烯烃与水的加成也遵循马氏规则。例如：

$$CH_2{=}CH_2 + H_2O \xrightarrow[\text{7MPa}]{H_3PO_4,\ 300℃} CH_3{-}CH_2{-}OH$$

$$CH_3CH{=}CH_2 + H_2O \xrightarrow[\text{2MPa}]{H_3PO_4,\ 195℃} \underset{\underset{OH}{|}}{CH_3{-}CH{-}CH_3}$$

这是工业上生产乙醇和异丙醇等低级醇的一种方法，称为烯烃直接水合法。除乙烯外，其它烯烃均不生成伯醇。

（5）与次卤酸加成

烯烃与次卤酸（常用次氯酸和次溴酸）加成生成 β-卤代醇。例如：

$$CH_2{=}CH_2 + HOX \longrightarrow \underset{X}{CH_2}{-}\underset{OH}{CH_2}$$

在实际生产中，由于次卤酸不稳定，常用卤素和水直接反应。例如，将乙烯和氯气直接通入水中以生产 β-氯乙醇。这时反应的第一步是烯烃与氯气进行加成，生成环状氯鎓离子中间体。在第二步反应中，由于大量水的存在，水进攻氯鎓离子生成 β-氯乙醇。但溶液中还有氯负离子存在，它也会进攻鎓离子，故有副产物1,2-二氯乙烷生成。例如：

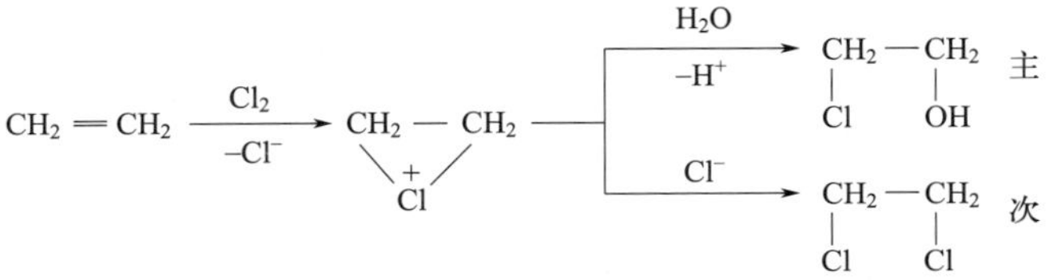

不对称烯烃参与反应时，也遵循马氏规则，亲电试剂中带部分正电荷的卤素加到含氢较多的双键碳原子上。例如：

$$CH_3CH{=}CH_2 + Cl_2 + H_2O \longrightarrow CH_3{-}\underset{OH}{CH}{-}\overset{Cl}{CH_2}$$

(6) 硼氢化反应

烯烃能与硼氢化物 $[B_2H_6$ 或 $(BH_3)_2]$ 发生亲电加成反应，例如，过量的乙烯与乙硼烷发生反应最后生成三乙基硼：

$$CH_2{=}CH_2 \xrightarrow{(BH_3)_2} \underset{\text{一乙基硼}}{CH_3CH_2BH_2} \xrightarrow{CH_2{=}CH_2} \underset{\text{二乙基硼}}{(CH_3CH_2)_2BH} \xrightarrow{CH_2{=}CH_2} \underset{\text{三乙基硼}}{(CH_3CH_2)_3B}$$

硼氢化反应常用的试剂是乙硼烷的四氢呋喃（缩写为 THF）、纯醚或二甘醇二甲醚等溶液，在溶液中乙硼烷解离为两分子甲硼烷与溶剂（如四氢呋喃）形成的配位化合物，然后甲硼烷与烯烃反应。例如：

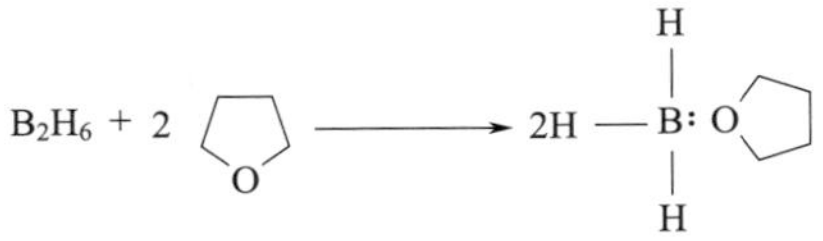

不对称烯烃与硼烷进行加成时，加成方向是反马氏规则的。即硼原子加在含氢较多的双键碳原子上，氢原子加在含氢较少的双键碳原子上。例如：

$$CH_3CH{=}CH_2 \xrightarrow{1/2(BH_3)_2} CH_3CH_2CH_2BH_2$$

以上反应之所以是反马氏规则，是因为硼烷分子与卤化氢不同，在硼烷分子中，由于硼原子有空的外层轨道，是缺电子原子，具有亲电性，因此硼烷的亲电中心是硼原子而不是氢原子。另一方面硼原子的电负性为2.0，氢原子的电负性为2.1，硼烷带正电部分在硼原子上，带负电部分在氢原子上，因此亲电活性中心也是硼原子而不是氢原子。当烯烃与硼烷发生亲电加成时，具有亲电性的硼原子首先加到含氢较多的双键碳原子上，而氢原子则加到含氢较少的双键碳原子上，加成产物是反马氏规则的产物。

烯烃经硼氢化反应生成的烷基硼，通常不分离出来，而是将其中的硼置换为其它原子或基团，使烯烃转变为其它类型的有机化合物，其中应用最广的是用过氧化氢的碱溶液处理，使之被氧化同时水解生成醇。这两步联合起来称为硼氢化-氧化水解反应，它是烯烃间接水合制备醇的方法之一。例如：

$$3CH_3CH{=}CH_2 \xrightarrow{1/2(BH_3)_2} [CH_3CH_2CH_2]_3B \xrightarrow[OH^-]{H_2O_2} CH_3CH_2CH_2OH$$

与烯烃通过硫酸间接法水合制备醇不同，凡是 α-烯烃经硼氢化-氧化水解反应均得到伯醇，该反应操作简便，产率高。

此外，与烯烃和卤素的加成相反，烯烃的硼氢化反应是顺式加成反应，且反应不是分步进行，而是一步进行的，即氢和硼同时从碳碳双键的同侧加到两个双键碳原子上——顺式加成。例如：

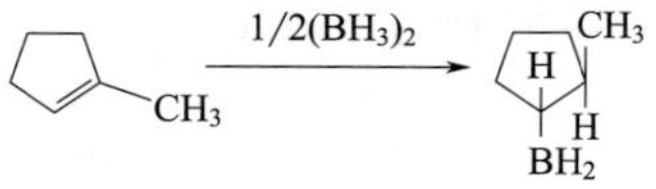

3.1.4.3 氧化反应

烯烃容易发生氧化反应，随氧化剂和反应条件的不同而产物各异。

(1) 高锰酸钾氧化

用等量稀的碱性高锰酸钾水溶液，在较低温度下与烯烃或其衍生物反应，则双键中的 π 键断裂生成邻二醇（亦称 α-二醇）。由于反应中生成了环状高锰酸酯而水解成 α-二醇，故产物为顺式 α-二醇。例如：

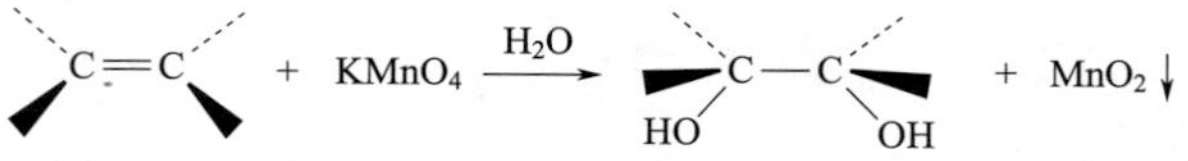

由于烯烃不溶或难溶于碱性水溶液，不易发生反应，产物 α-二醇又容易被进一步氧化，故产率一般很低。但此反应有明显的现象——高锰酸钾溶液的紫色褪去，并有褐色的二氧化锰沉淀生成，故可用来鉴别含有碳碳双键的化合物（拜耳试验）。

当用热而浓的高锰酸钾溶液或酸性高锰酸钾溶液氧化烯烃时，碳碳双键完全断裂，同时双键碳原子上 C—H 键也被氧化成含氧化合物。例如：

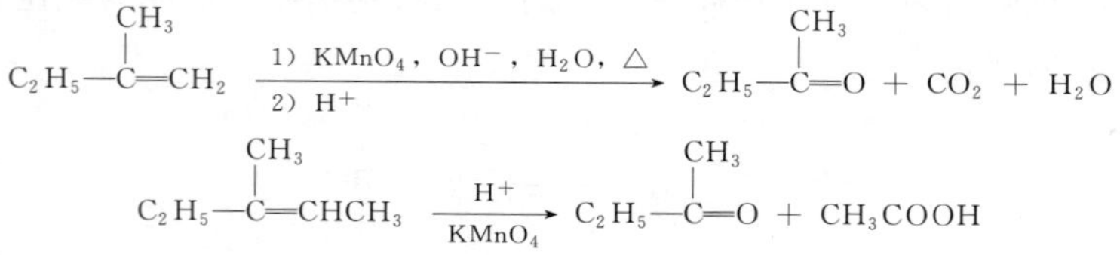

氧化产物取决于双键碳上氢（烯氢）被烷基取代的情况，$R_2C=$、$RCH=$ 和 $H_2C=$ 分别被氧化成酮、羧酸和二氧化碳。因此也可根据氧化产物来推测烯烃的结构。

(2) 臭氧化

将含有 6%～8% 臭氧的氧气通到烯烃的非水溶液中，烯烃被氧化成臭氧化物，臭氧化物不稳定易爆炸，故不需分离而直接将其水解为醛、酮或二者的混合物以及过氧化氢。为防止产物中的醛被过氧化氢氧化成羧酸，臭氧化物通常在锌粉存在下水解。其反应可用通式表示如下：

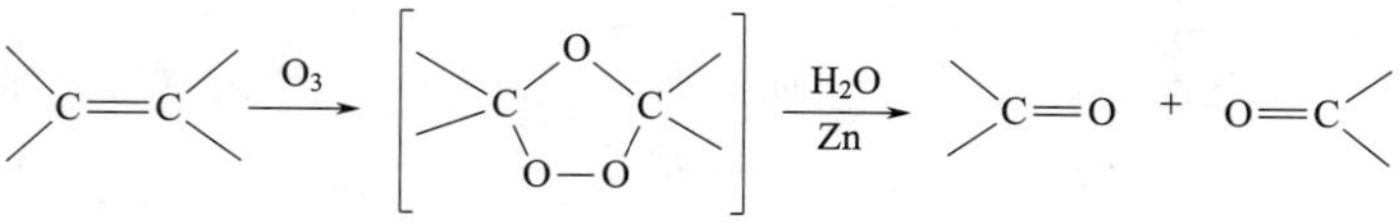

例如：

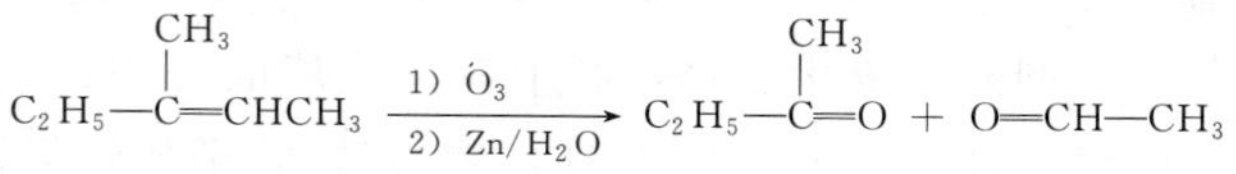

$$CH_3CH_2CH{=}CH_2 \xrightarrow[2)\ Zn/H_2O]{1)\ O_3} CH_3CH_2CH{=}O + HCHO$$

由于烯烃经臭氧化-水解反应所得到的羰基化合物保持了原来烯烃的部分碳架结构，故此反应可用于推测碳碳双键位置和原化合物的结构。

（3）环氧化反应

在烯烃的双键上引入一个氧原子而形成环氧化合物的反应，称为环氧化反应。

环氧乙烷是最简单的环氧化合物，工业上常采用在银催化剂作用下用空气氧化乙烯来制备。例如：

$$CH_2{=}CH_2 + O_2 \xrightarrow{Ag} CH_2\overset{O}{\diagup\diagdown}CH_2$$

烯烃用有机过氧酸等环氧化试剂进行氧化时，也能生成环氧化物，常用的有机过氧酸有过氧乙酸（CH_3CO_3H）、过氧三氟乙酸（CF_3CO_3H）、过氧苯甲酸（$PhCO_3H$）等。该环氧化反应是顺式加成，生成的环氧化物保持原来烯烃的构型。

3.1.4.4 聚合反应

在适当条件下，烯烃分子中的 π 键可以打开，通过自身相互加成生成分子量较大的化合物，这种反应称为聚合反应。形成的大分子称为聚合物或高分子化合物，发生聚合反应的烯烃称为单体。聚合反应有均聚反应和共聚反应。

只有一种单体发生聚合的反应叫均聚反应。例如，常见的聚乙烯、聚氯乙烯就是通过乙烯、氯乙烯的均聚反应得到的：

$$n\,CH_2{=}CH_2 \xrightarrow{\text{引发剂或催化剂}} \left[CH_2{-}CH_2\right]_n$$
聚乙烯

$$n\,CH_2{=}CH{-}Cl \xrightarrow{\text{引发剂或催化剂}} \left[CH_2{-}\underset{\underset{Cl}{|}}{CH}\right]_n$$
聚氯乙烯

由两种或两种以上单体发生聚合的反应叫共聚反应。共聚反应不仅可以增加聚合物的品种，而且可以改变聚合物的性能。例如，乙烯和丁-1,3-二烯通过共聚可以合成性能优异的丁苯橡胶：

$$n\,CH_2{=}CH + m\,CH_2{=}CH{-}CH{=}CH_2 \longrightarrow \left(CH_2\underset{}{\overset{CH}{=}}CH_2\right)_m CH\,CH_2\Big)_n$$
丁苯橡胶

3.1.4.5 α-氢原子的反应

在烯烃分子中，与碳碳双键直接相连的碳原子叫 α-碳原子，α-碳原子上的氢原子叫 α-氢原子。α-氢原子受碳碳双键的影响，表现出比较活泼的性质，容易发生卤化反应和氧化反应。

（1）卤化反应

烯烃和卤素不仅可以发生加成反应，也可以发生 α-氢的取代反应，这主要取决于反应条件。一般在低温条件下主要发生双键的加成反应，在较高温度、光照或浓度较低的条件下主要发生 α-氢的取代反应。例如，丙烯与氯气在室温下发生的是亲电加成反应，得到 1,2-二氯丙烷。而在高温（500℃）或光照下则发生 α-氢的取代，得到 3-氯丙烯。例如：

$$CH_3CH{=}CH_2 + Cl_2 \longrightarrow \begin{cases} \xrightarrow{\text{室温}} CH_3\underset{\underset{Cl}{|}}{CH}\underset{\underset{Cl}{|}}{CH_2} \\ \xrightarrow[\text{或}h\nu]{500℃} CH_2\underset{\underset{Cl}{|}}{CH}{=}CH_2 \end{cases}$$

与烷烃的卤化反应相似，烯烃 α-氢的卤化反应也是由过氧化物、光或高温引发，进行自由基型取代的反应。例如，丙烯 α-氢的氯化反应机制如下：

$$Cl_2 \xrightarrow{h\nu \text{ 或高温}} Cl\cdot + Cl\cdot$$

$$Cl\cdot + CH_3-CH=CH_2 \longrightarrow \dot{C}H_2-CH=CH_2 + HCl$$

$$\dot{C}H_2-CH=CH_2 + Cl_2 \longrightarrow ClCH_2-CH=CH_2 + Cl\cdot$$

如果采用 NBS（N-bromosuccinimide，N-溴代丁二酰亚胺）做溴化剂，烯烃 α-氢的溴化反应也可在较低温度下进行。例如：

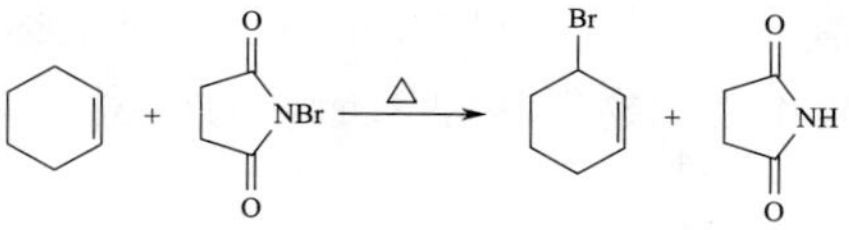

（2）氧化反应

在催化剂的存在下，烯烃的 α-氢也可发生氧化反应生成含氧烯烃化合物，氧化产物因催化剂和反应条件不同而不同，这类反应已在工业上获得了应用。例如，丙烯用空气经催化氧化生成丙烯醛或丙烯酸：

$$CH_2=CH-CH_3 + O_2 \xrightarrow[0.25MPa]{Cu_2O, 350℃} CH_2=CH-CHO + H_2O$$

$$CH_2=CH-CH_3 + \frac{3}{2}O_2 \xrightarrow[0.7\sim1.4MPa]{磷钼酸铋, 550\sim750℃} CH_2=CH-COOH + H_2O$$

若烯烃 α-氢的催化氧化反应在氨的存在下进行，则发生氨氧化反应。例如，丙烯氧化生成丙烯腈的反应就是氨氧化反应：

$$CH_2=CH-CH_3 + \frac{3}{2}O_2 + NH_3 \xrightarrow[440℃, 63\sim74kPa]{磷钼酸铋系催化剂} CH_2=CH-CN + 3H_2O$$

3.1.5 烯烃的来源和制备

低级烯烃如乙烯、丙烯和几种丁烯都是重要的化工原料，它们是高分子合成中的重要单体，是塑料、纤维、橡胶三大合成材料的主要原料。一方面，通过直接蒸馏分离炼厂气可以获得乙烯、丙烯，但数量有限。另一方面，将炼油厂出来的高沸点馏分通过高温裂解可以得到裂解气，其中含有大量的烯烃。此外，将从天然气中得到的乙烷、丙烷、丁烷等进行高温裂化也可获得乙烯、丙烯。

烯烃的实验室制法主要采用醇脱水、卤代烷脱卤化氢或炔烃还原等方法。例如：

$$CH_3CH_2OH \xrightarrow[170℃]{浓 H_2SO_4} CH_2=CH_2 + H_2O$$

$$CH_3CH_2\underset{\underset{Br}{|}}{C}H\underset{\underset{H}{|}}{C}HCH_3 \xrightarrow{KOH/乙醇} CH_3CH_2CH=CHCH_3$$

$$CH_3CH_2C\equiv CCH_2CH_3 + H_2 \xrightarrow[\text{或 P-2 催化剂}]{林德拉催化剂} \underset{H}{\overset{CH_3CH_2}{\diagdown}}C=C\underset{H}{\overset{CH_2CH_3}{\diagup}}$$

3.2 炔烃

分子中含有碳碳三键的不饱和烃称为炔烃。炔烃比相应的烷烃少四个氢原子，通式为 C_nH_{2n-2}。其中碳碳三键是炔烃的官能团。

3.2.1　炔烃的结构

炔烃中最简单的是乙炔，分子式为 C_2H_2。近代物理学方法——X 射线衍射和光谱实验数据已经证明乙炔分子具有线性结构，键角为 $180°$，即四个原子排列在一条直线上。在乙炔分子中，两个碳原子都采取 sp 杂化形式。形成乙炔分子时，两个 sp 杂化的碳原子各以一个 sp 杂化轨道沿键轴方向相互重叠形成一个碳碳 σ 键，两个碳原子的另一个 sp 杂化轨道与两个氢原子的 1s 轨道形成两个碳氢 σ 键。每个 sp 杂化的碳原子上还剩余两个未杂化的 p 轨道，四个 p 轨道两两平行侧面重叠，形成两个相互垂直的 π 键，所以碳碳三键是由一个 σ 键和两个 π 键组成。两个相互垂直的 π 键进一步相互作用，使 π 电子云呈圆柱状分布在碳碳 σ 键周围。乙炔的分子结构如图 3-4 所示。

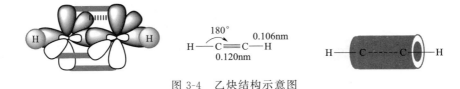

图 3-4　乙炔结构示意图

乙炔碳碳三键键长为 0.120nm，是最短的碳碳键；乙炔分子中碳氢键键长为 0.106nm，比乙烯和乙烷的碳氢键键长（0.108nm 和 0.110nm）都短。碳碳三键的键能为 $836kJ \cdot mol^{-1}$，比碳碳双键、碳碳单键的键能要大。这说明乙炔分子中两个碳原子的 p 轨道重叠程度大。同时，在乙炔分子中由于 C≡C 的两个碳原子为 sp 杂化，与烯烃和烷烃比较，s 成分明显提高，从而增加了对双方原子核的吸引力，使两个原子核更加靠近。

3.2.2　炔烃的同分异构和命名

3.2.2.1　炔烃的同分异构

由于炔烃中的三键碳原子上只能连有一个原子或基团，为直线型结构，因此，炔烃没有顺反异构现象，三键碳原子上也不能形成支链。与同碳原子数的烯烃相比，炔烃的同分异构体的数目比相应的烯烃少。例如戊炔只有三种异构体：

$$CH_3CH_2CH_2C≡CH \qquad CH_3CH_2C≡CCH_3 \qquad \underset{\underset{CH_3}{|}}{CH_3CHC≡CH}$$

戊-1-炔　　　　　　　　　戊- 2-炔　　　　　　　　　3-甲基丁-1-炔

（旧版：1-戊炔）　　　　　（旧版：2-戊炔）　　　　（旧版：3-甲基-1-丁炔）

pent-1-yne　　　　　　　　pent-2-yne　　　　　　　3-methylbut-1-yne

3.2.2.2　炔烃的命名

（1）炔基

炔烃分子中去掉一个氢原子后剩余的基团，称为炔基。常见的炔基如下：

$$HC≡C— \qquad \overset{3}{H}C≡\overset{2}{C}—\overset{1}{C}H_2— \qquad \overset{3}{C}H_3—\overset{2}{C}≡\overset{1}{C}—$$

乙炔基　　　　　　丙-2-炔-1-基（炔丙基）　　　丙-1-炔-1-基（丙炔基）

ethynyl　　　　　prop-2-yn-1-yl（propargyl）　　prop-1-yn-1-yl（propinyl）

（2）炔烃的命名

炔烃的系统命名法与烯烃相似，只需将"烯"改为"炔"即可。例如：

$$CH_3CHCH_2C{\equiv}CH$$
$$\underset{CH_3}{|}$$

4-甲基戊-1-炔
4-methylpent-1-yne

$$CH_3CHCH_2C{\equiv}CCH_3$$
$$\underset{CH_2CH_3}{|}$$

5-甲基庚-2-炔
5-methylhept-2-yne

$$CH_3CH_2CH_2CHC{\equiv}CH$$
$$\underset{CH_2CH(CH_3)_2}{|}$$

4-乙炔基-2-甲基庚烷
4-ethynyl-2-methylheptane

$$CH_3CHCH_2C{\equiv}CCH_2CH_2CH_2CH_2CH_3$$
$$\underset{CH_3}{|}$$

2-甲基十二碳-4-炔
2-methyldodec-4-yne

$$CH_3CH_2C{\equiv}CCH_2CH_2\overset{CH_3}{\overset{|}{C}}HCHCH_2CH_3$$
$$\underset{CH_2CH_3}{|}$$

8-乙基-7-甲基癸-4-炔
8-ethyl-7-methyldec-4-yne

分子中同时含有碳碳双键和碳碳三键的不饱和烃称为"烯炔"。根据系统命名规则，命名时选择含有双、三键在内的最长碳链作为主链，称为"某烯炔"，主链编号时使双键和三键的位次最小。例如：

$$\overset{5}{C}H_3\overset{4}{C}{\equiv}\overset{3}{C}-\overset{2}{C}H-\overset{1}{C}H_2$$

戊-1-烯-3-炔
pent-1-en-3-yne

$$\overset{5}{C}H_3\overset{4}{C}H{=}\overset{3}{C}H-\overset{2}{C}{\equiv}\overset{1}{C}H$$

戊-3-烯-1-炔
pent-3-en-1-yne

但主链编号若双键、三键处于相同的位次时，则使双键具有最小的位次。例如：

$$\overset{1}{C}H_3\overset{2}{C}H{=}\overset{3}{C}HCH_2\overset{5}{C}HC{\equiv}CCH_3$$
$$\underset{CH_3}{|}$$

5-甲基辛-2-烯-6-炔   5-methyl-oct-2-en-6-yne

在旧版命名法中，炔烃的系统命名法与烯烃相似，选择含碳碳三键在内的最长碳链为主链，编号从靠近三键的一端开始。例如：

$$CH_3CHCH_2C{\equiv}CH$$
$$\underset{CH_3}{|}$$

4-甲基-1-戊炔

$$CH_3CHCH_2C{\equiv}CCH_3$$
$$\underset{CH_2CH_3}{|}$$

5-甲基-2-庚炔

分子中同时含有碳碳双键和碳碳三键的不饱和烃称为"烯炔"。根据系统命名法规则，命名时选择同时含有双、三键在内的最长碳链作为主链，称为"某烯炔"，主链编号时使双键和三键的位次和最小。例如：

$$\overset{5}{C}H_3\overset{4}{C}{\equiv}\overset{3}{C}-\overset{2}{C}H-\overset{1}{C}H_2$$

1-戊烯-3-炔

$$\overset{5}{C}H_3\overset{4}{C}H{=}\overset{3}{C}H-\overset{2}{C}{\equiv}\overset{1}{C}H$$

3-戊烯-1-炔

主链编号时若双键、三键处于相同的位次时，则使双键具有最小的位次。例如：

$$\overset{1}{C}H_3\overset{2}{C}H{=}\overset{3}{C}HCH_2\overset{5}{C}HC{\equiv}CCH_3$$
$$\underset{CH_3}{|}$$

5-甲基-2-辛烯-6-炔

3.2.3 炔烃的物理性质

炔烃的物理性质与烷烃、烯烃基本相似，室温下低于4个碳原子的炔烃是气体，5~18个碳原子的炔烃是液体。简单炔烃的熔点、沸点及密度比相同碳原子数的烷烃和烯烃高一些。炔烃的相对密度小于1，难溶于水，能溶于烷烃、四氯化碳、苯、乙醚等非极性有机溶剂中。一些炔烃的物理常数见表3-3。

表 3-3　一些炔烃的物理常数

名称	结构式	熔点/℃	沸点/℃	密度/(g·cm^{-3})
乙炔	HC≡CH	−81.8(118.7kPa)	−83.4	0.6179
丙炔	HC≡CCH$_3$	−102.7	−23.2	0.6714
丁-1-炔	HC≡CCH$_2$CH$_3$	−122.5	8.6	0.6682
丁-2-炔	CH$_3$C≡CCH$_3$	−24.0	27.0	0.6937
戊-1-炔	HC≡CCH$_2$CH$_2$CH$_3$	−98.0	39.7	0.6950
戊-2-炔	CH$_3$C≡CCH$_2$CH$_3$	−101	55.5	0.7127
己-1-炔	HC≡C(CH$_2$)$_3$CH$_3$	−124	71	0.7195
己-2-炔	CH$_3$C≡CCH$_2$CH$_2$CH$_3$	−88	84	0.7305
己-3-炔	CH$_3$CH$_2$C≡CCH$_2$CH$_3$	−105	82	0.7255

　　纯净的乙炔是无色无臭的气体。常用的乙炔有难闻的鱼腥味，是因为其中含有磷化氢、硫化氢等杂质。乙炔是工业上最重要的炔烃，自然界中没有乙炔存在。乙炔的工业来源主要是水解电石（碳化钙）制备；在常压下，15℃时，1 体积丙酮可溶 25 体积的乙炔。乙炔在高压下很容易发生爆炸，所以储存乙炔的钢瓶中常填以丙酮饱和的多孔物质，这样在较小的压力条件下就能溶解大量的乙炔。乙炔在氧气中燃烧的火焰温度高达 3500℃，可用于金属焊接。

3.2.4　炔烃的化学性质

　　炔烃的官能团是碳碳三键，其中的 π 键容易被打开，所以炔烃也可以发生类似烯烃的加成等反应。但由于碳碳原子间的作用力加强，键能增大，因此反应活性上比烯烃差。同时炔碳采取 sp 杂化方式，其电负性较大，从而使得末端炔氢具有弱酸性。

3.2.4.1　催化加氢

　　炔烃也可以在金属铂、钯、镍等催化剂作用下发生催化氢化反应，先生成烯烃，再进一步氢化生成相应的烷烃。例如：

$$RC\equiv CH \xrightarrow{H_2 \atop Pt} RCH=CH_2 \xrightarrow{H_2 \atop Pt} RCH_2-CH_3$$

　　第二步加氢速度更快，一般金属催化剂难以使反应停留在烯烃阶段。若使用催化活性较低的催化剂，如林德拉（Lindlar）催化剂（将金属钯的细粉沉淀在碳酸钙上，再用喹啉或乙酸铅溶液处理制成）或 P-2 催化剂（用硼氢化钠还原乙酸镍得到的硼化镍），可使反应停留在烯烃阶段。使用这两种催化剂主要得到顺式烯烃。例如：

$$CH_3CH_2C\equiv CCH_2CH_2CH_3 + H_2 \xrightarrow[\text{或 P-2 催化剂}]{\text{林德拉催化剂}}$$

顺-庚-3-烯

　　炔烃也可在液氨中用碱金属锂或钠还原生成烯烃，且主要产物为反式烯烃。例如：

$$CH_3CH_2C\equiv CCH_2CH_2CH_3 \xrightarrow[\text{液 NH}_3]{\text{Li/Na}}$$

反-庚-3-烯

　　此反应属于溶解金属还原，锂或钠和液氨是还原剂，它是通过单电子转移和提供质子完成的，而不是金属与氨作用产生氢气进行还原。

3.2.4.2 亲电加成

炔烃结构中存在不饱和的碳碳三键，也可与卤素、卤化氢等亲电试剂发生亲电加成反应。但由于三键碳原子对 π 电子云有较大的约束力，不容易给出电子与亲电试剂结合，因此，炔烃的亲电加成反应活性比烯烃要低。

(1) 与卤素加成

炔烃与卤素（溴或氯气）加成首先生成邻二卤代烯，再进一步加成得四卤代烷。例如：

$$CH_3C{\equiv}CH \xrightarrow{Br_2} CH_3C{=}CH \xrightarrow{Br_2} CH_3CBr_2CHBr_2$$

$$\underset{Br\ \ Br}{|\ \ \ |}$$

1,2-二溴丙烯　　1,1,2,2-四溴丙烷

炔烃与溴加成，也能使溴水的颜色褪去，因此，此反应也可用于炔烃的鉴别。氯与炔烃加成通常需要在氯化铁或氯化亚锡的催化下进行。例如：

$$HC{\equiv}CH \xrightarrow{Cl_2}{FeCl_3} HC{=}CH \xrightarrow{Cl_2}{FeCl_3} CHCl_2{-}CHCl_2$$

$$\underset{Cl\ \ Cl}{|\ \ \ |}$$

上述反应生成的邻二卤代烯分子中，两个双键碳原子上各连接一个吸电子的溴（氯）原子，使碳碳双键的亲电加成活性减小，所以通过控制卤素的加入量，反应可停留在第一步。当化合物中同时存在非共轭的碳碳三键和碳碳双键时，加成反应首先发生在双键上。例如：

$$CH_2{=}CH{-}CH_2{-}C{\equiv}CH \xrightarrow{Br_2} CH_2{-}CH{-}CH_2{-}C{\equiv}CH$$

$$\underset{Br\ \ \ \ \ \ Br}{|\ \ \ \ \ \ \ |}$$

(2) 与卤化氢加成

炔烃与卤化氢也可发生亲电加成，反应是分两步进行的，炔烃与等物质的量的卤化氢加成先生成卤代烯烃，进一步加成生成二卤代烷烃。不对称炔烃与卤化氢的反应产物也符合马氏规则。例如：

$$CH_3{-}C{\equiv}CH \xrightarrow{HBr} CH_3{-}C{=}CH_2 \xrightarrow{HBr} CH_3{-}\underset{|}{\overset{|}{C}}{-}CH_3$$

卤代烯分子中双键碳原子上的溴原子降低了碳碳双键发生加成反应的活性，所以在适当的条件下，可使反应停留在第一步。这个反应也可用于制备卤代烯烃。

炔烃加溴化氢反应也存在过氧化物效应，反应机制也是自由基加成，生成反马氏规则的产物。例如：

$$CH_3{-}C{\equiv}CH \xrightarrow{HBr}{ROOR} CH_3{-}CH{=}CHBr$$

(3) 与水加成

炔烃在汞盐和稀硫酸的催化下先得到加成产物烯醇，然后异构化为更稳定的羰基化合物，此反应也称为炔烃的水合反应。例如：

$$RC{\equiv}CH + H_2O \xrightarrow{HgSO_4}{H_2SO_4} \left[\overset{OH}{\underset{}{RC{=}CH_2}} \right] \rightleftharpoons \overset{O}{\underset{}{RC{-}CH_3}}$$

不对称炔烃与水加成产物符合马氏规则，得到氢加在含氢较多的碳原子上，羟基加在含氢较少的碳原子上的烯醇型结构。由于烯醇型结构不稳定，容易异构化为羰基化合物。乙炔加水的最终产物是乙醛，这是工业上制备乙醛的方法之一，其它炔烃的水合产物均为酮类化合物。

3.2.4.3　氧化反应

炔烃与烯烃相似，能发生氧化反应，在较温和条件下，用高锰酸钾氧化炔烃（末端炔烃除外），可以得到 α-二酮（两个羰基碳原子直接相连），例如：

$$CH_3CH_2C\equiv CCH_2CH_3 \xrightarrow[\text{pH}=7.5]{\text{KMnO}_4，室温} CH_3CH_2\underset{\underset{O}{\|}}{C}-\underset{\underset{O}{\|}}{C}CH_2CH_3$$

在较高温度或酸性条件下，高锰酸钾将使炔键全部断裂，得到羧酸或二氧化碳。例如：

$$CH_3CH_2C\equiv CH \xrightarrow{\text{KMnO}_4，\triangle} CH_3CH_2COOH + CO_2$$

炔烃经臭氧化水解后得到两分子的羧酸，这与烯烃的氧化产物有所不同。例如：

$$CH_3CH_2C\equiv CH \xrightarrow[\text{2) H}_2O]{\text{1) O}_3} CH_3CH_2COOH + HCOOH$$

根据高锰酸钾溶液颜色的变化可以鉴别炔烃，也可以根据氧化反应产物的种类和结构来推测原炔烃的结构。

3.2.4.4　炔烃的活泼氢反应

（1）炔氢的酸性

轨道的杂化方式对碳原子的电负性有一定的影响，杂化轨道中 s 成分越多，使轨道中的电子更靠近碳原子核，即原子核对电子有较强的束缚力，那么该杂化碳原子的电负性就越大：

碳原子的杂化方式	sp	sp^2	sp^3
s 成分/%	50	33	25
电负性	3.29	2.73	2.48

杂化碳原子的电负性越大，碳氢键极性越大，共价键向离子键过渡，碳氢键容易发生电离，氢原子越容易离去，同时生成的碳负离子也越稳定。例如，乙炔、乙烯和乙烷形成的碳负离子的稳定性次序是：

$$HC\equiv C^- > CH_2=CH^- > CH_3-CH_2^-$$

由于越稳定的负离子越容易生成，因此乙炔比乙烯和乙烷更容易形成碳负离子，即乙炔的酸性比乙烯和乙烷强，但比水的酸性弱，而比氨的酸性强。化合物酸性强弱常用电离常数 K_a 的负对数 pK_a 表示，pK_a 值越小，酸性越强。例如：

	H_2O	C_2H_5OH	$HC\equiv CH$	NH_3	$CH_2=CH_2$	CH_3-CH_3
pK_a	15.7	15.9	25	34	44	50

（2）金属炔化物的生成及其应用

由于炔氢的弱酸性，乙炔和端位炔烃能与钠、钾等碱金属或氨基钠等强碱反应生成金属炔化物，而烯烃和烷烃却难以反应。例如：

$$HC\equiv CH \xrightarrow[\text{或 NaNH}_2，液 NH_3，-33℃]{\text{Na，110℃}} HC\equiv CNa \xrightarrow[\text{或 NaNH}_2，液 NH_3，-33℃]{\text{Na，110℃}} NaC\equiv CNa$$
$$\qquad\qquad\qquad\qquad 乙炔钠 \qquad\qquad\qquad\qquad\qquad 乙炔二钠$$

$$CH_3CH_2CH_2C\equiv CH + NaNH_2 \xrightarrow{液 NH_3，-33℃} CH_3CH_2CH_2C\equiv CNa + NH_3$$

金属炔化物既是强碱，又是很强的亲核试剂，可与伯卤代烷发生亲核取代反应，生成碳链增长的炔烃，这类反应称为炔烃的烷基化反应。该方法是由低级炔烃制备高级炔烃的重要方法之一。例如：

$$NaC\equiv CNa + 2CH_3CH_2Br \xrightarrow{\text{液 NH}_3} CH_3CH_2C\equiv CCH_2CH_3 + 2NaBr$$

$$CH_3CH_2CH_2C\equiv CNa + CH_3CH_2CH_2Br \xrightarrow{\text{液 NH}_3} CH_3CH_2CH_2C\equiv CCH_2CH_2CH_3 + NaBr$$

(3) 炔烃的鉴定

乙炔和端位炔烃分子的炔氢，还可以被银离子或亚铜离子取代，分别生成炔银或炔亚铜。例如，将乙炔或端位炔烃分别加入硝酸银的氨溶液或氯化亚铜的氨溶液中，则分别生成白色的炔银和砖红色的炔亚铜沉淀。例如：

$$HC\equiv CH + 2[Ag(NH_3)_2]^+ \longrightarrow AgC\equiv CAg\downarrow + 2NH_4^+ + 2NH_3$$
乙炔银（白色）

$$CH_3C\equiv CH + [Ag(NH_3)_2]^+ \longrightarrow CH_3C\equiv CAg\downarrow + NH_4^+ + NH_3$$
丙炔银（白色）

$$HC\equiv CH + 2[Cu(NH_3)_2]^+ \longrightarrow CuC\equiv CCu\downarrow + 2NH_4^+ + 2NH_3$$
乙炔亚铜（砖红色）

上述反应非常灵敏，现象明显，常用于鉴别乙炔和端位炔烃。此外，生成的金属炔化物与盐酸或硝酸作用时可重新分解为原来的炔烃。因此可以利用此性质分离和提纯乙炔和端位炔烃。例如：

$$CH_3C\equiv CAg + HNO_3 \longrightarrow CH_3C\equiv CH + AgNO_3$$

$$CuC\equiv CCu + 2HCl \longrightarrow HC\equiv CH + 2CuCl$$

炔银或炔亚铜等金属炔化物在湿润时比较稳定，在干燥状态下易爆炸，不宜保存，故在反应结束后，应及时用盐酸或硝酸使之分解。

3.2.4.5 亲核加成反应

与烯烃不同，炔烃不仅可以发生亲电加成反应，在适当条件下也可与氢氰酸、乙醇、乙酸等亲核试剂发生加成反应，生成烯基化合物。例如：

$$HC\equiv CH + HCN \xrightarrow{\text{CuCl, NH}_4\text{Cl}} CH_2=CH-CN$$
氢氰酸   丙烯腈

$$HC\equiv CH + ROH \xrightarrow{\text{碱，加压}} CH_2=CH-O-R$$
乙烯基醚

$$HC\equiv CH + RCOOH \xrightarrow[\triangle]{\text{催化剂}} CH_2=CH-O-\overset{\displaystyle O}{\underset{\displaystyle \|}{C}}-R$$
羧酸乙烯酯

3.2.4.6 聚合反应

与烯烃相似，炔烃在不同条件下也可发生二聚、三聚或多聚反应。例如：

$$2HC\equiv CH \xrightarrow{\text{CuCl, NH}_4\text{Cl}} CH_2=CH-C\equiv CH$$
乙烯基乙炔（生产氯丁橡胶的原料）

$$3HC\equiv CH \xrightarrow{500℃}$$

$$nHC\equiv CH \xrightarrow{\text{催化剂}} \left[HC=CH\right]_n$$
聚乙炔

聚乙炔分子具有单、双键交替结构，有较好的导电性，因此，聚乙炔薄膜可用于包装计算机元件以消除静电。

3.2.5 炔烃的制备

含碳碳三键的化合物在自然界很少见，因此，炔烃主要靠合成方法来制备。采用石灰和焦炭在高温炉中加热生成电石，后者与水反应生成乙炔（电石气），这是目前制备乙炔的方法之一，但生产电石能耗大，成本高，故发展受到限制。例如：

$$CaO + 3C \xrightarrow{2200\sim2300℃} CaC_2 + CO$$

$$CaC_2 + 2H_2O \longrightarrow HC{\equiv}CH + Ca(OH)_2$$

天然气在高温用氧气部分氧化裂解也可生成乙炔。例如：

$$2CH_4 \xrightarrow{1500\sim1600℃} HC{\equiv}CH + 3H_2$$

炔烃的实验室制法常用二卤代烷脱卤化氢或端位炔烃的烷基化等方法。例如：

$$CH_3CH_2CH_2\underset{\underset{Br\ Br}{|\ \ |}}{CHCH_2} \xrightarrow[CH_3CH_2OH]{KOH} CH_3CH_2CH_2C{\equiv}CH + 2HBr$$

$$CH_3CH_2CH_2C{\equiv}CH \xrightarrow[\text{液 } NH_3,\ -33℃]{NaNH_2} CH_3CH_2CH_2C{\equiv}CNa \xrightarrow{CH_3CH_2CH_2Br} CH_3CH_2CH_2C{\equiv}CCH_2CH_2CH_3$$

3.3 二烯烃

分子中含有两个碳碳双键的不饱和烃称为二烯烃（dienes），二烯烃的通式为 C_nH_{2n-2}，它与具有相同碳原子数的炔烃互为同分异构体，二者分子中所含官能团不同，是官能团异构体。

3.3.1 二烯烃的分类和命名

3.3.1.1 二烯烃的分类

根据二烯烃中两个碳碳双键相对位置的不同，可将二烯烃分为三类。

累积二烯烃：两个双键共用一个碳原子的二烯烃。例如：

$$CH_2{=}C{=}CH_2 \qquad\qquad CH_2{=}C{=}CH{-}CH_3$$

丙二烯   丁-1,2-二烯

allene   buta-1,2-diene

隔离二烯烃：两个双键被两个或两个以上单键隔开的二烯烃，也称孤立二烯烃。例如：

$$CH_2{=}CH{-}CH_2{-}CH{=}CH_2 \qquad\qquad CH_2{=}CH{-}CH_2{-}CH_2{-}CH{=}CH_2$$

戊-1,4-二烯   己-1,5-二烯

penta-1,4-diene   hexa-1,5-diene

共轭二烯烃：两个双键仅被一个单键隔开的二烯烃。例如：

$$CH_2{=}C{-}CH{=}CH_2 \atop \qquad\ \ |$$
$$\qquad\ \ CH_3$$

$$CH_2{=}CH{-}CH{=}CH_2$$

丁-1,3-二烯   2-甲基丁-1,3-二烯

buta-1,3-diene   2-methylbuta-1,3-diene

由于两个双键的相互影响，共轭二烯烃表现出一些特殊的性质，在理论和应用中都具有重要价值，是二烯烃中最重要的一类，本节主要讨论这一类。

3.3.1.2 二烯烃的命名

二烯烃的命名与烯烃相似，选择含有两个双键在内的最长碳链为主链，根据主链碳原子数目，称为"某二烯"。从距双键近的一端开始编号，同时应标明两个双键的位次。例如：

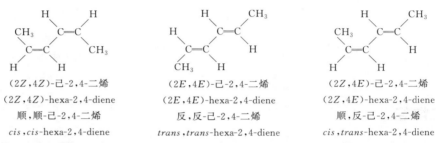

$$CH_2=CH-CH_2-CH=CH-CH_3$$

己-1,4-二烯

hexa-1,4-diene

$$CH_2=C-CH=CH-CH_3$$
$$\quad\quad |$$
$$\quad\quad CH_3$$

4-甲基戊-1,2-二烯

4-methylpent-1,2-diene

与单烯烃相似，当二烯烃的双键两端连接的原子或基团各不相同时，也存在顺反异构现象。而且由于有两个双键的存在，异构现象比单烯烃更复杂。命名时要逐个标明其构型。例如：

(2Z,4Z)-己-2,4-二烯　　(2E,4E)-己-2,4-二烯　　(2Z,4E)-己-2,4-二烯

(2Z,4Z)-hexa-2,4-diene　(2E,4E)-hexa-2,4-diene　(2Z,4E)-hexa-2,4-diene

顺,顺-己-2,4-二烯　　　反,反-己-2,4-二烯　　　顺,反-己-2,4-二烯

cis,cis-hexa-2,4-diene　*trans,trans*-hexa-2,4-diene　*cis,trans*-hexa-2,4-diene

由于两个双键之间的单键可以旋转，共轭二烯烃存在构象异构体。一种构象是两个双键位于单键的同一侧，用 s-顺表示，另一种构象是两个双键分别位于单键的两侧，用 s-反表示，其中，s 代表两个双键间的单键。例如：

s-顺-丁-1,3-二烯　　　　　s-反-丁-1,3-二烯

或 s-(Z)-丁-1,3-二烯　　　或 s-(E)-丁-1,3-二烯

在旧版命名法中，根据二烯烃中两个碳碳双键相对位置的不同，可将二烯烃分为三类。

累积二烯烃：两个双键共用一个碳原子的二烯烃。例如：

$$CH_2=C=CH_2 \qquad CH_2=C=CH-CH_3$$

丙二烯　　　　　　　1,2-丁二烯

隔离二烯烃：两个双键被两个或两个以上单键隔开的二烯烃，也称孤立二烯烃。例如：

$$CH_2=CH-CH_2-CH=CH_2 \qquad CH_2=CH-CH_2-CH_2-CH=CH_2$$

1,4-戊二烯　　　　　　　　　　1,5-己二烯

共轭二烯烃：两个双键仅被一个单键隔开的二烯烃。例如：

$$CH_2=C-CH=CH_2$$
$$\quad\quad |$$
$$\quad\quad CH_3$$

$$CH_2=CH-CH=CH_2$$

1,3-丁二烯　　　　　　　2-甲基-1,3-丁二烯

由于两个双键的相互影响，共轭二烯烃表现出一些特殊的性质，在理论和应用中都具有重要价值，是二烯烃中最重要的一类，本节主要讨论这一类。

在旧版命名法中，二烯烃的命名与烯烃相似，选择含有两个双键在内的最长碳链为主链，根据主链碳原子数目，称为"某二烯"。从距双键近的一端开始编号，同时应标明两

个双键的位次。例如：

$$CH_2=CH-CH_2-CH=CH-CH_3$$

1,4-己二烯

$$CH_2=C=CH-CH-CH_3$$
$$|$$
$$CH_3$$

4-甲基-1,2-戊二烯

与单烯烃相似，当二烯烃的双键两端连接的原子或基团各不相同时，也存在顺反异构现象。而且由于有两个双键的存在，异构现象比单烯烃更复杂。命名时要逐个标明其构型。例如：

(2Z,4Z)-2,4-己二烯　　　　(2E,4E)-2,4-己二烯　　　　(2Z,4E)-2,4-己二烯

3.3.2 二烯烃的结构

3.3.2.1 丙二烯的结构

丙二烯的 C2 只与两个碳原子相连，是 sp 杂化，C1 和 C3 各与三个原子相连，是 sp^2 杂化。C2 用两个 sp 杂化轨道分别与 C1 和 C3 的 sp^2 杂化轨道交盖形成碳碳 σ 键，键长比烯烃略短，C1 和 C3 又各用两个 sp^2 杂化轨道分别与两个氢原子的 1s 轨道交盖形成碳氢 σ 键，其键角与烯烃相近。C2 剩下的两个相互垂直的 p 轨道，分别与 C1 和 C3 相互平行的一个 p 轨道在侧面相互交盖形成 π 键，因此形成的两个 π 键相互垂直。如图 3-5 所示。由此可见，丙二烯分子式是线性非平面分子。

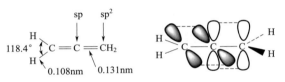

图 3-5 丙二烯的结构示意图

3.3.2.2 丁-1,3-二烯的结构

近代实验方法测定结果表明，在丁-1,3-二烯分子中，所有 σ 键和所有原子都在同一个平面上，所有键角都接近 120°，两个碳碳双键的键长为 0.135nm，比一般烯烃分子中的碳碳双键的键长 0.134nm 长，碳碳单键的键长为 0.147nm，又比一般的烷烃碳碳单键的键长 0.154nm 短，如图 3-6 所示。由此可见，丁-1,3-二烯分子中碳碳之间的键长趋向于平均化。

在丁-1,3-二烯分子中，四个碳原子均是 sp^2 杂化，每个碳原子均用三个 sp^2 杂化轨道与相邻碳原子的 sp^2 杂化轨道及氢原子的 1s 轨道形成碳碳 σ 键和碳氢 σ 键，所有 σ 键和所有原子都在同一个平面上。每个碳原子还各有一个未参与杂化的 p 轨道，这四个 p 轨道均垂直于 σ 键所在的平面，彼此相互平行，因此，不仅 C1 与 C2、C3 与 C4 之间的 p 轨道在侧面交盖，而且 C2 与 C3 之间的 p 轨道也有一定程度交盖，C2 和 C3 之间并不是一个单纯的 σ 键，而是具有部分双键的性质。这样交盖的结果把两个孤立存在的 π 键连在一起，形成了一个大 π 键或共轭 π 键。分子中 π 电子的运动范围不再局限在某两个原子之间，而是发生了离域，在整个共轭大 π 键体系中运动。

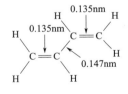

图 3-6 丁-1,3-二烯
的碳碳键长

3.3.3 共轭体系与共轭效应

3.3.3.1 π-π 共轭

如上所述，在丁-1,3-二烯分子中，四个 π 电子并不像结构式那样固定在两个双键碳原子之间，而是扩展到四个碳原子周围，这种现象称为电子的离域，电子的离域体现了分子内原子间相互影响的电子效应。具有电子离域效应的分子称为共轭分子。这种单双键交替排列的体系属于共轭体系，称为 π-π 共轭体系。在共轭分子中，任何一个原子受到外界的影响，由于 π 电子在整个体系中的离域，均会影响到分子的其余部分，这种电子通过共轭体系传递的现象，称为共轭效应（conjugative effect，简称 C 效应）。由 π 电子离域所体现的共轭效应，称为 π-π 共轭效应。

共轭效应在分子的物理性质和化学行为上均有所反映。例如，共轭效应使丁-1,3-二烯的碳碳单键键长变短（0.147nm），明显小于烷烃中碳碳单键的键长（0.154nm）。碳碳双键键长（0.135nm）比单烯烃的双键（0.134nm）略长，使单双键产生了平均化的趋势。

同样，共轭效应使分子能量显著降低，稳定性明显增加。这可以从氢化热的数据分析中看出。例如，戊-1,3-二烯和戊-1,4-二烯的氢化热分别为 226kJ·mol^{-1} 和 254kJ·mol^{-1}，前者的氢化热比后者低 28kJ·mol^{-1}。这个能量差是由于 π 电子离域引起的，是共轭效应的具体表现，通称离域能或共轭能。电子的离域越明显，离域程度越大，则体系的能量越低，化合物也越稳定。另外，π-π 共轭体系不限于双键，三键亦可，组成共轭体系的原子也不限于碳原子，其它如氧、氮原子等亦可。例如：

$$CH_2=CH-C\equiv CH \qquad\qquad CH_2=CH-CH=CH-CH=CH_2 \qquad\qquad CH_2=CH-CH=O$$
乙烯基乙炔　　　　　　　　　　　　己-1,3,5-三烯　　　　　　　　　　　丙烯醛

在共轭体系中，π 电子的离域可用弯箭头表示，弯箭头是从双键到与该双键直接相连的原子上，π 电子的离域方向为箭头所示的方向。例如：

$$\overset{\delta^+}{H_2C}=CH-CH\overset{\delta^-}{=CH_2} \qquad\qquad\qquad \overset{\delta^+}{H_2C}=CH-CH\overset{\delta^-}{=O}$$

根据共轭作用的结果，共轭效应可分为供电子共轭效应（+C）和吸电子共轭效应（−C）。共轭效应是一类重要的电子效应，只存在于共轭体系中；共轭效应在共轭链上产生正负交替现象；共轭效应的传递不因共轭链的增长而明显减弱。这些均与诱导效应不同。

3.3.3.2 p-π 共轭

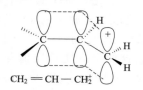
图 3-7　烯丙基碳正离子中的 p-π 共轭

烯丙基碳正离子中，三个碳原子都是 sp^2 杂化，处于同一平面上。除形成碳碳 σ 键和碳氢 σ 键外，每个碳原子还余下一个未参与杂化的 p 轨道，它们相互平行，可以侧面重叠，形成共轭体系，如图 3-7 所示。这种共轭体系是 p 轨道与 π 轨道的共轭，称为 p-π 共轭，p-π 共轭体系中电子的离域作用称为 p-π 共轭效应。

　　p-π 共轭不限于烯丙基碳正离子，凡与双键碳原子直接相连的原子上有未参与成键的 p 轨道，且该 p 轨道可以与双键 p 轨道发生侧面重叠时，都能形成 p-π 共轭体系。例如：

$$CH_2=CH-CH_2\cdot \qquad\qquad CH_2=CH-\ddot{Cl} \qquad\qquad CH_2=CH-\ddot{O}-R$$

丙烯分子中的 α-氢原子比较活泼，主要原因是在反应过程中生成的活性中间体是烯丙

基自由基，因电子发生离域，使其能量降低，比较稳定而较易生成之故。

3.3.3.3 超共轭效应

电子的离域不仅存在于单双键交替的 π-π 共轭体系中，在碳氢 σ 键与 π 键直接相连的体系中，也有类似的电子离域现象。例如，在丙烯分子中，虽然甲基中的碳氢 σ 键轨道与 π 键的两个 p 轨道并不平行，但仍可发生一定程度的侧面重叠。如图 3-8 所示。

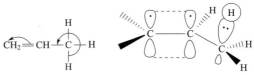

图 3-8 丙烯分子中的超共轭

由于这种交盖，σ 电子偏离原来的轨道，而倾向于 π 轨道。这种涉及 σ 键轨道与 π 轨道参与的电子离域作用，称为 σ-π 超共轭效应。超共轭效应比 π-π 共轭效应弱得多。

在丙烯分子中，由于碳碳单键的转动，甲基中的三个碳氢 σ 键轨道能与 π 轨道在侧面交盖，参与超共轭。由此可知，在超共轭体系中，参与超共轭的碳氢 σ 键越多，超共轭效应越强。例如：

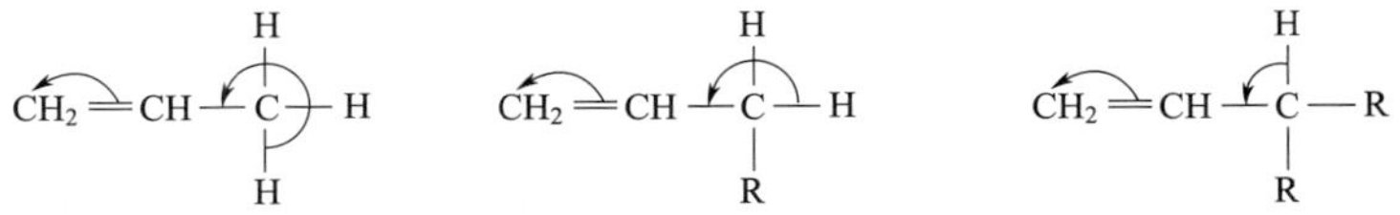

3个碳氢σ键参与超共轭　　2个碳氢σ键参与超共轭　　1个碳氢σ键参与超共轭

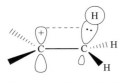

图 3-9 乙基碳正离子的 σ-p 超共轭

碳正离子的稳定性也与超共轭效应有关。在碳正离子中，带正电荷的碳原子具有三个 sp^2 杂化轨道，此外还有一空的 p 轨道，因此与 σ-π 超共轭相似，也存在着 σ 键轨道与 p 轨道在侧面相互交盖，即 σ-p 超共轭效应，使正电荷分散，增加了碳正离子稳定性。如图 3-9 所示。

参与超共轭的碳氢 σ 键越多，则正电荷的分散程度越大，碳正离子越稳定。碳正离子的稳定性由大到小的顺序是 $3°>2°>1°>CH_3^+$。例如：

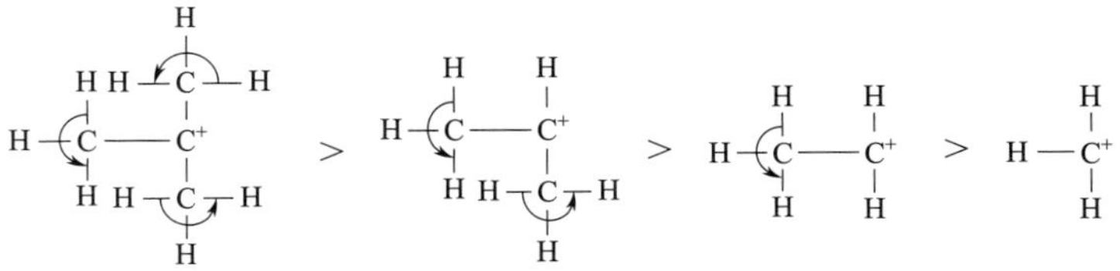

烷基自由基的结构与碳正离子相似，其稳定性也与超共轭效应有关，因而具有类似的稳定性次序：$3°>2°>1°>CH_3·$。例如：

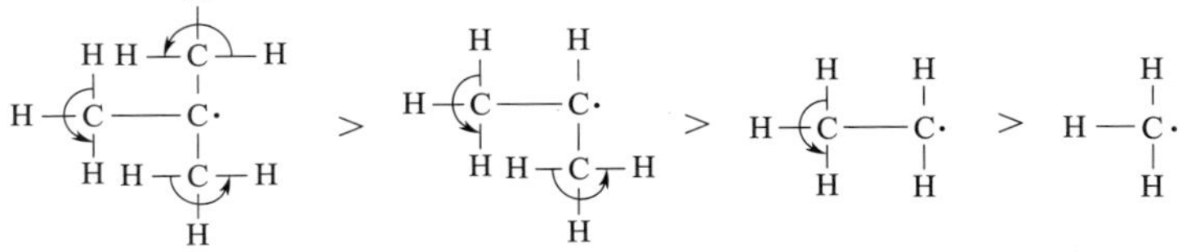

3.3.4 共振论

根据价键理论，共价键是由自旋相反的电子配对形成的，形成共价键的电子仅在成键原子间的区域运动。通常用以表示有机化合物分子结构的经典结构式就是以价键理论为基础的。但对于丁-1,3-二烯、烯丙基自由基等存在离域体系的结构，经典结构式的表述却不能令人满意。为了解决这方面的问题，美国化学家鲍林（L. Pauling）于 1931 年提出共振论。共振论的基本观点是，当一个分子、离子或自由基不能用一个经典结构式表示时，可用几个经典结构式的叠加来描述。叠加又称共振，这些可能的经典结构称为极限结构或共振结构。因此，可以认为存在离域体系的分子、离子或自由基是由几种经典结构杂化而产生的杂化体。共振杂化体的表示方法是将几种可能的极限结构式用双箭头 ◂——▸ 联系起来。例如，烯丙基碳正离子可认为是如下两个共振结构共振产生的杂化体：

$$CH_2=CH-\overset{+}{C}H_2 \longleftrightarrow \overset{+}{C}H_2-CH=CH_2$$

共振杂化体不是几种极限结构的混合物，在几种极限结构之间也不存在某种平衡。极限结构实际上是不存在的，只是因为没有合适的结构式表达共振杂化体，所以用极限结构的共振来描述。

共振杂化体的极限结构式的书写不是任意的，必须遵循一些基本原则。

① 所有的极限结构式的书写都必须符合路易斯结构式。例如：

$$\overset{-}{C}H_2-\overset{+}{N}\equiv N: \longleftrightarrow\!\!\!\!\times\!\!\!\!\longrightarrow CH_2=N\equiv N:$$

在上述极限结构式中，后一个式子的中间氮原子不符合八隅体结构。

② 表示同一个离域体系的极限结构式，其原子的排列顺序应完全相同，不同的只是电子的排列。如果用弯箭头表示电子的转移，则可以由一种极限结构推出另一种极限结构式。例如：

$$CH_2-\overset{+}{\underset{\cdot\cdot}{O}}-CH_3 \longleftrightarrow CH_2=\overset{}{\underset{\cdot\cdot}{O}}-CH_3$$

$$\overset{-}{C}H_2-\overset{\overset{O}{\|}}{C}-CH_3 \longleftrightarrow CH_2=\overset{\overset{O^-}{|}}{C}-CH_3$$

③ 表示同一个离域体系的极限结构式，其未成对电子数必须相等。例如：

$$CH_2=CH-\dot{C}H_2 \longleftrightarrow\!\!\!\!\times\!\!\!\!\longrightarrow \dot{C}H_2-\dot{C}H-\dot{C}H_2$$

共振论认为一个离域体系的不同极限结构具有不同的稳定性，不同稳定性的极限结构对共振杂化体的贡献也不同。稳定性越高的极限结构，对共振杂化体的贡献越大。判定极限结构稳定性的大小大致有以下规则。

① 具有相同结构的极限结构的稳定性相同，对共振杂化体的贡献也相同。例如：

$$CH_2=CH-\overset{+}{C}H_2 \longleftrightarrow \overset{+}{C}H_2-CH=CH_2$$

② 共价键多的极限结构比共价键少的极限结构更稳定，对共振杂化体的贡献更大。例如：

$$CH_2=CH-CH=CH_2 \longleftrightarrow \overset{+}{C}H_2-CH=CH-\overset{-}{C}H_2 \longleftrightarrow \overset{-}{C}H_2-CH=CH-\overset{+}{C}H_2$$

　　　五个共价键，贡献大　　　　　　　　　　　　　　　　四个共价键，贡献较小

③ 含电荷分离的极限结构不如没有电荷分离的极限结构贡献大。具有电荷分离的极限结构中，符合电负性原则，即正电荷处在电负性较小的原子上、负电荷处在电负性较大的原子上的极限结构具有较高的稳定性。两个异号电荷相距越远，稳定性越小，两个同号电荷距离越近，稳定性越小。例如：

$$CH_2=CH-\overset{-}{C}H-\overset{\cdot\cdot}{\underset{\cdot\cdot}{O}}: \longleftrightarrow CH_2=CH-CH=O \longleftrightarrow CH_2=CH-\overset{+}{C}H-\overset{\cdot\cdot}{\underset{\cdot\cdot}{O}}:$$

　　　　　　　　　　　　　　　贡献最大

$$\overset{-}{C}H_2-CH=CH-\overset{+}{\underset{\cdot\cdot}{O}}: \qquad \overset{+}{C}H_2-CH=CH-\overset{\cdot\cdot}{\underset{\cdot\cdot}{O}}:$$

　　贡献很小，可忽略不计　　　　　　　　　　　　　　　　贡献较小

共振论在解释离域体系的稳定性、描述反应历程、解释反应结果或判断反应取向等方面具有重要的作用。

3.3.5　共轭二烯烃的化学性质

共轭二烯烃具有一般烯烃相似的化学性质，由于两个双键彼此之间的相互影响，还表现出一些特殊的化学性质。

3.3.5.1　1,2-加成和 1,4-加成

共轭二烯烃与卤素、卤化氢等亲电试剂发生加成反应时，除了有一个双键参与反应的加成产物（1,2-加成）外，还有共轭双键共同参与反应的加成产物（1,4-加成）。例如：

$$CH_2=CH-CH=CH_2 + HCl \longrightarrow \underset{\substack{| \quad | \\ H \quad Cl \\ 1,2\text{-}加成}}{CH_2-CH-CH=CH_2} + \underset{\substack{| \qquad\qquad | \\ H \qquad\qquad Cl \\ 1,4\text{-}加成}}{CH_2-CH=CH-CH_2}$$

$$CH_2=CH-CH=CH_2 + Br_2 \longrightarrow \underset{\substack{| \quad | \\ Br \quad Br \\ 1,2\text{-}加成}}{CH_2-CH-CH=CH_2} + \underset{\substack{| \qquad\qquad | \\ Br \qquad\qquad Br \\ 1,4\text{-}加成}}{CH_2-CH=CH-CH_2}$$

以上反应结果说明共轭二烯烃和亲电试剂加成时，有两种加成方式：一种是试剂的两部分分别加在一个双键的两个碳原子上，称为 1,2-加成；另一种是试剂的两部分分别加在共轭体系的两端碳原子上，原来的双键消失，而在 C2、C3 之间形成一个新的双键，这种加成方式称为 1,4-加成，通常又称为共轭加成。

在丁-1,3-二烯分子中，四个 π 电子形成了一个 π-π 共轭体系，当分子的一端受到试剂进攻时，这种作用可以通过共轭链传递到分子的另一端。在 1,4-加成中，共轭体系作为一个整体参与反应，因此也称共轭加成。

该反应分两步进行。以丁-1,3-二烯与氯化氢的反应为例，首先是氯化氢异裂的 H^+ 进攻丁-1,3-二烯，当 H^+ 靠近共轭双键时，产生共轭效应，使整个共轭体系的单、双键出现交替极化现象。H^+ 优先与共轭体系末端带部分负电荷的碳原子结合生成较稳定的烯丙基型碳正离子中间体。例如：

$$\overset{\delta^+}{CH_2}\overset{\delta^-}{CH}-\overset{\delta^+}{CH}\overset{\delta^-}{CH_2} + H^+ \longrightarrow CH_2=CH-\overset{+}{CH}-CH_3$$

烯丙基型碳正离子可用下列两个极限式或共振杂化体表示：

$$\left[CH_2=CH-\overset{+}{CH_2}-CH_3 \longleftrightarrow \overset{+}{CH_2}-CH=CH-CH_3 \right] \equiv \underset{4}{CH_2}\cdots\overset{\delta^+}{\underset{3}{CH}}\cdots\overset{\delta^+}{\underset{2}{CH}}-\underset{1}{CH_3}$$

由于烯丙基型碳正离子的两个极限式代表两个完全相同的结构，具有相同的能量，因此其共振杂化体是十分稳定的。第二步是氯离子快速与共振杂化体中带部分正电荷的碳原子结合得到 1,2-加成和 1,4-加成产物。例如：

$$\underset{4}{CH_2}\cdots\overset{\delta^+}{\underset{3}{CH}}\cdots\overset{\delta^+}{\underset{2}{CH}}-\underset{1}{CH_3} + Cl^- \begin{cases} \xrightarrow{1,2\text{-}加成} \underset{\substack{\;|\\ \;Cl}}{CH_2=CH-CH-CH_3} \\ \\ \xrightarrow{1,4\text{-}加成} \underset{\substack{|\qquad\qquad|\\ Cl\qquad\qquad H}}{CH_2-CH=CH-CH_2} \end{cases}$$

1,2-加成和 1,4-加成在反应中同时发生，两种产物的比例主要取决于反应物的结构、试剂的性质、反应温度、产物的相对稳定性等因素。例如，丁-1,3-二烯与溴在 −15℃进行反

应，1,4-加成产物的比例随溶剂极性的增加而增多：

$$CH_2 = CH - CH = CH_2 + Br_2 \xrightarrow[CHCl_3]{CH_3(CH_2)_4CH_3 \atop -15℃}$$

$$\underset{\underset{Br}{|}\ \underset{Br}{|}}{CH_2 - CH - CH = CH_2} + \underset{\underset{Br}{|}\qquad\underset{Br}{|}}{CH_2 - CH = CH - CH_2}$$

62%　　　38%
37%　　　63%

极性溶剂有利于 1,4-加成。非极性溶剂中如正己烷，溴甚至不发生解离而以溴分子的形式与丁-1,3-二烯分子中的一个双键加成，因此主要生成 1,2-加成产物。

反应温度的影响也是明显的，一般低温有利于 1,2-加成，温度升高有利于 1,4-加成。例如：

$$CH_2 = CH - CH = CH_2 + HBr \xrightarrow[40℃]{-80℃}$$

$$\underset{\underset{H}{|}\ \underset{Br}{|}}{CH_2 - CH - CH = CH_2} + \underset{\underset{H}{|}\qquad\underset{Br}{|}}{CH_2 - CH = CH - CH_2}$$

80%　　　20%
20%　　　80%

这是由产物的稳定性（热力学控制）和反应速率（动力学控制）两者因素决定的。由于超共轭效应的影响，1,4-加成产物比 1,2-加成产物稳定。因为 1,4-加成产物有 5 个碳氢 σ 键与双键发生 σ-π 超共轭，而 1,2-加成产物仅有一个碳氢 σ 键与双键发生 σ-π 超共轭。而就反应的速率而言，它受控于反应活化能大小。1,2-加成所需的活化能较小（反应过渡态的稳定因素较多，能量较低），故反应速率较快。因此，低温时为速度控制（反应温度较低时，碳正离子与溴负离子的加成是不可逆的，生成产物的比例取决于反应速率），1,2-加成产物为主要产物；而在较高温度时，是热力学控制，产物的稳定性起主要作用，1,4-加成产物为主要产物。

3.3.5.2 双烯合成

共轭二烯烃及其衍生物与含有碳碳双键或碳碳三键的化合物进行 1,4-加成生成环状化合物的反应，称为双烯合成，该反应是德国化学家 O. Dilels 和 K. Alder 于 1928 年发现的，故也称狄尔斯-阿尔德反应（Diels-Alder reaction）。这是共轭二烯烃的另一个特征反应，例如：

丁-1,3-二烯　顺丁烯二酸酐　　　1,2,3,6-四氢化苯二甲酸酐

丙炔醛　　　环己-1,4-二烯甲醛

双烯合成中，共轭二烯烃及其衍生物称为双烯体，与之反应的不饱和化合物称为亲双烯体。研究表明，双烯体上连有供电子基团，如—CH₃等，亲双烯体上连有吸电子基团，如—CN、—COR、—CHO、—COOR 时，反应更容易进行。

狄尔斯-阿尔德反应过程中，旧键的断裂与新键的生成同时进行，经过一个环状过渡态。反应是一步完成的，没有自由基或碳正离子等中间体生成。例如，丁-1,3-二烯和乙烯的反应机制如下：

乙烯　　　　　　环己烯

由于双烯合成反应的产物往往都是固体，此反应可用于共轭二烯烃的鉴别。

3.3.5.3 聚合反应

共轭二烯烃也容易发生聚合反应，生成分子量高的聚合物。在聚合时，可以进行 1,2-加成聚合，也可以进行 1,4-加成聚合。在 1,4-加成聚合时，既可以顺式聚合，也可以反式聚合。同时，既可以自身聚合，也可以与其它化合物发生聚合：

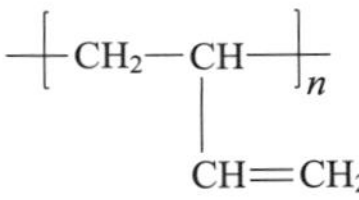

1,2-加聚产物 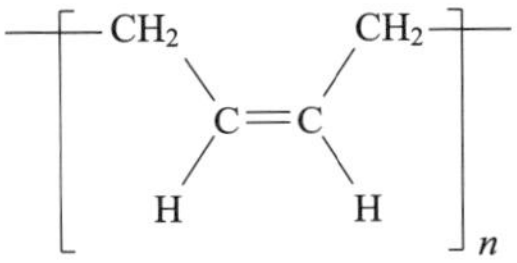　　　顺式-1,4-加聚产物 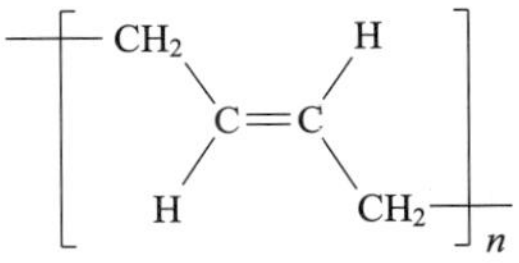　　　反式-1,4-加聚产物

共轭二烯烃的聚合反应是制备合成橡胶的基本反应，很多合成橡胶是丁-1,3-二烯或 2-甲基-丁-1,3-二烯及其衍生物的聚合物，或与其它化合物的共聚物。

扫码获取本章课件和微课

习 题

1. 写出分子式为 C_5H_{10} 的所有烯烃异构体并命名。

2. 用系统命名法命名下列各化合物。

(1) $CH_3CH_2C(=CH_2)CH_2$—$CHCH_3$（CH_3）

(2) $CH_3C\equiv CCH_2CH(CH_3)_2$

(3) $CH_3CH=CHCHC\equiv CH$（CH_2CH_3）

(4) 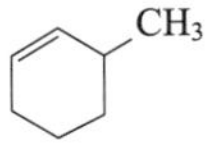 甲基环己烯

(5) 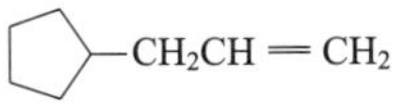 环戊基—$CH_2CH=CH_2$

(6) $CH_3CH=CHCH=CH(CH_3)_2$

3. 用顺/反或 Z/E 标记法命名下列化合物。

(1)

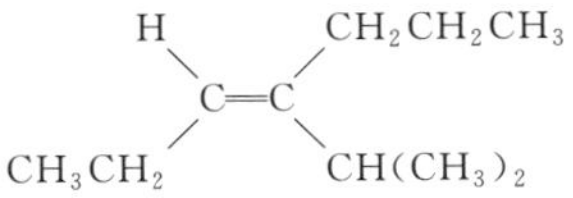

(2)

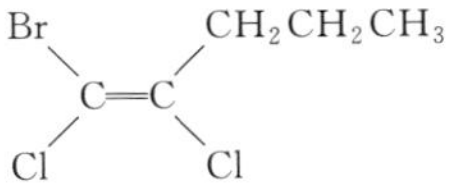

(3)

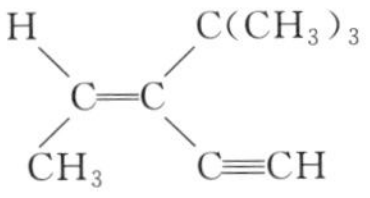

(4)

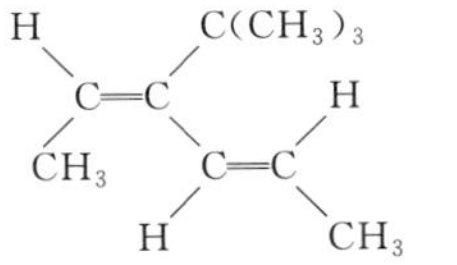

4. 写出下列化合物的结构式（2017 版）。

(1) 3-甲基环戊烯

(2) 3,3-二甲基己-1-炔

(3) (2Z,4E)-4-异丙基庚-2,4-二烯

(4) 3-乙基戊-1-烯-4-炔

(5) 顺-4-甲基戊-2-烯

(6) (E)-1-溴-1-氯丁-1-烯

5. 写出下列化合物的结构式（旧版）。

(1) 3-甲基环戊烯

(2) 3,3-二甲基-1-己炔

(3) (2Z，4E)-4-异丙基-2,4-庚二烯

(4) 3-乙基-1-戊烯-4-炔

（5）顺-4-甲基-2-戊烯　　　　　　　　　　（6）（*E*）-1-氯-1-溴-1-丁烯

6. 写出 1mol 丙炔与下列试剂作用所得产物的结构式。

（1）2mol H_2，Ni　　　　　　　　　　　（2）2mol HBr

（3）$[Ag(NH_3)_2]NO_3$　　　　　　　　　（4）H_2，林德拉催化剂

（5）稀 $H_2SO_4/HgSO_4$　　　　　　　　　（6）1mol Br_2

7. 完成下列反应。

（1）$\overset{\overset{\textstyle CH_3}{|}}{CH_3CH—CH_3}$ + HBr ——→

（2）CH_2=$CHCCl_3$ + HCl ——→

（3）CH_2=$CHCH_3$ + Cl_2 + H_2O ——→

（4）环己烯-1,2-二甲基 $\xrightarrow[\text{2）} H_2O_2,\ OH^-]{\text{1）} 1/2B_2H_6}$

（5）CH_3CH_2CH=CH_2 + HBr $\xrightarrow{ROOR}$

（6）CH_3CH_2C≡CH + H_2O $\xrightarrow[Hg_2SO_4]{H_2SO_4}$

（7）CH_3C≡CCH_2CH_3 $\xrightarrow{\overset{\textstyle H_2}{\text{林德拉催化剂}}}$

（8）$\overset{\overset{\textstyle CH_3}{|}}{CH_3CH—CCH_3}$ $\xrightarrow[\text{2）} Zn/H_2O]{\text{1）} O_3}$

（9）△—CH=CHCH_3 $\xrightarrow[\triangle]{KMnO_4}$

（10）环己烯 $\xrightarrow{PhCO_3H}$

（11）异戊二烯 + 马来酸酐 ——→

（12）CH_3CH_2CH=CH_2 + Br_2 $\xrightarrow{h\nu}$

（13）环戊二烯 + CH_2=CHCHO ——→

（14）异戊二烯 + $CH\equiv C—CO_2C_2H_5$ ——→

8. 将下列各组活性中间体按稳定性由大到小排序。

（1）A. $CH_3CH_2CH_2\overset{+}{C}H_2$　　　　　　B. $CH_3\overset{+}{C}HCH$=CH_2

C. $(CH_3)_3\overset{+}{C}$　　　　　　　　　D. $CH_3CH_2\overset{+}{C}HCH_3$

（2）A. $CH_3\overset{+}{C}HCH$=CH_2　　　　　　B. CH_2=$CHCH_2\overset{+}{C}H_2$

C. $CH_3\overset{+}{C}H$=$CHCH_2$　　　　　　D. CH_2=$CHC\overset{+}{C}H_3$（下接 CH_3）

（3）A. 环己烯基-$\overset{\cdot}{C}H_2$　　　　　　　　B. 环己烯基-$\overset{\cdot}{C}H_3$

C. 环己烯基-CH_3（自由基）　　　　　　D. 环己烯基-CH_3（自由基）

9. 比较下列化合物与 HBr 加成反应的活性。

（1）CH_3CH_2CH=CH_2　　　　　　　　　（2）CH_2=CH_2

（3）CH_2=CH_2Cl　　　　　　　　　　　（4）CH_3CH=$CHCH_3$

10. 用化学方法除去下列化合物中的少量杂质。

（1）己烷中少量的己烯　　　　　　　　　（2）丙烯中少量的丙炔

11. 将乙炔钠、氢氧化钠、氨基钠按照碱性强弱排序。

12. 写出异丁烯与下列试剂反应的主要产物。

（1）H_2，Ni　　　　　　　　　　　　　（2）Cl_2

（3）HBr　　　　　　　　　　　　　　　（4）H_2SO_4

(5) H_2O，H^+

(6) Br_2，H_2O

(7) Br_2+NaCl 水溶液

(8) O_3，然后 Zn/H_2O

13. 试写出 3-甲基-1-丁烯与 HCl 反应生成的可能产物有哪些，试写出详细的反应历程。

14. 写出下列反应物的构造式。

(1) $C_5H_{10} \xrightarrow[\text{2) } Zn/H_2O]{\text{1) } O_3} CH_3CH_2CH_2CHO+HCHO$

(2) $C_7H_{14} \xrightarrow[\text{2) } Zn/H_2O]{\text{1) } O_3} CH_3CH_2CH_2\overset{\overset{\displaystyle O}{\|}}{C}CH_3 + CH_3CHO$

(3) $C_7H_{12} \xrightarrow[\text{2) } Zn/H_2O]{\text{1) } O_3} CH_3\overset{\overset{\displaystyle O}{\|}}{C}CH_2CH_2CH_2CHO$

(4) $C_6H_{12} \xrightarrow[H_2O]{KMnO_4，H^+} CH_3\overset{\overset{\displaystyle O}{\|}}{C}CH_3 + CH_3CH_2COOH$

15. 试用简单的方法区别下列化合物。

(1) A. 2-甲基戊烷

B. 4-甲基戊-1-烯

C. 4-甲基戊-1-炔

D. 4-甲基戊-1,3-二烯

(2) A. 正己烷

B. 乙基环丙烷

C. 己-1-烯

D. 己-1-炔

16. 由指定原料合成下列各化合物，其它试剂任选。

(1) 由丁-1-烯合成丁-2-醇

(2) 由乙炔合成顺-己-3-烯和反-己-3-烯

(3) 由丙烯合成 1,2,3-三氯丙烷

(4) 由乙炔合成 1-溴丁烷

(5) 由丙烯和乙炔合成正辛烷

(6) 由乙炔合成丁-2-酮

17. 选择适当原料，通过狄尔斯-阿尔德反应合成下列化合物。

18. 解释下列事实。

(1) 戊-1-炔、戊-1-烯、戊烷的偶极矩依次减小，为什么？

(2) 乙炔中的碳氢键比相应乙烯、乙烷中的碳氢键键能要大，键长要短，但酸性却增强了，为什么？

(3) 在温度较高时，1mol 共轭二烯与 1mol Br_2 加成，丁-1,3-二烯以 1,4 加成为主，而 1-苯基-丁-1,3-二烯则以 1,2-加成为主，为什么？

19. 分子式为 C_6H_{10} 的 A 及 B，均能使溴的四氯化碳溶液褪色，并且经催化氢化得到相同的产物正己烷。A 可与氯化亚铜的氨溶液作用生成红棕色的沉淀，而 B 不发生这种反应。B 经臭氧化后再还原水解得到 CH_3CHO 和 $OHCCHO$（乙二醛）。试写出 A 及 B 的结构式。

20. 某化合物 A(C_7H_{14})，能使溴的四氯化碳溶液褪色，A 与冷的高锰酸钾稀溶液作用生成 B($C_7H_{16}O_2$)。在 500℃ 时，A 与氯气作用只生成 C($C_7H_{13}Cl$)。试推断 A 的可能结构式，并写出有关反应。

21. 具有相同分子式 C_5H_8 的两种化合物，经氢化后都可以生成 2-甲基丁烷。它们可以与两分子溴加成，但其中一种可使硝酸银氨溶液产生白色沉淀，另一种则不能。试写出这两个异构体的结构式。

22. 化合物 A(C_6H_{12}) 与溴的四氯化碳溶液作用生成 B($C_6H_{12}Br_2$)。B 与氢氧化钾的醇溶液作用得到两个异构体 C 和 D(C_6H_{10})。用酸性高锰酸钾氧化 A 和 C 得到同一种酸 E($C_3H_6O_2$)。用酸性高锰酸钾氧化 D 得两分子的 CH_3COOH 和一分子 $HOOC$—$COOH$。试写出 A～E 的结构。

23. 某化合物的分子量为 82，1mol 该化合物能吸收 2mol 氢气，它与氯化亚铜的氨溶液不生成沉淀。如与 1mol 氢气反应时，产物主要是己-3-烯，此化合物的可能结构是什么？

24. 具有相同分子式 C_6H_{12} 的三种烃 A、B、C，在室温下都能使溴的四氯化碳溶液褪色。加入高锰酸钾时，A、B 不能使其褪色，C 能使其褪色，但无二氧化碳气体产生。在常温下与 HBr 反应时，A、C 主要生成 3-溴-3-甲基戊烷，B 则主要生成 2-溴-3-甲基戊烷。试推测 A、B、C 的结构式。

第 **4** 章　芳　烃

在有机化合物发展初期，人们从树脂和香精油等天然产物中提取到一些具有芳香气味的物质，研究发现它们大多含有苯环结构，当时就把这类化合物叫做芳香族化合物（aromatic compounds），与脂肪族化合物相区别。后来发现，许多含有苯环结构的化合物并无香味，甚至具有令人不愉快的气味，因此"芳香"一词已失去原有的含义，只是由于习惯而沿用至今。

芳烃（aromatic hydrocarbons）是指含有苯（benzene）环结构以及不含苯环结构但其性质与苯环相似的碳氢化合物。芳烃具有高度的不饱和性，且具有特殊的稳定性，成环原子间的键长也趋于平均化，性质上表现为易发生取代反应，不易发生加成反应，不易被氧化，这些特性统称为芳香性（aromaticity）。进一步的研究发现，具有芳香性的化合物在结构上都符合休克尔规则（Hückel rule）。所以近代有机化学把结构上符合休克尔规则，性质上具有芳香性的化合物称为芳香族化合物。

芳烃主要来源于煤、焦油和石油。现代用的药物、炸药和染料等大多数是由芳烃合成的；燃料、塑料、橡胶及糖精等也以芳烃为原料。

4.1　芳烃的分类、异构和命名

4.1.1　芳烃的分类

苯是最简单、最典型的芳烃，根据芳烃分子中是否含有苯环，可以把芳烃分为苯系芳烃和非苯芳烃；苯系芳烃根据所含苯环的数目又可分为单环芳烃、多环芳烃和稠环芳烃。

单环芳烃：分子中只含有一个苯环的芳烃称为单环芳烃。例如：

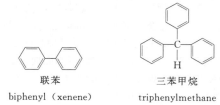

苯	异丙苯	苯乙烯
benzene	isopropylbenzene（cumene）	phenylethene（styrene）

多环芳烃：分子中含有两个或两个以上独立苯环的芳烃称为多环芳烃。例如：

联苯	三苯甲烷
biphenyl（xenene）	triphenylmethane

稠环芳烃：分子中含有两个或多个苯环彼此间通过共用两个相邻碳原子稠合而成的芳烃称为稠环芳烃。例如：

| 萘 | 蒽 | 菲 |
| naphthalene | anthracene | phenanthrene |

非苯芳烃：分子中不含苯环，但具有芳香性的烃类化合物。例如：

环丙烯正离子　　　环戊二烯负离子　　　薁
cyclopropenyl cation　cyclopentadiene anion　azulene

4.1.2 芳烃的异构

若不考虑侧链烷基的异构，苯的一元衍生物只有一种。

取代基相同的二取代苯有三种异构体，通常用邻（o-）、间（m-）、对（p-）加以区分。也可用阿拉伯数字表示取代基的位置。例如：

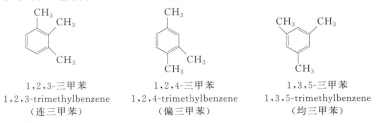

邻二甲苯　　　　间二甲苯　　　　对二甲苯
o-xylene　　　　m-xylene　　　　p-xylene
（1,2-二甲苯）　（1,3-二甲苯）　（1,4-二甲苯）

取代基相同的三元取代苯也有三种异构体，通常用阿拉伯数字表示取代基的位置，也可用连、偏和均等字来表示它们位置的不同。例如：

1,2,3-三甲苯　　　1,2,4-三甲苯　　　1,3,5-三甲苯
1,2,3-trimethylbenzene　1,2,4-trimethylbenzene　1,3,5-trimethylbenzene
（连三甲苯）　　　（偏三甲苯）　　　（均三甲苯）

4.1.3 芳烃的命名

单环芳烃的命名以苯环为母体，烷基作为取代基，称为某烷基苯（"基"字通常省略）。当苯环上连有多个烷基时，按照最低位次组原则编号；若依据最低位次组原则仍不能确定，有两种以上选择时，则按照取代基英文字母顺序先确定出1号位，然后再考虑最低位次组原则和取代基英文字母顺序原则。例如：

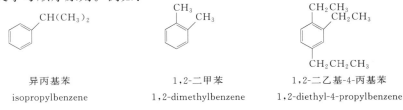

异丙基苯　　　　1,2-二甲苯　　　1,2-二乙基-4-丙基苯
isopropylbenzene　1,2-dimethylbenzene　1,2-diethyl-4-propylbenzene

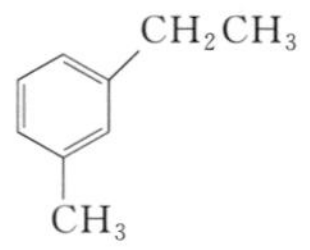

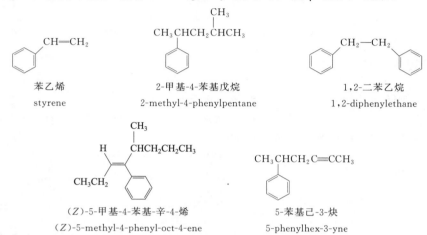

1-乙基-3-甲基苯
1-ethyl-3-methylbenzene

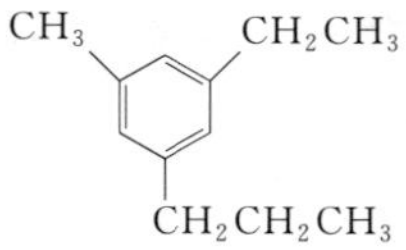

1-乙基-3-甲基-5-丙基苯
1-ethyl-3-methyl-5-propylbenzene

若苯环上所连接的烷基较长、较复杂，或有不饱和基团，或为多环芳烃时，命名以苯环为取代基。芳烃从形式上去掉一个氢原子后所剩下的原子团称为芳基。最常见和最简单的是芳基是 $C_3H_5—$，称为苯基，常用 Ph—（phenyl 的缩写）或 ϕ 表示。例如：

苯乙烯
styrene

2-甲基-4-苯基戊烷
2-methyl-4-phenylpentane

1,2-二苯乙烷
1,2-diphenylethane

(Z)-5-甲基-4-苯基-辛-4-烯
(Z)-5-methyl-4-phenyl-oct-4-ene

5-苯基己-3-炔
5-phenylhex-3-yne

当苯环上有多个取代基时，母体的确定分为以下两种情况。第一种，当烷基、卤素、硝基、烷氯基等连在苯环上时，通常作为取代基；第二种，含除第一种之外的其他基团时，则按照表4-1中特性基团（官能团）的优先次序，排在前面的基团为主体基团，主体基团作为后缀，其余基团作为取代基。例如：

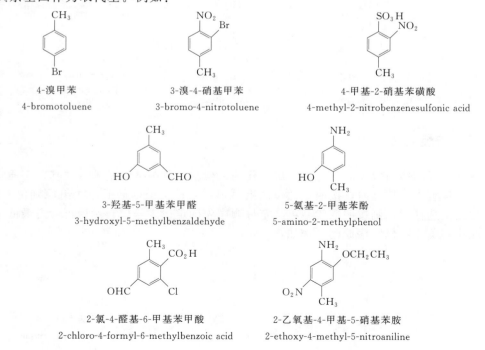

4-溴甲苯
4-bromotoluene

3-溴-4-硝基甲苯
3-bromo-4-nitrotoluene

4-甲基-2-硝基苯磺酸
4-methyl-2-nitrobenzenesulfonic acid

3-羟基-5-甲基苯甲醛
3-hydroxyl-5-methylbenzaldehyde

5-氨基-2-甲基苯酚
5-amino-2-methylphenol

2-氯-4-醛基-6-甲基苯甲酸
2-chloro-4-formyl-6-methylbenzoic acid

2-乙氧基-4-甲基-5-硝基苯胺
2-ethoxy-4-methyl-5-nitroaniline

表 4-1 常见特性基团的优先次序

优先次序	特性基团(官能团)名称	基团名称	母体名称	基团英文名
1	—COOH	羧基	酸	carboxy-
2	—SO₃H	磺酸基	磺酸	sulfo-
3	—COOR	烷氧(甲)酰基	酯	oxycarbonyl-
4	—COX	卤(甲)酰基	酰卤	halocarbonyl-
5	—CONH₂	氨(甲)酰基	酰胺	carbamoyl-
6	—CN	氰基	腈	cyano-
7	—CHO	醛基	醛	formyl-
8	—COR	酰基	酮	oxo-
9	—OH	羟基	醇	hydroxy-
10	—OH	羟基	酚	hydroxy-
11	—SH	巯基	硫醇、硫酚	sulfanyl-
12	—NH₂	氨基	胺	amino-
13	—C≡CH	乙炔基	炔	ynyl-
14	—CH=CH₂	乙烯基	烯	enyl-
15	—R	烷基	—	alkyl-
16	—OR	烷氧基	—	alkoxy-
17	—X	卤素	—	halo-
18	—NO₂	硝基	—	nitro-

特性基团（characteristic group）是指加在母体上的杂原子或含有杂原子的原子团，是 IUPAC 在有机化合物命名时使用的术语，必须含有杂原子。例如：—Cl、=O 等为单个杂原子特性基团，—NH₂、—OH、—NO₂、—SO₃H 等为带氢的杂原子或杂原子特性基团，—CHO、—CN、—COOH 等为含单个 sp² 或 sp 杂化碳原子的杂原子特性基团。特性基团（characteristic group）与官能团含义相近，但又不完全相同。官能团是决定有机化合物性质的原子或原子团，不一定含有杂原子。例如，—Cl、—NH₂、—OH、—NO₂、—SO₃H 等既是官能团，又是特性基团，而烯烃和炔烃中的 C=C、 C≡C 是官能团，但不含杂原子，因此不是特性基团。官能团羰基中包含一个 sp² 杂化碳原子与以双键相连的氧原子，但酮用取代法命名时，虽然是以"酮（-one）"作为后缀，但"酮"字的含义并不包含碳，仅指结构中的特性基团"=O"。

在旧版命名法中，结构比较简单的单取代苯的命名是以苯环为母体，烷基、卤素和硝基都视为取代基，分别称为某烷基苯（"基"字通常省略）、卤苯和硝基苯。例如：

CH(CH₃)₂   Br   NO₂

异丙基苯   溴苯   硝基苯

当取代基为氨基、羟基、醛基、酰基、磺酸基、羧基时，则将苯作为取代基来命名。例如：

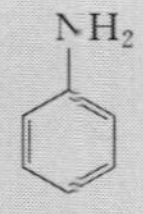
苯胺

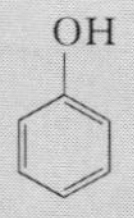
苯酚

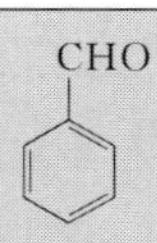
苯甲醛

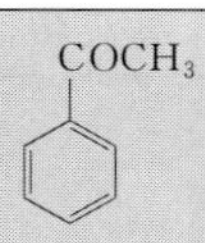
苯乙酮

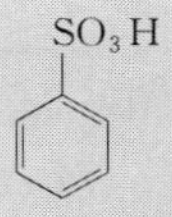
苯磺酸

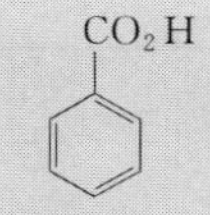
苯甲酸

当苯环上有多个取代基时，母体的确定分为以下两种情况。第一种，只有烷基、卤素、硝基和亚硝基这几种取代基时，以苯为母体。第二种，含除第一种之外的其它基团时，按照以下顺序选择母体：$—NO_2$、—X、—R、—OR、$—NH_2$、—OH、—CO—、—CHO、—CN、$—CONH_2$、—COX、—COOR、$—SO_3H$、—COOH。此顺序中排在越后面的基团越被优先选为母体官能团。编号时，将母体官能团作为起点，编号应符合最低系列原则。例如：

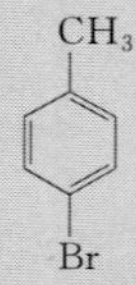
4-溴甲苯

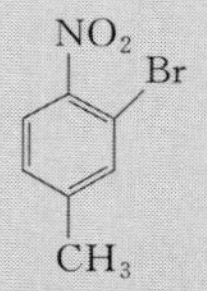
4-硝基-3-溴甲苯

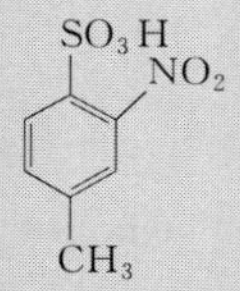
4-甲基-2-硝基苯磺酸

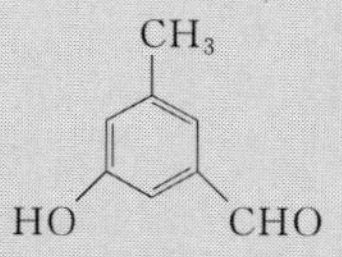
3-甲基-5-羟基苯甲醛

当苯环上连接的烃基较长、较复杂，或有不饱和基团，或为多环芳烃时，命名时将苯环作为取代基。芳烃从形式上去掉一个氢原子后所剩下的原子团称为芳基。最常见和最简单的是芳基是 $C_6H_5—$，称为苯基，常用 Ph—(phenyl 的缩写）表示。例如：

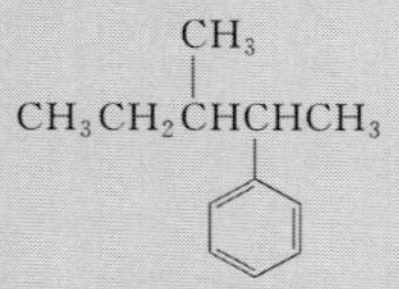
3-甲基-2-苯基戊烷

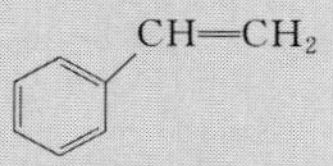
苯乙烯

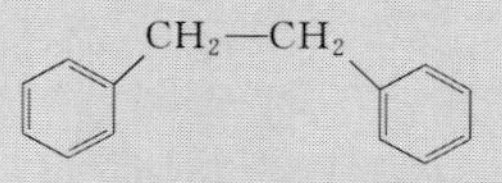
1,2-二苯乙烷

4.2 苯的结构

苯的分子式为 C_6H_6，从碳氢比例来看，具有高度不饱和性，但苯的化学性质与烯烃、炔烃却完全不同，它不易被高锰酸钾氧化，也不易发生加成反应，其典型的化学反应是取代。苯的一元取代只有一种产物，二元取代有三种产物，根据大量的实验事实和科学研究，1865 年德国化学家凯库勒（Kekule）提出苯的结构是一个对称的六元环，每个碳原子上都连有一个氢原子，碳的四个价键则用碳原子间的交替单双键来满足，这种结构式称为苯的凯库勒式：

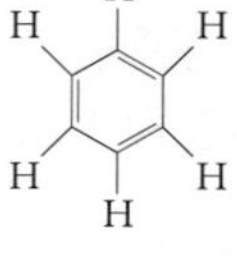
或简写为
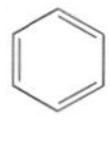

此外，苯的氢化热为 208.5kJ·mol^{-1}，比环己烯的氢化热的 3 倍（119.3kJ·mol^{-1} × 3 = 357.9kJ·mol^{-1}）低很多，说明苯具有异常稳定的环状结构。

通过现代物理方法（光谱法、电子衍射法、X 射线法等）测定了苯的分子结构，结果表明：苯分子是一个平面正六边形，6 个碳和 6 个氢处于同一平面上。6 个碳碳键键长相等，均为 0.140nm，键长处于碳碳单键 0.154nm 和碳碳双键 0.134nm 之间，6 个碳氢键的键长均为 0.108nm，键角均为 120°。

4.2.1　价键理论

杂化轨道理论认为，苯分子中的 6 个碳原子均为 sp^2 杂化，每个碳原子以一个 sp^2 杂化轨道与氢原子的 1s 轨道重叠形成碳氢 σ 键，剩余两个 sp^2 杂化轨道分别与相邻的两个碳原子的 sp^2 杂化轨道形成碳碳 σ 键，由于三个 sp^2 杂化轨道处在同一平面上，相互之间的夹角是 120°，所以，苯分子中所有的原子都在同一平面上，所有键角均为 120°。此外，每个碳原子上未参加杂化的 p 轨道都垂直于该平面，它们相互平行，彼此侧面重叠，形成了一个环状闭合的共轭体系，这是一个 6 中心、6 电子的离域大 π 键，π 电子云高度离域，均匀地分布在环平面的上方和下方，形成环电子流，如图 4-1 所示。6 个碳原子的 p 轨道重叠程度完全相同，所以碳碳键键长完全相等，键长发生了完全平均化，体系的内能降低，所以苯分子非常稳定。显然，苯分子不是凯库勒式所表示的那样单、双键交替排列的结构。

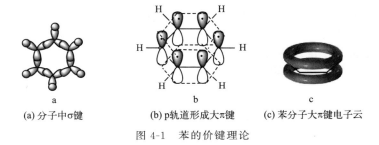

(a) 分子中σ键　　　　(b) p轨道形成大π键　　　(c) 苯分子大π键电子云

图 4-1　苯的价键理论

为了表示苯分子中的离域大 π 键，有人提出用键线式或圆圈来表示苯的结构，在目前文献资料中，这两种表示方法都有：

4.2.2　分子轨道理论

按照分子轨道理论，组成苯环的 6 个碳原子的 6 个 p 原子轨道可以线性组合形成 6 个 π 分子轨道，如图 4-2 所示。6 个分子轨道中，3 个是能量较低的成键轨道，3 个是能量较高的反键轨道。在基态下，苯分子的 6 个 π 电子都填充在成键轨道上，其能量比在 3 个孤立的 π 轨道中要低得多，因此，苯环是一个很稳定的体系。

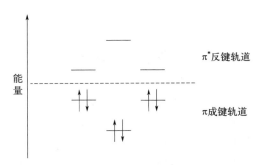

图 4-2　苯分子轨道的能级图

*4.2.3　共振论对苯分子结构的解释

共振论认为，苯的结构式为两个或多个经典结构的共振杂化体：

---

* 选学内容。

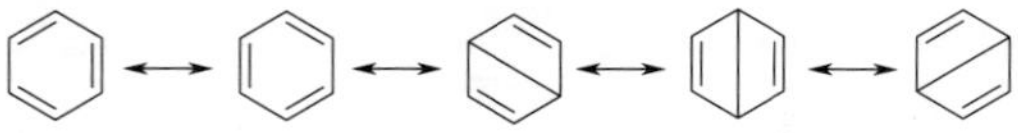

苯的真实结构不是其中任何一个，而是它们的共振杂化体。其中（Ⅲ）（Ⅳ）（Ⅴ）三个极限结构的键长和键角不等，贡献小。（Ⅰ）和（Ⅱ）是键长和键角完全相等的等价结构，贡献大，故苯的极限结构通常用（Ⅰ）和（Ⅱ）式表示。共振使苯的能量比假想的 1,3,5-环己三烯低 $149.4kJ \cdot mol^{-1}$，此即苯的共振能或离域能，因此苯比较稳定。

由于共振的结果，苯分子的碳碳键既不是单键也不是双键，而是介于两者之间，六个碳碳键完全相等。

4.3 单环芳烃的物理性质

苯及其同系物多为液体，不溶于水，易溶于汽油、乙醚、四氯化碳和石油醚等有机溶剂。单环芳烃的密度一般都小于1，沸点随分子量的增加而升高。熔点除与分子量大小有关外，还与结构的对称性有关，通常对位异构体由于分子对称性高，晶格能较大，熔点较高。此外，液体芳烃也是一种良好的溶剂。苯蒸气有毒，长期吸入会损伤造血系统和神经系统，使用时需注意。表 4-2 列出了一些常见芳烃的物理常数。

表 4-2　常见芳烃的物理常数

化合物	熔点/℃	沸点/℃	相对密度(d_4^{20})	化合物	熔点/℃	沸点/℃	相对密度(d_4^{20})
苯	5.5	80.1	0.879	正丙苯	−99.6	159.3	0.862
甲苯	−95	110.6	0.867	异丙苯	−96	152.4	0.862
邻二甲苯	−25.2	144.4	0.880	连三甲苯	−25.5	176.1	0.8942
间二甲苯	−47.9	139.1	0.864	偏三甲苯	−43.9	169.2	0.8758
对二甲苯	13.2	138.4	0.861	均三甲苯	−44.7	164.6	0.8651
乙苯	−95	136.2	0.867	苯乙烯	−33	145.8	0.906

4.4 单环芳烃的化学性质

苯及其同系物的化学性质与饱和烃、不饱和烃的化学性质明显不同。苯环是一个平面结构，离域的 π 电子云分布在环平面的上方和下方，它像烯烃中的 π 电子一样，能够对亲电试剂提供电子，容易受到亲电试剂进攻，但是，苯环具有稳定的环状闭合共轭体系，难以被破坏，很难进行亲电加成反应，而容易进行亲电取代。故单环芳烃最重要的反应是亲电取代反应。

4.4.1 亲电取代反应

苯环典型的亲电取代反应有卤化、硝化、磺化以及傅-克烷基化和傅-克酰基化等反应。这些反应都是由缺电子的试剂或带正电荷的基团首先进攻苯环上的 π 电子所引发的取代反应，故称亲电取代反应（electrophilic substitution）。

反应机制分为两步：首先，带正电的亲电试剂 E⁺进攻苯环，与离域的 π 电子相互作用，形成 π-络合物，二者只是微弱的作用，并没有形成新的共价键，π-络合物仍然保持着苯环结构；然后亲电试剂从苯环 π 体系中获得两个电子（相当于打开一个 π 键），与苯环的一个碳原子形成 σ 键而生成 σ-络合物。例如：

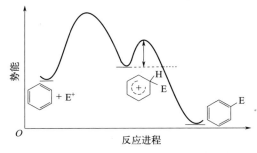

可以看出，在 σ-络合物中，与亲电试剂相连的碳原子，由 sp^2 杂化转变为 sp^3 杂化，不再有未杂化的 p 轨道，苯环上剩下四个 π 电子离域在五个碳原子上，形成 5 中心 4 电子的大 π 体系，仍是一个共轭体系，但原来苯环的闭合共轭体系被破坏了。从共振的观点来看，该碳正离子可用以下三个共振式来表示：

σ-络合物的能量比苯高因而不稳定，存在时间很短，很容易从 sp^3 杂化碳原子上失去一个质子转变为 sp^2 杂化碳原子，又恢复了稳定的苯环结构。苯的亲电取代的能量变化如图 4-3 所示。

（1）卤化反应

在三卤化铁或氯化铝等催化剂作用下，苯与卤素作用生成卤代苯，此类反应称为卤化反应。例如：

图 4-3 苯的亲电取代的能量变化示意图

对于不同的卤素，与苯环发生取代反应的活性次序是：氟＞氯＞溴＞碘。其中氟的活性太高，难以控制；碘的活性太差，难以反应。因此氟化物和碘化物通常不用此法制备。

$FeBr_3$ 的作用是催化溴（卤素）分子发生极化而异裂，产生的溴（卤素）正离子 Br^+ 作为亲电试剂进攻苯环，得到溴苯。例如：

$$Br_2 + FeBr_3 \longrightarrow Br^+ + FeBr_4^-$$

在实际操作中也可用铁粉做催化剂，因为铁和溴反应可以生成三溴化铁。

（2）硝化反应

苯与浓硝酸和浓硫酸（也称混酸）共热，苯环上的一个氢原子可被硝基取代，生成硝基苯。此类反应称为硝化反应（nitration reaction）。例如：

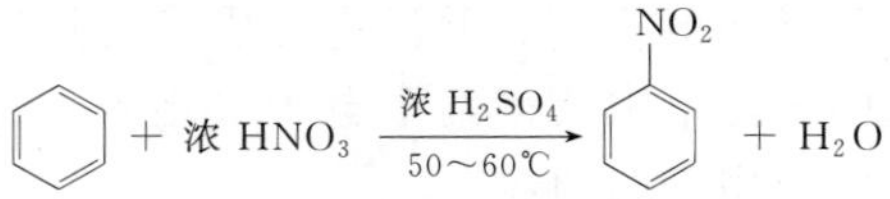

$$\text{苯} + \text{浓 } HNO_3 \xrightarrow[50\sim60℃]{\text{浓 } H_2SO_4} \text{硝基苯} + H_2O$$

硝基苯

浓硝酸在浓硫酸的作用下首先产生硝酰正离子 NO_2^+。硝化反应中的亲电试剂就是硝酰正离子 NO_2^+，硝酰正离子是一个强的亲电试剂，它进攻苯环生成硝基苯。浓硫酸的作用是促进 NO_2^+ 的形成。例如：

$$HNO_3 + 2H_2SO_4 \rightleftharpoons NO_2^+ + H_3O^+ + 2HSO_4^-$$

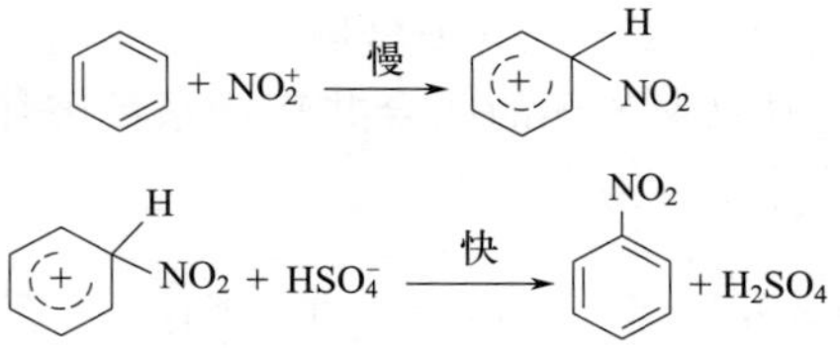

$$\text{苯} + NO_2^+ \xrightarrow{\text{慢}} \text{(中间体)}$$

$$\text{(中间体)} + HSO_4^- \xrightarrow{\text{快}} \text{硝基苯} + H_2SO_4$$

（3）磺化反应

苯与浓硫酸或发烟硫酸反应，苯环上的氢被磺酸基取代生成苯磺酸，此类反应称为磺化反应。苯与浓硫酸反应比较慢，通常需要加热，与发烟硫酸（三氧化硫的硫酸溶液）反应较快，在室温下即可进行。例如：

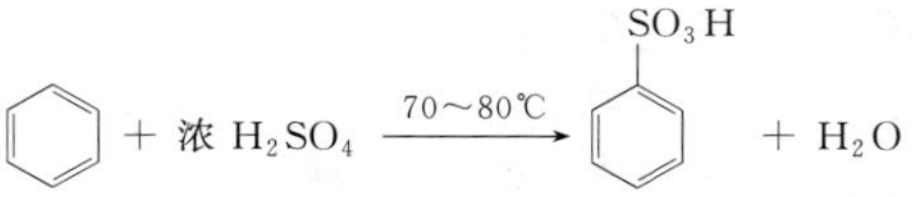

$$\text{苯} + \text{浓 } H_2SO_4 \xrightarrow{70\sim80℃} \text{苯磺酸}(SO_3H) + H_2O$$

苯磺酸

$$\text{苯} + H_2SO_4 \cdot SO_3 \xrightarrow{\text{室温}} \text{苯磺酸}(SO_3H) + H_2SO_4$$

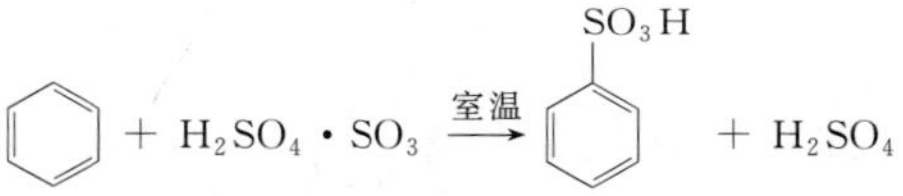

磺化反应中的亲电试剂为三氧化硫，在三氧化硫分子中，由于极化使硫原子上带部分正电荷，因而可以作为亲电试剂进攻苯环。例如：

$$2H_2SO_4 \rightleftharpoons SO_3 + H_3O^+ + HSO_4^-$$

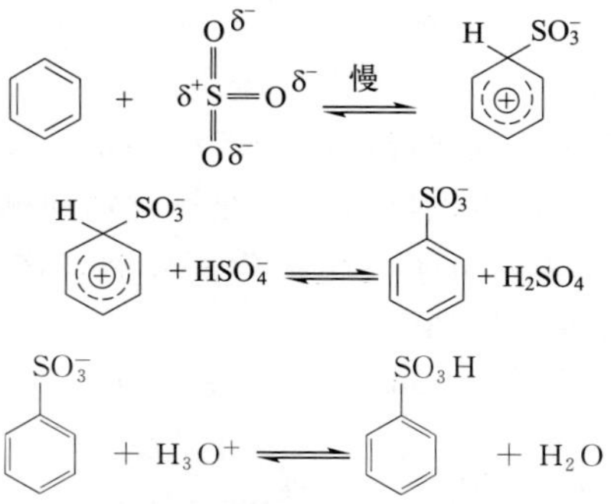

$$\text{苯} + SO_3 \xrightleftharpoons{\text{慢}} \text{(中间体)}$$

$$\text{(中间体)} + HSO_4^- \rightleftharpoons \text{苯磺酸}(SO_3^-) + H_2SO_4$$

$$\text{苯磺酸}(SO_3^-) + H_3O^+ \rightleftharpoons \text{苯磺酸}(SO_3H) + H_2O$$

磺化反应是可逆的反应，如果在磺化所得混合物中通入过热水蒸气，可脱去磺酸基（$—SO_3H$）得到苯和稀硫酸，磺化的逆反应也叫水解反应。在有机合成上，可利用磺酸基暂时占据环上某个位置，使这个位置不被其它基团取代，待反应完毕后，再通过水解脱去 $—SO_3H$，此性质已被广泛应用于有机合成、分离和提纯。

（4）傅-克反应

傅-克（Freidel-Crafts）反应是在芳环上引入烷基和酰基最重要的方法，在有机合成中具有很大的实用价值。

（a）傅-克烷基化

傅-克烷基化是指在路易斯酸（如无水氯化铝）作用下，苯环上的氢原子被烷基取代的反应。例如：

$$\text{（苯）} + CH_3CH_2Cl \xrightarrow{\text{无水 } AlCl_3} \text{（}\text{）}-CH_2CH_3 + HCl$$

常用的催化剂有无水氯化铝、氯化铁、氯化锌、三氟化硼、硫酸和磷酸等，其中以无水氯化铝的活性最高。催化剂的作用是使卤代烷变成亲电试剂烷基碳正离子。例如：

$$CH_3CH_2-Cl + AlCl_3 \rightleftharpoons CH_3\overset{+}{C}H_2 + AlCl_4^-$$

$$\text{（苯-H）} \xrightarrow{\overset{+}{C}H_3CH_2} \text{（}\oplus\text{ H, CH_2CH_3）}$$

$$\text{（}\oplus\text{ H, CH_2CH_3）} \xrightarrow{AlCl_4^-} \text{（）}-CH_2CH_3 + HCl + AlCl_3$$

傅-克烷基化常用的烷基化试剂除卤代烷外，还有烯烃、环氧乙烷和醇，它们在质子酸或路易斯酸作用下都能产生烷基碳正离子，进而发生亲电取代反应。例如：

$$\text{（苯）} + CH_3CHCH_3 \xrightarrow[]{H_2SO_4} \text{（）}-\underset{CH_3}{\overset{}{C}HCH_3} + H_2O$$
$$\phantom{\text{（苯）} +} \underset{OH}{}$$

$$\text{（苯）} + CH_3CH=CH_2 \xrightarrow{H_2SO_4} \text{（）}-\underset{CH_3}{\overset{}{C}HCH_3}$$

由于反应中的亲电试剂是烷基碳正离子，当所用的烷基化试剂含有三个或三个以上碳原子时，常伴随重排反应。例如：

$$\text{（苯）} + CH_3CH_2CH_2Cl \xrightarrow{\text{无水 } AlCl_3} \text{（）}-CH(CH_3)_2 + \text{（）}-CH_2CH_2CH_3$$
$$ \text{异丙苯　70\%} \text{正丙苯　30\%}$$

这是由于反应中生成的伯碳正离子很容易重排成较稳定的仲碳正离子。例如：

$$CH_3CH_2CH_2Cl \xrightarrow{\text{无水 } AlCl_3} CH_3CH_2\overset{+}{C}H_2 \xrightarrow{\text{重排}} CH_3\overset{+}{C}HCH_3$$

在烷基化反应中，当苯环上引入一个烷基后，由于烷基可使苯环电子云密度增加，生成的烷基苯比苯更容易进行亲电取代反应，所以烷基化反应容易发生多元取代。例如：

$$\text{（苯）} + CH_3Cl \xrightarrow{\text{无水 } AlCl_3} \text{（三甲苯）}$$

（b）傅-克酰基化

傅-克酰基化是指酰卤或酸酐在无水氯化铝等路易斯酸的催化下与苯生成芳酮的反应。例如：

$$\text{（苯）} + CH_3COCl \xrightarrow{\text{无水 } AlCl_3} \text{（）}-COCH_3 + HCl$$

$$\text{（苯）} + (CH_3CO)_2O \xrightarrow{\text{无水 } AlCl_3} \text{（）}-COCH_3 + CH_3COOH$$

在上述反应中，催化剂无水氯化铝的作用是使酰卤、酸酐生成进攻芳环的亲电试剂酰基正离子，进而发生亲电取代反应。例如：

$$RCOCl + AlCl_3 \rightleftharpoons RCO^+ + AlCl_4^-$$

$$RC-O-CR + AlCl_3 \rightleftharpoons RCO^+ + RCOO\text{-}AlCl_3^-$$

酰基是一个吸电子基团，当一个酰基取代苯环的氢原子后，苯环上的电子云密度就下降，亲电取代反应的活性也就随之降低了，因此酰基化反应不易生成多取代苯。此外，酰基正离子比较稳定，不发生重排，因此制备三个或三个以上碳原子的直链烷基取代苯通常是通过先进行酰基化反应制成芳酮，然后将羰基还原来实现〔见第 9 章 9.1.4.3(2)〕。例如：

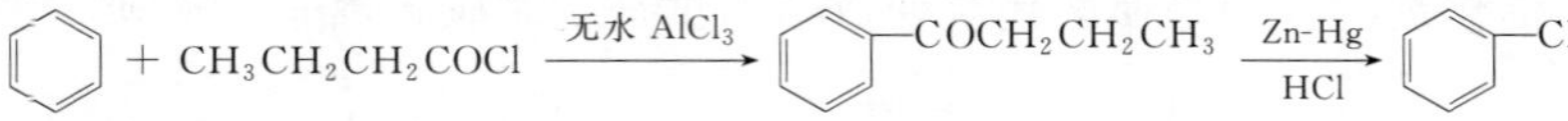

（5）氯甲基化反应

在无水氯化锌作用下，苯与甲醛及氯化氢作用，环上的氢原子被氯甲基（—CH$_2$Cl）取代，称为氯甲基化反应。在实际操作中可用三聚甲醛代替甲醛。例如：

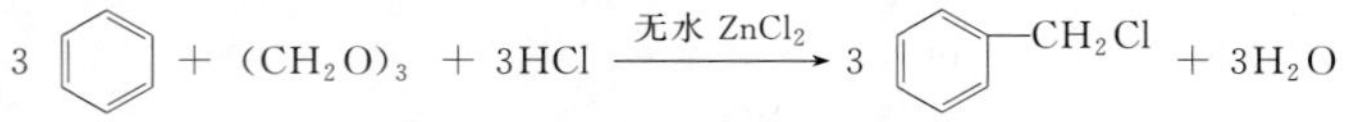

氯甲基化反应的应用很广，因为—CH$_2$Cl 可以顺利地变为—CH$_3$，—CH$_2$OH，—CH$_2$CN，—CHO，—CH$_2$COOH，—CH$_2$N(CH$_3$)$_2$。

4.4.2 加成反应

（1）加氢

在镍的催化下，于 180～210℃，苯加氢生成环己烷。例如：

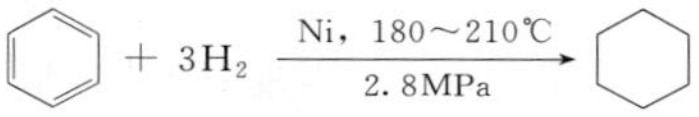

这是工业上生产环己烷的方法，所得产物纯度较高。

（2）加氯

在紫外线照射下，苯与氯加成生成六氯化苯。例如：

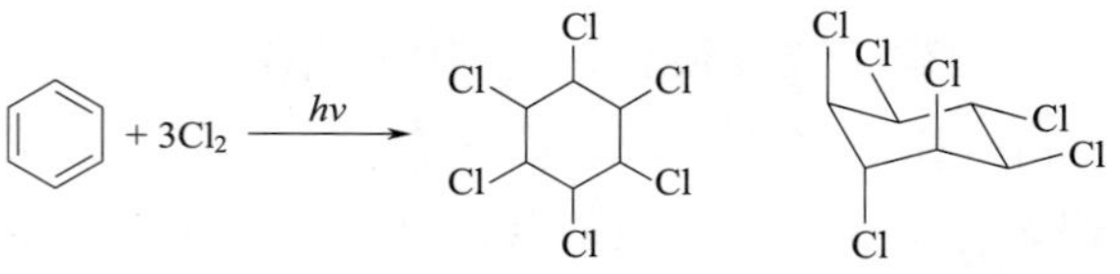

六氯化苯 六氯化苯　　γ-异构体

六氯化苯（C$_6$H$_6$Cl$_6$）简称六六六。目前已知的六氯化苯 8 种异构体中，只有 γ-异构体具有显著的杀虫活性，它的含量在混合物中占 18% 左右。六六六是一种有效的杀虫剂，但由于它的化学性质稳定，残存毒性大，目前基本上已被高效的有机磷农药代替。

4.4.3 氧化反应

在高温和五氧化二钒催化下，苯环也会发生破裂，被氧化生成顺丁烯二酸酐。例如：

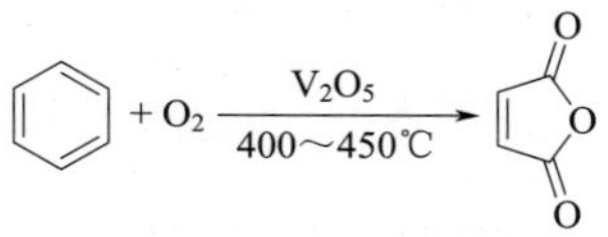

这是工业上生产顺丁烯二酸酐的方法之一。顺丁烯二酸酐也称马来酸酐，是重要的有机化工中间体，工业上用于生产不饱和聚酯树脂、醇酸树脂、农药和纸张处理剂等。

4.4.4 烷基苯侧链的反应

在烷基苯分子中，直接与苯环相连的碳原子称为 α-碳原子，α-碳原子上所连的氢原子称为 α-氢原子。受苯环的稳定作用，烷基苯的 α-氢原子比较活泼，容易发生氧化、取代等反应。

（1）氧化反应

甲苯、乙苯等含有 α-氢原子的烷基苯在高锰酸钾、酸性重铬酸钾或浓硝酸等氧化剂的作用下，侧链可被氧化成羧基，而且不论烷基碳链长短，一般都生成苯甲酸。例如：

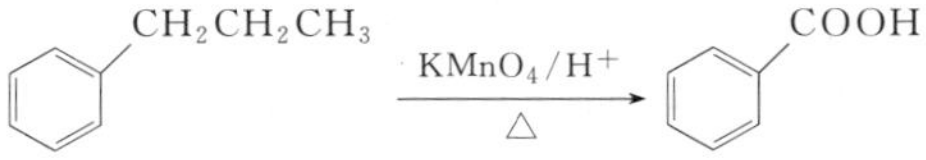

如果与苯环相连的碳原子上不含 α-氢原子，则烷基不能被氧化。例如：

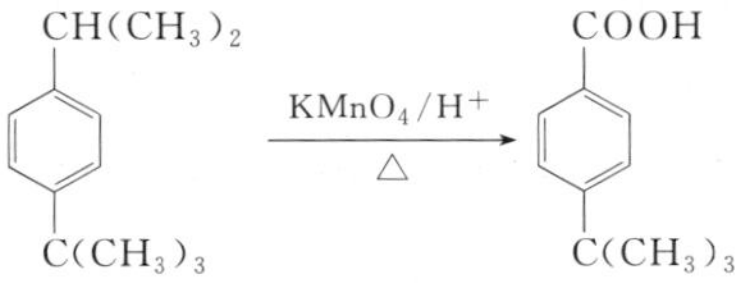

（2）卤化反应

在光照、高温或过氧化物等自由基引发剂的作用下，卤原子可以取代烷基苯侧链上的氢原子，反应一般发生在 α 位。例如：

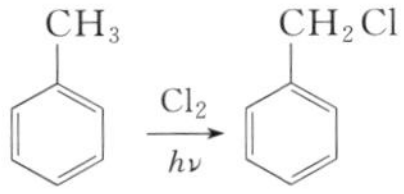

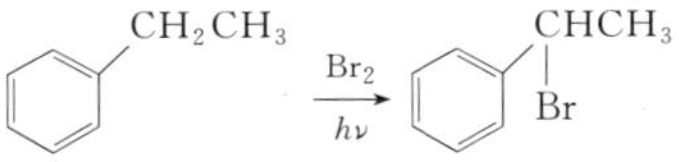

当氯气过量时，则发生多取代反应。例如：

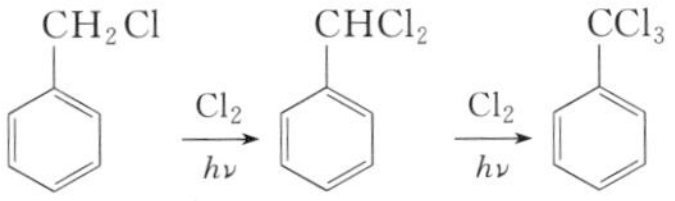

与苯环上的卤化反应不同，烷基苯侧链的卤化反应是按照自由基机制进行的。当环上所连接的烷基较长时，侧链卤化反应仍主要发生在 α 位，这是因为苄基型自由基比较稳定之故。

4.5 芳环亲电取代反应的定位规则

4.5.1 两类定位基

苯环进行亲电取代反应时，由于苯环上的六个氢原子的化学环境是一样的，因此只有一种一取代产物。当苯环上已有一个取代基，再引入第二个取代基时，第二个取代基可能进入它的邻位、间位、对位，生成三种异构体。如果仅从反应时原子之间的平均碰撞概率来看，它们进入邻位、间位和对位的概率应分别为 40%、40%、20%，但实际并非如此。例如：

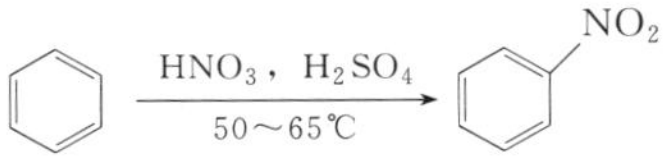

58%　　　38%　　4%

1%　　　6%　　　93%

　　从上述反应可以看出：甲苯的硝化比苯更容易进行，而且硝基主要进入甲基的邻位和对位；而硝基苯的硝化不仅比苯难进行，而且新引入的硝基主要进入间位。由此可见，第二个取代基进入苯环的位置受到苯环上原有基团的影响，此外原有取代基还会影响到苯环亲电取代的反应活性，这种苯环上原有取代基对后引入取代基的制约作用称为定位效应，苯环上原有的取代基称为定位基。取代苯的硝化反应相对速率和异构体的比例如表 4-3 所示。

表 4-3　取代苯的硝化反应相对速率和异构体的比例

取代基	相对速率	硝化产物			邻位＋对位/间位
		邻位	间位	对位	
—OH	很快	55	痕量	45	100/0
—NHCOCH$_3$	很快	19	2	79	98/2
—OCH$_3$	2×10^5	74	15	11	85/15
—CH$_3$	25	58	4	38	96/4
—C(CH$_3$)$_3$	16	12	8	80	92/8
—F	0.03	12	痕量	88	100/0
—Cl	0.03	30	1	69	99/1
—Br	0.03	37	1	62	99/1
—I	0.18	38	2	60	98/2
—H	1.0				
—NO$_2$	6×10^{-8}	6	93	1	7/93
—COOC$_2$H$_5$	0.0037	28	68	4	32/68
—N$^+$(CH$_3$)$_3$	1.2×10^{-8}	0	~100	0	11/89
—COOH	慢	19	80	1	20/80
—SO$_3$H	慢	21	72	7	28/72
—CF$_3$	慢	0	100	0	0/100

　　根据大量实验结果，可以把苯环上的取代基，按进行亲电取代时的定位效应，大致分为两类。

（1）第一类定位基

　　第一类定位基也称邻对位定位基，使新进入的取代基主要进入它的邻位和对位（邻位和对位异构体之和大于 60%），并使亲电取代反应活性增加（卤素等除外）。

　　邻、对位定位基的结构特征是：定位基中与苯环直接相连的原子不含双键或三键，多数具有未共用电子对，常见的邻、对位定位基及其定位效应由强到弱的顺序如下：—O$^-$，—NH$_2$（—NHR、—NR$_2$），—OH，—OCH$_3$，—NHCOCH$_3$，—OCOCH$_3$，—Ph，—CH$_3$，—X。

（2）第二类定位基

　　第二类定位基也称间位定位基，使新进入的取代基主要进入它的间位（间位异构体大于

40%），并使亲电取代反应活性降低。

间位定位基的结构特征是：定位基中与苯环直接相连的原子一般都含有双键或三键等不饱和键，或者带有正电荷。常见的间位定位基及其定位效应由强到弱的顺序如下：$—N^+(CH_3)_3$，$—NO_2$，$—CF_3$，$—CCl_3$，—CN，$—SO_3H$，—CHO，—COR，—COOH，—COOR，$—CONH_2$。

排在越前面的定位基，定位效应越强（即致钝作用越强），再进行反应也越困难。

4.5.2 定位规则的理论解释

取代基的定位效应与取代基的诱导效应、共轭效应和超共轭效应等电子效应有关。在单取代苯的亲电取代反应中，决定反应速率的一步是σ-络合物（环状的碳正离子）的生成。当苯环上有取代基时，就必须研究该取代基在亲电取代反应中对中间体σ-络合物的生成以及稳定性有何影响，如果能使σ-络合物趋向稳定，那么σ-络合物的生成就比较容易，反应所需要的活化能较小，反应速率就比苯快，这种取代基的影响是使苯环活化，即致活基。反之，则使苯环钝化，即致钝基。下面以甲基、羟基、硝基和卤素为例，说明两类定位基对苯环的影响及其定位效应。

(1) 甲基

当甲基与苯环相连时，可以通过供电子诱导效应和超共轭效应把电子云推向苯环，使整个苯环上的电子云密度增加。甲基的这种供电子性，有利于中和σ-络合物中间体的正电性，同时使自身也带有部分正电荷，这一电荷的分散作用使碳正离子稳定性增加。因此甲基可使苯环活化，所以甲苯比苯容易进行亲电取代反应。

亲电试剂进攻甲苯生成的碳正离子结构的共振式为：

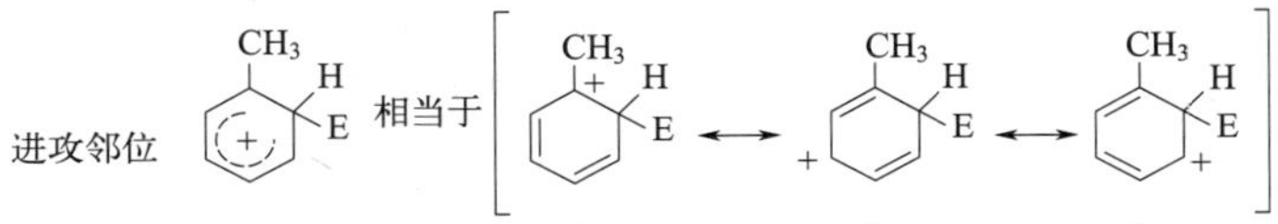

Ⅰ (Ⅰa) (Ⅰb) (Ⅰc)

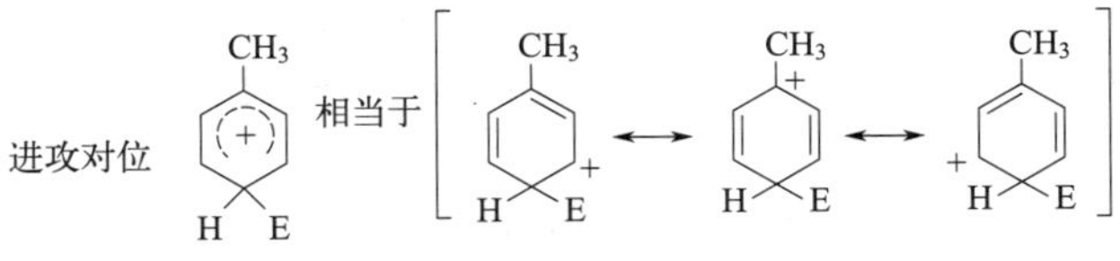

Ⅱ (Ⅱa) (Ⅱb) (Ⅱc)

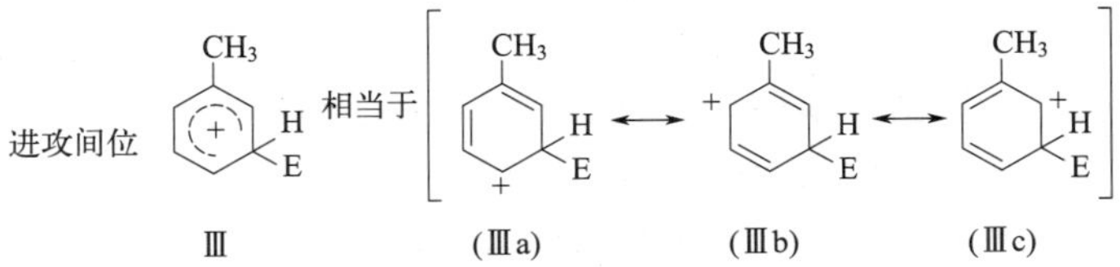

Ⅲ (Ⅲa) (Ⅲb) (Ⅲc)

当亲电试剂进攻甲基的邻位或对位时，生成的碳正离子中间体的三种极限结构中，都有一个是叔碳正离子（Ⅰa）和（Ⅱb），其带正电荷的碳原子都直接与甲基相连，甲基的供电子超共轭效应使其正电荷得到分散，稳定性增加，它们对共振杂化体贡献较大，使邻、对位产物容易生成。而进攻间位时生成的碳正离子，三种极限结构都是仲碳正离子，而且带正电的碳原子都不直接与甲基相连，正电荷分散程度较小，稳定性较差，难以生成。因此，甲苯发生亲电取代反应时，亲电试剂更容易进攻邻、对位，主要生成邻、对位取代产物。

(2) 羟基

当羟基与苯环相连时，羟基氧的电负性比碳原子大，羟基表现为吸电子诱导效应，但羟基氧带有孤对电子的 p 轨道与苯环的 π 键之间存在 p-π 共轭效应，共轭效应的结果使氧上的电子云向苯环离域，使苯环的电子云密度升高，表现为供电子共轭效应，苯酚分子在亲电取代反应中总的电子效应表现为供电子共轭效应大于吸电子诱导效应，总的结果使苯环的电子云密度升高，苯环被活化。因此羟基可使苯环活化，所以苯酚比苯容易进行亲电取代反应。

亲电试剂进攻苯酚生成的碳正离子结构的共振式为：

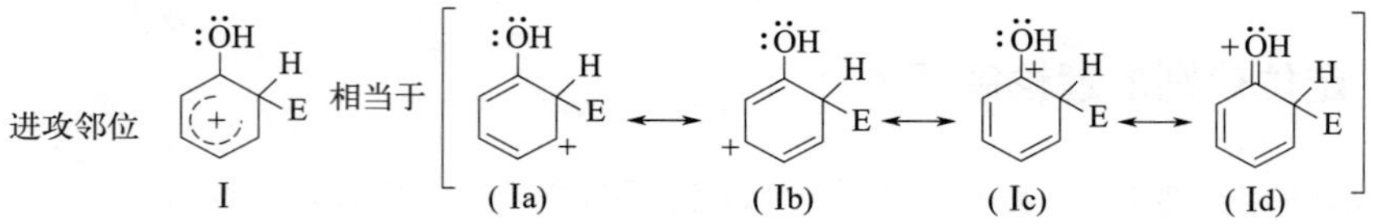

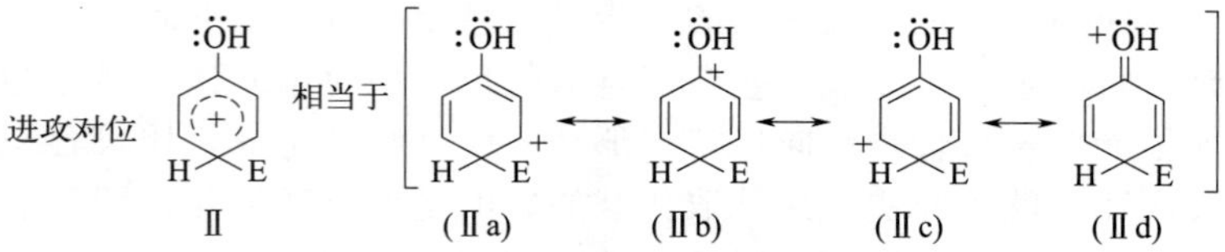

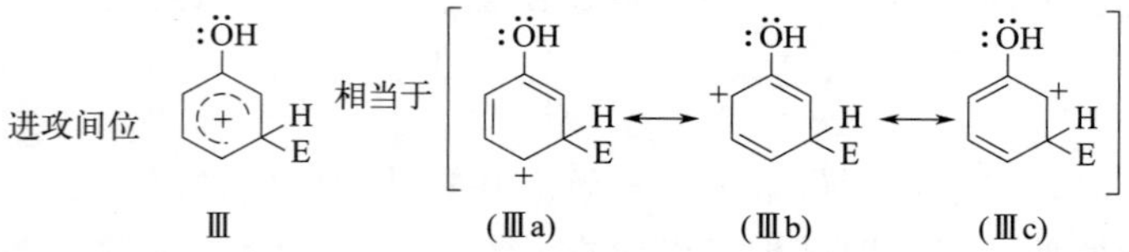

在上述极限结构中，（Id）和（IId）特别稳定。因为这两种极限结构中每个原子都有完整的外电子层结构，而进攻间位得不到这种极限结构。当亲电试剂进攻邻位或对位生成的极限结构中，都有一个是叔碳正离子（Ic）和（IIb），其带正电荷的碳原子直接与羟基相连，羟基的给电子超共轭效应使其正电荷得到分散，稳定性增加，它们对共振杂化体贡献较大，使邻、对位产物容易生成。而进攻间位时生成的碳正离子，三种极限结构都是仲碳正离子，而且带正电的碳原子都不直接与羟基相连，正电荷分散程度较小，稳定性较差，难以生成。因此，苯酚发生亲电取代反应时，亲电试剂更容易进攻邻、对位，主要生成邻、对位取代产物。

其它具有未共用电子对的基团（卤素除外）如，$-OR$ 和 $-NH_2$（$-NHR$、$-NR_2$）等和羟基有类似的作用，总的结果也是表现出给电子作用，使苯环活化，且为邻、对位定位基。

（3）硝基

硝基是间位定位基的典型代表，这类取代基的特点是对苯环有吸电子效应，使苯环电子云密度下降，这样形成的碳正离子中间体能量比较高，稳定性低，不容易生成，因此使苯环钝化。另外这类取代基中的 π 键与苯环的 π 键可形成 π-π 共轭体系，共轭效应的结果也使苯环的电子云密度降低，即硝基对苯环具有吸电子诱导效应和吸电子共轭效应，两者都使苯环上的电子云密度降低。因此，硝基苯在进行亲电取代反应时比苯难进行。

亲电试剂进攻硝基苯生成的碳正离子结构的共振式为：

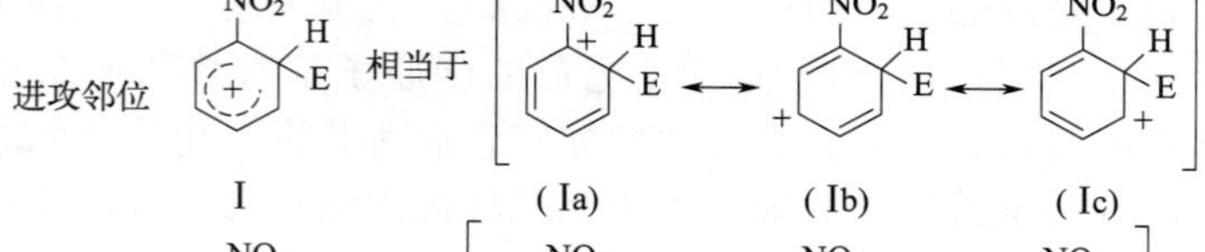

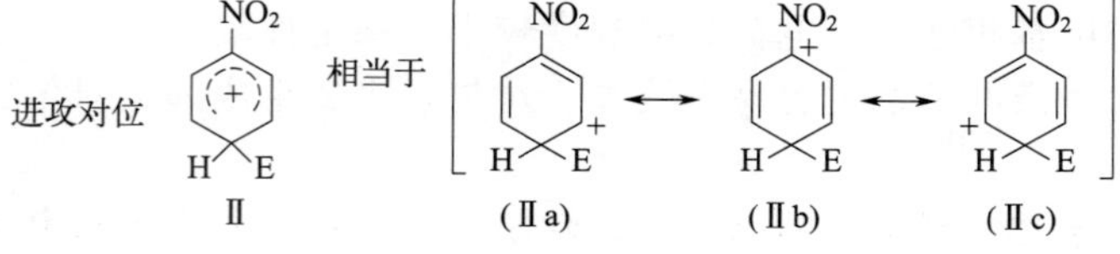

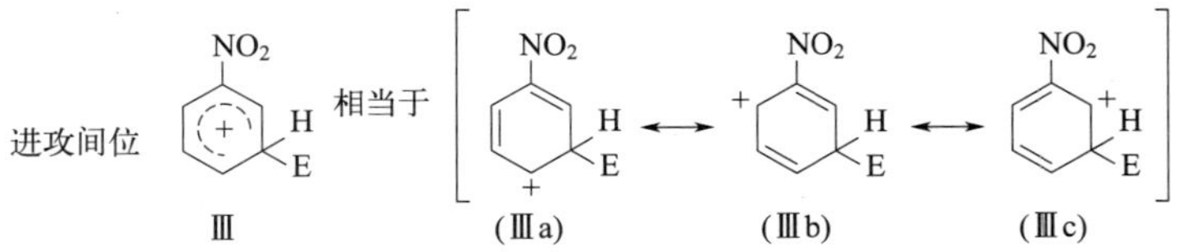

在硝基苯的邻、对和间位受到进攻时所形成的碳正离子中，每个碳正离子都是三种极限结构的共振杂化体。但（Ⅰa）和（Ⅱb）两种极限结构，其带正电荷的碳原子都直接与强吸电基硝基相连，正电荷更加集中，能量高而不稳定，故不易形成。碳正离子（Ⅲa）、（Ⅲb）和（Ⅲc）三种极限结构，带正电荷碳原子都不直接与硝基相连，比前两种碳正离子稳定，能量较低而比较容易生成。因此，硝基苯发生亲电取代反应时，亲电试剂更容易进攻间位，主要生成间位取代产物。

（4）卤素

当卤原子与苯环相连时，卤原子的电负性比碳原子大，卤原子表现为吸电子诱导效应。同时卤原子带有孤对电子的 p 轨道与苯环的 π 键之间存在 p-π 共轭效应，共轭效应的结果使卤原子上的电子云向苯环离域，使苯环的电子云密度升高，表现为供电子共轭效应，从总的效果来看，卤原子的吸电子诱导效应强于供电子共轭效应，总的结果使苯环的电子云密度降低，苯环被钝化。因此，卤苯在进行亲电取代反应时比苯难进行。

亲电试剂进攻卤苯（以氯苯为例）生成的碳正离子结构的共振式为：

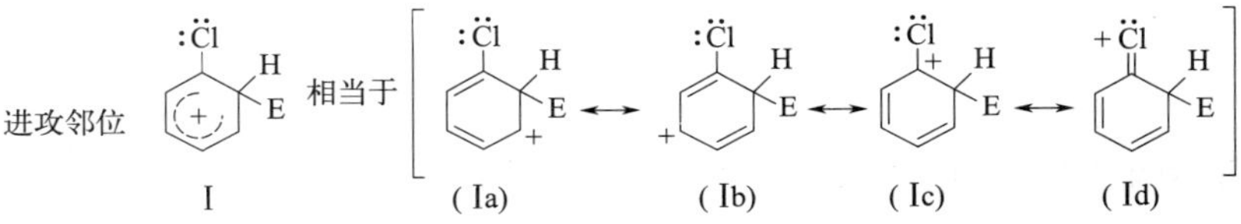

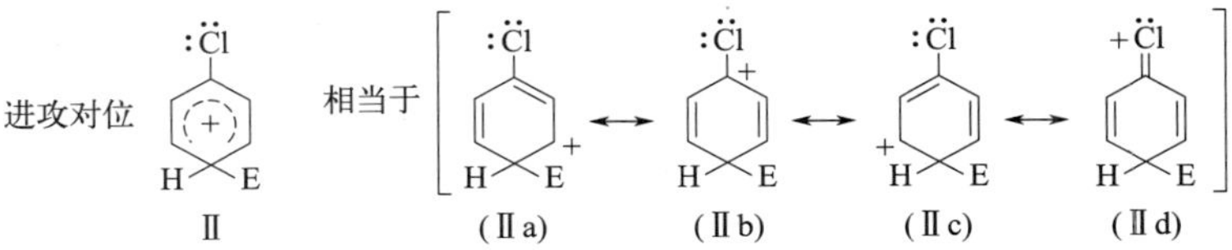

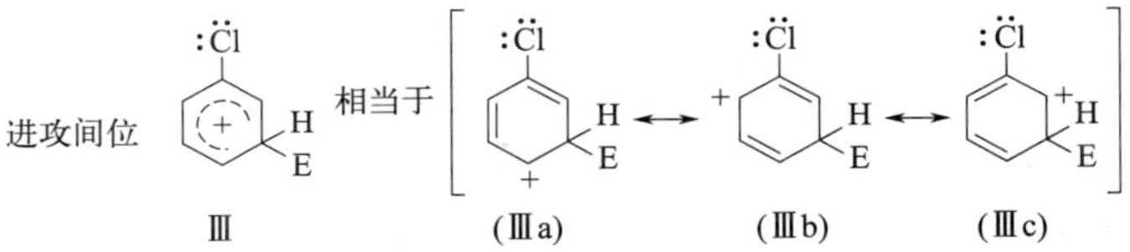

与苯酚类似，氯苯亲电反应生成的碳正离子中间体中，也有两种特别稳定的极限结构（Ⅰd）和（Ⅱd）。因此，卤苯发生亲电取代反应时，亲电试剂更容易进攻邻、对位，主要生成邻、对位取代产物。

4.5.3　二取代苯亲电取代的定位规则

当苯环上有两个取代基时，第三个取代基进入苯环的位置，将主要由原来的两个取代基决定。一般可能有以下几种情况。

（1）取代基定位效应一致

苯环上原有的两个取代基的定位效应一致时，则它们的作用可以相互加强，第三个基团进入它们共同确定的位置。例如：

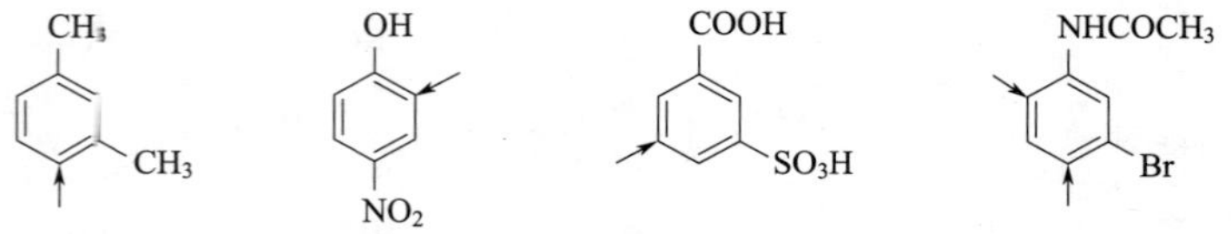

（苯环结构示意图，含取代基 CH₃、OH/NO₂、COOH/SO₃H、NHCOCH₃/Br，均标注第三取代基进入位置）

当原有的两个取代基处于间位时，由于空间位阻，第三个取代基很难进入原有两个取代基之间的位置。

（2）取代基定位效应不一致

苯环上原有的两个取代基的定位效应不一致时，又分以下两种情况。

① 若原有两个取代基属于同一类，则第三个取代基进入的位置主要由定位能力较强的定位基决定。例如：

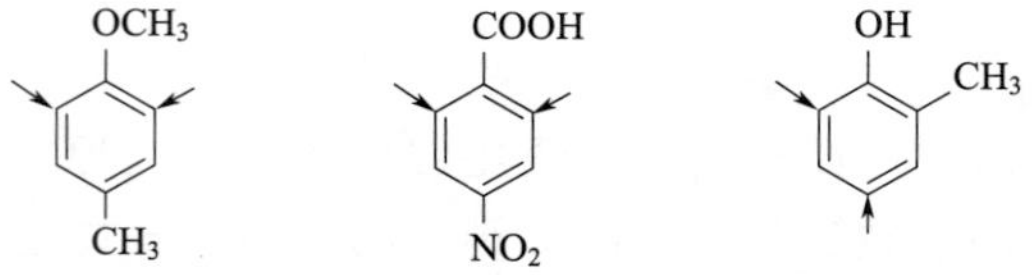

（苯环结构示意图：OCH₃/CH₃、COOH/NO₂、OH/CH₃，标注第三取代基进入位置）

② 若原有两个取代基属于不同类，则第三个取代基进入的位置主要由第一类定位基决定，这是由于第一类定位基定位能力强于第二类定位基。例如：

（苯环结构示意图：OCH₃/CN、NHCOCH₃/NO₂，标注第三取代基进入位置）

4.5.4　亲电取代定位规则在有机合成上的应用

苯环上亲电取代反应的定位规则不仅可以解释某些实验事实、预测反应的主要产物，还可用于指导多取代苯的合成，选择正确的合成路线。例如，以苯为原料合成 1-氯-3-硝基苯：

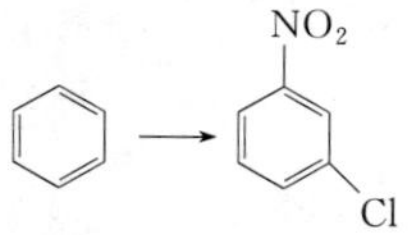

（苯 → 1-氯-3-硝基苯结构示意图）

需在苯环上引入两个基团，即硝基和氯原子，应考虑先引入硝基还是先引入氯原子。如果先氯化后硝化，由于氯是邻、对位定位基，则硝化时主要得到 1-氯-2-硝基苯和 1-氯-4-硝基苯，而得不到所希望的 1-氯-3-硝基苯。反之，如果先硝化后氯化，由于硝基是间位定位基，可得到 1-氯-3-硝基苯，因此确定应先硝化，后氯化。合成路线为：

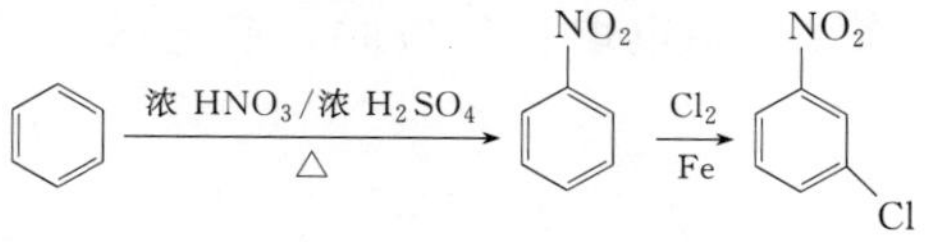

（反应式：苯 $\xrightarrow[\triangle]{\text{浓 } HNO_3/\text{浓 } H_2SO_4}$ 硝基苯 $\xrightarrow[Fe]{Cl_2}$ 1-氯-3-硝基苯）

又如，以苯为原料合成 4-氯-3-硝基苯磺酸：

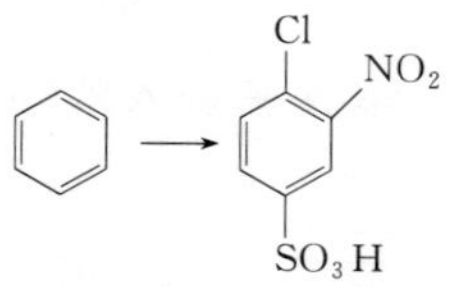

（苯 → 4-氯-3-硝基苯磺酸结构示意图，含 Cl、NO₂、SO₃H）

需在苯环上引入三个基团，反应至少要进行硝化、磺化和氯化三步。拟引入的三个基团中，氯为邻、对位定位基，硝基和磺酸基为间位定位基，从三个基团的相对位置来看，氯原子是在硝基的邻位和磺酸基的对位，显然反应的第一步只能是氯化；磺酸基由于体积较大，磺化反应在较高温度下进行时产物以对位为主，如果先硝化，则将得到邻和对氯硝基苯两种异构体混合物，故选择先磺化后硝化。所以，由苯合成 4-氯-3-硝基苯磺酸的次序是：氯化→磺化→硝化。例如：

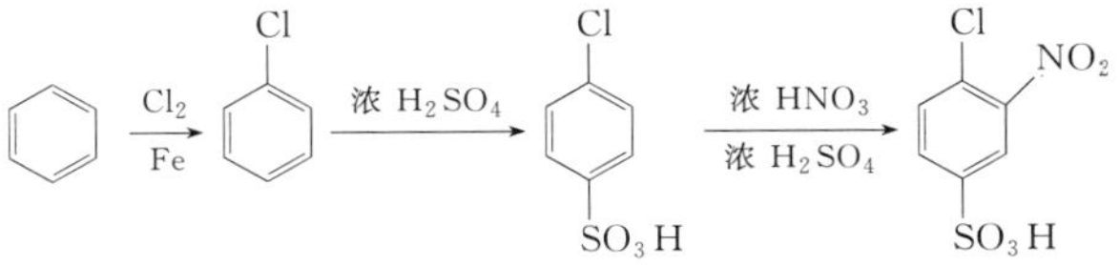

由于磺化反应的可逆性，有机合成中常通过引入磺酸基帮助定位。例如，由苯合成邻硝基异丙苯：

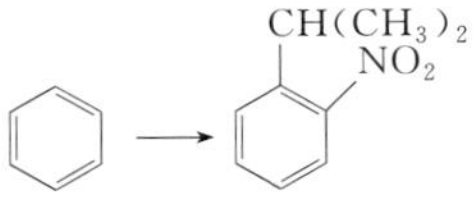

为了使硝基主要进入异丙基的邻位，可利用磺化反应在较高温度下进行时产物以对位为主的特点，将磺酸基引入异丙基的对位，然后通过硝化反应将硝基引入异丙基的邻位，最后利用水解反应将磺酸基除去。例如：

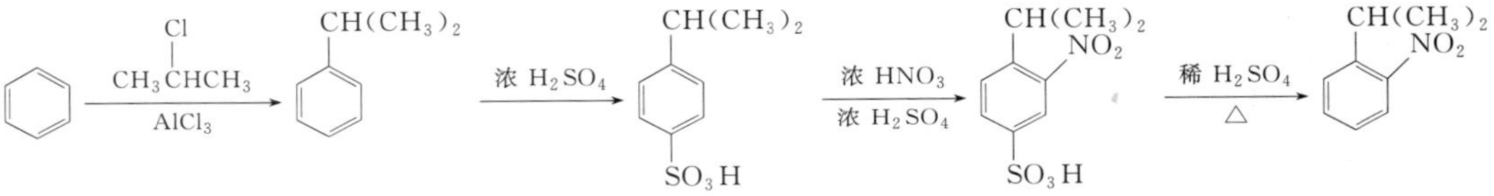

4.6 稠环芳烃

稠环芳烃是指两个或两个以上的苯环彼此共用两个邻位碳原子稠合而成的化合物。最典型的稠环芳烃包括萘、蒽、菲。在芳烃中，有一些致癌物也是稠环芳烃。

4.6.1 萘

煤焦油中通常都含有各种稠环芳烃，而萘（naphthalene）是煤焦油中含量最多的一种，含量为 5%～10%。

（1）萘的结构

萘的分子式为 $C_{10}H_8$，萘的结构式和苯类似，也是一个平面形分子。萘分子中每个碳原子也是以 sp^2 杂化轨道与相邻的碳原子以及氢原子的 1s 轨道相互重叠而形成 σ 键。十个碳原子都处在同一平面内，连接成两个稠合的六元环，八个氢原子也在这个平面内。每个碳原子还都剩余一个垂直于这个平面的 p 轨道，这些相互平行的 p 轨道侧面相互重叠，形成一个闭合的离域大 π 键 π_{10}^{10}，如图 4-4 所示。

萘和苯的结构虽有相似之处，但并不是完全一样的，萘分子中的 π 电子云分布并不均匀，因此键长也没有完全平均化，只是有平均化的趋势。经 X 衍射法测定萘分子各键的键长如图 4-5 所示。

萘的共振能约为 255kJ·mol^{-1}，明显比两个单独苯环的共振能之和 300.1kJ·mol^{-1} 低，这说明萘结构的稳定性比苯差，化学反应活性比苯高，所以萘比苯容易发生氧化和加成。

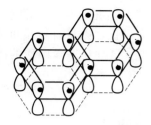

图 4-4　萘的 π 分子轨道示意图　　　　图 4-5　萘分子的键长

萘的结构式一般常用下式来表示：

萘分子中碳原子的位置可按上面次序编号。从电子云密度来看，其中 1、4、5、8 四个位置是等同的，称为 α 位（稠合原子旁边的碳原子），2、3、6、7 四个位置是等同的，称为 β 位。其中 α-碳原子上的电子云密度较大，β-碳原子次之，中间共用的两个碳原子（即稠合碳原子，亦称 γ-碳原子）则更低，即电子云密度 α＞β＞γ，所以萘的一元取代物有 α 和 β 两种异构体。

（2）萘衍生物的命名

一取代萘可以用阿拉伯数字编号或者用希腊字母表示取代基或官能团的位置。例如：

1-溴萘（或 α-溴萘）
1-bromonaphthalene

萘-2-酚（或 β-萘酚）
naphthalen-2-ol

二取代或多取代萘只能用阿拉伯数字编号，不能用希腊字母表示。例如：

4-氯萘-1-磺酸
4-chloronaphthalene-1-sulfonic acid

1,5-二甲基萘
1,5-climethy lnaphthalene

（3）萘的物理性质

萘是光亮的片状结晶，熔点 80.5℃，沸点 218℃，有特殊气味，易升华，不溶于水，易溶于乙醇、乙醚、苯等有机溶剂，是重要的有机化工原料。过去曾用它做卫生球以防衣物被虫蛀，因毒性大现已禁止使用。

（4）萘的化学性质

萘的化学性质与苯相似，但亲电取代反应、加成反应、氧化反应都比苯更容易进行。

（a）亲电取代反应

在萘环上，π 电子的离域并不像苯环那样完全平均化，而是 α 位电子云密度高于 β 位，因此亲电取代反应首先发生在 α 位。且由于活性比苯高，相对反应条件也比苯温和。

卤化反应　在氯化铁的作用下，将氯气通入熔融的萘中，主要得到 α-氯萘。例如：

$$+ Cl_2 \xrightarrow{FeCl_3, 100\sim110℃}$$

α-氯萘（95%）

这是工业上生产 α-氯萘的方法，α-氯萘是无色液体，沸点 259℃，可用作高沸点溶剂和增塑剂。

硝化反应 萘的硝化，α 位比苯快 750 倍，β 位比苯快 50 倍，故萘用混酸硝化时，室温即可反应，且主要产物是 α-硝基萘。工业上通常在温热情况下进行，为了防止二硝基萘的生成，所用混酸的浓度比苯硝化时要低。例如：

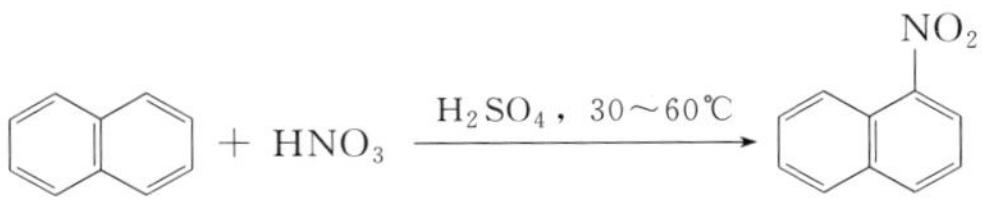

$$\text{(萘)} + HNO_3 \xrightarrow[30\sim60℃]{H_2SO_4} \text{(}\alpha\text{-硝基萘)}$$

α-硝基萘（95%）

α-硝基萘是黄色针状结晶，熔点 61℃，不溶于水，可溶于有机溶剂，用于制造 α-萘胺等。

磺化反应 萘与浓硫酸反应时，温度不同，所得产物也不同。因为 α 位比 β 位活泼，所以当用浓 H_2SO_4 磺化时，在 60℃ 以下生成 α-萘磺酸，而在较高的温度（165℃）时则主要生成 β-萘磺酸。若把 α-萘磺酸与硫酸共热至 165℃ 时，即转变为 β-萘磺酸。萘的磺化反应是可逆的。例如：

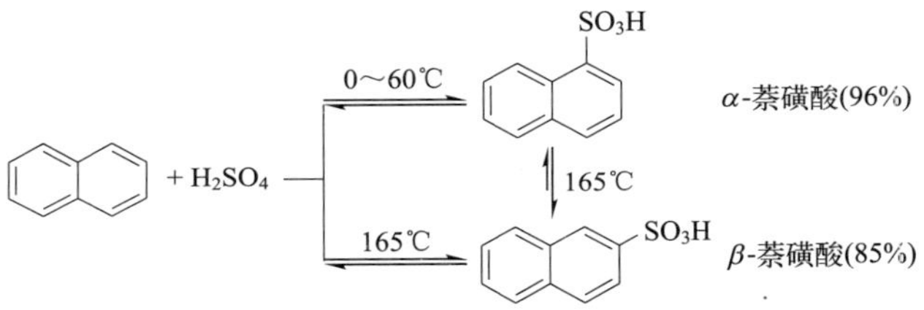

α-萘磺酸(96%)

β-萘磺酸(85%)

萘的磺化反应与萘的卤化反应、硝化反应类似，由于 α 位相对电子云密度较高，生成 α-萘磺酸比生成 β-萘磺酸活化能低，低温条件下提供能量较少，所以主要生成 α-萘磺酸。但磺化反应是可逆的，由于 α-萘磺酸中磺酸基与异环的 α-氢原子处于平行位置 [图 4-6（a）]，空间位阻较大，不稳定，随着反应温度升高，α-萘磺酸增多，脱磺酸基的逆向反应速率逐渐增加。在 β-萘磺酸结构中，磺酸基与邻位氢原子之间的距离较远 [图 4-6（b）]，空间位阻小，所以结构比较稳定。另外，温度升高有利于提供生成 β-萘磺酸所需的活化能，使其反应速率加快。由于 β-萘磺酸结构稳定，所以其脱磺酸基的逆反应速率很慢，因此，在高温下 α-萘磺酸逐渐转变成 β-萘磺酸。

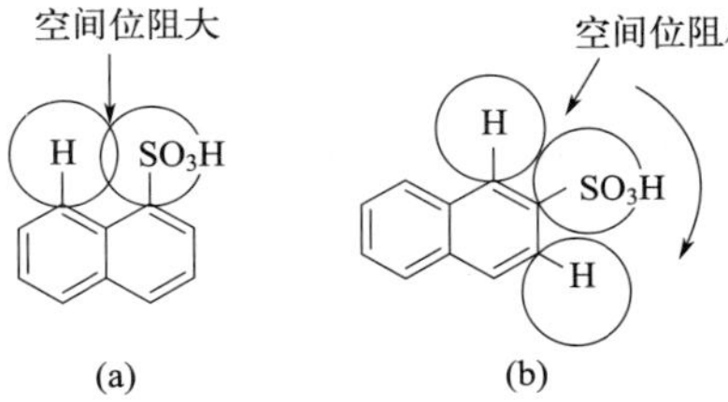

图 4-6 萘的磺化反应

傅-克酰基化 萘的酰基化反应既可以在 α 位发生，也可以在 β 位发生，反应产物与温度和溶剂有关。例如：

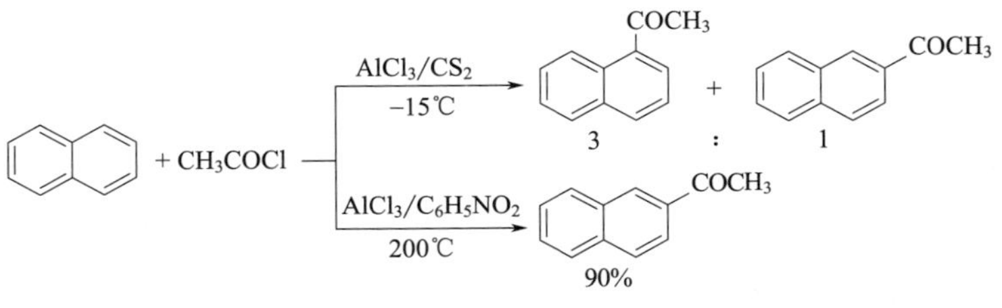

萘的傅-克酰基化反应常得混合物。此反应一般以氯化铝为催化剂，在二硫化碳溶剂中进行，主要得 α 酰化产物（非极性溶剂、低温）。若以硝基苯为溶剂，一般得 β 酰化产物（极性溶剂、高温）。

（b）氧化反应

萘比苯容易氧化，在不同的条件下氧化产物也不相同。在三氧化铬的乙酸溶液中，萘被氧化为1,4-萘醌（α-萘醌）。若在五氧化二钒催化下，萘的蒸气可与空气中的氧气发生反应生成邻苯二甲酸酐。例如：

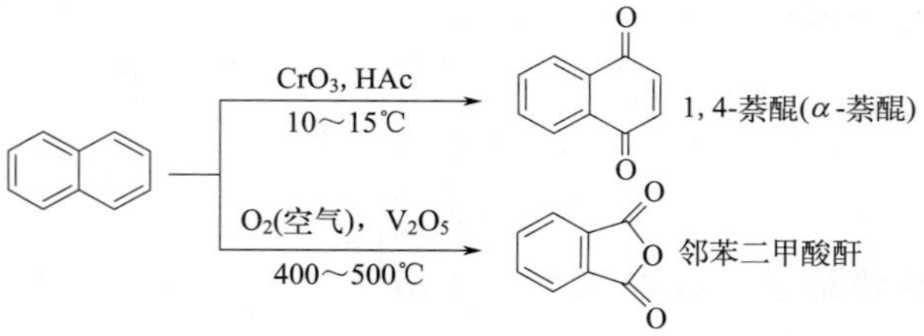

邻苯二甲酸酐是一种重要的化工原料，它是许多合成树脂、增塑剂、染料等的原料。

取代的萘环被氧化时，哪个环更易被氧化，取决于环上取代基的性质。因为氧化是一个失电子的过程，而还原是一个得到电子的过程，因此电子云密度比较大的环容易被氧化开环，而还原则相反，是电子云密度比较小的环容易被还原。例如：

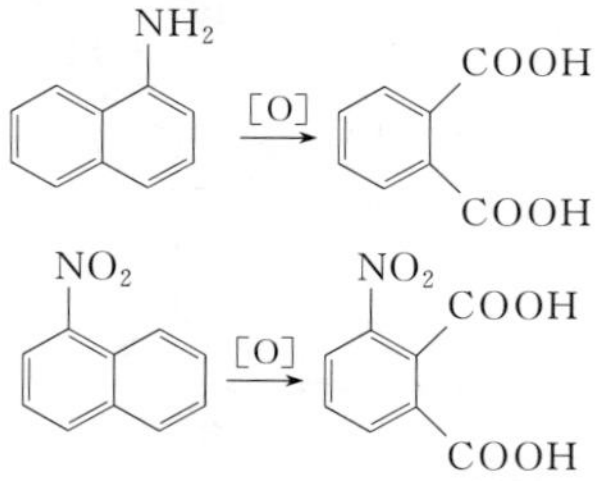

氨基为供电子基团，大大增加了苯环的电子云密度，使苯环活化；而硝基是吸电子基团，大大降低了苯环的电子云密度，使苯环钝化。

（c）还原反应

萘的加成反应比苯容易发生，但比烯烃困难。萘在发生催化加氢反应时，使用不同的催化剂和不同的反应条件，可分别得到不同的加氢产物。例如：

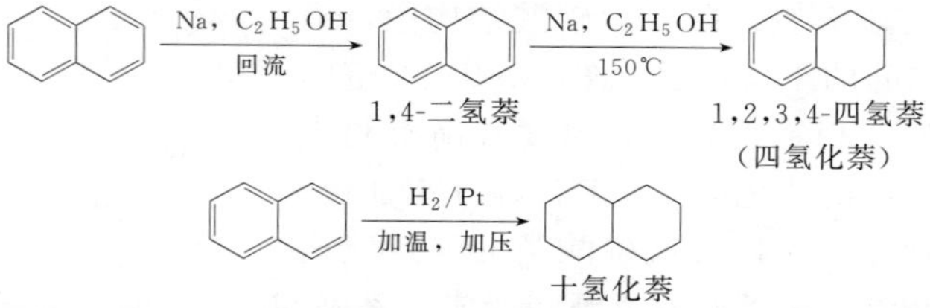

随着反应条件的加强，还原产物由二氢萘、四氢萘，直至十氢化萘。四氢萘和十氢化萘都是高沸点液体，是良好的溶剂。

4.6.2 蒽和菲

蒽（anthracene）和菲（phenanthrene）都存在于煤焦油中。蒽为白色片状结晶，熔点为216℃，沸点为342℃，不溶于水，难溶于乙醇和乙醚，但能溶于苯。菲为带光泽的白色结晶，熔点为100℃，沸点为340℃，不溶于水，易溶于乙醚和苯。

（1）蒽和菲的结构

蒽和菲的分子式都是 $C_{14}H_{10}$，互为同分异构体。蒽是三个苯环成线形稠合，菲是三个苯环成角形稠合。分子中每个碳原子都是 sp^2 杂化，所有的碳、氢原子都位于同一平面上，每个碳原子的 sp² 杂化轨道与相邻的碳原子以及氢原子的 1s 轨道相互重叠而形成 σ 键。每个 sp² 杂化的碳原子还有一个垂直于该平面的 p 轨道，与相邻碳原子的 p 轨道侧面重叠，形成了包括十四个碳原子在内的 π 分子轨道。分子中的碳碳键长也不完全相等，其结构可表示如下。

蒽的结构：

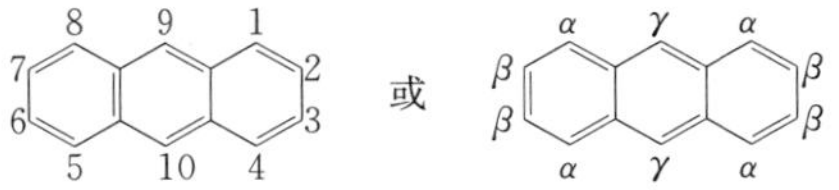

或

蒽分子中 1、4、5、8 位是等同的，称为 α 位；2、3、6、7 位是等同的，称为 β 位；9、10 位是等同的，称为 γ 位。因此，蒽的一元取代物有三种异构体。经 X 衍射法测定蒽分子各键的键长如图 4-7 所示。

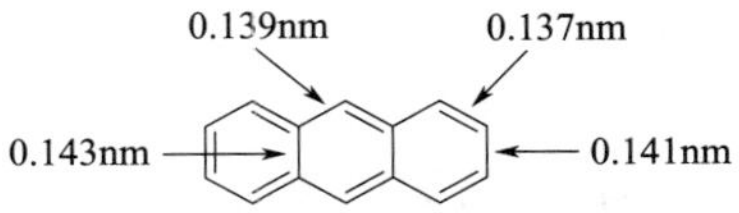

图 4-7 蒽分子的键长

菲的结构：

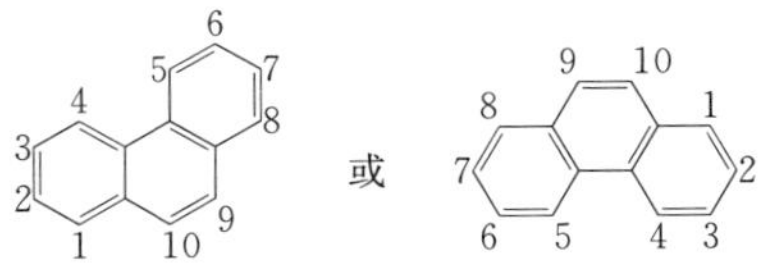

或

在菲分子中，1、8 位，2、7 位，3、6 位，4、5 位，9、10 位分别等同，所以菲的一元取代物有五种异构体。

从结构上看，蒽和菲都具有芳香性，但是它们的芳香性不如苯和萘，不饱和性比萘更显著。蒽和菲的 9、10 位特别活泼，可发生氧化、还原、加成、取代等反应。

（2）蒽和菲的化学性质

蒽和菲的加成和氧化反应都比萘容易。反应发生在 9、10 位，所得加成和氧化产物均保持两个完整的苯环；亲电取代反应一般得混合物或多元取代物，故在有机合成上应用价值较小。

蒽和菲的加成反应：

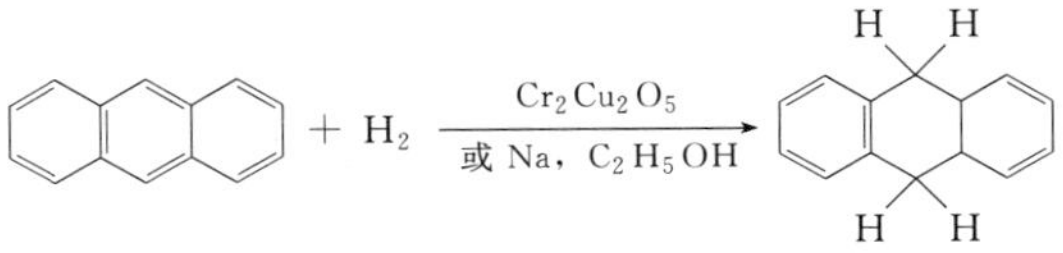

9,10-二氢蒽

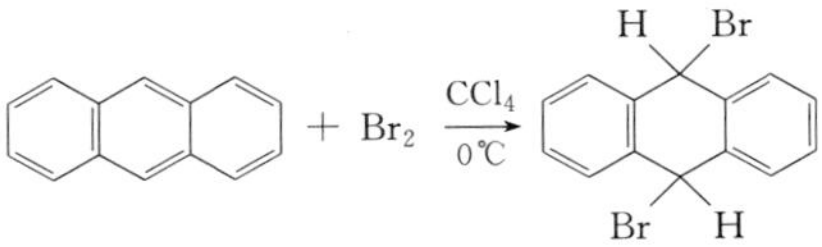

9,10-二溴-9,10-二氢化蒽

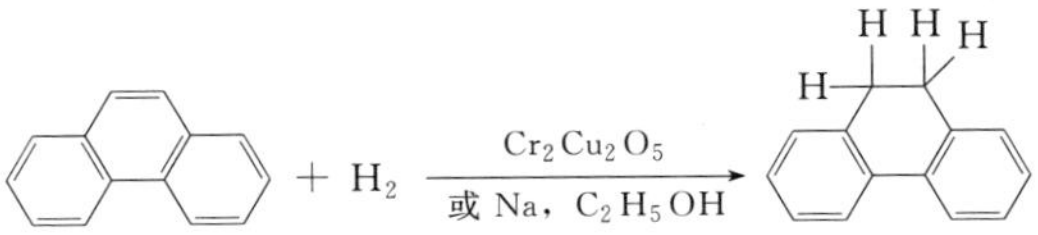

9,10-二氢菲

蒽和菲的氧化反应：

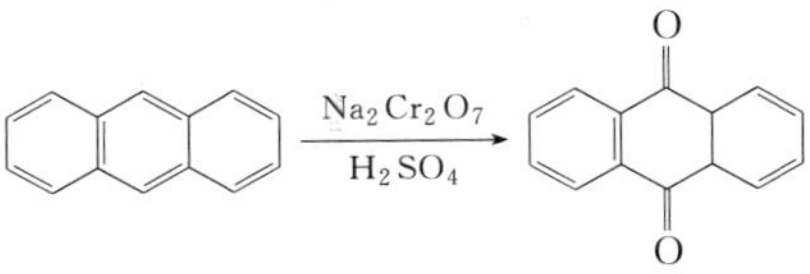

9,10-蒽醌

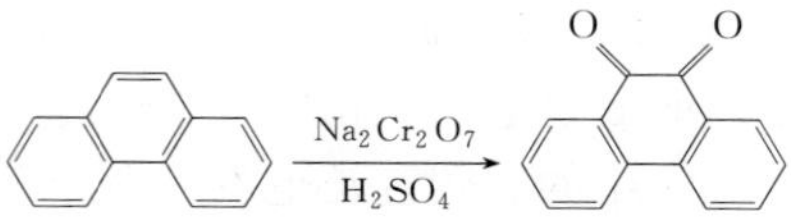

9,10-菲醌

蒽醌及其衍生物是一类重要的染料中间体，也是某些中药的活性成分，如大黄、番泻叶等的有效成分都属于蒽醌类衍生物。

菲醌是红色针状结晶，可作农药，作杀菌拌种剂，可防治小麦荞病、红薯黑斑病等。菲的某些衍生物具有特殊的生理作用，例如甾醇、生物碱、维生素、性激素等分子中都含有环戊烷并多氢菲的结构。

(3) 致癌稠环芳烃

致癌芳烃是指能诱发恶性肿瘤的一类稠环芳烃，其中大多数是蒽和菲的衍生物。3 个苯环的稠环芳烃（蒽、菲）本身均不致癌，但在分子中某些碳上连有甲基时就有致癌性；4 环或 5 环的稠环芳烃及它们的部分甲基衍生物有致癌性；6 环的稠环芳烃部分能致癌。下面列举几种重要的致癌稠环芳烃，其中以苯并芘（benzopyrene）的致癌作用最强：

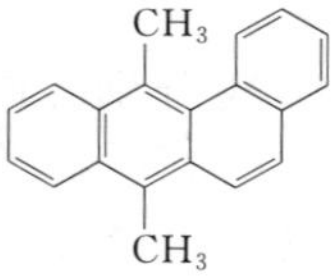

7,12-二甲基苯并 [a] 蒽    芘 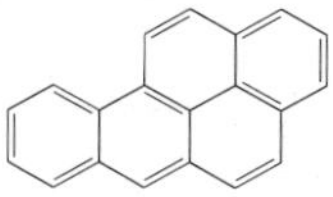   苯并 [a] 芘

总的来说，稠环芳烃是数量最多的一类致癌物。在自然界中，它主要存在于煤、石油、焦油和沥青中，也可以由含碳氢元素的化合物不完全燃烧产生。汽车、飞机及各种机动车辆所排出的废气中和香烟的烟雾中均含有多种致癌性稠环芳烃。因此治理废气、保护环境、减少污染是保护我们身体健康的主要举措。露天焚烧（失火、烧秸秆）可以产生多种稠环芳烃致癌物；烟熏、烘烤及焙焦的食品均可直接受其污染或产生稠环芳烃，对人体产生极大危害。致癌芳烃是环境污染主要监测的项目之一，这方面的工作对于环境保护，对于癌症的治疗和预防都有很重要的意义。

4.7 芳香性和休克尔规则

苯环是典型的芳烃，具有特殊的稳定性，不易发生加成和氧化，而易发生取代等"芳香性"的特征反应。后来发现许多环状共轭多烯烃的分子结构中，虽不含有苯环，但是却具有和苯环类似的芳香性，这类化合物称为非苯芳烃（nonbenzenoid aromatic hydrocarbon）。非苯芳烃包括一些环多烯和芳香离子。

4.7.1 休克尔规则

德国化学家休克尔（E. Hückel）于 1931 年用分子轨道法计算了单环多烯的 π 电子的能级，提出判断分子具有芳香性的规则：一个具有同平面的环状闭合共轭体系的单环烯，只有当它的 π 电子数符合（4n＋2）时，才具有芳香性。这个规则被称为休克尔（4n＋2）规则。其中 n 为零或正整数，即为 0、1、2、3…，也就是说对于芳香族化合物所具有的特殊的稳定性而言，只靠离域作用是不够的，还必须具有一定的 π 电子数如 2、6、10 等等。

凡是符合休克尔规则的化合物就具有芳香性，称为芳香性化合物。

4.7.2 非苯芳烃芳香性的判断

(1) 轮烯

轮烯（annulene）又称单环共轭多烯，可用 C_nH_n 表示，通常将 $n \geqslant 10$ 的单环共轭多烯叫做轮烯。命名时将成环碳原子的数目写在方括号里面，称为某轮烯，如 [10] 轮烯、[14] 轮烯、[18] 轮烯等。但有时也将环丁二烯、苯和环辛四烯分别称为 [4] 轮烯、[6] 轮烯和 [8] 轮烯。常见的几种轮烯结构如下：

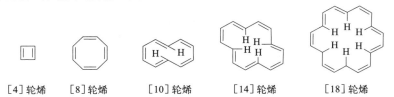

[4]轮烯   [8]轮烯   [10]轮烯   [14]轮烯   [18]轮烯

[4] 轮烯的 4 个碳原子虽然在同一平面上，但 π 电子数不符合 $4n+2$，所以没有芳香性。从以上条件可知，π 电子数不满足 $(4n+2)$ 规则的大环多烯烃肯定没有芳香性。[8] 轮烯组成环的 8 个碳原子不在同一平面上，而是盆形结构，π 电子数也不符合 $4n+2$，因此不具有芳香性。[10] 轮烯有 10 个 π 电子，符合 $4n+2$，但由于环比较小，环内氢原子之间的距离较近，相互干扰作用大，使成环碳原子不能共平面，从而破坏了其共轭体系，因此也没有芳香性。[14] 轮烯的环也比较小，由于环内的四个氢相互排斥，同样使得成环碳原子不能共平面而没有芳香性。[18] 轮烯的环比较大，环内氢原子之间排斥作用较小，整个分子处于同一平面上，同时其 π 电子数也符合 $4n+2$ 规则，所以 [18] 轮烯具有芳香性。

苯是闭合的共轭体系，6 个碳原子在同一平面上，有 6 个 π 电子，符合休克尔规则，故有芳香性。

(2) 芳香离子

某些烃虽然没有芳香性，但转变成离子（正或负离子）后，则有可能显示芳香性。例如，环丙烯正离子、环戊二烯负离子、环庚三烯正离子以及环辛四烯双负离子等，它们的 π 电子数都符合 $4n+2$ 规则，且都形成了平面的闭合环状共轭结构，因此都具有芳香性。常见的芳香离子结构如下：

环丙烯正离子   环戊二烯负离子   环庚三烯正离子   环辛四烯双负离子

(3) 并环体系

与苯相似，萘、蒽、菲等稠环芳烃，由于它们的成环碳原子都在同一平面上，且 π 电子数分别为 10 和 14，符合休克尔规则，具有芳香性。虽然萘、蒽、菲是稠环芳烃，但构成环的碳原子都处在最外层的环上，可看成是单环共轭多烯，故可用休克尔规则来判断其芳香性。

对于非苯系的稠环化合物，如果考虑其成环原子的外围 π 电子，也可用休克尔规则来判断其芳香性。例如，薁是由一个五元环和七元环稠合而成的，其成环原子的外围有 10 个 π 电子，符合 $4n+2(n=2)$ 规则，具有芳香性。薁分子具有极性，偶极矩为 1.0D，其中七元环有把电子给予五元环的趋势，这样七元环上带一个正电荷，五元环上带一个负电荷，结果每一个环上都分别有六个 π 电子，各自也是符合 $4n+2$ 的 π 电子体系，与萘恰好具有相同

的电子结构,是一个典型的非苯芳烃。薁的结构如下:

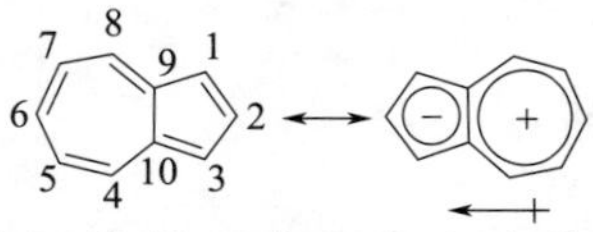

实验证明,薁确实可以发生芳烃的某些典型亲电取代反应,如卤化、硝化、磺化、傅-克等反应,发生亲电取代反应时,亲电试剂主要进攻 1,3 位。

扫码获取本章课件和微课

习 题

1. 写出分子式为 C_9H_{12} 的单环芳烃的所有构造异构体并命名。
2. 写出下列化合物的结构式。

(1) 对溴硝基苯　　　　(2) 环戊基苯　　　　(3) 间异丙基苯酚　　　　(4) 2-甲基-1,3,5-三硝基苯

(5) 对氯苄氯　　　　(6) 苯乙炔　　　　(7) 3-硝基苯磺酸　　　　(8) β-萘酚

3. 命名下列化合物

(1)

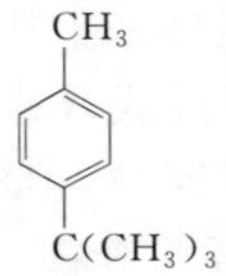

(2)

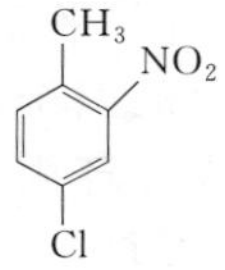

(3)

(4)

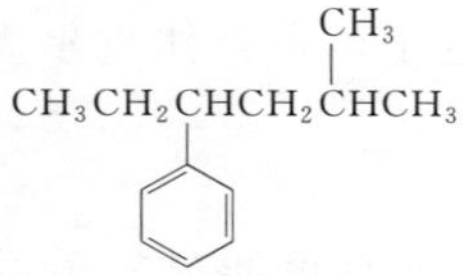

(5)

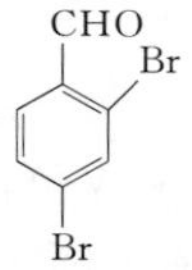

(6)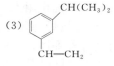

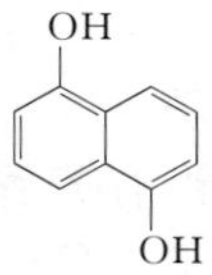

(7)

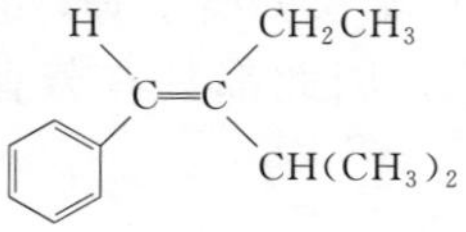

(8)

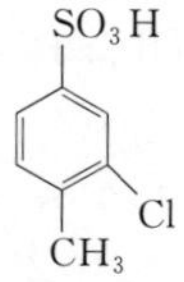

4. 将下列各组化合物按硝化反应活性由大到小的顺序排列。

(1) A. 苯　　　　　　　B. 甲苯　　　　　　　C. 氯苯　　　　　　　D. 硝基苯

(2) A. 苯甲酸　　　　　B. 苯甲醛　　　　　　C. 对二甲苯　　　　　D. 对甲苯甲酸

(5) A. 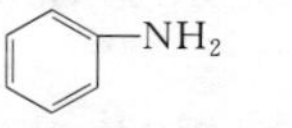 苯COCH$_3$　　　　　　B. 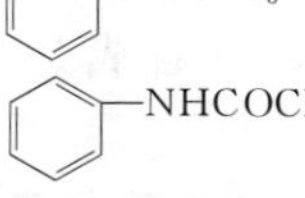 苯(C=O)COCH$_3$

C. 苯NH$_2$　　　　　　D.  苯NHCOCH$_3$

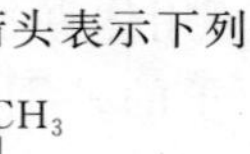

5. 用箭头表示下列化合物进行一元硝化的主要产物。

(1)

(2)

(3)

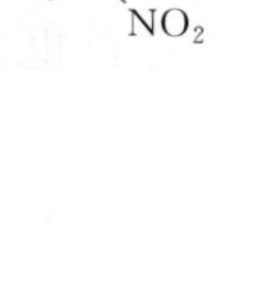

(4)

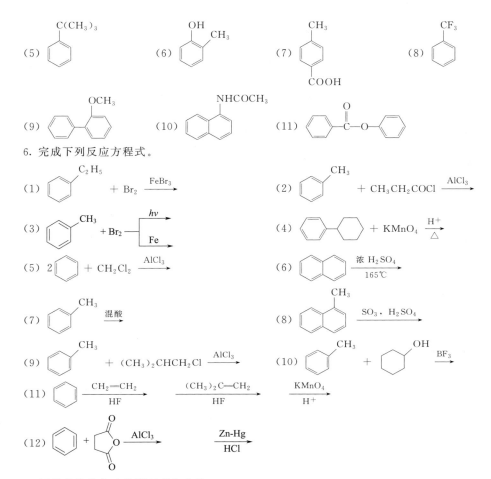

（5）
（6）
（7）
（8）
（9）
（10）
（11）

6．完成下列反应方程式。

（1） $\longrightarrow$ + Br$_2$ $\xrightarrow{FeBr_3}$

（2） + CH$_3$CH$_2$COCl $\xrightarrow{AlCl_3}$

（3） + Br$_2$ $\xrightarrow{hv}$ $\xrightarrow{Fe}$

（4） + KMnO$_4$ $\xrightarrow[\triangle]{H^+}$

（5） 2 + CH$_2$Cl$_2$ $\xrightarrow{AlCl_3}$

（6） $\xrightarrow[165℃]{浓 H_2SO_4}$

（7） $\xrightarrow{混酸}$

（8） $\xrightarrow{SO_3，H_2SO_4}$

（9） + （CH$_3$)$_2$CHCH$_2$Cl $\xrightarrow{AlCl_3}$

（10） + $\xrightarrow{BF_3}$

（11） $\xrightarrow[HF]{CH_2=CH_2}$ $\xrightarrow[HF]{(CH_3)_2C=CH_2}$ $\xrightarrow[H^+]{KMnO_4}$

（12） + $\xrightarrow{AlCl_3}$ $\xrightarrow[HCl]{Zn-Hg}$

7．用简单化学方法鉴别下列化合物。

（1）苯、甲苯、苯乙烯

（2）

8．以苯、甲苯及其它试剂为原料，合成下列化合物。

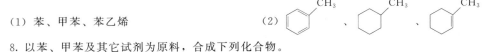

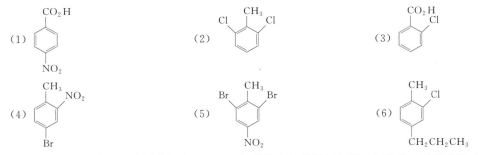

（1）
（2）
（3）
（4）
（5）
（6）

9．有 A、B 两种芳烃，分子式均为 C$_8$H$_{10}$，经酸性高锰酸钾氧化后，A 生成一元酸 C(C$_7$H$_6$O$_2$)，B 生成二元酸 D(C$_8$H$_6$O$_4$)。若将 D 进一步硝化，只得到一种一元硝化产物而无异构体。推导 A、B、C、D 的结构式并写出相关反应式。

10．某烃 A 分子式为 C$_9$H$_{10}$，强氧化得苯甲酸，臭氧化分解产物为苯乙醛和甲醛，写出 A 的结构式和有关反应式。

11．某烃 A 的分子式为 C$_9$H$_{10}$，在室温下能迅速使溴的四氯化碳溶液和高锰酸钾溶液褪色，在温和条件下氢化时只吸收 1mol 氢气，生成化合物 B(C$_9$H$_{12}$)。A 在强烈条件下氢化时可吸收 4mol 氢气；A 强烈氧化可生成邻苯二甲酸。写出 A 和 B 的结构式及有关反应式。

12. 某烃 A 的分子式为 C_9H_{12}，用重铬酸钾氧化时，可得到一种二元羧酸。将原来的芳烃进行硝化，所得一元硝基化合物有两种。写出该烃 A 的结构式和各步反应式。

13. 某烃 A 的分子式为 C_9H_8，与氯化亚铜的氨溶液反应生成砖红色沉淀。在温和条件下，A 用铂催化加氢生成 B(C_9H_{12})。B 经高锰酸钾氧化生成酸性化合物 C($C_8H_6O_4$)。C 经失水得到酸酐 D($C_8H_4O_3$)。试推出 A、B、C、D 的结构式及有关反应式。

14. 某烃 A 的分子式为 $C_{10}H_{14}$，有 5 种可能的一溴衍生物 $C_{10}H_{13}Br$。A 经酸性高锰酸钾溶液氧化生成化合物 B($C_8H_6O_4$)。B 经硝化后只生成一种硝基取代产物，试写出 A 和 B 的结构式。

15. 判断下列化合物或离子是否具有芳香性。

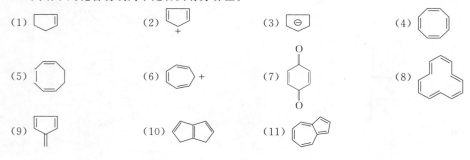

(1)　　　(2)　　　(3)　　　(4)

(5)　　　(6)　　　(7)　　　(8)

(9)　　　(10)　　　(11)

第 **5** 章　对映异构

立体化学（stereochemistry）是现代有机化学的重要组成部分，是研究分子的立体结构、反应的立体性及其相关规律和应用的科学。分子的立体结构（stereostructure）是指分子中原子或基团在空间的不同排列方式及这种排列的立体形象。有机分子具有三维立体结构，有机化合物的许多性质与它们的三维结构密切相关，所以立体化学的观念是研究有机分子结构和性质的重要基础。

同分异构（isomerism）是有机化合物分子中普遍存在的现象。所谓同分异构，指的是化合物分子式相同而结构不同的现象。有机化合物的同分异构现象可分为两大类（图 5-1）：一类是分子式相同，分子中原子或基团相互连接的方式和顺序不同所引起的异构现象称为构造异构（constitutional isomerism）；另一类是分子组成相同、构造式相同，分子中原子或基团在空间的相对排列位置不同所引起的异构现象称为立体异构（stereo isomerism）。

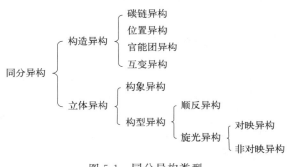

图 5-1　同分异构类型

对映异构是指分子式、构造式相同，构型不同的有机分子，是互呈镜像对映关系的立体异构现象。本章主要讨论对映异构以及一些相关问题。

5.1　手性、手性分子和对称性

5.1.1　手性和手性分子

化合物分子中一个碳原子若与四个不同的原子或基团相连时，该化合物可有两种不同的排列。例如乳酸分子中的第二个碳原子连有四个不同的原子或基团，它们分别是甲基、氢原子、羟基和羧基。该化合物有两种不同的空间排列方式，如图 5-2 所示。

乳酸的这两种排列不能重合，具有不同的构型，并不是同一种化合物。

这两种分子结构就像我们的左手和右手或者实物和镜像关系，相似而不能相互重合。这种互为实物和镜像关系，相似而不能相互重合的特性称为手性（chirality）。如果一个物体与它的镜像不能重合，这个物体就是具有手性的，反之是非手性的。

在立体化学中，凡是与其镜像不能重合的分子是具有手性的分子，称为手性分子

(chiral molecule)，凡可以与其镜像能够重合的分子称为非手性分子（achiral molecule）。凡是手性分子，必有一对互为镜像的构型异构体，这一对互为镜像的构型异构体称为对映异构体（enantiomer），简称对映体，也称为旋光异构体，而非手性分子不存在对映异构体。例如，丙酸分子（图 5-3）能与其镜像重合，是非手性分子，不存在对映异构体。

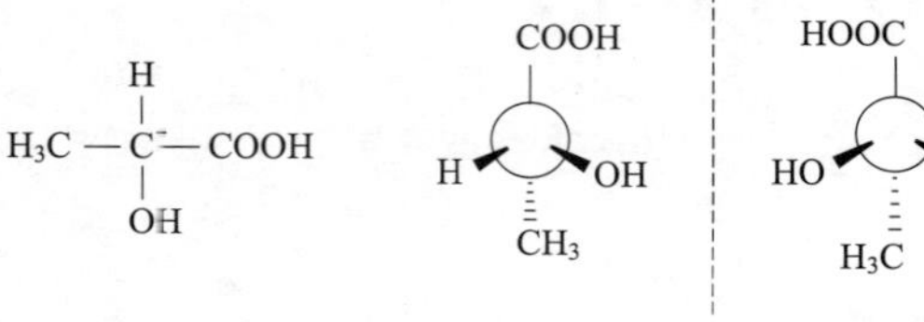

图 5-2 乳酸实物和镜像

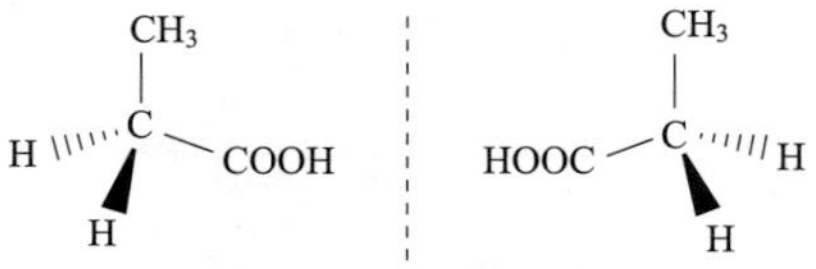

图 5-3 丙酸实物和镜像（非手性分子）

此类连有四个不同的原子或基团的碳原子称为手性碳原子（chiral carbon），又称不对称碳原子或手性中心（chiral center），常用 C* 表示。不仅乳酸，凡是一个碳原子和四个不相同的原子或基团相连的化合物，在空间都可以有两种不同的排列方式。含有一个手性碳原子的分子一定是手性分子，一定存在一对对映异构体。

5.1.2 分子的对称性

分子与其镜像不能完全重叠是手性分子的特征。如何判断分子有无手性？最好的办法是看分子的结构模型和它的镜像能否重叠，如不能重叠则是手性的，能重叠，则它们所代表的分子是非手性分子。此外，分子与其镜像能否重叠，与分子的对称性有关，而分子的对称性又与对称因素有关，常见的对称因素主要有对称面和对称中心。

（1）对称面

如果组成分子的所有原子在同一平面上，或者有一个平面，它能够把这个分子分割成互为实物与镜像关系的两部分，这两种平面就称为这个分子的对称面（symmetrical plane）。例如，丙酸分子中，通过 C_1、C_2、C_3 所在平面把分子分成实物和镜像两部分，所以这个平面就是丙酸分子的对称面（图 5-4）；反-1,2-二氯乙烯分子是平面型的，分子所在平面就是它的对称面（图 5-5）。

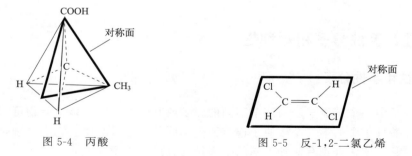

图 5-4 丙酸

图 5-5 反-1,2-二氯乙烯

（2）对称中心

如果分子中有一个点，从分子中任何一个原子或基团出发向这个点做一直线，通过这个点后在等距离处都可以遇到相同的原子或基团，则这个点就是分子的对称中心（symmetrical center），如图 5-6 所示。

如果一个分子有对称面或对称中心，这个分子与其镜像是可以完全重合的，是非手性分子，不存在对映体。如果一个分子没有对称面，也没有对称中心，这个分子就是手性分子，如图 5-7 所示。

图 5-6 对称中心   图 5-7 非手性分子和手性分子

5.2 手性分子的性质——光学活性

5.2.1 平面偏振光和旋光性

光是一种电磁波，电磁波是横波，它振动着前进，而且它的振动方向垂直于光前进的方向。普通光的光波可在垂直于它前进方向的所有平面上振动。当普通光通过一个尼科尔（Nicol）棱镜时，只有振动方向与棱镜晶轴平行的光线才能通过。通过尼科尔棱镜的光就只在一个平面上振动，这种只在一个平面上振动的光称为平面偏振光（plane polarized light），简称偏振光或偏光。偏振光振动的平面习惯称为偏振面。图 5-8 是普通光通过尼科尔棱镜变为偏振光示意图。偏振光前进的方向与光振动的方向所构成的平面称为偏振面。

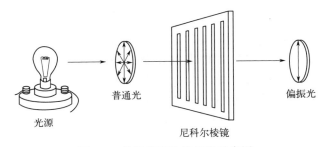

图 5-8 普通光变为偏振光示意图

当偏振光通过某物质的溶液或纯液体时，偏振光会与物质分子中的电子产生作用。如果通过像水、乙醇、丙酸等物质时，偏振光的振动方向不发生改变，这类物质称为非旋光性物质。如果通过乳酸、葡萄糖等物质时，偏振光振动平面旋转了一定角度。物质的这种能使偏振光的偏振面发生旋转的性质称为旋光性或光学活性（optical activity），如图 5-9 所示。具有旋光性的物质称为旋光性物质或旋光活性物质或光学活性物质。能使平面偏振光向右旋转的旋光性物质称为右旋体，通常用"＋"表示；能使平面偏振光向左旋的旋光性物质称为左旋体，通常用"－"表示。如果等量的左旋体和右旋体相混合，它们各自对偏振光的影响就相互抵消，因而对偏振光也就没有影响了，这种等量对映体的混合物称为外消旋体，常用"±"来表示。外消旋体可用适当的方法拆分为右旋体和左旋体。

5.2.2 旋光度和比旋光度

旋光性物质使偏振面旋转的角度叫做旋光度（optical rotation），用"α"表示。旋光性

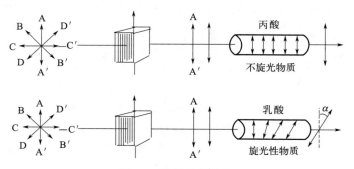

图 5-9　物质的旋光性

物质的旋光度通常用旋光仪（polarimeter）来测定。图 5-10 为旋光仪的构造简图。旋光仪主要由一个单色光源和两个尼科尔棱镜组成。第一个棱镜是固定不动的，叫做起偏镜，第二个棱镜是可以转动的，叫做检偏镜。当光源通过盛有样品的盛液管后，偏振光的振动平面旋转了一定的角度，要将检偏镜旋转一定角度后偏振光才能通过。检偏镜旋转的角度可由与之相连的刻度盘读出，这就是所测样品的旋光度。

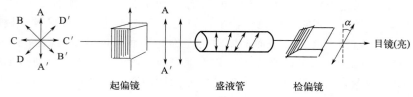

图 5-10　旋光仪构造简图

物质的旋光度大小与很多因素有关，除了分子本身的结构外，还与溶液的浓度、盛液管的长度、入射光的波长、测定时的温度以及所用溶剂等有关。如果把分子结构以外的影响因素都固定，则测出的旋光度就可以作为旋光物质的特征常数。比旋光度就是这样一个特征常数。用波长为 589nm 的钠光灯（D 线）做光源，盛液管的长度为 1dm，待测物的浓度为 $1g \cdot mL^{-1}$ 时测得的旋光度，称为比旋光度（specific rotation），通常用 $[\alpha]_D^t$ 来表示。

也就是说，比旋光度是指在特定条件下所测得的旋光度。但实际上，我们可以在任一长度的盛液管中，用任一浓度的溶液进行测定，用实际所测得的旋光度，通过下式换算成比旋光度。

$$[\alpha]_D^t = \frac{\alpha}{l \times c}$$

式中，D 为入射光（钠光源 D 线，波长为 589nm）；t 为测定温度,℃；α 为实测的旋光度；l 为样品池的长度，dm；c 为样品的浓度，$g \cdot mL^{-1}$（纯液体用密度 $g \cdot cm^{-3}$）。

当所测的物质为溶液时，溶剂不同会影响样品的比旋光度，因此同一旋光物质用不同溶剂配制溶液所得的旋光度会所有不同。所以在表示比旋光度时要表明所用的溶剂。以右旋酒石酸为例，一个光学活性物质的比旋光度值可以记录为 $[\alpha]_D^{20} = +3.79°$（乙醇，5%）。其意义为，在钠光照射下，于 20℃测得的右旋酒石酸的 5% 乙醇溶液的比旋光度值为 $+3.79°$。

比旋光度值的大小只取决于物质本身的性质，代表旋光性物质旋光能力的大小，像熔点、沸点、相对密度和折射率一样，是化合物的一种物理常数。一对对映体的比旋光度大小是相同的，但旋光方向是相反的。

5.3 具有一个手性中心的对映异构分子的构型

凡含有一个手性碳原子的化合物，都具有一对对映体，其中一个为左旋体，另一个为右旋体，等量的左旋体和右旋体构成外消旋体。

5.3.1 构型的表示法

手性碳原子立体构型的表示方法有：球棍式、透视式和费歇尔（Fischer）投影式。

（1）球棍式

将手性碳原子和与它相连的原子或基团画成球形，并标出原子或基团的符号，用棍表示原子或基团与手性碳的共价键，用立体关系表示出原子或基团在空间的排列关系。这种表示式清晰直观，但书写麻烦。例如：

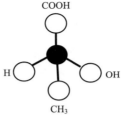

（2）透视式

透视式是化合物分子在纸面上的立体表达式。书写时首先要确定观察的方向，然后按分子呈现的形状直接画出。画透视式时，将手性碳原子置于纸面。与手性碳原子相连的四个键，将其中两个处于纸面上，用细实线表示。其余两个，一个伸向纸面前方，用粗实线或楔形实线表示；另一个则伸向纸面后方，用虚线或楔形虚线表示。例如：

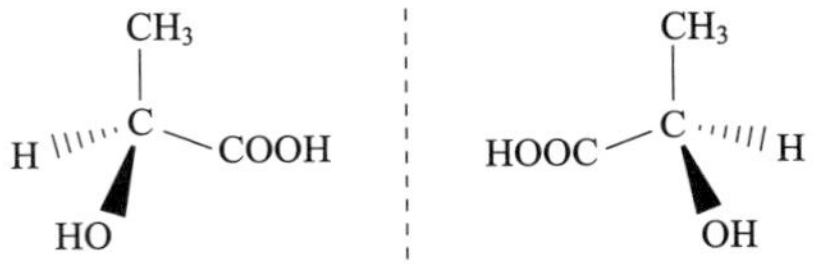

$$
\begin{array}{ccc}
& CH_3 & \\
H\cdots\cdots & C & \text{—COOH} \\
& | & \\
& HO &
\end{array}
\qquad
\begin{array}{ccc}
& CH_3 & \\
HOOC\text{—} & C & \cdots\cdots H \\
& | & \\
& OH &
\end{array}
$$

（3）费歇尔投影式

费歇尔投影式是用平面形式来表示具有手性碳原子的分子立体模型的式子，是一种表示分子三维空间结构较简便的平面投影式方法。投影的规定是把手性碳原子置于纸面，并以横竖两线的交点代表这个手性碳原子，使竖键上所连接的原子或基团伸向纸平面的后方，横键上所连接的原子或基团伸向纸平面的前方（横前竖后）。画费歇尔投影式时，习惯上把碳链放在竖键的方向，并把命名时编号最小的碳原子放在上端。例如，乳酸的两种构型（Ⅰ）和（Ⅱ）可分别表示如下：

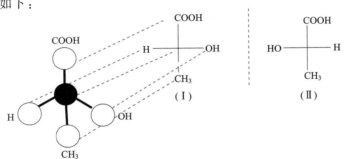

使用这种费歇尔投影式时，要有立体概念。对一个费歇尔投影式，如果在纸面上旋转180°，其构型不变；如果在纸面上旋转 90°（270°）或者离开纸面翻转 180°，表示的构型就会发生改变；费歇尔投影式中连在手性碳上的基团两两交换偶数次，构型不会发生改变，但交换奇数次后所表示的化合物是原化合物的对映体。例如：

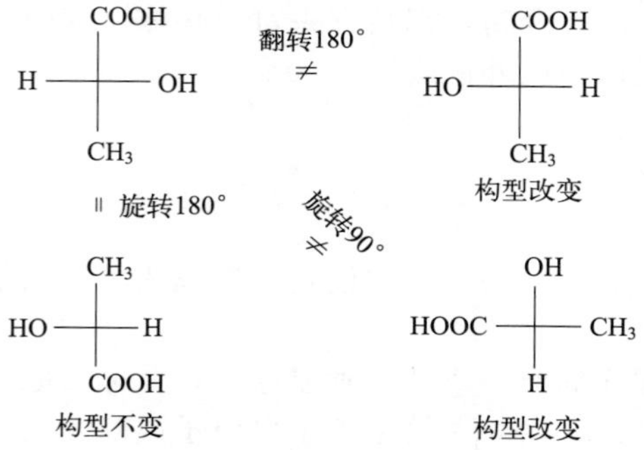

5.3.2 构型的标记法

一对对映体之间的差别就在于构型不同，因此需要在对映体的名称前注明其构型。标记对映体构型的方法有两种：一种是 D/L 相对构型标记法，另一种是 R/S 绝对构型标记法。

（1）D/L 标记法

一对对映异构体具有不同的构型，通过旋光的测定，可以得知哪一个是左旋体，哪一个是右旋体，但仍然无法确定对映体的真实空间结构。为了确定分子的构型，最早人为规定以（＋）-甘油醛为标准来确定对映体的相对构型。规定在费歇尔投影式中，把碳链竖直，醛基在碳链上端，羟甲基在下端，手性碳原子上羟基在右边的为右旋甘油醛，标记为 D 型；羟基在左边的为左旋甘油醛，标记为 L 型。例如：

其它的旋光性化合物可通过化学反应与甘油醛相联系而确定其构型。凡是能通过化学反应与 D-（＋）-甘油醛相关联的化合物，只要在变化过程中不涉及手性碳原子构型变化的，都属于 D 型；同样，凡能与 L-（－）-甘油醛相关联的化合物都属于 L 型。例如将 D-（＋）-甘油醛氧化成甘油酸，手性碳上的键并没有断裂，只不过是醛基被氧化成羧基，所以构型没发生变化，由此得到的甘油酸是 D 型，测其旋光性为左旋，因此表示为 D-（－）-甘油酸；D-（－）-甘油酸通过适当的方法还原可得到乳酸，其构型仍是 D 型，经测定为左旋，所以称之为 D-（－）-乳酸。同样的方法可测得一系列 L 型的化合物。通过化学反应而推出的构型是以甘油醛为指定的构型标准，因此是相对构型。

1951 年，Bijvoet J M 利用 X 射线衍射技术测定化合物的绝对构型之后，证明了 D-甘油醛的相对构型与其绝对构型正好是一致的，因此，甘油醛的相对构型也就是它的绝对构型（absolute configuration）。从而也证明了，以甘油醛为标准确定的其它化合物的相对构型也就是它们的绝对构型。

D/L 标记法应用已久，也比较方便，但也有局限性。有些化合物与甘油醛不易建立联系，因此其构型不易确定。为了克服这个缺点，现通常采用 R/S 标记法来代替 D/L 标记法。但目前，D/L 标记法仍然用于糖类、氨基酸等天然产物的构型标记。

（2） R/S 标记法

R/S 标记法是根据 IUPAC 的建议所采用的系统命名法，是根据手性碳原子所连接的四个不同的原子或基团在空间的排列以"次序规则"为基础的标记方法，也称为绝对构型标记法。其规则如下：将手性碳原子上相连的四个不同原子或基团（a、b、c、d）按次序规则确定优先顺序（或称大小次序）；将最小次序的原子或基团（d）远离观察者；其余三个原子或基团面向观察者；观察三个原子或基团由大到小的顺序，若由 $a \rightarrow b \rightarrow c$ 为顺时针方向旋转的为 R 型，若是逆时针方向旋转的为 S 型。如图 5-11 所示。

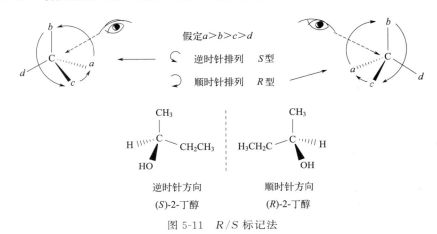

图 5-11　R/S 标记法

R/S 标记法也可直接应用于费歇尔投影式的构型判断。由于费歇尔投影式中，竖键上所连接的原子或基团伸向纸平面的后方，横键上所连接的原子或基团伸向纸平面的前方，所以在观察的时候要注意最低次序基团的位置要远离观察者，其规则如下。

① 如果最小的基团在竖键上（即在上方或下方），按次序规则观察其它三个基团，顺时针旋转为 R 型，逆时针旋转为 S 型。例如：

② 如果最小的基团在横键上（即在左方或右方），按次序规则观察其它三个基团，顺时针旋转为 S 型，逆时针旋转为 R 型。例如：

值得注意的是，无论是 D/L 还是 R/S，都是手性碳原子的构型，是根据手性碳原子所连的四个原子或基团在空间的排列所做的标记，与旋光方向之间没有必然的联系。例如 R 型的旋光化合物中有左旋体，也有右旋体。在一对对映体中，若 R 型是右旋体，则其对映体必然是左旋体；反之亦然。

5.3.3 对映体和外消旋体的性质

前面介绍过的乳酸就是具有一个手性中心的化合物的例子，存在一对对映体。从肌肉中得到的乳酸为右旋乳酸（熔点 26℃，$[\alpha]_D^{20}=+3.8°$，$pK_a=3.87$）；而乳糖在特种细菌作用下发酵得到的乳酸，为左旋乳酸（熔点 26℃，$[\alpha]_D^{20}=-3.8°$，$pK_a=3.87$）。可见，一对对映体除旋光方向相反外，其它物理性质或化学性质（在非手性条件下）都相同。

若将一对对映体等量混合，由于它们的比旋光度大小相等，旋转方向相反，等量混合后旋光性可互相抵消，形成一种没有旋光性的混合物。一对对映体的等量混合物叫做外消旋体（racemate or racemic mixture），用"±"表示。外消旋体不仅无旋光性，其物理性质与单纯的左旋体或右旋体也不同。例如从酸牛奶中得到的乳酸就是外消旋乳酸 [（±)-乳酸，熔点 18℃，$[\alpha]_D^{20}=0°$，$pK_a=3.87$]。外消旋体是一种混合物，不是一种光学异构体，可用物理、化学和生物手段将其分离为两种旋光方向不同的左旋体和右旋体，这一过程称为外消旋体的拆分。

5.4 具有两个手性中心的对映异构

有机化合物随着分子中手性碳原子数目的增加，异构现象变得复杂，异构体的数目也增多。含 n 个手性碳原子中心的化合物，其旋光异构体数最多为 2^n 个，最多可组成 2^{n-1} 对对映体。

5.4.1 具有两个不同手性碳原子的对映异构

氯代苹果酸（2-氯-3-羟基丁二酸）含有两个不同的手性碳原子，每个手性碳原子有两种不同的构型，所以，氯代苹果酸有如下四种立体异构体：

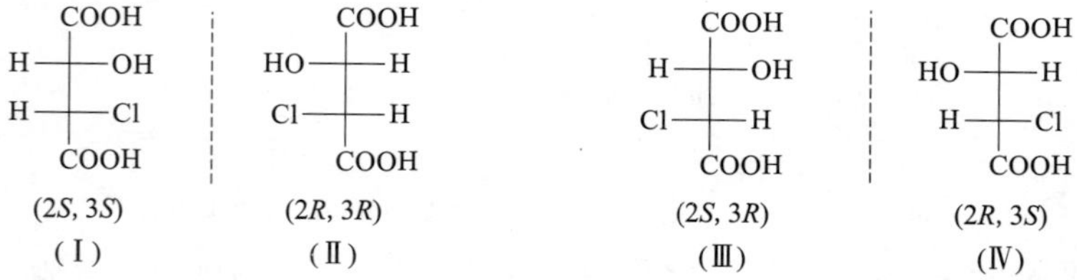

$(2S, 3S)$　　　$(2R, 3R)$　　　$(2S, 3R)$　　　$(2R, 3S)$
（Ⅰ）　　　　（Ⅱ）　　　　（Ⅲ）　　　　（Ⅳ）

这四种立体异构体中，（Ⅰ）和（Ⅱ）、（Ⅲ）和（Ⅳ）互呈实物和镜像关系，是对映体。但（Ⅰ）同（Ⅲ），（Ⅰ）同（Ⅳ），（Ⅱ）同（Ⅲ），（Ⅱ）同（Ⅳ）都不是对映体。像这种不呈实物和镜像关系的立体异构体称为非对映异构体，简称非对映体（diastereomer）。

非对映体的物理性质，如熔点、沸点、溶解度等都不同，比旋光度也不同。旋光方向可能相同，也可能不同。因此，非对映体混合在一起时，可以用一般的物理方法进行分离。

5.4.2 具有两个相同手性碳原子的对映异构

如果分子中含有两个手性碳原子，情况不尽一样。以 2,3-二羟基丁二酸（酒石酸）为例来讨论，分子中有两个相同手性碳原子，仿照氯代苹果酸，我们写出它的四种立体结构：

COOH	COOH	COOH	COOH
H——OH	HO——H	H——OH	HO——H
HO——H	H——OH	H——OH	HO——H
COOH	COOH	COOH	COOH
(2R, 3R)	(2S, 3S)	(2R, 3S)	(2S, 3R)
（Ⅰ）	（Ⅱ）	（Ⅲ）	（Ⅳ）

在这四种立体结构中，（Ⅰ）和（Ⅱ）是一对对映体。（Ⅲ）和（Ⅳ）好像也是一对对映体，但实际上它们是一种化合物，把（Ⅲ）在纸面上旋转180°即可与（Ⅳ）完全重合。在（Ⅲ）和（Ⅳ）所代表的分子中存在一个对称面（用虚线表示的），所以，这个分子是非手性分子，不具有旋光性，也不存在对映体。由于分子内含有相同的手性碳原子，两个手性碳原子的构型相反，它们的旋光性在分子内相互抵消，整个分子不具有旋光性，这种分子叫做内消旋体（mesomer）。

内消旋体和外消旋体虽然都没有旋光性，但它们在本质上是不同的。内消旋体是一个纯的非手性分子，本身不具有旋光性，不能拆分成具有旋光活性的化合物；而外消旋体是等量的具有旋光活性的左旋体和右旋体组成的混合物，可以采用一定的方法拆分成两个具有旋光活性的化合物。外消旋体也不同于任意两种物质的混合物，它也有固定的熔点，且熔点范围很窄，酒石酸的三个异构体的物理性质见表5-1。

表 5-1　酒石酸的物理性质

酒石酸	熔点/℃	$[\alpha]_D^{25}20\%H_2O$	溶解度/g	pK_{a1}	pK_{a2}
右旋	170	+12°	139	2.96	4.23
左旋	170	−12°	139	2.95	4.23
外消旋	206	0°	20.6	2.96	4.24
内消旋	140	0°	125	3.11	4.80

酒石酸分子中含有手性碳原子，但它的内消旋体是非手性分子。由此可见，含有一个手性碳原子的分子一定是手性分子，但含有多个手性碳原子的分子却不一定是手性分子。所以，不能说含有手性碳原子的分子都是手性分子。

5.5　脂环化合物的对映异构

环状化合物的立体异构现象比链状化合物复杂，往往顺反异构和对映异构同时存在。例如，1,2-环丙烷二甲酸存在顺、反两个几何异构体，连接羧基的两个碳原子都是手性碳原子：

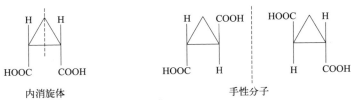

内消旋体　　　　　　　　　　　　　　　　　　手性分子

在1,2-环丙烷二甲酸中，两个羧基可以排布在环的同一侧或环的两侧，成为一对顺反异构体。其中顺式异构体分子中存在一个对称面，因而是一个内消旋体，没有旋光性；而反式异构体分子中没有对称面,也没有对称中心,其实物和镜像之间不能重合,因而具有手性。

在分析环烃顺反异构和对映异构问题时,可以简单地将环视为平面结构来处理。例如:

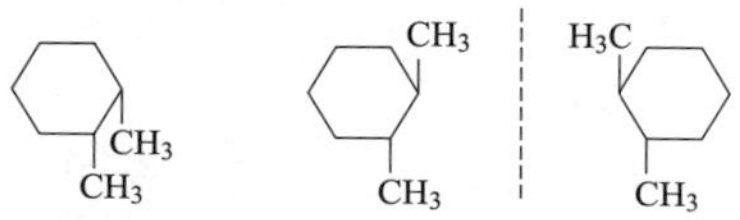

内消旋体　　　　　　手性分子

5.6　不含手性中心的对映异构

在有机化合物中,大部分旋光性物质都含有一个或多个手性碳原子。但人们发现某些化合物分子中并没有手性中心,却可以存在不能重合的对映体,这类分子也是手性分子,如某些丙二烯型化合物和联苯型化合物等。

5.6.1　丙二烯型化合物

由于丙二烯型分子中两端碳原子与分别连接的原子或基团是处在互相垂直的两个平面内,当两端碳原子都是连接两个不同的原子或基团时,整个分子就没有对称面和对称中心而具有手性,这样的化合物就可以存在一对对映体。例如 1,3-二溴丙二烯分子中有一个手性轴,为手性分子,存在一对对映体:

如果在任何一端或两端的碳原子上连有相同的取代基,这些化合物具有对称面,因此不具旋光性,不存在对映体。例如:

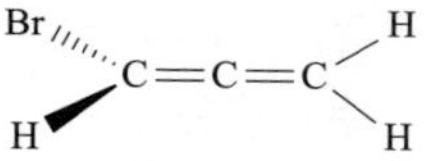

非手性分子

5.6.2　联苯型化合物

在联苯分子中,两个苯环可以围绕中间单键旋转,如果在苯环中的邻位上,即 2、2′、6、6′位置上引入体积相当大的取代基,则两个苯环绕单链旋转就要受到阻碍,以至它们不能处在同一个平面。当苯环邻位上连接的两个体积较大的取代基不相同时,整个分子就没有对称面与对称中心,分子具有手性。例如 6,6′-二硝基联苯-2,2′-二甲酸存在的两个对映体:

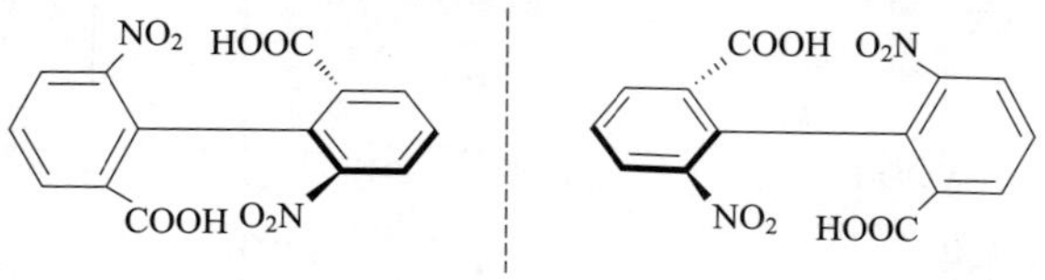

若在一个或两个苯环上所连的两个取代基是相同的,这个分子就有对称面,这个分子是非手性分子,而没有旋光性。例如 2,6-二硝基联苯-2′,6′-二甲酸就没有旋光性:

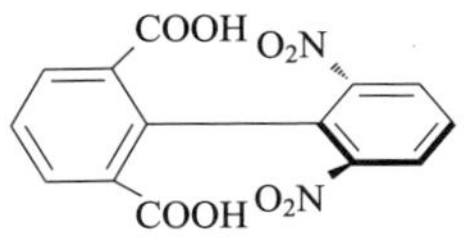

除了上述两种类化合物具有旋光性之外，下列结构的螺环化合物，以及分子扭曲类型的化合物，虽不具有手性碳原子，但由于分子不具有对称面和对称中心，也存在对映异构体。例如：

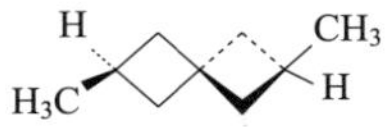

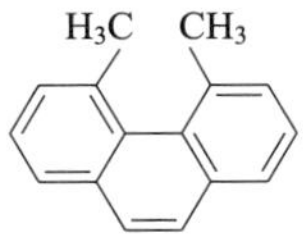

手性中心也不一定都是碳原子，除了碳以外，还有一些元素如氮、磷、硫、硅、砷等的共价化合物也是四面体型的。当这些原子所连的四个原子或基团不同时，这个原子也就是手性原子，分子也可能是手性分子。例如：

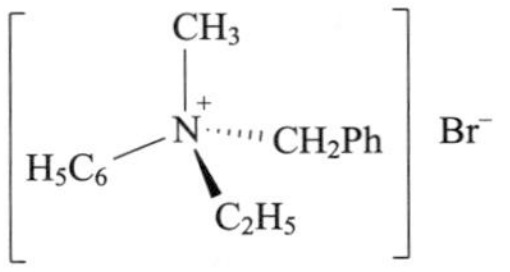

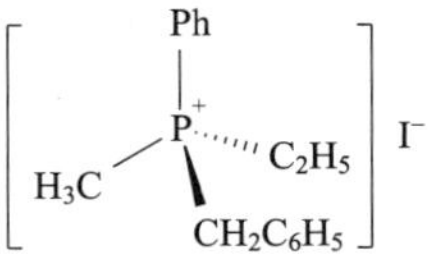

它们都是光活性分子，都有对映体存在。

5.7 手性中心的产生

5.7.1 第一个手性中心的产生

当一个碳原子连接两个相同的和两个不同的原子或基团时，例如 CX_2YZ，这个碳原子称为前手性碳原子或前手性中心。如果其中一个 X 被不同于原有的原子或基团取代时，就得到一个具有手性碳原子的化合物。例如，正丁烷是对称分子，但反应产物 2-溴丁烷有一个手性碳原子，是手性分子：

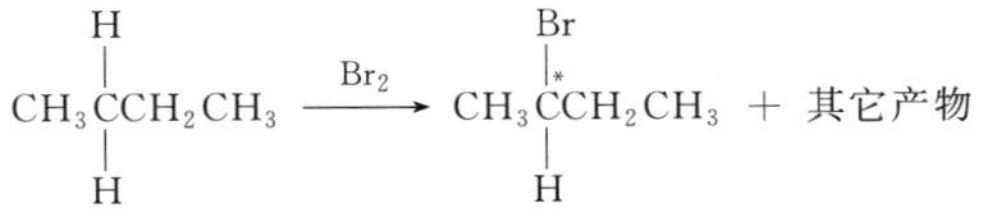

当产生第一个手性中心时，例如正丁烷第二个碳原子上的氢原子被取代时，两个氢原子被取代的概率是均等的，生成的对应异构体的量也是一样的。因此从非手性反应物合成手性产物常得到外消旋体，没有旋光性。

5.7.2 第二个手性中心的产生

如果在一个旋光体分子里产生第二个手性碳原子，生成的非对映体的量是不相等的。例如，2-溴丁烷的一种旋光体 (*R*)-2-溴丁烷进行溴化反应，得到 2,3-二溴丁烷和其它产物：

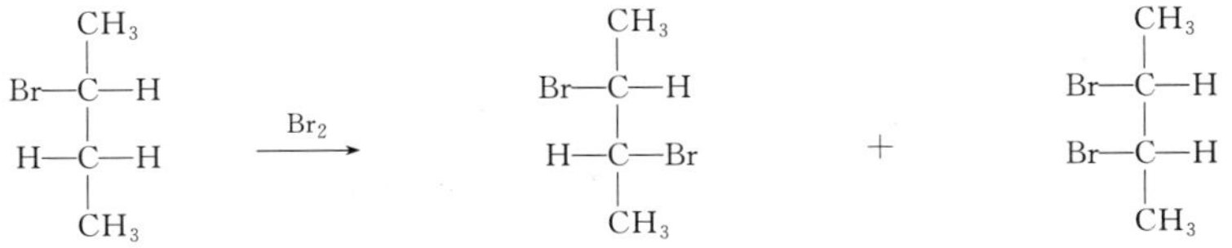

(*R*)-2-溴丁烷　　(2*R*,3*R*)-2,3-二溴丁烷　　(2*R*,3*S*)-2,3-二溴丁烷

非对映体产量不等

在这个反应中，产物 2,3-二溴丁烷有两种可能的构型。由于 C_3 上的两个氢原子所处的环境不同，溴可以从不同的方向进攻，可生成两种不同构型的 2,3-二溴丁烷，即 R,R（旋光体）和 S,R（内消旋体）两种产物。这两种产物是非对映体，生成的量是不相等的，这是由于原来的反应物 2-溴丁烷分子已有一个手性碳原子，因此试剂进攻的方向要受到原来已经存在的手性中心的影响而不是均等的。

5.8 手性合成与拆分

5.8.1 不对称合成

通过反应将分子中的一个非手性结构单元转化为不对称的结构单元，并产生不等量的立体异构产物，这种过程称为手性合成，也称不对称合成。手性合成方法的方法有许多种，原则上都要在手性环境中进行合成。

（1）生物合成

生物催化的不对称合成是以微生物和酶为催化剂，立体选择性控制合成手性化合物的方法。酶的高反应活性和高度的立体选择性一直是人们梦寐以求的目标，有机合成和精细化工行业越来越多地利用生物催化转化天然或非天然的底物，获得有用的中间体或产物。目前常用于生物催化的有机反应主要有水解反应、酯化反应、还原反应和氧化反应等，自 20 世纪 90 年代以来已成功地用于合成 β-内酰胺类抗生素母核、维生素 C、L-肉碱、D-泛酸手性前体、氨苄酸、前列腺素等。光学纯氰醇是一类重要中间体，它们的合成可通过氰醇酶催化的羟氰化反应来实现。例如，使用脱脂杏仁粗粉中含有的氰醇酶，可将邻氯苯甲醛进行不对称羟氰化反应，合成（R）-邻氯扁桃酸，该法可以高效地不对称合成抗血栓药氯吡格雷：

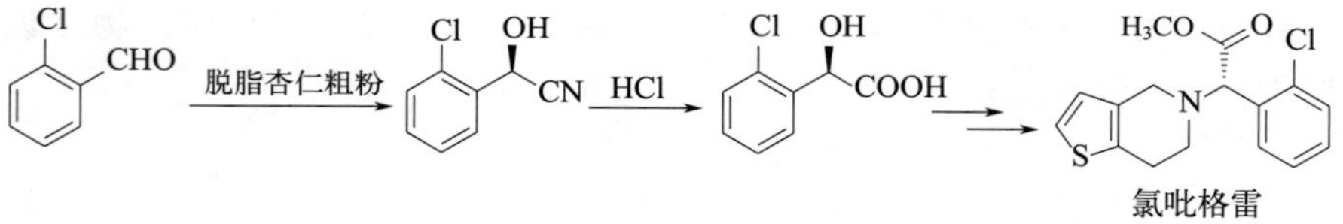

（2）化学合成

通过不对称反应立体定向合成是获得手性化合物最直接的方法，主要有手性源法、手性助剂法、手性试剂法和催化不对称合成法等。

手性源法是以天然手性物质为原料，经构型保持或构型转化等化学反应合成新的手性物质。在手性源合成中，所有的合成转变都必须是高度选择性的，通过这些反应最终将手性源分子转变成目标手性分子。碳水化合物、有机酸、氨基酸、萜类化合物及生物碱是非常有用的手性合成起始原料，并可用于复杂分子的全合成中。例如，采用天然的（-）-D 酒石酸为原料，合成抗肿瘤活性天然产物（+）-Goniothalesdiol：

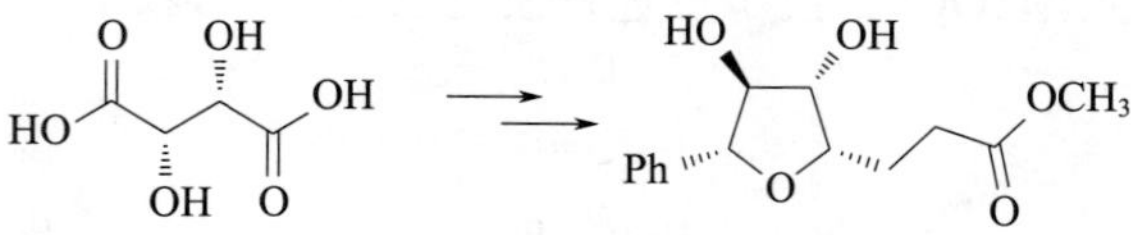

(+)-Goniothalesdiol

手性助剂法利用手性助剂和底物作用生成手性中间体，经不对称反应后得到新的反应中间体，回收手性助剂后得到目标手性分子。药物（S）-萘普生就是以酮为原料，利用手性助剂——酒石酸酯的不对称诱导作用来制备的。已存在的手性中心对新手性中心的形成产生不对称诱导作用，使生成的溴化产物中 *RRS*-构型远多于 *RRR*-构型。例如：

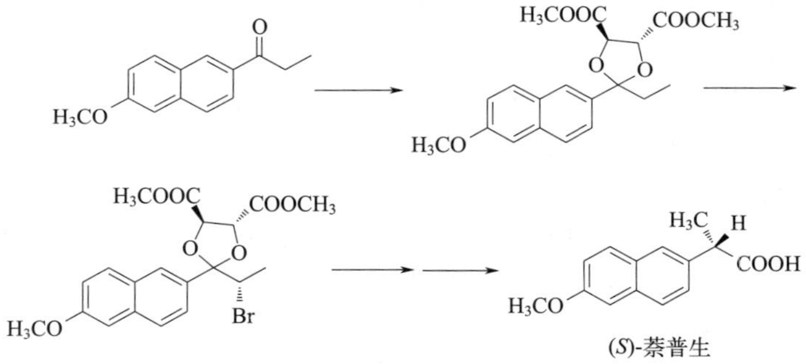

(S)-萘普生

手性试剂法是利用手性试剂和前手性底物作用生成光学活性产物。目前，手性试剂诱导已经成为化学诱导中最常用的方法之一。例如，α-蒎烯衍生的手性硼试剂已用于前列腺素中间体的制备。

在不对称合成的诸多方法中，最理想的是催化不对称合成法。它具有手性增值、高对映选择性、经济、易于实现工业化的优点，所用的手性实体仅为催化量。手性实体可以是简单的化学催化剂或生物催化剂，选择一种好的手性催化剂可使手性增殖 10 万倍。1990 年的诺贝尔奖获得者，哈佛大学 Corey 教授称不对称催化中的手性催化剂为"化学酶"。这是化学家从合成的角度将生物酶法化学化，即化学型的手性催化剂代替了生物酶的功能。2001 年，诺贝尔化学奖授予在不对称催化领域作出杰出贡献的 Knowles、Noyori 和 Sharpless 三位化学家，显示出不对称催化研究在化学学科发展中的影响。不对称氢化、不对称氧化和酮的不对称还原等反应得到了广泛发展，在药物合成中广泛应用。例如，*L*-多巴是治疗帕金森病的一种有效药物，临床使用其（S）-异构体，合成中采用 Rh-DIPAMP 为手性催化剂，催化氢化前手性脱氢氨基酸，制得 *L*-多巴。*L*-多巴的合成路线如下：

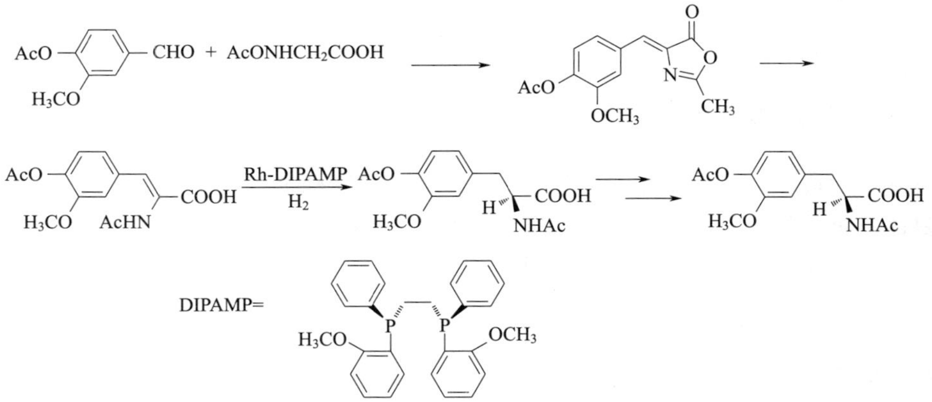

5.8.2 外消旋体的拆分

外消旋体是一对对映体的等量混合物。由于一对对映体的熔点、沸点、溶解度等物理常数都相同，所以不能用常规的物理方法如蒸馏、分馏、重结晶等进行分离。

将外消旋体分离成左旋体和右旋体的过程通常叫做外消旋体的拆分。外消旋体的拆分常用的有机械拆分法、酶解拆分法、柱色谱拆分法、诱导结晶拆分法和化学拆分法。

（1）机械拆分法

利用对映体结晶形态的不同直接进行分离，是最原始的拆分方法。这种拆分法对晶体的要求很高，且分离效率比较低，所以已较少使用。

（2）酶解拆分法

利用酶对一对对映体的作用不同进行分离。酶对底物的立体选择性非常高，利用酶和一对对映体反应性能或反应速率的差别使对映体得到分离。

（3）柱色谱拆分法

加入某种旋光性物质作为吸附剂，利用对映体和吸附剂之间吸附能力的不同或对映体与吸附剂所形成的一对非对映吸附物性质的差异，从而可以分别洗脱出来达到分离的目的。

（4）诱导结晶拆分法

在外消旋体的过饱和溶液中加入某种纯的异构体的晶体作为晶种诱导。这一异构体优先结晶析出，滤去晶体，母液中加入外消旋体制成过饱和溶液，则另一种异构体含量较高会优先结晶。如此反复进行结晶就可以将一对对映体拆分成纯的异构体。

（5）化学拆分法

目前应用最广的拆分方法。通过化学反应把一对对映体转变为非对映体，利用非对映体物理性质的差异，用一般的物理方法进行分离。

化学拆分法最适用于外消旋的酸或碱的拆分。如要拆分外消旋的酸，通常用一种纯的旋光性的碱与之发生反应，生成的两种盐中在构型上酸的部分是对映的，碱的部分是相同的，所以这两种盐是非对映体，利用它们物理性质上的差异就可以将它们分离。两种盐分离后分别加入无机强酸，就可以置换出（＋）酸和（－）酸了。例如：

$$(\pm)酸\begin{cases}(+)酸\\(-)酸\end{cases}+\ (+)碱\longrightarrow \begin{matrix}(+)酸(+)碱\\(-)酸(+)碱\end{matrix}\xrightarrow{一般方法分离}\begin{matrix}(+)酸(+)碱\xrightarrow{HCl}(+)酸+(+)碱*HCl\\(-)酸(+)碱\xrightarrow{HCl}(-)酸+(+)碱*HCl\end{matrix}$$

同样，如果要拆分外消旋的碱，加入一种旋光性的酸来进行分离。如果外消旋化合物既不是酸也不是碱，可以在化合物分子中设法引入一个羧基，然后再进行拆分。

5.8.3 对映体过量和光学纯度

不对称合成或拆分的效果用对映体过量（ee）或光学纯度（OP）来表示。

对映体过量是指质量为100的试样中，两个对映体的质量差。

$$ee=\frac{[R]-[S]}{[R]+[S]}\times100\%$$

式中，[R]和[S]分别表示R-异构体和S-异构体的含量；ee为对映体过量百分数。

例如，R和S两个异构体的含量分别为60%和40%，则该化合物的对映异构体过量为20%。

光学纯度也称旋光纯度，是指一种对映体对另一对映体而言的过量百分数。例如，某2-丁醇试样经测定其比旋光度为＋6.76°，而（S）-(＋)-丁-2-醇（纯品）为＋13.52°，可计算出该丁-2-醇试样的旋光纯度为：

$$OP=\frac{[\alpha]_{试样}}{[\alpha]_{纯品}}\times100\%=\frac{+6.76°}{+13.52°}\times100\%=50\%$$

在实验误差范围内，两种方法表示的结果相同。

扫码获取本章课件和微课

━━━━ 习　题 ━━━━

1. 名词解释。

（1）手性　　　　　　（2）对映体　　　　　（3）手性碳原子　　　　（4）手性分子

（5）旋光度　　　　　（6）比旋光度　　　　　（7）内消旋体　　　　　（8）外消旋体

2. 在氯丁烷和氯戊烷的所有异构体中，哪些有手性碳原子。

3. 下列叙述是否正确？请说明。

（1）立体异构是分子中原子在空间有不同的排列方式。

（2）具有 R 型构型的化合物是右旋（＋）的光学活性分子。

（3）旋光性分子必定具有不对称碳原子。

（4）物体和镜像分子在任何情况下都是对映异构体。

（5）具有不对称碳原子的分子必定有旋光性。

（6）如果一个化合物没有对称面，则必定是手性化合物。

4. 比较 （＋）-乳酸和 （—）-乳酸的下列各项性质。

（1）熔点　　　　　　　　（2）密度　　　　　　　　　（3）折射率

（4）旋光性　　　　　　　（5）水中溶解度　　　　　　（6）沸点

5. 将 100mg 某化合物溶解在 50mL 甲醇中，在 25℃时用 10cm 的旋光管测得的旋光度为＋2.16°。计算该化合物的比旋光度。

6. 判断下列结构式哪些中与 （R）-2-羟基丁酸是同一化合物，哪些是对映异构体。

（1）
$$\begin{array}{c} CH_2CH_3 \\ HOOC—\!\!\!\!\!—OH \\ H \end{array}$$

（2）
$$\begin{array}{c} COOH \\ H—\!\!\!\!\!—OH \\ CH_2CH_3 \end{array}$$

（3）
$$\begin{array}{c} CH_2CH_3 \\ HO—\!\!\!\!\!—H \\ COOH \end{array}$$

（4）
$$\begin{array}{c} H \\ H_3CH_2C—\!\!\!\!\!—COOH \\ OH \end{array}$$

（5）
$$\begin{array}{c} CH_2CH_3 \\ H\cdots OH \\ COOH \end{array}$$

（6）
$$\begin{array}{c} OH \\ H_3C H_2C\cdots COOH \\ H \end{array}$$

（7）
$$\begin{array}{c} CH_2CH_3 \\ H\cdots COOH \\ OH \end{array}$$

（8）
$$\begin{array}{c} CH_2CH_3 \\ HO\cdots \!\! H \\ COOH \end{array}$$

7. 判断下列化合物哪些具有手性。

（1）
$$\begin{array}{c} H_3C \quad CH_3 \\ C\!\!=\!\!C \\ H \quad CHCH_3 \\ Cl \end{array}$$

（2）$CH_3CHClCH_3$

（3）
（2-甲基环己酮结构）

（4）
$$\begin{array}{c} H_3C \quad\quad H \\ C\!\!=\!\!C\!\!=\!\!C \\ H \quad\quad CH_3 \end{array}$$

（5）
$$\begin{array}{c} CH_2CH_3 \\ HO\cdots \!\! H \\ D \end{array}$$

（6）
（环丙烷二取代结构 H CH₃ / CH₃ H）

（7）
（环己烷 Cl Cl 取代结构）

（8）
$$\begin{array}{c} CH_3 \\ H—\!\!\!\!\!—OH \\ H—\!\!\!\!\!—OH \\ CH_3 \end{array}$$

（9）
（环己烷 Cl Cl 取代结构）

8. 用 R/S 构型命名法命名下列各化合物。

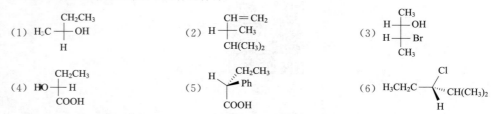

9. 将下列透视式转化成相应的费歇尔投影式，并标明手性 C 的立体构型。

10. 写出下列化合物的费歇尔投影式：

(1) (R)-2-氯-1-苯基-丁烷　　　(2)（2R，3S)-3-氯戊-2-醇　　　(3)（S)-3-苯基丁-1-烯

11. 下列费歇尔投影式中，哪些代表相同的化合物，哪些互为对映体，哪些是内消旋体？

(1) A.
```
      CH₃
  Br ─┼─ H
  H  ─┼─ Br
      CH₃
```
B.
```
      CH₃
  H  ─┼─ Br
  H  ─┼─ Br
      CH₃
```
C.
```
      CH₃
  Br ─┼─ H
  Br ─┼─ H
      CH₃
```
D.
```
      CH₃
  H  ─┼─ Br
  Br ─┼─ H
      CH₃
```

(2) A.
```
         H
  HOH₂C ─┼─ OH
        CHO
```
B.
```
         OH
  HOH₂C ─┼─ CHO
         H
```
C.
```
         CHO
   H   ─┼─ CH₂OH
         OH
```
D.
```
         OH
  OHC  ─┼─ CH₂OH
         H
```

12. 写出 3-甲基戊-1-炔与下列试剂反应的产物。

(1) HCl(1mol)　　　　　　　(2) NaNH₂，CH₃I　　　　　　(3) H₂，林德拉催化剂

(4) Br₂(CCl₄)　　　　　　　(5) H₂O，H₂SO₄，HgSO₄

如果反应物是有旋光性的，哪些产物有旋光性？哪些产物与反应物的手性中心有同样的构型关系？

13. 环戊烯与溴进行加成反应，预期将得到什么产物？产品是否有旋光性？是左旋体、右旋体、外消旋体还是内消旋体。

14. 有一旋光性化合物 A(C_6H_{10})，能与硝酸银的氨溶液作用生成白色沉淀 B(C_6H_9Ag)。A 在铂的催化下加氢生成 C(C_6H_{14})，C 没有旋光性。试写出 B、C 的结构式和有关反应式，再用费歇尔投影式表示 A 的一对对映体，并分别用 R/S 表示其构型。

15. 某烃分子式为 $C_{10}H_{14}$，有一个手性中心，可被高锰酸钾氧化生成苯甲酸。试写出其结构式。

16. 有一旋光性的溴代烃 A(C_5H_9Br)，A 能与溴水反应，A 与酸性高锰酸钾作用放出二氧化碳，生成 B($C_4H_7O_2Br$)，B 具有旋光性。A 与氢反应生成无旋光性的化合物 C($C_5H_{11}Br$)。试写出 A、B、C 的结构式。

17. 某化合物 A 的分子式为 C_8H_{12}，有光学活性，在铂催化下加氢得到 B(C_8H_{18})，无光学活性。如果用林德拉催化剂小心氢化，则得到 C(C_8H_{14})，有光学活性。A 和钠在液氨中反应得到 D(C_8H_{14})，但无光学活性。试写出 A～D 的结构式。

第**6**章　有机化合物的波谱分析

有机化合物的结构分析是有机化学的重要组成部分。在有机化学学科发展的早期，化合物的结构鉴定主要依靠化学分析法，样品用量大，过程比较烦琐和复杂，需要很强的专业基础知识才能进行，同时需要相当长的时间。如鸦片中吗啡碱的结构测定从 1805 年开始，直到 1952 年才彻底完成。20 世纪中叶以来，随着量子力学、电子和光学技术以及计算机科学的迅速发展，一批现代分析仪器相继问世，它们仅需要微量样品，就能快速地测定品种数量繁多的有机化合物的结构，有时甚至能够获得其聚集状态及分子间相互作用的信息，大大加快了有机化学的发展和应用。

有机化学中应用最常用的波谱手段是红外光谱（IR）、核磁共振谱（NMR）和紫外光谱（UV），三者均为分子吸收光谱。

6.1　电磁波谱

电磁波是电磁场的一种运动形态。电流会产生磁场，变动的磁场则会产生电流。变化的电场和变化的磁场构成了一个不可分离的统一场，这就是电磁场，而变化的电磁场在空间的传播形成了电磁波。电磁波的辐射能的发射不是连续的，而是量子化的，这种能量的最小单位称为"光子"。1900 年，德国物理学家 Planck M（普朗克）提出光子的能量（E）与其频率（ν）成正比：

$$E = h\nu$$

式中，E 为光子的能量，J；h 为普朗克常数，其值为 6.63×10^{-34} J·s；ν 为频率，Hz。

电磁辐射以光速（$C = 3.0 \times 10^{10}$ m·s^{-1}）传递，其值等于频率与波长（λ）的乘积，$C = \nu\lambda$。

因此每个光子所具有的能量与频率和波长的关系为：

$$E = h\nu = hC/\lambda = hC\sigma$$

式中，σ 为波数，波长的倒数，cm^{-1}。

由以上公式可以得出，光子的能量与其频率成正比，即较高频率的电磁辐射比较低频率的电磁辐射具有较高的能量。

当电磁辐射这种能量遇上有机分子时，分子就可以从中获得能量，从而使分子的运动状态发生变化或使电子产生激发，从低能级跃迁到高能级。有机分子结构不同，跃迁过程所吸收光的能量不同，因而可形成各自特征的分子吸收光谱，并以此来鉴别已知化合物或测定未知化合物的结构。

茫茫宇宙中充斥着各种电磁波，从波长很短（$\approx 10^{-2}$nm）的 X 射线到波长较长的（$\approx 10^{12}$rm）的无线电波，都属于电磁波。电磁波类型及其对应的波谱分析方法见表 6-1。

表 6-1   电磁波谱与波谱分析方法

电磁波类型	波长范围	激发能级	波谱分析方法
X 射线	0.01～10nm	内层电子	X 射线光谱
远紫外线	10～200nm	σ电子	紫外和可见吸收光谱
紫外-可见光	200～800nm	n 电子和 π 电子	（UV/VIS）
红外线	0.8～300μm	振动与转动	红外吸收光谱(IR)
微波	0.3～100mm	电子自旋	电子自旋共振谱(ESR)
无线电波	0.1～1000m	原子核自旋	核磁共振谱(NMR)

6.2   红外吸收光谱

在波数为 4000～400cm^{-1}（波长为 2.5～25μm）的红外光照射下，样品分子吸收红外光会发生振动能级跃迁，所测得的吸收光谱称为红外吸收光谱（infrared spectrum，IR），简称红外光谱。红外光谱通常以波数或波长为横坐标，表示吸收峰的位置；以透过率 T（以百分数表示）为纵坐标，表示吸收强度。

每种有机化合物都有其特定的红外光谱，就像人的指纹一样。根据红外光谱上吸收峰的位置和强度可以推测待测化合物是否存在某些官能团。

6.2.1   分子振动和红外光谱

有机分子由各种原子以化学键互相连接而成。可以把成键的两个原子近似地看成用弹簧连接的两个小球的简谐振动。化学键的振动频率可用胡克（Hooke）定律来描述：

$$\nu = \frac{1}{2\pi}\sqrt{k\left(\frac{1}{m_1}+\frac{1}{m_2}\right)}$$

式中，k 为化学键的力常数，N·cm^{-1}；m_1 和 m_2 为两个成键原子的质量，g。

以上方程为振动方程，从方程中可以看出，化学键的振动频率与化学键的力常数 k 的平方成正比，而与成键的原子质量成反比。化学键越强，成键原子质量越小，键的振动频率越高。对于同一类型化学键，由于分子内部及外部所处环境（电子效应、空间效应、溶剂极性等）不同，力常数并不完全相同。因此吸收峰的位置也不尽相同。

此外，只有引起分子偶极矩发生变化的振动才会出现红外吸收峰，而对称炔烃（丁-2-炔）碳碳三键伸缩振动无偶极矩变化，无红外吸收峰。化学键极性越强，振动时偶极矩变化越大，吸收峰越强。

分子中化学键的振动方式分为伸缩振动和弯曲振动两种类型。原子沿键轴方向伸缩，键长发生变化而键角不变的振动是伸缩振动。原子垂直于化学键的振动，键角改变而键长不变的振动为弯曲振动。以甲叉基（亚甲基）为例，几种振动方式如图 6-1 所示。

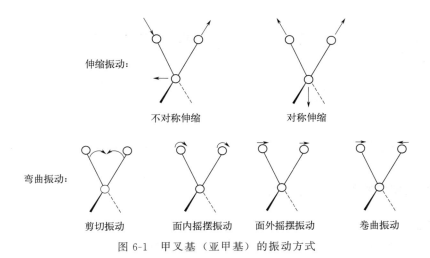

图 6-1　甲叉基（亚甲基）的振动方式

6.2.2　有机化合物基团的特征频率

利用红外光谱鉴定有机化合物就是确定基团和频率的相互关系。同类官能团或化学键的吸收频率总是出现在特定波数范围内。这种能代表某基团存在并有较高强度的吸收峰，称为该基团的特征吸收峰，简称特征峰。其最大吸收对应的频率为基团的特征频率，通常把 $4000\sim1500\,\mathrm{cm^{-1}}$ 称为特征频率区，该区域里的吸收峰主要是特征官能团的伸缩振动所产生的。而把 $1500\sim400\,\mathrm{cm^{-1}}$ 称为指纹区，该区域吸收峰通常较多，而且不同化合物差异较大。特征频率区通常用于判断化合物是否有某种官能团，而指纹区通常用于区别或确定具体化合物。常见有机化合物基团的特征频率如表 6-2 所示。

表 6-2　常见有机化合物基团的特征频率

化学键类型	特征频率/$\mathrm{cm^{-1}}$	化学键类型	特征频率/$\mathrm{cm^{-1}}$
—O—H（伸缩）	3600～3200（醇、酚） 3600～2500（羧酸）	C=C（伸缩）	1680～1620（烯烃） 1750～1710（醛、酮） 1725～1700（羧酸）
—N—H（伸缩）	3500～3300（胺、亚胺） 3350～3180（伯酰胺） 3320～3060（仲酰胺）	C=O（伸缩）	1850～1800,1790～1740（酸酐） 1815～1770（酰卤） 1750～1730（酯） 1700～1680（酰胺）
sp C—H（伸缩）	3320～3310（炔烃）	C=N（伸缩）	1690～1640（亚胺、肟）
sp² C—H（伸缩）	3100～3000（烯烃、芳烃）	—NO₂（伸缩）	1550～1535,1370～1345（硝基化合物）
sp³ C—H（伸缩）	3000～2850（烷烃）	—C≡C—（伸缩）	2200～2100（不对称炔烃）
sp² C—O（伸缩）	1250～1200（酚、酸、烯醚）	—C≡N（伸缩）	2280～2240（腈）
sp³ C—O（伸缩）	1250～1150（叔醇、仲烷基醚） 1125～1100（仲醇、伯烷基醚） 1080～1030（伯醇）	Ar—H（弯曲）	770～730,710～680（五个相邻氢） 770～730（四个相邻氢） 810～760（三个相邻氢） 840～800（两个相邻氢） 900～860（隔离氢）
C—H（弯曲）	1470～1430,1380～1360（甲基） 1485～1445（甲叉基）		

续表

化学键类型	特征频率/cm^{-1}	化学键类型	特征频率/cm^{-1}
=C—H（弯曲）	995～985,915～905(单取代烯) 980～960(反式二取代烯) 690(顺式二取代烯) 910～890(同碳二取代烯) 840～790(三取代烯)	C≡C—H（弯曲）	660～630(末端炔烃)

6.2.3 有机化合物红外光谱举例

（1）烷烃

烷烃没有官能团，其红外光谱比较简单。图 6-2 为正辛烷的红外光谱。从图中可以看出，2960～2860cm^{-1}为甲基和甲叉基（亚甲基）的碳氢键伸缩振动吸收峰，1467cm^{-1}和1380cm^{-1}分别为亚甲基和甲基碳氢键的剪切振动吸收峰，721cm^{-1}是四个碳原子以上直链烷烃甲叉基（亚甲基）的碳氢键面内摇摆振动吸收峰，其余的直链烷烃红外光谱均与正辛烷相似。当分子中存在异丙基或叔丁基时，1380cm^{-1}附近的吸收峰常列分为双峰。如 2,2-二甲基戊烷甲基碳氢键的剪切振动分裂为 1393cm^{-1}和 1365cm^{-1}两个强度不等的峰。

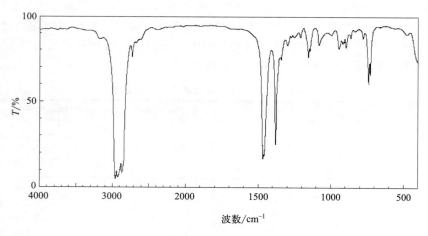

图 6-2　正辛烷的红外光谱

（2）烯烃

图 6-3 为己-1-烯的红外光谱，从图中可以看出，3080cm^{-1}处为 =C—H 伸缩振动吸收，1641cm^{-1}处为 C=C 双键伸缩振动吸收，992cm^{-1}和 909cm^{-1}处为 =C—H 的面外振动特征吸收。

（3）炔烃

图 6-4 为己-1-炔的红外光谱，从图中可以看出，3300cm^{-1}附近的强吸收尖峰为 C≡C—H 的伸缩振动吸收，2150cm^{-1}附近的中等强度吸收峰为不对称炔烃的 —C≡C— 伸缩振动吸收，630cm^{-1}附近出现强而宽的吸收峰为末端炔烃 C≡C—H 的弯曲振动吸收。

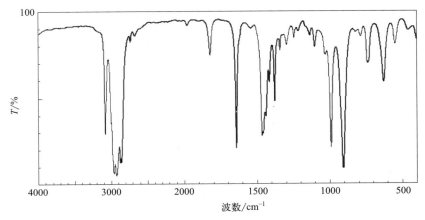

图 6-3 己-1-烯的红外光谱

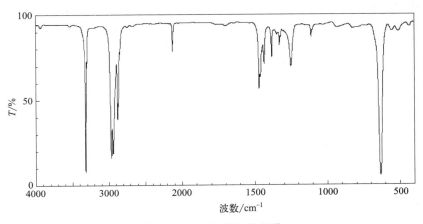

图 6-4 己-1-炔的红外光谱

6.3 核磁共振谱

核磁共振（nuclear magnetic resonance，NMR）是 1946 年由 Block 和 Pucell 等人发现的，是现代有机分析仪器中最有效的波谱分析方法。核磁共振谱与紫外光谱和红外光谱一样，也是一种能谱。根据测定的对象不同，可以分为质子核磁共振谱（^{1}H-NMR，氢谱）、^{13}C 谱、^{15}N 谱、^{19}F 谱和 ^{31}P 谱等。理论上，凡是自旋量子数 I 不等于零的原子核都可以测得核磁共振谱信号，但目前为止仅有少数获得应用，其中以核磁共振氢谱（^{1}H-NMR）和核磁共振碳谱（^{13}C-NMR）应用最为广泛。

6.3.1 核磁共振的基本原理

核磁共振是无线电波与处于磁场中的分子内的自旋核相互作用，引起核自旋能级的跃迁而产生的。不同原子核的自旋状况不同，可用自旋量子数 I 来表示。质量数为奇数的原子核的自旋量子数为半整数，其中 ^{1}H、^{13}C、^{15}N、^{19}F、^{29}Si、^{31}P 等原子核的自旋量子数为 1/2，

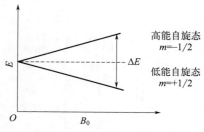

图 6-5　质子在外磁场中两个能级
与外加磁场的关系

其自旋核的电荷分布为球形，最适合核磁共振检测。原子核都是带正电的，当自旋量子数不为零的原子核发生旋转时，便形成感应磁场，产生磁矩。自旋量子数为 1/2 的核有两种自旋方向。当有外磁场存在时，两种自旋的能级出现裂分，与外磁场方向相同的自旋核能量低，用 +1/2 表示；与外磁场方向相反的核能量高，用 -1/2 表示。两个能级差为 ΔE，见图 6-5。

其能级差（ΔE）与外加磁场的强度（B_0）成正比：

$$\Delta E = h\gamma B_0/2\pi$$

由 $E_0 = h\nu$ 推出，

$$\nu = \gamma \frac{B_0}{2\pi}$$

式中，ν 为无线电波频率；γ 为磁旋比，是原子核的特征常数；h 为普朗克常数，$eV \cdot s^{-1}$。

若用一定频率的电磁波照射外磁场中的氢核，当电磁波的能量正好等于两个能级之差时，氢原子核就吸收电磁波的能量，从低能级跃迁到高能级，发生核磁共振。通过改变电磁波频率，记录不同氢原子的共振情况，即可获得核磁共振氢谱。

核磁共振仪主要由强的电磁铁、电磁波发生器、样品管和信号接收器等组成，如图 6-6 所示。

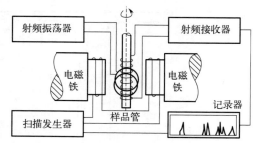

图 6-6　核磁共振仪示意图

6.3.2　化学位移

(1) 化学位移的产生

化学位移是由核外电子的屏蔽效应引起的。根据式子 $\nu = \gamma \frac{B_0}{2\pi}$，质子的共振磁感应强度只与质子的磁旋比及电磁波照射频率有关。符合共振条件时，样品中全部 [1]H 核都发生共振，只产生一个单峰，这样对测定有机化合物的结构毫无意义。但核磁共振试验的分析结果表明，在相同频率照射下，化学环境不同的质子在不同磁感应强度处出现吸收峰。造成这一差异的原因是质子在分子中不是完全裸露的，而是被价电子所包围。在外加磁场作用下，核外电子在垂直于外加磁场的平面内绕核旋转，产生与外加磁场方向相反的感应磁场 B'，使质子实际感受到的磁场强度为：

$$B_{实} = B_0 - B' = B_0 - \sigma B_0 = (1-\sigma)B_0$$

式中，σ 为屏蔽常数，它是原子核受核外电子屏蔽强弱的量度。

核外电子对质子产生的这种作用称为屏蔽效应，也称抗磁屏蔽效应。质子周围电子云密度越大，屏蔽效应就越强，只有增加磁感应强度才能使其发生共振吸收。若感应磁场与外加磁场方向相同，质子实际感受到的有效磁场强度是外加磁场强度加上感应磁场强度，这种作用称为去屏蔽效应，也称顺磁屏蔽效应。只有减小外加磁场感应强度，才能使质子发生共振吸收。根据式子 $\nu = \gamma \frac{B_0}{2\pi}$，质子核磁共振的条件应为 $\nu = \gamma \frac{(1-\sigma)B_0}{2\pi}$。

因此，即便对同一种原子核，只要其所处的化学环境不同，则其 σ 值就不同，根据式子 $\nu = \gamma \dfrac{(1-\sigma)B_0}{2\pi}$，它们就会出现不同的共振频率，因而在核磁共振谱的不同位置上出现吸收峰，这种峰位置上的差异称为化学位移。

（2）化学位移的表示方法

核外电子产生的感应磁场 B' 非常小，只有外加磁场的百万分之几，因此用共振频率的绝对值来描述或比较不同质子很不方便。而精确测量待测质子相对于标准物质的吸收频率却比较方便。一般采用四甲基硅烷（TMS）作为参照物，用 δ 来表示化学位移，其定义为：

$$\delta = \frac{\nu_{\text{样品}} - \nu_{\text{TMS}}}{\nu_0} \times 10^6$$

式中，$\nu_{\text{样品}}$ 及 ν_{TMS} 分别为样品及 TMS 的共振频率；ν_0 为操作仪器选用的频率。

TMS 中有 12 个完全相同的氢原子，所得的吸收峰是一个很强的单峰。同时 TMS 的屏蔽效应比大多数有机化合物的氢都大，大多数有机分子中氢的共振吸收信号都出现在它的左侧，因此将其 δ 值定义为 0.00。表 6-3 列出了常见有机化合物分子中质子的化学位移。

表 6-3　不同类型质子的化学位移值范围

质子类型	化学位移	质子类型	化学位移
R—CH$_3$	0.9	O—C—H(醇或醚)	3.3~4
R$_2$CH$_2$	1.2	R—O—H	1~5.5
R$_3$CH	1.5	Ar—O—H	4~12
=C—H	4.5~5.7	RCOOC—H	3.7~4.1
≡C—H	2~3	H—CCOOR	2~2.2
Ar—H	6.5~8.5	H—CCOOH	2~2.6
Ar—C—H	2.2~3	RCOOH	10~13
=C—C—H	1.6~1.9	RCHO	9~10
Cl—C—H	3~4	R—NH$_2$	1~5
Br—C—H	2.5~4	=C—O—H	15~17
I—C—H	2~4		

（3）影响化学位移的因素

化学位移来源于核外电子对核产生的屏蔽效应，因而影响电子云密度的因素都将影响化学位移。其中影响最大的是诱导效应和磁各向异性效应。

（a）诱导效应

取代基的电负性将直接影响与之相连的碳原子上质子的化学位移值，这种影响会通过诱导效应传递给邻近碳原子上的质子。电负性较高的基团使得周围的电子云密度降低（去屏蔽），因此会导致与之相连的碳原子上的质子的共振信号向低场移动。取代基的电负性越大，则相关质子的 δ 值越大。例如，CH_3CH_2X 中质子化学位移随 X 电负性增加而向低场（左）位移，如表 6-4 所示。

表 6-4　CH_3CH_2X 的核磁共振氢谱

CH$_3$X	CH$_3$I	CH$_3$Br	CH$_3$Cl	CH$_3$F
X 电负性	2.5	2.8	3.0	4.0
δ	2.16	2.66	3.05	4.26

（b）磁各向异性效应

构成化学键的电子在外加磁场作用下，会产生一个各向异性的磁场，使处于化学键不同空间位置上的质子受到不同的屏蔽作用，即磁各向异性。处于屏蔽区域的质子信号移向高场，δ 值减小；处于屏蔽区域的质子信号则移向低场，δ 值增大。

苯环上的质子 芳香族化合物的环状 π 电子云在外加磁场的作用下，会产生垂直于外加磁场 B_0 的环电流，如图 6-7（a）所示。苯环上的质子处于 π 键环电流所产生的感应磁场与外加磁场 B_0 一致的区域，存在去屏蔽效应，故苯环上质子的 δ 值处于稍低的磁场处，$\delta=6.5\sim8.5$。

双键碳上的质子 π 电子云在外加磁场的作用下，会产生垂直于外加磁场 B_0 的环电流，如图 6-7（b）所示。由于双键上质子处于 π 键环电流所产生的感应磁场与外加磁场 B_0 一致的区域，同样存在去屏蔽效应，故烯烃双键上质子的 δ 值处于稍低的磁场处，$\delta=4.5\sim5.7$。

羰基碳上的质子 与碳碳双键类似，π 电子云在外加磁场的作用下，羰基环电流产生感应磁场，如图 6-7（c）所示。羰基碳上的质子也处于去屏蔽区，存在去屏蔽效应，再加上氧原子的电负性比较大，—CHO 质子的 δ 值处于低磁场处，$\delta=9.5\sim10.1$。

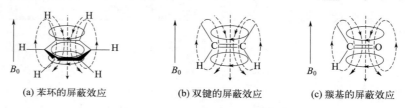

（a）苯环的屏蔽效应   （b）双键的屏蔽效应   （c）羰基的屏蔽效应

图 6-7 不同重键上质子的屏蔽效应

三键上的质子 炔烃 π 电子云绕碳碳 σ 键呈圆筒形分布，形成桶形环电流，其产生的感应磁场与三键键轴方向平行，并与外加磁场 B_0 方向相反。而三键碳上的质子正好处于三键键轴上，处于屏蔽区，受到较强的屏蔽效应，其 δ 值处比双键碳上质子 δ 值低，三键上质子信号出现在高场，$\delta=2.0\sim3.0$。

6.3.3 自旋偶合与自旋裂分

（1）自旋偶合和自旋裂分的产生

图 6-8 为 3-氯丁酮的核磁共振氢谱。从图中可以看出，甲爪基（次甲基）（C_3）和甲基（C_4）上的质子共振峰都不是单峰，分别为四重峰和二重峰。这种现象是由于甲爪基（次甲基）（C_3）和甲基（C_4）上氢原子核自旋产生的微弱的感应磁场引起的，这种化学环境不同的相邻原子核之间相互作用的现象叫做自旋偶合，由于自旋偶合引起的谱线增多的现象叫做自旋裂分。

在外加磁场（B_0）作用下，自旋的质子会产生一个小磁矩（B'），这个磁矩会对邻近的质子产生影响。质子的两种自旋取向通过化学键传递到邻近的质子，使得邻近质子实际感受到的磁场强度为 B_0+B' 和 B_0-B'。当发生核磁共振时，一个质子发出的信号就被邻近的一个质子分裂成两个相等的峰。若邻近的质子不止一个，则会裂分成 $n+1$ 个峰，n 为相邻碳原子上的等性质子数目。裂分后峰的数目取决于邻近质子的组数和数目。例如，3-氯丁酮中质子的偶合及峰的裂分见图 6-9。

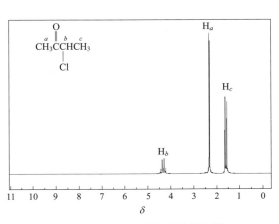

图 6-8　3-氯丁酮的核磁共振氢谱

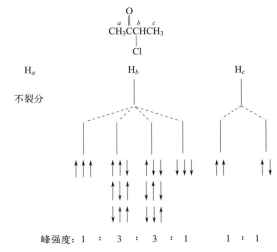

图 6-9　3-氯丁酮中质子的偶合及峰的裂分

上述例子只是较为简单的情形，在较复杂的体系中，偶合裂分也相对比较复杂。一般遵循以下的规律。

（a）$n+1$ 规则

如果只有两组相邻质子之间发生偶合裂分，那么其核磁共振吸收峰数目符合 $n+1$ 规则。如上例 H_b 的共振信号峰数为 $3+1=4$，H_c 的共振信号峰数为 $1+1=2$。这些峰的强度比可用巴斯卡三角来表示：

单峰（singlet）					1					
双峰（doublet）				1		1				
三重峰（triplet）			1		2		1			
四重峰（quartet）		1		3		3		1		
五重峰（quintet）	1		4		6		3		1	
六重峰（sixtet）	1	5	10	10	5	1				

（b）$(m+1)\times(n+1)$ 原则

如果与两组数目分别为 m、n 的不相同氢原子发生偶合，那么其核磁共振吸收峰数目为 $(m+1)\times(n+1)$，其余类推。例如 $Cl_2CHCH_2CHBr_2$ 中两个次甲基不相同，因而甲叉基（亚甲基）的共振信号峰为 $(1+1)\times(1+1)=4$ 重峰。又如 $ClCH_2CH_2CH_2Br$ 中，中间甲叉基（亚甲基）的共振信号峰为 $(2+1)\times(2+1)=9$ 重峰，但由于峰数太多，受到仪器的限制，往往不易分辨。

（2）偶合常数

自旋裂分所产生谱线的间距称为偶合常数，一般用 J 表示，单位为 Hz。偶合常数的大小表示偶合作用的强弱。氮、氧、硫等电负性大的杂原子上的质子容易电离，能进行快速交换而不参与偶合。

6.3.4　核磁共振谱解析

核磁共振谱解析需要合理分析谱图所提供的化学位移、信号强度、偶合常数等信息，根

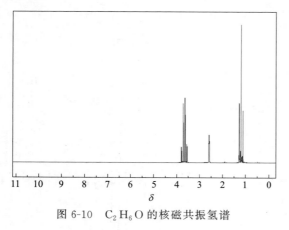

图 6-10 C_2H_6O 的核磁共振氢谱

据有机化合物的分子式，归属相应的信息，正确推出与谱图相对应的分子结构。

如已知某化合物分子式为 C_2H_6O，其核磁共振氢谱如图 6-10 所示。从图中可以看出有三组峰，可以确定有三种氢，根据其峰的裂分情况及化学位移可以判断其结构为 CH_3CH_2OH。

又如分子式为 C_3H_7Cl 的化合物有 1-氯丙烷和 2-氯丙烷两种可能的结构。根据核磁共振氢谱可以确定图 6-11(a) 为 2-氯丙烷，图 6-11(b) 为 1-氯丙烷。

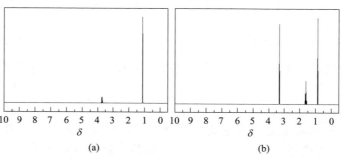

(a) (b)

图 6-11 C_3H_7Cl 的核磁共振氢谱

6.4 紫外吸收光谱

6.4.1 紫外光与紫外吸收光谱

紫外光谱通常是指近紫外光区（200～400nm）的吸收光谱。若控制光源，使紫外光按波长由短到长的顺序依次照射样品分子时，价电子就能吸收与激发相应波长的光，从基态跃迁到能量高的激发态，将吸收强度随波长的变化记录下来，得到的吸收曲线即为紫外吸收光谱，简称紫外光谱。

紫外光谱的横坐标一般为波长，单位为 nm；纵坐标为吸收强度，常用吸光度 A、摩尔吸收系数 κ 或 $\lg\kappa$ 表示。吸收强度遵循郎伯-比尔（Lambert-Beer）定律：

$$A = \lg(I_0/I) = \lg(1/T) = \kappa cl$$

式中，I_0 为入射光强度；I 为透射光强度；T 为透过率（以百分数表示）；κ 为摩尔吸光系数，是指浓度为 $1 mol \cdot L^{-1}$ 的溶液在厚度为 1cm 的吸光池中，于一定波长下测得的吸光度，$L \cdot mol^{-1} \cdot cm^{-1}$；$c$ 为溶液浓度，$mol \cdot L^{-1}$；l 为液层厚度，cm。

6.4.2 电子跃迁类型

有机化合物的价电子有三种类型：形成单键的 σ 电子，形成不饱和键的 π 电子，杂原子（氧、硫、氮、卤素等）上的未成键的 n 电子。各种电子吸收紫外光后，由稳定的基态向激发态跃迁，常见的有以下四种类型。

σ→σ* 跃迁　σ电子由能级最低的σ成键轨道向能级最高的σ* 反键轨道的跃迁，需较高的能量，在近紫外区无吸收（<150nm）。

n→σ* 跃迁　含有—S、—X、—OH、—NH$_2$等基团的饱和烃衍生物，其杂原子上未成键的n电子被激发到σ* 轨道，n→σ* 跃迁所需能量比σ→σ* 低，但大部分吸收仍在远紫外区。

π→π* 跃迁　不饱和有机化合物多重键π电子跃迁到π* 轨道。孤立多重键π电子的π→π* 吸收峰在远紫外区，对研究分子结构意义不大。但共轭多重键π电子的跃迁向长波递增，吸收峰一般在200nm以上，其吸收系数κ值较大，为强吸收。

n→π* 跃迁　当分子中含有杂原子形成的不饱和键（如碳氧双键、碳氮三键）时，杂原子上的n电子可跃迁到π* 轨道。n→π* 跃迁所需能量少，产生的紫外吸收波长最长，但吸收强度弱。如果这些基团与碳碳双键共轭，形成含有杂原子的共轭体系，则n→π* 跃迁能级减小，吸收峰向长波方向移动。

6.4.3　紫外光谱解析

（1）生色团、助色团、红移和蓝移

能吸收紫外光导致价电子跃迁的基团称为生色团，一般是具有不饱和键的基团，如碳碳双键、碳氧双键、碳氮双键等，主要产生π→π* 和n→π* 跃迁。增加不饱和程度或增长共轭链，能使紫外吸收峰向长波方向移动。例如，共轭程度较大的辛-1,3,5-三烯（$\lambda_{max}=271nm$）比共轭程度较小的辛-1,3,6-三烯（$\lambda_{max}=217nm$）的吸收波长要长。

助色团是指本身在紫外光或可见光区不显吸收，但当连接一个生色团后，能使生色团的吸收峰向长波方向移动，并使其吸收强度增加的原子或基团，如—OR、—X、—OH和—NH$_2$等。

由于取代基或溶剂的影响，吸收峰向长波方向移动的现象称为红移；反之，向短波方向移动的现象称为蓝移。

（2）解析

紫外吸收光谱反映了分子中生色团和助色团的特性，常用来推测不饱和基团的共轭关系，以及共轭体系中取代基的数目、位置和种类等。单独用紫外光谱不能确定分子结构，其应用具有一定的局限性。但与其它波谱学方法结合，对许多骨架比较确定的分子，如萜类、甾族、天然色素以及维生素等结构的鉴定，起着重要的作用。例如，番茄红素和β-胡萝卜素（图6-12），是分子式均为$C_{40}H_{56}$的萜类化合物，采用核磁共振谱和红外光谱难以确认，但可以方便地通过紫外光谱来区别。

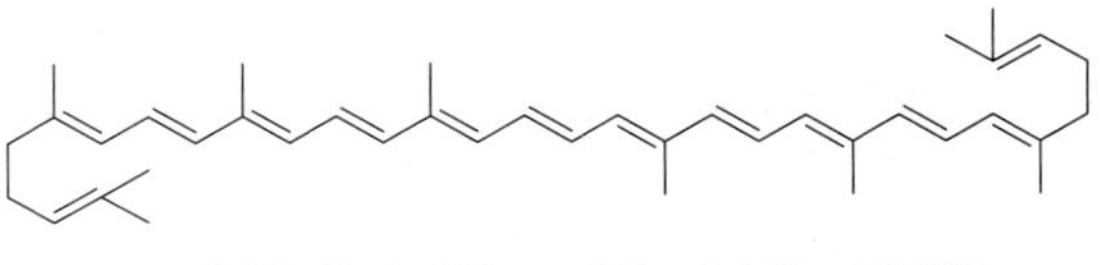

(a) 番茄红素，λ=506nm、475nm和447nm(石油醚)

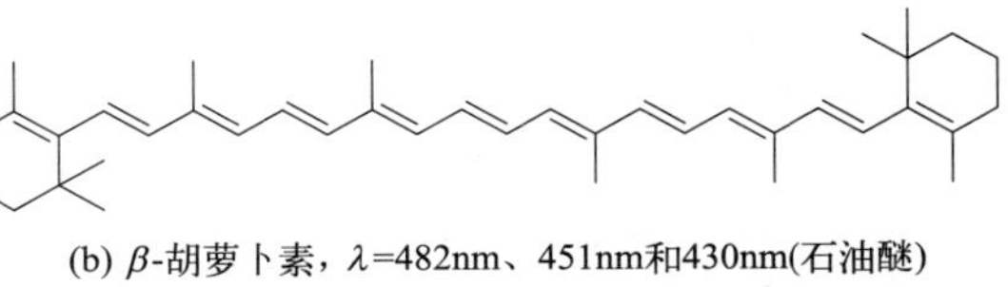

(b) β-胡萝卜素，λ=482nm、451nm和430nm(石油醚)

图6-12　番茄红素和β-胡萝卜素的最大吸收波长

习　题

1. 分子中原子的振动方式有哪几种？什么样的振动才能吸收红外光从而产生红外光谱？

2. 某化合物的分子式为C_8H_8O，红外光谱显示：3100cm^{-1}以上无吸收，1690cm^{-1}有强吸收，1600cm^{-1}、1580cm^{-1}、1500cm^{-1}、1460cm^{-1}有较强吸收，2960cm^{-1}、1380cm^{-1}有中强吸收，770cm^{-1}、710cm^{-1}有强吸收，沸点为202℃。试推测其结构。

3. 某化合物的分子式为C_6H_7N，红外光谱如图6-13所示。试推测其结构。

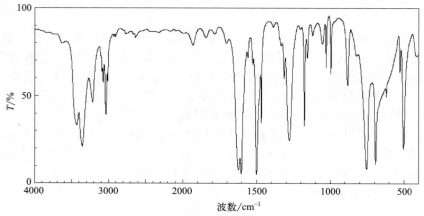

图 6-13　某化合物 C_6H_7N 的红外光谱

4. 用红外光谱鉴别下列各组化合物。

(1) A. 戊-1-烯　　　　　B. 戊烷　　　　(2) A. 顺-己-3-烯　　　B. 反-己-3-烯

(3) A. 苯乙酮　　　　　B. 苯乙醛　　　　(4) A. 对二甲苯　　　B. 间二甲苯

(5) A. 2-甲基戊-2-烯　　B. 2,3,4-三甲基戊-2-烯

5. 下列化合物中各有几种等价质子？

(1) $CH_3CH_2CH_3$　　　　　　　　　　　　　(2) $CH_2\!=\!CHCH_2CH_3$

(3) $\underset{\underset{Br}{|}}{CH_3CH_2CHCH_3}$　　　　　　　　　　　　(4)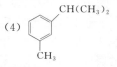

6. 下列化合物只有一个核磁共振氢谱信号，试写出各结构式。

(1) C_8H_{18}　　　　　(2) C_5H_{10}　　　　(3) $C_2H_4Cl_2$　　　　(4) C_4H_9Cl

(5) $C_5H_8Cl_4$　　　　(6) C_8H_8　　　　　(7) $C_{12}H_{18}$

7. 说明下列化合物各有几组峰，每组峰各被裂分为几重峰，峰面积比为多少。

(1) $(CH_3)_2CHCl$　　　(2) FCH_2CH_2Cl　　　(3) $CH_3CO_2CH_2CH_3$　　　(4) CH_3CH_2CHO

8. 根据核磁共振氢谱推测下列化合物的结构。

(1) C_8H_{10}，δ_H：1.2(t，3H)、2.6(q，2H)、7.1(b，5H)。(b 表示宽峰)

(2) $C_{10}H_{14}$，δ_H：1.3(s，9H)、7.3～7.5(m，5H)。(m 表示多重峰)

(3) C_6H_{14}，δ_H：0.8(d，12H)、1.4(h，2H)。(h 表示七重峰)

(4) $C_4H_6Cl_4$，δ_H：3.9(d，4H)、4.6(t，2H)。

(5) $C_4H_6Cl_2$，δ_H：2.2(s，3H)、4.1(d，2H)、5.1(t，1H)。

(6) $C_{14}H_{14}$，δ_H：2.9(s，4H)、7.1(d，10H)。

9. 请解释什么是生色团，什么是助色团，并举例说明。

10. 若只考虑 $\pi\rightarrow\pi^*$ 跃迁，预期下列化合物中何者的 λ_{max} 值最大。

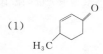

11. 将下列各组化合物按在紫外光谱中吸收波长从长到短排序。

(1) A. $CH_2\!=\!CH\!-\!CH\!=\!CH_2$　　B. $CH_2\!=\!CH\!-\!CH\!=\!CH\!-\!CH_3$　　C. $CH_2\!=\!CH_2$

(2) A. CH_3Cl　　　　　　　　B. CH_3Br　　　　　　　　C. CH_3I

(3) A.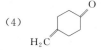

12. 分子式为 $C_4H_{10}O$ 的两个醇的核磁共振氢谱如图 6-14 所示，何者为丁-1-醇？何者为丁-2-醇？

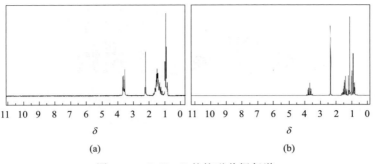

图 6-14　$C_4H_{10}O$ 的核磁共振氢谱

第7章 卤代烃

烃分子中的一个或多个氢原子被卤原子取代后的化合物，称为卤代烃（halohydrocarbon）。卤原子（氟、氯、溴、碘）是卤代烃的官能团。由于氟代烃的性质比较特殊，与其它各种卤代烃的差别较大，所以通常所说的卤代烃指氯代烃、溴代烃和碘代烃。天然卤代烃的种类不多，绝大多数卤代烃为合成产物。卤代烃因其性质特殊，有的性质稳定可用作溶剂，有些性质活泼可作为有机合成的原料或试剂，在实验室和工业上得到了广泛应用。

7.1 卤代烃的分类、命名和结构

7.1.1 卤代烃的分类

根据分子中所含卤原子的数目，可以将其分为一元、二元、三元等卤代烃；根据分子中烃基类型的不同，又可以将其分为卤代烷烃、卤代烯烃、卤代芳烃等；根据与卤素直接相连的碳原子的类型不同，还可将其分为伯卤代烃、仲卤代烃和叔卤代烃。例如：

饱和卤代烃

CH_3CH_2F	（环戊基-Br）	$\underset{Cl\ \ \ \ Cl}{CH_2\text{—}CH_2}$	$CHCl_3$
氟乙烷（一元）	溴代环戊烷（一元）	1,2-二氯乙烷（二元）	三氯甲烷（三元）
fluoroethane	omocyclopentane	1,2-dichloroethane	trichloromethane

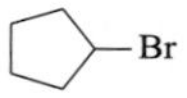

不饱和卤代烃

$ClCH{=}CHCl$	$CH_3C{\equiv}CCH_2Br$	（环己烯-I）
1,2-二氯乙烯（二元）	1-溴丁-2-炔（一元）	3-碘环己烯（一元）
1,2-dichloroethene	1-bromobut-2-yne	3-iodocyclohexene

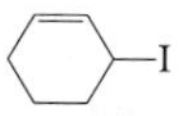

卤代芳烃

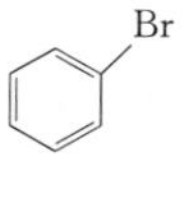

（苯-Br）	（苯-CH_2CH_2Cl）	（苯-I,I,I）
溴苯（一元）	1-氯-2-苯乙烷（一元）	均三碘苯（三元）
bromobenzene	1-chloro-2-phenylethane	1,3,5-triiodobenzene

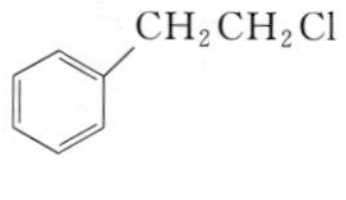

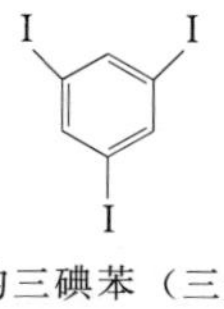

（1）卤代烷的分类

烷烃分子中的一个或多个氢原子被卤原子取代后的化合物，称为卤代烷。根据与卤原子直接相连的碳原子类型的不同，卤代烷可以分为伯卤代烷、仲卤代烷或叔卤代烷，也称为一级（1°）、二级（2°）、三级（3°）卤代烷。例如：

$$CH_3CH_2CH_2-Cl$$

1-氯丙烷
1-chloropropane
伯卤代烷（一级，1°）

$$CH_3\overset{}{C}HCH_2CH_3$$
$$|$$
$$Br$$

2-溴丁烷
2-bromobutane
仲卤代烷（二级，2°）

$$CH_3$$
$$|$$
$$CH_3\overset{}{C}HCH_2CH_3$$
$$|$$
$$Br$$

2-溴-2-甲基丁烷
2-bromo-2-methylbutane
叔卤代烷（三级，3°）

（2）卤代烯烃和卤代芳烃的分类

烯烃或芳烃分子中的一个或多个氢原子被卤原子取代后的化合物，分别称为卤代烯烃或卤代芳烃。卤代烯烃和卤代芳烃又可根据分子中卤原子与碳碳双键或苯环的相对位置不同，分为三种类型。

（a）乙烯型和苯基型卤代烃

卤原子直接与双键碳原子或苯环相连的卤代烃，称为乙烯型卤代烃或苯基型卤代烃。例如：

$$CH_2=CH-Br$$

溴乙烯（乙烯型）
bromoethene

碘苯（苯基型）
iodobenzene

（b）烯丙型和苄基型卤代烃

卤原子与双键或苯环相隔一个饱和碳原子的卤代烃，称为烯丙型卤代烃或苄基型卤代烃。例如：

$$CH_2=CH-CH_2-Br$$

烯丙基溴（烯丙基型）
allyl bromide

$$-CH_2-Cl$$

苄氯（苄基型）
benzyl chloride

（c）隔离型卤代烃

卤原子与双键或苯环相隔两个或两个以上饱和碳原子的卤代烃，统称为隔离型卤代烃。例如：

$$CH_2=CH-CH_2-CH_2-Cl$$

4-氯丁-1-烯
4-chlorobut-1-ene

$$-CH_2-CH_2-Cl$$

1-氯-2-苯基乙烷
1-chloro-2-phenylethane

7.1.2 卤代烃的命名

结构比较简单的卤代烃可以采用普通命名法或习惯命名法命名，根据烃基的名称命名为卤（代）某烃或某基卤。

$$CH_3CH_2Cl$$

氯乙烷（乙基氯）
chloroethane（ethyl chloride）

$$(CH_3)_2CHBr$$

2-溴丙烷（异丙基溴）
2-bromopropane（isopropyl bromide）

$$-CH_2Br$$

溴化苄（苄基溴）
benzyl bromide

结构比较复杂的卤代烃用系统命名法进行命名。命名时以烃作为母体，卤原子作为取代基。按照相应的烃的命名原则进行命名。

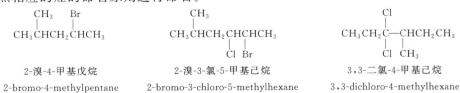

2-溴-4-甲基戊烷
2-bromo-4-methylpentane

2-溴-3-氯-5-甲基己烷
2-bromo-3-chloro-5-methylhexane

3,3-二氯-4-甲基己烷
3,3-dichloro-4-methylhexane

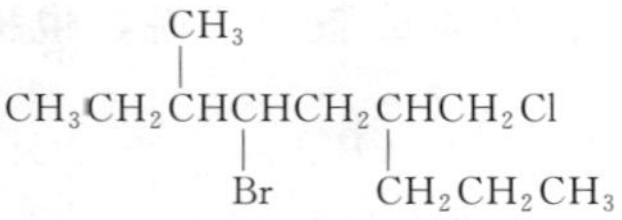

$$CH_3CH_2\overset{\overset{\displaystyle CH_3}{|}}{C}H\overset{\overset{\displaystyle |}{Br}}{C}HCH_2\overset{\overset{\displaystyle |}{CH_2CH_2CH_3}}{C}HCH_2Cl$$

4-溴-6-氯甲基-3-甲基壬烷

4-bromo-6-chloromethyl-3-methylnonane

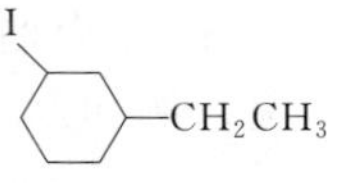

1-乙基-3-碘环己烷

1-ethyl-3-iodocyclohexane

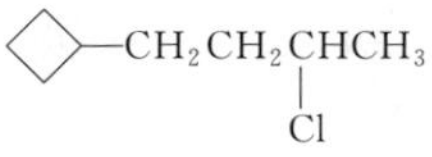

3-氯-1-环丁基丁烷

3-chloro-1-cyclobutylbutane

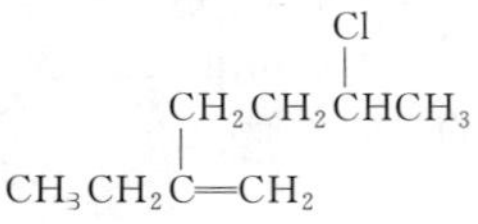

2-氯-5-甲亚基庚烷

2-chloro-5-methylideneheptane

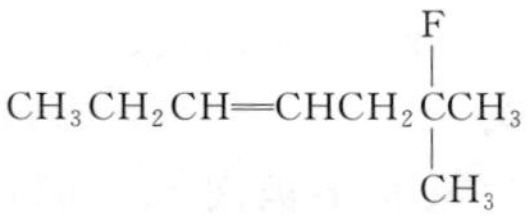

6-氟-6-甲基庚-3-烯

6-fluoro-6-methylhept-3-ene

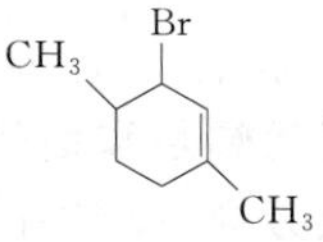

3-溴-1,4-二甲基环己烯

3-bromo-1,4-dichlorocyclohexene

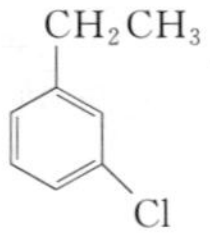

3-氯乙苯

3-chloroethylbenzene

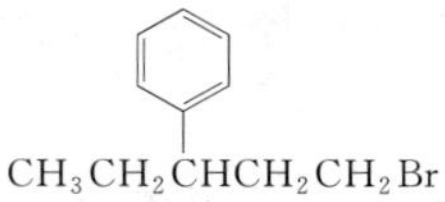

1-溴-3-苯基戊烷

1-bromo-3-phenylpentane

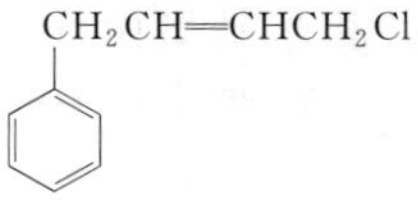

1-氯-4-苯基丁-2-烯

1-chloro-4-phenylbut-2-ene

在旧版命名法中，结构比较简单的卤代烃可以采用普通命名法或习惯命名法命名，根据烃基的名称命名为卤（代）某烃或某基卤。例如：

CH_3CH_2Cl $(CH_3)_2CHBr$ 苯—CH_2Br

氯乙烷（乙基氯）   2-溴丙烷（异丙基溴）   溴化苄（苄基溴）

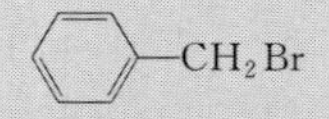

结构比较复杂的卤代烃用系统命名法进行命名，命名时以烃作为母体，卤原子作为取代基，按照相应的烃的命名原则进行命名。例如：

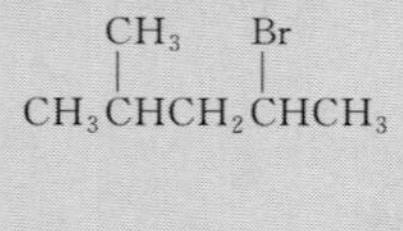

2-甲基-4-溴戊烷

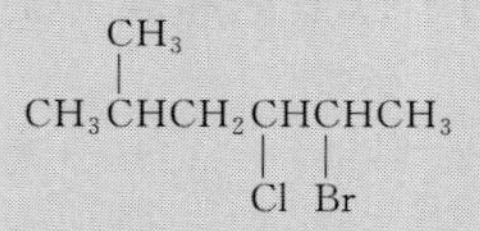

5-甲基-3-氯-2-溴己烷

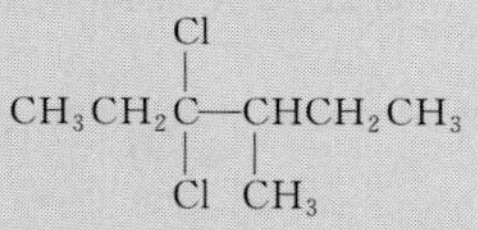

4-甲基-3,3-二氯己烷

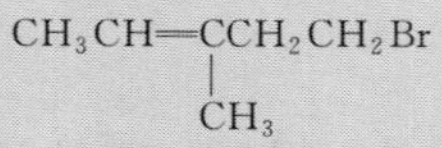

3-甲基-5-溴-2-戊烯

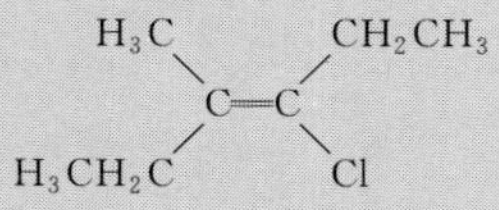

(Z)-3-甲基-4-氯-3-己烯

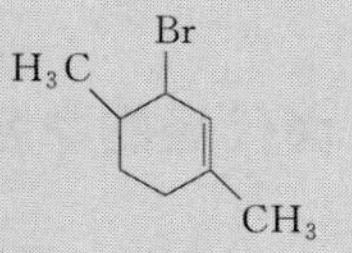

1,4-二甲基-3-溴环己烯

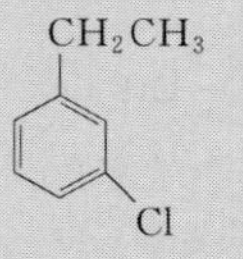

3-氯乙苯

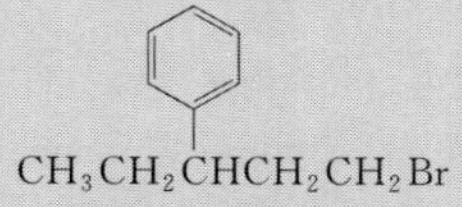

3-苯-1-溴戊烷

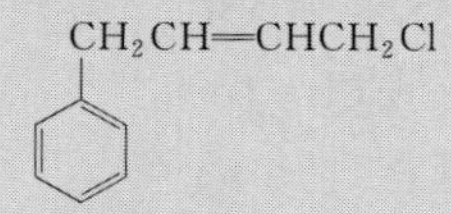

1-苯-4-氯-2-丁烯

7.1.3　卤代烃的结构

在卤代烷分子中，卤原子与 sp^3 杂化的碳原子相连，卤原子的电负性大，而碳原子的电负性小，所以碳卤键（C—X）是极性共价键，共用电子对偏向卤原子一边，碳原子带部分正电荷，卤原子带部分负电荷：$\overset{\delta+}{C}—\overset{\delta-}{X}$。

在乙烯型卤代烃分子中，卤原子与 sp^2 杂化的碳原子相连，卤原子上的孤对电子与 π 键之间形成 p-π 共轭体系，碳卤键增强，极性减弱。

同样，在苯基型卤代烃分子中，卤原子与芳环上 sp^2 杂化的碳原子相连，卤原子上的孤对电子与芳环的大 π 键之间形成 p-π 共轭体系，碳卤键增强，极性减弱。

7.2　卤代烃的物理性质

室温下，卤代烃中（氟代烃除外），除氯甲烷、溴甲烷、氯乙烷、氯乙烯和溴乙烯是气体外，其余十五个碳以下的为液体，十五个碳以上的为固体。许多卤代烃具有强烈的气味，通常也具有一定毒性；有的卤代烃可作为药用，如氯仿对人体具有很强的麻醉作用，常用作全身麻醉剂，但过量使用会引起中毒，对肝脏具有损伤作用。

同烷烃相似，直链一卤代烃的沸点随碳原子数增加而升高。由于碳卤键的极性使分子间作用力增大，卤代烃的沸点较相应的烃高。烃基相同的卤代烃，沸点随卤原子的原子序数增加而升高，顺序为：R—I＞R—Br＞R—Cl。对碳原子数相同的卤代烃的碳链异构体，支链越多沸点越低。

脂肪烃的密度小于水的密度，溴代烃、碘代烃、脂肪族多氯代烃和氯代芳烃的密度都大于水的密度。相同烃基的卤代烃，其密度次序为：R—I＞R—Br＞R—Cl。

卤代烃均不溶于水，易溶于醇、乙酸乙酯、乙醚和烃类等有机溶剂中。某些卤代烃（如二氯甲烷、三氯甲烷、四氯化碳等）本身即是很好的有机溶剂。

卤代烃分子中卤原子数目增多，则化合物的可燃性降低，如氯甲烷可燃，二氯甲烷不可燃，四氯化碳可作为灭火剂。一些卤代烃的物理常数见表 7-1。

表 7-1　一些卤代烃的物理常数

化合物	分子量	沸点/℃	相对密度(d_4^{20})	化合物	分子量	沸点/℃	相对密度(d_4^{20})
CH_3Cl	50.5	−24	0.92	$CH_3CH_2CH_2Cl$	78.5	47	0.89
CH_3Br	95	4	1.68	$CH_3CH_2CH_2Br$	123	71	1.35
CH_3I	142	42	2.28	$CH_3CH_2CH_2I$	170	102	1.75
CH_2Cl_2	85	40	1.34	$CH_2=CHCl$	62.5	−14	0.91
$CHCl_3$	119	61	1.50	$CH_2=CHBr$	107	16	1.51
CCl_4	154	77	1.60	$CH_2=CHI$	154	56	2.04
CH_3CH_2Cl	64.5	12	0.90	C_6H_5Cl	112.5	132	1.11
CH_3CH_2Br	109	38	1.46	C_6H_5Br	157	155	1.50
CH_3CH_2I	156	72	1.94	C_6H_5I	204	189	1.82

7.3　卤代烷的化学性质

卤代烷的化学性质与其结构密切相关。在卤代烷分子中，由于卤原子的电负性比碳原子的电负性大，所以碳卤键是典型的极性共价键。共用电子对偏向卤原子一边，导致碳原子带部分正电荷，卤原子带部分负电荷。所以碳卤键容易发生异裂，进而引发一系列的反应，如亲核取代反应、消除反应以及与金属的反应等。

7.3.1 亲核取代反应

在卤代烷分子中，由于卤原子的电负性比碳原子的大，碳卤键之间的电子云偏向于卤原子，使得与卤原子相连的碳原子带部分正电荷。因此，此带部分正电荷的碳原子容易受到带负电荷或含有孤对电子的试剂（如 OH^-、CN^-、RO^-、NH_3、H_2O 等）进攻，而卤原子带着碳卤键中的一对键合电子离去。这种带负电荷或含有孤对电子的试剂，称为亲核试剂（nucleophilic agent），常用 Nu^- 表示。反应中被取代的卤原子以 X^- 形式离去，称为离去基团（leaving group），常用 L 表示。由亲核试剂进攻而引起的取代反应称为亲核取代反应（nucleophilic substitution），用 S_N 表示。例如：

$$R\text{—}L \ + \ Nu^- \ \longrightarrow \ R\text{—}Nu \ + \ L^-$$
$$\quad 底物 \quad\quad 亲核试剂 \quad\quad 产物 \quad 离去基团$$

对于不同的卤代烃，发生亲核取代反应由易到难的顺序为：RI＞RBr＞RCl。

（1）水解

卤代烷与强碱（如氢氧化钠、氢氧化钾等）的水溶液共热，卤原子被羟基（—OH）取代生成醇，这称为卤代烷的水解反应（hydrolysis）。例如：

$$CH_3CH_2CH_2CH_2Cl \ + \ NaOH \ \xrightarrow{H_2O} \ CH_3CH_2CH_2CH_2OH \ + \ NaCl$$
$$\text{丁-1-醇}$$

该反应可通过先引入卤原子再水解的方法在复杂分子中引入羟基形成醇。

（2）醇解

卤代烷与醇钠（钾）在相应的醇溶液中作用，卤原子被烷氧基（—OR）取代生成醚，称为醇解反应（alcoholysis）。例如：

$$CH_3CH_2CH_2CH_2Cl \ + \ CH_3CH_2CH_2ONa \ \xrightarrow{CH_3CH_2CH_2OH} \ CH_3CH_2CH_2CH_2OCH_2CH_2CH_3 \ + \ NaCl$$
$$\text{丁基丙基醚}$$

这是制备醚，尤其是混醚的常用方法，称为 Williamson 合成法。反应中通常采用伯卤代烷，因为醇钠为强碱，仲卤代烷、叔卤代烷在碱性条件下容易发生消除反应生成烯烃。如乙基叔丁基醚的制备是以叔丁醇钠和溴乙烷为原料，主要产物是醚。若以叔丁基溴和乙醇钠为原料得到的主要产物不是醚而是烯烃。例如：

$$\begin{array}{c} \quad\quad CH_3 \quad\quad\quad\quad\quad\quad\quad\quad\quad CH_3 \\ \quad\quad | \quad\quad\quad\quad\quad\quad\quad\quad\quad\quad | \\ H_3C\text{—}C\text{—}ONa \ + \ C_2H_5Br \ \longrightarrow \ H_3C\text{—}C\text{—}OC_2H_5 \ + \ NaBr \\ \quad\quad | \quad\quad\quad\quad\quad\quad\quad\quad\quad\quad | \\ \quad\quad CH_3 \quad\quad\quad\quad\quad\quad\quad\quad\quad CH_3 \end{array}$$

$$\begin{array}{c} \quad\quad CH_3 \quad\quad\quad\quad\quad\quad\quad\quad\quad\quad CH_3 \\ \quad\quad | \quad\quad\quad\quad\quad\quad\quad\quad\quad\quad\quad\quad | \\ H_3C\text{—}C\text{—}Br \ + \ C_2H_5ONa \ \longrightarrow \ H_3C\text{—}C\text{=}CH_2 \ + \ C_2H_5OH \ + \ NaBr \\ \quad\quad | \\ \quad\quad CH_3 \end{array}$$

(3) 与氰化钠反应

卤代烷与氰化钠或氰化钾在乙醇-水溶液中作用，卤原子被氰基（—CN）取代生成腈（R—CN）。例如：

$$ClCH_2CH_2CH_2CH_2Cl \ + \ 2NaCN \ \xrightarrow{C_2H_5OH, \ H_2O} \ NCCH_2CH_2CH_2CH_2CN \ + \ 2NaCl$$

卤代烷转变成腈后，分子中由于引入—CN 而增加了碳原子，这是有机合成中增长碳链的方法之一。此反应不仅可用于合成腈，而且氰基可进一步转化为羧基（—COOH）、氨基甲酰基（—$CONH_2$）等基团，因此该反应还可应用于其它化合物（如羧酸、酰胺、胺等）的合成。如由甲苯制备 2-苯基乙酸：

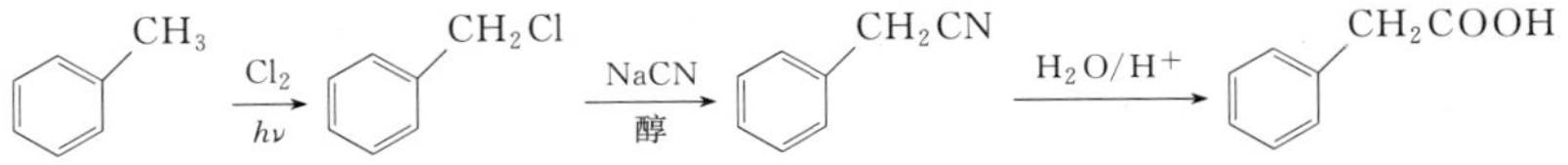

(4) 与氨反应

卤代烷与氨反应，卤原子被氨基（—NH_2）取代生成伯胺，可用于制备胺类化合物。例如：

$$(CH_3)_2CHCH_2Cl + 2NH_3 \xrightarrow{C_2H_5OH} (CH_3)_2CHCH_2NH_2$$

(5) 与硝酸银反应

卤代烷与硝酸银的醇溶液反应生成硝酸酯和卤化银沉淀。例如：

$$R—X + AgNO_3 \xrightarrow{C_2H_5OH} R—ONO_2 + AgX\downarrow$$

根据生成的卤化银的颜色，可以判断分子中卤原子的类别；另外，卤代烷与硝酸银的醇溶液反应的活性次序为：叔卤代烷＞仲卤代烷＞伯卤代烷，叔卤代烷与硝酸银的醇溶液反应最快，会立刻产生沉淀，仲卤代烷反应较慢，而伯卤代烷通常要在加热条件下才能与硝酸银的醇溶液产生沉淀。因此，也可以根据产生沉淀的快慢鉴别不同类型的卤代烷。

7.3.2 消除反应

在卤代烷分子中，由于 C—X 键的极性，与卤原子相连的碳原子（即 α-碳原子）带部分正电荷，同时 β-碳原子也受到卤原子吸电子诱导效应的影响而带有比 α-碳原子更少的正电荷，因此，β-碳原子上氢原子的电子对偏向于碳原子一端，从而使 β-氢原子具有一定的酸性，容易被碱进攻发生消除反应。因此卤代烷与强碱的水溶液反应时，虽然主要得到取代产物醇，但也或多或少生成了脱去卤化氢的产物烯烃。例如：

$$\underset{\displaystyle H}{\underset{|}{R—CH}}—\underset{\displaystyle X}{\underset{|}{CH_2}} + NaOH \xrightarrow{醇} R—CH{=}CH_2 + NaX + H_2O$$

这种从一个分子中脱去两个原子或基团的反应，称为消除反应。对于卤代烷脱去卤化氢，是从相邻两个碳原子各脱去一个原子（或基团），即从 α-碳原子上脱去卤原子，从 β-碳原子上脱去氢原子，形成不饱和键（碳碳双键），这种消除反应称为 α,β-消除反应，简称 β-消除反应，亦称 1,2-消除反应。这是最常见的一种消除反应。

(1) 脱卤化氢

伯卤代烷与强碱（如氢氧化钠等）的水溶液共热时，主要发生卤原子被羟基取代的反应生成醇。而与强碱（如氢氧化钠等）的醇溶液共热时，则主要发生脱去一分子卤化氢的消除反应生成烯烃。例如：

$$CH_3CH_2CH_2CH_2Br \xrightarrow[H_2O]{NaOH,\ \triangle} CH_3CH_2CH_2CH_2OH + NaBr$$

$$CH_3CH_2CH_2CH_2Br \xrightarrow[C_2H_5OH]{NaOH,\ \triangle} CH_3CH_2CH{=}CH_2 + NaBr + H_2O$$

卤代烷与碱作用，可发生亲核取代反应，同时也可发生消除反应，它们是两个相互竞争的平行反应，究竟以何者为主，与诸多因素有关，如碱的强度、卤代烷的结构、溶剂的性质和温度等。

与伯卤代烷不同，仲和叔卤代烷可能有两种或三种不同的 β-氢原子可以发生消除，因此消除产物可能不止一种。实验证明,卤代烷消除卤化氢时,氢原子主要是从含氢较少的相邻碳原子(β-碳原子)上脱去。或者说,卤代烷消除卤化氢时,主要生成双键碳原子上连有较多取代基的烯烃。这是一条经验规律,称为札依采夫(Saytzeff)规则。作为札依采夫规则,上述两种表达方法均可。例如:

$$\underset{\underset{Br}{|}}{CH_3CHCH_2} \xrightarrow{NaOH,\ C_2H_5OH} CH_3CH_2CH{=}CH_2 + CH_3CH{=}CHCH_3$$

$$19\% \qquad\qquad 81\%$$

$$\underset{\underset{Br}{|}}{CH_3CHC H_2} \xrightarrow{NaOH,\ C_2H_5OH} CH_3CH_2\underset{\underset{CH_3}{|}}{C}{=}CH_2 + CH_3\underset{\underset{CH_3}{|}}{C}{=}CHCH_3$$

$$20\% \qquad\qquad 80\%$$

偕二卤代烷和连二卤代烷还可以脱去两分子卤化氢生成炔烃,尤其是连二卤代烷脱两分子卤化氢是制备炔烃的一种有用的方法,因为连二卤代烷很容易由相应的烯烃得到。例如:

$$(CH_3)_3CCH_2CHCl_2 \xrightarrow{NaNH_2,\ NH_3} (CH_3)_3CC{\equiv}CNa \xrightarrow{H_2O} (CH_3)_3CC{\equiv}CH$$

连二卤代烷脱卤化氢时,也可能生成共轭二烯烃。例如:

$$\xrightarrow{\quad CH_3CHCH_3\ K^+\ ,\quad CH_3(CH_2)_3OCCH_3\quad}$$

(2) 脱卤素

邻二卤代烷与锌粉在乙酸或乙醇中反应,或与碘化钠的丙酮溶液反应,则脱去卤素生成烯烃。例如:

$$\underset{\underset{Br\ \ Br}{|\ \ \ |}}{CH_3CHCHCH_3} \xrightarrow[\text{或}\ NaI,\ CH_3COCH_3]{Zn,\ C_2H_5OH} CH_3CH{=}CHCH_3$$

由于邻二卤化物通常是由烯烃与卤素加成而得,因此可利用烯烃与卤素加成后再脱卤素来保护双键,以及对烯烃进行分离提纯,在有机合成中具有重要的意义。

同时,1,3-二卤代烷在锌试剂作用下,也可以发生脱卤素反应,生成环状化合物。可利用此反应制备环丙烷及其衍生物。例如:

$$BrCH_2CH_2CH_2Br + Zn \longrightarrow \triangle + ZnBr_2$$

$$80\%$$

7.3.3 与金属反应

(1) 金属有机化合物简介

卤代烷能与某些金属(锂、钠、钾、镁等)发生反应,生成一类分子中含碳金属(C—M,M 表示金属原子)键的化合物,这类含有金属和有机部分的化合物,称为金属有机化合物(organometallic compound)或有机金属化合物。可用 R—M 表示。

由于金属的电负性一般比碳原子小,因此碳金属键一般是极性共价键,金属原子带有部分正电荷,而与之相连的碳原子带有部分负电荷,$\overset{\delta^-}{C}{-}\overset{\delta^+}{M}$,碳金属键比较容易断裂,而显示出活泼性。

有机金属化合物性质活泼,能与多种化合物发生反应,许多有机金属化合物可用作有机合成试剂，在有机合成中具有重要用途。另外，也有许多有机金属化合物可用作有机反应的催化剂。近年来有机金属化合物在有机化学和有机化学工业中日益发挥着重要作用，已发展成为有机化学的一个重要分支。本节仅就有机镁试剂进行简介。

（2）与镁反应

卤代烷与金属镁在无水乙醚中反应，生成烷基卤化镁。例如：

$$CH_3CH_2Br + Mg \xrightarrow{\text{无水 } C_2H_5OC_2H_5} CH_3CH_2MgBr$$

$$CH_3CH_2\overset{\displaystyle CH_3}{\underset{\displaystyle CH_3}{\overset{|}{\underset{|}{C}}}}Cl + Mg \xrightarrow{\text{无水 } C_2H_5OC_2H_5} CH_3CH_2\overset{\displaystyle CH_3}{\underset{\displaystyle CH_3}{\overset{|}{\underset{|}{C}}}}MgCl$$

烷基卤化镁又称格氏（Grignard）试剂。制备格氏试剂时，卤代烷的活性次序是：碘代烷＞溴代烷＞氯代烷，其中碘代烷因太贵以及较易发生偶联副反应而不常用。格氏试剂的产率为伯卤代烷＞仲卤代烷＞叔卤代烷。因为随着 β-氢原子的增多及空间效应增大，消除副反应增加。所用溶剂，除乙醚外，还有四氢呋喃（THF）、苯和甲苯等，其中以乙醚和四氢呋喃最佳。因为乙醚或四氢呋喃溶液中，镁化合物通过溶剂形成络合物。例如：

$$\begin{array}{ccccc} C_2H_5 & & R & & C_2H_5 \\ & \diagdown & | & \diagup & \\ & O & \rightarrow Mg \leftarrow & O & \\ & \diagup & | & \diagdown & \\ C_2H_5 & & X & & C_2H_5 \end{array}$$

格氏试剂生成后不需分离提纯，可直接进行下一步反应。格氏试剂非常活泼，其主要化学反应如下。

（a）与含活泼氢的化合物作用

格氏试剂能与含有活泼氢的化合物（如酸、水、醇、氨等）作用而被分解为烷烃：

$$RMgX + \begin{cases} \xrightarrow{HOH} & R\text{-}H + Mg(OH)X \\ \xrightarrow{R'\text{-}OH} & R\text{-}H + Mg(OR')X \\ \xrightarrow{R'COOH} & R\text{-}H + Mg(COOR')X \\ \xrightarrow{HX} & R\text{-}H + MgX_2 \\ \xrightarrow{R'C\equiv CH} & R\text{-}H + Mg(C\equiv CR')X \end{cases}$$

因此，在制备和使用格氏试剂时，应避免混入含有活泼氢的化合物。例如，在实验室制备格氏试剂时，不仅乙醚需无乙醇、无水，卤代烷和使用的仪器均需干燥无水，就是这个原因。

（b）被氧化

格氏试剂很活泼，能慢慢吸收空气中的氧气而被氧化，该产物遇水分解成醇。例如：

$$RMgX + 1/2\,O_2 \longrightarrow ROMgX \xrightarrow{H_2O} ROH$$

因此，保存格氏试剂时应尽量避免接触空气，通常是制得后立即使用。

（c）可作为亲核试剂和碱

$\overset{\delta-}{C}\text{—}\overset{\delta+}{M}$ 是很强的极性键，碳原子带有部分负电荷，因此格氏试剂既是一种亲核试剂又是一种碱，它与卤代烃接触时，既可进攻 α-碳原子发生偶联反应生成长碳链烃，又可进攻 β-氢原子发生消除反应生成烯烃，究竟按何种方向进行，则与卤代烃的结构有关。

活泼的卤代烃（如烯丙位和苄基位卤代烃等）以及伯卤代烷较易发生偶联反应，叔和仲卤代烃较易发生消除反应。例如：

$$n\text{-}C_{18}H_{37}Br + Mg \xrightarrow{\text{无水 } CH_3CH_2OCH_2CH_3} n\text{-}C_{18}H_{37}MgBr \xrightarrow{n\text{-}C_{18}H_{37}Br} n\text{-}C_{18}H_{37}\text{—}C_{18}H_{37}$$

$$(CH_3)_3CC \cdot \ + \ Mg \xrightarrow{\text{无水 } CH_3CH_2OCH_2CH_3} (CH_3)_3CMgCl \xrightarrow{(CH_3)_3CCl} (CH_3)_2C=CH_2 \ + \ (CH_3)_3CH \ + \ MgCl_2$$

格氏试剂还可与二氧化碳、醛、酮、酯等多种化合物反应而生成有用的化合物，因此，在有机合成上具有广泛用途。例如，格氏试剂与二氧化碳反应，生成比格氏试剂中的烃基多一个碳原子的羧酸：

$$RMgX \ + \ CO_2 \xrightarrow{\text{低温}} RCOOMgX \xrightarrow{H^+,\ H_2O} RCOOH \ + \ Mg(OH)X$$

格氏试剂在有机合成上用途极广，因此维克托·格利雅（V. Grignard）获得 1912 年的诺贝尔化学奖。

7.4 亲核取代反应机制

卤代烷的亲核取代反应是非常重要的一类反应，可在分子中引入其它多种官能团，在有机合成上有着广泛的应用。而且对其反应机制的研究也比较多，尤其是对其水解反应的研究更加充分。大量的研究表明：有些卤代烷的水解反应速率仅与卤代烷的浓度有关系，而有些卤代烷的水解速率不仅与卤代烷的浓度有关系，与碱的浓度也有关系。这表明卤代烷的亲核取代反应是按照两种不同的反应机制进行反应的。

7.4.1 双分子亲核取代反应（S_N2）机制

实验表明，溴甲烷在碱性水溶液中进行水解反应时，其水解反应速率与溴甲烷的浓度和碱的浓度都成正比：

$$CH_3Br \ + \ OH^- \longrightarrow CH_3OH \ + \ Br^-$$
$$v = k[CH_3Br][OH^-]$$

这说明溴甲烷和碱都参与了反应速率的决速步骤（慢步骤），因此认为，反应的进行是在离去基团溴原子离开碳原子（亦称中心碳原子）的同时，亲核试剂 OH^- 也与中心碳原子发生部分键合，即碳溴键的断裂与碳氧键的形成是同时进行的。碳溴键断裂所需的能量，部分由碳氧键形成时所放出的能量供给。当碳溴键断裂与碳氧键形成处于"均势"（Br—C—O）时，体系的能量最高，称为过渡态（图 7-1 中能量曲线上的 T 点）。反应继续进行，最后碳溴键

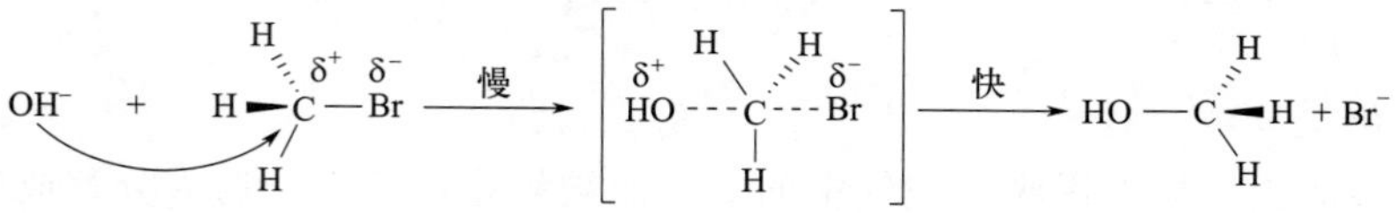

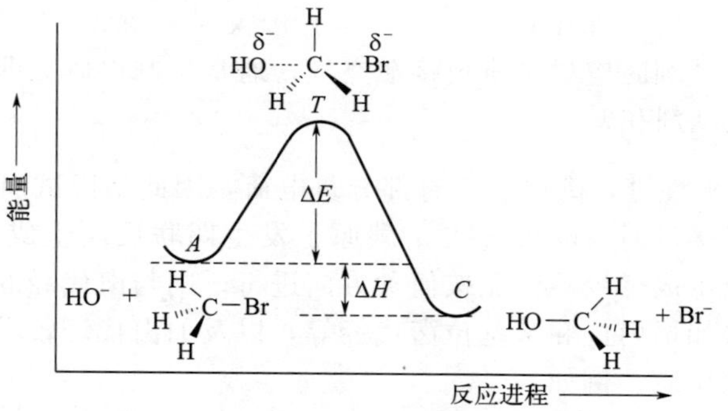

图 7-1 溴甲烷水解反应的能量曲线

完全断裂，碳氧键完全形成，反应过程一步完成，生成产物。其反应机制及反应进程中的能量变化如图 7-1 所示。例如：

水解反应时，亲核试剂 OH^- 从离去基团溴原子的背面沿着碳溴键键轴的方向进攻中心碳原子。因为这样进攻时，OH^- 受溴原子的电子效应和空间效应影响较小。产物的立体化学也证实了这一点。从化合物的构型考虑，亲核试剂 OH^- 从离去基团溴原子背面进攻中心碳原子，生成产物后，羟基处于原来溴原子的对面，所得产物甲醇与反应物溴甲烷具有相反的构型，称为瓦尔登（Walden）翻转。但是这种构型转化，只有当中心碳原子是手性碳原子时，才能观察出来。例如：

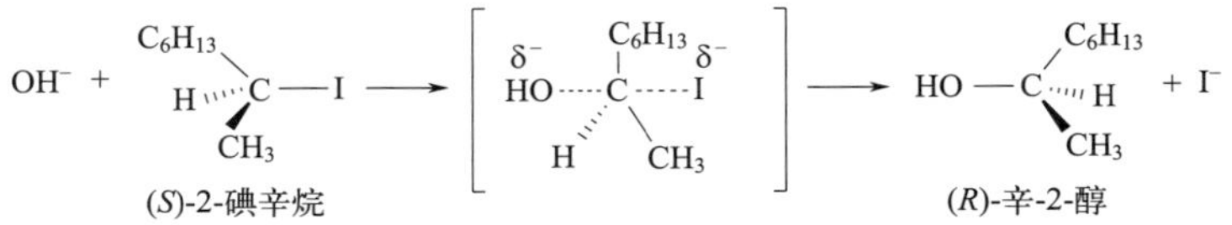

$$OH^- + \begin{matrix} C_6H_{13} \\ H\cdots C \longrightarrow I \\ CH_3 \end{matrix} \longrightarrow \left[\begin{matrix} C_6H_{13} \\ \delta^- & \delta^- \\ HO\cdots C \cdots I \\ H \quad CH_3 \end{matrix} \right] \longrightarrow \begin{matrix} C_6H_{13} \\ HO\longrightarrow C\cdots H \\ CH_3 \end{matrix} + I^-$$

（S）-2-碘辛烷　　　　　　　　　　　　　　　　（R）-辛-2-醇

像上述反应物和亲核试剂两者都参与了反应速率控制步骤的亲核取代反应，称为双分子亲核取代反应（S_N2）。

综上所述，S_N2 反应机制的特点可归纳为：①反应一步完成，无中间体生成；②反应为双分子反应，即决速步骤有两分子参与反应；③产物构型发生瓦尔登翻转；④无重排产物生成。

7.4.2 单分子亲核取代反应（S_N1）机制

实验表明，叔丁基溴在碱性水溶液中进行水解反应时，其水解反应速率只与叔丁基溴的浓度成正比，而与碱的浓度无关。例如：

$$(CH_3)_3CBr + OH^- \longrightarrow (CH_3)_3COH + Br^-$$
$$v = k[(CH_3)_3CBr]$$

这说明只有叔丁基溴参与了反应速率的决速步骤，而碱试剂没有参与。

一般认为反应分两步进行：

第一步　　$(CH_3)_3CBr \xrightarrow{\text{慢}} \left[\begin{matrix} \delta^+ & \delta^- \\ (CH_3)_3\ C \text{------} Br \end{matrix} \right] \longrightarrow (CH_3)_3C^+ + Br^-$

过渡态 T_1

第二步　　$(CH_3)_3C^+ \xrightarrow[OH^-]{\text{快}} \left[\begin{matrix} \delta^+ & \delta^- \\ (CH_3)_3\ C \text{------} OH \end{matrix} \right] \longrightarrow (CH_3)_3COH$

过渡态 T_2

第一步是叔丁基溴在溶剂中首先解离成叔丁基正离子和溴负离子。在解离过程中，碳溴键逐渐伸长，碳溴键之间的电子云也逐渐偏移向溴原子，使碳原子上的正电荷和溴原子上的负电荷逐渐增加，经过渡态（图 7-2 中的 T_1）并继续解离，直至生成活性中间体叔丁基正离子和溴负离子。由于碳溴共价键解离成离子需要的能量较高，这步反应的活化能较高，速率较慢，因此为反应的决速步骤。

第二步是碳正离子与 OH^- 结合，生成产物叔丁醇。由于叔丁基正离子的能量较高而有较大的活性，它与 OH^- 的结合只需要较少的能量，因此反应的速率很快。叔丁基正离子与 OH^- 的结合，也是逐渐进行的，且经过渡态（图 7-2 中的 T_2）最后生成叔丁醇。其反应进程中的能量变化如图 7-2 所示。

由图 7-2 可以看出，第一步反应所需的活化能比第二步反应所需的活化能大很多，因此第一步反应比较慢，是决定反应速率的慢步骤。由于在决定反应速率的慢步骤中只有卤代烷参与，而碱没有参与，因此将按这种机制进行的反应，称为单分子亲核取代反

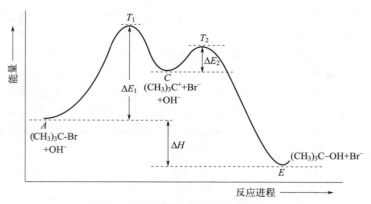

图 7-2   叔丁基溴水解反应的能量曲线

应（S_N1）。

由于 S_N1 反应中，生成了活性中间体碳正离子，其中心碳原子为 sp^2 杂化，为平面构型。亲核试剂进攻中心碳正离子时，从平面的前后方进攻的机会是相等的。因此，得到"构型保持"和"构型翻转"的两种产物的机会也是相等的。因此，当中心碳原子是手性碳原子，分子具有旋光性时，所得产物理论上是由两个构型相反的化合物组成的外消旋混合物。与 S_N2 反应的立体化学特征——瓦尔登翻转——不同，S_N1 反应的立体化学特征应该是外消旋化。例如：

$$
\begin{array}{ccccc}
\underset{\substack{H_5C_6}}{\overset{\substack{H_3C}}{C}}-Br & \longrightarrow & \overset{\substack{H \\ C^+}}{\underset{\substack{H_3C \quad C_6H_5 \\ OH^-}}{}} & \longrightarrow & H_3C{\overset{H}{C}}OH \quad + \quad HO{\overset{H}{C}}CH_3
\end{array}
$$

(S)-α-氯代乙苯　　　平面构型　　　(S)-α-氯代乙苯　　(R)-α-氯代乙苯
　　　　　　　　　　　　　　　　　　构型保持49%　　　构型翻转51%

值得注意的是，由于影响因素较多，100%的外消旋化是很少见的，经常遇到的则是外消旋化半随着某种程度的瓦尔登翻转。

由于 S_N1 反应中有碳正离子中间体生成，越稳定的碳正离子越易生成。因此，在 S_N1 反应时，常发生碳正离子的重排反应（rearrangement），生成一个更加稳定的新的碳正离子。例如：

$$
\begin{array}{ccc}
H_3C{-}\overset{\substack{CH_3}}{\underset{\substack{CH_3}}{C}}{-}\overset{\substack{}}{\underset{\substack{Br}}{CH}}{-}CH_3 & \xrightarrow[S_N1]{H_2O} & H_3C{-}\overset{\substack{CH_3}}{\underset{\substack{CH_3}}{C}}{-}\overset{+}{C}{-}CH_3 & \xrightarrow{\text{重排}}
\end{array}
$$

$$
\begin{array}{ccc}
H_3C{-}\overset{+}{\underset{\substack{CH_3}}{C}}{-}CH{-}CH_3 & \xrightarrow[-H^+]{H_2O} & H_3C{-}\overset{\substack{OH}}{\underset{\substack{CH_3}}{C}}{-}\overset{\substack{CH_3}}{CH}{-}CH_3
\end{array}
$$

综上所述，S_N1 反应的特点可归纳为：①反应分两步完成，有活性中间体碳正离子生成；②反应为单分子反应，即决速步骤只有一分子参与反应；③产物为外消旋体；④常伴有重排反应发生。

7.5   影响亲核取代反应的因素

卤代烷的亲核取代反应，既可能按 S_N1 机制进行也可能按 S_N2 机制进行。对某一个反应，究竟是按哪种机制进行反应，与烷基的结构、卤原子的性质、亲核试剂的亲核性、溶剂的极性及温度等多种因素有关。

7.5.1 烷基结构的影响

卤代烷的烷基结构对 S_N1 反应和 S_N2 反应都有影响，但影响不同。

（1）对 S_N2 反应的影响

在 S_N2 反应中，亲核试剂是从离去基团的背面进攻碳原子，如果中心碳原子上有体积较大的基团，对亲核试剂的进攻会产生阻碍作用，反应速率就会减慢。另一方面，所形成的过渡态为平面结构，如果中心碳原子上连有体积较大的基团时，会使过渡态拥挤程度增大，反应活化能增加，反应速率降低。例如，溴代烷在丙酮溶液中与碘化钾的反应为 S_N2 反应，其反应速率如下：

$$R\text{-}Br + KI \xrightarrow{CH_3COCH_3} R\text{-}I + KBr$$

反应物	CH_3Br	CH_3CH_2Br	$(CH_3)_2CHBr$	$(CH_3)_3CBr$
相对速度	150	1	0.01	0.001

对于伯卤代烷，β-碳原子上连有侧链时，同样也增加了过渡态的拥挤程度，S_N2 反应速率也会明显降低。

因此，对于 S_N2 反应，卤代烷的反应活性次序为：卤代甲烷＞伯卤代烷＞仲卤代烷＞叔卤代烷。

（2）对 S_N1 反应的影响

在 S_N1 反应中，决定反应速率的步骤是生成碳正离子的一步，因此，碳正离子中间体越稳定，生成时的活化能越低，反应速率就越快。烷基碳正离子的稳定性次序为：

$$R_3\overset{+}{C} > R_2\overset{+}{C}H > R\overset{+}{C}H_2 > \overset{+}{C}H_3$$

从空间效应来看，卤代烷解离成碳正离子，中心碳原子由 sp^3 杂化转变为 sp^2 杂化，取代基之间的拥挤程度降低，且取代基之间的拥挤程度远比在 S_N2 过渡态中要小。对于 S_N1 反应，空间效应的影响远比电子效应的影响小。因此，对于 S_N1 反应，卤代烷的反应活性次序为：叔卤代烷＞仲卤代烷＞伯卤代烷＞卤代甲烷。

由上可见，烷基结构不同，对 S_N1 反应和 S_N2 反应的影响是不同的：

$$\xrightarrow{\quad S_N1速率增大 \quad}$$
$$卤代甲烷，伯卤代烷，仲卤代烷，叔卤代烷$$
$$\xleftarrow{\quad S_N2速率增大 \quad}$$

叔卤代烷主要按 S_N1 机制进行反应，卤代甲烷和伯卤代烷主要按 S_N2 机制进行反应，仲卤代烷既可能按 S_N1 机制进行反应，也可能按 S_N2 机制进行反应，或者同时按照 S_N1 和 S_N2 机制进行反应，由具体的反应条件而定。

7.5.2 离去基团的影响

由于 S_N1 和 S_N2 反应的慢步骤都包括碳卤键的断裂，因此离去基团卤原子的性质对 S_N1 和 S_N2 反应将产生相似的影响，即离去基团的离去能力越强，亲核取代反应越容易进行。但由于在 S_N2 反应中，参与过渡态形成的还有亲核试剂，故卤原子离去的难易除与其本身性质有关外，还与亲核试剂的性质有关。因此，卤原子的性质对 S_N1 和 S_N2 反应的影响，在程度上是不完全相同的，其中对 S_N1 反应的影响更为突出。一般好的离去基团倾向

于按 S_N1 反应进行，反之，不好的离去基团倾向于按 S_N2 反应进行。

一方面是碳卤键键能的大小。碳卤键的键能次序为：

$$C—F > C—Cl > C—Br > C—I$$

键能/$(kJ \cdot mol^{-1})$ 485 339 285 218

另一方面是键的可极化度，共价键的可极化度随原子半径的增大而增大，所以，碳卤键的可极化度次序为：$C—I > C—Br > C—Cl > C—F$。键的可极化度越大，在反应中越容易断裂。

综上所述，卤代烷进行亲核取代反应时，不论是按 S_N1 还是按 S_N2 机制进行反应，其反应活性次序都是：$R—I > R—Br > R—Cl > R—F$。其中 I^- 是最好的离去基团，F^- 的离去能力最差。

对于饱和碳原子上的亲核取代反应，离去基团除卤原子外，还有很多，常见的离去基团如下：

$$\textit{p}-CH_3C_6H_4SO_3^-, I^-, Br^-, H_2O, (CH_3)_2S, Cl^-, CHCOO^-, CN^-, RNH_2, C_2H_5S^-, HO^-, CH_3O^-$$

离去的能力递减 →

离去基团可以看成是酸的共轭碱。实验证明，易离去基团通常是强酸（$pK_a < 5$）的共轭碱，即弱碱，碱性越弱越容易离去。例如，对甲苯磺酸（$\textit{p}-CH_3C_6H_4SO_3H$）是一种强的有机酸，其共轭碱（$^-OTs$）是弱碱，是一个很好的离去基团，在有机合成中常被采用。

7.5.3 亲核试剂的影响

因为决定 S_N1 反应的关键步骤没有亲核试剂参与，故亲核试剂的亲核性对 S_N1 反应没有什么影响。在 S_N2 反应中，离去基团是在亲核试剂进攻的作用下离开中心碳原子的，其反应速率受亲核试剂的亲核性强弱影响较大。

亲核试剂的结构特征是，亲核原子带有未共用电子对或带有负电荷，它是一个好的电子给予体。

亲核试剂的亲核性强弱主要与以下因素有关。

① 当亲核试剂的亲核原子相同时，在极性质子溶剂（如水、醇、酸等）中，试剂的碱性通常与亲核性次序一致。例如：

$$C_2H_5O^- > HO^- > C_6H_5O^- > CH_3COO^- > H_2O; \quad H_2N^- > H_3N$$

试剂的亲核性与碱性并不完全一致，因为亲核性通常是指试剂与碳原子的结合能力，而碱性则是指与 H^+ 的结合能力，这是两个不同的概念。例如，CH_3O^- 和 $(CH_3)_3CO^-$ 两者都是碱，同时又均可作为亲核试剂。由于甲基供电子诱导效应的影响，$(CH_3)_3CO^-$ 中氧原子上带有更多的负电荷，$(CH_3)_3CO^-$ 的碱性明显比 CH_3O^- 强；然而，作为亲核试剂，由于 $(CH_3)_3CO^-$ 的体积比 CH_3O^- 大，$(CH_3)_3CO^-$ 比 CH_3O^- 较难从离去基团的背面进攻中心碳原子。另外，从 $(CH_3)_3CO^-$ 和 CH_3O^- 分别进攻中心碳原子所形成的过渡态来考察，$(CH_3)_3CO^-$ 所形成的过渡态将更加拥挤而不稳定，因此较难形成。即由于空间效应的影响，$(CH_3)_3CO^-$ 的亲核性反而比 CH_3O^- 弱。总之，从电子效应和空间效应来考察，$(CH_3)_3CO^-$ 的碱性虽然比 CH_3O^- 强，但亲核性比 CH_3O^- 弱。

② 当亲核试剂的亲核原子是元素周期表中同周期原子时，原子的原子序数越大，其电负性越强，则供电子的能力越弱，即亲核性越弱。例如：

$$H_2N^- > HO^- > F^-; \quad H_3N > H_2O; \quad R_3P > R_2S$$

③ 当亲核试剂的亲核原子是元素周期表中的同族原子时，在极性质子溶剂中，试剂的

原子半径越大，可极化度越大，其亲核性越强。例如：

$$I^->Br^->Cl^->F^-；RS^->RO^-；R_3P>R_3N$$

7.5.4　溶剂的影响

溶剂的极性大小对亲核取代反应有较大的影响。在 S_N1 反应中，决定反应速率的步骤是卤代烷解离为带正电荷的过渡态，进而生成碳正离子的一步，能使带正电荷的过渡态及碳正离子中间体稳定的因素则可加快反应。因极性溶剂可使带正电荷的过渡态及碳正离子中间体溶剂化而变得稳定，故极性溶剂会加快 S_N1 反应的速率。例如：

$$R-X \xrightarrow{\text{慢}} \left[\overset{\delta^+}{R} \text{-----} \overset{\delta^-}{X} \right] \longrightarrow R^+ + X^-$$

对于 S_N2 反应，增加溶剂的极性对反应通常会产生不利的影响，因为决定反应速率的关键步骤是由负电荷较集中的亲核试剂与反应物生成电荷较分散的过渡态的步骤，增加溶剂极性使负电荷较集中的亲核试剂溶剂化，降低其亲核能力，不利于过渡态的生成。但是，增加溶剂的极性却能使卤代烷与氨的亲核取代反应加快，这是因为反应是由不带电荷的亲核试剂与卤代烷反应生成带部分正负电荷的过渡态，极性溶剂有助于其过渡态的生成。

7.6　消除反应机制

与亲核取代反应相似，β-消除反应也有两种机制：双分子消除反应和单分子消除反应机制，分别用 E2 和 E1 表示，E 是 elimination 的字首，消除，2 表示双分子，1 表示单分子。

7.6.1　双分子消除反应（E2）机制

E2 反应和 S_N2 反应非常相似，反应都是一步完成，即新键的形成和旧键的断裂同时发生。不同的是，S_N2 反应中试剂进攻的是 α-碳原子，而在 E2 反应中，试剂进攻的是 β-氢原子。因此，S_N2 反应和 E2 是相互竞争的反应，经常同时发生。如：

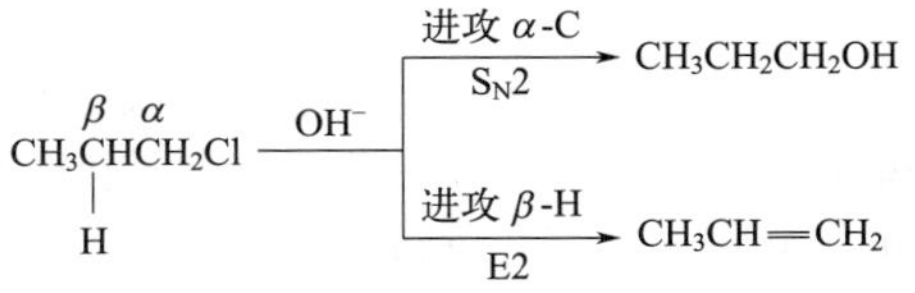

一般认为 E2 反应机制为：碱进攻 β-氢原子使这个氢原子成为质子与试剂结合离去，与此同时，离去基团卤原子带一对电子离开中心碳原子，在 α-碳原子和 β-碳原子之间形成碳碳双键。碳氢、碳卤键逐渐减弱，碳由 sp^3 杂化逐渐转化为 sp^2 杂化，在每个碳上逐渐形成一个 p 轨道，形成能量较高的过渡态。此反应是一步完成的，其反应速率与卤代烷的浓度和碱的浓度都成正比，故称双分子消除反应机制。例如：

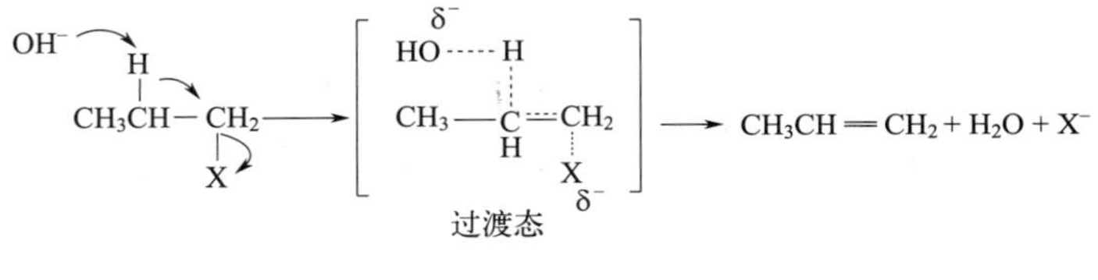

从立体化学角度来看，β-消除可能导致两种不同的顺反异构体。将离去基团 X 与被脱去的 β-氢原子放在同一平面上，若 X 与 β-氢原子在 σ 键同侧被消除，称为顺式消除；若 X 与 β-氢原子在 σ 键两侧（异侧）被消除，称为反式消除。例如：

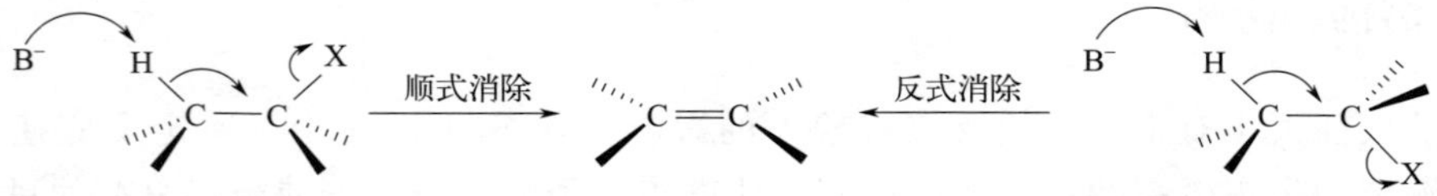

实验表明，在按 E2 机制进行的消除反应中，一般发生反式消除。例如，蓋基氯与强碱作用，生成唯一产物 2-蓋烯，并没有得到取代基较多的 β'-氢原子消除产物，因此可以看出，蓋基氯消除 HCl 是一种反式消除。例如：

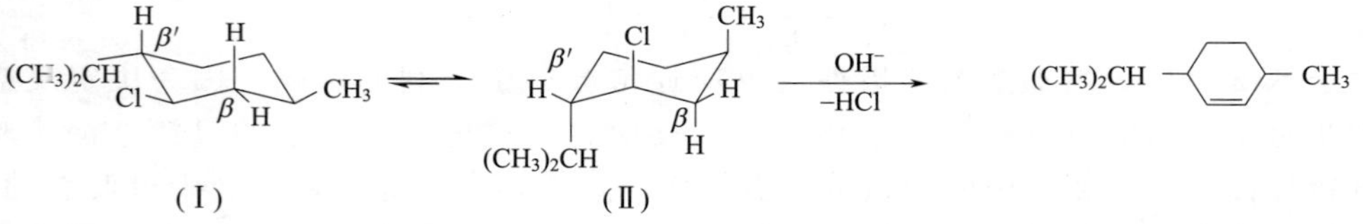

（Ⅰ）　　　　　　　　（Ⅱ）

蓋基氯　　　　　　　　　　　　　　　2-蓋烯

在反应时，蓋基氯以平衡体系中构象式（Ⅱ）参加反应，因此时被消除的两个氢原子处于反式共平面上面而有利于消除反应。从（Ⅱ）式可以看出，β'-氢原子与 Cl 不在同一平面上；β-氢原子虽有两个，但只有处于 a 键的氢原子与氯原子处在同一平面上，且处于反式。只有消除这个氢原子才能生成 2-蓋烯，说明消除反应是一种反式消除。

同样道理，新蓋基氯在强碱作用下消除氯化氢生成了两种烯烃，其中 3-蓋烯和 2-蓋烯的比例为 75% 和 25%，也证明了此类消除反应是反式消除。

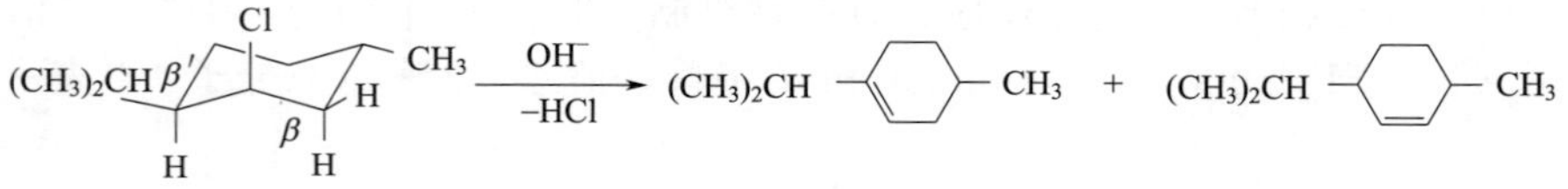

新蓋基氯　　　　　3-蓋烯(75%)　　　　2-蓋烯(25%)

在新蓋基氯中，各有一个 β-氢原子和 β'-氢原子与氯原子处于反式共平面构象，满足反式消除条件。其消除的取向遵循札依采夫规则，故主要得到 3-蓋烯，而 2-蓋烯较少。

7.6.2　单分子消除反应（E1）机制

同样，E1 反应和 S_N1 反应的机制也非常相似，反应分两步进行：首先，卤代烷分子在溶剂中发生碳卤键的异裂形成碳正离子中间体，第二步反应，亲核试剂 OH^- 若进攻碳正离子的中心碳原子即为 S_N1 反应，生成取代产物；若进攻 β-氢原子即为 E1 反应，生成消除产物烯烃。

由于决速步骤是第一步反应，而在这步反应中只有卤代烷参与反应，碱没有参与，因此，反应速率仅与卤代烷的浓度成正比，而与碱的浓度没有关系，称为单分子消除反应。由此可见，E1 反应和 S_N1 反应也是相互竞争的反应，经常同时发生。例如：

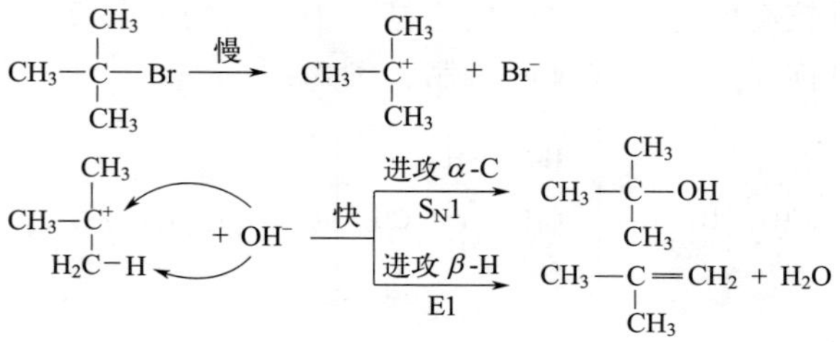

与 S_N1 反应相似，按 E1 机制进行的消除反应由于形成了碳正离子中间体，因此也常发生碳正离子的重排反应。例如：

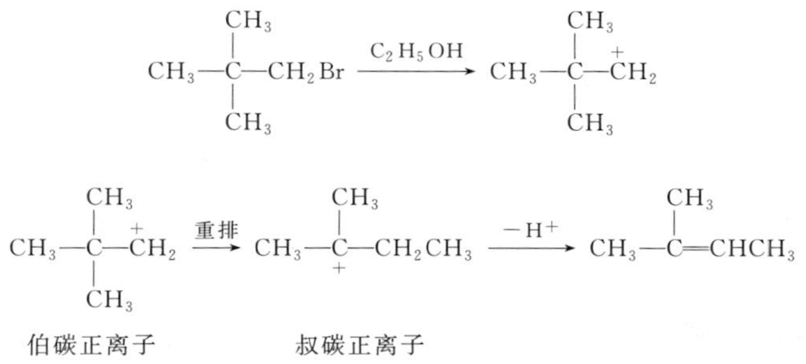

$$CH_3-\underset{\underset{CH_3}{|}}{\overset{\overset{CH_3}{|}}{C}}-CH_2Br \xrightarrow{C_2H_5OH} CH_3-\underset{\underset{CH_3}{|}}{\overset{\overset{CH_3}{|}}{C}}-\overset{+}{C}H_2$$

$$CH_3-\underset{\underset{CH_3}{|}}{\overset{\overset{CH_3}{|}}{C}}-\overset{+}{C}H_2 \xrightarrow{重排} CH_3-\underset{\underset{CH_3}{|}}{\overset{+}{C}}-CH_2CH_3 \xrightarrow{-H^+} CH_3-\underset{\overset{CH_3}{|}}{C}=CHCH_3$$

伯碳正离子　　　　　　叔碳正离子

7.7　影响消除反应的因素

7.7.1　烷基结构的影响

烷基的结构对 E1 和 E2 反应均有影响。

对于 E1 反应，由于反应的慢步骤是生成碳正离子，而碳正离子稳定性由大到小的顺序是：$3°>2°>1°$，因此叔卤代烷最容易进行反应。

对于 E2 反应，由于过渡态类似烯烃，而烯烃的稳定性是，双键碳原子上连接的烷基越多越稳定，由此可见叔卤代烷所形成的类似烯烃的过渡态最稳定，而容易生成。

综上所述，卤代烷进行消除反应时，无论是按 E1 还是按 E2 机制进行，卤代烷的活性次序都是：叔卤代烷＞仲卤代烷＞伯卤代烷。

7.7.2　卤原子的影响

由于 E1 和 E2 反应的慢步骤都涉及碳卤键的断裂，因此卤原子离去的难易对两者均有影响。由于 E1 反应的慢步骤只涉及碳卤键的断裂，因此卤原子离去的难易，对 E1 反应的影响比 E2 反应大，好的离去基团（如碘原子）更有利于 E1 反应。

7.7.3　进攻试剂的影响

由于 E1 反应的慢步骤是底物碳卤键的异裂，因此进攻试剂对 E1 的反应速率无影响，但对 E2 反应速率有影响。由于 E2 反应是进攻试剂进攻 β-氢原子，因此进攻试剂的碱性越强和/或浓度越大，越有利于 E2 反应。当使用浓的强碱进行消除反应时，通常是按 E2 机制进行。

7.7.4　溶剂的影响

溶剂的性质 E1 和 E2 反应均有影响，但由于 E1 反应首先是碳卤键的异裂，同时生成电荷比较集中的碳正离子和卤负离子，因此增加溶剂的极性将有利于 E1 反应。

7.8 影响取代和消除反应竞争的因素

从反应机制的讨论中可以看出,亲核取代反应和消除反应是相互竞争的反应,相伴发生。因此,产物中常同时存在亲核取代产物和消除产物,二者的生成比例受烷基结构、进攻试剂的性质、溶剂的性质及温度等多种因素的影响,通过选择合适的反应物和适当控制反应条件,可使某种产物成为主产物,对于有机合成工作具有重要意义。

7.8.1 烷基结构的影响

烷基的结构对 E1 和 E2 反应均有影响:

E越容易 →

伯卤代烷,仲卤代烷,叔卤代烷

← S_N越容易

例如:

$$CH_3CH_2CH_2Br \xrightarrow[55℃]{C_2H_5ONa,\ C_2H_5OH} CH_3CH=CH_2 + CH_3CH_2CH_2OC_2H_5$$

9%　　　　81%

$$CH_3CHCH_3 \text{(Br)} \xrightarrow[55℃]{C_2H_5ONa,\ C_2H_5OH} CH_3CH=CH_2 + CH_3CH_2CH_2OC_2H_5$$

80%　　　　20%

$$CH_3C(CH_3)CH_3\text{(Br)} \xrightarrow[55℃]{C_2H_5ONa,\ C_2H_5OH} (CH_3)_2C=CH_2 + (CH_3)_3COC_2H_5$$

97%　　　　3%

上述伯、仲、叔卤代烷的不同,实质上也是卤代烷的 α-碳原子上连有支链多少的不同。由此可见,卤代烷的 α-碳原子上连有支链时,有利于消除反应,支链越多越有利。其原因是:①试剂进攻 α-碳原子连有支链的卤代烷的中心碳原子时,受到支链的空间阻碍作用较大,而不利于亲核取代反应;②α-碳原子连有支链的卤代烷,有较多的 β-氢原子,有利于试剂进攻 β-氢原子进行消除反应;③α-碳原子上的支链增加了消除时生成的类似烯烃的过渡态双键碳原子上的烷基,而相对稳定,因为双键碳原子上连接烷基越多的烯烃越稳定。

在第 3 章 3.2.4.4(2)中提到的金属炔化物进行烷基化合成较高级炔烃时,通常采用伯卤代烷,也是这个道理。

另外,当卤代烷的 β-碳原子上连有支链时,消除产物也适当增多,支链越多消除产物的量也相应地增加。例如:

$$H-CH_2CH_2Br \xrightarrow[55℃]{C_2H_5ONa,\ C_2H_5OH} CH_2=CH_2 + CH_3CH_2OC_2H_5$$

1%　　　　99%

$$CH_3CHCH_2Br\text{(CH}_3) \xrightarrow[55℃]{C_2H_5ONa,\ C_2H_5OH} (CH_3)_2C=CH_2 + (CH_3)_2CHCH_2OC_2H_5$$

40%　　　　60%

7.8.2 进攻试剂的影响

进攻试剂的碱性越强，对消除反应越有利。因为在消除反应中，进攻试剂将 β-氢原子以质子的形式除去，需要较强的碱。例如：

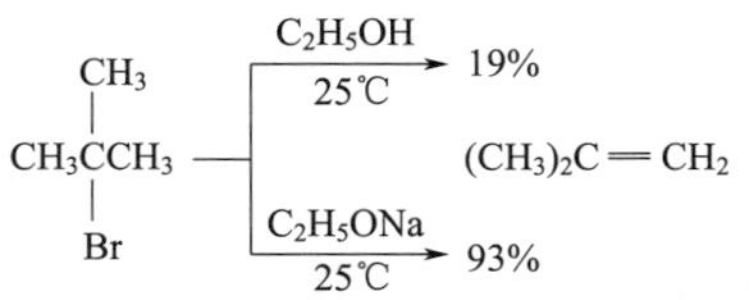

$$\underset{\substack{|\\Br}}{\overset{\substack{CH_3\\|}}{CH_3CCH_3}} \quad \begin{array}{l} \xrightarrow[25℃]{C_2H_5OH} 19\% \\ \\ \xrightarrow[25℃]{C_2H_5ONa} 93\% \end{array} \quad (CH_3)_2C=CH_2$$

两者的区别是，加入 2mol $C_2H_5O^-$ 后，由于 $C_2H_5O^-$ 的碱性比 C_2H_5OH 强，$C_2H_5O^-$ 更容易夺取 β-氢原子，因此消除产物增多。另外，碱的浓度增加和碱的体积增加，也有利于消除反应。

7.8.3 溶剂的影响

溶剂极性增大有利于取代反应，而不利于消除反应。S_N1 和 E1 都生成碳正离子中间体，极性溶剂可以增加碳正离子的稳定性；极性溶剂对 S_N2 和 E2 都是不利的，因为二者的过渡态比反应物的电荷分散。但极性溶剂对于 S_N2 反应过渡态的稳定性作用比 E2 反应过渡态强，因为 S_N2 反应过渡态的电荷比 E2 反应过渡态的电荷相对集中，溶剂化作用强，故增加溶剂的极性对 E2 反应更加不利。

因此，卤代烷的消除产物反应通常在氢氧化钠的醇溶液中进行，而取代反应通常在氢氧化钠的水溶液中进行，除了醇的极性比水弱的原因外，在醇溶液中，RO^- 是进攻试剂，其碱性比 HO^- 强，更有利于 E2 反应。

7.8.4 反应温度的影响

虽然升高温度对取代和消除反应都有利，但两者相比，升高温度通常更有利于消除反应。因为消除反应需要拉长碳氢键，形成过渡态所需的活化能较大。例如：

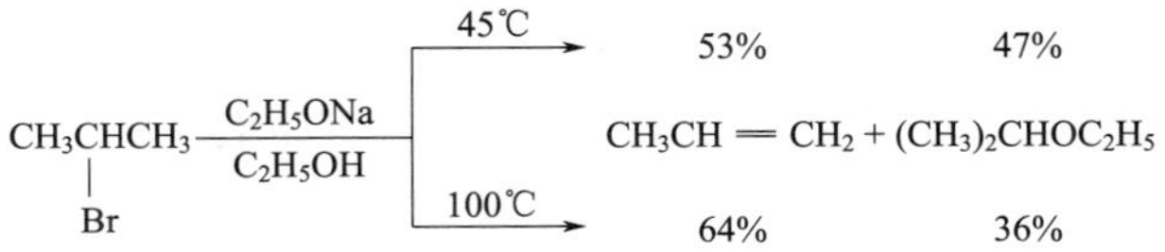

$$\underset{\substack{|\\Br}}{CH_3CHCH_3} \quad \begin{array}{l} \xrightarrow{45℃} \quad 53\% \quad\quad 47\% \\ \xrightarrow[C_2H_5OH]{C_2H_5ONa} \quad CH_3CH=CH_2 + (CH_3)_2CHOC_2H_5 \\ \xrightarrow{100℃} \quad 64\% \quad\quad 36\% \end{array}$$

7.9 卤代烯烃和卤代芳烃的化学性质

7.9.1 双键和苯环位置对卤原子活性的影响

与卤代烷烃相比，卤代烯烃和卤代芳烃虽然也是由卤原子和烃基两部分组成的，但后者的烃基中或含有碳碳双键官能团或含有闭合共轭体系的苯环，因此，它们的性质不仅与卤代烷烃有所不同，而且其卤原子的活性也差别较大。在 7.1.1 小节提到的卤代烯烃和卤代芳烃的三种类型中，卤原子的活性由大到小的次序是：

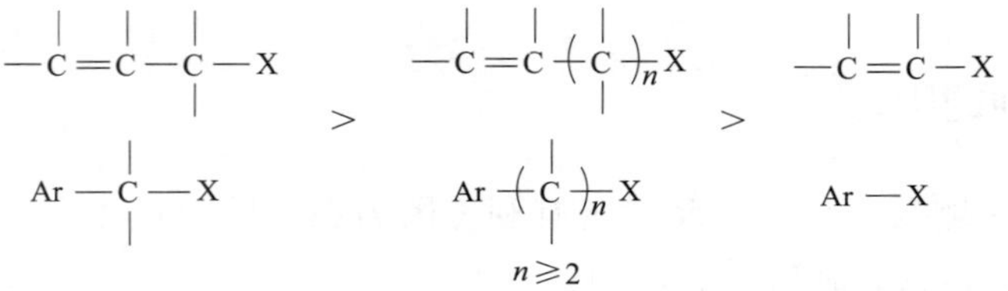

现以氯乙烯和氯苯分别代表乙烯型和苯基型卤代烃，烯丙基氯和苄氯分别代表烯丙型和苄基型卤代烃进行讨论。

（1）乙烯型和苯基型卤原子的活性

氯乙烯和氯苯在结构上很相似，其氯原子均与 sp^2 杂化碳原子相连，且氯原子的未共用电子对所在的 p 轨道与碳碳双键或苯环的 π 轨道构成共轭体系，分子中存在 p-π 共轭效应，如图 7-3 和图 7-4 所示。

图 7-3　氯乙烯分子中的 p 轨道交盖和电子的离域　　　图 7-4　氯苯分子中的 p 轨道交盖和电子的离域

与氯乙烷相比，氯乙烯和氯苯分子中氯原子所连接的 SP^2 杂化碳原子含 s 成分较多，致使碳氯键的键轨道缩短；另外，由于共轭效应的影响，电子从氯原子离域到碳碳双键或苯环上。两种因素影响的结果，碳氯键不易断裂。这种影响也可以从氯乙烯和氯苯分子中的碳氯键变短、键的异裂解离能增加和偶极矩变小得到证实，如表 7-2 所示。

表 7-2　双键和苯环对卤代烃碳卤键性能的影响

化合物	键长/nm	异裂键解离能/$(kJ \cdot mol^{-1})$	偶极矩/$(10^{-30} C \cdot m)$
$CH_3CH_2—Cl$	0.178	799	6.84
$CH_2=CH—Cl$	0.172	866	4.80
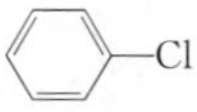 ⬡—Cl	0.169	916	5.84

由此可见，乙烯型和苯基型卤代烃分子中碳卤键很难断裂形成乙烯基和苯基正离子，即使形成也由于正电荷处于 sp^2 杂化轨道而不稳定；另外，双键和苯环的电子效应和空间效应排斥和阻碍亲核试剂从背面进攻卤原子所在的碳原子，因此在与卤代烷相似的条件下，它们不易进行亲核取代反应，同样也不易进行消除反应，在傅-克反应中，也不能作为烃基化试剂使用。例如，溴乙烯和溴苯与硝酸银的醇溶液加热数日也不发生反应。

（2）烯丙型和苄基型卤原子的活性

与乙烯型和苯基型形成鲜明对比，烯丙型和苄基型卤代烃的碳卤键异裂的键解离能低得多。例如，烯丙基氯和苄氯的碳氯键异裂的键解离能分别为 $723.8kJ \cdot mol^{-1}$ 和 $694.5kJ \cdot mol^{-1}$，比相应的氯乙烯和氯苯低很多，比氯乙烷也低，因此碳氯键容易断裂。它们无论进行 S_N1（主要）还是 S_N2 反应，其氯原子均表现出较高的活泼性。例如，它们的碱性水解反应（S_N1 机制）中，首先失去氯负离子（Cl^-），分别生成烯丙基和苄基碳正离子。

在上述碳正离子中，带正电荷碳原子的空 p 轨道与碳碳双键或苯环的 π 轨道构成共轭体系，电子离域的结果，正电荷不再集中在原来的带正电荷的碳原子上，而是分散在构成共轭体系的所有碳原子上，如图 7-5 和图 7-6 所示，从而降低了碳正离子的能量，使之稳定，故烯丙基氯和苄基氯分子中的氯原子比较活泼。

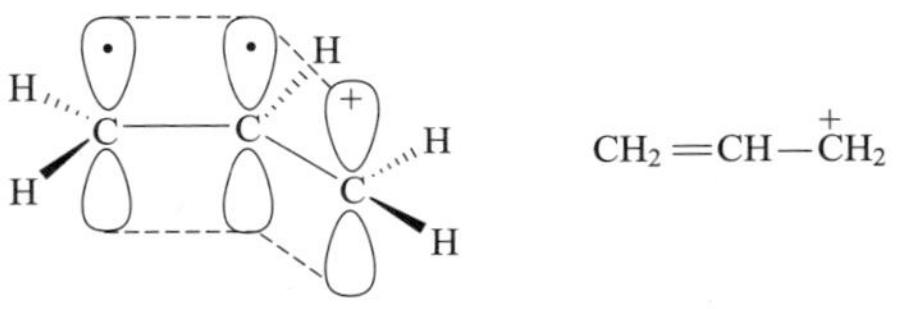

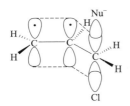

图 7-5　烯丙基正离子 p 轨道的交盖和电子的离域

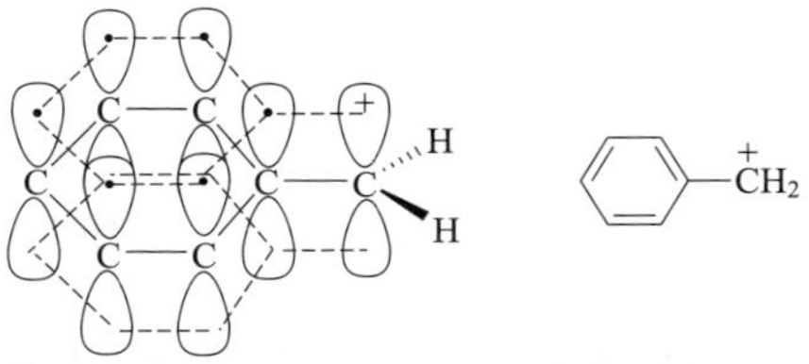

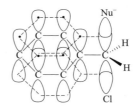

图 7-6　苄基正离子 p 轨道的交盖和电子的离域

当烯丙基氯和苄基氯的亲核取代反应按 S_N2 机制进行时，由于影响 S_N2 反应活性的主要因素是空间效应，而这两类卤代烃与无支链的伯卤代烷相似，空间效应较小，有利于反应的进行。另外，也由于过渡态双键或苯环的 π 轨道与正在形成的和即将断裂的轨道在侧面相互交盖，见图 7-7 和图 7-8，使负电荷更加分散，过渡态能量降低，更稳定而容易生成，从而有利于反应的进行，同样表现出氯原子比较活泼。

图 7-7　烯丙基氯的 S_N2 反应的过渡态

图 7-8　苄基氯的 S_N2 反应的过渡态

实验表明，烯丙型和苄基型卤代烃分子中的卤原子很活泼，容易进行卤代烷所发生的亲核取代和消除等多种反应。例如，它们与硝酸银的醇溶液作用，很容易生成卤化银沉淀，可用来鉴别这类卤代烃。

(3) 隔离型卤原子的活性

在隔离型卤代烃分子中，卤原子与双键或苯环相距较远，其相互影响较小，卤原子的活性与卤代烷中相似，这里不再赘述。

7.9.2　乙烯型和苯基型卤代烃的化学性质

乙烯型和苯基型卤代烃分子中卤原子不活泼。若采用较强烈条件，或提供合适的反应条件，也能发生某些反应，尤其是苯基型卤代烃能发生多种反应，且有些反应具有实用价值和理论意义。

(1) 亲核取代反应

乙烯型和苯基型卤代烃分子中，卤原子的未共用电子对所在的 p 轨道与碳碳双键或苯环之间的 π 轨道存在 p-π 共轭，导致碳卤键变短，键能增大。因此，这类卤代烃碳卤键难以断裂，卤原子难以发生亲核取代反应，故在以卤代烷的亲核取代反应为基础的合成中，通常不使用乙烯型卤代烃。一个已知的反应是溴乙烯与氧化银在沸水中处理，得到乙醛。例如：

$$CH_2{=}CH{-}Br + AgOH \xrightarrow[-AgBr]{} [\ CH_2{=}CH{-}OH\ ] \longrightarrow CH_3CHO$$

但在强烈的条件下，苯基型卤代烃分子中的卤原子能与亲核试剂如氢氧化钠，RONa，氰化亚铜，氨等发生亲核取代反应。例如：

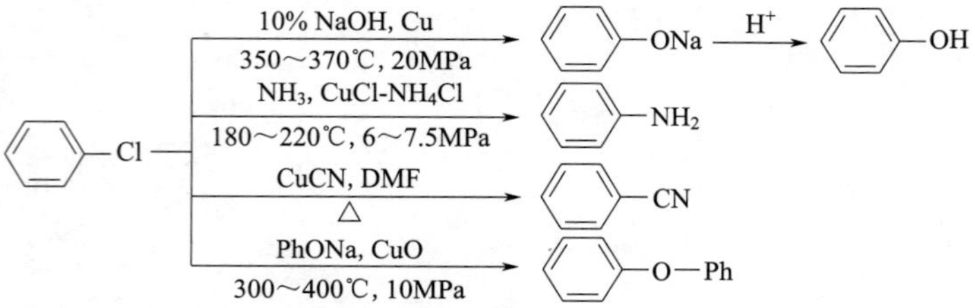

卤苯的某些反应已被应用于工业生产中。如氯苯的水解是工业上生产苯酚的方法之一，称为"Dow"法；氯苯与酚钠的反应也是工业上生产二苯醚的方法。

虽然苯基型卤代烃在亲核取代反应中的活性很低，但当苯环的邻位或/和对位上连有强的吸电基时，则其反应活性显著提高。例如，氯苯虽然很难水解，但当氯原子的邻和/或对位连有硝基等强的吸电基时，水解变得较容易，且吸电基越多反应越容易：

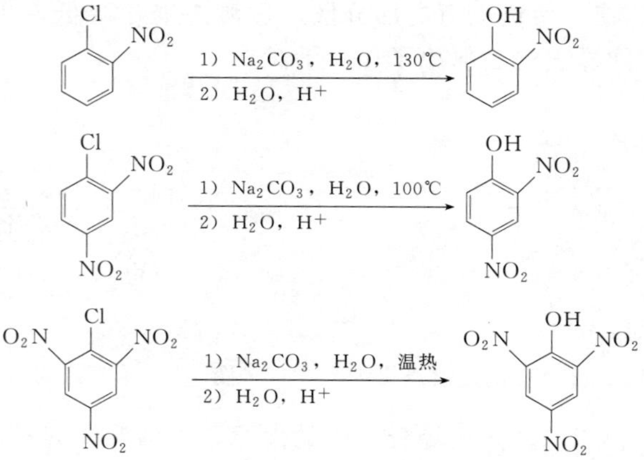

若采用其它亲核试剂时，也观察到类似的结果。例如：

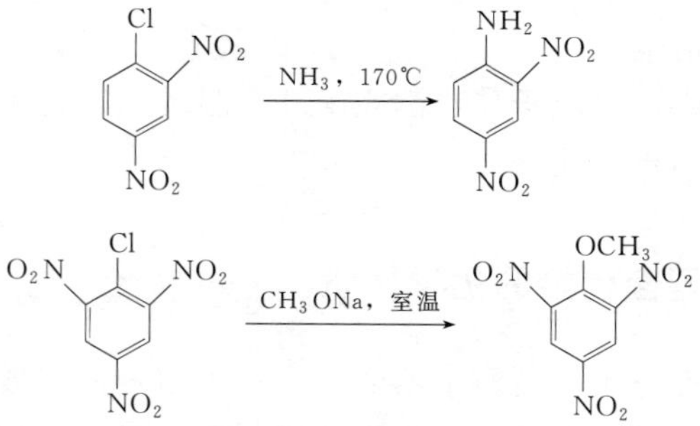

工业上已利用上述反应及类似反应生产邻硝基苯酚、对硝基苯酚、2,4-二硝基苯酚、2,4-二硝基苯胺等。

卤原子的邻和/或对位连有其它类似—SO_3H、—CN、—N^+R、—COR、—COOH、—CHO 等吸电基时，对卤原子的活性有类似的影响。当吸电基处在卤原子的间位时，对卤原子活性的影响较小。相反，苯环上连有—NH_2、—OH、—OR、—R 等供电基时，则对卤原子的活性起着钝化作用。

乙烯型卤代烃很难进行亲核取代反应，其反应机制这里不再讨论，现仅就苯基型卤代烃两种亲核取代反应机制进行讨论。

（a）加成-消除反应机制

实验发现，对硝基卤苯与甲氧负离子反应时，其反应速率与对硝基卤苯和甲氧负离子的浓度都成正比，即 $v=k[p-XC_6H_4NO_2][CH_3O^-]$，即对硝基卤苯与甲氧负离子均参与了反应决速步骤。例如：

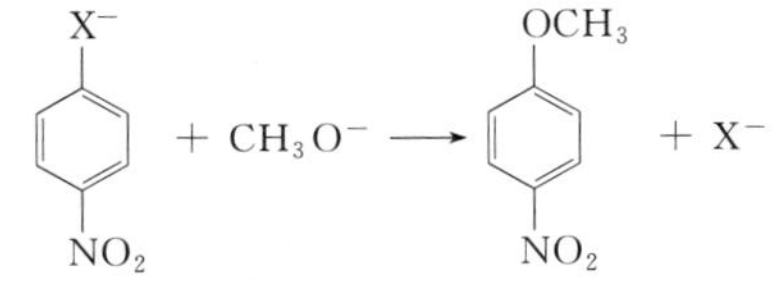

反应的第一步是亲核试剂从苯环的侧面进攻卤原子所在的碳原子，与苯环发生亲核加成反应，生成环上带有负电荷的中间体。卤代芳烃形成碳负离子中间体后，与卤原子和亲核试剂相连的碳原子，由原来的 sp^2 杂化转变为 sp^3 杂化，苯环闭合的共轭体系被破坏，能量较高而较不稳定，因此是反应速率慢的一步，即控制反应速率的一步。第二步是卤原子带着一对键合电子离去形成产物，恢复了苯环闭合的共轭体系，能量降低，故较稳定而较容易生成，这一步是反应中的快步骤。例如：

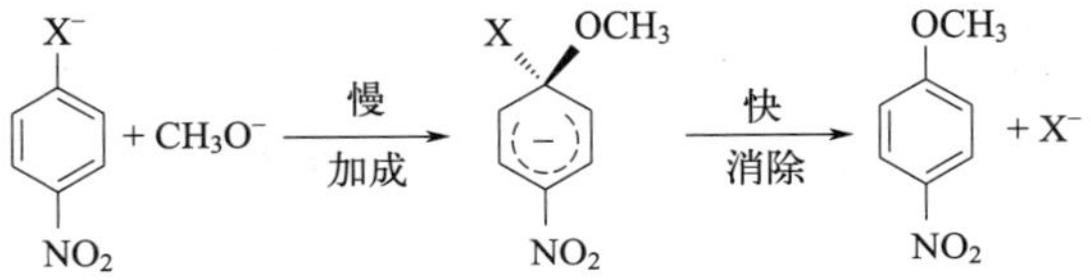

总之，上述苯基型卤代烃的亲核取代反应分两步进行，第一步是加成，第二步是消除，因此这种反应机制称为加成-消除机制，有时也称为 $S_N Ar2$ 机制。

在上述反应中，当苯环上连有强吸电基时，尤其是在卤原子的邻和/或对位上，由于吸电子的共轭效应和诱导效应影响的结果，能更好地分散负电荷，使碳负离子中间体更稳定，反应更容易进行。硝基（或其它吸电基）处于间位时，因为只有诱导效应的影响，故影响较小。当苯环上连有供电基时，由于其供电的结果，使负电荷更加集中而不稳定，故反应不易进行。

（b）消除-加成反应机制（苯炔机制）

实验发现，若用氯原子标记的 ^{14}C（用"＊"表示）上的氯苯进行水解，除生成预期的羟基连于 ^{14}C 的苯酚外，还生成了羟基连于 ^{14}C 邻位碳上的苯酚；用极强的碱氨基钾（钾溶于液氨中）处理这一氯苯也得到类似的结果：

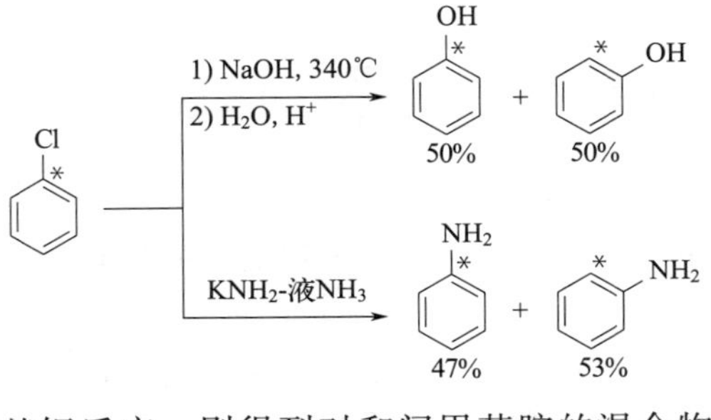

若采用对氯甲苯与氨基钾反应，则得到对和间甲苯胺的混合物：

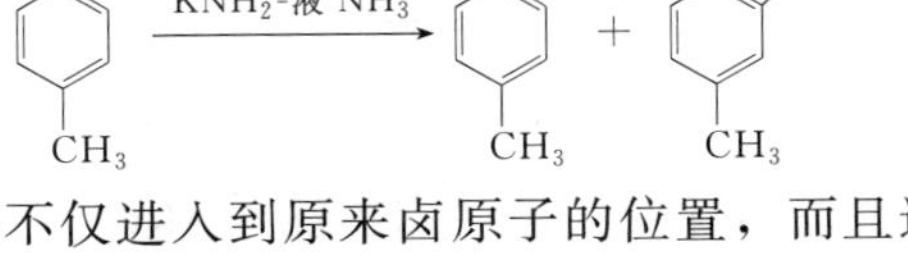

从上可知，反应后氨基不仅进入到原来卤原子的位置，而且还进入到卤原子的邻位。这

些实验现象无法用前面所述的加成-消除反应机制进行解释，然而用消除-加成反应机制（苯炔机制）却能很好解释上述的实验结果。现以氯苯的氨解为例说明消除-加成反应机制：

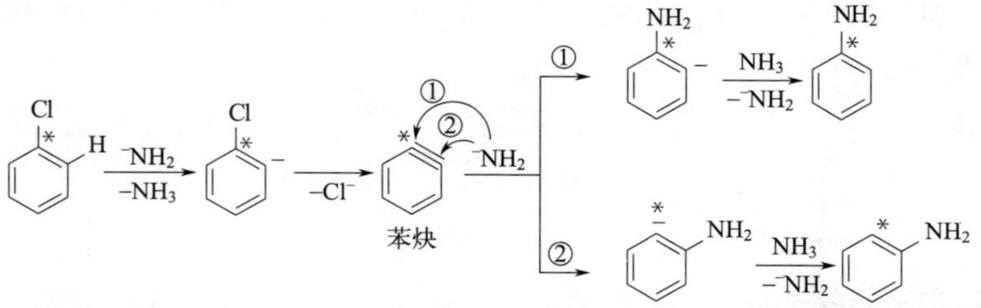

由于氯苯中氯原子的吸电诱导效应的影响，使其邻位的氢原子的酸性较强（与苯相比），所以反应的第一步是强碱 $^-NH_2$ 首先夺取氯原子邻位的氢原子生成碳负离子，然后脱去 Cl^- 生成活性中间体苯炔。这两步合起来相当于在强碱 $^-NH_2$ 作用下，氯苯消去一分子 HCl。苯炔是一高度活泼的中间体，立即与氨加成，在碳碳三键上加一分子的 NH_3，使之恢复芳环的稳定结构。所以这种机制称为消除-加成反应机制，又因该类型反应是经由苯炔活性中间体完成的，故又称苯炔机制。

苯炔是具有高度反应活性的中间体，苯炔中存在一个特殊的碳碳三键。苯炔中的碳原子

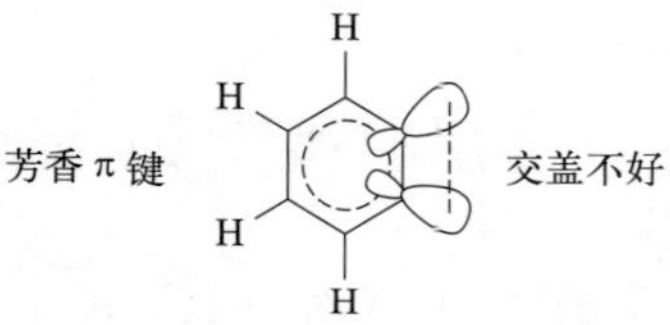

图 7-9　苯炔结构的轨道图

仍为 sp^2 杂化，碳碳三键中，一个是 σ 键，两个是 π 键，其中的一个 π 键参与苯环的共轭 π 键体系，第二个 π 键则是由苯环上相邻的两个不平行的 sp^2 杂化轨道通过侧面交盖而成，如图 7-9 所示。

从图中可以看出：其一，由于第二个 π 键两个 sp^2 杂化轨道不相互平行，侧面交盖很少，故所形成的这个 π 键很弱，这个很弱的 π 键导致了苯炔的高度活泼性，如苯炔除了容易与亲核试剂加成外，也可与共轭二烯发生狄尔斯-阿尔德反应；其二，由于第二个 π 键的两个 sp^2 杂化轨道与构成苯环的碳原子共处于同一平面上，即与苯环中的共轭 π 键体系相互垂直，故苯环上连接的所有取代基对苯炔的生成与稳定，只存在诱导效应，而不存在共轭效应。

（2）消除反应

与亲核取代反应类似，乙烯型和苯基型卤代烃也难以进行消除反应。其中乙烯型卤代烃只有在强烈条件下才能消除卤化氢生成炔烃。例如：

$$CH_3CH_2CH{=}CHBr \xrightarrow[\text{液 NH}_3]{KNH_2} CH_3CH_2C{\equiv}CH \ + \ HBr$$

$$C_6H_5CH{=}CHBr \xrightarrow[215\sim340℃]{NaOH} C_6H_5C{\equiv}CH \ + \ HBr$$

而苯基型卤代烃则是在反应过程中可以生成很活泼的瞬间存在的苯炔中间体。

（3）与金属镁反应

乙烯型和苯基型卤代烃均能与镁反应，生成格氏试剂。较活泼的卤代烃可以在沸点较低的乙醚中进行，而不活泼的卤代烃则需要使用配位能力较强（如四氢呋喃）、和/或高沸点溶剂、或在较强烈条件下才能进行。例如：

$$CH_2{=}CH{-}Br \ + \ Mg \xrightarrow{THF} CH_2{=}CH{-}MgBr$$

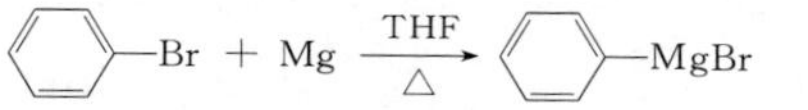

对于烃基相同的卤代烃，其活性次序是：RI＞RBr＞RCl。

7.9.3 烯丙型和苄基型卤代烃的化学性质

（1）亲核取代反应

烯丙型和苄基型卤代烃与亲核试剂如 OH^-、RO^-、CN^-、和氨等容易发生亲核取代反应。例如：

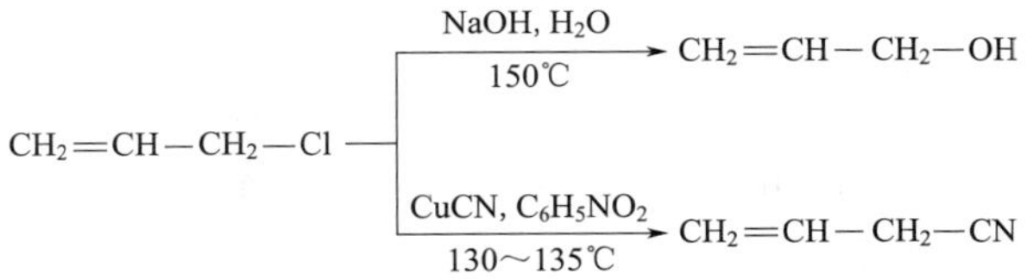

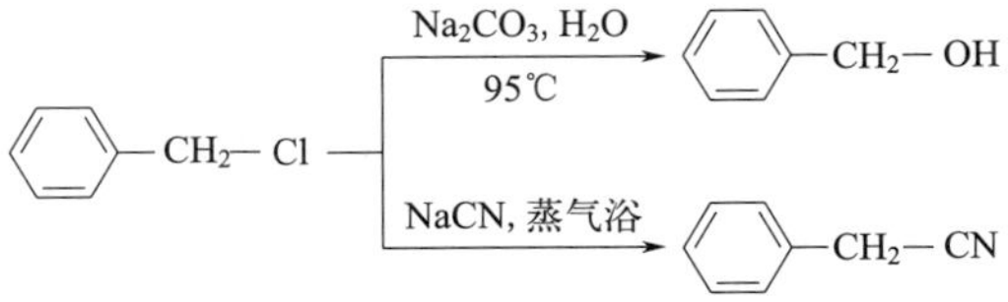

某些烯丙基卤化物在进行 S_N1 反应时，由于所形成的碳正离子中间体是一个共轭体系，不仅得到正常的取代产物，还能得到重排产物。例如，1-溴丁-2-烯的碱性水解反应，得到两种不同的产物：

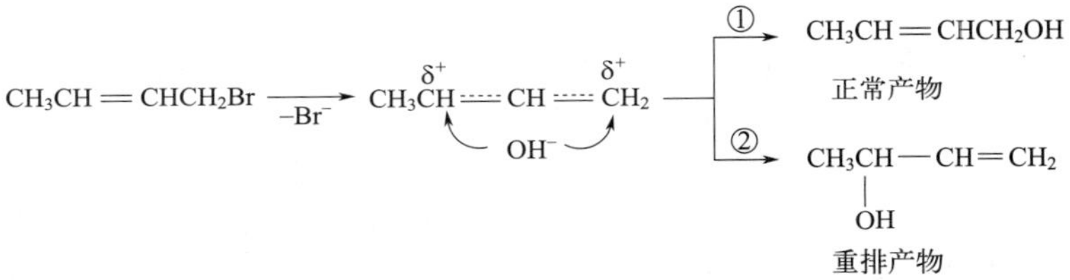

这类重排反应称为烯丙基重排，是有机化学中较常见的重排反应之一。

（2）消除反应

与卤代烷相似，烯丙型和苄基型卤代烃也能进行消除反应。例如：

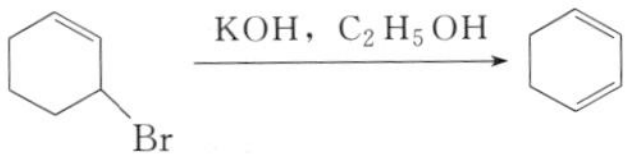

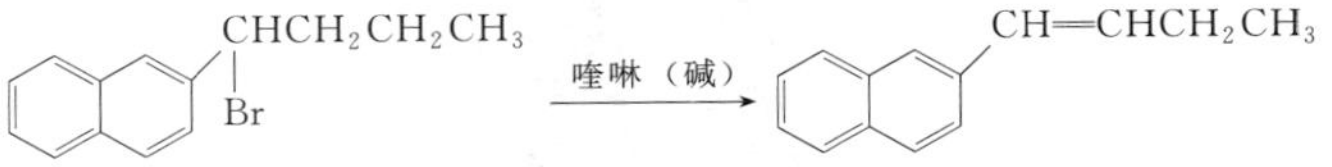

烯丙型卤代烃消除卤化氢时，优先生成共轭二烯烃，因为它比较稳定而较易生成。

（3）与金属镁反应

烯丙型和苄基型卤代烃比较容易与金属镁反应，生成格氏试剂。例如：

$$CH_2=CH-CH_2-Cl + Mg \xrightarrow{纯醚} CH_2=CH-CH_2-MgCl$$

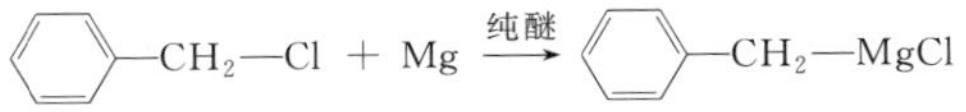

由于卤原子比较活泼，常有偶联副反应发生。例如：

$$2CH_2=CH-CH_2-Cl + Mg \xrightarrow{纯醚} CH_2=CH-CH_2-CH_2-CH=CH_2$$

为防止偶联副反应发生，以利用氯化物为宜，或/和在反应过程中滴加卤代烃。但有时可以利用格氏试剂与活泼卤代烃的偶联反应制备高级烃。例如：

$$\text{C}_6\text{H}_5\text{—CH}_2\text{—Cl} + \text{C}_6\text{H}_5\text{—MgBr} \xrightarrow[60\sim70℃]{苯} \text{C}_6\text{H}_5\text{—CH}_2\text{—C}_6\text{H}_5$$

$$\text{C}_4\text{H}_9\text{C}\equiv\text{CMgBr} + \text{CH}_2\text{=CH—CH}_2\text{—Cl} \xrightarrow{纯醚} \text{C}_4\text{H}_9\text{C}\equiv\text{CCH}_2\text{CH=CH}_2$$

当活泼的卤代烃为烯丙基卤时，可用来合成 α-烯烃。

7.10　氟代烃

与氯、溴、碘相比，氟很活泼。同时氟原子的体积比较小，但其电负性却很大，因此氟代烃的制法和性质与其它卤代烃相比有很大差别，而且有许多独特性质，已在农药、医药以及生物活性物质等诸多方面获得了进一步的发展。近年来随着原子能工业、火箭和宇航技术方面对特种材料要求的增加，有机氟材料的研究与开发也得到了很大的发展。目前"有机氟化学"已初步发展成为有机化学学科的一个重要分支。

一氟代烷在常温时很不稳定，容易自行失去氟化氢而变成烯烃。例如：

$$\underset{\underset{\text{F}}{|}}{\text{CH}_3\text{CH—CH}_3} \longrightarrow \text{CH}_3\text{CH=CH}_2 + \text{HF}$$

当同一碳原子上有两个氟原子时，性质就很稳定，不易发生化学反应，如 CH_3CHF_2、$\text{CH}_3\text{CF}_2\text{CH}_3$。全氟化烃（烷烃的氢原子全部被氟原子取代）极其稳定，有很高的耐热性和耐腐蚀性。

氟代烃的用途很广。ClBrCHCF_3可作麻醉药，它不易燃烧，比环丙烷、乙醚安全。CCl_2F_2、CCl_3F、$\text{F}_2\text{ClC—CClF}_2$是很多喷雾剂（杀虫剂、清洁剂）的推进剂。$\text{CCl}_2\text{F}_2$（Freon-22）、$\text{HCClF2}$（Freon-12）是电冰箱和空调的制冷剂。

聚四氟乙烯（teflon）是一种非常稳定的塑料，能耐高温、强酸、无毒性、有自润作用，是有用的工程和医用材料，也可作炊事用具的"不粘"内衬。氟塑料是含有氟原子的塑料的总称。除上述聚四氟乙烯以外，聚三氟氯乙烯、聚偏氟乙烯以及某些含氟烃的共聚物也是氟塑料。它们一般具有良好的耐化学品腐蚀性、耐热性、耐寒性、电绝缘性，不易着火，可用于制造耐腐蚀和耐热的管道、换热器、泵、阀等。作喷雾剂推进剂或制冷剂的氯氟烃对地球周围的臭氧有破坏作用，臭氧层能滤除致皮肤癌的太阳紫外线，对人体健康有重要作用。有些国家已开始禁止使用含氯氟烃作为喷雾剂的推进剂。

扫码获取本章课件和微课

习　题

1. 写出分子式为 $\text{C}_5\text{H}_{11}\text{Cl}$ 的所有同分异构体，用系统命名法命名，注明伯、仲、叔卤代烃。如有手性碳原子，用星号标出。

2. 用系统命名法命名下列化合物。

(1) $\underset{\underset{\text{Cl}}{|}}{\text{CH}_3\text{CHCHCHCH}_2\text{CH}_3}$　$\overset{\overset{\text{CH}_3}{|}}{}\underset{\underset{\text{CH}_3}{|}}{}$

(2) $\underset{\underset{\text{CH}_2\text{Cl}}{|}}{\text{CH}_3\text{CH}_2\text{CH}_2\text{CHCH}_2\text{CH}_3}$

(3) $(CH_3)_2CCH(CH_3)CH_2CH_2CH_2Br$
        CH_2CH_3

(4)

(5) [环己烷 Cl, CH_3]

(6) [环己烯 CH_3]

(7) CH_2CH_3
    $I \cdots COOH$
       Ph

(8) $CH_3CH=CHCHCH_3$
                    Cl

(9) $CH_3CH_2CHCHCH(CH_3)_2$
           Cl
        [Ph]

(10) [环己烷 Br, CH(CH_3)_2]

(11) [苯环 CH_3, Cl, Cl]

(12) [苯环 CH_2Cl, Cl]

3. 写出下列各化合物的结构（2017 版）。

(1) 4-溴丁-1-烯   (2) 1-氯-4-甲基环己烷   (3) 对溴苄基溴

(4) 6-氯-4-碘-2-甲基-辛烷   (5) 4-溴-2-苯基戊-2-烯   (6) 间氯甲苯

(7) 反-5-碘-4-甲基-戊-2-烯   (8)（S）-3-溴-4-氯丁-1-烯

4. 写出下列各化合物的结构（旧版）。

(1) 4-溴-1-丁烯   (2) 1-甲基-4-氯环己烷   (3) 对溴苄基溴

(4) 2-甲基-6-氯-4-碘辛烷   (5) 2-苯基-4-溴-2-戊烯   (6) 间氯甲苯

(7) 反-4-甲基-5-碘-2-戊烯   (8)（S）-4-氯-3-溴-1-丁烯   (9) 异戊基溴

5. 比较下列各组化合物的偶极矩大小。

(1) A. $ClCH_2CH_2CH_3$ B. $BrCH_2CH_2CH_3$ C. $ICH_2CH_2CH_3$

(2) A. CH_3Br B. CH_3CH_2Br C. $CH_3CH_2CH_2Br$

(3) A. $Cl—\bigcirc—Cl$ B. $Cl—\bigcirc$（间位Cl）   C. $Cl—\bigcirc$（邻位Cl）

(4) A. $H_3C—\bigcirc—Cl$ B. $H_3C—\bigcirc$（间位Cl）   C. $H_3C—\bigcirc$（邻位Cl）

6. 写出 1-溴丁烷与下列试剂反应的主要产物。

(1) NaOH 水溶液   (2) KOH 醇溶液，加热   (3) Mg，无水乙醚

(4) NaCN   (5) $AgNO_3$ 醇溶液，加热   (6) $NaOC_2H_5$

(7) CH_3NH_2 (8) $CH_3C≡CNa$

7. 卤代烷与氢氧化钠在水和醇的混合溶液中进行反应，下列哪些现象是属于 S_N1 反应？哪些属于 S_N2 反应？

(1) 产物的构型完全转化   (2) 有重排产物生成

(3) 伯卤代烷的速率大于仲卤代烷   (4) 试剂亲核性越强反应速率越快

(5) 氢氧化钠的浓度增加，反应速率增加   (6) 反应历程为两步

8. 下列各组亲核取代反应中，哪一个反应速率更快，为什么？

(1)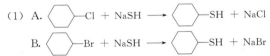

(2) A. $CH_3CH_2\underset{\underset{CH_3}{|}}{C}HBr + H_2O \longrightarrow CH_3CH_2\underset{\underset{CH_3}{|}}{C}HOH + HBr$

B. $(CH_3)_3CBr + H_2O \longrightarrow (CH_3)_3COH + HBr$

(3) A. $CH_3CH_2CH_2Br + NaSH \xrightarrow{H_2O} CH_3CH_2CH_2SH + NaBr$

B. $CH_3CH_2CH_2Br + NaOH \xrightarrow{H_2O} CH_3CH_2CH_2OH + NaBr$

(4) A. $CH_3CH_2CH_2Br + NaOH \xrightarrow{H_2O} CH_3CH_2CH_2OH + NaBr$

B. $CH_3CH_2CH_2Br + H_2O \longrightarrow CH_3CH_2CH_2OH + NaBr$

(5) A. $CH_3CH_2CH_2CH_2Br + NaCN \xrightarrow{S_N2} (CH_3)_3CCH_2CH_2CN + NaBr$

B. $(CH_3)_2CHCH_2CH_2Br + NaCN \xrightarrow{S_N2} (CH_3)_2CHCH_2CH_2CN + NaBr$

(6) A. $H_3C-\bigcirc-CH_2Cl + NaOH-H_2O \xrightarrow{S_N1} H_3C-\bigcirc-CH_2OH + NaCl$

B. $O_2N-\bigcirc-CH_2Cl + NaOH-H_2O \xrightarrow{S_N1} O_2N-\bigcirc-CH_2OH + NaCl$

9. 完成下列反应。

(1) $CH_3\underset{\underset{Cl}{|}}{C}H\underset{\underset{CH_3}{|}}{C}HCH_2CH_2CH_3 \xrightarrow[\triangle]{KOH,C_2H_5OH}$

(2) $\bigcirc-CH_2Cl + NaCN \longrightarrow$

(3) 环己烯-CH₃-Br $\xrightarrow[\triangle]{KOH,C_2H_5OH}$

(4) 苯环(CH=CHBr, CH₂Br) $\xrightarrow{NaCN}$

(5) 环戊烯-Br $\xrightarrow{AgNO_3,C_2H_5OH}$

(6) $Cl-\bigcirc-CH_2Cl + NaOH \xrightarrow{H_2O}$

(7) $F-\bigcirc-Br \xrightarrow[纯醚]{Mg} \xrightarrow{} \xrightarrow{H_3O^+}$

(8) $CH_3\underset{\underset{CH_3}{|}}{C}HCH_2CH_2CH_2Br \xrightarrow[C_2H_5OH]{CH_3COONa}$

(9) $\bigcirc-CH_3 \xrightarrow[h\nu]{Br_2} \xrightarrow{H_2O,OH^-}$

(10) $\bigcirc-\underset{\underset{CH_2CH_3}{|}}{C}HCH_3 \xrightarrow[h\nu]{Br_2} \xrightarrow[C_2H_5OH]{OH^-}$

(11) $CH_3\underset{\underset{CH_3}{|}}{C}HCHCH_2CH_2Br \xrightarrow[纯醚]{Mg} \xrightarrow{CO_2} \xrightarrow{H_2O}$

(12) $CH_3CH=CH_2 + HBr \xrightarrow{ROOR} \xrightarrow{NaCN}$

(13) $CH_3CH_2CH_2CH_2Br + NH_3 \longrightarrow$

10. 将下列各组化合物按照对指定试剂的反应活性从大到小排列成序。

(1) 在KOH的醇溶液中反应：A. $CH_3\underset{\underset{CH_2CH_3}{|}}{\overset{\overset{CH_3}{|}}{C}}Br$　　B. $CH_3\underset{\underset{Br}{|}}{\overset{\overset{CH_3}{|}}{C}}HCHCH_3$　　C. $CH_3\underset{}{\overset{\overset{CH_3}{|}}{C}}HCH_2CH_2Br$

(2) 在NaI/丙酮溶液中反应：A. 3-溴丙烯　　B. 溴乙烯　　C. 1-溴丁烷

(3) 在NaOH水溶液中反应：A. $\bigcirc-CH_2Br$　B. 环己基-CH₂Br　C. CH_3-环己基-Br

(4) 在NaOH水溶液中反应：A. 苄溴　　B. 对硝基苄溴　　C. 对甲氧基苄溴

11. 用简单的化学方法鉴别下列各组化合物。

(1) A. 1-溴戊-1-烯　　B. 3-溴戊-1-烯　　C. 4-溴戊-1-烯

(2) A. 对氯甲苯　　B. 苄基氯　　C. β-氯乙苯

(3) A. 氯乙烯　　B. 丙炔　　C. 1-溴丙烷

12. 写出下列卤代烷进行β-消除反应的可能产物，并指出主要产物。

(1) 3-溴-2-甲基戊烷　　(2) 3-溴-2,3-二甲基戊烷　　(3) 3-溴-2-甲基-4-苯基戊烷

13. 判断下列化合物能否用来制备格氏试剂，并说明原因。

（1）$HOCH_2CH_2Br$

（2）$ClCH_2CH_2CH_2COOC_2H_5$

（3）$CH_2{=}CHCl$

（4）$CH_3CCH_2CH_2Br$
　　　　$\overset{\|}{O}$

（5）$HC{\equiv}CCH_2CH_2Br$

（6）苯—Br

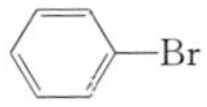

14. 由 1-溴丙烷制备下列化合物。

（1）2-溴丙烷

（2）2-丙醇

（3）3-溴丙烯

（4）1,1,2,2-四溴丙烷

（5）己-2-炔

（6）1,2,3-三氯丙烷

15. 由指定原料合成目标化合物（其它试剂任选）。

（1）由乙烯合成丁-1-醇

（2）由丙烯合成正己烷

（3）由 1-溴丙烷合成丁酸（采用两种不同的方法）

（4）由甲苯合成对甲基苯甲酸

（5）由甲苯合成对硝基苯乙酸

（6）由甲苯合成 苯—CH_2—O—CH_2—苯

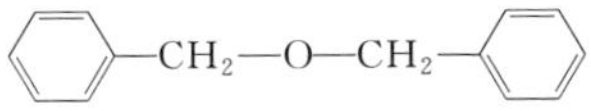

（7）由甲苯合成 H_3C—苯—D

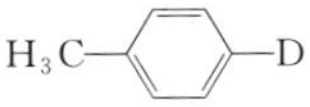

16. 解释下面的反应现象。

（1）$CH_3CH_2CH_2CH_2Cl$ 在含水的乙醇中进行碱性水解时，若增加水的比例，反应速率减慢。

（2）$(CH_3)_3CCl$ 在含水的乙醇中进行碱性水解时，若增加水的比例，反应速率加快。

17. 化合物 A 分子式为 C_5H_{10}，不与溴水反应，在光照下被溴单取代得到产物 B(C_5H_9Br)。B 在氢氧化钾的醇溶液中加热得到化合物 C(C_5H_8)。C 能被酸性高锰酸钾氧化为戊二酸。试写出 A、B、C 的结构式及各步反应式。

18. 某烃 A 分子式为 C_4H_8，在低温下与氯气作用生成 B($C_4H_8Cl_2$)；在较高温度（500℃）下作用则生成 C(C_4H_7Cl)。C 与氢氧化钠水溶液作用生成 D(C_4H_7OH)；与氢氧化钠醇溶液作用生成 E(C_4H_6)。E 能与顺丁烯二酸酐发生 D-A 反应，生成 F($C_8H_8O_3$)。试推导 A~F 的结构。

19. 某化合物 A 的分子式为 C_9H_{10}，它能使溴水褪色，但无顺反异构体。A 与氢溴酸作用得到化合物 B，B 具有旋光性。当 B 与氢氧化钾的乙醇溶液反应时可生成与 A 具有相同分子式的化合物 C，C 也能使溴水褪色，并具有顺反异构体。试写出 A、B、C 的结构式及各步反应式。

20. 某化合物 A 的分子式为 C_4H_9Br，用氢氧化钠醇溶液处理，得到两个分子式为 C_4H_8 的异构体 B 及 C。B 经酸性高锰酸钾氧化可得二氧化碳和丙酸，C 经臭氧化还原水解后只得乙醛一种产物。试写出 A、B、C 的结构式。

21. 某卤代烃 A 分子式为 $C_5H_{11}Br$，与氢氧化钠的乙醇溶液作用生成化合物 B(C_5H_{10})。B 用酸性高锰酸钾氧化可得到一个酮 C 和一个羧酸 D。而 B 与溴化氢作用得到的产物是 A 的异构体 E。试写出 A~E 的结构式及各步反应式。

第 **8** 章 醇、酚、醚

醇、酚、醚都是烃的含氧衍生物。其中，醇是脂肪烃分子中氢原子被羟基取代的衍生物，其通式为 ROH；酚是芳环上氢原子被羟基取代的衍生物，其通式为 ArOH；醚是醇和酚分子中羟基上的氢原子被烃基取代的衍生物，其通式为 R—O—R'。

醇、酚、醚也可看作水分子中氢原子被烃基取代的衍生物。若水分子中的一个氢原子被烃基取代，则称为醇或酚；若两个氢原子都被烃基取代，所得的衍生物就是醚。

8.1 醇

8.1.1 醇的分类、命名和结构

8.1.1.1 醇的分类

根据醇分子所含碳原子数目，可将醇分为低级醇、中级醇、高级醇等。通常，醇分子所含碳原子数目小于 4 的为低级醇，大于 5 小于 11 的为中级醇，大于 12 的为高级醇。

根据醇分子中所含羟基的数目，醇可分为一元醇、二元醇和三元醇等。含两个及以上羟基的醇统称为多元醇。例如：

CH_3CH_2OH

乙醇

ethanol

（一元醇）

$\begin{array}{l} CH_2—OH \\ | \\ CH_2—OH \end{array}$

乙二醇

ethanediol

（二元醇）

$\begin{array}{l} CH_2—OH \\ | \\ CH—OH \\ | \\ CH_2—OH \end{array}$

丙三醇

propanetriol

（三元醇）

根据醇分子中烃基的结构不同，醇可分为饱和醇、不饱和醇、脂环醇和芳香醇。例如：

$(CH_3)_2CHOH$

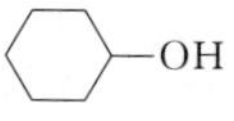

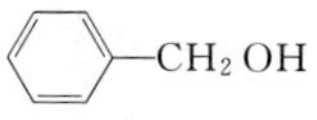

异丙醇

isopropyl alcohol

（饱和醇）

$CH_2=CHCH_2—OH$

烯丙醇

allyl alcohol

（不饱和醇）

环己醇

cyclohexanol

（脂环醇）

苯甲醇

phenylmethanol

（芳香醇）

根据羟基所连接的饱和碳原子类型，可将醇分为三类：羟基与伯碳原子相连的称为伯醇（一级醇，1°醇），羟基与仲碳原子相连的称为仲醇（二级醇，2°醇），羟基与叔碳原子相连的称为叔醇（三级醇，3°醇）。例如：

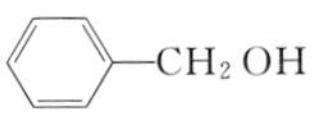

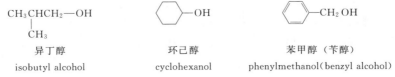

苯甲醇	环己醇	叔丁醇
phenylmethanol	cyclohexanol	*tert*-butyl alcohol
（伯醇）	（仲醇）	（叔醇）

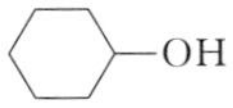

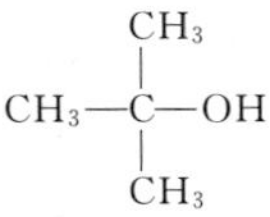

8.1.1.2　醇的命名

（1）普通命名法

结构简单的醇通常用普通命名法命名，命名方法是在"醇"字前面加上烃基名称构成，通常省去"基"字。例如：

异丁醇	环己醇	苯甲醇（苄醇）
isobutyl alcohol	cyclohexanol	phenylmethanol（benzyl alcohol）

（2）系统命名法

结构复杂的醇则采用系统命名法，其命名原则为：

（a）选择含有羟基的最长的碳链为主链，支链为取代基；

（b）编号从靠近羟基的一端开始，将主链的碳原子依次用阿拉伯数字编号，使羟基所连的碳原子位次最小；

（c）根据主链所含碳原子数称为"某醇"，将羟基位次置于"醇"字之前，将取代基的位次、名称写在"某醇"之前。

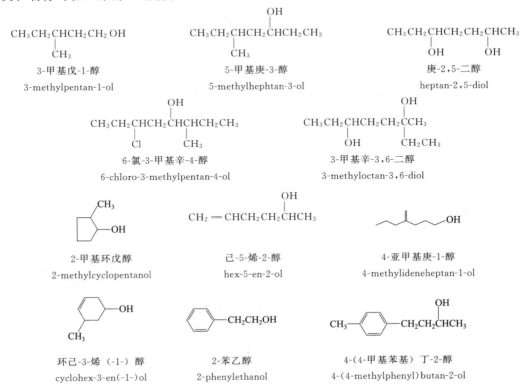

3-甲基戊-1-醇	5-甲基庚-3-醇	庚-2,5-二醇
3-methylpentan-1-ol	5-methylhephtan-3-ol	heptan-2,5-diol

6-氯-3-甲基辛-4-醇	3-甲基辛-3,6-二醇
6-chloro-3-methylpentan-4-ol	3-methyloctan-3,6-diol

2-甲基环戊醇	己-5-烯-2-醇	4-亚甲基庚-1-醇
2-methylcyclopentanol	hex-5-en-2-ol	4-methylideneheptan-1-ol

环己-3-烯（-1-）醇	2-苯乙醇	4-(4-甲基苯基）丁-2-醇
cyclohex-3-en(-1-)ol	2-phenylethanol	4-(4-methylphenyl)butan-2-ol

在旧版命名法中，结构复杂的醇则采用系统命名法，其命名原则为：

① 选择含有羟基的最长碳链为主链，支链为取代基；

② 编号从靠近羟基的一端开始，将主链的碳原子依次用阿拉伯数字编号，使羟基所连的碳原子位次最小；

③ 根据主链所含碳原子数称为"某醇"，将取代基的位次、名称及羟基的位次和数目写在"某醇"前。

例如：

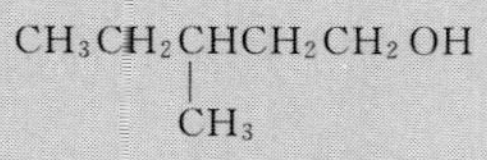

CH₃CH₂CHCH₂CH₂OH
   |
   CH₃
3-甲基-1-戊醇

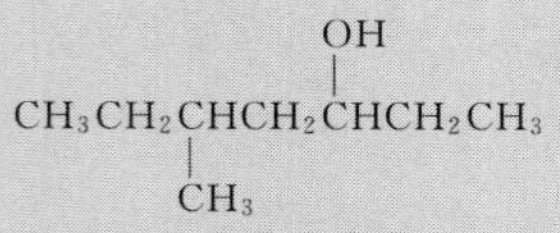

$$CH_3CH_2CHCH_2CHCH_2CH_3$$

5-甲基-3-庚醇

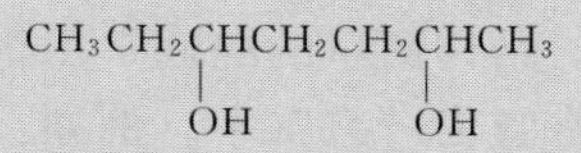

CH₃CH₂CHCH₂CH₂CHCH₃
2,5-庚二醇

不饱和醇的命名应选择包括羟基和不饱和键在内的最长碳链为主链，从靠近羟基的一端编号命名。芳香醇命名时，将芳基作为取代基。例如：

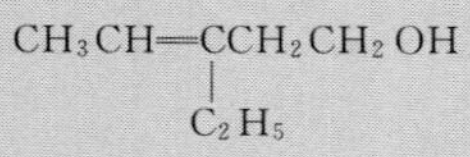

3-乙基-3-戊烯-1-醇 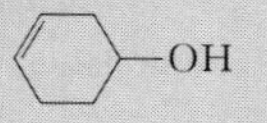　　3-环己烯-1-醇 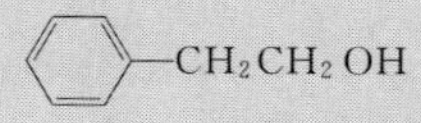　　2-苯乙醇

8.1.1.3 醇的结构

醇的结构特点是羟基直接与饱和碳原子结合，羟基的氧原子及与羟基相连的碳原子都是 sp³ 杂化。氧原子以一个 sp³ 杂化轨道与氢原子的 1s 轨道相互重叠形成氧氢 σ 键，碳氧单键是碳原子的一个 sp³ 杂化轨道与氧原子的另一个 sp³ 杂化轨道相互重叠形成的 σ 键。此外，氧原子还有两对未共用电子对分别占据其它两个杂化轨道。图 8-1 为甲醇的结构示意图。

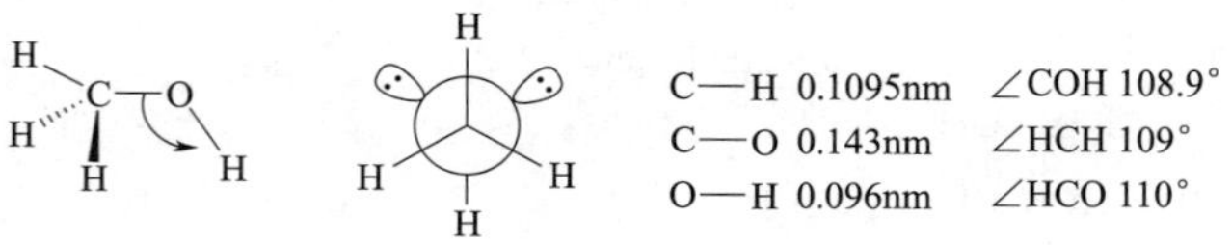

C—H 0.1095nm ∠COH 108.9°
C—O 0.143nm ∠HCH 109°
O—H 0.096nm ∠HCO 110°

图 8-1　甲醇的结构示意图

8.1.2 醇的物理性质与波谱性质

8.1.2.1 醇的物理性质

在常温下，低级一元醇（如甲醇、乙醇和丙醇等）为无色中性液体，具有特殊的气味和辛辣的味道，可与水以任意比例混溶；中级一元醇为油状黏稠液体，仅部分溶解于水；高级醇为无色、无味的蜡状固体，几乎不溶于水。其中甲醇毒性很大，主要损害视神经系统，严重甲醇中毒可导致失明乃至死亡，工业乙醇及变性乙醇中都混有甲醇，所以不能作为饮料饮用。

醇在水中的溶解度取决于醇中亲水性羟基和疏水性烃基的比例大小。在碳原子数小于 4 的低级醇或多元醇中，因烃基所占比例较小，羟基与水分子之间形成了很强的氢键：

 醇与水之间的结合力（氢键）大于烃基与水之间的排斥力，醇可与水互溶。随着醇分子中碳原子数的增大，烃基所占比例增大，烃基与水之间的排斥力也逐渐加大，疏水的烃基与水之间的排斥力大于醇与水之间的结合力，醇在水中的溶解度明显下降。

 醇的沸点随着碳原子数的增大而升高，在直链的同系列中，碳原子数 10 以下的相邻醇的沸点差为 18～20℃；多于 10 个碳的相邻醇沸点差变小。通常，醇的沸点比分子量相近的烃类要高得多。例如，甲醇（分子量 32）的沸点为 64.7℃，而乙烷（分子量 30）的沸点为 −88.5℃，这是由于醇羟基之间可以形成氢键的缘故。

 固态醇之间的氢键比较牢固，液态醇之间的氢键处于不断的结合-断开-再结合的动态变化中。多元醇的沸点随羟基数目的增加而增加。例如，正丙醇的沸点为 97.2℃，而丙三醇的沸点高达 290℃。相同碳原子个数的直链醇的沸点比含支链的醇的沸点高。一些醇的物理性质如表 8-1 所示。

表 8-1　一些醇的物理性质

化合物	英文名	熔点/℃	沸点/℃	相对密度（d_4^{20}）	溶解度/g
甲醇	methanol(methyl alcohol)	−97.8	64.7	0.792	∞
乙醇	ethanol(ethyl alcohol)	−117.3	78.3	0.789	∞
正丙醇	propanol(propyl alcohol)	−126	97.2	0.804	∞
异丙醇	isopropanol(isopropyl alcohol)	−88	82.3	0.786	∞
正丁醇	butanol(butyl alcohol)	−90	117.7	0.810	8.3
异丁醇	iso-butanol(iso-butyl alcohol)	−108	108	0.802	10.0
仲丁醇	sec-butanol(sec-butyl alcohol)	−114	99.5	0.808	26.0
叔丁醇	tert-butanol(tert-butyl alcohol)	25	82.5	0.789	∞
正戊醇	pentanol(pentyl alcohol)	−78.5	138.0	0.817	2.4
环己醇	cyclohexanol(cyclohexyl alcohol)	24	161.5	0.962	3.6
烯丙醇	allyl alcohol	−129	97	0.855	∞
苯甲醇	benzyl alcohol	−15	205	1.046	4
乙二醇	ethanediol	−12.6	197	1.113	∞
丁-1,4-二醇	butane-1,4-diol	20.1	229.2	1.069	∞
丙三醇	glycerol	18	290（分解）	1.261	∞

 低级醇与一些无机盐（如氯化镁、氯化钙、硫酸铜等）易形成结晶状的分子化合物（醇化物），例如 $MgCl_2 \cdot 6CH_3OH$，$CaCl_2 \cdot 4C_2H_5OH$，$CaCl_2 \cdot 4CH_3OH$ 等。由于这些醇化物溶于水而不溶于有机溶剂，常用此法除去有机物中的醇类。例如，乙醚中含有少量的乙醇，加入氯化钙后生成结晶不溶于乙醚，分离后可除去乙醇。

8.1.2.2 醇的波谱性质

 在红外光谱中，醇分子中游离氢氧键的伸缩振动峰出现在 3650～3590cm⁻¹ 区域，为较弱的尖峰，缔合的氢氧键在 3400～3200cm⁻¹ 区域显示为强而宽的吸收峰，是醇的特征吸收峰。由于伯、仲、叔醇的结构不同，其碳氧单键伸缩振动吸收峰波数也不尽相同。伯醇的碳

氧单键伸缩振动在 $1085 \sim 1050 \mathrm{cm}^{-1}$，仲醇的碳氧单键伸缩振动在 $1125 \sim 1100 \mathrm{cm}^{-1}$，而叔醇的碳氧单键伸缩振动在 $1200 \sim 1150 \mathrm{cm}^{-1}$。图 8-2 和图 8-3 分别为 1-苯乙醇和 2-苯乙醇的红外光谱。

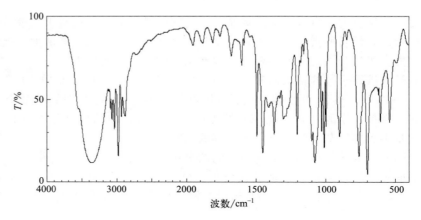

图 8-2　1-苯乙醇的红外光谱

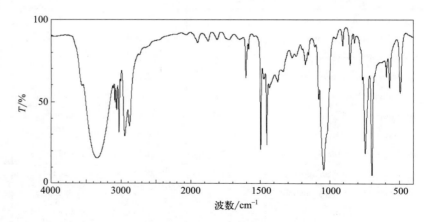

图 8-3　2-苯乙醇的红外光谱

羟基的质子由于受分子间氢键的影响，其化学位移（δ）不固定，一般在 $1 \sim 5.5$。有时可能隐藏在烃基质子的峰中。通常醇羟基质子的信号不与邻近质子的信号发生自旋-自旋偶合，在核磁共振谱中为一个单峰。由于氧原子的电负性较大，羟基所连碳原子上的质子的化学位移一般在 $3.4 \sim 4.0$。图 8-4 为 2-苯乙醇的核磁共振氢谱。

8.1.3　一元醇的化学性质

醇的化学性质主要是由其官能团羟基决定的。由于氧原子的电负性较大，与氧原子相连的共价键都具有很强的极性，这样氢氧键和碳氧单键都容易断裂发生反应。

通常，碳氧单键的断裂是发生羟基被其它原子或基团所代替的亲核取代反应，以及脱去羟基及 β-氢原子的消除反应；氢氧键断裂主要表现为醇的酸性，醇羟基的氢原子被活泼金属所置换；此外，羟基氧原子上有未共用电子对，醇可作为亲核试剂发生亲核取代反应，如

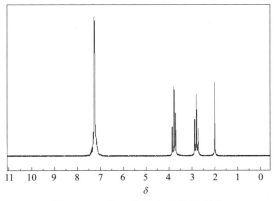

图 8-4　2-苯乙醇的核磁共振氢谱

酯化反应、生成缩醛（酮）等；受羟基的影响，羟基所连接的 α-碳原子上的氢原子容易被氧化（脱氢）。

8.1.3.1　弱酸性

醇在结构上可看成是水的烃基衍生物，与水有很多相似的性质，所以醇羟基中的氢原子也具有一定的酸性，可被钠、钾、镁、铝等活泼金属取代，生成氢气和金属化合物。反应如下：

$$2CH_3CH_2OH + 2Na \longrightarrow 2CH_3CH_2ONa + H_2\uparrow$$
$$2CH_3CH_2OH + Mg \longrightarrow (CH_3CH_2O)_2Mg + H_2\uparrow$$
$$6CH_3CH_2OH + 2Al \longrightarrow 2(CH_3CH_2O)_3Al + 3H_2\uparrow$$

由于烷基是供电子基团，所以醇的酸性比水要弱，醇与活泼金属的反应速率比水与活泼金属的反应速率小。例如无水乙醇与金属钠的反应虽然比较剧烈，反应放出大量的热，但不燃烧，也不爆炸。当乙醇中含水时，金属钠首先与酸性较强的水反应，生成氢氧化钠和氢气，反应剧烈，反应释放出的热可能导致氢气燃烧。

随着醇中碳原子数的增加，醇与金属钠的反应速率减慢，高级醇与金属钠的反应很慢，甚至不易进行。不同结构的醇的反应活性也不相同，各类醇与金属钠的反应活泼性次序为：甲醇＞伯醇＞仲醇＞叔醇。

醇钠的碱性比氢氧化钠的碱性强，只能在醇溶液中保存。醇钠遇水立即分解，生成原来的醇和氢氧化钠。例如：

$$CH_3CH_2ONa+H_2O\longrightarrow CH_3CH_2OH+NaOH$$

这一反应是较强的酸（H—OH）把较弱的酸（RO—H）从它的盐中置换出来。或者说较强的碱 RO^- 夺取了水分子中质子。这也证明了醇的酸性比水弱（甲醇除外），而烷氧基负离子 RO^- 的碱性比 OH^- 强。下面是一些分子及其所产生的离子的酸碱性比较：

酸性：　　　　　　　　　$H_2O＞ROH＞RH$

碱性：　　　　　　　　　$R^-＞RO^-＞OH^-$

不同结构醇钠的碱性强弱顺序是：叔醇钠＞仲醇钠＞伯醇钠。

8.1.3.2　弱碱性

醇分子羟基氧原子含有孤对电子，可作为碱。例如，乙醇能与强酸解离出来的质子结合生成钅羊盐：

$$CH_3CH_2\overset{..}{\underset{..}{O}}H + H_2SO_4 \longrightarrow [CH_3CH_2\overset{..}{\underset{\underset{H}{|}}{O}}H]^+ HSO_4^-$$

该锌盐能溶于浓硫酸，因此可利用这一性质鉴别和分离不溶于水的醇与烷烃或卤代烃。

由此可见，醇既是酸，又是碱。与强酸如浓硫酸相比，醇是碱，而与强碱如钠、氢化钠相比，它又是酸，实际上它是中性的。可示意如下：

$$CH_3CH_2O^- \underset{强碱}{\longleftarrow} CH_3CH_2OH \underset{强酸}{\longrightarrow} CH_3CH_2\overset{+}{O}H_2$$
$$\text{烷氧负离子} \qquad\qquad\qquad\qquad \text{锌盐}$$

醇的碱性虽然很弱，但醇这一性质很重要。OH^- 离去性很差，而 H_2O 的离去能力较强，醇与强酸反应生成锌盐后使得反应更容易进行。

8.1.3.3 生成卤代烃

醇可以与多种卤化试剂反应，羟基被卤原子取代生成卤代烃。

(1) 与氢卤酸反应

醇与氢卤酸反应，使碳氧单键断裂，羟基被卤素所取代，生成卤代烃。这是有机合成中制备卤代烃的反应方法之一。例如：

$$R-OH + HX \longrightarrow RX + H_2O$$

醇与氢卤酸的反应活性与醇的结构及氢卤酸的种类有关。氢卤酸的反应活性与其酸性次序一致：$HI > HBr > HCl > HF$。不同烃基结构醇的反应活性次序为：烯丙型醇、苄基型醇 > 叔醇 > 仲醇 > 伯醇。

无水氯化锌和浓盐酸配制成的溶液称为卢卡斯（Lucas）试剂，常用于鉴别含 6 个碳以下的伯醇、仲醇和叔醇。6 个碳以下的醇均溶于卢卡斯试剂，而反应生成的卤代烃不溶于卢卡斯试剂，产生细小的油状液滴使卢卡斯试剂变混浊。叔醇与卢卡斯试剂混合后，立即出现混浊；仲醇一般需要 5～10 分钟出现混浊；伯醇则需要加热后才能出现混浊。卢卡斯试剂与伯醇、仲醇和叔醇的反应如下：

$$CH_3CH_2CH_2CH_2OH + HCl \xrightarrow[\text{回流}]{ZnCl_2} CH_3CH_2CH_2CH_2Cl + H_2O$$
$$\text{室温下无变化，加热后变混浊}$$

$$CH_3\underset{\underset{OH}{|}}{CH}CH_2CH_2CH_3 + HCl \xrightarrow[\text{室温}]{ZnCl_2} CH_3\underset{\underset{Cl}{|}}{CH}CH_2CH_2CH_3 + H_2O$$
$$\text{放置片刻混浊}$$

$$CH_3\underset{\underset{OH}{|}}{\overset{\overset{CH_3}{|}}{C}}CH_2CH_2CH_3 + HCl \xrightarrow{\text{室温}} CH_3\underset{\underset{Cl}{|}}{\overset{\overset{CH_3}{|}}{C}}CH_2CH_2CH_3 + H_2O$$
$$\text{立即混浊}$$

醇与氢卤酸的反应，也可以用卤化钠和硫酸代替氢卤酸。例如：

$$CH_3CH_2CH_2CH_2OH \xrightarrow[\triangle]{NaBr, H_2SO_4} CH_3CH_2CH_2CH_2Br$$

醇和氢卤酸作用属于亲核取代反应，但不同结构的醇与氢卤酸的反应机制是不同的。伯醇与氢卤酸的反应一般按 S_N2 机制进行。例如：

$$CH_3CH_2CH_2CH_2OH + HBr \overset{\text{快}}{\rightleftharpoons} CH_3CH_2CH_2CH_2\overset{+}{O}H_2 + Br^-$$

$$Br^- + CH_3CH_2CH_2CH_2\overset{+}{O}H_2 \xrightarrow{\text{慢}} \left[\underset{\underset{CH_2CH_2CH_3}{|}}{\overset{\overset{H\quad H}{|\quad|}}{Br\cdots\overset{\delta-}{C}\cdots\overset{\delta+}{O}H_2}}\right]^{\neq} \longrightarrow BrCH_2CH_2CH_2CH_3 + H_2O$$

仲醇、叔醇、烯丙型醇和苄基型醇与氢卤酸反应一般按照 S_N1 机制进行，由于生成碳正离子中间体，因此有可能发生重排，生成重排产物，甚至重排产物可能为主要产物。例如：

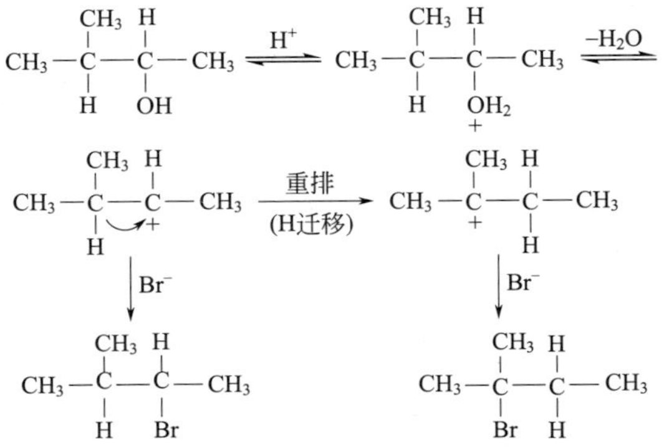

正常产物(36%)　　　　　　重排产物(64%)

（2）与亚硫酰氯反应

醇与亚硫酰氯（二氯亚砜）反应得到氯代烃。例如：

$$CH_3CHCH_2CH_2CH_3 + SOCl_2 \xrightarrow{\text{吡啶}} CH_3CHCH_2CH_2CH_3$$
$$||$$
$$OHCl$$

该反应条件温和，反应中生成的二氧化硫和氯化氢均为气体，容易脱离反应体系，有利于产品的生成和提纯，产率较高。该反应一般不发生重排，是由伯醇和仲醇制备相应氯代烃的较好方法。

（3）与卤化磷反应

醇与三卤化磷、五卤化磷反应得到相应卤代烃。例如：

$$CH_3CH_2CH_2CH_2OH \xrightarrow[\triangle]{PBr_3} CH_3CH_2CH_2CH_2Br$$

这类反应常用于由伯醇和仲醇制备相应的溴代烃和碘代烃，这类卤化剂的活性比氢卤酸大，产率较高，副反应也比较少。

8.1.3.4　脱水反应

醇与浓酸共热可发生脱水反应。根据反应条件的不同，可按分子内和分子间两种脱水方式进行。一般在较低温度时主要发生分子间脱水生成醚，而在较高温度下则主要发生分子内脱水生成烯烃。

（1）分子内脱水

醇在浓硫酸、磷酸等强酸的存在下加热，分子内脱去一分子水生成烯烃，此反应属于消除反应。例如：

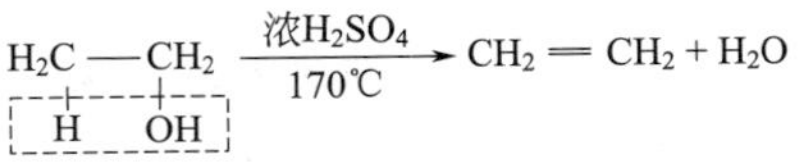

$$H_2C\!-\!\!-\!CH_2 \xrightarrow[170℃]{\text{浓}H_2SO_4} CH_2\!=\!CH_2 + H_2O$$
$$|\vdots|$$
$$HOH$$

醇分子内脱水主要按 E1 消除机制进行：醇在酸的存在下羟基发生质子化，质子化后增加了碳氧单键的极性，使碳氧单键更容易断裂，使其脱去一分子水形成碳正离子中间体，然后再消除 β-氢原子生成烯烃。

其中生成碳正离子的反应是较慢的反应，它决定整个反应的速率，所以碳正离子的稳定性决定整个反应的速率。碳正离子中间体越稳定，就越容易脱水，整个反应就越容易进行。碳正离子的稳定性次序为：叔碳正离子＞仲碳正离子＞伯碳正离子。

因此不同醇的脱水活性的次序为：叔醇＞仲醇＞伯醇。

醇在进行分子内脱水时和卤代烃的消除反应一样，也有消除方向的选择性，遵守札依采夫规则：脱去羟基与含氢较少的 β-碳原子上的氢原子，生成双键碳原子上连有较多取代基的烯烃。例如：

$$CH_3\overset{\Large CH_3}{\underset{\underset{\overline{H}\ \ \overline{OH}}{\big|}}{CH-C}}-CH_3 \xrightarrow[85\sim90℃]{浓H_2SO_4} CH_3CH=\overset{\Large CH_3}{\underset{}{C}}-CH_3 + CH_3CH_2-\overset{}{\underset{\underset{CH_3}{\big|}}{C}}=CH_2$$

主要产物

在醇的脱水反应中，某些特殊结构的醇也可发生重排反应，例如：

$$CH_3-\overset{\Large CH_3}{\underset{\underset{CH_3}{\big|}}{\overset{\big|}{C}}}-\overset{\Large OH}{\underset{\underset{H}{\big|}}{\overset{\big|}{C}}}-CH_3 \xrightarrow[95℃]{H_2SO_4} \overset{CH_3}{\underset{CH_3}{}}C=C\overset{CH_3}{\underset{CH_3}{}}$$

其反应过程经历了下面四个步骤：醇羟基先质子化，形成质子化醇；质子化醇接着脱去一分子水形成仲碳正离子；由于仲碳正离子不如叔碳正离子稳定，接着甲基发生 1,2-迁移，形成更稳定的叔碳正离子；最后脱去相邻碳原子的叔氢生成反应主产物。

$$CH_3-\overset{\Large CH_3}{\underset{\underset{CH_3}{\big|}}{\overset{\big|}{C}}}-\overset{\Large OH}{\underset{\underset{H}{\big|}}{\overset{\big|}{C}}}-CH_3 \xrightarrow{H^+} CH_3-\overset{\Large CH_3}{\underset{\underset{CH_3}{\big|}}{\overset{\big|}{C}}}-\overset{\Large \overset{+}{O}H_2}{\underset{\underset{H}{\big|}}{\overset{\big|}{C}}}-CH_3 \xrightarrow{-H_2O} CH_3-\overset{\Large CH_3}{\underset{\underset{CH_3}{\big|}}{\overset{\big|}{C}}}-\overset{+}{\underset{\underset{H}{\big|}}{C}}-CH_3$$

$$\xrightarrow[重排]{甲基1,2迁移} CH_3-\overset{\Large CH_3}{\underset{\underset{}{\big|}}{\overset{\big|}{C}}}-\overset{\Large CH_3}{\underset{\underset{H}{\big|}}{\overset{+\big|}{C}}}-CH_3 \xrightarrow{-H^+} \overset{CH_3}{\underset{CH_3}{}}C=C\overset{CH_3}{\underset{CH_3}{}}$$

（2）分子间脱水

在农硫酸或浓磷酸存在下，伯醇还可以进行分子间脱水生成醚。例如，在相对较低温度下，两个乙醇分子进行分子间脱水可生成乙醚：

$$C_2H_5\underset{\overline{}}{-OH} + \underset{\overline{}}{H}-O-C_2H_5 \xrightarrow[140℃]{浓\ H_2SO_4} C_2H_5OC_2H_5 + H_2O$$

伯醇分子间脱水反应主要按 S_N2 反应机制进行。例如：

$$C_2H_5-OH + H^+ \rightleftharpoons C_2H_5-\overset{+}{O}H_2$$

$$C_2H_5-\overset{+}{O}H_2 + C_2H_5-\overset{..}{O}H \overset{S_N2}{\rightleftharpoons} C_2H_5-\underset{\underset{H}{\big|}}{\overset{+}{O}}-C_2H_5 + H_2O$$

$$C_2H_5-\underset{\underset{H}{\big|}}{\overset{+}{O}}-C_2H_5 \rightleftharpoons C_2H_5-O-C_2H_5 + H^+$$

如果两种不同的伯醇之间脱水，则得到三种醚的混合物。因此，这种方法只适合制备单醚，而不适合制备混醚，混醚的制备可利用伯卤代烃与醇钠反应。

8.1.3.5 醇的氧化反应

伯醇可以被氧化剂如重铬酸钾、高锰酸钾等氧化为醛，醛比醇更容易被氧化，醛可进一步氧化为羧酸。例如：

$$CH_3CH_2CH_2—OH \xrightarrow{K_2Cr_2O_7,\ H_2SO_4} \left[\begin{array}{c} O \\ \| \\ CH_3CH_2CH \end{array} \right] \longrightarrow \begin{array}{c} O \\ \| \\ CH_3CH_2COH \end{array}$$

为了使伯醇氧化停留在醛的阶段，可采用以下两种方法：一是当生成的醛的沸点低于反应温度时，可及时将生成的醛从反应体系中分出；二是采用一些特殊的氧化剂，使氧化产物停留在醛的阶段，常用的氧化剂包括氯铬酸吡啶盐（PCC）、重铬酸吡啶盐（PDC）、三氧化铬-双吡啶络合物（Sarett 试剂）等。例如：

$$\underset{\text{吡啶}}{\text{⬡}}+CrO_3+HCl \longrightarrow \underset{\text{PCC}}{C_5H_5NH^+ClCrO_3^-}$$

$$2\ \text{⬡} +H_2Cr_2O_7 \longrightarrow \underset{\text{PDC}}{(C_5H_5N)_2^{2+}Cr_2O_7^{2-}}$$

$$2\ \underset{\text{吡啶}}{\text{⬡}} + CrO_3 \longrightarrow \underset{\text{Sarett 试剂}}{(C_5H_5N)_2 \cdot CrO_3}$$

这些氧化剂不但能使伯醇氧化停留在醛的阶段，同时分子中的碳碳不饱和键不受影响。例如：

香茅醇　　　　　　　　　　　香茅醛

仲醇氧化成酮，难以继续被氧化，所用氧化剂与伯醇相同。例如：

$$\underset{OH}{CH_3CHCH_2CH_2CH_2CH_3} \xrightarrow[PDC]{K_2Cr_2O_7,\ H_2SO_4} \underset{O}{CH_3CCH_2CH_2CH_2CH_3}$$

叔醇无 α-氢原子，不易被氧化，若在强烈条件下氧化，则发生碳碳键断裂，生成小分子产物而无实用价值。

醇及其氧化产物通常都是无色的。如用重铬酸钾为氧化剂氧化伯醇和仲醇时，醇可使重铬酸钾的酸性水溶液由橙红色变成淡绿色；用高锰酸钾做氧化剂，反应可使高锰酸钾溶液紫色褪去。这些反应可用来区别伯醇、仲醇与叔醇。例如，酒中的乙醇与铬酸试剂反应，将会使原来橙色的试剂转变为绿色，这一性质是呼吸分析仪判断汽车驾驶员是否酒驾的依据：

$$\underset{\text{橙色}}{CH_3CH_2OH} + Cr_2O_7^{2-} \longrightarrow \underset{\text{绿色}}{CH_3COOH} + Cr^{3+}$$

8.1.3.6 醇的脱氢反应

在高温下将伯醇和仲醇的蒸气通过铜、镍或铬铜氧化物等催化剂的表面时，可发生脱氢反应，形成羰基化合物。醇的脱氢反应一般用于工业生产，是催化氢化反应的逆过程。例如：

$$CH_3CH_2CH_2OH \xrightarrow[250\sim350℃]{Cu} CH_3CH_2CHO + H_2$$

8.1.4 多元醇的化学性质

8.1.4.1 邻二醇的氧化

邻二醇在高碘酸水溶液中，两个羟基之间的碳碳键被氧化发生断裂，生成醛、酮、酸。例如：

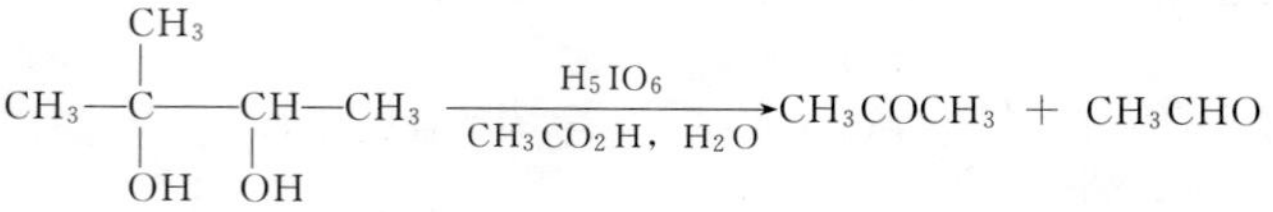

$$CH_3-\underset{\underset{OH}{|}}{\overset{\overset{CH_3}{|}}{C}}-\underset{\underset{OH}{|}}{\overset{}{C}}H-CH_3 \xrightarrow[CH_3CO_2H,\ H_2O]{H_5IO_6} CH_3COCH_3\ +\ CH_3CHO$$

$$\underset{\underset{OH}{|}}{CH_2}-\underset{\underset{OH}{|}}{CH}-\underset{\underset{OH}{|}}{CH_2} \xrightarrow{2IO_4^-} HCHO\ +\ HCOOH\ +\ HCHO$$

此反应条件温和，反应迅速，选择性高，且通常是定量进行的，因此可用于邻二醇型化合物及碳水化合物的定性和定量测定，还可根据氧化产物的结构和数量，推测反应物的结构。

邻二醇也可在四乙酸铅氧化下发生碳碳键的断裂，生成醛、酮。例如：

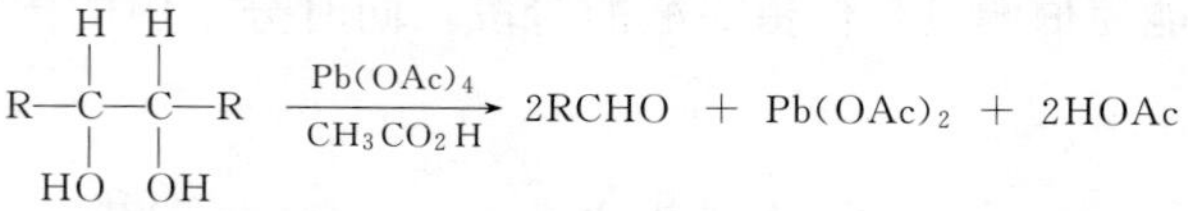

$$R-\underset{\underset{HO}{|}}{\overset{\overset{H}{|}}{C}}-\underset{\underset{OH}{|}}{\overset{\overset{H}{|}}{C}}-R \xrightarrow[CH_3CO_2H]{Pb(OAc)_4} 2RCHO\ +\ Pb(OAc)_2\ +\ 2HOAc$$

四乙酸铅氧化时需要在有机溶剂中进行，而高碘酸氧化时需要在水中进行，因此两者之间可以互补。

8.1.4.2 频哪醇重排

频哪醇（邻二叔醇，pinacol）在酸性条件下脱水生成碳正离子中间体并重排生成频哪酮。该反应称为频哪醇重排。例如：

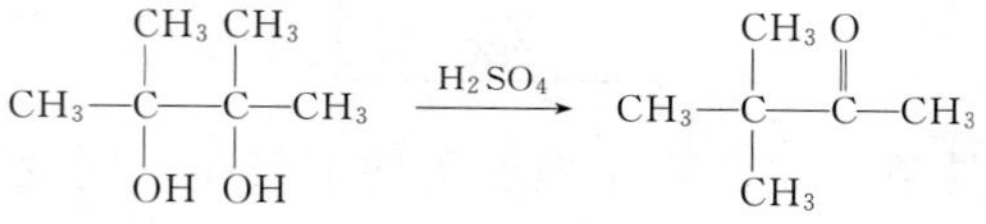

频哪醇重排的反应机制为：

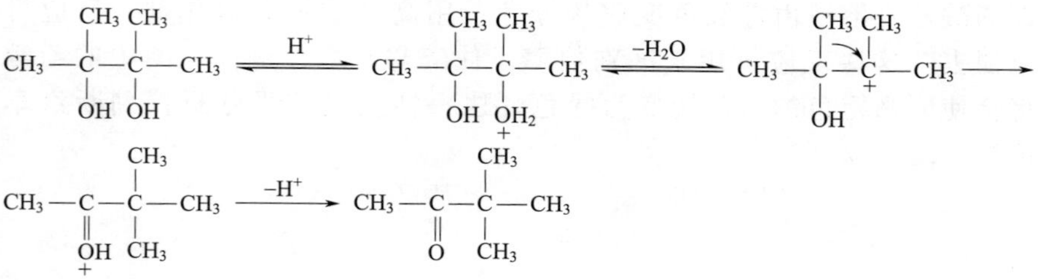

8.1.5 醇的制备

8.1.5.1 由烯烃制备

工业上一些低级一元饱和醇是通过烯烃直接水合制备的［见第 3 章 3.1.4.2(4)］。

例如：

$$CH_2{=}CH_2 \ + \ H_2O \xrightarrow[\text{7MPa}]{H_3PO_4,\ 300℃} CH_3{-}CH_2{-}OH$$

$$CH_3CH{=}CH_2 \ + \ H_2O \xrightarrow[\text{2MPa}]{H_3PO_4,\ 195℃} CH_3{-}\underset{\underset{OH}{|}}{C}H{-}CH_3$$

8.1.5.2　由卤代烃的水解制备

卤代烃和稀的氢氧化钠水溶液进行亲核取代反应，可得到相应的醇［见第 7 章 7.3.1（1）］。

8.1.5.3　由羰基化合物的还原制备

醛、酮、羧酸及羧酸衍生物在催化氢化或金属氢化物等试剂作用下，可被还原成相应的醇［见第 9 章 9.1.4.3(2) 和第 10 章 10.1.3.4、10.2.3.3］。

8.1.5.4　利用格氏试剂制备

(1) 格氏试剂与环氧化合物反应

格氏试剂与环氧乙烷发生亲核加成再水解，可以得到比格氏试剂增加两个碳原子的伯醇。如果采用取代的环氧乙烷，则得到相应的仲醇或叔醇（见本章 8.3.3.4）。

(2) 格氏试剂与醛或酮反应

格氏试剂作为亲核试剂与醛、酮发生亲核加成再水解，可以得到相应的醇。与甲醛反应得到增加一个碳原子的伯醇，与醛和酮反应得到仲醇和叔醇［见第 9 章 9.1.4.1(5)］。

(3) 格氏试剂与羧酸衍生物反应

格氏试剂与羧酸衍生物首先生成醛或酮，进一步反应生成相应的醇（见第 10 章 10.2.3.2）。

8.2　酚

酚是羟基直接连在芳环上的一类化合物，可用通式 Ar-OH 表示。

8.2.1　酚的分类、命名和结构

8.2.1.1　酚的分类和命名

根据分子中芳香环上所连接的羟基数目，酚可分为一元酚、二元酚和三元酚等，含有两个及以上酚羟基的酚统称为多元酚。例如：

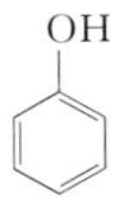

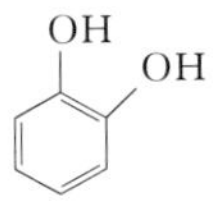

酚的名称一般是以芳环名称加"酚"构成，编号时从与羟基相连的碳原子开始，并遵循位次组最低原则。对于一取代的酚，也可用邻、间、对（*o*-、*m*-、*p*-）标明取代基的位置。对结构复杂的酚，也有的将酚羟基作为取代基命名，有些酚类化合物习惯用俗名。例如：

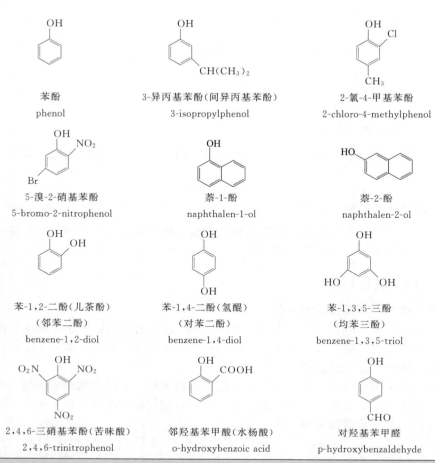

苯酚
phenol

3-异丙基苯酚(间异丙基苯酚)
3-isopropylphenol

2-氯-4-甲基苯酚
2-chloro-4-methylphenol

5-溴-2-硝基苯酚
5-bromo-2-nitrophenol

萘-1-酚
naphthalen-1-ol

萘-2-酚
naphthalen-2-ol

苯-1,2-二酚(儿茶酚)
(邻苯二酚)
benzene-1,2-diol

苯-1,4-二酚(氢醌)
(对苯二酚)
benzene-1,4-diol

苯-1,3,5-三酚
(均苯三酚)
benzene-1,3,5-triol

2,4,6-三硝基苯酚(苦味酸)
2,4,6-trinitrophenol

邻羟基苯甲酸(水杨酸)
o-hydroxybenzoic acid

对羟基苯甲醛
p-hydroxybenzaldehyde

在旧版命名法中，一取代的酚，通常以苯酚为母体，用邻、间、对（o-、m-、p-）标明取代基的位置，也可用阿拉伯数字表示，并采取最小编号原则。对结构复杂的酚，也有的将酚羟基作为取代基命名；有些酚类化合物习惯用俗名。例如：

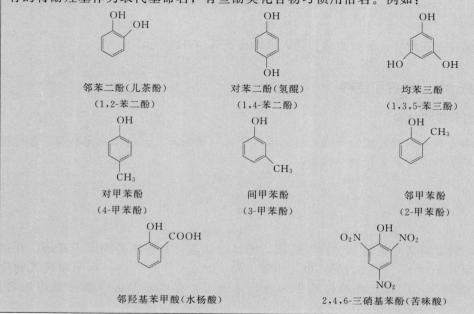

邻苯二酚(儿茶酚)
(1,2-苯二酚)

对苯二酚(氢醌)
(1,4-苯二酚)

均苯三酚
(1,3,5-苯三酚)

对甲苯酚
(4-甲苯酚)

间甲苯酚
(3-甲苯酚)

邻甲苯酚
(2-甲苯酚)

邻羟基苯甲酸(水杨酸)

2,4,6-三硝基苯酚(苦味酸)

8.2.1.2 酚的结构

苯酚是最常见的酚，俗称石炭酸，与醇羟基不同，酚羟基中氧原子呈 sp^2 杂化状态，氧原子的一个 sp^2 杂化轨道与苯环上碳原子的一个 sp^2 杂化轨道重叠形成碳氧单键，氧原子另一个 sp^2 杂化轨道与氢原子的 1s 轨道重叠形成氢氧键。氧原子上的两对未共用电子对中，一对处于 sp^2 杂化轨道，另一对处于未杂化的 p 轨道中，其与苯环的 π 键形成了 p-π 共轭，如图 8-5 所示。

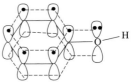

图 8-5 苯酚的结构图

由于 p-π 共轭作用，酚羟基氧原子上的电子向苯环上转移，造成氧上的电子云密度降低，使氢氧键的极性增大，容易断裂给出质子而显酸性；羟基与苯环之间的 p-π 共轭作用使碳氧单键变得比较牢固，通常情况下较难断裂；p-π 共轭作用使苯酚分子苯环上电子云密度升高，因此更有利于苯环上的亲电取代反应。

8.2.2 酚的物理性质与波谱性质

8.2.2.1 酚的物理性质

室温下除少数烷基酚是液体外，多数酚都是固体。纯净的酚没有颜色，但易被氧化而带有不同程度的黄或红色。由于酚分子中含有羟基，酚分子之间也能形成氢键，故酚的沸点和熔点都高于分子量相近的烃。酚羟基能与水分子形成氢键，所以酚在水中有一定的溶解度，并且随着分子中羟基数目的增多，溶解度增大。酚通常可溶于乙醇、乙醚、苯等有机溶剂。部分常见酚类化合物的物理常数见表 8-2。

表 8-2 几种常见酚类化合物的物理常数

名称	熔点/℃	沸点/℃	溶解度/g	pK_a
苯酚	43	182	9.3	9.89
邻甲苯酚	30	191	2.5	10.20
间甲苯酚	11	201	2.6	10.01
对甲苯酚	35.5	201	2.6	10.17
邻氯苯酚	8	176	2.8	8.11
间氯苯酚	33	214	2.6	8.80
对氯苯酚	43	220	2.7	9.20
邻硝基苯酚	45	217	0.2	7.17
间硝基苯酚	96	—	1.4	8.28
对硝基苯酚	114	279	1.7	7.15
2,4-二硝基苯酚	133	分解	0.56	3.96

8.2.2.2 酚的波谱性质

酚的红外光谱与醇类似，酚的氢氧键伸缩振动在 $3650 \sim 3200 cm^{-1}$ 区域显示为一强而宽的吸收峰。酚的碳氧单键的伸缩振动吸收峰比醇略高，出现在 $1250 \sim 1200 cm^{-1}$ 区域，为一强而宽的吸收峰。图 8-6 为对甲苯酚的红外光谱。

酚羟基的化学位移受温度、浓度和溶剂影响比较大，一般在 $4 \sim 9$。图 8-7 为对乙基苯酚的核磁共振氢谱。

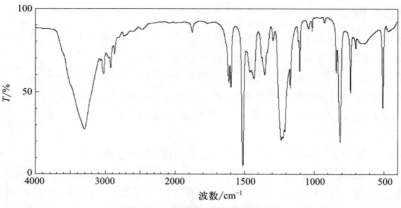

图 8-6　对甲苯酚的红外光谱

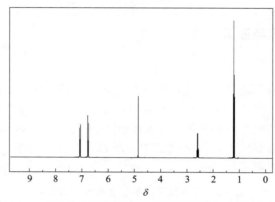

图 8-7　对乙基苯酚的核磁共振氢谱

8.2.3　酚的化学性质

由于酚羟基和芳环直接相连，也就是说酚羟基是与 sp^2 杂化的碳原子相连。因此酚类化合物有许多化学性质不同于醇。例如苯酚具有弱酸性，容易发生卤化、硝化和磺化等亲电取代反应。

8.2.3.1　酚的酸性

酚羟基中氧上的未共用电子对与苯环形成 p-π 共轭，使羟基的氢氧键极性增大，更容易断裂给出质子，因此酚的酸性比醇强很多，苯酚能与氢氧化钠反应生成易溶于水的苯酚钠。例如：

$$\text{C}_6\text{H}_5\text{OH} + \text{NaOH} \longrightarrow \text{C}_6\text{H}_5\text{ONa} + \text{H}_2\text{O}$$

苯酚的酸性（$pK_a = 9.89$）比碳酸（$pK_a = 6.35$）弱，若向苯酚钠溶液中通入二氧化碳，可以析出苯酚。例如：

$$\text{C}_6\text{H}_5\text{ONa} + \text{CO}_2 + \text{H}_2\text{O} \longrightarrow \text{C}_6\text{H}_5\text{OH} + \text{NaHCO}_3$$

苯环上连有取代基的酚，其酸性是增强还是减弱，主要取决于取代基的性质、数目和位置。若苯环上连有吸电子基团（如—NO$_2$，—X 等）时，可以降低苯环的电子云密度，使酚的酸性增强；若苯环上连有供电子基团（如—CH$_3$，—C$_2$H$_5$ 等）时，可增加苯环的电子云密度，使酚的酸性减弱，尤其是取代基团在羟基的邻位和对位时作用更明显。例如，硝基酚的酸性比苯酚强，甲基酚的酸性比苯酚弱：

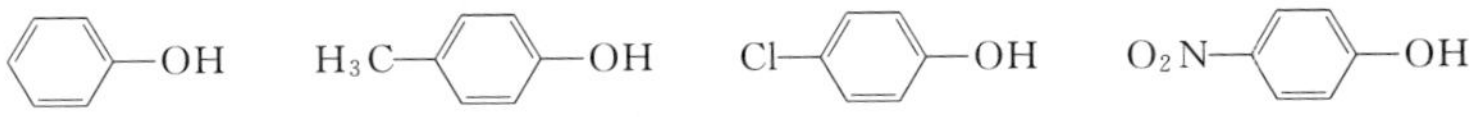

pK_a 9.89   10.17   9.20   7.15

8.2.3.2 酚醚和酯的生成

酚在碱性条件下，可与卤代烷生成相应的醚（Williamson 醚合成法）。例如：

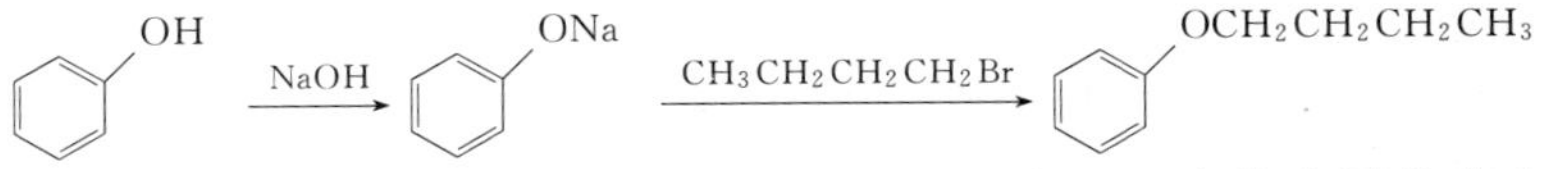

在制备芳甲醚或芳乙醚时，通常用硫酸二甲酯和硫酸二乙酯作为甲基化和乙基化试剂。

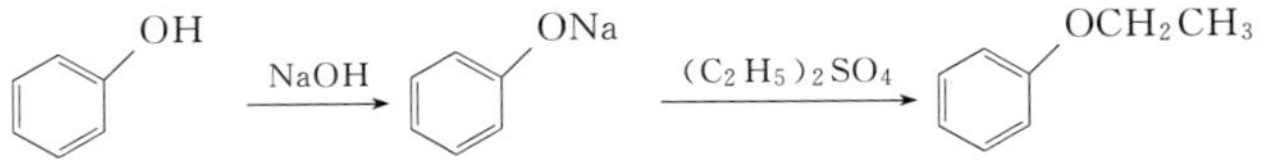

酚在酸或碱催化下可与酰氯或酸酐反应生成酯，但是与羧酸直接反应难以进行。例如：

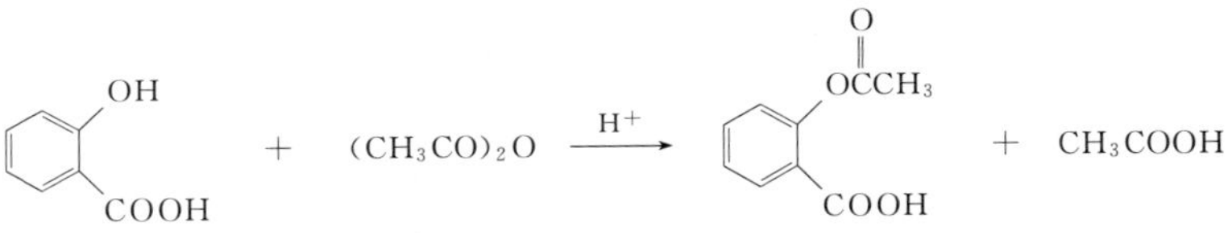

水杨酸   乙酰水杨酸

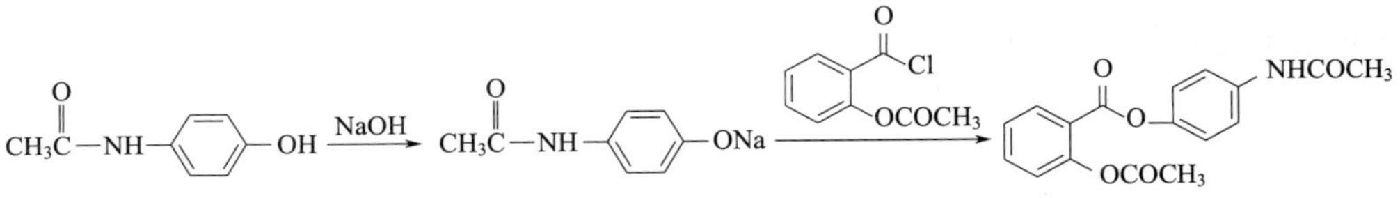

扑炎痛

8.2.3.3 亲电取代反应

由于羟基能使苯环上电子云密度增加，特别是邻、对位的电子云密度增加更多，故亲电取代反应容易进行，主要生成邻位和对位取代产物。

（1）卤化反应

苯酚容易发生卤化反应，室温下苯酚与溴水反应，立即生成 2,4,6-三溴苯酚白色沉淀。此反应可用于苯酚的定性和定量分析。例如：

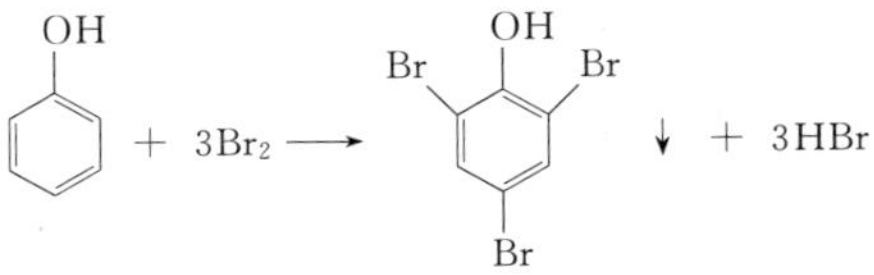

苯酚在非极性溶剂中，较低温度下与溴作用主要生成一取代产物。例如：

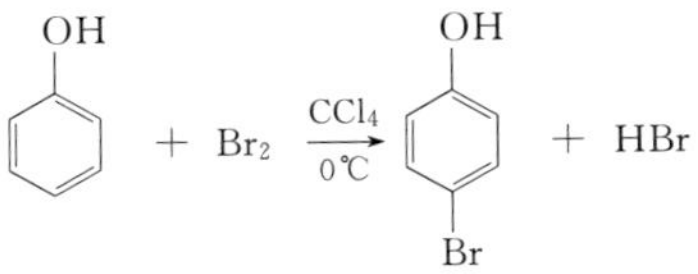

（2）硝化反应

苯酚在室温下即可用稀硝酸硝化，生成邻硝基苯酚和对硝基苯酚。由于苯酚易被氧化，产率较低。例如：

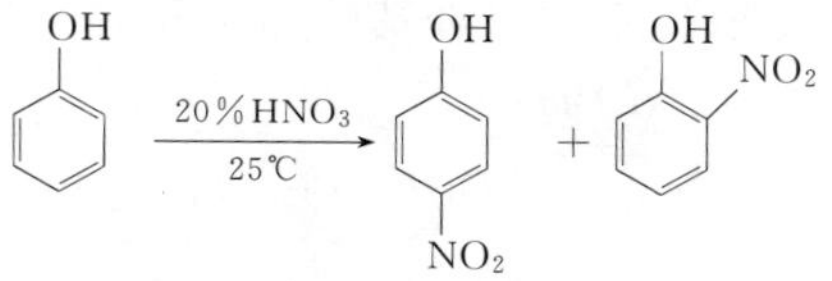

邻硝基苯酚形成分子内氢键，不生成分子间氢键，削弱了分子间的引力，故沸点较低。而对硝基苯酚仅形成分子间氢键，因此将这两种硝基苯酚的混合物进行水蒸气蒸馏，即可把邻硝基苯酚分离出来。

（3）磺化反应

苯酚在室温下与浓硫酸反应生成邻和对羟基苯磺酸的混合物，在 100℃ 时，主要产物为对羟基苯磺酸。例如：

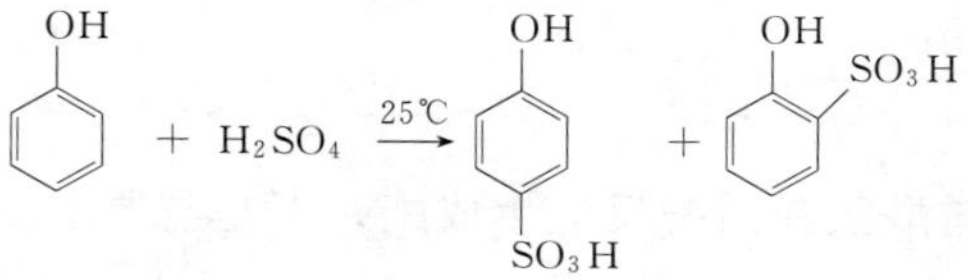

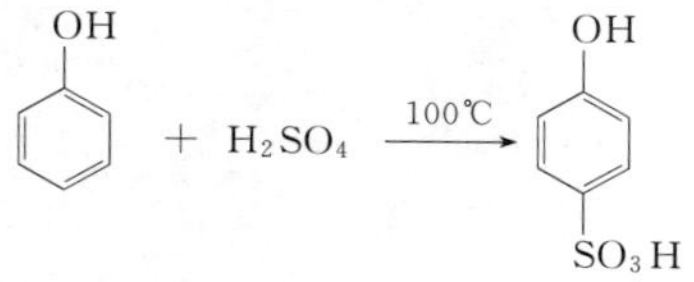

（4）傅-克反应

苯酚容易进行傅-克烷基化反应，产物以对位异构体为主。例如：

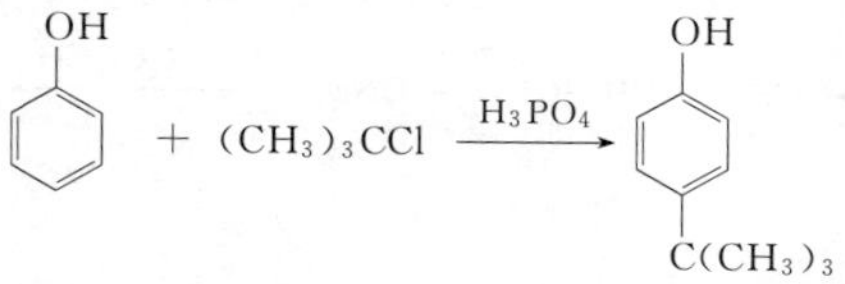

若对位已被其它取代基占据，则进入羟基邻位。例如：

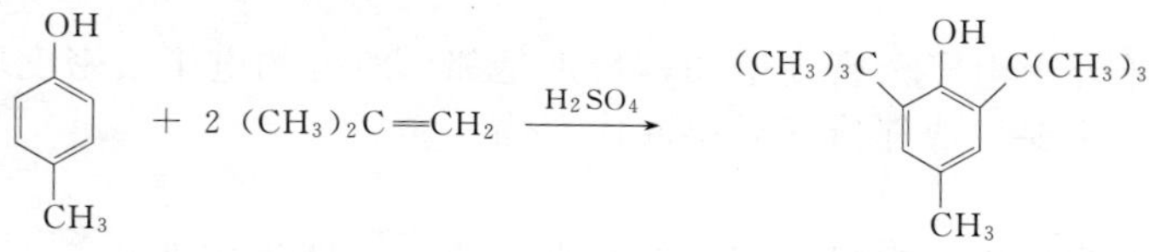

2,6-二叔丁基-4-甲基苯酚

2,6-二叔丁基-4-甲基苯酚（BHT）是一种常用的抗氧剂和食品防腐剂。

酚能与氯化铝形成络合物，故氯化铝在催化酚的傅-克酰基化时，反应进行得很慢，这时可采用其它的路易斯酸作催化剂。例如：

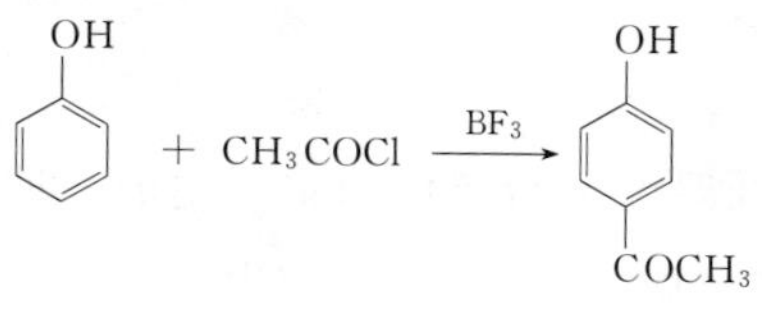

8.2.3.4　酚与氯化铁的显色

羟基与双键碳原子直接相连就形成了烯醇，酚类化合物可以看成具有烯醇型结构：

具有烯醇型结构的化合物大多能与氯化铁水溶液发生显色反应。例如：

$$6C_6H_5OH + FeCl_3 \longrightarrow H_3[Fe(OC_6H_5)_6] + 3HCl$$

不同结构的酚与氯化铁溶液反应生成不同颜色的化合物。例如，苯酚、间苯二酚、1,3,5-苯三酚显蓝紫色；对苯二酚显暗绿色；1,2,3-苯三酚显棕红色。利用显色反应，可以用于酚类化合物的鉴别。

8.2.3.5 氧化反应

酚比醇更容易氧化，空气中的氧就能将酚氧化，氧化产物很复杂，这也是苯酚在空气中久置颜色逐渐加深的原因。例如苯酚用铬酸氧化，生成黄色的对苯醌：

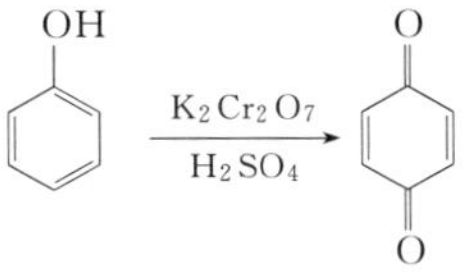

多元酚更容易被氧化，氧化产物也是醌类化合物。例如：

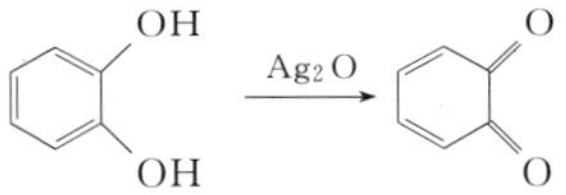

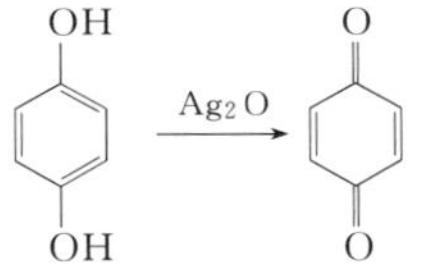

8.3 醚

8.3.1 醚的分类、命名和结构

8.3.1.1 醚的分类

醚是两个烃基通过氧原子相连而成的化合物，也可以看作水分子的两个氢被两个烃基取代的衍生物，通式为 R—O—R，—O— 称为醚键，是醚的官能团。醚分子中，两个烃基相同，称为单醚；两个烃基不相同，称为混醚；两个烃基彼此相连成环状的，则称"环醚"。例如：

$$CH_3CH_2OCH_2CH_3 \qquad CH_3CH_2OCH(CH_3)_2$$

单醚   混醚   环醚

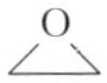

根据分子中烃基的结构，醚可分为脂肪醚和芳香醚。其中，醚中没有芳基，全是脂肪烃基，为脂肪醚；醚中有一个或两个芳基，为芳香醚。例如：

$$CH_3CH_2OCH=CH_2$$

脂肪醚   芳香醚

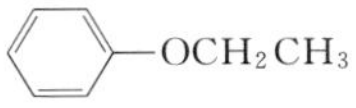

8.3.1.2　醚的命名

结构比较简单的醚可采用普通命名法，即在醚字前面写出烃基的名称。命名单醚时，为"二"＋"烃基"＋"醚"，有时"二"字和"基"字可省略。例如：

$CH_3CH_2OCH_2CH_3$　　　　　　　　$CH_2\!=\!CHOCH\!=\!CH_2$

（二）乙（基）醚　　　　　　　　　　二乙烯基醚　　　　　　　　　　二苯（基）醚
diethyl ether　　　　　　　　　　divinyl ether　　　　　　　　　　diphenyl ether

命名混醚时，按烃基的英文字母顺序将两个烃基依次列出，后面加上"醚"字。例如：

$CH_3CH_2OCH(CH_3)_2$　　　　　　　$CH_3CH_2OCH\!=\!CH_2$

乙基异丙基醚　　　　　　　　　　乙基乙烯基醚　　　　　　　　　　甲苯醚
ethyl isopropyl ether　　　　　　ethyl vinyl ether　　　　　　　　methyl phenyl ether

对于结构比较复杂的醚，通常把其中的烃氧基作为取代基来命名。

$CH_3OCHCH_2CH_3$　　　　　　$CH_3CH_2OCHCH_2CH\!=\!CH_2$
　　$|$　　　　　　　　　　　　　　　$|$
　CH_2CH_3　　　　　　　　　　　CH_2CH_3

3-甲氧基戊烷　　　　　　　　　4-乙氧基己-1-烯　　　　　　　　1-氯-3-甲氧基苯
3-methoxypentane　　　　　　　4-ethoxyhex-1-ene　　　　　　1-chloro-3-methoxybenzene

环醚一般称为环氧某烃，或者按照杂环化合物命名。例如：

$CH_2\!-\!CH\!-\!CH_3$
　　$\diagdown\!O\!\diagup$

1,2-环氧丙烷　　　　　　　　　四氢呋喃　　　　　　　　1,4-二氧六环
1,2-epoxypropane　　　　　tetrahydrofuran（THF）　　　　1,4-dioxane

在旧版命名混醚时，把在次序规则中"较优"的烃基放在后面。如果其中一个是芳基，则将芳基放在前面。例如：

$CH_3CH_2OCH(CH_3)_2$　　　　$CH_3CH_2OCH\!=\!CH_2$　　　　　　$\bigcirc\!-\!OCH_2CH_3$

乙基异丙基醚　　　　　　　乙基乙烯基醚　　　　　　　苯乙醚

对于结构比较复杂的醚通常采用系统命名法，常把其中的烃氧基作为取代基来命名。例如：

$CH_3CH_2OCHCH_2CH_3$　　　　　　$CH_3CH_2OCHCH_2CH\!=\!CH_2$
　　$|$　　　　　　　　　　　　　　　$|$
　CH_2CH_3　　　　　　　　　　　CH_2CH_3

3-乙氧基戊烷　　　　　　　　　　4-乙氧基-1-己烯

环醚一般称为环氧某烃，或者按照杂环化合物命名。例如：

$CH_2\!-\!CH\!-\!CH_3$
　　$\diagdown\!O\!\diagup$

1,2-环氧丙烷　　　　　　　四氢呋喃　　　　1,4-二氧六环

8.3.1.3　醚的结构

醚分子结构与水相似，氧原子为 sp^3 杂化，其氧原子的两个 sp^3 杂化轨道分别与两个烃基中碳原子的 sp^3 杂化轨道重叠，形成两个碳氧单键。由于两个烃基间的排斥作用较大，两个碳氧单键的键角大于 $109°28'$。实验测得甲醚分子中两个碳氧单键的键角约为 $112°$，其分子结构如图 8-8 所示。

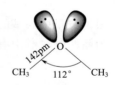

图 8-8　甲醚分子的结构

8.3.2 醚的物理性质与波谱性质

8.3.2.1 醚的物理性质

多数醚为液体，有香味；分子间无氢键，沸点和密度比相应的醇低，和分子量相当的烷烃相近。醚中氧原子为 sp^3 杂化，C—O—C 键有一定角度，为非线型分子，故醚有极性，可以和水或醇形成氢键，所以低级醚有一定的水溶性，而高级醚难溶水。低级醚易挥发，易形成易燃蒸气，使用时要注意安全。几种简单醚的物理性质见表 8-3。

表 8-3   几种简单醚的物理性质

名称	熔点/℃	沸点/℃	相对密度(d_4^{20})
甲醚	−140	−24	0.661
乙醚	−116	34.6	0.713
二苯醚	27	258	1.075
甲苯醚	−37	155	0.996
正丁醚	−97.9	141	0.769
四氢呋喃	−108	66	0.889

8.3.2.2 醚的波谱性质

在红外光谱中，醚分子中的碳氧单键伸缩振动吸收出现在 1200～1050cm^{-1} 区域，为强而宽的峰。在核磁共振氢谱中，醚分子中与氧原子相连的碳上的质子化学位移在 3.4～4.0。图 8-9 和图 8-10 分别为乙苯醚的红外光谱及核磁共振氢谱。

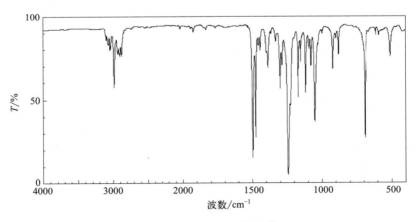

图 8-9   乙苯醚的红外光谱

8.3.3 醚的化学性质

醚的化学性质稳定，不能与强碱、稀酸、氧化剂、还原剂或活泼金属反应。醚可用金属钠干燥，在许多有机反应中可作溶剂。由于醚分子中的氧原子上有两对孤对电子，具有一定的碱性，能与强酸发生化学反应。

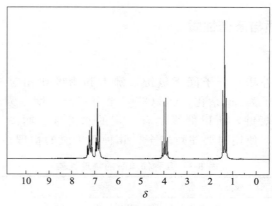

图 8-10　乙苯醚的核磁共振氢谱

8.3.3.1　锌盐的形成

　　醚分子中的氧原子上有孤对电子，能接受质子，具有一定的碱性，但碱性较弱，只能与浓强酸（如浓硫酸和浓盐酸）反应，生成一种不稳定的盐，称为锌盐。锌盐不稳定，遇水又分解为原来的醚，利用这一性质，可从烷烃、卤代烃中鉴别和分离醚。例如：

$$C_2H_5OC_2H_5 + H_2SO_4 \longrightarrow C_2H_5\overset{+}{O}C_2H_5 \cdot HSO_4^-$$
$$\qquad\qquad\qquad\qquad\qquad\qquad H$$

$$C_2H_5\overset{+}{O}C_2H_5 \cdot HSO_4^- \xrightarrow{H_2O} C_2H_5OC_2H_5 + H_2SO_4$$
$$\quad H$$

8.3.3.2　酸催化醚键的断裂

　　醚与浓的氢卤酸一起加热时，醚键断裂形成卤代烃和醇。醚键的断裂反应实质上是醚与酸作用质子化，生成锌盐，然后亲核试剂（X^-）对锌盐亲核进攻，生成卤代烃和醇。若氢卤酸过量，生成的醇又与过量的氢卤酸反应生成卤代烃。氢卤酸的反应活性顺序为：$HI>HBr>HCl$。例如：

$$R-O-R + HX \longrightarrow R-\overset{+}{\underset{H}{O}}-R \xrightarrow{X^-} ROH + RX$$
$$\qquad\qquad\qquad\qquad\qquad\qquad \downarrow HX$$
$$\qquad\qquad\qquad\qquad\qquad\qquad RX + H_2O$$

　　烷基的结构不同，卤素负离子进攻锌盐的机制也不同。伯烷基和仲烷基醚与氢卤酸作用时通常按 S_N2 机制进行反应。例如：

$$CH_3CH_2CH_2CH_2-O-CH_3 + HI \longrightarrow CH_3CH_2CH_2CH_2OH + CH_3I$$
$$\qquad\qquad\qquad\qquad\qquad\qquad\qquad\qquad \downarrow HI$$
$$\qquad\qquad\qquad\qquad\qquad\qquad\qquad\qquad CH_3CH_2CH_2CH_2I + H_2O$$

　　叔烷基醚由于醚键上连有易生成碳正离子的烷基，通常按 S_N1 历程进行。例如：

$$CH_3-O-\underset{CH_3}{\overset{CH_3}{\underset{|}{\overset{|}{C}}}}-CH_3 + HBr \longrightarrow CH_3-\overset{+}{O}-\underset{CH_3}{\overset{CH_3}{\underset{|}{\overset{|}{C}}}}-CH_3 \xrightarrow{-CH_3OH} CH_3-\underset{CH_3}{\overset{CH_3}{\underset{|}{\overset{|}{C}}}}{}^+ \xrightarrow{Br^-} CH_3-\underset{CH_3}{\overset{CH_3}{\underset{|}{\overset{|}{C}}}}-Br$$

　　如果其中一个烃基为芳基，由于芳基和氧原子之间的 p-π 共轭作用，Ar—O 键不易断裂，醚键总是优先在脂肪烃基的一侧断裂，生成酚和卤代烃。例如：

$$Cl-\!\!\left\langle\!\!\bigcirc\!\!\right\rangle\!\!-O-CH_3 + HBr \longrightarrow Cl-\!\!\left\langle\!\!\bigcirc\!\!\right\rangle\!\!-OH + CH_3Br$$

环氧化合物在酸催化下可进行亲核取代反应，生成 2-取代乙醇。例如：

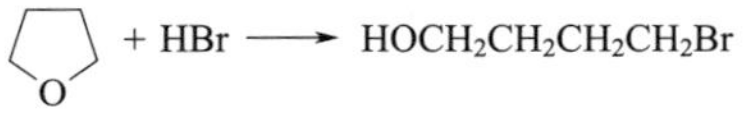

$$\text{环} + HBr \longrightarrow HOCH_2CH_2CH_2CH_2Br$$

8.3.3.3　碱催化醚键的断裂

醚分子中的碳氧键一般不发生化学变化，但环氧化合物在碱的催化下易发生亲核取代反应。例如：

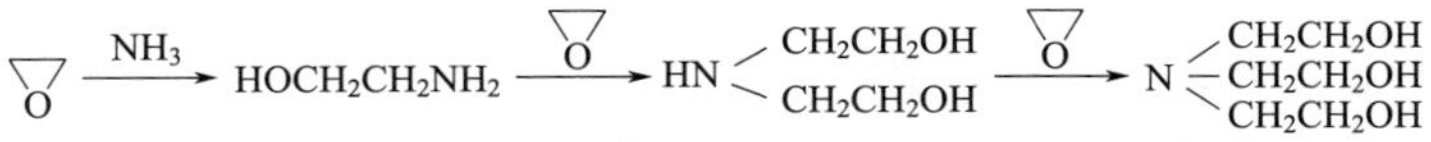

$$\text{环} \xrightarrow{NH_3} HOCH_2CH_2NH_2 \xrightarrow{\text{环}} HN\begin{matrix}CH_2CH_2OH\\CH_2CH_2OH\end{matrix} \xrightarrow{\text{环}} N\begin{matrix}CH_2CH_2OH\\CH_2CH_2OH\\CH_2CH_2OH\end{matrix}$$

不对称的环氧化合物在碱性条件下进行亲核取代反应时，通常按 S_N2 机制进行反应，亲核试剂优先进攻取代基较少的碳原子。例如：

$$CH_3\text{环}\xrightarrow{CH_3ONa} CH_3-\underset{O^-}{CH}-CH_2OCH_3 \xrightarrow{CH_3OH} CH_3-\underset{OH}{CH}-CH_2OCH_3$$

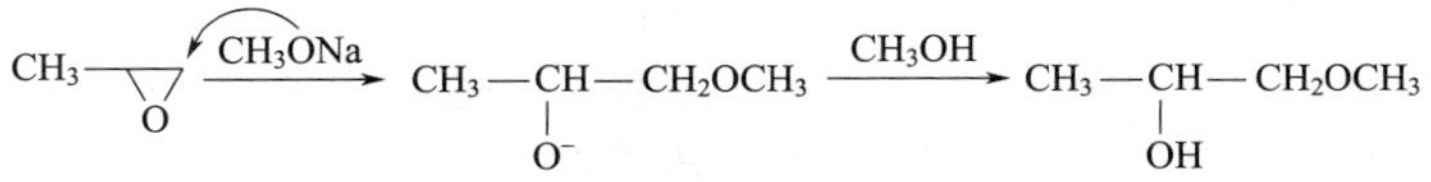

8.3.3.4　环氧乙烷与格氏试剂的反应

格氏试剂具有亲核性，容易与环氧乙烷发生亲核加成反应，生成增加两个碳原子的伯醇。例如：

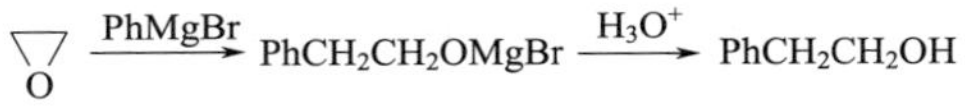

$$\text{环}\xrightarrow{PhMgBr} PhCH_2CH_2OMgBr \xrightarrow{H_3O^+} PhCH_2CH_2OH$$

不对称的环氧化合物与格氏试剂反应时，通常按 S_N2 机制进行反应，亲核试剂优先进攻取代基较少的碳原子。例如：

$$CH_3\text{环}\xrightarrow{PhMgBr} CH_3-\underset{OMgBr}{CH}-CH_2Ph \xrightarrow{H_3O^+} CH_3-\underset{OH}{CH}-CH_2Ph$$

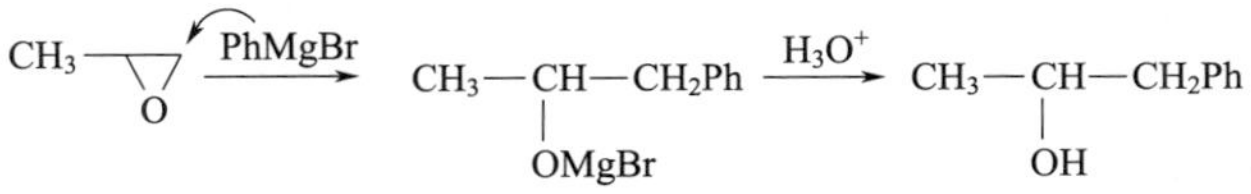

8.3.3.5　过氧化物的生成

醚对一般氧化剂是稳定的，但低级醚与空气长时间接触，会逐渐生成过氧化物。例如：

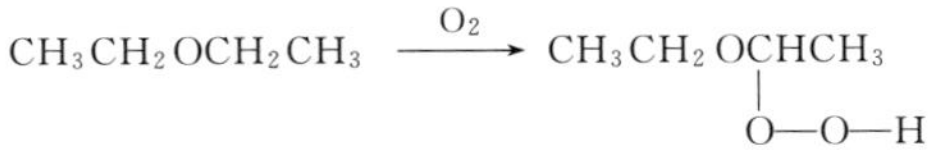

$$CH_3CH_2OCH_2CH_3 \xrightarrow{O_2} CH_3CH_2O\underset{O-O-H}{CHCH_3}$$

醚的过氧化物不稳定，受热易分解爆炸。因此，醚类化合物应在深色玻璃瓶中存放，或加入抗氧化剂防止过氧化物的生成。久置的醚在蒸馏时，低沸点的醚被蒸出后，还有高沸点的过氧化物留在瓶中，继续加热，便会爆炸，因此在蒸馏前必须检验是否有过氧化物存在。检验的方法是用淀粉碘化钾试纸，若试纸变蓝，说明有过氧化物存在，应加入硫酸亚铁或亚硫酸钠等还原性物质处理后再用。

8.3.4　冠醚

冠醚，是分子中含有多氧大环的醚类化合物，可表示为—$(OCH_2CH_2)_n$—，因其立体结构像皇冠，故称冠醚。冠醚命名的通式为"m-冠-n"，即把环上原子总数 m 标注在"冠"字之前，把环上氧原子数 n 标注在"冠"字之后，例如 18-冠-6、21-冠-7、二苯并-18-冠-6：

冠醚有一定的毒性，应避免吸入其蒸气或与皮肤接触。冠醚分子的氧原子可与水分子形成氢键，因此具有亲水性；而冠醚外部的—CH_2CH_2—又决定了它具有亲油性。冠醚最大的特点就是能与正离子，尤其是与碱金属离子选择性络合。例如，12-冠-4 与锂离子络合而不与钠、钾离子络合；18-冠-6 不仅与钾离子络合，还可与重氮盐络合，但不与锂或钠离子络合。冠醚的这种性质在合成上极为有用，例如冠醚与试剂中正离子络合，使该正离子溶在有机溶剂中，而与它相对应的负离子也随同进入有机溶剂内；但冠醚不与负离子络合，游离或裸露的负离子反应活性高，能迅速反应。在此过程中，冠醚把试剂带入有机溶剂中，称为相转移试剂或相转移催化剂，这样的反应称为相转移催化反应。

扫码获取本章课件和微课

习 题

1. 写出分子式为 $C_5H_{12}O$ 的所有构造异构体，并指出其中的伯醇、仲醇和叔醇。

2. 用系统命名法命名下列化合物。

(1) 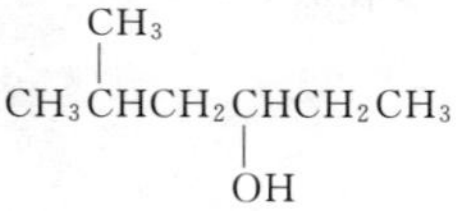 $CH_3CHCH_2CHCH_2CH_3$ （CH₃ 在第二个碳上，OH 在第四个碳上）

(2) 含 Cl 和 OH 的结构

(3) CH_2CH_2OH（苯基）

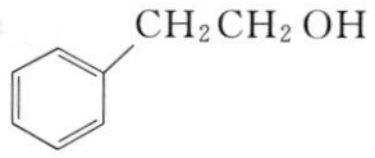

(4) 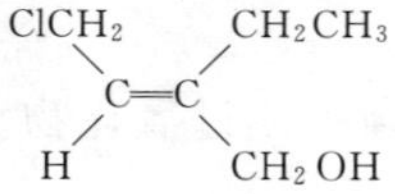 含 $ClCH_2$、CH_2CH_3、H、CH_2OH 的烯烃

(5) 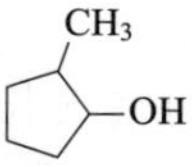 含 CH_3、OH 的环戊烷

(6) 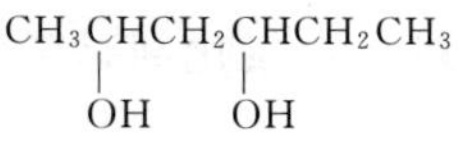 $CH_3CHCH_2CHCH_2CH_3$，两个 OH

(7) 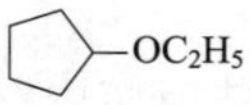 环戊基 OC_2H_5

(8) 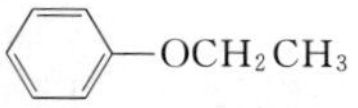 苯基 OCH_2CH_3

(9) 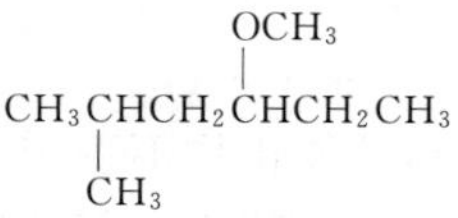 $CH_3CHCH_2CHCH_2CH_3$，含 OCH_3 和 CH_3

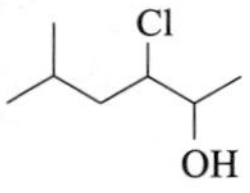

(10) 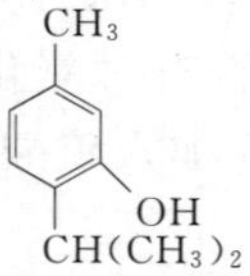 含 CH_3、OH、$CH(CH_3)_2$ 的苯环

(11) 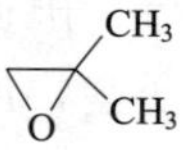 含 CH_3、CH_3 的环氧化合物

3. 写出下列化合物的结构式。

(1) 苄醇　　　　　　　(2) 3-乙基己-1-醇　　　　(3) 己-1,4-二醇
(4) 2-苯基丙-1-醇　　(5) 乙二醇一甲醚　　　　(6) 间溴苯酚
(7) 叔丁基乙基醚　　　(8) 2,4,6-三硝基苯酚　　(9) 甘油

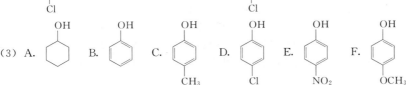

4. 写出下列化合物的结构式（旧版）。

（1）苄醇　　　　　　　　（2）3-乙基-1-己醇　　　（3）1,4-己二醇

（4）2-苯基-1-丙醇　　　　（5）乙二醇一甲醚　　　　（6）间溴苯酚

（7）乙基叔丁基醚　　　　（8）2,4,6-三硝基苯酚　　（9）甘油

5. 比较下列各组化合物的酸性强弱。

（1）　A. $CH_3CH_2CH_2CH_2OH$　　　　B. $CH_3CH_2\underset{\underset{CH_3}{|}}{C}HOH$　　　C. $CH_3\underset{\underset{CH_3}{|}}{\overset{\overset{CH_3}{|}}{C}}OH$

（2）　A. $\underset{\underset{Cl}{|}}{C}H_2CH_2CH_2CH_2OH$　　　B. $CH_3\underset{\underset{Cl}{|}}{C}HCH_2CH_2OH$　　C. $CH_3CH_2\underset{\underset{Cl}{|}}{C}HCH_2OH$

（3）　A. 环己醇(OH)　B.(OH)　C.(OH-CH₃)　D.(OH-Cl)　E.(OH-NO₂)　F.(OH-OCH₃)

6. 比较下列化合物的碱性强弱。

A. CH_3CH_2ONa　　　B.$(CH_3)_3CCH_2ONa$　　　C. CF_3CH_2ONa

7. 将下列化合物的沸点由高到低排列，并解释原因。

A. 环己烷　　B. 环己醇　　C. 环己-1,2-二醇　　D. 环己六醇

8. 写出环己醇与下列试剂作用的产物。

（1）浓 H_2SO_4，加热　　　　（2）HBr　　　　　（3）PCl_3

（4）CrO_3-H_2SO_4　　　　　（5）Na

9. 用简单的化学方法鉴别下列各组化合物。

（1）　A. 环己烯　　　B. 叔丁醇　　　C. 戊-1-炔　　　D. 2-氯丁烷　　　E. 环己醇

（2）　A. 邻甲苯酚　　　B. 苯甲醇　　　C. 甲苯醚

（3）　A. 2-甲基丙-1-醇　　　B. 丁-2-醇　　　C.2-甲基丁-2-醇

10. 采用化学方法分离苯酚和环己醇的混合物。

11. 完成下列反应。

（1）$CH_3CH_2CH_2OH \xrightarrow{Na} \xrightarrow{CH_3CH_2Br}$　　　　（2）$(CH_3)_3CCH_2OH + HBr \longrightarrow$

（3）$(CH_3)_2CCH(CH_3)_2 \xrightarrow[\triangle]{H_2SO_4}$ (OH)　　　　（4）(苯)$-CH_2\underset{\underset{OH}{|}}{C}HCH_2CH_3 \xrightarrow[\triangle]{浓 H_2SO_4}$

（5）n-$C_8H_{17}OH \xrightarrow{PCC}$　　　　（6）$CH_3\underset{\underset{OH}{|}}{C}HC_2H_5 \xrightarrow{CrO_3}$

（7）H_3C-(苯)$-OCH_3 \xrightarrow[\triangle]{HI}$　　　　（8）$HO-$(苯)$-CH_2OH \xrightarrow{NaOH}$

（9）(苯)$-CH=CHCH_2OH \xrightarrow[\triangle]{CrO_3-C_5H_5N}$　　　　（10）(环戊基)$-OH + PBr_3 \longrightarrow$

（11）$HO-$(苯)$-OH \xrightarrow{K_2Cr_2O_7 / H_2SO_4}$　　　　（12）(苯-OH/Cl)$+ ClCH_2CH_2CH_3 \xrightarrow{NaOH}$

（13）$CH_3CH_2CH_2CH_2OCH_3 + HI (1mol) \longrightarrow$

12. 请提出合理的机制解释下列反应。

（1）$CH_3\underset{\underset{CH_3}{|}}{\overset{\overset{CH_3}{|}}{C}}-CH_2OH \xrightarrow[\triangle]{NaBr, 浓 H_2SO_4} CH_3\underset{\underset{Br}{|}}{\overset{\overset{CH_3}{|}}{C}}-CH_2CH_3$

(2)

13. 由指定原料合成目标化合物（其它试剂任选）。

(1) 由丙烷合成异丙醇　　　(2) 由丙烷合成烯丙醇　　　(3) 由 1-苯乙醇合成 2-苯乙醇

(4) 日乙烯和丙烯合成 $CH_2\!=\!CHCH_2CH_2CH_2OH$

14. 化合物 $C_9H_{12}O$，不溶于水、稀盐酸和饱和碳酸钠溶液，但溶于氢氧化钠溶液，不能使溴水褪色。试写出其结构式。

15. 化合物 A 的分子式为 C_7H_8O，溶于氢氧化钠溶液，不溶于碳酸氢钠溶液，与氯化铁溶液反应生成有色物质。与溴水反应生成化合物 $B(C_7H_5OBr_3)$，写出 A 和 B 的结构式。若 A 与氯化铁溶液不发生显色反应，不溶于氢氧化钠溶液，而溶于氢溴酸，试写出 A 的结构式。

16. 化合物 A 的分子式为 $C_6H_{14}O$，A 能与金属钠反应并放出氢气，A 被酸性高锰酸钾氧化生成酮，A 与浓硫酸共热生成烯烃，生成的烯烃催化加氢得到 2,2-二甲基丁烷。试写出化合物 A 的结构式，并写出有关反应式。

第9章 醛、酮和醌

碳原子以双键与氧原子相连的官能团称为羰基（carbonyl group），醛（aldehyde）、酮（ketone）和醌（quinone）都含有羰基，所以这类化合物总称为羰基化合物（carbonyl compounds）。

醛分子中羰基与一个烃基分子和一个氢原子相连（甲醛例外，甲醛的羰基与两个氢原子相连），可用通式 RCHO 表示。醛基是醛的官能团，位于碳链一端。醛基可简写作—CHO。

酮分子中羰基与两个烃基分子相连，酮分子中的羰基又称为酮基，是酮的官能团，位于碳链的中间。醛和酮分子中的烃基可以是烷基、烯基、环烷基或芳基。

醌是含有两个双键的六元环状二酮（含两个羰基）结构的有机化合物，是芳香族母核的两个氢原子各由一个氧原子所代替而成的化合物。醌类有高度共轭结构，故均为有色化合物，对位醌多半为黄色，邻位多半为红色或橙色。醌极易还原成对苯二酚（氢醌），后者也极易氧化成醌，二者构成了一个氧化还原体系。例如：

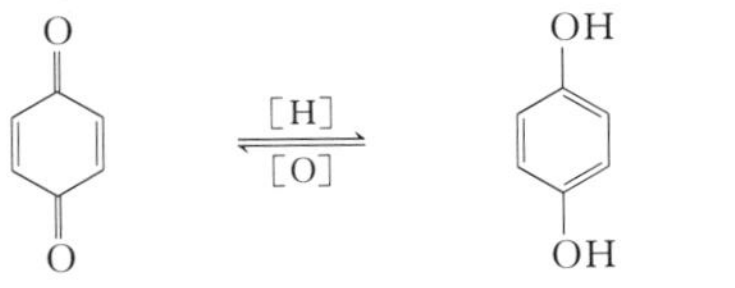

对苯醌（黄色）　　　　对苯二酚（无色）

9.1 醛和酮

9.1.1 醛和酮的分类和命名

9.1.1.1 醛和酮的分类

根据羰基所连烃基的结构，可把醛、酮分为脂肪醛、脂肪酮、芳香醛和芳香酮。芳香醛和芳香酮的羰基碳直接连在芳香环上。例如：

CH_3CHO　　　CH_3COCH_3　　　芳香醛 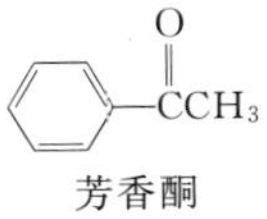　　　芳香酮
脂肪醛　　　　脂肪酮

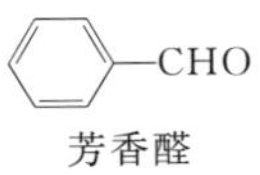

根据羰基所连烃基的饱和程度，可把醛、酮分为饱和与不饱和醛、酮。例如：

$CH_3CH_2CH_2CHO$　　　$CH_3CH=CHCHO$　　　$CH_3COCH_2CH_3$　　　$CH_3CH=CHCOCH_3$
饱和醛　　　　　不饱和醛　　　　　饱和酮　　　　　不饱和酮

根据分子中羰基的数目，可把醛、酮分为一元、二元和多元醛、酮等。例如：

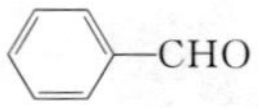

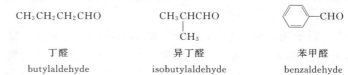

一元醛

$CH_3\overset{O}{\overset{\|}{C}}CH_3$

一元酮

$OHCCH_2CHO$

二元醛

二元酮

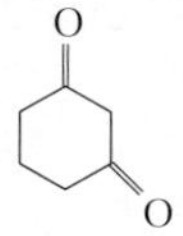

9.1.1.2 醛和酮的命名

简单的醛和酮的命名可采用普通命名法，结构较复杂的醛、酮则采用系统命名法。

(1) 普通命名法

醛的普通命名法是根据烃基的名称命名，称为“某（基）醛”，例如：

$CH_3CH_2CH_2CHO$

丁醛

butylaldehyde

$CH_3\underset{CH_3}{\underset{|}{C}}HCHO$

异丁醛

isobutylaldehyde

苯甲醛

benzaldehyde

酮的普通命名法是按照羰基所连接的两个烃基命名，称为某（基）某（基）酮。例如：

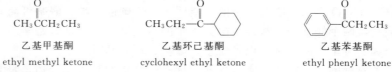

$CH_3\overset{O}{\overset{\|}{C}}CH_2CH_3$

乙基甲基酮

ethyl methyl ketone

乙基环己基酮

cyclohexyl ethyl ketone

乙基苯基酮

ethyl phenyl ketone

(2) 系统命名法

结构复杂的醛、酮通常采用系统命名法命名。选择含有羰基的最长碳链作为主链，从距羰基最近的一端开始编号，根据主链的碳原子数称为“某醛”或“某酮”。因为醛基处在分子的一端，命名醛时可不用标明醛基的位次。而酮的羰基因不在链端，则需要将羰基的位次标明。例如：

$CH_3CH_2\underset{CH_3}{\underset{|}{C}}HCH_2CH_2CHO$

4-甲基己醛

4-methylhexanal

$CH_3CH{=}CHCH_2CHO$

戊-3-烯醛

pent-3-enal

$CH_3CH_2\underset{O}{\underset{\|}{C}}CH_2CH_2\underset{CH_3}{\underset{|}{C}}HCH_3$

6-甲基庚-3-酮

6-methyl-heptan-3-one

$CH_3CH{=}\overset{CH_3}{\overset{|}{C}}\underset{CH_2CH_3}{\underset{|}{C}}H\overset{O}{\overset{\|}{C}}CH_2CH_3$

4-乙基-5-甲基庚-5-烯-3-酮

4-ethyl-5-methylhept-5-en-3-one

$CH_3CH_2C{\equiv}CCH_2\overset{O}{\overset{\|}{C}}CH_3$

庚-4-炔-2-酮

hept-4-ene-2-one

4-苯基-丁-3-烯醛

4-phenyl-but-3-enal

2-羟基苯甲醛（水杨醛）

2-hydroxybenzaldehyde

4-环戊基丁-2-酮

4-cyclopentylbutan-2-one

1-苯基戊-1-酮

1-phenylpentan-1-one

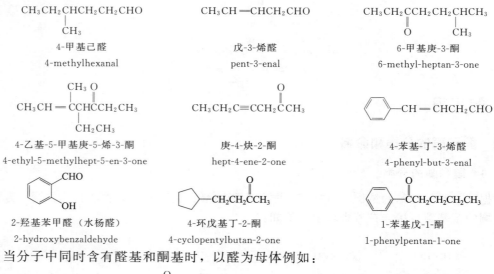

当分子中同时含有醛基和酮基时，以醛为母体例如：

$CH_3CH_2\underset{CH_3}{\underset{|}{C}}H\overset{O}{\overset{\|}{C}}CH_2CHO$

4-甲基-3-氧亚基己醛

4-methyl-3-oxohexanal

4-乙酰基苯甲醛

4-acetylbenzaldehyde

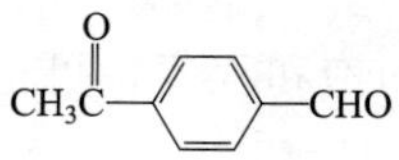

在旧版命名法中，结构复杂的醛、酮通常采用系统命名法命名：选择含有羰基的最长碳链作为主链，从距羰基最近的一端开始编号，根据主链的碳原子数称为"某醛"或"某酮"。因为醛基处在分子的一端，命名醛时可不用标明醛基的位次；而酮的羰基因不在链端，则需要将羰基的位次标明。例如：

$$CH_3CH_2CHCH_2CH_2CHO$$
$$\underset{CH_3}{|}$$

$$CH_3CH=CHCH_2CHO$$

$$CH_3CH_2CCH_2CH_2CHCH_3$$
$$\underset{O}{\|} \quad \underset{CH_3}{|}$$

4-甲基己醛　　　　　　3-戊烯醛　　　　　6-甲基-3-庚酮

CHO / OH（苯环）

—CH=CHCHO（苯环）

COCH$_3$ / CH$_3$（苯环）

2-羟基苯甲醛（水杨醛）　3-苯基丙烯醛（肉桂醛）　2-甲基苯乙酮

当分子中同时含有醛基和酮基时，以醛为母体，将酮的羰基氧原子作为取代基，用"氧代"二字表示，也可以酮醛作为母体，但需要标明酮的羰基碳原子位次。例如：

$$\underset{}{CH_3CH_2CHCCH_2CHO}$$
$$\overset{O}{\|}$$
$$\underset{CH_3}{|}$$

4-甲基-3-氧代己醛或4-甲基-3-己酮醛

9.1.2　醛和酮的结构

羰基的碳氧双键与碳碳双键类似，由1个σ键和1个π键组成，如图9-1所示。碳原子和氧原子均为sp^2杂化，碳原子的三个sp^2杂化轨道分别与氧原子和其它两个原子形成三个σ键，羰基碳与氧中未杂化的p轨道彼此平行重叠形成π键，垂直于三个σ键所在的平面。羰基氧上的两对未共用电子对分布在氧原子另外两个sp^2杂化轨道上。由于氧的电性（3.5）大于碳的电负性（2.6），所以成键电子分布是不均匀的，电子云偏向氧原子一方，使氧原子

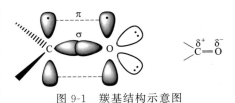

图9-1　羰基结构示意图

带部分负电荷，碳原子带部分正电荷，因此，羰基化合物是极性化合物，具有一定的偶极矩。由于碳原子带部分正电荷，易受亲核试剂的进攻，发生亲核加成反应。

9.1.3　醛和酮的物理性质与波谱性质

9.1.3.1　醛和酮的物理性质

常温下，除甲醛是气体外，十二个碳以下的脂肪醛、酮是液体，高级醛、酮是固体。低级醛具强烈刺激味，中级醛具有果香味，含九、十个碳的醛常用于香料工业中。低级酮是液体，具有令人愉快的气味。一些醛和酮的物理常数见表9-1。

由于羰基具有极性，使得其分子间偶极-偶极吸引作用增大，因此沸点比相应的烷烃和醚类要高。但由于醛、酮分子间不能形成氢键，故沸点比分子量相近的醇和羧酸要低。

醛、酮的羰基氧原子与水分子中的氢原子可以形成分子间氢键，使水溶性增强，如甲醛、乙醛易溶于水；随着分子中烃基比例增大，醛、酮的水溶性迅速降低，含六个碳以上的醛、酮几乎不溶于水，而溶于乙醚、苯等有机溶剂中；丙酮为无色有果香气的液体，极易溶

于水，并鎝与各种有机溶剂混溶，是常用的有机溶剂。

表 9-1　一些醛和酮的物理常数

名称	英文名	熔点/℃	沸点/℃	相对密度(d_4^{20})	溶解度/g
甲醛	methanal(formaldehyde)	−92	−21	0.815	易溶
乙醛	ethanal(acetaldehyde)	−121	20.8	0.781	溶
丙醛	propanal(propionaldehyde)	−81	48.8	0.807	20
丁醛	butanal(butyraldehyde)	−99	74.7	0.817	4
乙二醛	ethanedial	15	50.4	1.14	溶
烯丙醛	allylaldehyde	−87.7	53	0.841	溶
苯甲醛	benzaldehyde	−26	179	1.046	0.33
丙酮	propanone	−94.7	56.05	0.792	溶
丁酮	butanone	−86	79.6	0.805	35.3
戊-2-酮	pentan-2-one	−77.8	102.3	0.812	几乎不溶
戊-3-酮	pentan-3-one	−42	101	0.814	4.7
环己酮	cyclohexanone	−45	155.6	0.942	微溶
丁二酮	butanedione	−2.4	88	0.980	25
戊-2,4-二酮	pentan-2,4-dione	−23	138	0.792	溶
苯乙酮	acetophenone	21	202	1.026	微溶
二苯甲酮	benzophenone	49	306	1.098	不溶

9.1.3.2　醛和酮的波谱性质

羰基化合物在 $1850 \sim 1680\,cm^{-1}$ 处有一个强的羰基伸缩振动吸收峰，这是鉴别羰基最迅速的一种方法。醛基的碳氢键在 $2720\,cm^{-1}$ 处存在一个中等强度且尖锐的特征吸收峰，可用来鉴别醛基的存在。羰基红外吸收峰的位置与其邻近基团有关，如果羰基与邻近的基团发生共轭，则吸收峰向低波数方向位移。例如：

$(CH_3)_2CHCH_2-\overset{O}{\overset{\|}{C}}-CH_3 \qquad (CH_3)_2C=CH-\overset{O}{\overset{\|}{C}}-CH_3$

波数/cm^{-1} 　　　 1717 　　　　　　　 1690

图 9-2 和图 9-3 分别为正辛醛和 3-甲基戊-2-酮的红外光谱。

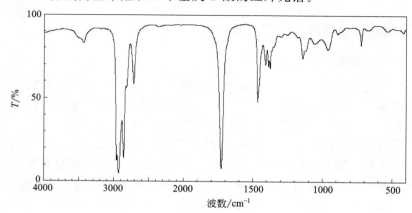

图 9-2　正辛醛的红外光谱

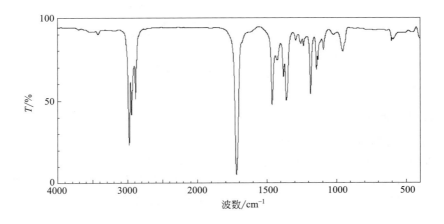

图 9-3　3-甲基戊-2-酮的红外光谱

　　醛基上的氢由于受到羰基的去屏蔽效应影响，吸收峰出现在极低的低场，化学位移一般在 9～10。这一特征吸收峰可用来初步判断醛基的存在。与羰基相连的碳原子上的氢也受到羰基去屏蔽效应的影响，其化学位移通常在 2～3。图 9-4 和图 9-5 分别为正辛醛和丁酮的核磁共振氢谱。

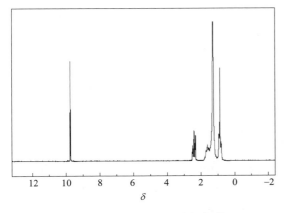

图 9-4　正辛醛的核磁共振氢谱

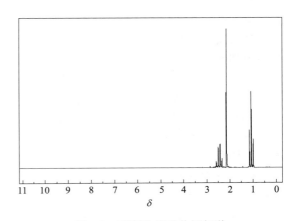

图 9-5　丁酮的核磁共振氢谱

9.1.4　醛和酮的化学性质

　　羰基碳氧双键和烯烃碳碳双键在结构上有两个重要的差别：其一是氧原子带有孤对电子；其二是氧原子的电负性比碳原子强。因此，羰基的碳氧双键是一个极性键，碳原子带部分正电荷，氧原子带部分负电荷，容易受到亲核试剂的进攻发生加成反应（氧原子带有部分负电荷，可与亲电试剂反应，但从中间体考虑，带负电荷的氧原子比带正电荷的碳原子稳定，因此羰基中的碳原子具有更大的反应活性）；由于受到羰基碳原子的影响，α-氢原子具有一定的反应活性；此外还有涉及醛基的一些特殊反应，如图 9-6 所示。

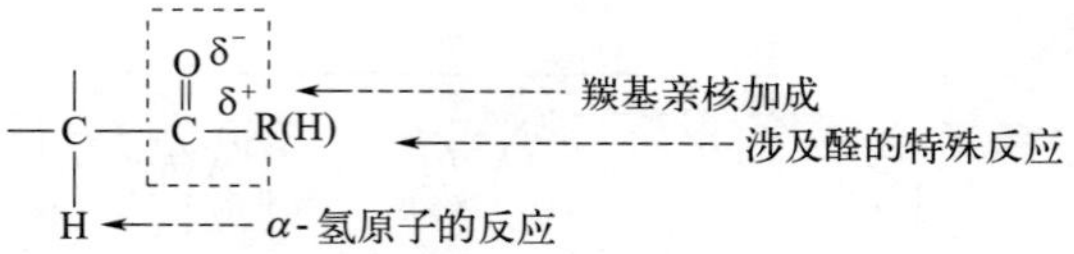

图 9-6 醛、酮化学反应位置示意图

9.1.4.1 羰基的亲核加成反应

与碳碳双键不同，羰基碳氧双键容易与亲核试剂发生亲核加成（nucleophilic addition）反应。在反应中，首先是试剂中带负电荷的部分：Nu^- 提供一对电子进攻带部分正电荷的羰基碳原子，在 π 键断裂的同时形成新的 σ 键，一对电子转移至氧原子上，生成氧负离子。这是慢的一步。然后，带部分正电荷的 A^+ 与氧负离子结合，得到加成产物。亲核加成反应的机制如下：

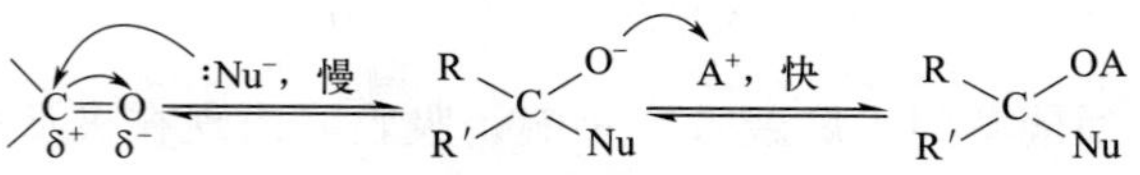

不同的羰基化合物进行亲核加成时的反应活性不同，这种差异是由电子效应和空间效应两者综合构成的。

电子效应 当羰基碳原子上连有吸电子基团时，羰基碳原子电子云密度减少，更有利于亲核加成反应；当羰基碳原子上连有供电子基团时，羰基碳原子电子云密度增加，不容易进行亲核加成反应。例如：乙醛与水形成水合物的平衡转化率为 50%，而三氯乙醛在水中几乎定量形成水合物，并可从水中分离出来。

空间效应 从羰基化合物的亲电加成反应历程可以看出，反应物 I 中碳原子为 sp^2 杂化，具有平面结构，亲核试剂上的孤对电子与羰基碳原子成键，产物 II 和 III 具有四面体结构，中心碳原子为 sp^3 杂化，上述转化过程中增加了空间的"拥挤"程度，因而如果羰基碳原子上连有较大基团，则不利于反应的进行。

由于电子效应和空间效应的综合影响，不同结构的醛和酮进行亲核加成反应时，由易到难顺序为：$HCHO > RCHO > ArCHO > CH_3COCH_3 > CH_3COR > RCOR > ArCOAr$。

一般而言，脂肪醛、酮比芳香醛、酮易于进行亲核加成反应。对于芳香族醛、酮而言，主要考虑环上取代基的电子效应。当芳环上所连原子或基团通过芳环对羰基的影响表现为吸电子效应时，有利于反应的进行；反之，不利于反应的进行。例如：

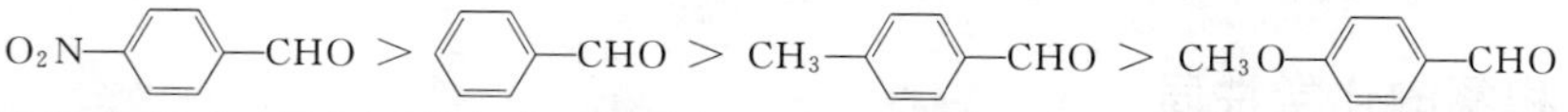

羰基可以与多种亲核试剂进行加成反应，常见的亲核试剂是负离子或带有孤对电子的中性分子，如氢氰酸、亚硫酸氢钠、醇、水和氨的衍生物等。

（1）与水的加成

水作为亲核试剂能与醛酮加成，形成水合物（同碳二元醇）。水与羰基化合物的加成是可逆反应，形成的水合物只有在一定浓度范围、一定温度下才比较稳定。游离的羰基水合物极不稳定，会迅速脱水形成羰基化合物。例如：

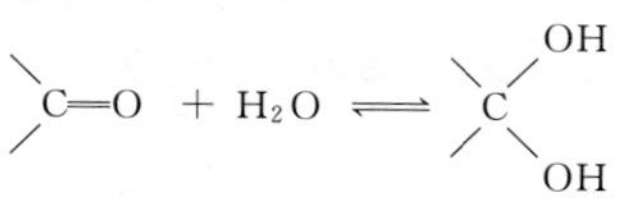

甲醛和乙醛容易生成水合物，甲醛在水溶液中几乎以水合物形式存在（99.96%），但分离不出来。乙醛可有50%左右的水合物。丙酮水合物很不稳定，极易脱水，因此丙酮水合物含量只有0.14%。

当醛、酮的羰基碳上连接有强吸电子基团时，使得羰基的正电性增大，有利于生成水合物。例如，三氯乙醛由于3个氯原子的吸电子作用，羰基活性增大，可与水形成稳定的水合氯醛（chloralhydrate），其熔点为57℃，呈无色透明柱状晶体；100g·L^{-1}三氯乙醛水溶液在临床上曾用作镇静催眠药；水合茚三酮（ninhydrin）是氨基酸和蛋白质分析中重要的显色剂。

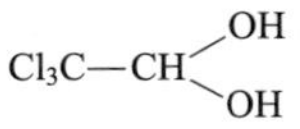

水合氯醛 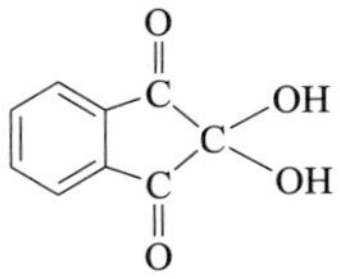   水合茚三酮

（2）与醇的加成

在干燥氯化氢存在下，一分子醛（酮）能与一分子醇发生加成反应，生成半缩醛（酮）。通常半缩醛（酮）不稳定，难以分离出来。在氯化氢催化下能继续与另一分子醇反应，脱去一分子水，生成稳定的化合物缩醛（酮）。因此，通常将醛（酮）与过量醇反应，得到与两分子的醇发生反应的产物缩醛（酮）。例如：

半缩醛(酮)   缩醛(酮)

整个反应的机制可表示如下：

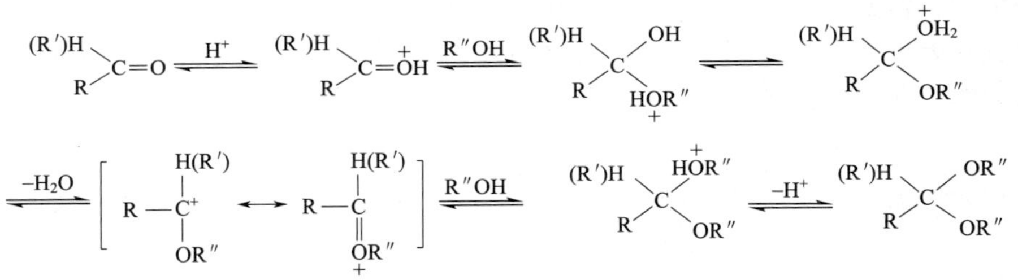

若使酮在酸催化下与乙二醇作用，并设法移去生成的水，可得到环状的缩酮。例如：

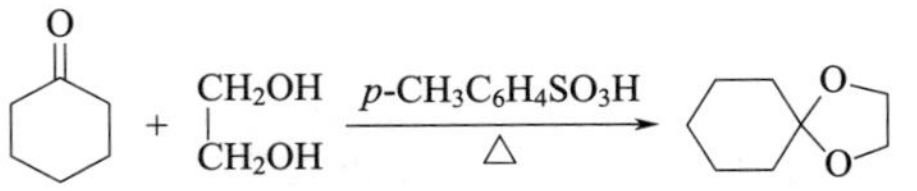

缩醛（酮）具有偕二醚结构（两个醚键连在同一碳原子上），其性质与醚相似，对碱、氧化剂及还原剂稳定，但在稀酸中即水解成原来的醛（酮）和醇。有机合成中常利用该性质来保护活泼的羰基，待氧化、还原或其它影响羰基的反应完成后，用稀酸分解缩醛（酮），把羰基又释放出来。例如：

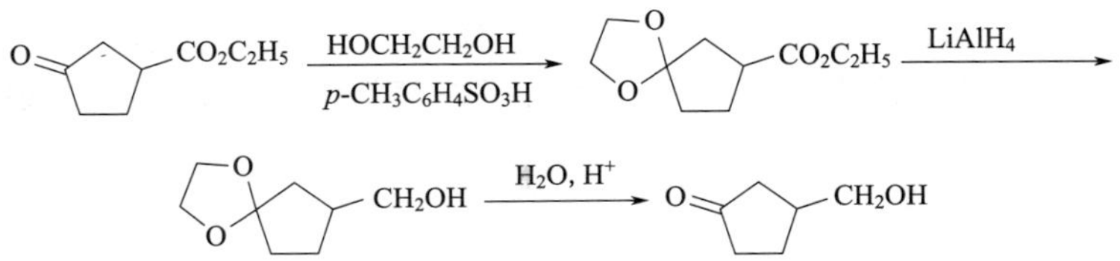

（3）与亚硫酸氢钠的加成

醛、脂肪族甲基酮和 8 个碳以下的环酮可以与亚硫酸氢钠发生加成反应，生成 α-羟基磺酸钠。例如：

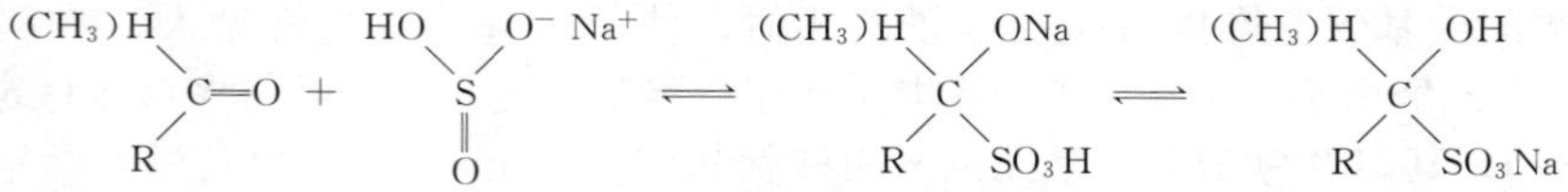

α-羟基磺酸钠易溶于水，但不溶于饱和的亚硫酸氢钠溶液，所以可用此反应来鉴别醛、脂肪族甲基酮和 8 个碳以下的环酮。由于该反应是可逆的，加入酸或碱可以使生成物 α-羟基磺酸钠不断地分解为原来的醛、酮。因此，利用该过程可以分离或提纯醛、脂肪族甲基酮和 8 个碳以下的环酮。例如：

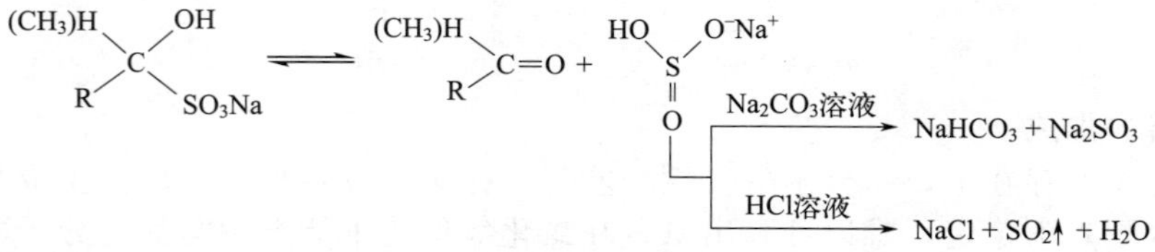

（4）与氢氰酸的加成

醛、脂肪族甲基酮和 8 个碳以下的环酮都能与氢氰酸发生加成反应，生成 α-羟基腈〔又称 α-氰醇（cyanohydrin）〕，该反应是在碳链上增加一个碳原子的方法。其反应通式为：

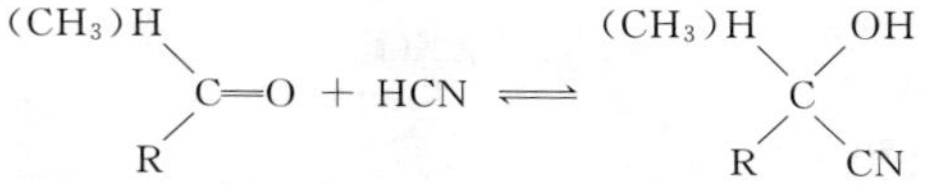

实验表明，在碱催化下反应进行得很快，产率也高；若加入酸，反应速率减慢，加入大量的酸放置几天也不发生作用。这是因为在上述反应中，真正起作用的是亲核试剂 CN^-。氢氰酸是弱酸，在溶液中存在如下的电离平衡：

$$HCN \underset{H^+}{\overset{OH^-}{\rightleftharpoons}} H^+ + CN^-$$

碱的加入增加了反应体系中 CN^- 浓度，加成反应速率加快；相反，酸的加入使亲核试剂 CN^- 浓度降低，加成反应难以进行。

氢氰酸有剧毒，易挥发（26.5℃），故与羰基化合物加成时，一般将无机酸加入醛（或酮）和氰化钠水溶液的混合物中，使得氢氰酸一生成立即与醛（或酮）反应。但在加酸时应注意控制溶液的 pH，使 pH 为 8 左右，以利于反应进行。为了安全，该反应应在通风橱中进行。

一种改进的方法是将氰化钠或氰化钾水溶液加到羰基化合物的亚硫酸氢钠加成物中。体系中的亚硫酸氢根离子起酸的作用：

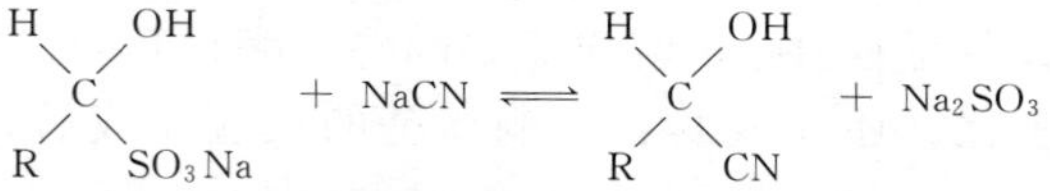

羰基与氢氰酸加成，是增长碳链的方法之一，同时加成产物 α-羟基腈是一类较活泼的化合物，氰基可水解为羧酸，也能还原为氨基。例如，丙酮与氢氰酸在碱催化下反应生成丙酮氰醇，后者经水解、酯化等反应，可以制备有机玻璃单体——甲基丙烯酸甲酯：

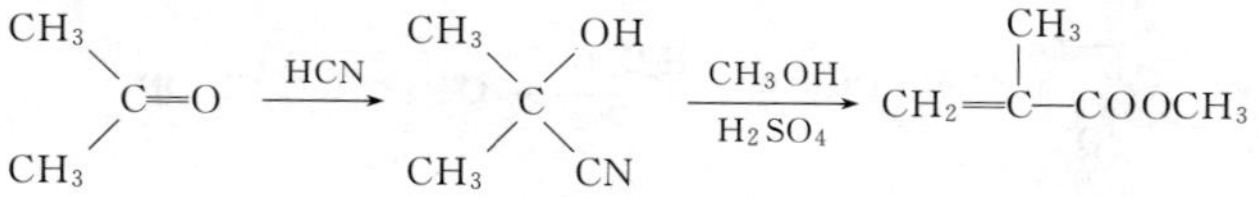

又如，乙酰乙酸乙酯衍生物分子中，羰基能与氰化钠发生亲核加成，生成 α-羟基腈，氰基在镍催化下还原得到氨基化合物，再经分子内环合可得到降血糖药格列苯脲中间体：

$$CH_3COCH(C_2H_5)CO_2C_2H_5 \xrightarrow{NaCN,\ H^+} \begin{matrix} NC \quad OH \\ CH_3 - C - CH(C_2H_5)CO_2C_2H_5 \end{matrix} \xrightarrow[CH_3CO_2H]{Ni,\ H_2} \begin{matrix} NH_2CH_2 \quad OH \\ CH_3 - C - CH(C_2H_5)CO_2C_2H_5 \end{matrix} \longrightarrow$$

（5）与金属有机试剂加成

醛、酮能与格氏试剂发生加成反应，其产物不经分离可直接水解制备各种类型的醇。例如：

$$\underset{\delta^-}{C}=\underset{\delta^+}{O} + R\!-\!MgX \longrightarrow \begin{matrix} OMgX \\ C \\ R \end{matrix} \xrightarrow{H_2O} \begin{matrix} OH \\ C \\ R \end{matrix} + Mg \begin{matrix} X \\ OH \end{matrix}$$

在反应中，格氏试剂中的碳镁键是高度极化的，碳原子带部分负电荷，镁带部分正电荷（$\overset{\delta^-}{C}\!-\!\overset{\delta^+}{Mg}$）。在反应过程中，有机镁化合物中的烃基带着一对键合电子从镁转移到羰基碳原子上，其亲核原子是碳原子，是较强的亲核试剂。

不同的醛、酮与格氏试剂反应，可以制备不同的醇。甲醛与格氏试剂作用，生成的伯醇比作为原料的格氏试剂增加 1 个碳原子。其它醛与格氏试剂作用，则可制备仲醇，酮与格氏试剂则可得到叔醇。例如：

$$\begin{matrix} H \\ C=O \\ H \end{matrix} + CH_3CH_2CH_2CH_2MgBr \xrightarrow{无水\ C_2H_5OC_2H_5} \begin{matrix} H \quad OMgBr \\ C \\ H \quad CH_2CH_2CH_3 \end{matrix} \xrightarrow{H_2O,\ H^+} \begin{matrix} H \quad OH \\ C \\ H \quad CH_2CH_2CH_3 \end{matrix}$$

$$\begin{matrix} C_2H_5 \\ C=O \\ H \end{matrix} + CH_3CH_2CH_2CH_2MgBr \xrightarrow{无水\ C_2H_5OC_2H_5} \begin{matrix} C_2H_5 \quad OMgBr \\ C \\ CH_2CH_2CH_3 \end{matrix} \xrightarrow{H_2O,\ H^+} \begin{matrix} C_2H_5 \quad OH \\ C \\ CH_2CH_2CH_3 \end{matrix}$$

$$\begin{matrix} CH_3 \\ C=O \\ CH_3 \end{matrix} + PhMgBr \xrightarrow{无水\ C_2H_5OC_2H_5} \begin{matrix} CH_3 \quad OMgBr \\ C \\ CH_3 \quad Ph \end{matrix} \xrightarrow{H_2O,\ H^+} \begin{matrix} CH_3 \quad OH \\ C \\ CH_3 \quad Ph \end{matrix}$$

（6）与维蒂希试剂反应

醛、酮与含磷试剂-烃代甲叉基三苯基膦反应（维蒂希试剂），生成相应的烯烃化合物和三苯基氧膦，该反应称为维蒂希（Wittig）反应。

维蒂希试剂通常是由三苯基膦和卤代烷反应制备。首先三苯基膦作为亲核试剂与卤代烷反应，生成季鏻盐，再与强碱如正丁基锂、苯基锂等作用，生成维蒂希试剂。例如：

$$Ph_3P: + CH_3CH_2Br \longrightarrow Ph_3\overset{+}{P}CH_2CH_3Br^- \xrightarrow{n\text{-}BuLi} Ph_3P=CHCH_3 \longleftrightarrow Ph_3\overset{+}{P}-\overset{-}{C}HCH_3$$
$$\underset{\text{季鏻盐}}{} \qquad\qquad \underset{\text{维蒂希试剂}}{}$$

维蒂希试剂中存在一个缺电子的磷原子（带正电）和一个富电子的碳原子（带负电），具有这种结构的化合物称为内鎓盐，也称叶立德（Ylide）。因而维蒂希试剂亦称磷内鎓盐或磷叶立德。

维蒂希试剂具有一定的碳负离子性质，可作为亲核试剂进攻醛、酮分子中的羰基碳原子，形成一个新的内鎓盐，然后消除三苯基氧膦得到烯烃。例如：

$$\begin{matrix} Ph \\ C=O \\ H \end{matrix} + Ph_3P=CHCH_3 \longrightarrow \left[\begin{matrix} O^- \quad \overset{+}{P}(C_6H_5)_3 \\ Ph-C-CHCH_3 \\ H \end{matrix} \right] \longrightarrow$$

$$\left[\begin{array}{c} O-P(C_6H_5)_3 \\ Ph-CH\!-\!CHCH_3 \\ H \end{array} \right] \longrightarrow PhCH\!=\!CHCH_3 + Ph_3P\!=\!O$$

维蒂希反应是制备烯烃的重要反应，得到的烯烃产物不发生重排，双键位置固定，产物多以反式为主。例如：

$$\bigcirc\!\!\!=\!\!O + Ph_3P\!=\!CH_2 \longrightarrow \bigcirc\!\!\!=\!\!CH_2 + Ph_3P\!=\!O$$

后者反应已应用于维生素 A 的工业合成。

(7) 与含氮亲核试剂的加成

醛、酮与氨的反应一般比较困难，但甲醛比较容易，其生成物（$H_2C\!=\!NH$）不稳定，很快聚合生成六亚甲基四胺，俗称乌洛托品。该化合物可被用作有机合成中的氨化试剂，也可用作塑料和树脂的固化剂及消毒剂等。例如：

$$H_2C\!=\!O + NH_3 \longrightarrow [H_2C\!=\!NH] \xrightarrow{聚合} \text{(环)} \xrightarrow[NH_3]{3HCHO} \text{(六亚甲基四胺)}$$

六亚甲基四胺

醛、酮能与各种氨的衍生物（如伯胺、羟胺、肼、苯肼、2,4-二硝基苯肼、氨基脲等）发生亲核加成反应，加成产物容易失一分子水形成含有碳氮双键的化合物。因此，该反应也称为加成缩合反应。如果用 $H_2N\!-\!G$ 代表氨的衍生物，G 代表不同的取代基，其反应可用通式表示如下：

$$\begin{array}{c} R \\ (R')H \end{array}\!\!C\!=\!O + H_2N\!-\!G \longrightarrow \begin{array}{c} R \quad OH \\ C \\ (R')H \quad NH\!-\!G \end{array} \xrightarrow{-H_2O} \begin{array}{c} R \\ (R')H \end{array}\!\!C\!=\!N\!-\!G$$

氨的衍生物与醛、酮反应的产物名称和结构式如下：

$H_2\ddot{N}\!-\!R(Ar)$	$\longrightarrow$ $>\!C\!=\!N\!-\!R(Ar)$	希夫碱
$H_2\ddot{N}\!-\!OH$	$\longrightarrow$ $>\!C\!=\!N\!-\!OH$	肟
$H_2\ddot{N}\!-\!NH_2$	$\longrightarrow$ $>\!C\!=\!N\!-\!NH_2$	腙
$H_2\ddot{N}\!-\!NH\!-\!\bigcirc$	$\longrightarrow$ $>\!C\!=\!N\!-\!NH\!-\!\bigcirc$	苯腙
$H_2\ddot{N}\!-\!NH\!-\!\bigcirc\!-\!NO_2$ (O_2N)	$\longrightarrow$ $>\!C\!=\!N\!-\!NH\!-\!\bigcirc\!-\!NO_2$ (O_2N)	2,4-二硝基苯腙
$H_2\ddot{N}\!-\!NH\!-\!\overset{O}{\underset{\parallel}{C}}\!-\!NH_2$	$\longrightarrow$ $>\!C\!=\!N\!-\!NH\!-\!\overset{O}{\underset{\parallel}{C}}\!-\!NH_2$	缩氨脲

（左侧括注：$\begin{array}{c} \\ C\!=\!\overset{+}{O}H + \\ \end{array}$）

由于反应产物肟、苯腙、2,4-二硝基苯腙等都有一定的晶型和熔点，容易鉴别，故在有机分析中称这些氨的衍生物为"羰基试剂"。尤其是 2,4-二硝基苯肼,它几乎能与所有的醛、酮迅速反应,并析出橙黄色或橙红色的 2,4-二硝基苯腙晶体,上述产物容易结晶、提纯,经酸水解又可以复原成为原来的醛、酮,因此不仅可利用这一性质鉴别醛、酮,还可以用来分离和提纯醛、酮。

醛、酮与伯胺加成缩合产物为 N-取代亚胺(N-substitutedimine),称为希夫碱(Schiff base):

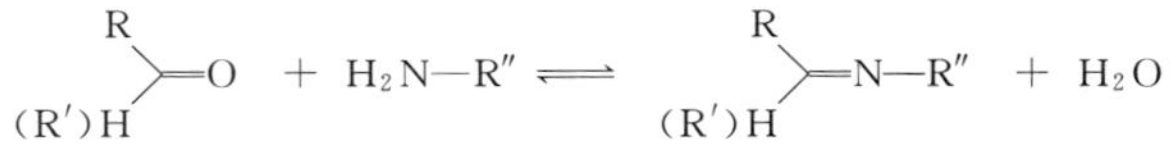

N-取代亚胺

该反应需在酸催化下进行,但酸度过高会导致伯胺质子化而失去亲核活性,故一般控制 pH=4～5。例如:

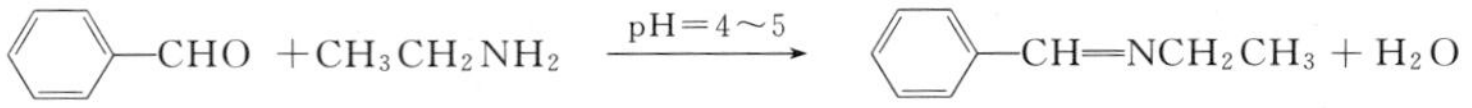

N-乙基苯甲亚胺

醛、酮也能和仲胺发生亲核加成反应,形成醇胺,醇胺脱水即可形成烯胺:

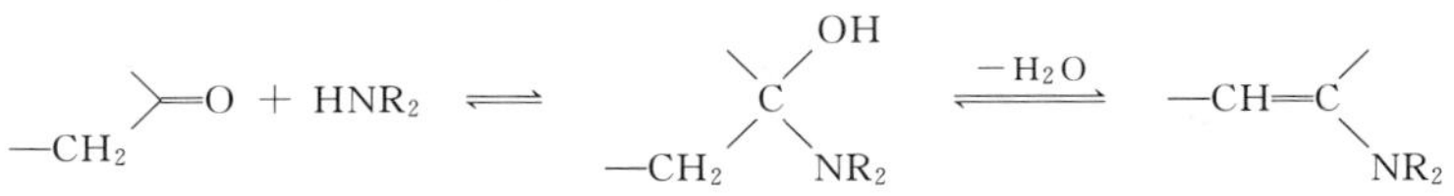

醇胺　　　　　　烯胺

由于在形成烯胺的过程中要脱去一分子水,因此该反应一般需要与溶剂(如苯或甲苯)共沸脱水,或者使用干燥剂脱水。该反应需要痕量酸的催化。例如:

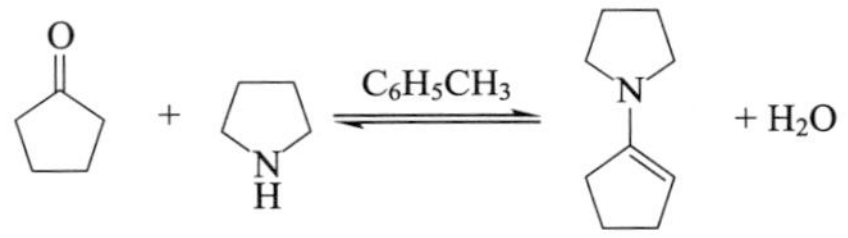

烯胺分子中氮原子和烯烃碳原子均具有亲核性:

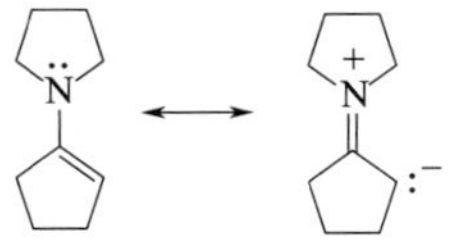

在有机合成中,经常利用烯胺碳原子的亲核性,进行酰基化、烷基化或迈克尔加成反应等,以达到在羰基 α-位引入烃基的目的。其中烯胺多用哌啶、四氢吡咯或吗啉与醛、酮反应制备,例如:

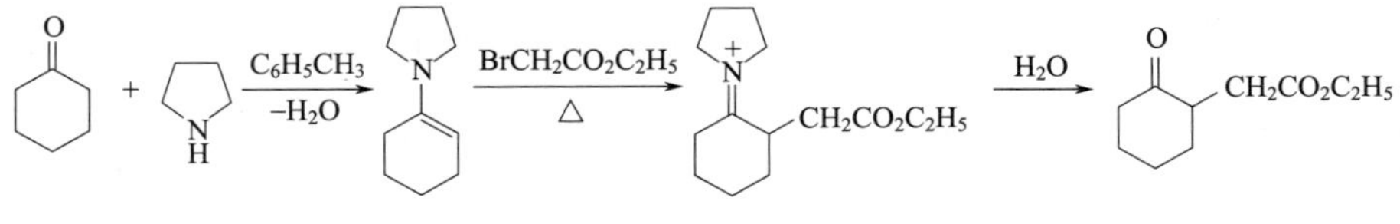

9.1.4.2　α-氢原子的反应

醛、酮分子中与羰基直接相连的碳原子称为 α-碳原子,α-碳原子上的氢原子为 α-氢原子。α-氢原子受羰基的吸电子诱导效应的影响酸性增强。α-氢原子比较活泼,它可以发生如下的反应。

(1)　α-氢原子的酸性

醛、酮分子中的 α-氢原子由于受到羰基较强的吸电子效应而具有一定的酸性。例如,

乙醛 α-氢原子的 pK_a 值约为 17，丙酮 α-氢原子的 pK_a 值约为 20，乙炔的 pK_a 值约为 25，甲烷和乙烷的 pK_a 值分别约为 49 和 50。以乙醛为例：

$$H-\overset{\overset{\displaystyle O}{\|}}{C}-CH_3 \rightleftharpoons H^+ + \left[\ H-\overset{\overset{\displaystyle O}{\|}}{C}-\overset{-}{C}H_2 \longleftrightarrow H-\overset{\overset{\displaystyle O^-}{|}}{C}=CH_2\ \right] \quad 相当于\quad H-\overset{\overset{\displaystyle O}{\|}}{\underset{}{C}}{\overset{\delta^-}{}}\overset{\delta^-}{=}CH_2$$

$$(\text{I}) \qquad\qquad (\text{II})$$

由于羰基具有吸电子诱导效应，酸性解离所形成的负离子中，其负电荷被分散到氧原子及 α-碳原子上，增加了酸性解离程度，所以醛、酮等羰基化合物的酸性较强。按照共振论的观点，该负离子是（I）和（II）的共振杂化体，其中极限结构（II）对该共振杂化体的贡献更大。

在醛、酮分子中，还存在下列烯醇型与醛酮型的互变异构现象：

$$CH_3-\overset{\overset{\displaystyle O}{\|}}{C}-CH_3 \rightleftharpoons CH_3-\overset{\overset{\displaystyle OH}{|}}{C}=CH_2$$
$$烯醇型$$

对大多数醛、酮而言，由于烯醇型结构通常不稳定，互变异构平衡偏向于醛酮型。例如，乙醛和丙酮的互变异构中，醛酮型几乎是 100%。

（2）卤化反应

在酸或碱的催化下，醛、酮分子中的 α-氢原子可被卤原子取代生成 α-卤代醛或酮。

在酸性条件下，卤化反应可控制在一卤代产物阶段。例如，苯乙酮与溴在乙酸溶液中反应，得到 α-溴代苯乙酮：

$$\text{C}_6\text{H}_5-\overset{\overset{\displaystyle O}{\|}}{C}-CH_3 + Br_2 \xrightarrow{CH_3COOH} \text{C}_6\text{H}_5-\overset{\overset{\displaystyle O}{\|}}{C}-CH_2Br + HBr$$

以丙酮为例，酸催化反应机制如下：

$$CH_3-\overset{\overset{\displaystyle O}{\|}}{C}-CH_3 + H^+ \underset{}{\overset{快}{\rightleftharpoons}} CH_3-\overset{\overset{\displaystyle \overset{+}{O}H}{\|}}{C}-CH_3 \underset{慢}{\overset{-H^+,}{\rightleftharpoons}} CH_3-\overset{\overset{\displaystyle OH}{|}}{C}=CH_2 \overset{X_2,快}{\rightleftharpoons}$$

$$CH_3-\overset{\overset{\displaystyle \overset{+}{O}H}{\|}}{C}-CH_2X \overset{快}{\rightleftharpoons} CH_3-\overset{\overset{\displaystyle O}{\|}}{C}-CH_2X + H^+$$

在碱催化下，卤化反应速率很快，一般不容易控制生成一卤代物。因为醛、酮的一个 α-氢原子被取代后，由于卤原子是吸电子的，它所连的 α-碳原子上的氢原子在碱的作用下更容易离去，因此第二、第三个 α-氢原子就更容易被取代生成多卤代物。例如：

$$CH_3-\overset{\overset{\displaystyle O}{\|}}{C}-CH_3 \underset{慢}{\overset{Br_2,\ OH^-}{\longrightarrow}} CH_3-\overset{\overset{\displaystyle O}{\|}}{C}-CH_2Br \underset{快}{\overset{Br_2,\ OH^-}{\longrightarrow}} CH_3-\overset{\overset{\displaystyle O}{\|}}{C}-CHBr_2 \underset{快}{\overset{Br_2,\ OH^-}{\longrightarrow}} CH_3-\overset{\overset{\displaystyle O}{\|}}{C}-CBr_3$$

乙醛、甲基酮与卤素的氢氧化钠溶液作用（常用次卤酸钠的碱溶液），甲基上的三个 α-氢原子都被取代，生成 α,α,α-三卤代物。由于卤原子的强吸电子作用，三卤代物在碱性溶液中不稳定，立即分解成三卤甲烷（俗称卤仿）和羧酸盐。因此，该反应又称卤仿反应，反应如下：

$$CH_3-\overset{\overset{\displaystyle O}{\|}}{C}-CBr_3 + OH^- \rightleftharpoons CH_3-\overset{\overset{\displaystyle \overset{O^-}{|}}{}}{\underset{\underset{\displaystyle OH}{|}}{C}}-CBr_3 \longrightarrow CH_3-\overset{\overset{\displaystyle O}{\|}}{\underset{\underset{\displaystyle OH}{|}}{C}} + :CHBr_3^- \longrightarrow CH_3-\overset{\overset{\displaystyle O}{\|}}{\underset{\underset{\displaystyle O^-}{|}}{C}} + HCBr_3$$

卤仿反应中生成的氯仿和溴仿常温常压下均为液体，但碘仿为难溶于水（但易溶于

强碱性溶液中）的淡黄色晶体，有特殊气味，容易识别。因此，可以用碘仿反应来鉴别乙醛和甲基酮，即具有 $CH_3-\overset{\displaystyle O}{\overset{\|}{C}}-$ 的醛和酮。次碘酸钠（NaIO）具有氧化作用，含有 $CH_3-\underset{\underset{OH}{|}}{CH}-$ 结构的醇在该反应条件下可氧化成含 $CH_3-\overset{\displaystyle O}{\overset{\|}{C}}-$ 的醛和酮，所以也能发生碘仿反应。例如：

$$CH_3-\underset{\underset{OH}{|}}{CH}-CH_3 \xrightarrow{\text{NaIO}} CH_3-\overset{\overset{\displaystyle O}{\|}}{C}-CH_3 \longrightarrow CH_3-\overset{\overset{\displaystyle O}{\|}}{\underset{\underset{ONa}{|}}{C}} + CHI_3\downarrow$$

卤仿反应还可用于制备其它方法不易得到的羧酸。例如：

$$CH_3-\overset{\overset{\displaystyle O}{\|}}{C}-C(CH_3)_3 \xrightarrow{\text{NaClO}} (CH_3)_3CCO_2Na + CHCl_3$$

（3）缩合反应

两分子结合通常失去一个小分子（如水、醇等），而生成一个较大分子的反应，称为缩合反应。

羟醛缩合反应　在稀碱存在下，两分子醛结合生成 β-羟基醛的反应称为羟醛缩合反应，又称 aldol 反应。例如：

$$CH_3-\overset{\overset{\displaystyle O}{\|}}{C}-H + CH_3-\overset{\overset{\displaystyle O}{\|}}{C}-H \xrightarrow{10\%\text{NaOH}} CH_3-\underset{\underset{OH}{|}}{CH}-CH_2-CHO$$
$$\text{3-羟基丁醛}$$

碱催化下，羟醛缩合的反应机制可用乙醛为例表示如下：

$$CH_3-\overset{\overset{\displaystyle O}{\|}}{C}-H \xrightarrow{OH^-} \left[\overset{-}{CH_2}-\overset{\overset{\displaystyle O}{\|}}{C}-H \longleftrightarrow CH_2=\overset{\overset{\displaystyle O^-}{|}}{C}-H \right] \overset{CH_3CHO}{\rightleftharpoons}$$

$$CH_3-\underset{\underset{O^-}{|}}{CH}-CH_2-CHO \rightleftharpoons CH_3-\underset{\underset{OH}{|}}{CH}-CH_2-CHO$$

羟醛缩合产物 β-羟基醛在受热情况下容易失去一分子水生成具有共轭双键的 α,β-不饱和醛。α,β-不饱和醛进一步催化加氢，可得饱和醇。

除乙醛外，由其它醛所得到的羟醛缩合产物，都是 α-碳原子上带有支链的羟醛缩合产物及其衍生物。例如：

$$2CH_3CH_2CH_2CHO \xrightarrow{10\%\text{NaOH}} CH_3CH_2CH_2\underset{\underset{CH_2CH_3}{|}}{\overset{\overset{OH}{|}}{CH}}CHCHCHO \xrightarrow{\triangle}$$
$$\text{2-乙基-3-羟基己醛}$$

$$CH_3CH_2CH_2CH\underset{\underset{CH_2CH_3}{|}}{=}CCHO \xrightarrow{\text{Ni, }H_2} CH_3CH_2CH_2CH_2-\underset{\underset{CH_2CH_3}{|}}{CH}CH_2OH$$
$$\text{2-乙基己-2-烯醛} \qquad\qquad\qquad \text{2-乙基己-1-醇}$$

这是工业上用正丁醛为原料生产 2-乙基己-1-醇的方法。

含有 α-氢原子的酮在稀碱催化下，也能发生类似的羟酮缩合反应生成 α,β-不饱和酮。但由于酮的羰基碳原子的正电性比醛的弱，同时酮羰基周围空间位阻较大，所以在同样的条件下，反应比醛难。但若采用特殊装置，使生成物不断地离开反应体系，促使平衡向生成缩合物方向移动，仍可得到较好收率的缩合产物。例如，丙酮可在索氏提取器中用氢氧化钡催化进行羟酮缩合反应：

$$2CH_3-\overset{\overset{\displaystyle O}{\|}}{C}-CH_3 \xrightarrow[\text{索氏提取器}]{Ba(OH)_2} CH_3-\overset{\overset{\displaystyle OH}{|}}{\underset{\underset{\displaystyle CH_3}{|}}{C}}-CH_2-\overset{\overset{\displaystyle O}{\|}}{C}CH_3$$

当两种含有 α-氢原子的不同的醛或酮进行羟醛或羟酮缩合反应时，由于交叉缩合可以得到四种缩合产物的混合物，实际分离困难，实用意义不大。但是，如果某一种醛或酮不具有 α-氢原子，控制反应条件，则可得到高收率的单一缩合产物，在合成上有重要价值。例如：在稀碱存在下将乙醛慢慢加入过量的苯甲醛中，可得到收率很高的 β-苯丙烯醛（肉桂醛）。这是因为苯甲醛无 α-氢原子，不能产生碳负离子，而且又是过量的，这样可以抑制乙醛自身的缩合，一旦乙醛与碱作用形成碳负离子，很快就与苯甲醛的羰基加成：

$$C_6H_5CHO + CH_3CHO \rightleftharpoons C_6H_5-\underset{\underset{\displaystyle OH}{|}}{CH}CH_2CHO \xrightarrow{-H_2O} C_6H_5CH=CHCHO$$

肉桂醛

又如，过量的甲醛和乙醛在碱催化下能发生交叉羟醛缩合，可在乙醛的 α-碳原子上引入三个羟甲基，得到三羟甲基乙醛，它再被过量的甲醛还原 [交叉康尼查罗反应，见本章 9.1.4.3(3)] 而得到季戊四醇（四羟甲基甲烷）：

$$3H-\overset{\overset{\displaystyle O}{\|}}{C}-H + H-\overset{\overset{\displaystyle H}{|}}{\underset{\underset{\displaystyle H}{|}}{C}}-\overset{\overset{\displaystyle O}{\|}}{C}-H \xrightarrow{10\%NaOH} HOH_2C-\overset{\overset{\displaystyle CH_2OH}{|}}{\underset{\underset{\displaystyle CH_2OH}{|}}{C}}-CHO \xrightarrow[40\%NaOH]{HCHO} HOH_2C-\overset{\overset{\displaystyle CH_2OH}{|}}{\underset{\underset{\displaystyle CH_2OH}{|}}{C}}-CH_2OH$$

克莱森-施密特（Claisen-Schmidt）缩合反应　芳香醛与含有 α-氢原子的醛、酮在碱性条件下发生交叉羟醛缩合，失水后得到 α,β-不饱和醛或酮的反应称为克莱森-施密特缩合反应，或称克莱森反应。例如：

$$\text{(苯)}-CHO + \text{(苯)}-COCH_3 \xrightarrow{OH^-} \text{(苯)}-CH=CH-\overset{\overset{\displaystyle O}{\|}}{C}-\text{(苯)}$$

珀金（Perkin）反应　芳香醛与脂肪酸酐，在相应酸的碱金属盐存在下共热，发生缩合反应，称为珀金反应。当酸酐包含两个 α-氢原子时，通常生成 α,β-不饱和酸。这是制备 α,β-不饱和酸的一种方法。例如：

$$\text{(苯)}-CHO + (CH_3CH_2CO)_2O \xrightarrow{CH_3CH_2COONa} \text{(苯)}-\underset{\underset{\displaystyle CH_3}{|}}{CH}=C-COOH + CH_3CH_2COOH$$

曼尼希（Mannich）反应　含有 α-氢原子的醛、酮化合物，与醛和胺（伯胺或仲胺）之间发生的缩合反应，称为曼尼希反应。例如：

$$\text{(苯)}-\overset{\overset{\displaystyle O}{\|}}{C}CH_3 + HCHO + HN(CH_3)_2 \xrightarrow{HCl} \text{(苯)}-\overset{\overset{\displaystyle O}{\|}}{C}CH_2CH_2N(CH_3)_2 \cdot HCl$$

除醛、酮外，其它含有活泼 α-氢原子的化合物，如酯、腈等也可发生曼尼希反应。

9.1.4.3　醛和酮的氧化和还原反应

（1）氧化反应

醛与酮在结构上最主要的区别在于醛的羰基碳原子上连有氢原子，很容易被氧化成羧酸。因此，醛不仅可与强氧化剂（如高锰酸钾等）作用，而且还可以与弱氧化剂（如托伦试剂、费林试剂等）作用，得到相应的羧酸。

托伦（Tollen）试剂是由氧化银溶解在氨水中制备的无色溶液。托伦试剂与醛共热时，醛氧化成羧酸，$[Ag(NH_3)_2]^+$ 被还原成金属银附着在试管壁上形成明亮的银镜，故该反应又称为银镜反应。所有的醛都能发生银镜反应。例如：

$$RCHO + 2Ag(NH_3)_2OH \xrightarrow{\triangle} RCOONH_4 + 2Ag\downarrow + 3NH_3\uparrow + H_2O$$

费林（Fehling）试剂是由硫酸铜和酒石酸钾钠的氢氧化钠溶液配制而成的深蓝色溶液。Cu^{2+}是氧化剂，与醛反应被还原为红色的氧化亚铜沉淀而析出。例如：

$$RCHO + 2Cu(OH)_2 + NaOH \xrightarrow{\triangle} RCOO^- + Cu_2O\downarrow + 2H_2O$$

甲醛的还原性较强，与费林试剂反应可生成单质铜，可借此性质鉴别甲醛与其它醛类。

托伦试剂和费林试剂只与醛基作用，分子中的羟基、双键和三键不被氧化，反应现象明显，因此常用来鉴别醛、酮。脂肪醛、芳香醛均可与托伦试剂发生反应，但芳香醛不和费林试剂作用，因此，可使用费林试剂来鉴别脂肪醛和芳香醛。

酮不易被氧化，但若采用强氧化剂如高浓度高锰酸钾、浓硝酸等可使碳链断裂，生成含碳原子数目较少的羧酸混合物。这在合成上意义不大。但环己酮在强氧化剂作用下可得到己二酸：

$$\text{⬡=O} + HNO_3 \xrightarrow{V_2O_5} HOOC(CH_2)_4COOH$$

此法选择性好，收率高，是工业上制备己二酸的重要方法。己二酸是合成纤维尼龙-66的原料。

（2）还原反应

采用不同的还原剂可将醛、酮的羰基还原成醇羟基或甲叉基（—CH_2—）。

催化加氢　在金属催化剂镍、铂、钯的催化下，醛加氢还原成伯醇，酮则还原为仲醇。碳碳不饱和键在相同条件下通常也被还原：

$$\text{⬡(环己烯)—C(=O)—CH}_3 \xrightarrow{Ni,\ H_2} \text{⬡(环己基)—CH(OH)—CH}_3$$

$$CH_3CH_2CH_2CHO \xrightarrow{Ni,\ H_2} CH_3CH_2CH_2CH_2OH$$

使用金属氢化物还原　金属氢化物如硼氢化钠或氢化铝锂等也可作还原剂，将醛、酮还原成相应的醇，而且分子中的碳碳双键、碳碳三键不受影响，具有较强的选择性。硼氢化钠一般在水或者醇中进行还原。例如：

$$CH_3CH=CHCHO + NaBH_4 \xrightarrow{C_2H_5OH} CH_3CH=CHCH_2OH$$

而氢化铝锂因能与水和醇激烈作用，故进行第一步加成反应必须在无水条件（如无水乙醚）中进行，然后进行第二步水解。

$$\text{⬡—C(=O)—CH}_3 + LiAlH_4 \xrightarrow[2)\ H_3O^+]{1)\ \text{无水}\ CH_3CH_2OCH_2CH_3} \text{⬡—CH(OH)—CH}_3$$

氢化铝锂的还原性比硼氢化钠强，不仅能将醛、酮还原成相应的醇，而且还能还原羧酸、酯、酰胺、腈等，反应产率很高。

此外，异丙醇铝 $Al[(CH_3)_2CHO]_3$ 也是一个选择性很高的还原剂，也可将醛、酮羰基还原成醇羟基，并不影响碳碳双键和碳碳三键等。

克莱门森（Clemmensen）还原　将醛或酮与锌汞合金及浓盐酸一起回流反应，可将羰基还原成甲叉基。此方法称为克莱门森还原法。这是将羰基还原成甲叉基的一种较好的方法，可用于有机合成中直链烷基苯的合成。例如：

$$\text{⬡—COCH}_2CH_3 \xrightarrow[\text{浓 HCl}]{Zn-Hg} \text{⬡—CH}_2CH_2CH_3$$

沃尔夫-凯希纳（Wolff-Kishner）反应　将醛或酮中的羰基还原成甲叉基的另一种方法，是先使醛或酮与肼反应生成腙，然后在高压釜中将腙、乙醇钠及无水乙醇加热到180℃反应而成，此法称为沃尔夫-凯希纳反应。例如：

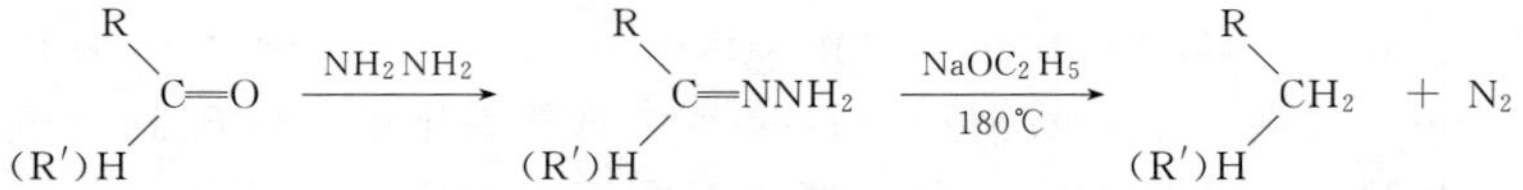

$$\underset{(R')H}{\overset{R}{C}}=O \xrightarrow{NH_2NH_2} \underset{(R')H}{\overset{R}{C}}=NNH_2 \xrightarrow[180℃]{NaOC_2H_5} \underset{(R')H}{\overset{R}{CH_2}} + N_2$$

我国化学家黄鸣龙对上述反应条件进行了改进，先将醛或酮、氢氧化钠和水合肼在一个高沸点溶剂如缩乙二醇中加热生成腙，然后在碱性条件下脱氮，即可将醛或酮中的羰基还原成甲叉基。因此，此法又称为沃尔夫-凯希纳-黄鸣龙反应。例如：

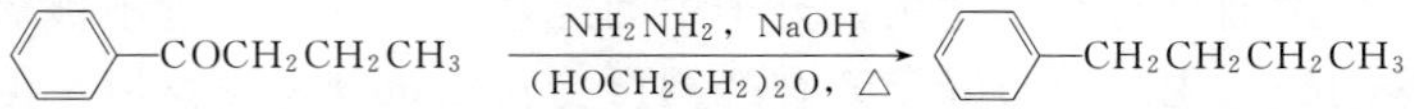

$$\bigcirc\!\!-COCH_2CH_2CH_3 \xrightarrow[(HOCH_2CH_2)_2O, \triangle]{NH_2NH_2, NaOH} \bigcirc\!\!-CH_2CH_2CH_2CH_3$$

此合成法和克莱门森还原都可将羰基还原为甲叉基，一个在酸性条件下进行，一个在碱性条件下进行，两种方法可相互补充。

（3）康尼查罗反应

不含 α-氢原子的醛，在浓碱（通常为 40% 以上的 NaOH）作用下，醛分子间发生氧化还原反应，即一分子醛被氧化为羧酸，另一分子醛被还原为醇，生成物是羧酸盐和醇的混合物。该反应称为康尼查罗（Cannizzaro）反应，也称歧化反应。例如：

$$2HCHO \xrightarrow{40\%NaOH} HCOONa + CH_3OH$$

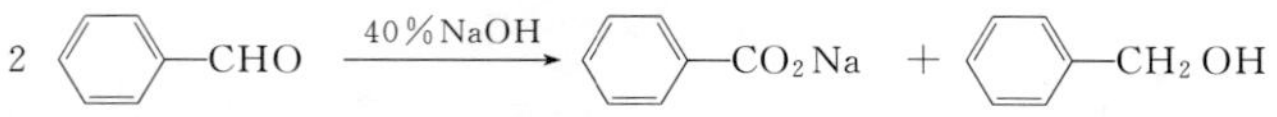

$$2 \bigcirc\!\!-CHO \xrightarrow{40\%NaOH} \bigcirc\!\!-CO_2Na + \bigcirc\!\!-CH_2OH$$

康尼查罗反应的实质是两次亲核加成：

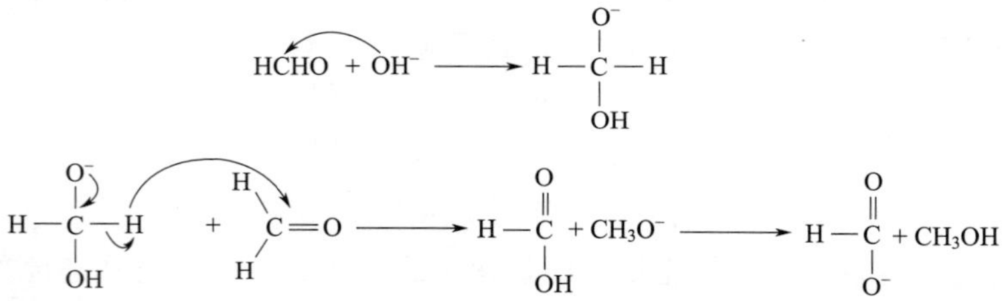

两种不含 α-氢原子的醛，在浓碱作用下会发生交叉康尼查罗反应，得到四种产物的混合物，没有实用价值。但若其中一种醛是甲醛，由于甲醛的还原性较强，因而此歧化反应的结果总是甲醛被氧化成甲酸，另一种醛被还原成醇。例如：

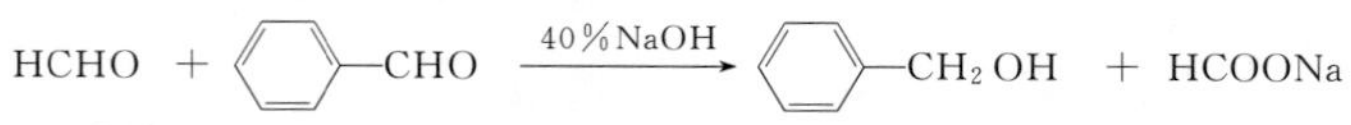

$$HCHO + \bigcirc\!\!-CHO \xrightarrow{40\%NaOH} \bigcirc\!\!-CH_2OH + HCOONa$$

在生物体内也有类似康尼查罗反应的歧化作用发生。

9.1.5 α,β-不饱和醛、酮

α,β-不饱和醛、酮中不仅同时具有双键和羰基两个官能团，而且碳碳双键与碳氧双键之间构成共轭体系，因此，它们不仅具有双键和羰基两个官能团各自的化学性质，还有其相互影响的独特性质。

9.1.5.1 还原反应

不同的还原剂对 α,β-不饱和醛、酮中的双键和羰基影响不同。

采用硼氢化钠或氢化铝锂等为还原剂时，可将醛、酮中的羰基还原成羟基，而分子中的碳碳不饱和键不受影响。

当采用骨架镍（Raney nickel）为催化剂时，可以使双键、羰基等同时还原为饱和醇。如果用钯碳为还原剂，则可控制加氢，将双键还原，羰基不受影响。例如：

$$CH_3 \overset{O}{\text{—}} \xrightarrow[Pd/C]{H_2} CH_3 \overset{O}{\text{—}}$$

9.1.5.2 亲核加成反应

α,β-不饱和醛、酮与亲核试剂如氢氰酸、亚硫酸氢钠和醇等反应时，亲核试剂既可加成到碳氧双键上，即1,2-加成，又可碳碳双键上，即1,4-加成（共轭加成）。

1,2-加成：

$$CH_2=CH-\overset{O}{\underset{\|}{C}}-CH_3 \xrightarrow{HCN} CH_2=CH-\overset{OH}{\underset{\underset{CN}{|}}{\overset{|}{C}}}-CH_3$$

1,4-加成：

$$CH_2=CH-\overset{O}{\underset{\|}{C}}-CH_3 \xrightarrow{CN^-} CH_2-CH=\overset{O^-}{\underset{\underset{CN}{|}}{C}}-CH_3 \xrightarrow{H^+} CH_2-CH=\overset{OH}{\underset{\underset{CN}{|}}{C}}-CH_3 \xrightarrow{重排} CH_2-CH_2-\overset{O}{\underset{\|}{C}}-CH_3$$

通常，强碱性亲核试剂如格氏试剂（RMgX）或 RLi 主要进攻羰基，生成1,2-加成产物，例如：

$$CH_3CH=CH-\overset{O}{\underset{\|}{C}}-CH_3 + CH_3MgBr \xrightarrow[2)\ H_3O^+]{1)\ 无水\ CH_3CH_2OCH_2CH_3}$$

$$CH_3CH=CH-\overset{OH}{\underset{\underset{CH_3}{|}}{\overset{|}{C}}}-CH_3 + CH_3CH-CH_2-\overset{O}{\underset{\|}{C}}-CH_3$$

　　　　72%　　　　　　　　　　20%

弱碱性亲核试剂如 CN⁻ 或伯胺（RNH₂）主要进攻碳碳双键，生成1,4-加成产物，例如：

$$PhCH=CH-\overset{O}{\underset{\|}{C}}-CH_3 + CN^- \xrightarrow{C_2H_5OH} CH_3CH-\overset{O}{\underset{\underset{Ph}{|}}{C}}-CH_3$$

　　　　95%

9.1.5.3 迈克尔加成

碳负离子与 α,β-不饱和醛、酮的亲核加成反应称为迈克尔（Michael）加成反应。碳负离子加成在共轭的 β-碳原子上。例如：

$$CH_2=CH-\overset{O}{\underset{\|}{C}}-CH_3 + CH_2(CO_2C_2H_5)_2 \xrightarrow[C_2H_5OH]{C_2H_5ONa} CH_3-\overset{O}{\underset{\|}{C}}-CH_2CH_2CH(CO_2C_2H_5)_2$$

其反应历程为在碱催化下，丙二酸二乙酯首先形成碳负离子，碳负离子再与 α,β-不饱和醛、酮进行亲核加成。例如：

$$CH_2(CO_2C_2H_5)_2 \xrightarrow{C_2H_5ONa} Na\overset{+}{}\overset{-}{C}H(CO_2C_2H_5)_2 + C_2H_5OH \xrightarrow{CH_2=CH-\overset{O}{\underset{\|}{C}}-CH_3}$$

$$CH_3-\overset{O}{\underset{\|}{C}}-\overset{-}{C}HCH_2CH(CO_2C_2H_5)_2 \xrightarrow{C_2H_5OH} CH_3-\overset{O}{\underset{\|}{C}}-CH_2CH_2CH(CO_2C_2H_5)_2$$

氰基乙酸乙酯、β-二酮、硝基化合物（R-CH$_2$NO$_2$）、乙酰乙酸乙酯等也可以生成碳负离子，作为受体的还有 α,β-不饱和酸酯或丙烯腈等。这类反应统称为迈克尔加成反应。例如：

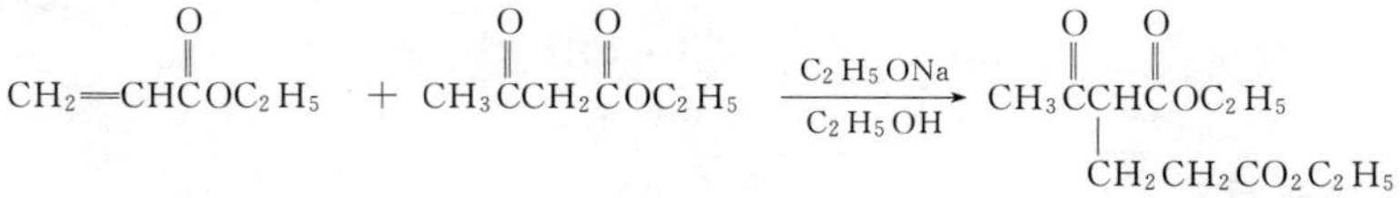

$$CH_2=CHCOC_2H_5 + CH_3CCH_2COC_2H_5 \xrightarrow[C_2H_5OH]{C_2H_5ONa} CH_3CCHCOC_2H_5$$

9.1.6 醛、酮的制备

9.1.6.1 由醇的氧化和脱氢制备

伯醇易被高锰酸钾等氧化剂氧化成羧酸，所以，可以采用一些特殊的氧化剂如 Sarret 试剂和 PCC 试剂等，将氧化停留在醛的阶段，而且双键不受影响。仲醇易被重铬酸盐等氧化剂氧化成酮，产率较高〔见第 8 章 8.1.3.4（1）〕。

将醇的蒸气通过热的催化剂如铜粉、银粉等，可以发生脱氢反应生成醛或酮。例如：

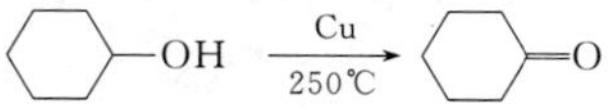

$$\text{（环己醇）} \xrightarrow[250℃]{Cu} \text{（环己酮）}$$

9.1.6.2 由芳烃侧链的氧化制备

芳烃侧链的 α-氢原子易被氧化为醛或酮。例如采用三氧化铬和乙酸酐、二氧化锰和硫酸等氧化剂时，侧链甲基被氧化成醛基，其它具有两个 α-氢原子的烃则被氧化为酮。例如：

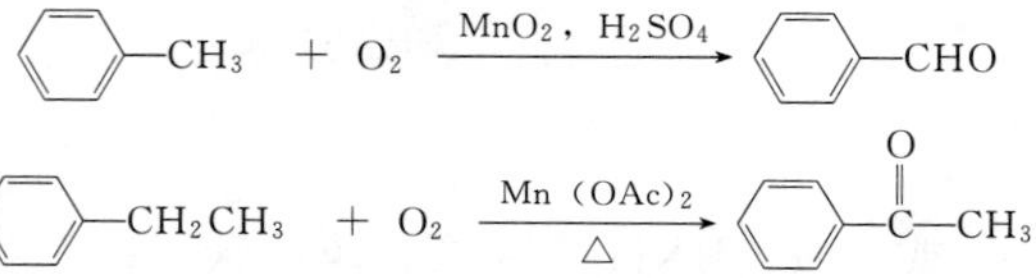

$$\text{（苯）-CH}_3 + O_2 \xrightarrow{MnO_2,\ H_2SO_4} \text{（苯）-CHO}$$

$$\text{（苯）-CH}_2CH_3 + O_2 \xrightarrow[\triangle]{Mn(OAc)_2} \text{（苯）-COCH}_3$$

9.1.6.3 由傅克酰基化反应制备

芳烃在无水氯化铝等催化下与酰氯或酸酐等反应可以制备芳香酮〔见第 4 章 4.4.1（4）〕。

9.1.6.4 由加特曼科赫反应制备

在无水氯化铝和氯化亚铜催化剂作用下，芳烃与氯化氢和一氧化碳混合气体反应生成芳香醛，该反应称为加特曼-科赫（Gattermann-Koch）反应，它是一种特殊的傅-克酰基化反应。例如：

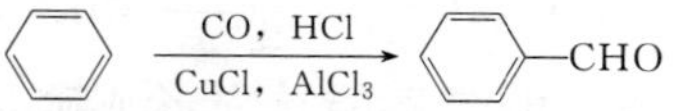

$$\text{（苯）} \xrightarrow[CuCl,\ AlCl_3]{CO,\ HCl} \text{（苯）-CHO}$$

当芳环上有甲基、甲氧基等供电子基时，醛基主要进入其对位。如果连有吸电子基，则反应难以发生。例如：

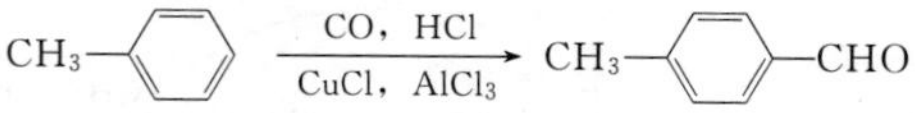

$$CH_3\text{-（苯）} \xrightarrow[CuCl,\ AlCl_3]{CO,\ HCl} CH_3\text{-（苯）-CHO}$$

9.1.6.5 由羧酸衍生物制备

酰氯及酯等羧酸衍生物可控制还原成相应的醛，常用的还原方法有金属氢化物还原及催化氢化还原（罗森蒙德还原）等。例如：

$$CH_3CH_2CH_2CH_2COCl + H_2 \xrightarrow[\text{硫-喹啉}]{Pd\text{-}BaSO_4} CH_3CH_2CH_2CH_2CHO + HCl$$

$$CH_3(CH_2)_{10}COC_2H_5 \xrightarrow[\quad 2) H_3O^+ \quad]{1) AlBu_2H} CH_3(CH_2)_{10}CHO$$

9.1.6.6 由炔烃的水合反应制备

在汞盐催化下，炔烃水合生成羰基化合物。乙炔水合生成乙醛，其它炔烃水合都生成酮〔见第 3 章 3.2.4.2(3)〕。

9.2 醌

9.2.1 醌的结构和命名

醌是一类脂环不饱和环状二酮化合物，苯醌是具有共轭体系的环己二烯二酮类化合物，有对位和邻位两种构型。醌已经不具有芳环的构造，因而不具有芳香性。醌广泛分布在自然界中，有些是药物和染料的中间体，例如维生素 K、辅酶 Q 等是具有重要生理作用的醌类化合物。具有醌型结构的化合物一般都有颜色，常见的有苯醌、萘醌、蒽醌及其衍生物。醌类通常是以相应的芳烃衍生物来命名，苯醌、萘醌、蒽醌等，两个羰基的位置可用阿拉伯数字注明，或用对、邻及 α、β 等标明。例如：

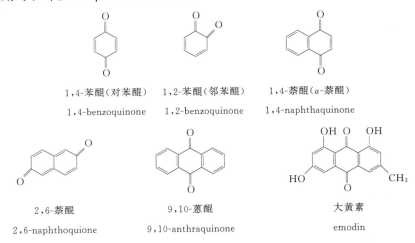

1,4-苯醌(对苯醌)   1,2-苯醌(邻苯醌)   1,4-萘醌(α-萘醌)
1,4-benzoquinone   1,2-benzoquinone   1,4-naphthaquinone

2,6-萘醌   9,10-蒽醌   大黄素
2,6-naphthoquione   9,10-anthraquinone   emodin

9.2.2 醌的化学性质

醌是环己二烯二酮，分子中含有碳碳双键和羰基，具有烯烃和酮的双重性质。其性质与 α,β-不饱和酮相似。

9.2.2.1 碳碳双键的加成反应

醌分子中含有碳碳双键，能与亲电试剂发生亲电加成反应。例如，对苯醌与溴作用可分别生成二溴化物及四溴化物：

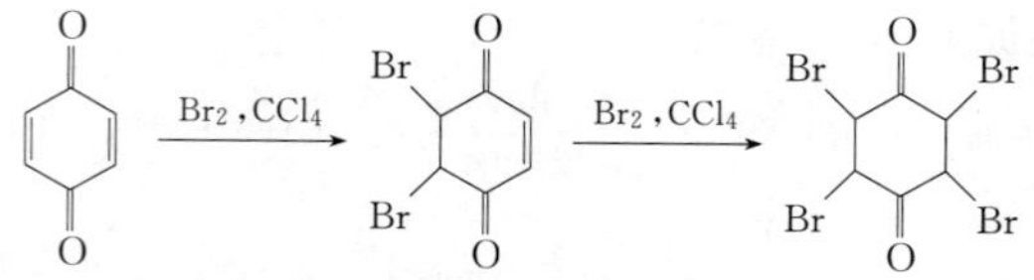

对苯醌的双键由于受到相邻两个羰基的影响，成为一个典型的亲双烯试剂，也可与共轭二烯发生狄尔斯-阿尔德反应。例如：

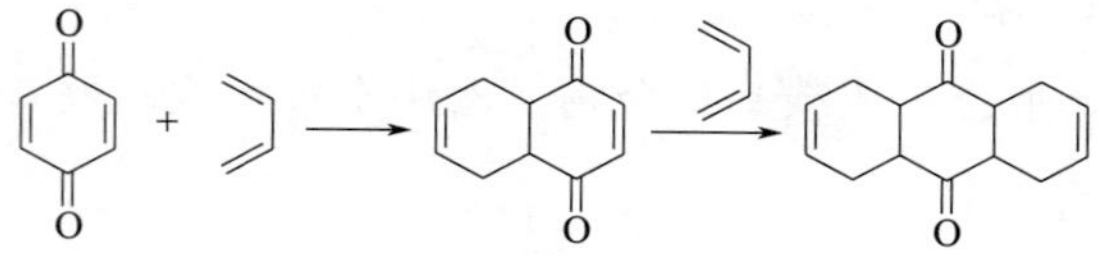

9.2.2.2 醌的亲核加成反应

醌的羰基能与亲核试剂发生亲核加成反应。例如，与羟胺作用生成对苯醌肟或对苯醌二肟：

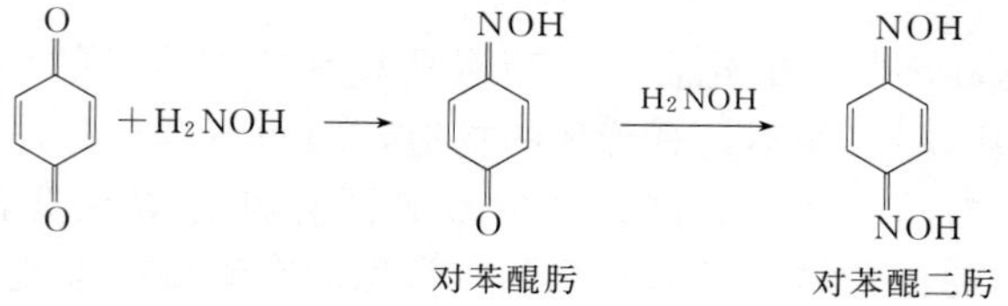

对苯醌肟　　　　对苯醌二肟

9.2.2.3 醌的共轭加成反应

醌中碳碳双键与碳氧双键共轭，与 α,β-不饱和酮性质相似，能与盐酸、氢溴酸等发生 1,4-亲核加成反应。例如：

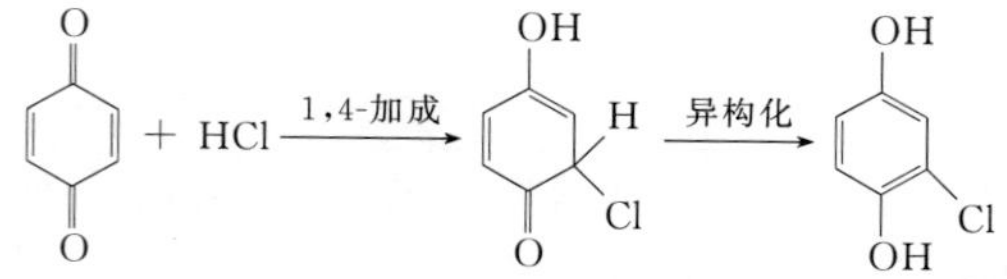

9.2.2.4 还原反应

对苯醌在亚硫酸钠水溶液中容易被还原成对苯二酚，也称氢醌（hydroquinone），这是一个可逆反应，二者可通过氧化还原反应相互转变。许多含有对苯醌结构的生物分子在体内也容易发生这种还原反应：

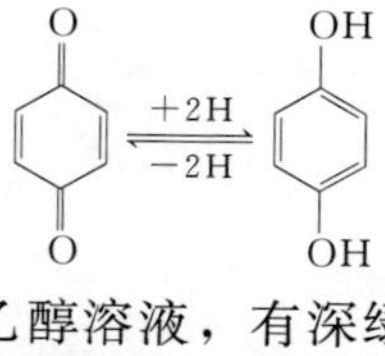

混合等量的对苯醌和对苯二酚的乙醇溶液，有深绿色晶体析出，它是由一分子对苯醌与一分子氢醌结合而成的分子化合物，称为醌氢醌：

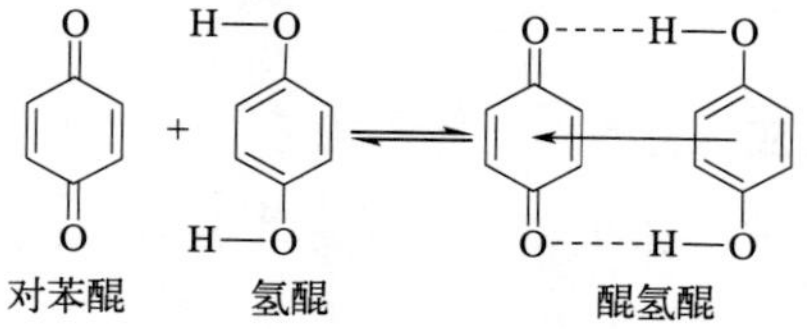

对苯醌　　氢醌　　　　　醌氢醌

醌氢醌难溶于冷水，可溶于热水，在溶液中完全解离为醌和氢醌，若在溶液中插入一铂电极，即组成醌氢醌电极，常用于溶液 pH 值的测定。

扫码获取本章课件和微课

习 题

1. 用系统命名法命名下列化合物。

(1)

(2) 邻 CHO / OH 的苯环结构

(3) $(CH_3)_2CHCHCHO$ 带 CH_3

(4) CH_3、CH_2CH_3、H、CHO 的烯烃结构

(5) 2-甲基环戊酮结构

(6) 苯基 $CH_2CH_2CCHCH_3$ 带 CH_3 和 O

(7) CH_3C（O）—苯环—CHO

(8) O_2N—苯环（带 Cl）—CHO

(9) $CH_3CHCH_2CHCC_6H_5$，带 OH、CH_3、O

(10) 螺环缩酮结构（含两个 O）

(11) CH_3—C（=N—OH）—CH_3

(12) 环丙基 CH_2CCH_3 带 O

2. 写出下列化合物的结构式。

(1) 对羟基苯乙酮
(2) 邻甲氧基苯甲醛
(3) 苄基苯基甲酮
(4) 5-甲基己-3-烯-2-酮
(5) 3-甲基环己酮
(6) 肉桂醛
(7) 戊二醛
(8) 1-环己基丁-2-酮
(9) 戊-2,4-二酮

3. 分别写出丙醛、环己酮与下列试剂反应的产物。

(1) $NaBH_4$，H_2O
(2) CH_3MgBr，然后加 H_2O
(3) $NaHSO_3$
(4) $PhNHNH_2$
(5) $NaCN$
(6) OH^-，H_2O
(7) NH_2OH
(8) $Ph_3P{=}CHCH_2CH_3$
(9) $HOCH_2CH_2OH$，干燥 HCl

4. 将下列各组化合物按指定性质从强到弱排序。

(1) 与氰化氢加成的活性

A. $HCHO$
B. $C_6H_5COC_6H_5$
C. CH_3CHO
D. C_6H_5CHO
E. $C_6H_5COCH_3$
F. CH_3COCH_3

(2) 亲核加成活性

A. O_2N—苯环—CHO
B. CH_3—苯环—CHO
C. 苯环—CHO
D. CH_3O—苯环—CHO

5. 完成下列反应。

(1) $CH_3CH{=}CHCHO \xrightarrow[\ H_2O\ ]{NaBH_4}$

(2) 苯基CCH_2CH_3（带 O） $\xrightarrow[\triangle]{Zn\text{-}Hg,\ 浓\ HCl}$

(3) 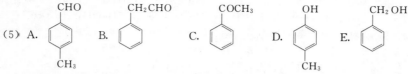 ⬡=O + O₂N—⬡—NHNH₂ (with NO₂) ⟶

(4) $(CH_3)_3CCHO + CH_3CH_2CHO \xrightarrow{\text{稀 } OH^-}$

(5) $Cl_3CCHO + H_2O \longrightarrow$

(6) $CH_3CH_2CHO \xrightarrow[\triangle]{\text{稀 } OH^-} \xrightarrow{NaBH_4}$

(7) ⬡=O + O₂N—⬡—NHNH₂ (with NO₂) ⟶

(8) $(CH_3)_3C\overset{\displaystyle O}{\overset{\|}{C}}CH_3 + NaIO \longrightarrow$

(9) ⬡—CHO + H_2NNH—$\overset{\displaystyle O}{\overset{\|}{C}}$—$NH_2$ ⟶

(10) ⬡=O $\xrightarrow{Cu, H_2}$

(11) ⬡—$\overset{\displaystyle O}{\overset{\|}{C}}CH_3$ + HCHO + ⬠NH $\xrightarrow{H^+}$

(12) ⬡—CHO + $CH_3CH_2MgBr \longrightarrow$

(13) ⬡=O + HCN $\xrightarrow{\text{1,4-加成}}$

(14) ⬡(OH)—CHO + $NaHSO_3 \longrightarrow$

(15) $CH_3CH_2\underset{OH}{\overset{|}{C}HCH_3} \xrightarrow[OH^-]{I_2, H_2O}$

(16) ⬡—CHO $\xrightarrow{\text{托伦试剂}}$

6. 用简单的化学方法鉴别下列各组化合物。

(1) A. 甲醛　　B. 乙醛　C. 丙酮　　(2) A. 甲醇　　B. 乙醇　　C. 丙酮

(3) A. 甲醛　　B. 乙醛　C. 苯甲醛　　(4) A.2-戊酮　　B. 3-戊酮　　C. 环己酮

(5) A. ⬡—CHO (with CH₃)　B. ⬡—CH₂CHO　C. ⬡—COCH₃　D. ⬡(OH with CH₃)　E. ⬡—CH₂OH

7. 下列化合物中哪些能发生碘仿反应，哪些能与饱和亚硫酸氢钠发生加成？

(1) $(CH_3)_3CCOCH_3$　　　　(2) CH_3CH_2CHO　　　(3) $CH_3CH_2\underset{OH}{\overset{|}{C}HCH_2CH_3}$

(4) ⬡—CHO　　　　(5) CH_3CH_2OH　　　(6) ⬡—$CH_2\underset{OH}{\overset{|}{C}HCH_3}$

(7) $CH_3CH_2COCH_2CH_3$　　(8) ICH_2CHO　　　(9) ⬡—$COCH_3$

(10) CH_3CHO　　　(11) ⬡—$COCH_3$

8. 下列化合物中，哪些是缩醛（酮）？哪些是半缩醛（酮）？写出相应的醇及醛或酮。

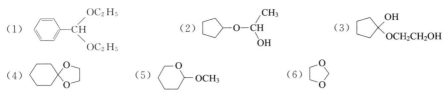

（4）　（5）　（6）

9. 利用格氏试剂合成下列化合物。

（1）$CH_3 - \underset{\underset{OH}{|}}{\overset{\overset{CH_3}{|}}{C}} - CH_2CH_2CH_3$　　（2）$\underset{\underset{OH}{|}}{\overset{\overset{CH_3}{|}}{C}} - CH_2CH_3$（苯基）　　（3）$CH_3CH_2 - \underset{\underset{OH}{|}}{CH} - CH_2CH_2CH_3$

10. 完成下列转变（必要的无机试剂及有机试剂任选）。

（1）$\bigcirc - COCH_3 \longrightarrow \bigcirc - C(=CHCH_3)CH_3$

（2）　—Br $\longrightarrow$ 　—D

（3）　—Cl $\longrightarrow$ 　—COOH

（4）$\overset{O}{\parallel}$ —Br $\longrightarrow$ $\overset{O}{\parallel}$ —OH

（5）$HOOC - \square = CH_2 \longrightarrow HOOC - \square$

（6）$CH_3CH = CH_2 \longrightarrow CH_3CH_2CH_2CHO$

（7）

（8）$\square = O \longrightarrow$

（9）$\bigcirc \longrightarrow$ 　(Br)—$CH_2CH_2CH_2CH_3$

11. 由指定原料合成目标化合物（其它无机及必要的试剂任选）。

（1）由乙烯合成正丁醇及 2-溴丁烷。

（2）由乙烯合成 $\underset{\underset{Br}{|}\ \underset{Cl}{|}\ \underset{Cl}{|}}{CH_3CHCHCH}$

（3）由乙烯和丁-1-,3-二烯合成 $\overset{OH}{\underset{}{\bigcirc}} - CH_2CH_3$

（4）由苯和乙炔合成 $\bigcirc - \underset{\underset{OH}{|}}{CH}CH_3$

（5）由乙炔合成 $(CH_3)_2C = C(CH_3)_2$

12. 某化合物 A 的分子式为 $C_5H_{12}O$，氧化后得 B($C_5H_{10}O$)，B 能与 2,4-二硝基苯肼反应，并在与碘的碱溶液共热时生成淡黄色沉淀。A 与浓硫酸共热得 C(C_5H_{10})，C 经高锰酸钾氧化得丙酮及乙酸。试写出 A、B、C 的结构式，并写出推断过程的反应式。

13. 某化合物 A 的分子式为 $C_{10}H_{12}O$，可与溴的氢氧化钠溶液作用，再经酸化得产物 B($C_9H_{10}O_2$)。A 经克莱门森还原法还原得化合物 C($C_{10}H_{14}$)。在稀碱溶液中，A 与苯甲醛反应生成 D($C_{17}H_{16}O$)。A、B、C 和 D 经强烈氧化都可以得到同一产物邻苯二甲酸。试写出 A、B、C 和 D 的结构式。

14. 某化合物 A 的分子式为 $C_9H_{10}O_2$，能溶于氢氧化钠溶液，并可与氯化铁或者 2,4-二硝基苯肼作用，但不与托伦试剂作用。A 用氢化铝锂还原生成化合物 B($C_9H_{12}O_2$)。A 和 B 均可与碘的氢氧化钠溶液作用，有黄色沉淀生成。A 与锌汞合金及浓盐酸作用，得到化合物 C($C_9H_{12}O$)。C 与氢氧化钠成盐后，与碘甲烷反应得到化合物 D($C_{10}H_{14}O$)，后者用高锰酸钾处理，得到对甲氧基苯甲酸。试写出 A、B、C 和 D 的结构式。

15. 某化合物 A 的分子式为 $C_8H_{14}O$，可以使溴水褪色，可以与苯肼反应。A 经高锰酸钾氧化后生成一分子丙酮及另一化合物 B。B 有酸性，与碘的氢氧化钠溶液反应生成碘仿和丁二酸。试写出 A、B 的结构式和有关反应式。

16. 某化合物 A 分子式为 $C_9H_{10}O$，与碘的氢氧化钠溶液作用后经酸化得化合物 B($C_8H_8O_2$)。B 进一步与酸性高锰酸钾作用得 C($C_8H_6O_4$)。C 有酸性，将 C 加热后得化合物邻苯二甲酸酐。试写出 A、B、C 的结构式。

第 **10** 章　羧酸及其衍生物

分子中含有羧基（—COOH）的化合物称为羧酸，除甲酸外，羧酸可以看作是烃的羧基衍生物。羧酸羧基中的羟基被其它原子或基团取代后生成的化合物称为羧酸衍生物。重要的羧酸衍生物有酰卤、酸酐、酯和酰胺等。

羧酸及其衍生物广泛存在于自然界中，参与动植物体内的生命过程，某些羧酸是动植物代谢的重要物质；某些羧酸衍生物具有重要生理活性，可作为昆虫幼虫的激素，控制昆虫的发育。它们与人类生活也密切相关。日常生活中，洗涤用的肥皂是高级脂肪酸的钠盐；食用醋中含有乙酸；奶制品中含有乳酸。在医药工业上，羧酸常用作合成药物的原料或中间体。有些药物本身就是羧酸或其衍生物，比如水杨酸。因此羧酸及其衍生物是一类与人们的生产生活十分密切相关的有机物。

10.1　羧酸

10.1.1　羧酸的分类、命名和结构

10.1.1.1　羧酸的分类

根据分子中所含烃基结构的不同，可将羧酸分为脂肪、脂环和芳香羧酸，饱和和不饱和羧酸；根据分子中所含羧基数目的不同，可将羧酸分为一元羧酸、二元羧酸和多元羧酸。

10.1.1.2　羧酸的命名

（1）俗名

天然物质含有丰富多样的羧酸，常根据其来源用俗名命名，如甲酸又称蚁酸，最初由蒸馏蚂蚁得到；乙酸俗称醋酸，它最初从酿制的食用醋中得到；丁酸俗称酪酸，奶酪的特殊气味就来自丁酸；柠檬酸、苹果酸和酒石酸各来自柠檬、苹果和酿制的葡萄酒中；油脂水解所得到的软脂酸、硬脂酸和油酸等则是根据它们的物态而命名的。

（2）系统命名

羧酸的系统命名法与醛相同，选择含有羧基的最长碳链作为主链，从羧基碳原子开始用阿拉伯数字编号。简单的羧酸，习惯上从羧基相邻的碳原子开始，以 α、β、γ、δ 等希腊字母表示位次，ω 则常用于表示碳链末端的位置。一元羧酸的英文名称通常用-oic acid 代替相

应烷烃中的词尾 e。例如：

3-甲基戊酸	2-甲基-4-溴己酸	丁-2-烯酸（巴豆酸）
β-甲基戊酸		β-丁烯酸
3-methyl pentanoic acid	4-bromo-2-methyl hexanoic acid	but-2-enoic acid

二元羧酸的命名，选择分子中含有两个羧基的最长碳链作为主链，称为某二酸。

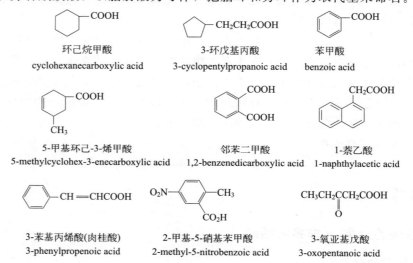

丁二酸（琥珀酸）　　　　顺-丁烯二酸（马来酸）

butandioic acid（succinicacid）　　cis-but-2-endioic（maleic acid）

脂环族和芳香族羧酸，以脂肪酸为母体，把脂环和芳环作为取代基来命名。例如：

环己烷甲酸	3-环戊基丙酸	苯甲酸
cyclohexanecarboxylic acid	3-cyclopentylpropanoic acid	benzoic acid

5-甲基环己-3-烯甲酸	邻苯二甲酸	1-萘乙酸
5-methylcyclohex-3-enecarboxylic acid	1,2-benzenedicarboxylic acid	1-naphthylacetic acid

3-苯基丙烯酸(肉桂酸)	2-甲基-5-硝基苯甲酸	3-氧亚基戊酸
3-phenylpropenoic acid	2-methyl-5-nitrobenzoic acid	3-oxopentanoic acid

10.1.1.3 羧酸的结构

羧基是羧酸的官能团，从结构可以看成羰基（ $\diagdown$ C＝O ）和羟基（—OH）的组合。羧基中的碳原子与醛、酮中的羰基一样，也是 sp^2 杂化，它的三个 sp^2 杂化轨道分别与两个氧原子和另一个碳原子或氢原子形成三个 σ 键，这三个 σ 键在同一平面上，键角约 120°。羧基碳原子未参与杂化的 p 轨道与一个氧原子的 p 轨道侧面重叠形成一个 π 键，其结构如图 10-1 所示。

羟基中氧原子上的未共用 p 电子对与羰基中的 π 键形成 p-π 共轭体系。由于 p-π 共轭效应的影响，使羟基中的电子向羰基转移，降低了羰基碳原子的正电性，不利于亲核试剂的进攻，因此羧酸亲核加成反应的活性比醛、酮低，比如羧酸不易与羰基试剂反应。

p-π 共轭效应降低了羟基氧原子上的电子云密度，增加了氢氧键的极性，使氢原子易于电离。当羧基解离为负离子后，带负电荷的氧更容易提供电子，从而增强了 p-π 共轭作用，使负电荷完全均等地分布在两个氧上（如图 10-2 所示），共轭体系使羧酸根离子更加稳定，因此羧酸具有较强的酸性。

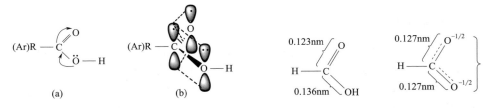

图 10-1 羧酸分子结构式　　　　　　图 10-2 羧酸分子 p-π 共轭结构式

10.1.2 羧酸的物理性质与波谱性质

10.1.2.1 羧酸的物理性质

室温下，10 个碳原子以下的羧酸都是液体，其中含有 1～3 个碳原子的为具有刺激性气味的液体，含有 4～9 个碳原子的为具有腐败气味的油状液体；高级脂肪酸为无味蜡状固体；脂肪族二元羧酸和芳香族羧酸都是结晶固体。

羧基可与水形成氢键，因而甲酸、乙酸等能与水互溶，但随着羧酸碳链的增长，水溶性逐渐降低，癸酸以上的羧酸不溶于水。

直链饱和一元脂肪酸的熔点随碳链的增长呈锯齿形上升，即含偶数碳原子羧酸的熔点比前后相邻奇数碳原子羧酸的熔点要高一点，原因是在晶体中羧酸分子的碳链呈锯齿状排列，只有含偶数碳原子的链端甲基和羧基分处于链的两侧时，才具有较高的对称性，分子在晶格中排列较紧密，分子间的吸引力较大，因而具有较高熔点。

羧酸的沸点比分子量相近的醇、醛、酮要高。例如：甲酸的沸点为 100.5℃，而分子量相同的乙醇沸点为 78℃，分子量为 44 的乙醛沸点仅为 21℃。这是由于两个羧酸分子间能通过两个氢键互相结合，形成稳定的二聚体：

$$\begin{array}{c} \text{O}\cdots\text{H}-\text{O} \\ R-C \diagup \quad \diagdown C-R \\ \text{O}-\text{H}\cdots\text{O} \end{array}$$

羧酸二聚体

一些常见羧酸的物理性质见表 10-1。

表 10-1　一些常见羧酸的物理性质

化合物名称	英文名	熔点/℃	沸点/℃	溶解度/g	pK$_a$
甲酸(蚁酸)	methanoic acid(formic acid)	8.4	100.5	∞	3.77
乙酸(醋酸)	ethanoic acid(acetic acid)	7.0	118	∞	4.74
丙酸(初油酸)	propanoic acid(propionic acid)	−22	141	∞	4.88
丁酸(酪酸)	butanoic acid(butyric acid)	−5	162.5	∞	4.82
戊酸(缬草酸)	pentanoic acid(valeric acid)	−34.5	187	3.7	4.85
己酸(羊油酸)	hexanoic acid(enanthic acid)	−1.5	205	0.4	4.85
3-苯丙烯酸(肉桂酸)	3-phenylpropenoic acid(cinnamic acid)	133	300	0.1	4.33
苯甲酸(安息香酸)	benzene carboxylic acid(benzoic acid)	122	249	0.34	4.19
乙二酸(草酸)	ethanedioic acid(oxalic acid)	189	100	8.6	1.23[①]
丙二酸(缩苹果酸)	propanedioic acid(malonic acid)	135	140	73.5	2.85[①]
丁二酸(琥珀酸)	butanedioic acid(succinic acid)	185	235	5.8	4.16[①]

① pK$_{a1}$ 值。

10.1.2.2 羧酸的波谱性质

羧基形式上由羰基和羟基组成，因此在羧酸的红外光谱中，可观察到羰基和羟基的特征吸收峰。由于羧酸一般以氢键缔结成二聚体，其红外光谱是二聚体的谱图。$1710cm^{-1}$附近为强的羰基伸缩振动吸收峰，该吸收峰特征很明显，很容易利用该特征吸收峰将羧酸与其它羰基化合物区别开；在$3300 \sim 2500cm^{-1}$区域出现的宽而强的氢氧键伸缩振动吸收峰，常覆盖了碳氢键的伸缩振动吸收；羧酸的碳氧单键伸缩振动吸收峰一般在$1200cm^{-1}$。如图10-3所示为戊酸的红外光谱。

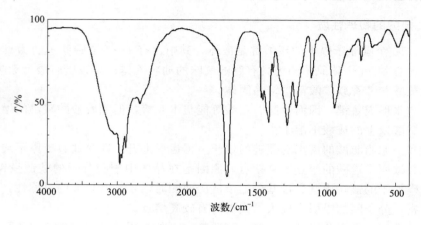

图 10-3　戊酸的红外光谱

在羧酸分子中，羧基上的质子由于受到氧原子的影响，外层电子屏蔽作用降低，其核磁共振氢谱的化学位移在低场，大多为宽峰。同时氢键缔合导致化学位移变化较大，一般在$10 \sim 13$，比醇大得多。羧酸的活泼氢可与重水发生交换反应，导致峰高下降或消失。与羰基相连的α-碳上质子的化学位移在$2 \sim 3$。如图10-4所示为3-甲基丁酸的核磁共振氢谱（以氘代氯仿为溶剂）。

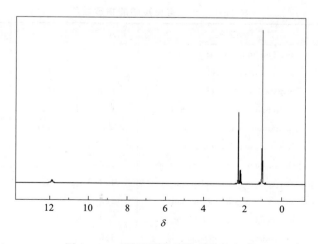

图 10-4　3-甲基丁酸的核磁共振氢谱

10.1.3 羧酸的化学性质

羧酸的化学性质由羧基官能团所引起。羧基是由羰基与羟基组成，但实际上羟基氧原子的孤对电子与羰基形成了 p-π 共轭体系，因而羧基的化学性质并不是羰基和羟基化学性质的简单加和，而是显示其本身特性。比如羰基不易与亲核试剂发生加成反应；羟基氢易解离呈现酸性；受羧基的影响，使得 α-氢原子易发生取代反应。根据羧酸分子结构中键断裂的方式不同，羧酸可发生不同的化学反应，如图 10-5 所示。

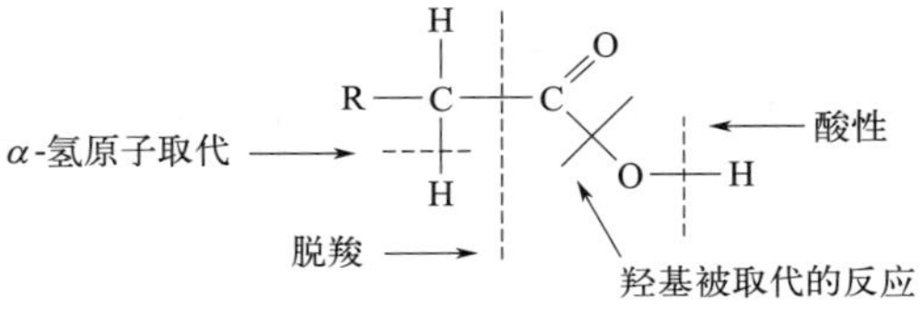

图 10-5 羧酸化学反应位置示意图

10.1.3.1 羧酸的酸性

羧酸在水溶液中解离出质子而呈酸性，通常能与氢氧化钠、碳酸氢钠等碱作用生成盐。例如：

$$RCOOH + NaOH \longrightarrow ROONa + H_2O$$
$$RCOOH + NaHCO_3 \longrightarrow ROONa + H_2O + CO_2\uparrow$$

常见羧酸的 pK_a 值在 3～5 之间，比无机强酸的酸性弱，但比碳酸、水和苯酚的酸性强：

	无机强酸（H_2SO_4）	一元羧酸（HCOOH）	碳酸（H_2CO_3）	水	苯酚
pK_a	1～3	3.5～5	6.38	15.7	10

羧酸可使碳酸氢钠分解放出二氧化碳，而苯酚不与碳酸氢钠作用，在实验室中常利用这个性质来鉴别羧酸和苯酚。羧酸盐遇强酸则游离出羧酸，利用此性质可分离、精制羧酸。例如：

$$RCOONa + HCl \longrightarrow ROOH + NaCl$$

羧酸的钾盐或钠盐易溶于水，医药上常将水溶性差的含羧基药物制成可溶性羧酸盐，以便制成水剂使用。如含有羧基的青霉素 G 就是制成钠盐或钾盐供临床使用的抗生素：

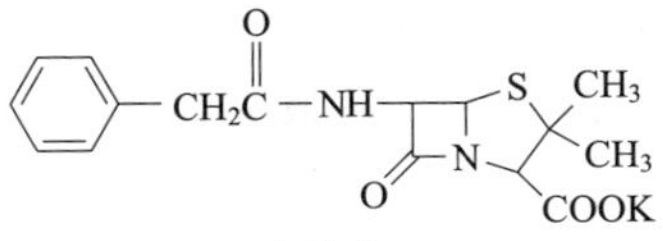

青霉素G

（1）脂肪酸

羧酸的酸性受到与羧基相连的基团的诱导效应影响，能使羧基电子云密度降低的基团使酸性增强；相反，使羧基电子云密度上升的基团将使酸性减弱。

诱导效应与原子的电负性有关，一般以氢原子为比较标准。比氢原子电负性大的原子或基团表现出吸电子性质，称为吸电子基团，具有吸电子诱导效应，一般用 $-I$ 表示；比氢原子电负性小的原子或基团表现出供电子性质，称为供电子基团，具有供电子诱导效应，一般用 $+I$ 表示。

常见原子或基团供电子或吸电子能力能够影响羧酸的酸性，故可通过测定各种取代羧酸的解离常数来推断各种取代基的吸电子能力或供电子能力。如以乙酸为母体化合物，测定取代乙酸的解离常数，得知各取代基诱导效应强弱的顺序为：

吸电子诱导效应（$-I$）：$\overset{+}{N}R_3>NO_2>SO_2R>CN>SO_2Ar>COOH>F>Cl>Br>I>$
$OAr>COOROAr>COOR>OR>COR>SH>OH>C\equiv CR\gg C_6H_5>C=CH_2>H$

供电子诱导效应（$+I$）：$O^->COO^->(CH_3)_3C>(CH_3)_2CH>CH_3CH_2>CH_3>H$

当羧基与烷基供电子基团连接时，烷基表现出供电子诱导效应，使羧酸根负离子的负电荷增多，负离子稳定性降低，电离平衡向左进行，酸性减弱：

	HCOOH	CH$_3$COOH	CH$_3$CH$_2$COOH	(CH$_3$)$_2$CHCOOH	(CH$_3$)$_3$CCOOH
pK_a	3.77	4.74	4.88	4.85	5.02

当羧基与卤素、硝基、烯基和炔基等吸电子基团连接时，这些取代基的吸电子诱导效应，既使羧基电子云密度降低，羧基的质子易于解离，又使羧酸根负离子更稳定。总之吸电子诱导效应有利于羧酸电离平衡向右进行，使酸性增强，而且吸电子基团数目越多，吸电子效应越强，羧酸的酸性越强：

	CH$_3$COOH	ClCH$_2$COOH	Cl$_2$CHCOOH	Cl$_3$CCOOH
pK_a	4.76	2.87	1.36	0.63

诱导效应与羧基和取代基之间的距离有关。例如，吸电子基团距离羧基越近，其吸电子诱导效应越强，羧基的质子易于解离，羧酸根负离子越稳定，越有利于羧酸电离平衡向右进行，使酸性增强：

$$CH_3CH_2\underset{\underset{Cl}{|}}{C}HCOOH^->CH_3\underset{\underset{Cl}{|}}{C}HCH_2COOH>\underset{\underset{Cl}{|}}{C}H_2CH_2CH_2COOH$$

pK_a	2.86	4.06	4.52

有时由于其它因素的影响，在不同的化合物中，取代基的诱导效应不一定完全一致，如共轭效应、空间效应、场效应或溶剂效应等。

（2）芳香酸

苯甲酸作为常见的芳香酸可看作甲酸的苯基衍生物，同时，我们在第 4 章芳香族化合物定位基定位效应的学习过程得知，甲酸基又可以作为苯基的第二类吸电子的定位基团。所以当苯基和甲酸基在一起，羧基与苯环大 π 键形成共轭，由于共轭效应，苯环的电子云向羧基偏移。即甲酸基对苯环吸电子（第二类定位基），反之苯环对羧基供电子。根据以上描述，羧酸基如果与供电子基团连接，将不利于羧基解离 H$^+$。因此苯甲酸的酸性比甲酸弱，但比其它一元脂肪羧酸性强。取代苯甲酸中取代基对其酸性强弱的影响与脂肪羧酸相似。例如，对硝基苯甲酸中的硝基是吸电子基团，所以对硝基苯甲酸的酸性大于苯甲酸；对甲基苯甲酸的甲基是供电子基团，具有供电子诱导效应，故对甲基苯甲酸的酸性小于苯甲酸。例如：

	COOH（对NO$_2$）	COOH（苯）	COOH（对CH$_3$）
pK_a	3.4	4.2	4.4

取代苯甲酸的酸性除与电子效应相关外，也与立体效应相关。通常邻位取代苯甲酸的酸性强于苯甲酸及其相应的间、对位取代物。这是由于邻位基团的存在，使羧基与苯环的共平面性相对于间位和对位取代产物被削弱，从而使苯环的供电子共轭效应减弱，因此邻位取代苯甲酸的酸性较强。这种邻位基团对活性中心的影响称为邻位效应（ortho-effect）。

（3）二元酸

二元羧酸的两个羧基在溶液中是分步解离的。例如：

$$HOOC(CH_2)_nCOOH \underset{K_{a1}}{\rightleftharpoons} HOOC(CH_2)_nCOO^- + H^+$$

$$HOOC(CH_2)_nCOO^- \underset{K_{a2}}{\rightleftharpoons} {}^-OOC(CH_2)_nCOO^- + H^+$$

脂肪族二元羧酸的酸性与两个羧基的相对距离有关。二元羧酸第一步解离的羧基受到另一个羧基吸电子诱导效应的影响，其酸性强于含相同碳原子的一元羧酸，一般二元羧酸的 pK_{a1} 较小（表 10-1）。二元羧酸分子中两个羧基相距越近，酸性增强程度越大。当二元羧酸的一个羧基解离，成为羧酸根负离子后，它所带的负电荷对另一个羧基产生了供电子诱导效应，使第二个羧基的氢原子不易解离，所以一些低级二元酸总是 $pK_{a2} > pK_{a1}$。例如，草酸的 $pK_{a1} = 1.23$，$pK_{a2} = 4.19$。

10.1.3.2　羧酸衍生物的生成

羧基上的羟基被其它原子或基团取代后生成的化合物称为羧酸衍生物，羧基中的羟基可被卤素、酰氧基、烷氧基或氨基取代，分别生成酰卤、酸酐、酯或酰胺等羧酸衍生物。

（1）酰卤的生成

酰氯是最常用的酰卤，它可由羧酸与五氯化磷、三氯化磷或氯化亚砜等卤化剂作用制得。例如：

$$R-\overset{O}{\overset{\|}{C}}-OH + PCl_5 \longrightarrow R-\overset{O}{\overset{\|}{C}}-Cl + POCl_3 + HCl$$
三氯氧磷

$$R-\overset{O}{\overset{\|}{C}}-OH + PCl_3 \longrightarrow R-\overset{O}{\overset{\|}{C}}-Cl + H_3PO_3 + HCl$$

$$R-\overset{O}{\overset{\|}{C}}-OH + SOCl_2 \longrightarrow R-\overset{O}{\overset{\|}{C}}-Cl + SO_2\uparrow + HCl\uparrow$$

用氯化亚砜卤化剂制取酰氯较易提纯处理，因副产物 SO_2 和 HCl 是气体，易于挥发，而过量的低沸点氯化亚砜可通过蒸馏除去，所得的酰氯较纯，此法应用较广。

由于酰卤很活泼，容易水解，所以分离精制酰卤产品宜采用蒸馏的方法。选用哪种含磷卤化剂取决于所生成的酰卤与含磷副产物之间的沸点差异。通常用分子量小的羧酸来制备酰卤时，用三卤化磷作卤化剂，反应中生成的酰卤沸点低可随时蒸出；分子量大的酰卤沸点高，制备它时可用五卤化磷作卤化剂，反应后容易把三卤氧磷蒸馏出来。

（2）酸酐的生成

除甲酸在脱水时生成一氧化碳外，其余一元羧酸在脱水剂存在下加热，分子间脱去一分子水而生成酸酐。常用脱水剂有五氧化二磷、乙酰氯或乙酸酐。例如：

$$CH_3-\overset{O}{\overset{\|}{C}}-OH + HO-\overset{O}{\overset{\|}{C}}-CH_3 \xrightarrow[\triangle]{P_2O_5} CH_3-\overset{O}{\overset{\|}{C}}-O-\overset{O}{\overset{\|}{C}}-CH_3 + H_2O$$

混酐可用酰卤和无水羧酸盐共热的方法制备。用此法既可以制备混酐，也可以用于制备单酐。例如：

$$CH_3CONa + CH_3CH_2CCl \xrightarrow{\triangle} CH_3\overset{O}{\overset{\|}{C}}-O-\overset{O}{\overset{\|}{C}}-CH_2CH_3 + NaCl$$

丁二酸、戊二酸、邻苯二甲酸等二元羧酸，只需要加热，不需要脱水剂便可以分子内脱水生成五元环或六元环环状酸酐。例如：

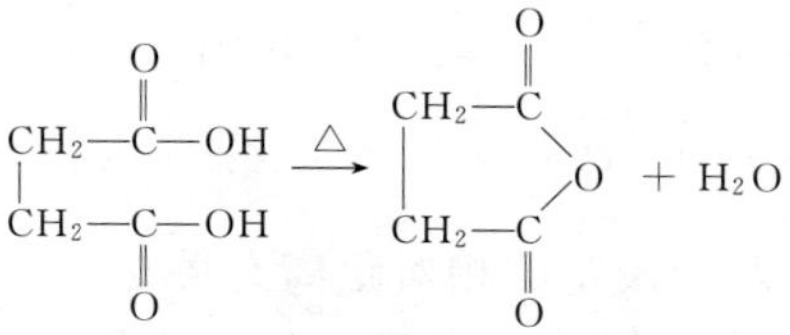

丁二酸　　　丁二酸酐

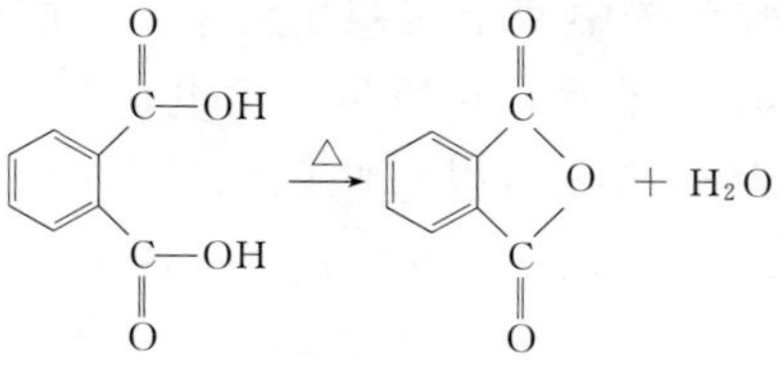

邻苯二甲酸　　　邻苯二甲酸酐

(3) 酯的生成

羧酸与醇在酸催化下生成酯的反应称为酯化反应。常用的酸催化剂是硫酸、磷酸或苯磺酸。例如：

$$R-\overset{\displaystyle O}{\overset{\|}{C}}-OH + HOR' \xrightleftharpoons{H^+} R-\overset{\displaystyle O}{\overset{\|}{C}}-OR' + H_2O$$

酯化反应是可逆反应。为了提高酯的产率，可增加某种反应物的浓度，或从反应体系中蒸出低沸点的酯或水，使平衡向生成酯的方向移动。

羧酸的酯化反应随着羧酸和醇的结构以及反应条件的不同，反应的机制也不尽相同。实验证明，通常伯醇或仲醇与羧酸进行酯化时，羧基提供羟基，醇提供氢：

$$R-\overset{\displaystyle O}{\overset{\|}{C}}-\boxed{OH + H}-O^{18}-R \xrightleftharpoons{H^+} R-\overset{\displaystyle O}{\overset{\|}{C}}-O^{18}-R + H_2O$$

酸催化的酯化反应机制如下：

$$R-\overset{\displaystyle O}{\overset{\|}{C}}-OH \xrightleftharpoons{H^+} R-\overset{\displaystyle \overset{+}{O}H}{\overset{\|}{C}}-OH \xrightleftharpoons{HO^{18}-R} R-\underset{\underset{\displaystyle R}{|}}{\underset{{}^{+}O^{18}-H}{\underset{|}{\overset{\overset{\displaystyle OH}{|}}{C}}}}-OH \rightleftharpoons R-\underset{\underset{\displaystyle O^{18}-R}{|}}{\overset{\overset{\displaystyle OH}{|}}{C}}-\overset{+}{O}H_2$$

$$\xrightleftharpoons{-H_2O} R-\overset{\displaystyle \overset{+}{O}H}{\overset{\|}{C}}-O^{18}-R \xrightleftharpoons{-H^+} R-\overset{\displaystyle O}{\overset{\|}{C}}-O^{18}-R$$

叔醇与羧酸酯化时，则羧基提供氢，醇提供羟基：

$$R-\overset{\displaystyle O}{\overset{\|}{C}}-O-\boxed{H + HO^{18}}-CR_3 \xrightleftharpoons{H^+} R-\overset{\displaystyle O}{\overset{\|}{C}}-O-CR_3 + H_2O^{18}$$

酸催化反应的反应机制如下：

$$R_3C-\overset{18}{O}H \xrightleftharpoons{H^+} R_3C-\underset{+}{\overset{18}{O}}H_2 \rightleftharpoons R_3C^+ + H_2O^{18}$$

$$R-\overset{\displaystyle O}{\overset{\|}{C}}-OH + R_3C^+ \rightleftharpoons R-\overset{\displaystyle O}{\overset{\|}{C}}-\underset{+}{\overset{\overset{\displaystyle H}{|}}{O}}-CR_3 \xrightleftharpoons{-H^+} R-\overset{\displaystyle O}{\overset{\|}{C}}-O-CR_3$$

在反应中，酸催化下叔醇容易形成碳正离子，然后与羧基中的羟基氧结合，最后脱去质子而生成酯。

酯化的速度与羧酸及醇的结构有关。一般来讲，羧酸和醇的 α-碳原子上取代基越多，基团越大，酯化反应也越难进行，这是由于较大体积的烃基阻碍了亲核试剂（醇）进攻羧酸碳原子，从而降低酯化反应速率。羧酸与醇反应的活性次序为下：

醇：甲醇＞伯醇＞仲醇＞叔醇

酸：$HCOOH>CH_3COOH>RCH_2COOH>R_2CHCOOH>R_3CCOOH$

(4) 酰胺的生成

羧酸与氨或胺反应生成铵盐，加热或用脱水剂使其失水后形成酰胺，最终结果是羧基中的羟基被氨基取代。例如：

$$R-\overset{O}{\overset{\|}{C}}-OH + NH_3 \longrightarrow R-\overset{O}{\overset{\|}{C}}-ONH_4 \xrightleftharpoons{\triangle} R-\overset{O}{\overset{\|}{C}}-NH_2 + H_2O$$

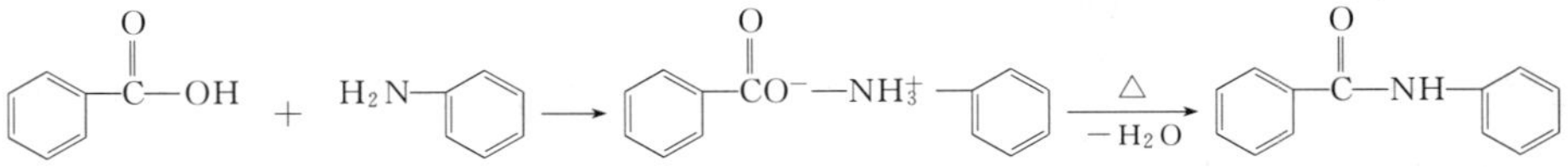

10.1.3.3 脱羧反应

羧酸分子通常比较稳定，但是在一定条件下也可以分解放出二氧化碳，发生脱羧反应。例如，低级一元脂肪羧酸的钠盐及芳香酸的钠盐与碱石灰（NaOH＋CaO）共热，可失去二氧化碳发生脱羧，反应生成烷烃或芳烃。例如：

$$CH_3COONa + NaOH(CaO) \xrightarrow{\triangle} CH_4\uparrow + Na_2CO_3$$

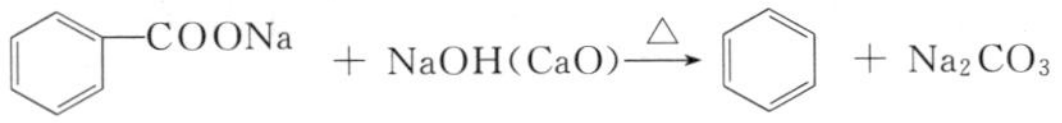

一般情况下，饱和一元羧酸对热稳定，不易发生脱羧，但 α-碳原子上有吸电子取代基（如硝基、卤素、氰基、羰基和羧基等）的羧酸易脱羧。芳香羧酸较脂肪羧酸容易脱羧，尤其是邻、对位上连有吸电子基团的芳香酸更容易脱羧。例如：

$$CCl_3COOH \xrightarrow{\triangle} CHCl_3 + CO_2\uparrow$$

10.1.3.4 羧酸的还原反应

羧酸碳氧双键不易被催化氢化，羧基中的羰基由于受羟基的 p-π 共轭效应影响，碳氧双键中碳原子的正电性减弱，不易与亲核试剂（H^-）发生加成反应，所以不能被一般的化学还原剂（如硼氢化钠）还原。但强的还原剂氢化铝锂中的氢具有更高的活性，所以能顺利地使羧酸还原成伯醇。例如：

$$R-\overset{O}{\overset{\|}{C}}-OH + LiAlH_4 \xrightarrow[\text{②}H^+,\ H_2O]{\text{①无水 }C_2H_5OC_2H_5} RCH_2OH$$

氢化铝锂是一种选择性还原剂，对不饱和羧酸分子中的碳碳双键、三键不产生影响。例如：

$$CH_2{=}CH-\overset{O}{\overset{\|}{C}}-OH + LiAlH_4 \xrightarrow[\text{②}H^+,\ H_2O]{\text{①无水 }C_2H_5OC_2H_5} CH_2{=}CHCH_2OH$$

10.1.3.5 羧酸 α-氢原子的卤化反应

羧酸与醛、酮一样，其 α-氢原子能被溴或氯取代生成 α-卤代酸。由于羧基碳上的正电性较醛、酮羰基碳上的低，羧基对 α-氢原子的致活作用小，因而羧酸的 α-氢原子卤化反应需要加入少量红磷作催化剂才能顺利进行，并且 α-氢原子的卤化可分步取代。该反应称为 Hell-Volhard-Zelinski 反应。例如：

$$CH_3-\overset{O}{\overset{\|}{C}}-OH \xrightarrow[Br_2]{\text{红磷}} \underset{\displaystyle Br}{\underset{|}{CH_2}}-\overset{O}{\overset{\|}{C}}-OH + HBr \xrightarrow[Br_2]{\text{红磷}} \underset{\displaystyle Br}{\underset{|}{\overset{\displaystyle Br}{\overset{|}{CH}}}}-\overset{O}{\overset{\|}{C}}-OH + HBr$$

$$(CH_3)_2CHCH_2CH_2-\overset{\overset{\displaystyle O}{\|}}{C}-OH \xrightarrow[Br_2]{红磷} (CH_3)_2CHCH_2\underset{\underset{\displaystyle Br}{|}}{CH}-\overset{\overset{\displaystyle O}{\|}}{C}-OH + HBr$$

控制反应条件和卤素用量，可以得到产率较高的一卤代酸。α-卤代酸是药物合成的重要中间产物，α-碳原子上连接的卤素可以被羟基、氨基取代生成 α-羟基酸、α-氨基酸，此外 α-碳原子上连接的卤原子与 β-氢原子同时消去可以合成丙烯酸等。

10.1.3.6 二元酸的热分解反应

二元羧酸除具有一元羧酸的化学通性外，还具有受热分解的特殊反应。不同的二元羧酸受热可发生脱水或脱羧反应，得到不同的产物。

乙二酸和丙二酸受热时，脱羧生成少一个碳的羧酸。例如：

$$\underset{\underset{\displaystyle COOH}{|}}{COOH} \xrightarrow{\triangle} HCOOH + CO_2 \uparrow$$

$$H_2C\overset{\displaystyle COOH}{\underset{\displaystyle COOH}{}} \xrightarrow{\triangle} CH_3COOH + CO_2 \uparrow$$

丁二酸和戊二酸受热时，分子内脱水生成稳定的五元环或六元环的环酐。例如：

$$\underset{\displaystyle CH_2COOH}{CH_2COOH} \xrightarrow{\triangle} \text{(环酐)} + H_2O$$

$$H_2C\underset{\displaystyle CH_2COOH}{\overset{\displaystyle CH_2COOH}{}} \xrightarrow{\triangle} \text{(环酐)} + H_2O$$

己二酸和庚二酸受热时，分子内脱羧又脱水，生成少一个碳的环酮。例如：

$$\underset{\displaystyle CH_2CH_2COOH}{CH_2CH_2COOH} \xrightarrow{\triangle} \text{(}=O\text{)} + H_2O + CO_2 \uparrow$$

$$H_2C\underset{\displaystyle CH_2CH_2COOH}{\overset{\displaystyle CH_2CH_2COOH}{}} \xrightarrow{\triangle} \text{(}=O\text{)} + H_2O + CO_2 \uparrow$$

Blanc 对上述反应研究发现，当有可能形成环状化合物时，一般形成五元或六元环，这一规律称为 Blanc 规则。

10.1.4 羧酸的制备

10.1.4.1 由伯醇或醛氧化制备

伯醇或醛氧化可生成相应的羧酸，这是制备羧酸最常用的方法。常用的氧化剂包括高锰酸钾、重铬酸钠-硫酸、三氧化铬-冰乙酸、硝酸等。

10.1.4.2 由烃基的氧化制备

1-烯烃、对称烯烃和环烯烃可经氧化生成羧酸。

用强氧化剂氧化含有 α-氢原子的芳烃侧链，可得到羧基而苯环保持不变。

10.1.4.3 由腈水解制备

腈水解可以得到羧酸，但在中性溶液中水解很慢，通常加酸或碱催化加速水解反应，收率一般很高。例如：

$$\underset{\underset{OH}{|}}{CH_2CH_2Br} \xrightarrow{NaCN} \underset{\underset{OH}{|}}{CH_2CH_2CN} \xrightarrow[H_2O]{H_2SO_4} \underset{\underset{OH}{|}}{CH_2CH_2COOH}$$

10.1.4.4 由格氏试剂与二氧化碳反应制备

将格氏试剂倒在干冰（固体二氧化碳）上，或将二氧化碳在低温下通入格氏试剂的干醚中，待二氧化碳不再被吸收后，把所得的化合物水解，可制得羧酸。此法合成的羧酸比原来所用的格氏试剂中的烃基加了一个碳原子。例如：

$$\text{⬡—Br} \xrightarrow[THF]{Mg} \xrightarrow[2)\ H_3O^+]{1)\ CO_2} \text{⬡—COOH}$$

腈水解和格氏试剂法在使用上均受到一定的限制，但是两种方法可以互补。当反应底物中有活泼卤原子时，采用腈水解法更方便；当卤原子不易被取代时，往往采用格氏试剂法。

10.2 羧酸衍生物

羧酸分子中羧基上的羟基被卤原子、酰氧基、烷氧基、氨基等取代后的化合物，分别称为酰卤、酸酐、酯、酰胺，羧基去掉羟基后剩余的部分称为酰基。结构通式如下所示：

$$\underset{酰卤}{R-\overset{\overset{O}{\|}}{C}-X} \quad \underset{酸酐}{R-\overset{\overset{O}{\|}}{C}-O-\overset{\overset{O}{\|}}{C}-R'} \quad \underset{酯}{R-\overset{\overset{O}{\|}}{C}-OR'} \quad \underset{酰胺}{R-\overset{\overset{O}{\|}}{C}-NH_2(R')} \quad \underset{酰基}{R-\overset{\overset{O}{\|}}{C}-}$$

酰卤和酸酐性质活泼，自然界中几乎不存在，可经由它们引入卤素原子和羧基，是重要的有机合成反应；酯和酰胺普遍存在于动植物中，许多药物都属于这两类物质，如普鲁卡因、尼泊金、扑热息痛（对乙酰氨基酚）、青霉素、头孢菌素、巴比妥类等，这些化合物在医药卫生事业中起着举足轻重的作用。

10.2.1 羧酸衍生物的命名

羧酸分子中去掉羧基中的羟基后剩余的部分称为酰基。酰基的命名可将相应羧酸的"酸"字改为"酰基"即可。酰基的英文命名是用词尾"yl"代替羧酸的词尾"ic acid"。例如：

乙酸 acetic acid ｜ 丙烯酸 propenoic acid ｜ 苯甲酸 benzoic acid

乙酰基 acetyl ｜ 丙烯酰基 propenoyl ｜ 苯甲酰基 benzoyl

(1) 酰卤

酰卤在命名时用酰基名＋卤素名，称为"某酰卤"。例如：

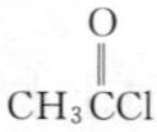

CH₃CCl
乙酰氯
acetyl chloride

CH₃CH₂CH₂CBr
丁酰溴
butanoyl bromide

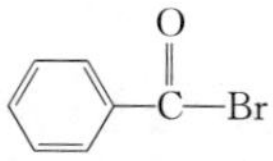

苯甲酰溴
benzonyl bromide

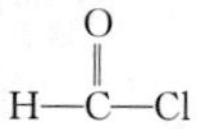

H—C—Cl
甲酰氯
fromyl chloride

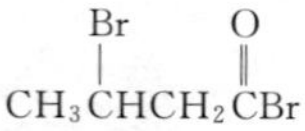

CH₃CHCH₂CBr
β-溴丁酰溴
β-bromobutanoyl bromide

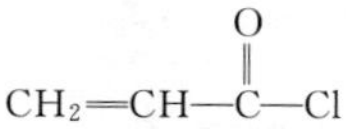

CH₂=CH—C—Cl
丙烯酰氯
propenoyl chloride

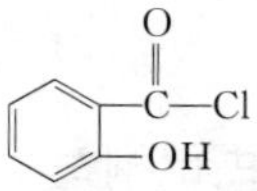

2-羟基苯甲酰氯
2-hydrobenzoyl chloride

(2) 酸酐

由两分子相同的一元羧酸脱水生成的酸酐称为单酐，单酐的命名是在相应羧酸的名称之后加"酐"字，酸字可以省略。若形成酸酐的两分子羧酸是不相同的，得到的酸酐为混酐，命名时把简单的酸的名称放在前面、复杂的放在后面，再加"酐"字。二元酸分子内失水形成的环状酸酐，命名时在二元酸的名称后加"酐"字即可。酸酐的英文命名是用"anhydride"代替羧酸中的"acid"。例如：

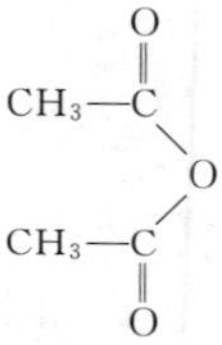

乙(酸)酐
acetic anhydride

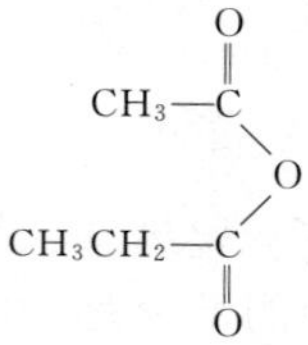

乙(酸)丙(酸)酐
acetic propanoic anhydride

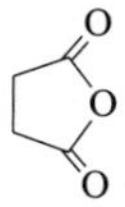

丁二酸酐（琥珀酸酐）
butanedioic anhydride

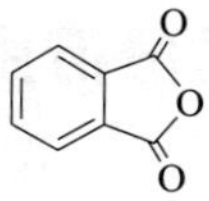

邻苯二甲酸酐
phthalic anhydride

(3) 酯

一元醇和酸生成的酯称为"某酸某醇酯"，其中醇字可省略。多元醇的酯称为"某醇某酸酯"。二元羧酸与一元醇可形成酸性酯和中性酯，称为"某二酸某酯"。酯的英文命名是用"ate"代替羧酸中的"ic acid"。例如：

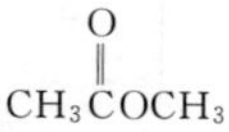

CH₃COCH₃
乙酸甲酯
methyl acetate

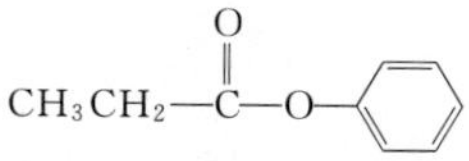

CH₃CH₂—C—O—
丙酸苯酯
phenyl propanoate

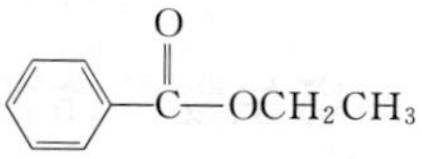

C—OCH₂CH₃
苯甲酸乙酯
ethyl benzoate

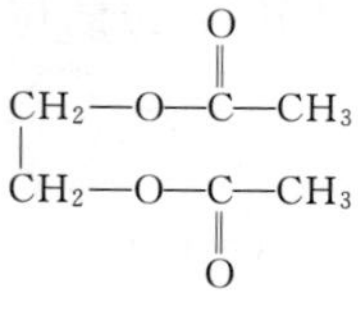

CH₂—O—C—CH₃
CH₂—O—C—CH₃
乙二醇二乙酸酯
ethanediol diacetate

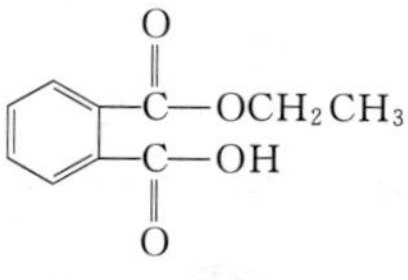

C—OCH₂CH₃
C—OH
邻苯二甲酸单乙酯
monoethyl phthalate

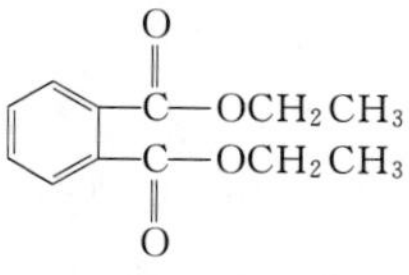

C—OCH₂CH₃
C—OCH₂CH₃
邻苯二甲酸二乙酯
diethyl phthalate

当化合物分子内既有羟基又有羧基且位置合适，可分子内脱水生成内酯。内酯的命名是将其相应的"酸"字变为内酯，用数字或希腊字母（γ 或 δ）标明原羟基的位置，且省略"羟基"二字。例如：

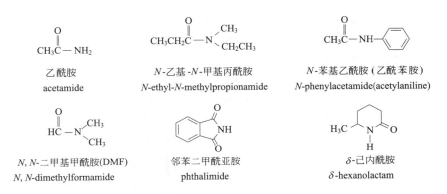

γ-丁内酯
γ-butanoic lactone

δ-戊内酯
δ-pentanoic lactone

β-甲基-γ-丁内酯
β-methyl-γ-butanoic lactone

（4）酰胺

简单的酰胺命名时是将相应的羧酸的"酸"字改为"酰胺"即可，称为"某酰胺"。环状的酰胺称为内酰胺，内酰胺命名与内酯类似，用希腊字母标明原氨基的位置，在酰字前加"内"字。若酰胺氮原子上连有取代基，在取代基名称前加字母"N"，表示取代基连在氮原子上。酯的英文命名是用"amide"代替羧酸中的"ic acid"或"oic acid"。例如：

乙酰胺
acetamide

N-乙基-N-甲基丙酰胺
N-ethyl-N-methylpropionamide

N-苯基乙酰胺（乙酰苯胺）
N-phenylacetamide(acetylaniline)

N,N-二甲基甲酰胺(DMF)
N,N-dimethylformamide

邻苯二甲酰亚胺
phthalimide

δ-己内酰胺
δ-hexanolactam

10.2.2 羧酸衍生物的物理性质与波谱性质

10.2.2.1 羧酸衍生物的物理性质

酰氯多为无色液体或白色低熔点固体，具有刺激性气味；低级酸酐为无色液体，高级酸酐为固体；挥发性的酯具有果香类令人愉快的气味，可用于制造香料，十四碳酸以下的甲、乙酯均为液体；酰胺除甲酰胺外均为固体。

酰卤、酸酐和酯类化合物的分子间不能形成氢键，因此酰卤和酯的沸点低于相应的羧酸，酸酐的沸点较分子量相近的羧酸低。由于分子间氢键缔合作用，酰胺的熔沸点均高于相应的羧酸，但当氮原子上的氢原子被取代后，分子间氢键缔合减少或消失，酰胺的熔点和沸点显著降低。

酰卤和酸酐不溶于水，低级的遇水分解；酯在水中的溶解度也很小，低级的酰胺可溶于水；N,N-二甲基甲酰胺（DMF）是很好的非质子性溶剂，能与水以任意比例互溶。这些羧酸衍生物均可溶于有机溶剂。几种常见羧酸衍生物的物理常数见表10-2。

表 10-2　几种羧酸衍生物的物理常数

名称	沸点/℃	熔点/℃	名称	沸点/℃	熔点/℃
乙酰氯	51	−112	正丁酰胺	216	116
乙酰溴	76.7	−96	丙酰氯	80	−94
正丁酰氯	102	−89	苯甲酰氯	197	−1
乙酸酐	140	−73	丙酸酐	169	−45
丁二酸酐	261	119.6	苯甲酸酐	360	42

名称	沸点/℃	熔点/℃	名称	沸点/℃	熔点/℃
甲酸甲酯	32	−100	甲酸乙酯	54	−80
乙酸乙酯	77	−83	苯甲酸乙酯	213	−34
甲酰胺	200 分解	2.5	N,N-二甲基甲酰胺	153	−61
乙酰胺	222	81	苯甲酰胺	290	130

10.2.2.2 羧酸衍生物的波谱性质

羧酸衍生物的红外光谱与羧酸类似，均含有羰基伸缩振动吸收峰，但各种羧酸衍生物的红外光谱又有明显的区别。

脂肪族酰卤碳氧双键伸缩振动在 $1800cm^{-1}$ 区域有强吸收，不饱和酰卤的碳氧双键伸缩振动在 $1800\sim1750cm^{-1}$ 区域，芳香族酰卤在 $1785\sim1765cm^{-1}$ 区域显示两个强的吸收峰。图 10-6 为苯甲酰氯的红外光谱。

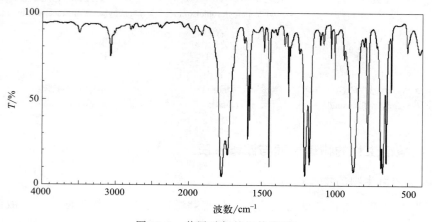

图 10-6 苯甲酰氯的红外光谱

酸酐的碳氧双键伸缩振动与其它羰基化合物明显不同，在 $1795\sim1740cm^{-1}$ 和 $1850\sim1780cm^{-1}$ 区域有两个强的吸收峰，两峰间距约 $60cm^{-1}$。碳氧单键伸缩振动在 $1300\sim1050cm^{-1}$ 区域有强的吸收峰。图 10-7 为丙酸酐的红外光谱。

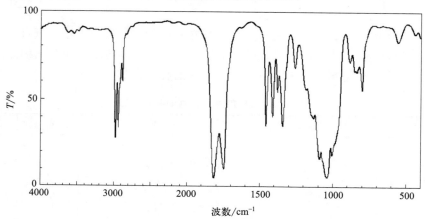

图 10-7 丙酸酐的红外光谱

酯的碳氧双键伸缩振动在 1750～1735cm^{-1} 区域有强的吸收峰，碳氧单键伸缩振动在 1300～1000cm^{-1} 区域内有两个强的吸收峰。图 10-8 为丙酸乙酯的红外光谱。

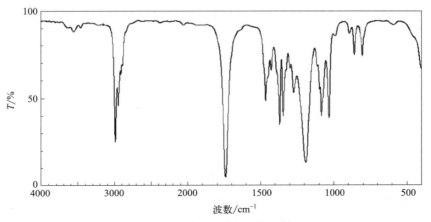

图 10-8 丙酸乙酯的红外光谱

酰胺的碳氧双键伸缩振动在 1785～1625cm^{-1} 区域，氮氢键伸缩振动在 3600～3100cm^{-1} 区域有强的吸收峰。当氮原子上有一个氢原子时显示一个峰，有两个氢原子时显示两个峰。氮氢键弯曲振动吸收在 1640～1600cm^{-1} 区域。图 10-9 为苯甲酰胺的红外光谱。

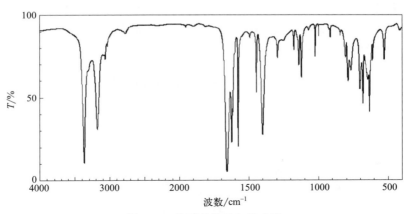

图 10-9 苯甲酰胺的红外光谱

由于羧酸衍生物的结构特征，其核磁共振氢谱特征主要体现在酰基和取代基上电负性强的元素（如氮、氧、氯等）对邻近碳原子上质子的影响。酯分子中，烷氧基部分的质子与酰基部分的质子相比处于低场，烷氧基上质子的化学位移在 3.7～4.1。酰胺分子中与氮原子相连的氢原子的化学位移为 5～9.4。酯、酰卤、酸酐、酰胺分子中与羰基相连的碳原子上的氢原子的化学位移为 2～3。图 10-10 为丙酸乙酯的核磁共振氢谱。

10.2.3 羧酸衍生物的化学性质

羧酸衍生物的反应活性主要体现在以下几个方面：羧酸衍生物中酰基带部分正电荷，易受到亲核试剂的进攻，发生亲核取代反应；羧酸衍生物中 α-氢原子受到羰基的诱导效应影响，使碳氢键极化程度增加，易断裂，发生 α-氢原子的取代反应，呈现 α-氢原子的酸性；

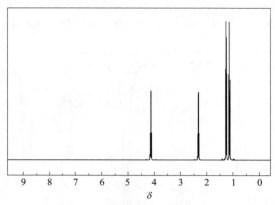

图 10-10　丙酸乙酯的核磁共振氢谱

酰基中存在碳氧双键，在一定条件下可被还原。

10.2.3.1　亲核取代反应

（1）水解反应

所有的羧酸衍生物都能发生水解（hydrolysis）生成相应的羧酸。酰卤最容易发生水解反应，尤其是低级酰卤，遇到空气中的水即可水解；酸酐的反应较酰卤难些，在热水中水解较快；酯比较稳定，酯的水解需在酸或碱的加热催化下才能完成；酰胺最稳定，水解所需条件也最强烈，需在高浓度的强碱溶液中长时间加热才能完成反应。水解反应的活性次序是：酰卤＞酸酐＞酯＞酰胺。例如：

$$\underset{\text{乙酰卤}}{CH_3\overset{\displaystyle O}{\overset{\displaystyle \|}{C}}—X} + H_2O \longrightarrow CH_3COOH + HX$$

乙酸苯甲酸酐 $+ H_2O \longrightarrow CH_3COOH +$ COOH

$$\underset{\text{乙酸丙酯}}{CH_3\overset{\displaystyle O}{\overset{\displaystyle \|}{C}}—O—CH_2CH_2CH_3} + H_2O \xrightarrow[H^+]{\triangle} CH_3COOH + CH_3CH_2CH_2OH$$

N-甲基苯甲酰胺 $+ H_2O \xrightarrow[\triangle]{OH^+} $ COO$^- + CH_3NH_2$

（2）醇解反应

羧酸衍生物可以与醇反应生成酯，称为羧酸衍生物的醇解（alcoholysis）。酰卤与醇很快反应生成酯，利用这个反应来制备某些不易直接与羧酸反应生成的酯；酸酐可以与绝大多数的醇或酚反应，生成酯和羧酸；酯在酸存在下发生醇解反应，生成新的醇和酯，所以酯的醇解又叫酯交换反应。例如：

$$\underset{\text{乙酰溴}}{CH_3\overset{\displaystyle O}{\overset{\displaystyle \|}{C}}—Br} + CH_3CH_2OH \longrightarrow CH_3COOCH_2CH_3 + HBr$$

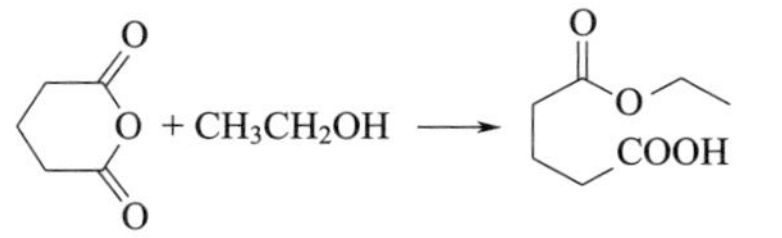

戊二酸酐　　　　戊二酸氢乙醇酯

$$CH_3\overset{O}{\overset{\|}{C}}OCH_2CH_3 + CH_3CH_2CH_2CH_2OH \xrightarrow[H^+]{\triangle} CH_3\overset{O}{\overset{\|}{C}}OCH_2CH_2CH_2CH_3 + CH_3CH_2OH$$

乙酸异丙醇酯

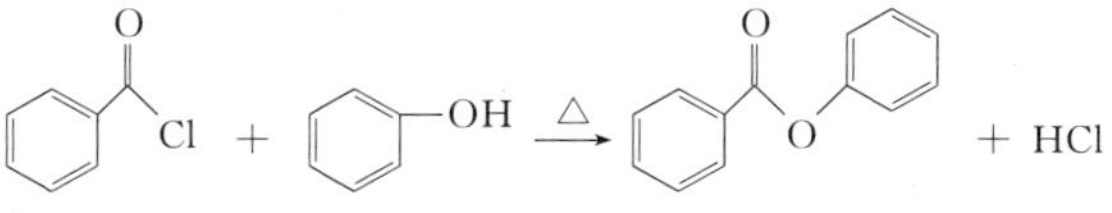

苯甲酰氯　　　　苯甲酰苯酚酯

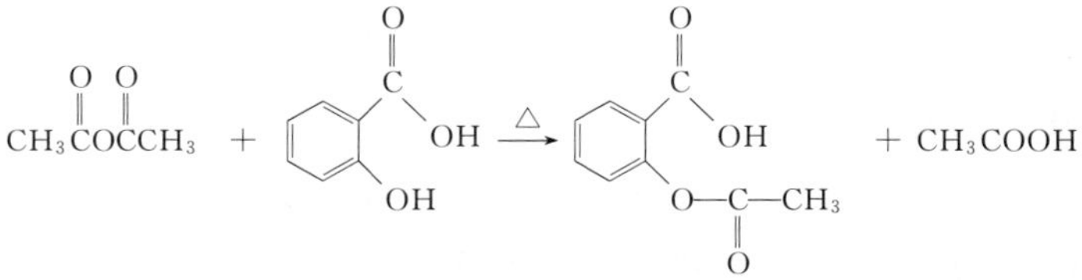

酰卤和酸酐的醇解是在醇（或酚）分子的羟基上引入酰基，故称酰化反应，提供酰基的化合物称为酰化剂。酰卤和酸酐是最常用的酰化剂。

在医药上利用酰化反应可降低某些醇类或酚类药物的毒性，同时提高这些药物的脂溶性，改善人体对这些药物的吸收、分布，达到提高疗效的目的。

（3）氨解反应

酰卤、酸酐和酯与氨或胺作用生成酰胺的反应叫做氨解反应。由于氨或胺的亲核性比水强，因此氨解较水解更易进行。酰卤或酸酐在较低温度下缓慢反应，可氨解成酰胺；酯的氨解只需加热而不用酸或碱催化就能生成酰胺；酰胺的氨解是个可逆反应，为使反应完成，必须使用过量且亲核性更强的胺。例如：

$$CH_3\overset{O}{\overset{\|}{C}}—Br + NH_3 \longrightarrow CH_3\overset{O}{\overset{\|}{C}}—NH_2 + HBr$$

$$CH_3\overset{O}{\overset{\|}{C}}O\overset{O}{\overset{\|}{C}}CH_3 + CH_3CH_2NH_2 \longrightarrow CH_3CONHCH_2CH_3 + CH_3COOH$$

N-乙基乙酰胺

$$CH_3COOCH_2CH_3 + HN(CH_3)_2 \xrightarrow{\triangle} CH_3\overset{O}{\overset{\|}{C}}—N(CH_3)_2 + CH_3CH_2OH$$

N,*N* 二甲基乙酰胺

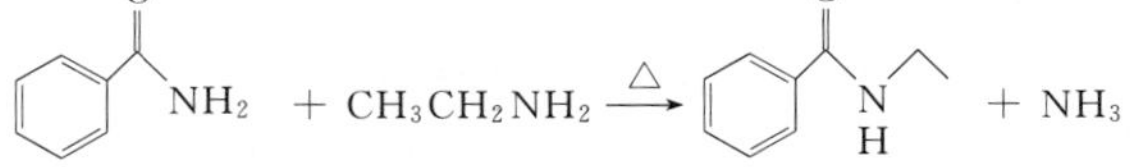

苯甲酰胺　　　　*N*-乙基苯甲酰胺

（4）羧酸衍生物亲核取代反应机制

羧酸衍生物的水解、醇解和氨解反应都属于亲核取代反应，反应是通过加成-消除机制完成取代反应的。反应分两步进行：第一步，亲核试剂进攻羰基碳原子，发生亲核加成，形成带负电荷的四面体结构的中间体，羰基碳原子由 sp^2 变成 sp^3 杂化；第二步，中间体发生消除反应，即所形成的四面体中间体不稳定，L^- 作为离去基团离去，形成恢复碳氧双键的取代产物。通式为：

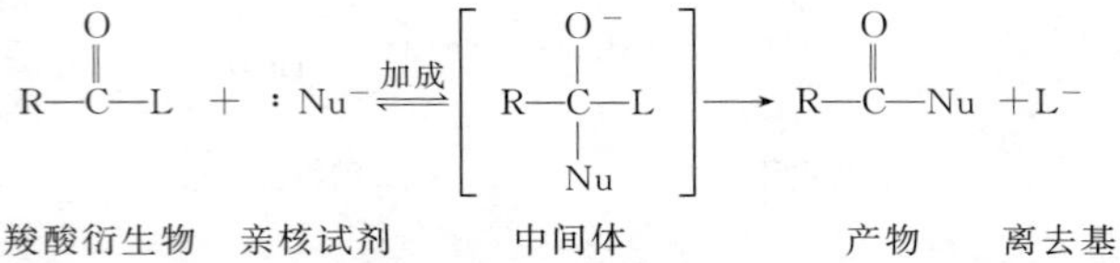

$$R-\overset{\overset{O}{\|}}{C}-L \; + \; :Nu^- \; \underset{}{\overset{\text{加成}}{\rightleftharpoons}} \; \left[R-\overset{\overset{O^-}{\|}}{\underset{\underset{Nu}{|}}{C}}-L \right] \longrightarrow R-\overset{\overset{O}{\|}}{C}-Nu \; +L^-$$

羧酸衍生物　亲核试剂　　　　中间体　　　　　产物　离去基团

由于羧酸衍生物的亲核取代反应是经历加成-消除反应历程，所以加成和消除这两步都会对反应速率产生影响。对于加成这步而言，羰基正电性较强，且形成的四面体中间体的空间位阻小，则有利于亲核加成反应这步进行；对消除这步而言，离去基团的碱性越小，基团越易离去，则有利于消除的进行。羧酸衍生物中离去基团的碱性由强至弱的顺序是：—NH$_2$>—OR>—O—$\overset{\overset{O}{\|}}{C}$R>—X，它们的离去顺序是—X>—O—$\overset{\overset{O}{\|}}{C}$R>—OR>—NH$_2$。所以羧酸衍生物发生亲核取代反应（水解、醇解和氨解等）的活性次序是：酰卤>酸酐>酯>酰胺。

10.2.3.2　与格氏试剂反应

与醛酮一样，羧酸衍生物的羰基也能与金属有机物如格氏试剂发生亲核加成反应，酮是反应中间产物。由于羧酸衍生物羧酸酯、酸酐的反应活性小于酮羰基，反应很难停留在酮的阶段，中间产物酮很快与另一分子的格氏试剂反应，水解后得到含两个相同烃基的醇。

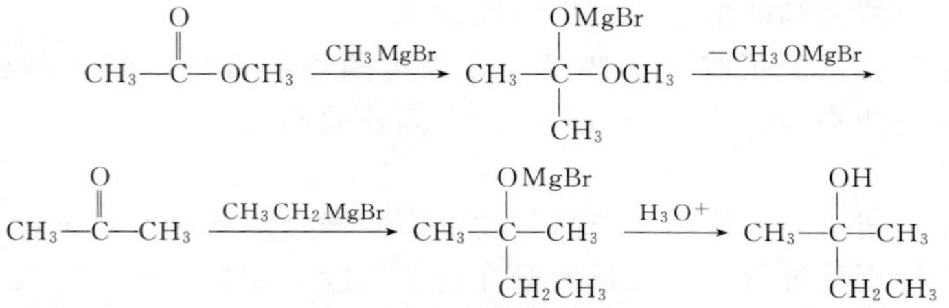

$$CH_3-\overset{\overset{O}{\|}}{C}-OCH_3 \xrightarrow{CH_3MgBr} CH_3-\overset{\overset{OMgBr}{|}}{\underset{\underset{CH_3}{|}}{C}}-OCH_3 \xrightarrow{-CH_3OMgBr}$$

$$CH_3-\overset{\overset{O}{\|}}{C}-CH_3 \xrightarrow{CH_3CH_2MgBr} CH_3-\overset{\overset{OMgBr}{|}}{\underset{\underset{CH_2CH_3}{|}}{C}}-CH_3 \xrightarrow{H_3O^+} CH_3-\overset{\overset{OH}{|}}{\underset{\underset{CH_2CH_3}{|}}{C}}-CH_3$$

酰氯与格氏试剂的反应活性比酮更活泼。当酰氯与适量的格氏试剂反应时，可以得到中间产物酮。

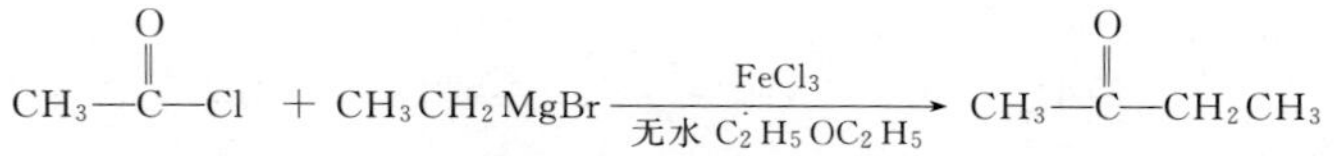

$$CH_3-\overset{\overset{O}{\|}}{C}-Cl \; + \; CH_3CH_2MgBr \xrightarrow[\text{无水 } C_2H_5OC_2H_5]{FeCl_3} CH_3-\overset{\overset{O}{\|}}{C}-CH_2CH_3$$

酰胺的氮原子上有活泼氢原子，要消耗相当多的物质的量的格氏试剂，同时反应活性低，所以通常条件下很少使用。

羧酸衍生物与格氏试剂反应是有机合成上制备醇的方法之一。

10.2.3.3　羧酸衍生物的还原反应

羧酸衍生物比羧酸容易被还原。酰卤、酸酐和酯被还原成伯醇，酰胺被还原为胺。

（1）催化氢化（罗森蒙德还原）

将钯沉积在硫酸钡上作催化剂，常压加氢使酰氯还原为相应的醛的反应称为罗森蒙德（Rosenmund）还原。反应过程中加入适量喹啉-硫或硫脲作为"抑制剂"，以降低催化活性，能使反应停留在生成醛的阶段，而分子中的双键、硝基、卤素和酯基等基团不受影响。例如：

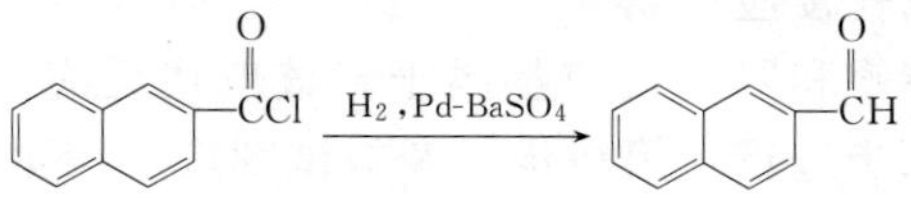

（2）用氢化铝锂还原

氢化锂铝是还原能力极强的化学试剂，还原能力强于硼氢化钠，碳碳双键可不受影响。

氢化锂铝可将酰胺还原为胺，将酰氯、酸酐和酯还原为醇。例如：

$$R-\overset{\overset{\displaystyle O}{\|}}{C}-Cl \xrightarrow[\text{2) } H_3O^+]{\text{1) } LiAlH_4} RCH_2OH + HCl$$

$$R-\overset{\overset{\displaystyle O}{\|}}{C}-O-\overset{\overset{\displaystyle O}{\|}}{C}-R' \xrightarrow[\text{2) } H_3O^+]{\text{1) } LiAlH_4} RCH_2OH + R'CH_2OH$$

$$R-\overset{\overset{\displaystyle O}{\|}}{C}-OR' \xrightarrow[\text{2) } H_3O^+]{\text{1) } LiAlH_4} RCH_2OH + R'OH$$

$$R-\overset{\overset{\displaystyle O}{\|}}{C}-NH_2 \xrightarrow[\text{2) } H_3O^+]{\text{1) } LiAlH_4} RCH_2NH_2$$

10.2.3.4 酯缩合反应

酯分子中 α-氢原子显弱酸性，在醇钠作用下能发生类似羟醛缩合的反应，即一分子酯的 α-氢原子被另一分子酯的酰基取代生成 β-酮酸酯，称作酯缩合反应或克莱森（Claisen）酯缩合反应。例如：

$$CH_3\overset{\overset{\displaystyle O}{\|}}{C}OCH_2CH_3 + CH_3\overset{\overset{\displaystyle O}{\|}}{C}OCH_2CH_3 \xrightarrow{CH_3CH_2ONa} CH_3CH_2\overset{\overset{\displaystyle O}{\|}}{C}OCH_2CH_3 + CH_3CH_2OH$$

克莱森酯缩合反应也可在分子内发生，这种反应称为狄克曼（Dieckmann）酯缩合。己二酸酯和庚二酸酯均可发生分子内酯缩合反应生成五元或六元的环状 β-酮酸酯。例如：

$$\begin{array}{l} CH_2CH_2COOC_2H_5 \\ | \\ CH_2CH_2COOC_2H_5 \end{array} \xrightarrow[\text{2) } H_3O^+]{\text{1) } CH_3CH_2ONa} \text{环戊酮-}CO_2C_2H_5$$

两种都具有 α-氢原子的酯缩合时，由于两者的自身缩合和相互间的交叉缩合，一般得到多种产物的混合物，在合成上没有意义。具有合成意义的交叉酯缩合是其中一种不含 α-氢原子的酯提供羰基，和另一分子有 α-氢原子的酯起缩合反应，称作交叉酯缩合反应。例如：

$$\text{苯甲酰丙酯}-OC_2H_5 + CH_3\overset{\overset{\displaystyle O}{\|}}{C}OCH_2CH_3 \xrightarrow{CH_3CH_2ONa} \text{苯甲酰乙酸乙酯} + CH_3CH_2OH$$

苯甲酰丙酯　　乙酸乙酯　　　　　　　苯甲酰乙酸乙酯

$$H\overset{\overset{\displaystyle O}{\|}}{C}O\text{-}CH_2\text{苯} + CH_3CH_2\overset{\overset{\displaystyle O}{\|}}{C}OCH_2CH_3 \xrightarrow{CH_3CH_2ONa} \text{2-甲酰丙酸乙酯} + \text{苯}CH_2OH$$

甲酰苯甲酯　　　丙酸乙酯　　　　　　2-甲酰丙酸乙酯

反应历程如下所示：

$$CH_3\overset{\overset{\displaystyle O}{\|}}{C}OCH_2CH_3 \xrightleftharpoons{CH_3CH_2ONa} \left[\overset{-}{C}H_2\overset{\overset{\displaystyle O}{\|}}{C}OCH_2CH_3 \longleftrightarrow H_2C=\overset{\overset{\displaystyle O^-}{|}}{C}OCH_2CH_3 \right] \xrightarrow{CH_3\overset{\overset{\displaystyle O}{\|}}{C}OCH_2CH_3}$$

$$\left[\begin{array}{c} O^-\quad\quad O \\ | \qquad \| \\ CH_3C\text{---}CH_2COCH_2CH_3 \\ | \\ OCH_2CH_3 \end{array} \right] \longrightarrow CH_3CH_2\overset{\overset{\displaystyle O}{\|}}{C}\overset{\overset{\displaystyle O}{\|}}{C}OCH_2COCH_2 + CH_3CH_3OH^-$$

反应的第一步是含有 α-氢原子的酯在醇钠的作用下失去 α-氢原子，得到碳负离子中间体；碳负离子中间体作为亲核试剂进攻羰基碳，进行亲核加成反应，得到四面体中间体。然后原先酯基上的烷氧基离去，中间体重新恢复碳氧双键，得到最终产物。

10.2.3.5 霍夫曼消除

氮上无取代的酰胺与卤素（氯或溴）在氢氧化钠或氢氧化钾溶液中作用，失去羰基生成少一个碳原子的伯胺，此反应称为霍夫曼（Hofmann）消除。由于产物比反应物少一个碳原子故又称霍夫曼降解。例如：

$$CH_3CH_2-\overset{\displaystyle O}{\overset{\|}{C}}-NH_2 \xrightarrow{Br_2,NaOH} CH_3CH_2NH_2$$

霍夫曼降解反应常用来制备伯胺或氨基酸，此法产率高，所得产品也较纯。其反应机制如下：

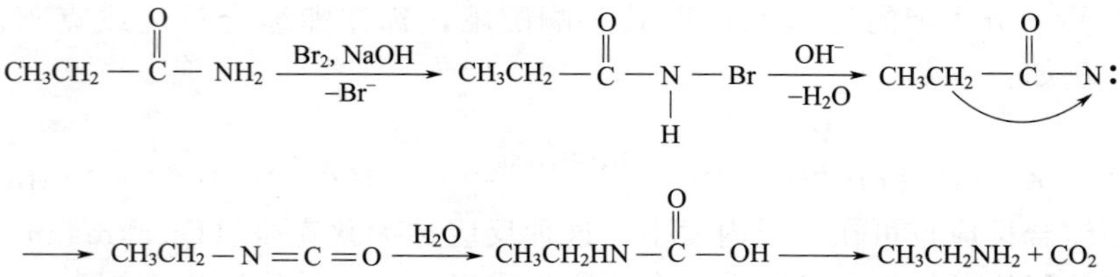

$$CH_3CH_2-\overset{O}{\overset{\|}{C}}-NH_2 \xrightarrow[-Br^-]{Br_2,\ NaOH} CH_3CH_2-\overset{O}{\overset{\|}{C}}-\underset{H}{\overset{|}{N}}-Br \xrightarrow[-H_2O]{OH^-} CH_3CH_2-\overset{O}{\overset{\|}{C}}-N:$$

$$\longrightarrow CH_3CH_2-N=C=O \xrightarrow{H_2O} CH_3CH_2HN-\overset{O}{\overset{\|}{C}}-OH \longrightarrow CH_3CH_2NH_2 + CO_2$$

10.2.3.6 酰胺的失水反应

酰胺对热比较稳定，但与强脱水剂如五氧化二磷、氯化亚砜等一起加热，则可脱水生成腈。例如：

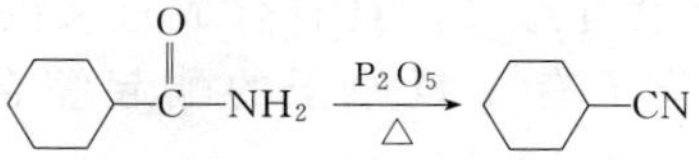

$$\text{(环己基)}-\overset{O}{\overset{\|}{C}}-NH_2 \xrightarrow[\triangle]{P_2O_5} \text{(环己基)}-CN$$

10.2.3.7 酰胺的酸碱性

酰胺分子中的氨基受酰基吸电子诱导效应的影响，氮原子上的电子云密度降低。此外，氮原子也与羰基发生共轭，从而使氨基碱性减弱，减弱接受质子能力，不能使石蕊变色，一般可认为是中性化合物。

酰亚胺分子中的氮原子上连两个酰基，从而使氮原子的电子云密度大大降低，不但不显碱性，氮原子上的氢原子还显示弱酸性，能与氢氧化钠或氢氧化钾反应生成酰亚胺的盐。成盐后氮原子上的负电荷可被两个酰基分散而得以稳定。例如：

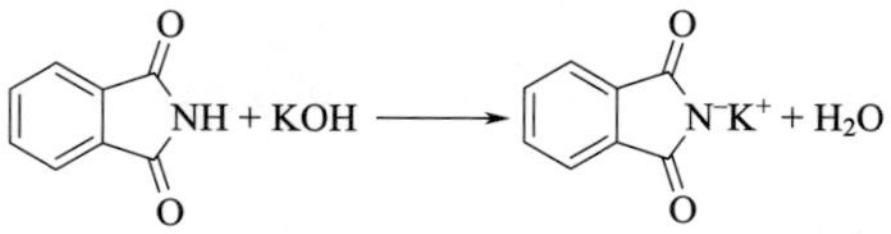

$$\text{(邻苯二甲酰亚胺)}NH + KOH \longrightarrow \text{(邻苯二甲酰亚胺)}N^-K^+ + H_2O$$

邻苯二甲酰胺的钾盐与卤代烃作用，得到 N-烷基邻苯二甲酰亚胺，然后用氢氧化钠水溶液水解成伯胺。此反应称为盖布瑞尔（Gabriel）反应，可用于实验室制备脂肪族伯胺。例如：

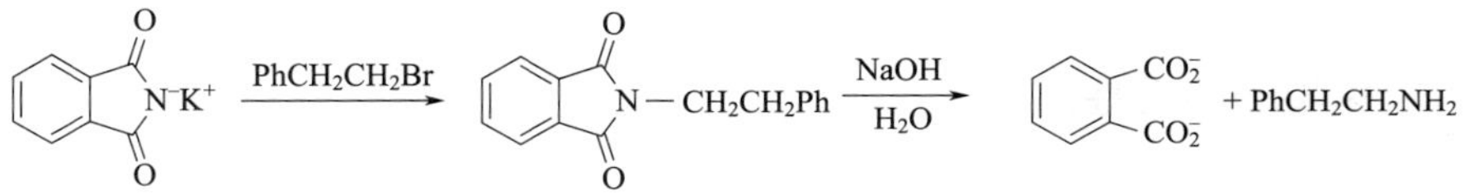

10.3 取代羧酸

羧酸分子中烃基上的氢原子被其它原子或原子团取代所形成的化合物称为取代羧酸。根据取代基的种类不同，取代羧酸可分为卤代羧酸、羟基酸、羰基酸以及氨基酸等；羟基酸又可分为醇酸和酚酸，羰基酸又可分为醛酸和酮酸。

取代羧酸分子中除含羧基外，还含其它官能团，因此它是一类具有复合官能团的化合物。各官能团除具有其特有的典型性质外，由于不同官能团之间的相互影响，还具有某些特殊反应和生物活性。本章节主要讨论羟基酸和羰基酸。

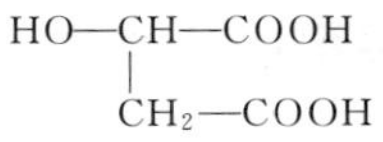

10.3.1 羟基酸的分类和命名

羟基酸是分子中同时含有羟基和羧基两种官能团的化合物。羟基连接在脂肪烃基上的羟基酸称为醇酸（alcoholic acid），连接在芳环上的羟基酸称为酚酸（phenolic acid）。

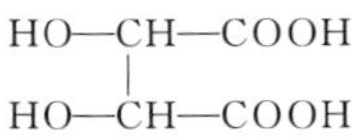

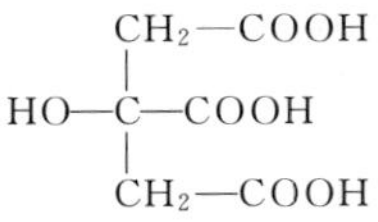

醇酸的系统命名：以羧酸为母体，羟基为取代基，并用阿拉伯数字或希腊字母 α、β、γ 等标明羟基的位置。一些来自自然界的羟基酸多采用俗名。例如：

2-羟基丙酸（乳酸）

2-hydroxypropanic acid(lactic acid)

2-羟基丁二酸（苹果酸）

2-hydroxybutanedioic acid(malic acid)

2,3-二羟基丁二酸（酒石酸）

2,3-dihydroxysuccinic acid(tartaric acid)

2-羧基-1,2,3-丙三羧酸（柠檬酸）

2-hydroxy-1,2,3-propanetricarboxylic acid(citric acid)

酚酸的命名：以芳香酸为母体，标明羟基在芳环上的位置。例如：

邻羟基苯甲酸（水杨酸）

o-hydroxybenzoic acid(salicylic acid)

间羟基苯甲酸

m-hydroxybenzoic acid

对羟基苯甲酸

p-hydroxybenzoic acid

3,4,5-三羟基苯甲酸（没食子酸）

3,4,5-trihydroxybenzoic acid(gallic acid)

3,4-二羟基苯甲酸（原儿茶酸）

3,4-dihydroxybenzoic acid(protocatechuic acid)

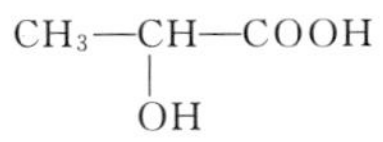

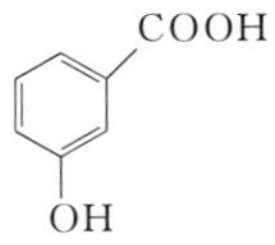

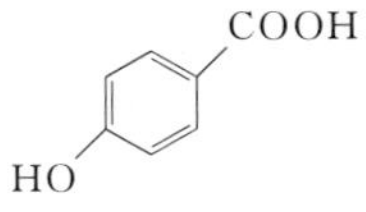

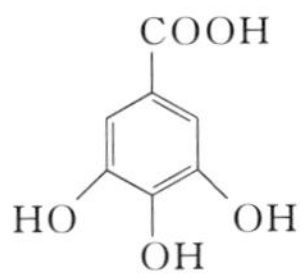

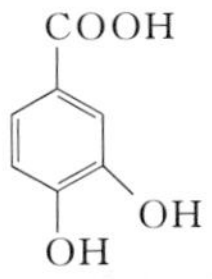

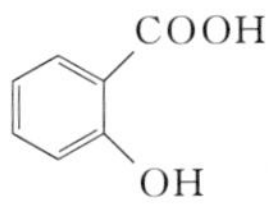

10.3.2 羟基酸的物理性质

醇酸在常温下多为晶体或黏稠的液体，熔点比相同碳原子数的羧酸高。由于分子中羟基和羧基都易溶于水，因此醇酸在水中的溶解度较相应碳原子数的醇和羧酸大，多数醇酸具有旋光性。酚酸都是晶体，有的微溶于水，有的易溶于水，多以盐、酯或糖苷的形式存在于植物中。重要羟基酸的物理性质见表 10-3。

表 10-3　重要羟基酸的物理性质

名称	熔点/℃	溶解度/g	pKₐ/℃
乳酸	26	∞	3.76
（±）-乳酸	18	∞	3.76
苹果酸	100	∞	3.40[①](25)
（±）-苹果酸	128.5	144	3.40[①](25)
酒石酸	170	133	3.04[①](25)
（±）-酒石酸	206	20.6	
内消旋-酒石酸	140	125	
柠檬酸	153	133	3.15[①](25)
水杨酸	159	微溶于冷水，易溶于热水	2.98

① 为 pK_{a_1} 值。

10.3.3 羟基酸的化学性质

羟基酸因分子中含有羧基而具有羧酸的典型反应，如酸性，可与碱成盐、与醇成酯反应等；分子中含有羟基而具有醇、酚的典型反应，如醇羟基，可以被氧化、酯化和酰化反应等；酚羟基有弱酸性，能与氯化铁呈颜色反应。此外，由于羟基和羧基共存于同一分子中，二者相互影响而使羟基酸具有特殊性质，而且这些特殊性质因两官能团的相对位置不同又表现出明显的差异。

10.3.3.1 羟基酸的酸性

由于羟基的吸电子效应，使醇酸的酸性强于相应的羧酸。因为诱导效应随碳链增长而迅速减弱，故醇酸的酸性随羟基与羧基的距离增大而减弱。例如：

$$HOCH_2COOH > CH_3CH(OH)COOH > HOCH_2CH_2COOH > CH_3COOH$$

pK_a　　　3.83　　　　　　3.87　　　　　　　4.51　　　　　4.76

酚酸与相应母体芳香酸比较，其酸性随羟基与羧基的相对位置不同而表现出明显的差异。酚酸的酸性受诱导效应、共轭效应和邻位效应等因素的影响。例如：

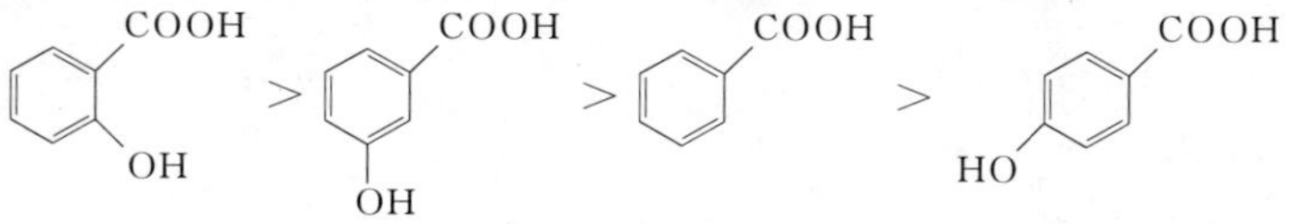

pK_a　　　　3.00　　　　　　4.12　　　　　　4.17　　　　　　4.54

在上述各化合物中，邻羟基苯甲酸的酸性最强。这是因为羟基处于羧基邻位，由于空间拥挤，使羧基不能与苯环共平面，削弱了羧基与苯环之间的 p-π 共轭效应，减小了苯环上 π

电子云向羧基的偏移，使羧基氢原子较易解离，形成稳定的羧酸根负离子，这种现象称为邻位效应。此外，羟基与羧基能形成分子内氢键，增加了羧基中氧氢键的极性，有利于氢解离，解离后的羧酸根负离子与酚羟基也能形成氢键，使这个负离子更加稳定，不易再与解离出的 H^+ 结合，因此其酸性比苯甲酸强。例如：

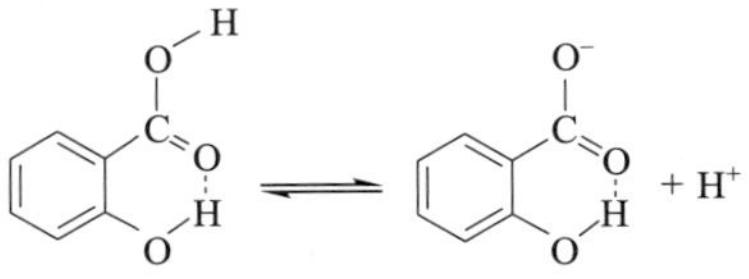

水杨酸　　　　水杨酸负离子

间羟基苯甲酸不能形成分子内氢键，羟基在间位主要以吸电子诱导效应为主，由于羟基与羧基之间间隔了三个碳原子，作用较小，其酸性较苯甲酸略微增强。

在对羟基苯甲酸分子中，由于羟基氧原子与苯环的 p-π 共轭效应大于其吸电子诱导效应，使羧酸根负离子稳定性降低，因此其酸性比苯甲酸弱。例如：

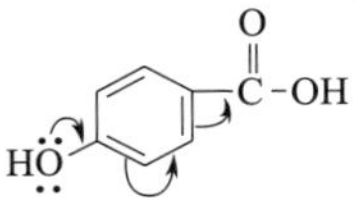

10.3.3.2 醇酸的氧化反应

α-醇酸分子中的羟基因受羧基吸电子效应的影响，比醇分子中的羟基更易被氧化。如稀硝酸一般不能氧化醇，但却能氧化醇酸生成醛酸、酮酸或二元酸；托伦试剂不与醇反应，却能将 α-羟基酸氧化成 α-酮酸。例如：

$$CH_3-\underset{\underset{OH}{|}}{CH}-CH_2COOH \xrightarrow{\text{稀 } HNO_3} CH_3-\underset{\underset{O}{\|}}{C}-CH_2COOH$$

$$CH_3-\underset{\underset{OH}{|}}{CH}-COOH \xrightarrow[\triangle]{\text{托伦试剂}} CH_3-\underset{\underset{O}{\|}}{C}-COOH + Ag\downarrow$$

醇酸在体内的氧化通常是在酶的催化下进行：

$$R-\underset{\underset{OH}{|}}{CH}-COOH \underset{+2H}{\overset{-2H}{\rightleftharpoons}} R-\underset{\underset{O}{\|}}{C}-COOH$$

10.3.3.3 α-醇酸的分解反应

α-醇酸与稀硫酸共热时，由于羟基和羧基都有吸电子诱导效应，使羧基和羟基之间的电子云密度降低，有利于键的断裂，生成一分子醛或酮和一分子甲酸。例如：

$$R\underset{\underset{OH}{|}}{CH}COOH \xrightarrow[\triangle]{\text{稀 } H_2SO_4} RCHO + HCOOH$$

$$R\overset{\overset{R}{|}}{\underset{\underset{OH}{|}}{C}}COOH \xrightarrow[\triangle]{\text{稀 } H_2SO_4} RCOR + HCOOH$$

10.3.3.4 醇酸的脱水反应

醇酸分子中，由于羧基和羟基之间的相互影响，使其对热较敏感，加热时很容易脱水。脱水的方式随着羟基与羧基位置的不同而异，生成不同的产物。

α-醇酸加热时两分子相互酯化,发生分子间的交叉脱水反应,生成六元环的交酯(lac tide)。例如:

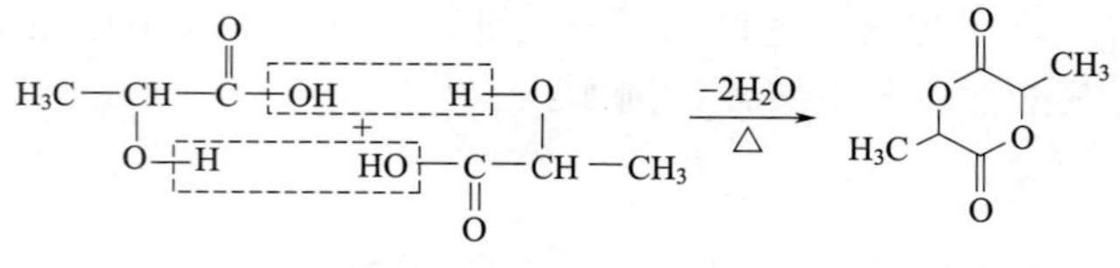

2-羟基丙酸   丙交酯

交酯多为结晶物质,与其它酯类一样,与酸或碱的水溶液共热时,易水解成原来的醇酸。

α-醇酸与稀硫酸共热,则分解为羰基化合物和甲酸。例如:

$$R-CH_2CHCOOH \xrightarrow{5\% H_2SO_4} RCH_2CHO + HCOOH$$
$$\quad\quad\quad | $$
$$\quad\quad\quad OH$$

β-醇酸加热时,由于羧基和羟基的影响,β-醇酸分子中的 α-氢原子比较活泼,受热时与 β-羟基分子内脱水生成 α,β-不饱和羧酸。例如:

$$CH_3CH-CHCOOH \xrightarrow{\triangle} CH_3CH=CHCOOH + H_2O$$
$$\quad\quad | \quad | $$
$$\quad\quad OH \quad H$$

β-羟基丁酸   丁-2-烯酸

γ-醇酸加热时易发生分子内脱水,室温下失水形成稳定的五元环内酯(lactone)。例如:

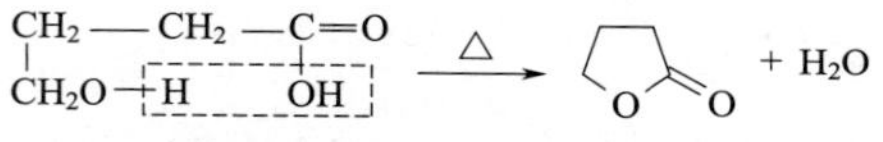

γ-羟基丁酸 γ-丁内酯

因此游离的 γ-醇酸很难存在,通常以盐的形式保存 γ-醇酸。例如:

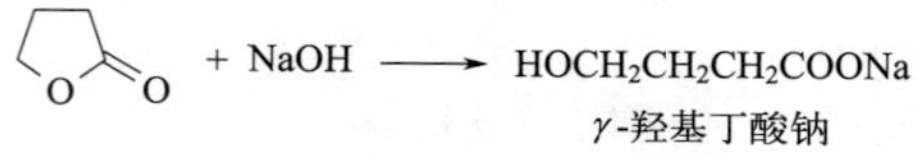

$$+ NaOH \longrightarrow HOCH_2CH_2CH_2COONa$$

γ-羟基丁酸钠

γ-羟基丁酸钠有麻醉作用,用于手术中有术后苏醒快的优点。

δ-醇酸加热时分子内脱水形成六元环内酯,但反应较 γ-醇酸难,形成的 δ-戊内酯在室温下即可水解开环。例如:

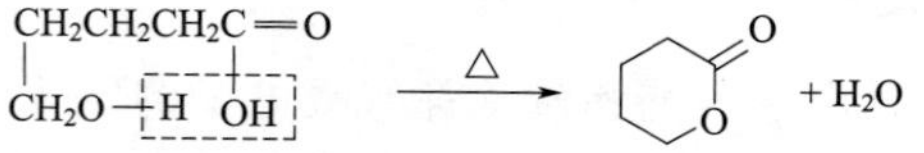

δ-羟基戊酸 δ-戊内酯

某些中草药的有效成分中常含有内酯的结构,如抗菌消炎药穿心莲的主要化学成分穿心莲内酯就含有 γ-内酯的结构。

羟基与羧基相隔 5 个及以上碳原子的醇酸加热时,分子间脱水生成链状的聚酯。

10.3.3.5 酚酸的脱羧反应

羟基在羧基邻、对位的酚酸加热至熔点以上时,易脱羧分解成相应的酚,例如:

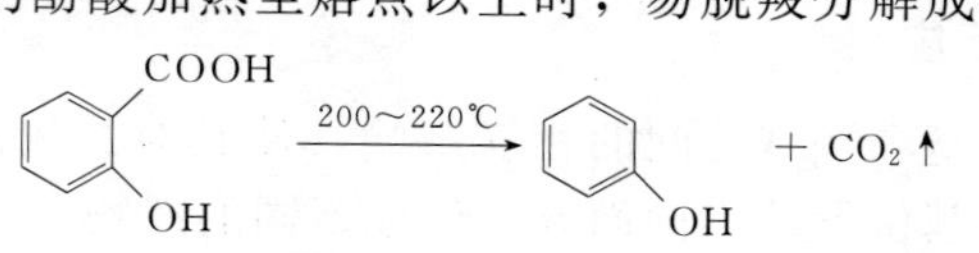

$$\xrightarrow{200\sim220℃} \quad + CO_2 \uparrow$$

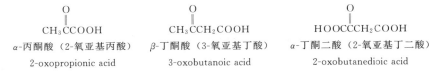

10.3.4　酮酸

10.3.4.1　酮酸的结构和命名

羰基酸是分子中同时含有羰基和羧基两种官能团的化合物。分子中含有醛基的称为醛酸，含有酮基的称为酮酸。由于醛酸实际应用较少，所以重点讨论酮酸。

根据酮基和羧基的相对位置不同，酮酸可分为 α、β、γ……-酮酸。其中 α-酮酸和 β-酮酸是糖、油脂和蛋白质代谢过程中的产物，因此它们尤为重要。

酮酸的命名是以羧酸为母体，酮基作取代基，并用阿拉伯数字或希腊字母标明酮基的位置；也可以羧酸为母体，用"氧亚基"表示羰基。例如：

$$\underset{\alpha\text{-丙酮酸（2-氧亚基丙酸）}}{\overset{O}{\underset{}{CH_3\overset{\|}{C}COOH}}} \qquad \underset{\beta\text{-丁酮酸（3-氧亚基丁酸）}}{\overset{O}{\underset{}{CH_3\overset{\|}{C}CH_2COOH}}} \qquad \underset{\alpha\text{-丁酮二酸（2-氧亚基丁二酸）}}{\overset{O}{\underset{}{HOOC\overset{\|}{C}CH_2COOH}}}$$

2-oxopropionic acid　　　　　3-oxobutanoic acid　　　　　2-oxobutanedioic acid

10.3.4.2　酮酸的化学性质

酮酸分子中含有酮基和羧基，因此具有酮和羧酸的性质。如酮基可以被还原成羟基，可与羰基试剂反应生成相应的产物；羧基可与碱成盐，与醇成酯等。此外，由于酮基和羧基之间的相互影响，使酮酸具有一些特殊性质。

（1）酸性

由于羰基氧原子吸电子能力强于羟基，因此酮酸的酸性强于相应的醇酸。例如：

$$\underset{O}{CH_3\overset{}{-}C-COOH} > \underset{O}{CH_3-\overset{}{C}-CH_2COOH} > \underset{OH}{CH_3-\overset{}{C}H-COOH} > HOCH_2CH_2COOH > CH_3CH_2COOH$$

$\text{p}K_a$　　2.49　　　　　　3.51　　　　　　　3.86　　　　　　4.51　　　　　4.88

（2）分解反应

（a）α-酮酸的分解反应

α-酮酸分子中的羧基与羰基直接相连，它们之间相互产生影响，使 α-碳原子和羧基碳原子之间的电子云密度降低，键的强度减弱，容易发生断裂，与稀硫酸或浓硫酸共热时可发生分解反应。例如：

$$\underset{O}{R-\overset{}{C}-COOH} \quad \begin{array}{c} \xrightarrow[\triangle]{\text{稀}H_2SO_4} RCHO + CO_2\uparrow \quad \text{脱羧反应} \\ \xrightarrow[\triangle]{\text{浓}H_2SO_4} RCOOH + CO\uparrow \quad \text{脱羰反应} \end{array}$$

（b）β-酮酸的分解反应

由于受羰基和羧基吸电子诱导效应的影响，β-酮酸分子羰基与羧基之间的甲叉基碳上电子云密度较低，因此与相邻两个碳原子之间的键都易断裂，在不同的反应条件下可发生酮式分解和酸式分解。

β-酮酸微热即发生脱羧反应，生成酮，并放出二氧化碳。这一反应称为 β-酮酸的酮式分解（ketonic cleavage）。例如：

$$CH_3COCH_2COOH \xrightarrow{\text{微热}} CH_3COCH_3 + CO_2\uparrow$$

β-酮酸比 α-酮酸更易发生脱羧反应，这是由于除了上述羧基的诱导效应外，酮基还能与羧基氢形成分子内氢键：

$$R-\overset{\overset{O}{\|}}{C}-CH_2-\overset{\overset{O}{\|}}{C}=O \longrightarrow R-\overset{\overset{O----H-O}{}}{C}\overset{}{CH_2}\overset{}{C}=O \xrightarrow{-CO_2} R-\overset{\overset{O-H}{}}{C}=CH_2 \longrightarrow R-\overset{\overset{O}{\|}}{C}-CH_3$$

丁酮酸　　　　　　　过渡态　　　　　　　烯醇型

β-酮酸与浓氢氧化钠溶液共热时，α-碳原子和 β-碳原子之间发生键的断裂，生成两分子羧酸盐，这一反应称为 β-酮酸的酸式分解反应（acid cleavage）。例如：

$$R-\overset{\overset{O}{\|}}{C}\text{¦}-CH_2COOH + 2NaOH（浓）\xrightarrow{\triangle} RCOONa + CH_3COONa$$

β-羟基丁酸、β-丁酮酸和丙酮三者在医学上称为酮体。正常人的血液中酮体的含量低于 $10mg \cdot L^{-1}$，而糖尿病人因糖代谢不正常，靠消耗脂肪供给能量，其血液中酮体的含量在 $3 \sim 4g \cdot L^{-1}$ 以上。酮体存在于糖尿病患者的小便和血液中，并能引起患者昏迷和死亡。所以临床上对于进入昏迷状态的糖尿病患者，除检查小便中含有葡萄糖外，还需要检查是否有酮体的存在。

10.3.4.3　β-二羰基化合物酮型-烯醇型互变异构

结构中含有两个羰基且被一个甲叉基（—CH_2—）相隔的化合物叫 β-二羰基化合物。β-二羰基化合物主要包含 β-二酮、β-羰基酸及其酯、β-二元羧酸及其酯等，典型的 β-二羰基化合物有乙酰丙酮、乙酰乙酸乙酯和丙二酸二乙酯：

$$CH_3\overset{\overset{O}{\|}}{C}CH_2\overset{\overset{O}{\|}}{C}CH_3 \qquad CH_3\overset{\overset{O}{\|}}{C}CH_2\overset{\overset{O}{\|}}{C}OC_2H_5 \qquad C_2H_5O\overset{\overset{O}{\|}}{C}CH_2\overset{\overset{O}{\|}}{C}OC_2H_5$$

乙酰丙酮（戊-2,4-二酮）　乙酰乙酸乙酯（3-氧亚基丁酸乙酯）　　丙二酸二乙酯
　pentane-2,4-dione　　　　　ethyl 3-oxobutanoate　　　　diethyl malonate

此类化合物具有独特的化学性质。

乙酰乙酸乙酯又称为 β-丁酮酸乙酯（ethyl acetoacetate）。由于 β-丁酮酸不稳定，因此不能直接与醇成酯。常用乙酸乙酯在乙醇钠的作用下脱醇缩合而成：

$$2CH_3\overset{\overset{O}{\|}}{C}OC_2H_5 \xrightarrow{C_2H_5ONa} CH_3\overset{\overset{O}{\|}}{C}CH_2\overset{\overset{O}{\|}}{C}OC_2H_5 + C_2H_5OH$$

实验证明，在常温下，乙酰乙酸乙酯的化学性质比较特殊。若将乙酰乙酸乙酯溶于石油醚中，冷至 $-78℃$，得到熔点为 $-39℃$ 的无色晶体。此晶体与羟氨反应生成肟，与 2,4-二硝基苯肼反应生成黄色的 2,4-二硝基苯腙，能与氢氰酸、亚硫酸氢钠加成，能与碘的氢氧化钠浐液发生碘仿反应。这说明其分子中具有甲基酮的结构，经测定其结构为：

$$CH_3\overset{\overset{O}{\|}}{C}CH_2\overset{\overset{O}{\|}}{C}OC_2H_5$$

若将乙酰乙酸乙酯与金属钠反应后，冷至 $-78℃$，通入过量干氯化氢气体，得到一油状液体。此液体与金属钠反应放出氢气，与氯化铁呈紫红色反应，能使溴水褪色。这说明其分子中具有烯醇型结构，经测定其结构为：

$$CH_3\overset{\overset{OH}{|}}{C}=CHCOOC_2H_5$$

若将烯醇型结构在室温下放置一段时间后，它可表现出酮型和烯醇型的双重性质；若将酮型结构在室温下放置一段时间后，它也表现出酮型和烯醇型的双重性质。在乙酰乙酸乙酯中加入溴水，烯醇型结构立即与溴水作用而使溴水的红棕色消失：

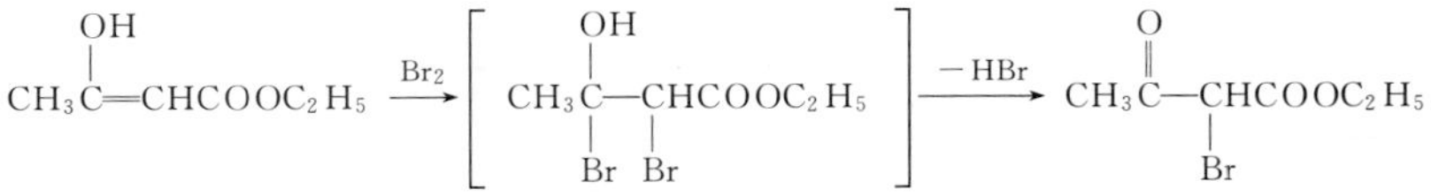

$$CH_3\overset{\overset{\displaystyle OH}{|}}{C}=CHCOOC_2H_5 \xrightarrow{Br_2} \left[CH_3\overset{\overset{\displaystyle OH}{|}}{\underset{\underset{\displaystyle Br}{|}}{C}}-\overset{}{\underset{\underset{\displaystyle Br}{|}}{CH}}COOC_2H_5 \right] \xrightarrow{-HBr} CH_3\overset{\overset{\displaystyle O}{||}}{C}-\underset{\underset{\displaystyle Br}{|}}{CH}COOC_2H_5$$

此时，加入氯化铁溶液不显色，但不久后出现紫色；若再加入溴水，可观察到紫色消失，可不久又出现紫色。这表明乙酰乙酸乙酯在通常情况下不是单一的物质，而是酮型和烯醇型异构体的混合物，在室温下两种异构体之间可以相互自动转变而处于动态平衡：

$$CH_3\overset{\overset{\displaystyle O}{||}}{C}CH_2\overset{\overset{\displaystyle O}{||}}{C}OC_2H_5 \rightleftharpoons CH_3\overset{\overset{\displaystyle OH}{|}}{C}=CHCOOC_2H_5$$

$$93\% \qquad\qquad\qquad 7\%$$

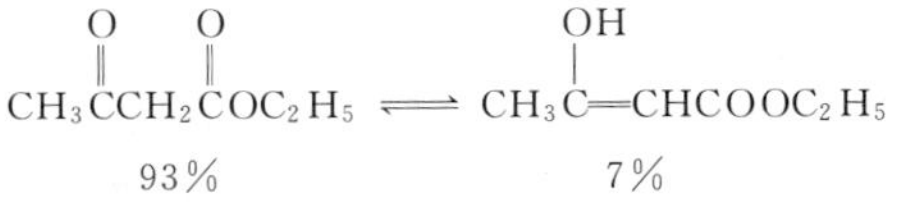

两种或两种以上的异构体能相互自动转变，而处于动态平衡体系的现象称为互变异构现象，具有互变异构关系的各异构体也称为互变异构体。酮型和烯醇型两种异构体之间的互变异构现象称为酮型-烯醇型互变异构现象。

常温下，乙酰乙酸乙酯两种互变异构体互变速率很快，不可能将它们分离开。乙酰乙酸乙酯存在酮型-烯醇型互变异构的原因，主要是因为乙酰乙酸乙酯分子中甲叉基上的氢原子（双重 α-氢原子），受两个吸电子基团的影响，比较活泼，可以重排成烯醇型。而且形成烯醇型后，因分子中存在 π-π 共轭体系 $-\overset{|}{C}=\overset{|}{C}-\overset{|}{C}=O$ 增加了共轭体系的范围和强度，其分子的内能明显降低；加之该烯醇型通过氢键形成六元螯环，也使烯醇型稳定性增加。例如：

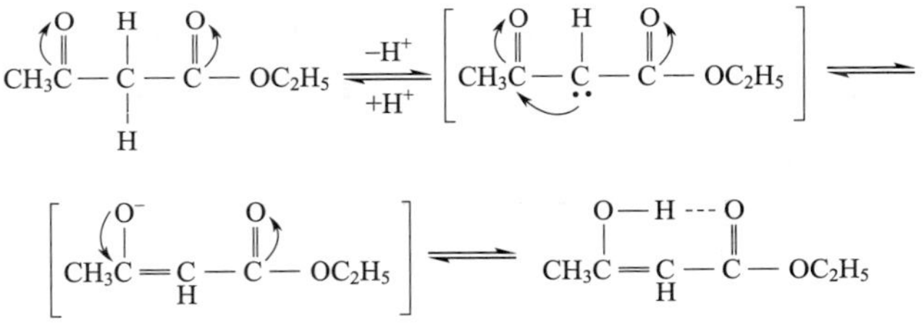

互变异构现象是有机化合物中比较普遍存在的现象。但是由于化合物结构的差异，酮型-烯醇型所占比例亦不同。互变异构的趋势会随着 α-氢原子的质子化程度及烯醇型异构体的稳定性不同而不同。各种化合物酮型和烯醇型存在的比例大小主要取决于分子结构。要有明显的烯醇型存在，分子必须具备如下条件：分子中的甲叉基氢原子受两个吸电子基团影响而酸性增强；形成烯醇型后产生的双键应与羰基形成 π-π 共轭，使共轭体系有所扩大和增强，内能有所降低；烯醇型可形成分子内氢键，构成稳定性更大的环状螯合物。几种酮型-烯醇型互变异构体中烯醇型含量见表 10-4。

表 10-4　几种酮型-烯醇型互变异构体中烯醇型的含量

化合物	互变异构平衡体	烯醇型含量/%
丙酮	$CH_3-\overset{\overset{\displaystyle O}{||}}{C}-CH_3 \rightleftharpoons CH_2=\overset{\overset{\displaystyle OH}{|}}{C}-CH_3$	0.00025
丙二酸二乙酯	$\overset{\displaystyle COOCH_2CH_3}{\underset{\displaystyle COOCH_2CH_3}{CH_2}} \rightleftharpoons \overset{\displaystyle HO-COCH_2CH_3}{\underset{\displaystyle COOCH_2CH_3}{CH}}$	0.0007
环己酮	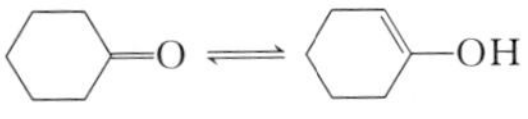 $\rightleftharpoons$	0.020

续表

化合物	互变异构平衡体	烯醇型含量/%
2-甲基-3-丁酮酸乙酯	$CH_3COCHCOOC_2H_5 \rightleftharpoons CH_3C=CCOOC_2H_5$ (下方 CH_3) (上方 OH，下方 CH_3)	4.0
乙酰乙酸乙酯	$CH_3COCH_2COOC_2H_5 \rightleftharpoons CH_3C=CHCOOC_2H_5$ (上方 OH)	7.5
乙酰丙酮	$CH_3COCH_2COCH_3 \rightleftharpoons CH_3C=CHCOCH_3$ (上方 OH)	80.0
苯甲酰丙酮	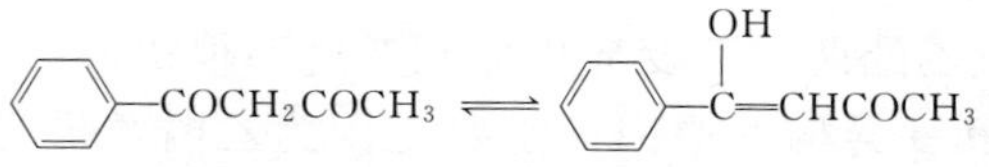 —$COCH_2COCH_3 \rightleftharpoons$ —$C=CHCOCH_3$ (上方 OH)	90.0
苯甲酰乙酰苯	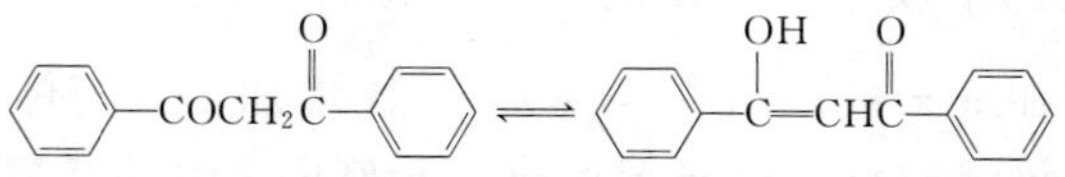 —$COCH_2C$(=O)— $\rightleftharpoons$ —C(OH)$=CHC$(=O)—	96.0

酮型和烯醇型互变异构体所占比例除分子结构影响外，也与溶剂、温度和浓度有关。一般非极性溶剂和高温有利于烯醇型的存在。乙酰乙酸乙酯在不同条件下烯醇型含量见表10-5。

表 10-5 不同条件下乙酰乙酸乙酯烯醇型含量

条件	常温	180℃	水	乙醇	乙醚	正己烷
烯醇型含量/%	7	49	0.4	12	27	46

除乙酰乙酸乙酯外，某些糖和含氮化合物中，特别是酰亚胺类化合物中也存在互变异构现象。

10.3.4.4 乙酰乙酸乙酯在有机合成中的应用

(1) 甲叉基上的烃基化和酰基化

乙酰乙酸乙酯甲叉基上的氢原子有一定的酸性，在碱（如醇钠）作用下可产生烯醇负离子，生成乙酰乙酸乙酯的钠盐。该负离子可作为亲核试剂与活泼卤代烃或酰氯反应，发生相应的烃基化或酰基化反应。例如：

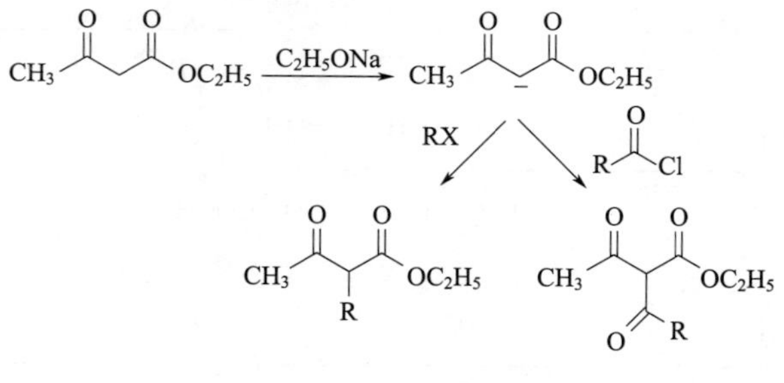

烷基化时只宜采用伯卤代烷。叔卤代烷在碱性条件下易发生消除反应，仲卤代烷因伴随消除反应而产率降低，芳卤代烃难以反应。

在酰化反应中，因酰卤可与醇发生反应，最好用氢化钠代替醇钠，常在非质子性溶剂 N,N-二甲基甲酰胺或二甲亚砜中进行。

（2）酮式分解和酸式分解

乙酰乙酸乙酯在稀碱（5％氢氧化钠）中加热，可分解脱羧而成丙酮，称为酮式分解（ketonic cleavage）。例如：

$$CH_3-CO-CH_2-CO-O \dashv C_2H_5 \xrightarrow{5\% NaOH} CH_3-CO-CH_3 + C_2H_5OH + CO_2\uparrow$$

反应过程为先发生酯的水解，生成 β-羰基醇，而后受热脱羧。例如：

$$CH_3-CO-CH_2-CO-O-C_2H_5 \xrightarrow[2)\ H_3O^+]{1)\ 5\% NaOH} CH_3-CO-CH_2-CO-OH \xrightarrow{\triangle} CH_3-CO-CH_3 + CO_2\uparrow$$

乙酰乙酸乙酯在浓碱（40％氢氧化钠）中加热，则 α 和 β 的碳碳单键断裂，生成两分子乙酸，称为酸式分解（acid cleavage）。例如：

$$CH_3-CO-CH_2-CO-O \dashv C_2H_5 \xrightarrow[\triangle]{40\% NaOH} 2CH_3COOH + C_2H_5OH$$

乙酰乙酸乙酯在有机合成上应用较为广泛，通过得到的烃基化和酰基化产物，经过酮式分解和酸式分解可制得甲基酮和二酮、一元羧酸和 β-酮酸等。烷基化或酰基化产物被分解的反应通式如下：

$$CH_3-CO-\underset{R}{CH}-CO-OC_2H_5 \begin{cases} \xrightarrow[2)\ H^+,\ 3)\ \triangle]{1)\ 5\% NaOH} CH_3COCH_2R + CO_2\uparrow + C_2H_5OH & \text{酮式分解} \\ \xrightarrow[2)\ H^+,\ 3)\triangle]{1)\ 40\% NaOH} RCH_2COOH + CH_3COOH + C_2H_5OH & \text{酸式分解} \end{cases}$$

乙酰乙酸乙酯在有机合成上应用较广。但用乙酰乙酸乙酯合成羧酸时，常有酮式分解的副反应发生，使产率降低，故在有机合成上乙酰乙酸乙酯更多的用来合成酮。如果 α-碳原子上引入的两个基团不同，通常是先引入活性较低和体积较大的基团。例如，由乙酰乙酸乙酯合成 3-苄基-2-戊酮的合成路线如下：

$$CH_3-CO-CH_2-CO-OC_2H_5 \xrightarrow[2)\ C_6H_5CH_2Br]{1)\ C_2H_5ONa} CH_3-CO-\underset{CH_2C_6H_5}{CH}-CO-OC_2H_5 \xrightarrow[2)\ C_2H_5Br]{1)\ C_2H_5ONa}$$

$$CH_3-CO-\underset{\overset{|}{C_2H_5}}{\underset{|}{C}}\!\!{}^{CH_2C_6H_5}-CO-OC_2H_5 \xrightarrow[2)\ H^+,\ 3)\ \triangle]{1)\ 5\% NaOH} CH_3-CO-\underset{C_2H_5}{CH}-CH_2C_6H_5$$

利用乙酰乙酸乙酯钠衍生物与二卤代烷作用，然后再进行酮式分解，可得二元酮或甲基环烷基酮。例如：

$$2CH_3COCH_2COOC_2H_5 \xrightarrow{2C_2H_5ONa} 2CH_3CO\overset{-}{C}HCOOC_2H_5 \xrightarrow{BrCH_2CH_2Br}$$

$$\begin{matrix} CH_3COCHCOOC_2H_5 \\ | \\ CH_2 \\ | \\ CH_2 \\ | \\ CH_3COCHCOOC_2H_5 \end{matrix} \xrightarrow[2)\ H^+,\ 3)\triangle]{1)5\% NaOH} CH_3COCH_2CH_2CH_2CH_2COCH_3$$

$$CH_3COCH_2COOC_2H_5 \xrightarrow{C_2H_5ONa} CH_3CO\overset{-}{C}HCOOC_2H_5 \xrightarrow{BrCH_2CH_2CH_2CH_2Br} \underset{\underset{CH_2CH_2CH_2CH_2Br}{|}}{CH_3COCHCOOC_2H_5}$$

$$\xrightarrow{C_2H_5ONa} \text{环}\underset{COOC_2H_5}{\overset{COCH_3}{|}} \xrightarrow[2)H^+,3)\triangle]{1)5\%NaOH} \text{环}{-}COCH_3$$

将上述例子中得到的烷基化衍生物进行酸式分解，也可得到相应的二元酸或环烷基甲酸。例如：

$$\underset{CH_3COCHCOOC_2H_5}{\overset{\overset{\displaystyle CH_3COCHCOOC_2H_5}{|}}{\overset{\displaystyle CH_2}{|}}} \xrightarrow[2)H^+,3)\triangle]{1)40\%NaOH} HOOCCH_2CH_2CH_2CH_2COOH$$

$$\text{环}\underset{COOC_2H_5}{\overset{COCH_3}{|}} \xrightarrow[2)H^+,3)\triangle]{1)40\%NaOH} \text{环}{-}COOH$$

10.3.4.5　丙二酸二乙酯在有机合成中的应用

丙二酸二乙酯为无色有香味的液体，沸点为 199℃，微溶于水。丙二酸二乙酯很活泼，受热易分解脱羧而形成乙酸。因此，丙二酸二乙酯不从丙二酸直接酯化而得，而是从氯乙酸钠经下列反应制备。例如：

$$\underset{Cl}{\overset{|}{CH_2COONa}} \xrightarrow{NaCN} \underset{CN}{\overset{|}{CH_2COONa}} \xrightarrow[H_2SO_4]{C_2H_5OH} \underset{COOC_2H_5}{\overset{|}{CH_2COOC_2H_5}}$$

丙二酸二乙酯与乙酰乙酸乙酯具有相似的性质，可以用来合成各类取代的乙酸衍生物，在有机合成中称为丙二酸二乙酯合成法。丙二酸二乙酯分子中，甲叉基上的氢原子受到旁边两个酯基的影响而显酸性。经醇钠处理，转变为碳负离子的钠盐，然后与活泼卤代烃反应，生成一烃基或二烃基取代的丙二酸二乙酯，最后水解、脱羧，制得烃基羧酸。例如：

$$CH_2(COOC_2H_5)_2 \underset{}{\overset{C_2H_5ONa}{\rightleftharpoons}} Na^+\ ^-CH(COOC_2H_5)_2 \xrightarrow{CH_3(CH_2)_3Br}$$

$$CH_3(CH_2)_3CH(COOC_2H_5)_2 \xrightarrow[2)H^+]{1)NaOH} CH_3(CH_2)_3CH(COOH)_2 \xrightarrow{\triangle} CH_3(CH_2)_3CH_2COOH$$

丙二酸很容易脱羧，所以酸化和加热脱羧两步反应可以同时进行，产率较高。丙二酸二乙酯中有两个活泼氢原子，因此也可以进行二取代反应生成二取代乙酸。

利用二卤代烃与丙二酸二乙酯反应，可因反应物相对用量和操作不同，得到二元羧酸或环烷羧。例如：

$$2CH_2(COOC_2H_5)_2 \underset{}{\overset{C_2H_5ONa}{\rightleftharpoons}} 2Na^+\ ^-CH(COOC_2H_5)_2 \xrightarrow{BrCH_2CH_2Br}$$

$$\underset{CH_2CH(COOC_2H_5)_2}{\overset{\overset{\displaystyle CH_2CH(COOC_2H_5)_2}{|}}{}} \xrightarrow[2)H^+]{1)NaOH} \underset{CH_2CH(COOH)_2}{\overset{\overset{\displaystyle CH_2CH(COOH)_2}{|}}{}} \xrightarrow{\triangle} \underset{CH_2CH_2COOH}{\overset{\overset{\displaystyle CH_2CH_2COOH}{|}}{}}$$

丙二酸二乙酯也可以用来合成 3～6 元环烷酸。例如：

$$CH_2(COOC_2H_5)_2 \underset{}{\overset{C_2H_5ONa}{\rightleftharpoons}} Na^+\ ^-CH(COOC_2H_5)_2 \xrightarrow{Br(CH_2)_4Br} Br(CH_2)_4C^-(COOC_2H_5)_2$$

$$\xrightarrow[-Br^-]{S_N2} \text{环}\underset{COOC_2H_5}{\overset{COOC_2H_5}{|}} \xrightarrow[2)H^+]{1)NaOH} \text{环}\underset{COOH}{\overset{COOH}{|}} \xrightarrow{\triangle} \text{环}{-}COOH$$

扫码获取本章课件和微课

习 题

1. 用系统命名法命名下列化合物。

(1) CH₃OCH₂CH₂COOH

(2)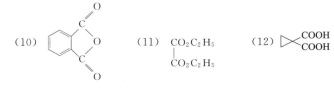

(3) HOCH₂CH₂CHCOOH
                 |
                 F

(4) 结构式

(5) (CH₃)₃CCH₂CH₂COCl

(6) CH₃—⬡—COCl

(7) ClCH₂CH₂CO₂C₂H₅

(8) ⬡—C(=O)—NHCH₃

(9) CH₃CH₂—C(=O)—O—C(=O)—CH₃

(10) 邻苯二甲酸酐结构

(11) CO₂C₂H₅
     CO₂C₂H₅

(12) 环丙烷 COOH / COOH

2. 写出下列化合物的结构式。

(1) 异丁酸   (2) 4-环丙基-2-甲基戊酸   (3) 甲乙酐
(4) 邻乙酰氧基苯甲酸 (5) 琥珀酸酐   (6) 丙-1,3-二醇二乙酸酯
(7) N-乙基-1,2-环己烷二甲酰亚胺   (8) DMF
(9) 水杨酸乙酯   (10) 溴乙酰溴   (11) 草酸

3. 将下列各组化合物按酸性强弱排序。

(1) A. 乙烷   B. 乙酸   C. 乙醇   D. 苯酚   E. 碳酸   F. 硫酸
(2) A. ClCH₂CH₂CH₂CO₂H   B. CH₃CHClCH₂CO₂H
    C. CH₃CH₂CH₂CO₂H   D. CH₃CCl₂CH₂CO₂H
(3) A. 苯甲酸   B. 对甲基苯甲酸   C. 对溴苯甲酸   D. 对硝基苯甲酸
(4) A. 甲酸   B. 草酸   C. 丙二酸   D. 丁二酸

4. 将下列各组化合物按水解反应活性排序。

(1) A. 乙酸酐   B. 乙酸乙酯   C. 乙酰胺   D. 乙酰氯

(2) A. Cl—⬡—COCl   B. CH₃—⬡—COCl   C. ⬡—COCl   D. O₂N—⬡—COCl

5. 用化学方法鉴别下列化合物。

(1) A. 甲酸   B. 草酸   C. 乙酸   (2) A. 马来酸   B. 乙酰氯   C. 丁二酸
(3) A. 硬脂酸   B. 亚油酸   (4) A. 苄醇   B. 水杨酸   C. 苯甲酸

6. 从卤代烃转变为羧酸的一般方法是：①卤代烃先转变为腈，然后水解得羧酸；②卤代烃转变为格氏试剂后再与二氧化碳反应水解后得到。指出下列卤代烃的合成采用哪种方法。

(1) CH₃COCH₂CH₂Br ⟶ CH₃COCH₂CH₂CO₂H

(2) CH₃CH₂CH=CHCl ⟶ CH₃CH₂CH=CHCO₂H

(3) (CH₃)₃CCl ⟶ (CH₃)₃CCO₂H

(4) HOCH₂CH₂CH₂Br ⟶ HOCH₂CH₂CH₂CO₂H

(5) 苯环结构式转化

7. 完成下列反应。

(1) $CH_3CH_2CH_2COOH + SOCl_2 \xrightarrow{\triangle}$

(2) $\xrightarrow{\quad}$

(3) $CH_3CH_2CH_2COOH \xrightarrow[\triangle]{P_2O_5}$

(4) $HOOC-\!\!\!\!\bigcirc\!\!\!\!-COOH + 2C_2H_5OH \xrightarrow[\triangle]{H^+}$

(5) $\xrightarrow{\triangle}$

(6) $\xrightarrow{\triangle}$

(7) $\xrightarrow{\triangle}$

(8) $\xrightarrow[2) H_3O^+]{1) LiAlH_4}$

(9) $CH_2\!\!=\!\!CH_2 \xrightarrow{Br_2} \xrightarrow{NaCN} \xrightarrow{H^+, H_2O} \xrightarrow{300℃}$

(10) $CH_3CH_2CH_2COOH + Cl_2 \xrightarrow{P} \xrightarrow[2) H^+]{1) NaOH, H_2O, \triangle} \xrightarrow{\triangle}$

(11) $\xrightarrow{(CH_3CO)_2O}$

(12) $+ H_2O \xrightarrow{\triangle}$

(13) $CH_3CH_2NH_2 + \bigcirc\!\!-COOH \xrightarrow{\triangle}$

(14) $+ CH_3CH_2NH_2 \xrightarrow{\triangle}$

(15) $\xrightarrow{SOCl_2} \xrightarrow{C_2H_5NH_2} \xrightarrow[2) H_3O^+]{1) LiAlH_4}$

(16) $\xrightarrow{C_2H_5OH}$

(17) $\xrightarrow[H_2O, \triangle]{Br_2, NaOH}$

(18) $CH_3COOC_2H_5 + CH_3CH_2MgBr（过量） \xrightarrow[2) H_3O^+]{1) 无水 C_2H_5OC_2H_5}$

(19) $\begin{array}{l} CH_2CH_2COOC_2H_5 \\ | \\ CH_2CH_2COOC_2H_5 \end{array} \xrightarrow[2) H_3O^+]{1) C_2H_5ONa}$

(20) $CH_3COCH_2CO_2C_2H_5 \xrightarrow[2) CH_3CH_2CH_2Br]{1) C_2H_5ONa}$

(21) $CH_2(CO_2C_2H_5)_2 \xrightarrow[2) CH_3CH_2CH_2Br]{1) C_2H_5ONa}$

(22) $O_2N-\!\!\!\!\bigcirc\!\!\!\!-CO_2H \xrightarrow[\triangle]{SOCl_2} \xrightarrow{NH_3} \xrightarrow[H_2O, \triangle]{Br, NaOH}$

8. 完成下列转变（必要的无机试剂及有机试剂任选）。

(1) $CH_3CH_2CH_2COOH \longrightarrow \begin{array}{l} HOOCCHCOOH \\ \qquad | \\ \qquad CH_2CH_3 \end{array}$

(2) $CH_3CH_2CH_2CH_2OH \longrightarrow CH_3CH_2CH_2NH_2$

(3) $CH_3CH_2COOH \longrightarrow CH_3CH_2CH_2COOH$

（4）$CH_3CH_2COOH \longrightarrow CH_3COOH$

（5）

（6）$H_3C-$$-CHO \longrightarrow HOOC-$$-CHO$

（7）$-CH_3 \longrightarrow O_2N-$$-CN$

9. 用乙酰乙酸乙酯或丙二酸二乙酯及必要的其它试剂合成下列化合物。

（1）$CH_3COCH(CH_2CH_2CH_3)_2$ 　　（2）$CH_3CH_2CH_2\underset{\underset{CH_3}{|}}{C}HCO_2H$ 　　（3）$-COCH_3$

（4）$CH_3CH_2CH_2CH_2CO_2H$ 　　（5）$CH_3COCH_2CH_2Ph$ 　　（6）$HOOC(CH_2)_4COOH$

10. 某旋光性化合物 A 分子式为 $C_5H_{10}O_3$，能溶于碳酸氢钠溶液，加热发生脱水反应生成化合物 B（$C_5H_8O_2$），B 存在两种构型，均无旋光性。化合物 B 用高锰酸钾溶液处理，得到 C（$C_2H_4O_2$）和 D（$C_3H_4O_3$）。C 和 D 均能与碳酸氢钠溶液作用放出二氧化碳，且 D 还能发生碘仿反应。试写出 A、B、C、D 的结构式。

11. 化合物 A 和 B 的分子式均为 $C_4H_6O_4$，都能溶于氢氧化钠溶液，与碳酸钠溶液作用放出二氧化碳。A 加热失水反应生成酸酐 C（$C_4H_4O_3$），B 受热放出二氧化碳生成一元酸 D（$C_3H_6O_2$）。试写出 A、B、C、D 的结构式。

12. A、B、C 三种化合物的分子式都是 $C_3H_6O_2$，A 与碳酸钠溶液作用放出二氧化碳；B 和 C 不能与碳酸钠溶液作用，但在氢氧化钠溶液中加热可水解。B 水解后的蒸馏的产物能发生碘仿反应，而 C 的水解产物不能发生碘仿反应。试写出 A、B、C 的结构式。

13. 某化合物 A 的分子式为 C_9H_{16}，催化加氢生成 B（C_9H_{18}）；经臭氧化反应生成 C（$C_9H_{16}O_2$）。C 经氧化银氧化生成 D（$C_9H_{16}O_3$）。D 与碘/氢氧根作用得到二元羧酸 E（$C_8H_{14}O_4$），E 加热后得到 4-甲基环己酮。试写出 A～E 的结构式。

第 11 章　有机含氮化合物

分子中含有氮原子的有机化合物称为有机含氮化合物，常见的主要包括硝基化合物、胺、腈、异腈、重氮化合物和偶氮化合物等。

11.1　硝基化合物

11.1.1　硝基化合物的分类、命名和结构

11.1.1.1　硝基化合物的分类和命名

烃分子中的氢原子被硝基取代的化合物称为硝基化合物，根据分子中所含烃基不同分为脂肪族和芳香族硝基化合物。硝基化合物的命名通常以烃基为母体，硝基为取代基。例如：

脂肪族硝基化合物

CH_3NO_2	$CH_3CH_2CH_2NO_2$	$(CH_3)_3CNO_2$
硝基甲烷	1-硝基丙烷	硝基叔丁烷
nitromethane	1-nitropropane	nitro-*tert*-butane

芳香族硝基化合物

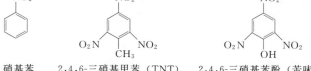

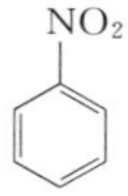

硝基苯	2,4,6-三硝基甲苯（TNT）	2,4,6-三硝基苯酚（苦味酸）
nitrobenzene	2,4,6-trinitrotoluene	2,4,6-trinitrophenol(picric acid)

11.1.1.2　硝基化合物的结构

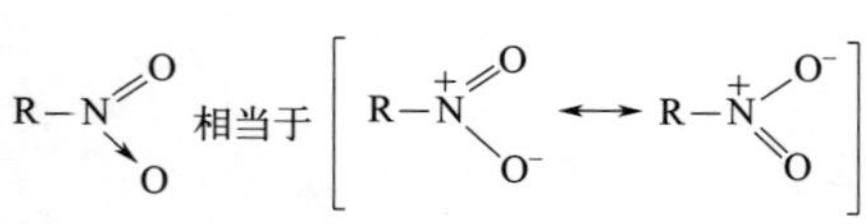

现代分析仪器证明，硝基化合物中的硝基是对称的结构，两个氮氧键的键长相等，都是 0.121nm。这说明硝基结构中存在着三中心四电子的 p-π 共轭体系，两个氮氧键发生了键长平均化，如图 11-1 所示。

图 11-1　硝基化合物的结构

11.1.2　硝基化合物的物理性质

脂肪族硝基化合物一般为无色有香味的液体，难溶于水，易溶于醇、醚等有机溶剂。芳香族一元硝基化合物是无色或淡黄色的高沸点液体或固体，具有苦杏仁味。硝基化合物的相

对密度都大于 1，大多数具有毒性，能通过皮肤而被吸收，对肝、脾、中枢神经系统和血液系统有害，使用时应注意安全。芳香族硝基化合物尤其是多硝基苯类化合物具有爆炸性，可作炸药，如 2,4,6-三硝基甲苯（TNT）、1,3,5-三硝基苯等。有的硝基化合物有香味，可作香料，如一些多硝基化合物具有类似麝香的气味，而被用作香水、香皂和化妆品等日用香精中的定香剂、稠合剂和修饰剂等。例如：

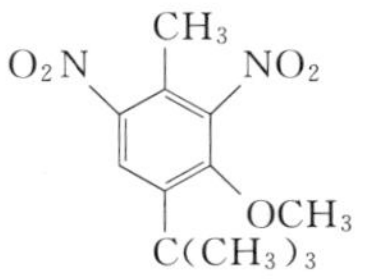

葵子麝香 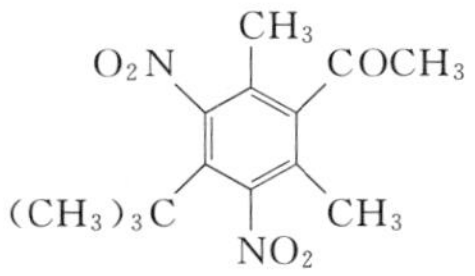　　　　　　　　　　酮麝香 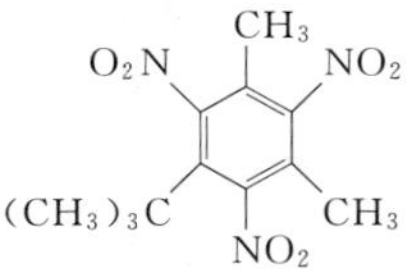　　　　　　　　　　二甲苯麝香

11.1.3　硝基化合物的化学性质

11.1.3.1　硝基化合物 α-氢原子的活性

由于硝基是一个强的吸电子基团，脂肪族硝基化合物的 α-氢原子具有一定的酸性，能与强碱反应生成盐。例如，硝基甲烷与氢氧化钠反应生成相应的盐：

$$CH_3NO_2 + NaOH \longrightarrow \ ^-CH_2NO_2Na^+ + H_2O$$

硝基化合物存在硝基式和酸式的结构，其中主要以硝基式存在：

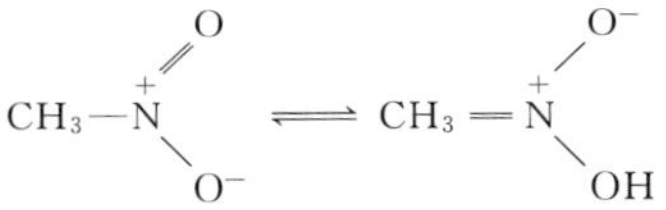

脂肪族硝基化合物在氢氧化钠等碱的作用下，可以与羰基化合物、酯等化合物发生缩合反应：

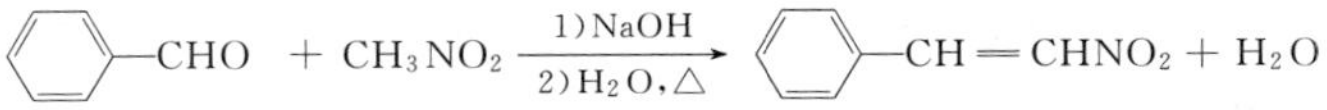

11.1.3.2　还原反应

硝基容易被还原，还原产物因反应条件不同而各异。以硝基苯为例：

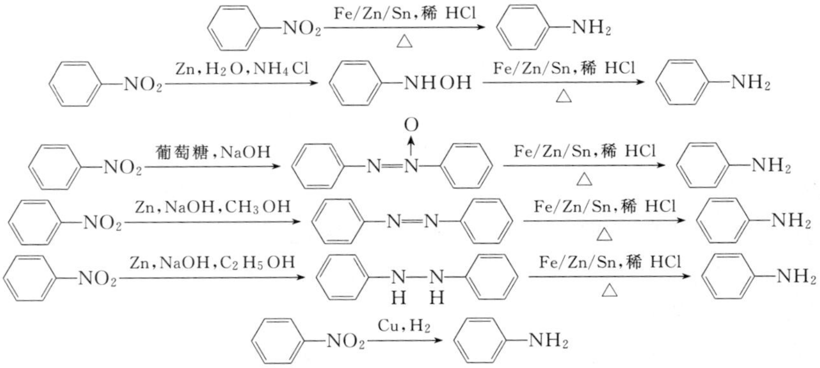

当苯环上连有多个硝基时，采用计算量的硫化钠、硫化铵、硫氢化钠、硫氢化铵或氯化亚锡和盐酸，在适当条件下，可以选择性地将其中一个硝基还原成一个氨基。该方法具有重要的应用意义。例如：

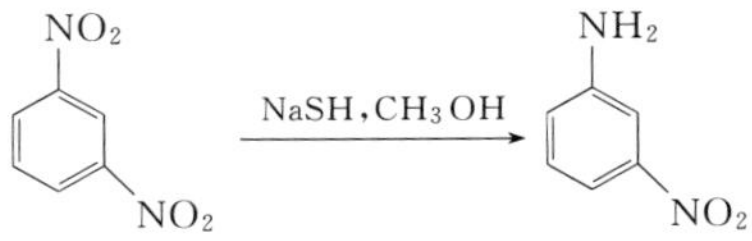

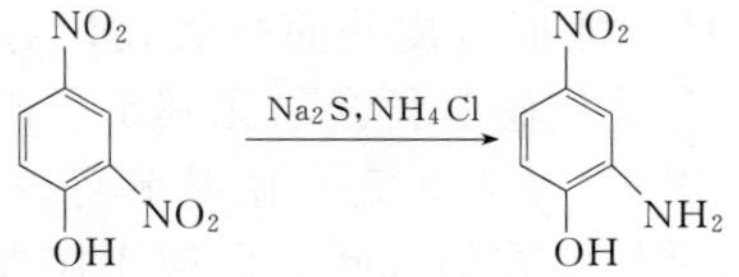

11.1.3.3　芳环上的亲电取代反应

硝基是强吸电子基团，是致钝的间位定位基，因此，硝基苯的亲电取代反应不仅发生在间位，而且比苯要难进行。在较剧烈条件下，硝基苯类化合物可以发生磺化、卤化、硝化等反应。例如：

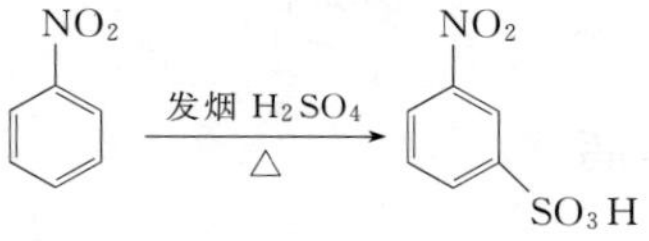

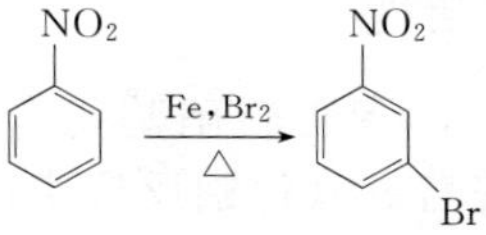

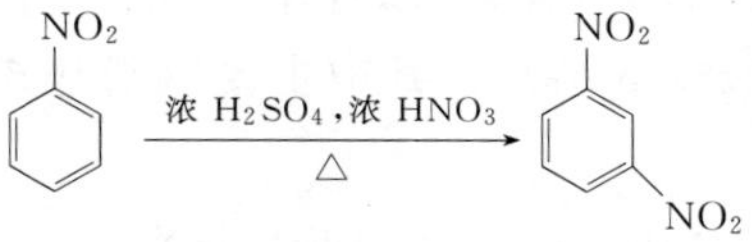

11.1.3.4　硝基对邻、对位取代基的影响

芳环上连有硝基时，不仅使芳环上的电子云密度降低，且通过苯环对其邻、对位上的取代基羟基、氨基、卤素等也产生明显的影响，而对间位上的取代基影响较小。

（1）对酚羟基的影响

芳酚具有弱酸性，当酚羟基的邻、对位上引入硝基后，由于其吸电子诱导和吸电子共轭效应的影响，其酸性明显增强，且硝基越多，酚的酸性越强。例如：

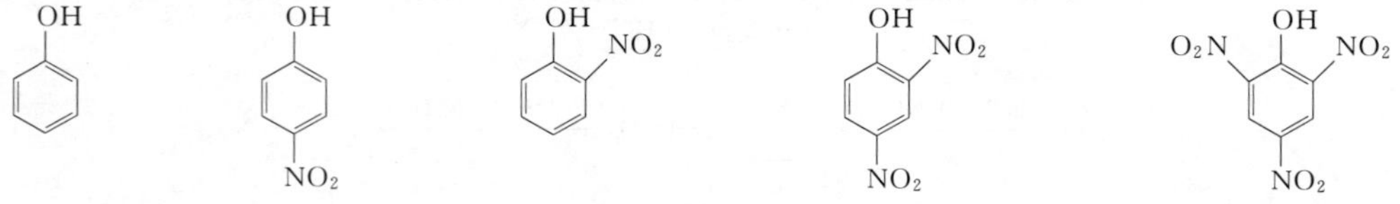

pK_a　10.00　　　7.16　　　7.22　　　4.09　　　0.25

从 pK_a 值可以看出，2,4,6-三硝基苯酚的酸性几乎与无机强酸相近。

当硝基与酚羟基处于间位时，由于它们只存在吸电子诱导效应，因此酸性增强并不明显。如间硝基苯酚 pK_a 为 8.89，介于苯酚与邻或对硝基苯酚之间。

（2）对苯甲酸酸性的影响

与苯酚相似，当苯甲酸的苯环上引入硝基后，其酸性同样增强，且像酚类那样，硝基处于羧基邻、对位时最为显著。例如：

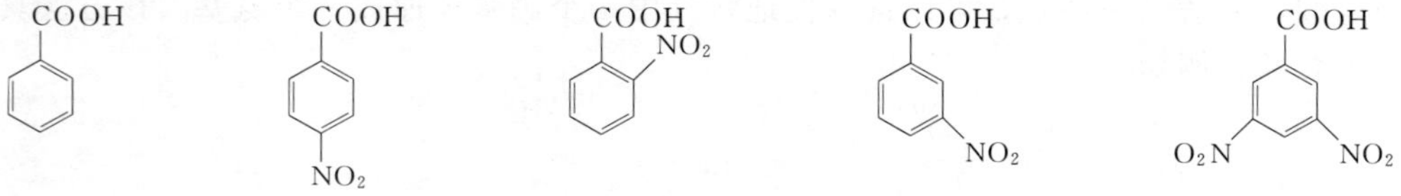

pK_a　4.20　　　3.43　　　2.17　　　3.49　　　2.83

（3） 对卤原子活性的影响

卤苯中的卤原子并不活泼，难以发生亲核取代反应，但当卤原子的邻位、对位存在硝基时，卤原子比较活泼，可以与胺、烷氧基等发生亲核取代反应。例如：

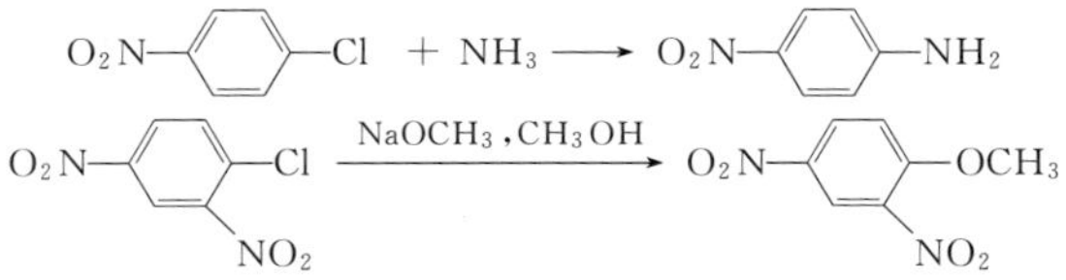

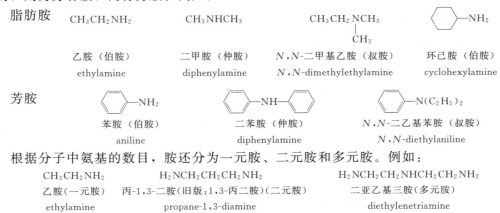

11.2 胺

氨分子中的氢原子部分或全部被烃基取代后的化合物称为胺（amine）。胺是一类最重要的含氮有机化合物，广泛存在于生物界。有些化合物是生命的物质基础，如蛋白质、核酸、胆碱、胆胺、肾上腺素等，对人类的健康起着重要的作用；而有的则严重危害人类健康，如亚硝胺、海洛因、可卡因等；有的则在有机合成中是特别重要的中间体，如乌洛托品等。

11.2.1 胺的分类、 命名和结构

11.2.1.1 胺的分类和命名

根据氮原子所连烃基数目的不同，可把胺分为伯胺（1°）、仲胺（2°）、叔胺（3°）。例如：

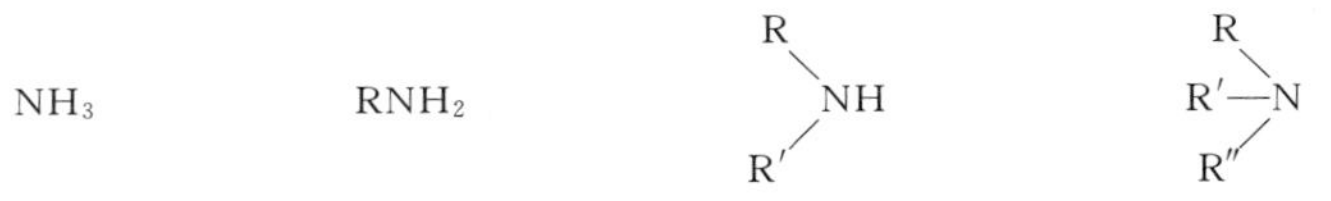

$$NH_3 \qquad RNH_2 \qquad \underset{R'}{\overset{R}{\diagdown}}NH \qquad \underset{R''}{\overset{R}{R'-N}}$$

氨　　　　　伯胺　　　　　仲胺　　　　　叔胺

当 R、R′、R″都是脂肪族烃基时，为脂肪胺；而其中只要有一个是芳环直接与氮原子相连的，则为芳香胺，简称芳胺。例如：

脂肪胺　　$CH_3CH_2NH_2$　　　　CH_3NHCH_3　　　　$CH_3CH_2NCH_3$（下标CH_3）　　　环己基—NH_2

乙胺（伯胺）　　　二甲胺（仲胺）　　　N,N-二甲基乙胺（叔胺）　　环己胺（伯胺）
ethylamine　　　diphenylamine　　　N,N-dimethylethylamine　　cyclohexylamine

芳胺　　　苯基—NH_2　　　苯基—NH—苯基　　　苯基—$N(C_2H_5)_2$

苯胺（伯胺）　　　二苯胺（仲胺）　　　N,N-二乙基苯胺（叔胺）
aniline　　　diphenylamine　　　N,N-diethylaniline

根据分子中氨基的数目，胺还分为一元胺、二元胺和多元胺。例如：

$CH_3CH_2NH_2$　　　$H_2NCH_2CH_2CH_2NH_2$　　　　$H_2NCH_2CH_2NHCH_2CH_2NH_2$
乙胺（一元胺）　丙-1,3-二胺(旧版:1,3-丙二胺)（二元胺）　　二亚乙基三胺（多元胺）
ethylamine　　propane-1,3-diamine　　　　diethylenetriamine

如果氮原子与四个相同或不相同的烃基相连，则称为季铵化合物，其中 $R_4N^+X^-$ 称为季铵盐，$R_4N^+OH^-$ 称为季铵碱。

简单胺的命名是把"胺"作为母体，在烃基后面加上"胺"来命名。烃基相同时，用二、三等表明烃基的数目。烃基不同时则按照基团的英文字母顺序排列（在旧版

命名法中，是以次序规则将"较优"的基团后列出）。"基"字通常可以省略。例如：

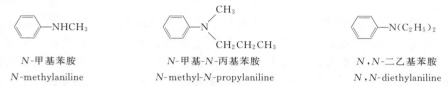

CH₃NH₂	—NH₂	—NH₂
甲胺	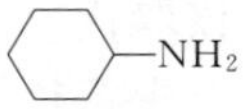 环己胺	苯胺
methylamine	cyclohexylamine	aniline

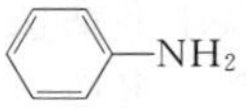

(CH₃CH₂)₃N	—NH—	CH₃CH₂CH₂N(CH₃)₂
三乙胺	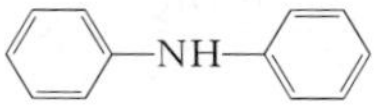 二苯胺	二甲基丙胺
triethylamine	diphenylamine	dimethylpropylamine

氮原子上同时连有脂肪烃基和芳基时，命名时以芳胺为母体，在芳胺的前面加字母 "*N*"，以表示脂肪烃基是直接连在氨基的氮原子上。例如：

N-甲基苯胺　　　　*N*-甲基-*N*-丙基苯胺　　　　*N*,*N*-二乙基苯胺
N-methylaniline　　*N*-methyl-*N*-propylaniline　　*N*,*N*-diethylaniline

比较复杂的脂肪胺以烃作为母体，氨基作为取代基来命名。例如：

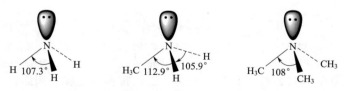

CH₃CH₂CH₂CHNHCH₃　　　　　CH₃CH₂CHCHCH₃
　　　　　|　　　　　　　　　　　　|
　　　　　CH₃　　　　　　　　　　　CH₃　(NH₂ on top)

2-甲氨基戊烷　　　　　2-氨基-3-甲基戊烷(旧版：3-甲基-2-氨基戊烷)
2-methylaminopentane　　2-amino-3-methylpentane

季铵盐、季铵碱的命名类似无机铵类化合物。用"铵"字代替"胺"字，并在前面加负离子的名称。例如：

(CH₃CH₂)₄N⁺I⁻	(CH₃CH₂)₃N⁺OH⁻	(CH₃)₃N⁺HCl⁻
	|CH₃	
碘化四乙铵	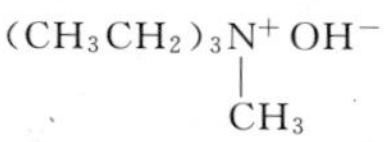 氢氧化甲基三乙基铵	氯化三乙铵

11.2.1.2　胺的结构

胺的结构与氨相似，氮原子以 sp³ 杂化轨道分别与碳原子和/或氢原子形成三个 σ 键，剩余的一个 sp³ 杂化轨道被一对孤对电子所占据，呈棱锥形结构。氨、甲胺、三甲胺的结构如图 11-2 所示。

图 11-2　氨、甲胺和三甲胺的结构

苯胺中的氮原子仍为不等性的 sp³ 杂化，但孤对电子所占据的轨道含有更多 p 轨道的成分，因此，苯胺氮原子上的未共用电子对所在的轨道与苯环上的 p 轨道虽不完全平行，但仍可与苯环的 π 轨道形成一定的共轭。这种共轭使整个分子的能量有所降低，同时也使氮原子提供孤对电子的能力大大降低。因此芳香胺与脂肪胺在性质上出现较大的差异，如图 11-3 所示。

当氮原子上连接有三个不同的原子或基团时，该氮原子成为手性氮原子，胺分子即为手性分子。如乙甲胺为手性分子，应存在一对对映体。但简单的手性胺很容易发生对映体的相互转变，不易分离得到其中某一个对映体，如图 11-4 所示。这种转变所需的能量较低，约为 $25kJ \cdot mol^{-1}$，在室温下就可以很快的转化，目前还不能把它们分离。

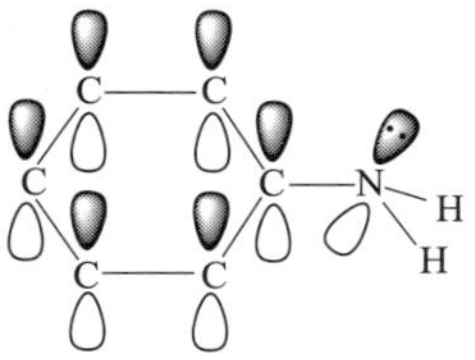

图 11-3　苯胺的结构 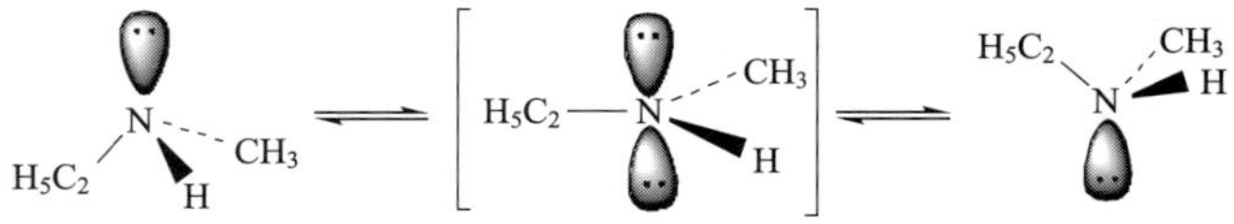　　　　　　　　图 11-4　乙甲胺的结构

氮原子上连有四个不同基团的季铵盐或季铵碱与手性碳化合物相似，氮原子上的四个 sp^3 杂化轨道全部都用于成键，这种四面体结构中氮原子的转化不易发生，可以分离得到比较稳定的对映异构体。例如，不对称季铵盐的一对对映异构体（图 11-5）就可以进行拆分。

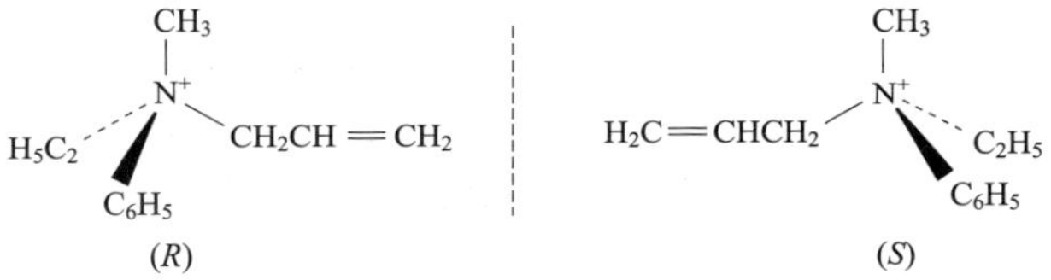

图 11-5　不对称季铵盐的一对对映异构体

11.2.2　胺的物理性质与波谱性质

11.2.2.1　胺的物理性质

室温下，除甲胺、二甲胺、三甲胺和乙胺为气体外，其它胺均为液体或固体。低级胺的气味与氨相似，有的还有鱼腥味，高级胺由于不挥发，几乎没有气味。

与醇相似，胺也是极性化合物。伯胺和仲胺可以形成 N—H…N 分子间氢键，叔胺不能形成分子间氢键，故伯胺和仲胺的沸点比分子量相近的非极性化合物高，但比醇或羧酸的沸点低，叔胺的沸点与分子量相近的非极性化合物相近。

伯、仲和叔胺都能与水分子通过氢键发生缔合，因此低级胺易溶于水。其溶解度随着分子量的增加而迅速降低，六个碳原子的胺就开始难溶于水。胺一般都能溶于醇、醚和苯等有机溶剂。芳胺一般难溶于水，易溶于有机溶剂。一些常见胺的物理常数见表 11-1。

表 11-1　胺的物理常数

名称	结构简式	熔点/℃	沸点/℃	溶解度/g
甲胺	CH_3NH_2	-92	-7.5	∞
二甲胺	$(CH_2)_2NH$	-96	7.5	易溶
三甲胺	$(CH_3)_3N$	-117	3.0	易溶
乙胺	$C_2H_5NH_2$	-81	17	易溶
二乙胺	$(C_2H_5)_2NH$	-39	55	易溶

名称	结构简式	熔点/℃	沸点/℃	溶解度/g
三乙胺	$(C_2H_5)_3N$	−115	89	14
苯胺	$C_6H_5NH_2$	−6	184	3.7
N-甲基苯胺	$C_6H_5NHCH_3$	−57	196	微溶
N,N-二甲基苯胺	$C_6H_5N(CH_3)_2$	−3	194	微溶
邻甲苯胺	$o\text{-}CH_3C_6H_4NH_2$	−28	200	1.7
间甲苯胺	$m\text{-}CH_3C_6H_4NH_2$	−30	203	微溶
对甲苯胺	$p\text{-}CH_3C_6H_4NH_2$	44	200	0.7
邻硝基苯胺	$o\text{-}NO_2C_6H_4NH_2$	71	284	0.1
间硝基苯胺	$m\text{-}NO_2C_6H_4NH_2$	114	307(分解)	0.1
对硝基苯胺	$p\text{-}NO_2C_6H_4NH_2$	148	332	0.05

11.2.2.2 胺的波谱性质

胺的特征红外吸收主要与氮氢键和碳氮键有关。伯胺和仲胺都有氮氢键的吸收峰,其伸缩振动吸收在 $3500 \sim 3270 cm^{-1}$ 区域内。伯胺的氮氢键吸收峰为双峰,两峰间隔为 $100 cm^{-1}$,这是由—NH_2 中的两个氮氢键的对称伸缩振动和不对称伸缩振动引起的,强度是中到弱。仲胺的氮氢键伸缩振动只出现一个吸收峰,脂肪仲胺此峰的吸收强度通常很弱,芳仲胺则要强很多,且峰形尖锐对称。

11.2.3 胺的化学性质

胺中的氮原子是不等性 sp^3 杂化的,其中的一个 sp^3 杂化轨道具有一未共用电子对,在一定条件下能给出电子,使胺中的氮原子成为碱性中心和亲核中心,胺的主要化学性质体现在这两个方面。

11.2.3.1 胺的碱性

与氨相似,胺的氮原子上具有孤对电子,可与水中的质子结合,呈现出碱性。例如:

$$RNH_2 + H^+ \rightleftharpoons R\overset{+}{N}H_3$$

胺的碱性大小可用 pK_b 来表示,也可用 pK_a 来表示。pK_b 越小,碱性越强;反之,pK_a 越小,碱性越弱。一些常见胺的 pK_b 值如表 11-2 所示。

表 11-2 一些常见胺的碱性

胺	pK_b(25℃)	胺	pK_b(25℃)
NH_3	4.76	$CH_3CH_2CH_2NH_2$	3.39
CH_3NH_2	3.35	$(CH_3CH_2CH_2)_2NH$	3.09
$(CH_3)_2NH$	3.27	$(CH_3CH_2CH_2)_3N$	3.35
$(CH_3)_3N$	4.21	$C_6H_5NH_2$	9.12
$CH_3CH_2NH_2$	3.36	$C_6H_5NHCH_3$	9.20
$(CH_3CH_2)_2NH$	3.06	$C_6H_5N(CH_3)_2$	9.42
$(CH_3CH_2)_3N$	3.25	$(C_6H_5)_2NH$	13.2

从表 11-2 可以看出，在水溶液中，脂肪胺、氨、芳香胺的碱性大小为：脂肪胺＞氨＞芳香胺；二甲胺、甲胺、三甲胺的碱性大小为：二甲胺＞甲胺＞三甲胺。

胺在水溶液中的碱性受电子效应、水的溶剂化效应和空间效应的共同影响。

（1）电子效应

脂肪胺中由于烃基的供电子诱导效应，使得氮原子上的电子云密度升高，结合质子的能力增强，碱性增强。氮原子上连接的烃基越多，碱性越强。故脂肪胺的碱性比氨强。芳香胺中由于氮原子上的孤对电子与苯环 π 键共轭，使氮原子上的电子云密度降低，结合质子的能力降低，其碱性比氨弱。

（2）溶剂化效应

胺的水溶液中的碱性还取决于胺与质子结合后生成的铵离子的稳定性。铵离子与水通过氢键而溶剂化，氮连的氢原子越多，与水形成氢键的数目越多，溶剂化程度愈大，从而铵离子就愈稳定，胺的碱性也就愈强。伯胺氮上的氢最多，其铵离子最稳定，其次为仲胺、叔胺。单一的水的溶剂化作用使脂肪胺的碱性强弱顺序为：伯胺＞仲胺＞叔胺。

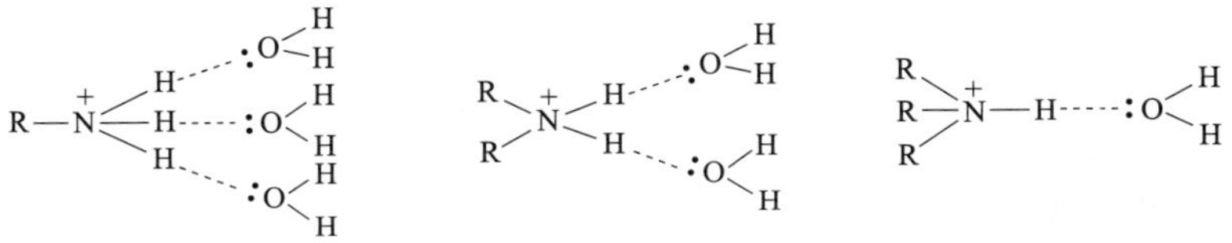

（3）空间效应

胺的碱性与空间因素也有一定的关系。氮原子上的烷基数目增多，虽然增加了氮原子上的电子云密度，但也同时使得氮原子周围的空间缩小，造成质子较难接近氮原子，即由于空间效应的影响，烷基增加较多时，碱性反而下降。

综上所述，胺的碱性强弱是多种因素综合影响的结果，各类胺的碱性强弱顺序大致如下：季铵碱＞脂肪胺＞NH_3＞芳香胺。脂肪胺在水中的碱性强弱顺序是：二级胺＞一级胺＞三级胺。

胺的碱性能使其与无机酸（如盐酸、硫酸等）作用生成铵盐，例如：

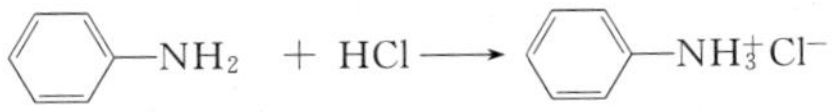

$$CH_3CH_2CH_2NH_2 + HCl \longrightarrow CH_3CH_2CH_2NH_3^+ Cl^-$$

铵盐一般都是离子化合物，易溶于水和乙醇，难溶于非极性溶剂。当其与强碱氢氧化钠或氢氧化钾溶液作用时，则可使胺重新游离出来，利用这一性质，可以区别和分离不溶于水的胺和不溶于水的有机物。例如：

$$RNH_2 \xrightarrow{HCl} [RNH_3]^+Cl^- \xrightarrow{NaOH} RNH_2 + NaCl + H_2O$$

11.2.3.2　烃基化反应

与氨相似，胺可以作为亲核试剂与卤代烃发生亲核取代反应，在胺的氮原子上引入烃基，称为烃基化反应。例如：

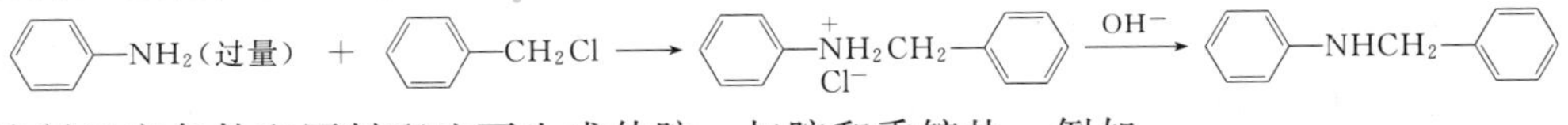

控制反应条件和原料配比可生成仲胺、叔胺和季铵盐。例如：

$$CH_3CH_2CH_2CH_2NH_2 + CH_3CH_2CH_2Cl \xrightarrow{OH^-} CH_3CH_2CH_2CH_2NHCH_2CH_2CH_3 \xrightarrow[OH^-]{CH_3CH_2CH_2Cl}$$

$$CH_3CH_2CH_2CH_2N(CH_2CH_2CH_3)_2 \xrightarrow{CH_3CH_2CH_2Cl} CH_3CH_2CH_2CH_2 \overset{+}{N}(CH_2CH_2CH_3)_3Cl^-$$

11.2.3.3 酰基化反应

伯胺和仲胺氮原子上有氢原子，可以和酰氯、酸酐或羧酸等酰基化试剂反应，生成相应的酰胺，该反应称为酰基化反应。例如：

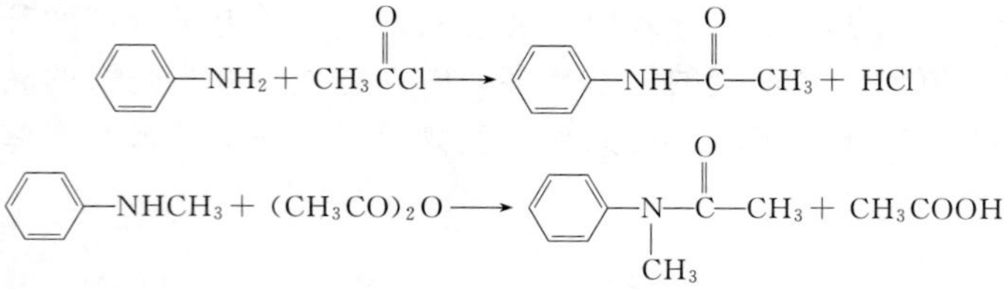

由于酰胺能水解生成原来的胺，所以酰化反应在有机合成中常用于氨基的保护，在合成中具有重要的意义。例如，苯胺硝化时，为了防止硝酸将苯胺氧化，故先将苯胺乙酰化，然后硝化，在苯环上引入硝基后，再水解除去乙酰基，则得到对硝基苯胺：

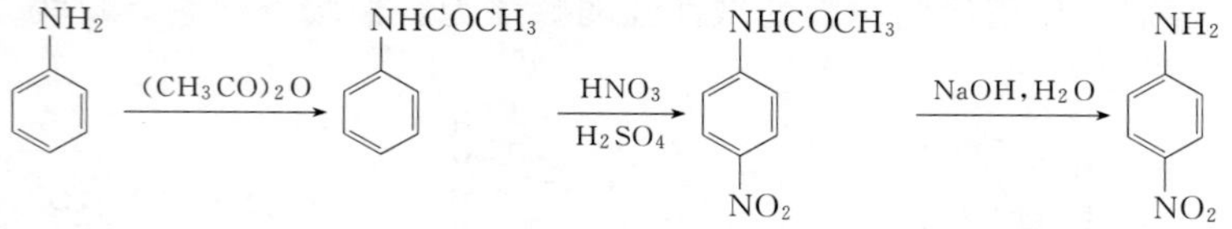

11.2.3.4 磺酰化反应

与酰基化反应相似，伯胺和仲胺可以与磺酰化试剂如苯磺酰氯或对甲苯磺酰氯反应，生成相应的磺酰胺。叔胺氮上没有氢原子，不能发生磺酰化反应。伯胺生成的苯磺酰胺，氨基上的氢原子受磺酰基的影响呈弱酸性，能溶于碱而生成水溶性的盐。仲胺所生成的苯磺酰胺，氨基上没有氢原子不显酸性，不能溶于碱溶液中。所以常利用苯磺酰氯（或对甲苯磺酰氯）来分离鉴别三种胺类化合物。这个反应称为 Hinsberg 反应。例如：

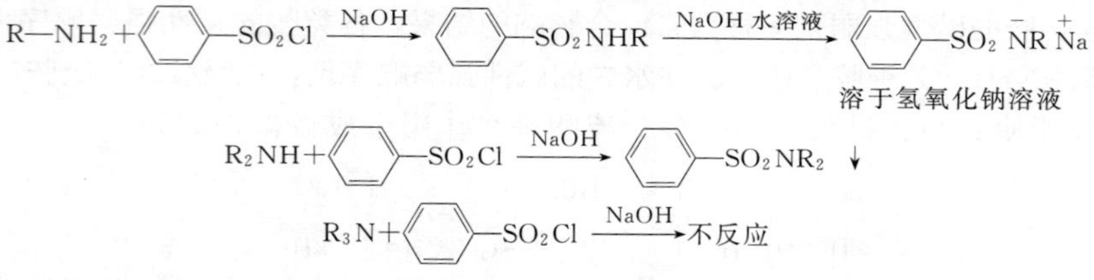

11.2.3.5 与亚硝酸反应

胺的结构不同，与亚硝酸反应的情况不同。由于亚硝酸不稳定，反应中一般用亚硝酸钠与盐酸或硫酸作用产生。

(1) 伯胺与亚硝酸的反应

脂肪伯胺与亚硝酸反应时生成重氮盐，但脂肪族重氮盐极不稳定，即使在低温下也会自动分解，定量地放出氮气而生成碳正离子，生成的碳正离子可发生各种反应而生成卤代烃、醇、烯等混合物，因此，在合成上没有价值。但基于这个反应放出的氮气是定量的，故可用于脂肪胺的定性和定量分析。例如：

$$CH_3CH_2NH_2 + NaNO_2 + HCl \longrightarrow [CH_3CH_2-\overset{+}{N}\equiv NCl^-] \longrightarrow CH_3\overset{+}{C}H_2 + Cl^- + N_2\uparrow$$

$$CH_3CH_2Cl \xleftarrow{Cl^-} CH_3\overset{+}{C}H_2 \xrightarrow{OH^-} CH_3CH_2OH$$

$$CH_3\overset{+}{C}H_2 \xrightarrow{-H^+} CH_2{=}CH_2$$

芳香族伯胺与亚硝酸在低温及过量强酸水溶液中反应生成芳香族重氮盐（diazonium salt），这一反应称为重氮化反应（diazotization）。例如：

$$\text{C}_6\text{H}_5\text{—NH}_2 + \text{NaNO}_2 + 2\text{HCl} \xrightarrow{0\sim5\text{℃}} \text{C}_6\text{H}_5\text{—}\overset{+}{\text{N}}\text{≡N Cl}^- + \text{NaCl} + 2\text{H}_2\text{O}$$

芳香族重氮盐易溶于水，在低温条件下是稳定的，但在室温条件下或者加热即可分解成酚类和放出氮气，而干燥时易爆炸，所以芳香族重氮盐的制备和使用都要在温度较低的酸性介质中进行。由于芳香族重氮盐的用途很广，在有机合成中非常重要，在本章重氮化合物中将继续讨论。

（2）仲胺与亚硝酸的反应

仲胺与亚硝酸作用，生成难溶于水的黄色油状或固体的 N-亚硝基胺。例如：

$$(\text{C}_2\text{H}_5)_2\text{NH} \xrightarrow{\text{NaNO}_2,\text{HCl}} (\text{C}_2\text{H}_5)_2\text{N—NO}$$
$$N\text{-亚硝基二乙胺（黄色油状液体）}$$

$$\text{C}_6\text{H}_5\text{—NHCH}_3 \xrightarrow{\text{NaNO}_2,\text{HCl}} \text{C}_6\text{H}_5\text{—N}\overset{\text{CH}_3}{\underset{\text{NO}}{|}}$$
$$N\text{-亚硝基-}N\text{-甲苯胺（黄色油状液体）}$$

大量的实验证明亚硝胺是一种强致癌物，现认为它在生物体内可以转化成活泼的烷基化试剂并可与核酸反应，这是它具有诱发癌变的原因。亚硝酸盐进入人体，在胃肠道会和仲胺作用生成亚硝胺，成为潜在的危险因素。过去腌制腊肉、火腿及制作罐头食品时常加入少量 NaNO_2 以防腐并保持色泽鲜艳，但这可产生亚硝胺，所以现在已基本禁止使用。

（3）叔胺与亚硝酸的反应

脂肪族叔胺的氮原子上没有氢原子，与亚硝酸作用只能生成不稳定的亚硝酸盐，该盐若以强碱处理则重新游离析出叔胺。例如：

$$\text{R}_3\text{N} + \text{HNO}_2 \longrightarrow \underset{\text{不稳定}}{\text{R}_3\overset{+}{\text{N}}\text{HNO}_2} \xrightarrow{\text{NaOH}} \text{R}_3\text{N} + \text{NaNO}_2 + \text{H}_2\text{O}$$

芳香族叔胺与亚硝酸作用，则发生环上的亲电取代反应——亚硝化反应。例如：

$$\text{C}_6\text{H}_5\text{—N(CH}_3)_2 \xrightarrow{\text{NaNO}_2,\text{HCl}} \text{ON—C}_6\text{H}_4\text{—N(CH}_3)_2$$
$$\text{对-亚硝基-}N,N\text{-二甲基苯胺}$$

由于各类胺与亚硝酸作用的产物不同，现象有明显差异，故常利用这些反应来鉴别伯、仲、叔胺。

11.2.3.6 胺的氧化

脂肪族胺和芳香胺均容易被氧化。脂肪族伯胺的氧化产物很复杂，以至于无实际意义；仲胺可用过氧化氢氧化成羟胺，但通常产率很低；叔胺用过氧化氢或过氧酸（RCOOOH）氧化，则生成氧化胺。例如：

$$\text{R}_2\text{NH} + \text{H}_2\text{O}_2 \longrightarrow \text{R}_2\text{N—OH} + \text{H}_2\text{O}$$
$$\text{R}_3\text{N} + \text{H}_2\text{O}_2 \longrightarrow \text{R}_3\overset{+}{\text{N}}\text{—O}^-$$

氧化胺具有四面体结构，与季铵盐相似，当氮原子所连的四个基团互不相同时，则存在对映异构现象。

芳胺也很容易被各种氧化剂氧化，甚至空气也能使芳胺氧化。例如，苯胺在空气中放置，也会因被氧化而导致颜色逐渐变深。用二氧化锰和硫酸或重铬酸钾和硫酸氧化苯胺，主要生成对苯醌。例如：

$$\text{C}_6\text{H}_5\text{—NH}_2 \xrightarrow[\text{稀 H}_2\text{SO}_4]{\text{MnO}_2} \text{O=C}_6\text{H}_4\text{=O}$$

11.2.3.7 芳胺苯环上的亲电取代反应

芳胺的氨基与羟基一样，对芳环上的亲电取代反应有较强的致活作用，因此芳胺表现出一些特殊的性质。

(1) 卤化反应

芳胺容易与氯或溴发生卤化反应。例如，在苯胺的水溶液中滴加溴水，则立即生成 2,4,6-三溴苯胺白色沉淀：

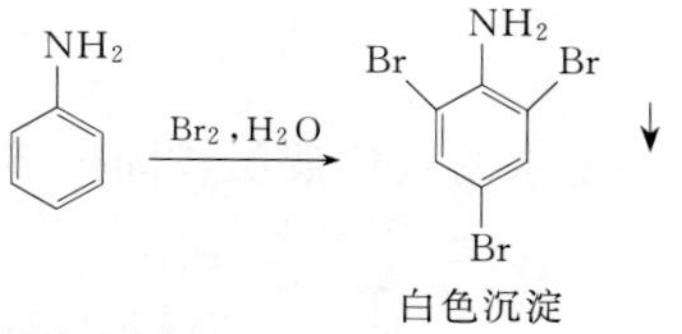

白色沉淀

此反应定量完成，可用于苯胺的定性和定量分析。

若想得到一卤代产物，可采用乙酰化保护氨基的方法。首先将氨基酰化转变成酰氨基，再进行溴化反应，溴化反应完成后再通过水解恢复氨基。例如：

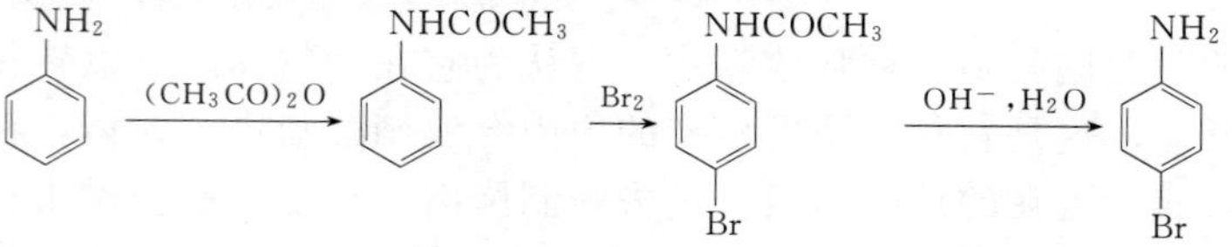

(2) 硝化反应

硝酸是较强的氧化剂，苯胺直接硝化时很容易被氧化。为了避免这一副反应，可先将苯胺置于浓硫酸中，使之成为硫酸氢盐，然后再硝化。例如：

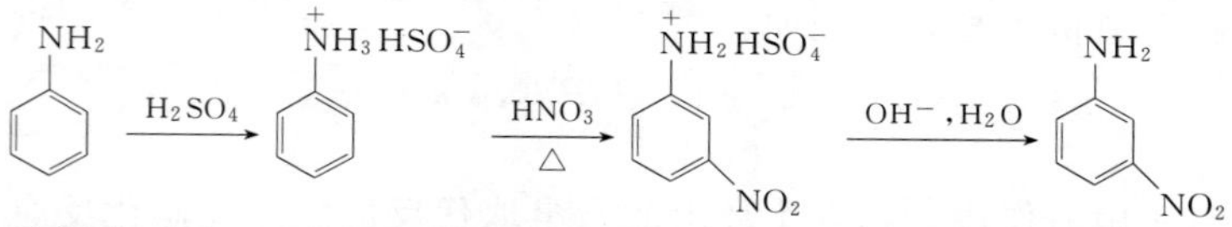

为了避免芳胺被氧化，还可采用乙酰化先将氨基保护起来，然后再依次硝化、水解，主要得到对位异构体。若制备邻硝基化合物，则需要将酰化后的芳胺先行磺化，然后再依次硝化、水解。例如：

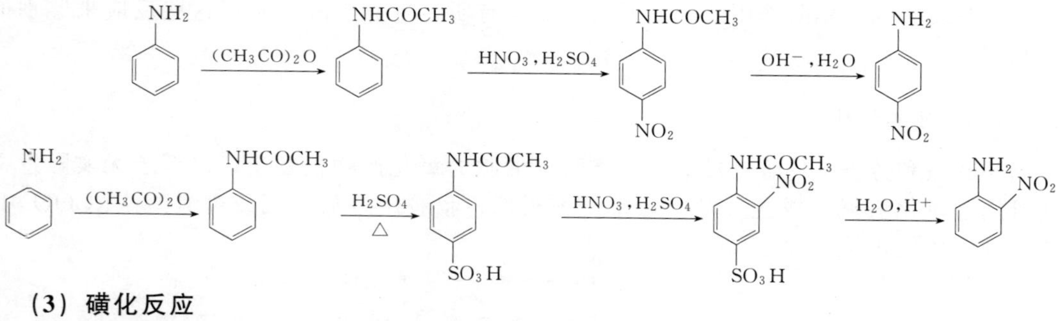

(3) 磺化反应

苯胺与浓硫酸反应，先生成苯胺硫酸氢盐，后者在 $180 \sim 190 ℃$ 时烘焙，则得到对氨基苯磺酸。例如：

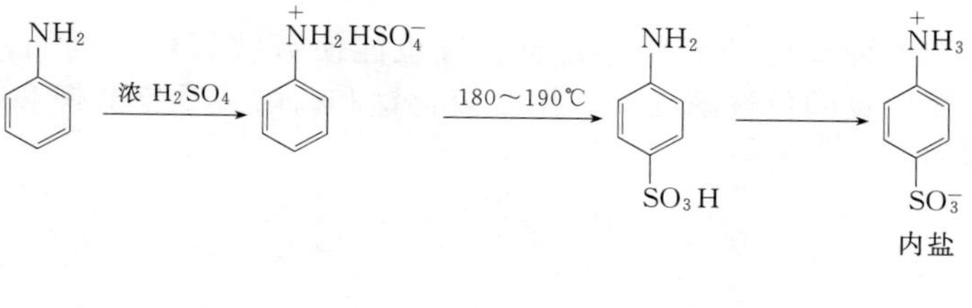

内盐

对氨基苯磺酸分子中既含有碱性的氨基，又含有酸性的磺酸基，是一种内盐结构。

11.2.4　胺的制法

11.2.4.1　氨或胺的烃基化

氨或胺都是亲核试剂，能与卤代烃反应，在烃基中引入氨或氨基。［见第 7 章 7.3.1(4) 和本章 11.2.3.2］。

11.2.4.2　腈和酰胺的还原

腈经催化加氢或用氢化铝锂还原可得到相应的伯胺；酰胺、N-取代酰胺和 N,N-二取代酰胺用氢化铝锂还原则分别得到相应的伯、仲和叔胺。例如：

$$NC(CH_2)_4CN \xrightarrow[\triangle]{Ni,H_2} H_2NCH_2(CH_2)_4CH_2NH_2$$

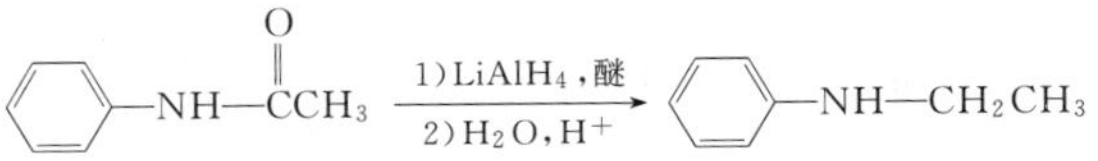

11.2.4.3　醛和酮的还原胺化

氨或伯胺与醛或酮发生缩合反应生成亚胺，亚胺在还原剂存在下可被还原成为相应的胺，这一过程称为还原胺化。例如：

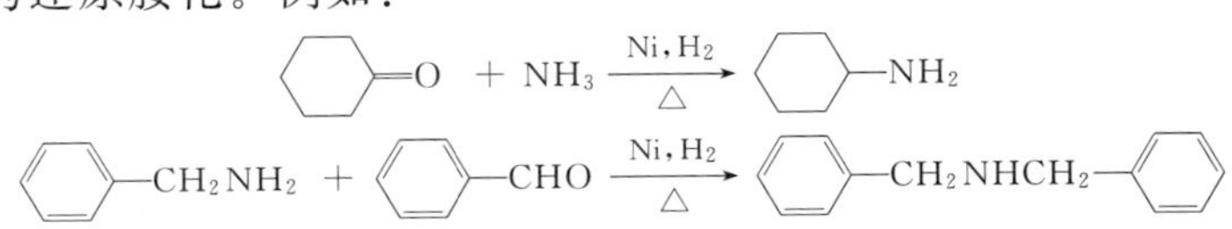

11.2.4.4　酰胺的霍夫曼消除

酰胺经霍夫曼消除得到比原来酰胺少一个碳原子的伯胺（见第 10 章 10.2.3.5）。例如：

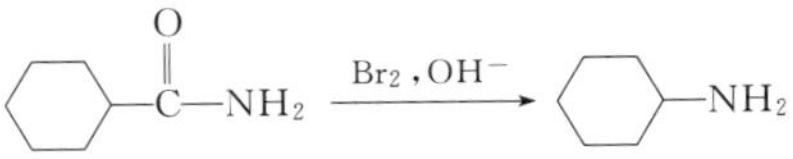

11.2.4.5　硝基化合物的还原

硝基化合物的还原是制备胺类化合物的重要方法。由于脂肪族硝基化合物不易制备，故硝基化合物的还原主要用于制备芳胺（见本章 11.1.3.2）。例如：

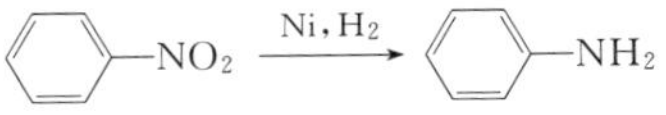

11.2.4.6　盖布瑞尔合成法

盖布瑞尔合成法是由邻苯二甲酸酐和氨反应，首先生成邻苯二甲酰亚胺，亚胺氮原子上的氢原子受两个羰基的吸电子效应影响而具有较强的酸性，能与氢氧化钾或氢氧化钠溶液作用生成盐。该盐的负离子具有亲核性，能与卤代烷发生 S_N2 反应，生成 N-烷基邻苯二甲酰亚胺，然后水解得到伯胺。例如：

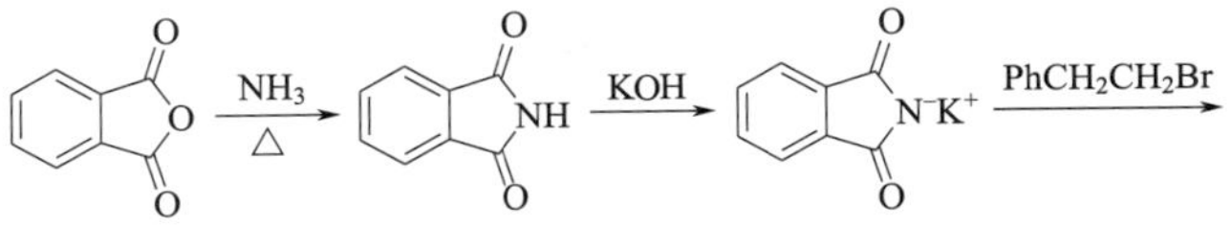

$$\text{(邻苯二甲酰亚胺-NCH}_2\text{CH}_2\text{Ph)} \xrightarrow[\triangle]{\text{NaOH, H}_2\text{O}} \text{(}\begin{array}{c}\text{COONa}\\\text{COONa}\end{array}\text{)} + \text{PhCH}_2\text{CH}_2\text{NH}_2$$

11.2.5 季铵盐和季铵碱

11.2.5.1 季铵盐和季铵碱的制备

氮原子上连有四个烃基的化合物叫季铵盐，季铵盐可由叔胺和卤代烃反应来制备。季铵盐加热分解又产生叔胺和卤代烃。例如：

$$\text{R}_3\text{N} + \text{RX} \longrightarrow \underset{\text{季铵盐}}{\text{R}_4\text{N}^+\text{X}^-}$$

$$\text{R}_4\text{N}^+\text{X}^- \xrightarrow{\triangle} \text{R}_3\text{N} + \text{RX}$$

季铵盐中的负离子被氢氧根取代后的化合物叫季铵碱。季铵碱是强碱，其碱性强度与氢氧化钠或氢氧化钾相当。季铵盐与强碱作用，不能使胺游离出来，而是得到季铵盐和季铵碱的平衡混合物。如果反应在醇溶液中进行，则由于碱金属的卤化物不溶于醇，能使反应进行到底。例如：

$$\text{R}_4\text{N}^+\text{X}^- + \text{KOH} \xrightleftharpoons{\text{H}_2\text{O}} \text{R}_4\text{N}^+\text{OH}^- + \text{KX}$$

$$\text{R}_4\text{N}^+\text{X}^- + \text{KOH} \xrightarrow{\text{醇}} \underset{\text{不溶于醇}}{\text{R}_4\text{N}^+\text{OH}^- + \text{KX}\downarrow}$$

用湿的氧化银代替氢氧化钾与季铵盐反应，则由于生成的卤化银难溶于水，反应也能顺利进行。例如：

$$2\text{R}_4\text{N}^+\text{X}^- + \text{Ag}_2\text{O} \xrightarrow{\text{H}_2\text{O}} 2\text{R}_4\text{N}^+\text{OH}^- + 2\text{AgX}\downarrow$$

滤去卤化银沉淀，再减压蒸发滤液，即可得到结晶的季铵碱。

11.2.5.2 季铵碱的分解

季铵碱受热发生分解反应。不含有 β-氢原子的季铵碱分解时，发生 $\text{S}_\text{N}2$ 反应，分解成叔胺和醇。例如：

$$\text{(CH}_3\text{)}_4\text{N}^+\text{OH}^- \xrightarrow{\triangle} \text{(CH}_3\text{)}_3\text{N} + \text{CH}_3\text{OH}$$

含有 β-氢原子的季铵碱分解时，发生消除反应生成烯烃、叔胺和水。例如：

$$\text{(CH}_3\text{)}_3\text{N}^+\text{CH}_2\text{CH}_3\text{OH}^- \xrightarrow{\triangle} \text{(CH}_3\text{)}_3\text{N} + \text{CH}_2\text{=CH}_2 + \text{H}_2\text{O}$$

上述消除过程中，OH^- 离子是进攻 β-氢原子的碱，而 $\text{(CH}_3\text{)}_3\text{N}$ 作为离去基团离去：

$$\underset{\overset{|}{\underset{+}{\text{N(CH}_3\text{)}_3}}}{-\text{C}-\text{C}-} \xrightarrow{\triangle} \text{(CH}_3\text{)}_3\text{N} + \text{C=C} + \text{H}_2\text{O}$$

当季铵碱分子中有两种或两种以上不同的 β-氢原子可被消除时，反应主要从含氢比较多的 β-碳原子上消去氢原子，即主要生成双键碳原子上烷基取代基较少的烯烃，这称为霍夫曼规则。例如：

$$\underset{\text{N(CH}_3\text{)}_3}{\overset{\beta'\quad\alpha\quad\beta}{\text{CH}_3\text{CH}_2-\text{CH}-\text{CH}_3}}\text{ OH}^- \xrightarrow{\triangle} \underset{95\%}{\text{CH}_3\text{CH}_2\text{CH=CH}_2} + \underset{5\%}{\text{CH}_3\text{CH=CHCH}_3} + \text{(CH}_3\text{)}_3\text{N} + \text{H}_2\text{O}$$

11.3　腈和异腈

腈可以看作是烃分子的氢原子被氰基（—CN）取代后的化合物，其通式为（Ar）RCN。异腈的通式可写成（Ar）RNC，异腈中异氰基的氮原子直接与碳原子相连，异腈和腈是同分异构体。

11.3.1　腈和异腈的命名

腈的命名可以根据腈分子中碳原子的个数称为某腈，异腈通常把异氰基作为取代基来命名。例如：

$$H_3C—CN \qquad \underset{\underset{CH_3}{|}}{\overset{\overset{H}{|}}{CH_3C—CN}} \qquad NCCH_2CH_2CH_2CH_2CN$$

乙腈　　　　　　　异丁腈　　　　　　　　丁二腈
acetonitrile　　　isobutyronitrile　　　succinonitrile

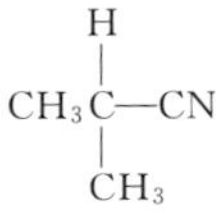

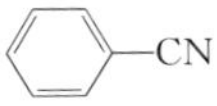

苯甲腈　　　　　　异氰基苯　　　　　　异氰基乙烷
benzonitrile　　　isocyanobenzene　　　isocycnoethane

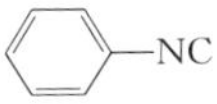

CH₃CH₂NC

11.3.2　腈的性质

分子量较小的低级腈是无色液体，高级腈是固体。氰基电负性比碳原子大，氰基是吸电子基团，腈分子是极性分子，分子之间的作用力较大，故其沸点比分子量相近的烃、卤代烃、醚等化合物沸点高，但比羧酸低。

乙腈与水混溶，而且可以溶解一些无机盐，所以乙腈在有机反应中是一种常用的溶剂。随着碳原子数增加，在水中溶解度迅速下降，丁腈以上已难溶或不溶于水。

11.3.3　腈和异腈的化学性质

11.3.3.1　腈的主要反应

在腈分子中，由于C≡N三键的存在，腈所发生的反应主要在氰基上。

（1）水解

腈在酸或碱的催化下，加热可水解为羧酸，这是制备羧酸的常用方法之一。例如：

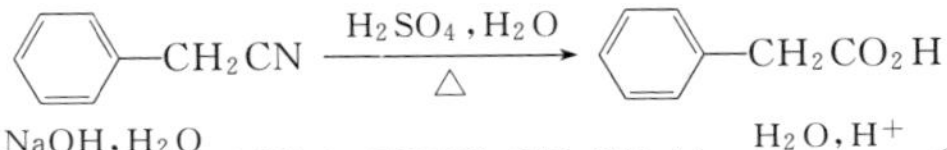

$$C_6H_5—CH_2CN \xrightarrow[\triangle]{H_2SO_4,H_2O} C_6H_5—CH_2CO_2H$$

$$(CH_3)_2CHCH_2CH_2CN \xrightarrow[\triangle]{NaOH,H_2O} (CH_3)_2CHCH_2CH_2CO_2Na \xrightarrow{H_2O,H^+} (CH_3)_2CHCH_2CH_2CO_2H$$

（2）与金属有机试剂反应

腈与金属有机试剂如格氏试剂可发生加成反应，加成产物水解后，可生成酮。例如：

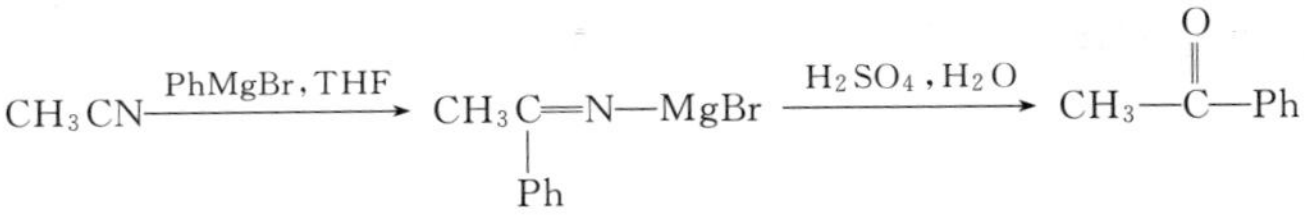

$$CH_3CN \xrightarrow{PhMgBr,THF} \underset{Ph}{CH_3C=N—MgBr} \xrightarrow{H_2SO_4,H_2O} CH_3\overset{O}{\overset{||}{C}}—Ph$$

（3）还原

腈用氢化铝锂还原或催化加氢均可生成伯胺。例如：

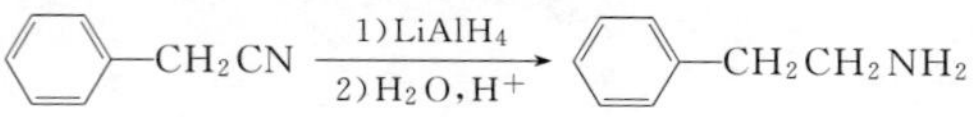

$$\text{（苯）}-CH_2CN \xrightarrow[2)H_2O,H^+]{1)LiAlH_4} \text{（苯）}-CH_2CH_2NH_2$$

$$NCCH_2CH_2CH_2CH_2CN \xrightarrow{Ni,H_2} H_2NCH_2CH_2CH_2CH_2CH_2CH_2NH_2$$

11.3.3.2 异腈的主要反应

（1）水解

异腈碱性条件下很稳定，在酸性条件下可水解成伯胺和甲酸。例如：

$$RNC \xrightarrow{H_2O,H^+} RNH_2 + HCOOH$$

（2）还原

异腈经催化加氢或其它方法还原，可生成仲胺。例如：

$$RNC \xrightarrow{Ni,H_2} RNHCH_3$$

（3）异构化

异腈和腈是同分异构体，在高温下，异腈可异构化为腈，说明腈的稳定性大于异腈。例如：

$$RNC \xrightarrow{300℃} RCN$$

（4）氧化

异腈可以被氧化汞氧化为异氰酸酯。例如：

$$RNC + HgO \longrightarrow R-N=C=O + Hg$$

异腈可由伯胺、氯仿、氢氧化钾通过下列反应来制备：

$$RNH_2 + CHCl_3 + 3KOH \xrightarrow{\triangle} R-NC + 2NaCl + 2H_2O$$

11.4 重氮化合物和偶氮化合物

重氮化合物和偶氮化合物都含有"—N=N—"官能团。该官能团的两端均与烃基相连的化合物称为偶氮化合物。例如：

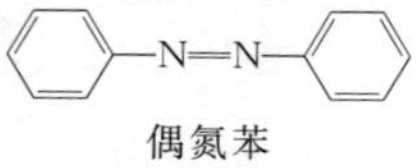

偶氮苯
azobenzene

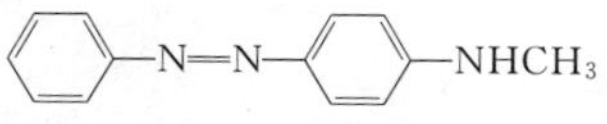

对甲氨基偶氮苯
4-(methylamino) azobenzene

$$CH_3-N=N-CH_3$$

偶氮甲烷
azomethane

如果该官能团只有一个氮原子与烃基相连，而另一个氮原子连接的基团不是烃基，这样的化合物叫做重氮化合物。例如：

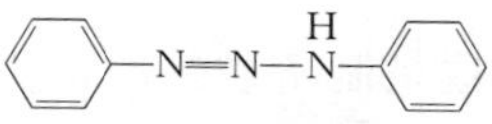

苯重氮氨基苯
1,3-diphenyltriaz-1-ene

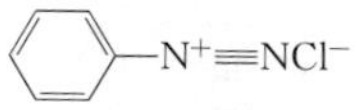

氯化重氮苯（苯重氮盐酸盐）
benzenediazonium chloride

在重氮化合物中，芳香族重氮盐在有机合成中有重要的意义。以下主要讨论芳香族重氮盐化合物。

11.4.1 芳香族重氮盐的结构和制备

芳香族重氮盐是离子型化合物，具有盐的性质，绝大多数重氮盐易溶于水，而不溶于有机溶剂。其结构一般表示为：$[ArN\equiv N]^+X^-$ 或简写成 $ArN_2^+X^-$。在重氮盐分子中 C—N—N 呈直线型，氮原子是以 sp 杂化轨道成键，苯环的 π 轨道和重氮离子的 π 轨道形成共轭体系，使芳香重氮盐在低温下强酸介质中能稳定存在数小时。苯重氮正离子的结构如图 11-6 所示。

重氮盐的稳定性与它的酸根及苯环上的取代基有关。干燥的盐酸或硫酸重氮盐极不稳定，受热或振动时容易发生爆炸，但它们的水溶液在低温下是稳定的。但大多数重氮盐即使保持在 0℃ 的水溶液中长时间放置也会缓慢地分解，温度升高，分解速率加快。因此一般重氮化反应都要在低温酸性水溶液中进行，并且应尽快使用。然而，氟硼酸重氮盐相当稳定，其固体在室温下也不分解，且水溶性很小，因此可以分离得到具有较高纯度的干燥的氟硼酸重氮盐。

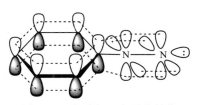

图 11-6 苯重氮正离子的结构

重氮盐是通过重氮化反应来制备的。制备时，通常是先将芳香伯胺溶于过量的盐酸（或硫酸）中，在冰水浴中（0～5℃）不断搅拌下逐渐加入亚硝酸钠溶液，直到溶液对淀粉碘化钾试纸呈蓝色为止，表明亚硝酸过量，反应完成。例如：

$$\text{C}_6\text{H}_5-\text{NH}_2 + \text{NaNO}_2 + 2\text{HCl} \xrightarrow{0\sim5℃} \text{C}_6\text{H}_5-\overset{+}{\text{N}}\equiv\text{NCl}^- + \text{NaCl} + 2\text{H}_2\text{O}$$

苯重氮盐酸盐

$$\text{C}_6\text{H}_5-\text{NH}_2 + \text{NaNO}_2 + 2\text{H}_2\text{SO}_4 \xrightarrow{0\sim5℃} \text{C}_6\text{H}_5-\overset{+}{\text{N}}\equiv\text{NHSO}_4^- + \text{NaHSO}_4 + 2\text{H}_2\text{O}$$

苯重氮硫酸盐

11.4.2 重氮盐的反应及其在有机合成中的应用

重氮盐是很活泼的化合物，能发生很多反应，是有机合成中重要的中间体。其反应归纳起来有两类：失去氮原子的反应和保留氮原子的反应。

11.4.2.1 重氮基被取代的反应（失去氮原子的反应）

重氮盐在一定条件下分解，重氮基被其它原子或基团取代，同时释放出氮气。

（1）重氮基被氢原子取代

重氮盐在次磷酸（H_3PO_2）或乙醇等还原剂作用下，重氮基被氢原子取代，生成芳烃。例如：

$$\text{H}_3\text{C}-\text{C}_6\text{H}_3(\text{NO}_2)-\overset{+}{\text{N}}_2\text{Cl}^- \xrightarrow{\text{H}_3\text{PO}_2 \text{ 或 } \text{C}_2\text{H}_5\text{OH}} \text{H}_3\text{C}-\text{C}_6\text{H}_3(\text{NO}_2)-\text{H}$$

采用乙醇作还原剂时，会生成副产物醚，同时与用乙醇作还原剂相比，用次磷酸作还原剂产率一般较高，因此在该反应中通常采用次磷酸。

此反应在有机合成中很重要。由于氨基是很强的邻、对位定位基，通过在芳环上引入氨基和去氨基的方法，可以合成得到其它方法不易或不能得到的一些化合物。例如，1,3,5-三溴苯不能通过苯直接溴化的方法得到，但采用此方法很方便：

$$\text{C}_6\text{H}_5\text{NH}_2 \xrightarrow{\text{Br}_2} \text{(2,4,6-三溴苯胺)} \xrightarrow[0\sim5℃]{\text{NaNO}_2, \text{H}_2\text{SO}_4} \text{(重氮盐)} \xrightarrow{\text{H}_3\text{PO}_2} \text{(1,3,5-三溴苯)}$$

又如，间溴异丙苯可用异丙苯为原料，通过在对位引入强的邻、对位定位基氨基，然后去氨基的方法合成得到：

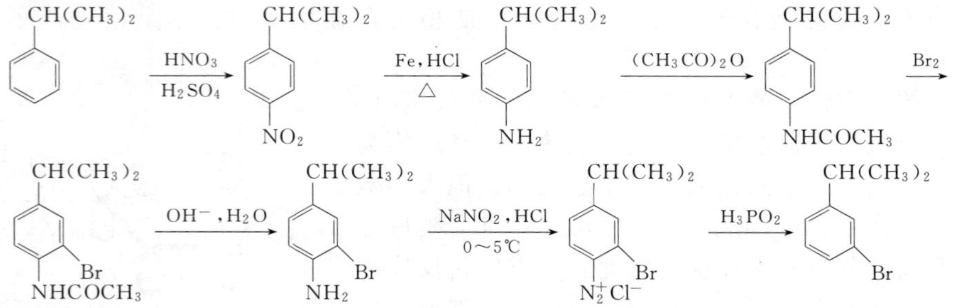

（2）重氮基被羟基取代

加热芳香族重氮盐的酸性水溶液，即有氮气放出，同时生成酚类化合物，又可称为重氮盐的水解反应。这是由氨基通过重氮盐制备羟基最常用的方法。例如：

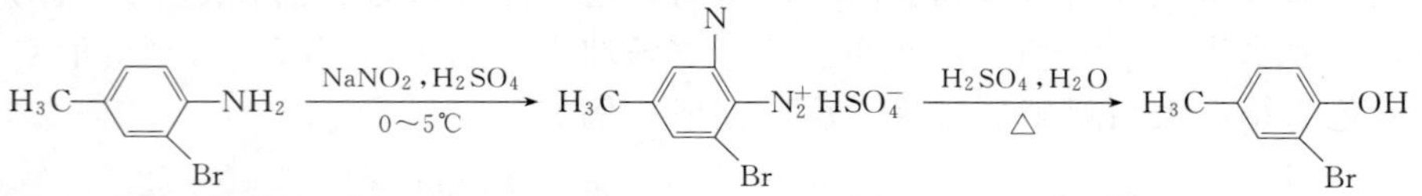

重氮盐的水解反应分两步进行。首先是重氮正离子失去 N_2，生成苯基正离子，这是决定反应速率的一步。苯基正离子非常活泼，一旦生成立即与溶液中亲核的水分子反应生成酚。这类反应是芳环上的单分子亲核取代反应（S_N1）。例如：

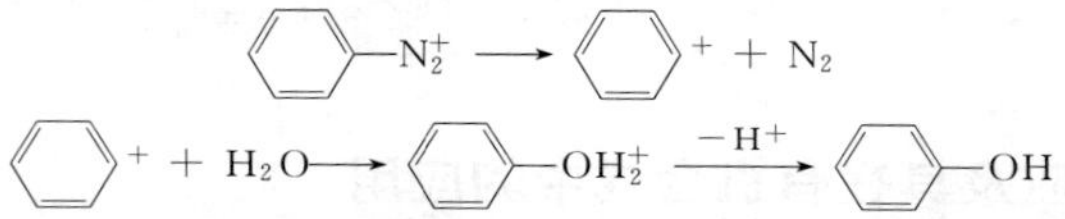

在芳香重氮盐的水解反应中，宜用硫酸重氮盐，而不用氯化重氮盐，是因为盐酸重氮盐会带来氯取代的副产物。氯离子的亲核性比水分子的亲核性强，从而引起竞争反应生成氯化物。与此相反，HSO_4^- 离子的亲核性弱，不会产生竞争性反应。故反应的主要产物是酚。重氮盐的水解反应必须在强酸性溶液中进行，以免生成的酚与未作用的重氮盐发生偶联反应。

（3）重氮基被卤原子取代

在氯化亚铜的盐酸溶液中，芳香族重氮盐分解，放出氮气，同时重氮基被氯原子取代。若用重氮氢溴酸盐和溴化亚铜反应，则得到相应的溴化物。此反应称为桑德迈尔（Sandmeyer）反应。例如：

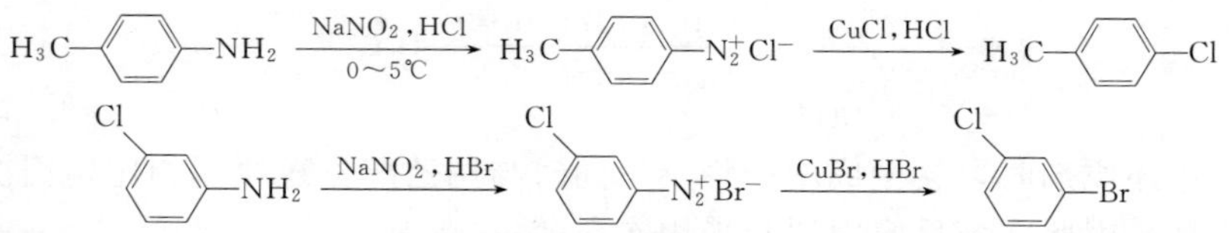

在制备溴化物时，也可以采用硫酸代替氢溴酸进行重氮化，因为它对溴化物的产率影响极其轻微，且价格便宜。但不能用盐酸代替，否则将得到氯化物和溴化物的混合物。将碘化亚铜或氟化亚铜用于桑德迈尔反应，不能得到相应的碘化物或氟化物。

用铜粉代替氯化亚铜或溴化亚铜，加热分解重氮盐，也可得到相应的卤化物，此反应称为加特曼（Gattermann）反应。例如：

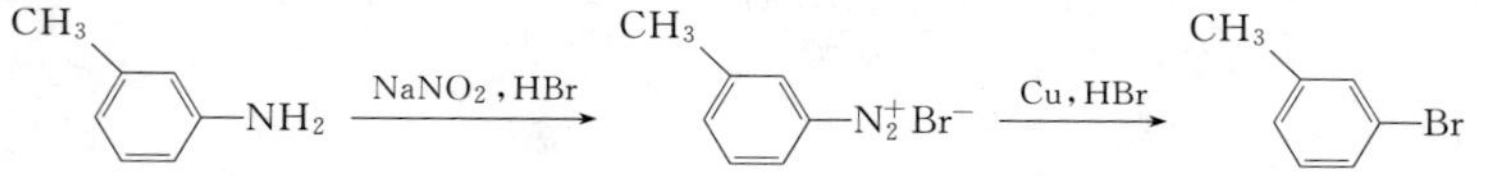

虽然此反应操作比桑德迈尔反应简单，但除个别反应外，产率一般比桑德迈尔反应略低。

在芳环上直接碘化比较困难，但重氮基比较容易被碘负离子取代。加热重氮盐的碘化钾溶液，即可生成相应的碘化物，产率较高。例如：

$$\underset{}{\text{C}_6\text{H}_5-\text{NH}_2} \xrightarrow[0\sim5\text{℃}]{\text{NaNO}_2,\text{HCl}} \text{C}_6\text{H}_5-\overset{+}{\text{N}}_2\text{Cl}^- \xrightarrow[\triangle]{\text{KI}} \text{C}_6\text{H}_5-\text{I}$$

将氟硼酸加到重氮盐的溶液中，即可生成不溶解的氟硼酸盐沉淀，抽滤、洗涤、干燥后加热分解，即可得到相应的氟化物。此反应称为席曼（Schiemann）反应。例如：

$$\text{（结构式）}-\overset{+}{\text{N}}_2\text{Cl}^- \xrightarrow{\text{HBF}_4} \text{（结构式）}-\overset{+}{\text{N}}_2\text{BF}_4^- \xrightarrow[\text{2)加热分解}]{\text{1)过滤,干燥}} \text{（结构式）}-\text{F}$$

在有机合成中，利用重氮基被卤原子取代的反应，可制备某些采用直接卤化法不易或不能得到的卤代芳烃类化合物。

（4）重氮基被氰基取代

芳香族重氮盐与氰化亚铜的氰化钾的水溶液作用，或在铜粉存在下和氰化钾溶液作用，重氮基被氰基取代生成芳香腈类化合物，前者属于桑德迈尔反应，后者属于加特曼反应。例如：

$$\text{H}_3\text{C}-\text{（结构式）}-\text{NH}_2 \xrightarrow[0\sim5\text{℃}]{\text{NaNO}_2,\text{HCl}} \text{H}_3\text{C}-\text{（结构式）}-\overset{+}{\text{N}}_2\text{Cl}^- \xrightarrow{\text{CuCN,KCN}} \text{H}_3\text{C}-\text{（结构式）}-\text{CN}$$

由于苯环上直接氰化是不可能的，因此，由重氮基引入氰基的方法是非常重要的。氰基水解可转变成羧基，还原可转变成氨甲基，因此可通过重氮盐把芳环上的氰基转变成羧基、氨甲基等，这在有机合成中是很有意义的。例如：

$$\text{H}_3\text{C}-\text{（结构式）}-\text{CH}_2\text{NH}_2 \xleftarrow[\text{2)H}_2\text{O}]{\text{1)LiAlH}_4} \text{H}_3\text{C}-\text{（结构式）}-\text{CN} \xrightarrow[\triangle]{\text{H}_3\text{O}^+} \text{H}_3\text{C}-\text{（结构式）}-\text{COOH}$$

11.4.2.2　保留氮原子的反应

保留氮原子的反应，即反应后重氮盐分子中重氮基的两个氮原子仍保留在产物的分子中。

（1）还原反应

重氮盐与二氯化锡和盐酸、亚硫酸钠、亚硫酸氢钠、二氧化硫等还原剂作用，被还原成芳肼。例如：

$$\text{（结构式）}-\overset{+}{\text{N}}_2\text{Cl}^- \xrightarrow{\text{SnCl}_2,\text{HCl}} \text{（结构式）}-\overset{\text{N}}{\underset{\text{H}}{\text{N}}}-\text{NH}_2$$

（2）偶合反应

在适当的酸碱条件下，重氮盐可与某些酚或芳胺等连有强供电子基团的芳香族化合物发生亲电取代反应，生成分子中含有偶氮基（ —N═N— ）的偶氮化合物，该类反应称为偶合反应或偶联反应。

由于电子和空间效应的影响，反应主要发生在强供电子基如羟基、氨基等的对位。当其对位已被其它取代基占据时，则发生在其邻位但不会发生在间位。重氮盐与酚的偶合通常在弱碱性（pH＝8～10）条件下进行，而重氮盐与芳胺的偶合反应通常在弱酸性（pH＝5～7）条件下进行。例如：

$$\text{（结构式）}-\overset{+}{\text{N}}_2\text{Cl}^- + \text{HO}-\text{（结构式）} \xrightarrow[0\text{℃,pH}\approx10]{\text{NaOH,H}_2\text{O}} \text{（结构式）}-\text{N}═\text{N}-\text{（结构式）}-\text{OH}$$

$$\text{（结构式）}-\overset{+}{\text{N}}_2\text{Cl}^- + \text{H}_3\text{C}-\text{（结构式）}-\text{OH} \xrightarrow[0\text{℃,pH}\approx10]{\text{NaOH,H}_2\text{O}} \text{（结构式）}-\text{N}═\text{N}-\text{（结构式，含CH}_3\text{和HO）}$$

重氮盐与酚的偶合之所以在弱碱性条件下进行，是因为碱能够将酚羟基（—OH）转变为—O⁻，后者是比前者更强的致活定位基，有利于亲电取代反应的进行。但不能在强碱（pH>10）溶液中进行，因为强碱能使重氮盐转变成重氮酸或其盐，不能发生偶合反应。

例如：

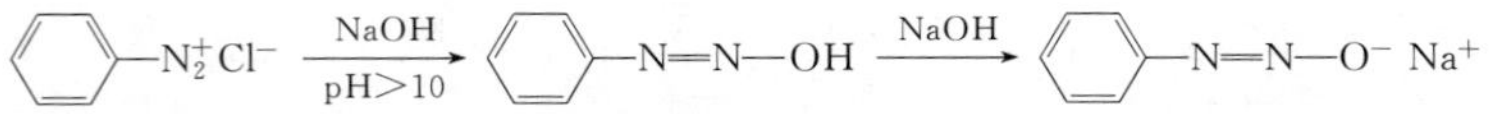

$$\langle\text{—}\rangle\text{—N}_2^+\text{Cl}^- \xrightarrow[\text{pH}>10]{\text{NaOH}} \langle\text{—}\rangle\text{—N=N—OH} \xrightarrow{\text{NaOH}} \langle\text{—}\rangle\text{—N=N—O}^-\text{Na}^+$$

重氮盐，能偶合   重氮酸，不能偶合   重氮酸盐，不能偶合

重氮盐与芳胺的偶合在弱酸性（pH＝5～7）条件下进行，是因为此时重氮正离子浓度最大，有利于偶合反应；另外，在弱酸性溶液中胺转变为铵盐，增加了胺的溶解度，同时由于反应是可逆的，胺仍能与重氮正离子偶合，随着胺的消耗，铵盐又转变成为胺而进行偶合反应。若在强酸溶液中进行，则胺基本变成了铵盐，铵基是吸电子基，使反应进行很慢甚至不能进行。

11.4.3　偶氮化合物与偶氮染料

芳香族偶氮化合物大多具有颜色，且性质稳定，因此广泛应用于合成染料和指示剂，因分子中含有偶氮基团，故称为偶氮染料。偶氮染料分子中除偶氮基团，还有一些吸电子或供电子基团，可使染料颜色发生不同程度的变化，或使染料增加水溶性而便于染色，如羟基、磺酸基或羧基等，称为助色基团。有些偶氮染料可用作酸碱指示剂或生物切片的染色剂，如酸性橙Ⅱ常用于染羊毛、蚕丝等织物，也可用作生物染色剂；甲基橙则是常用的酸碱指示剂。

例如：

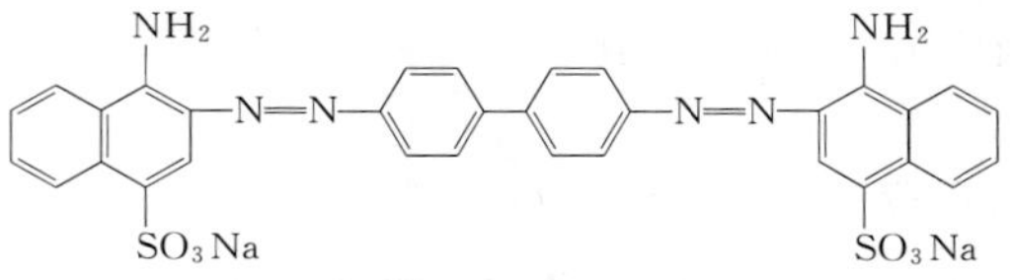

刚果红（染料）

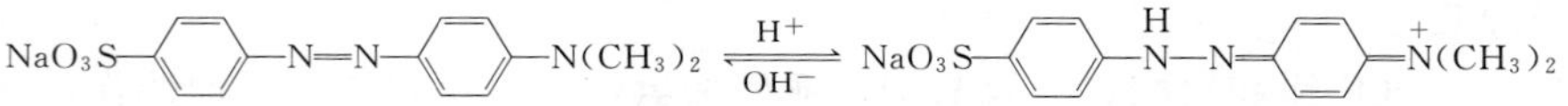

甲基橙（酸碱指示剂）

pH>4.4,黄色   pH<3.1,红色

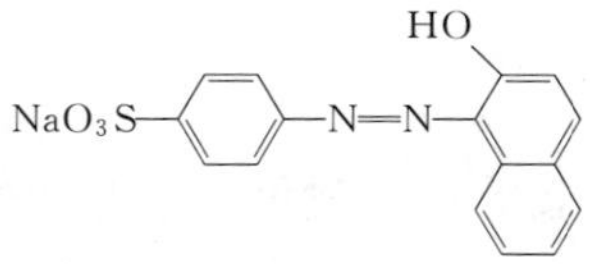

酸性橙Ⅱ 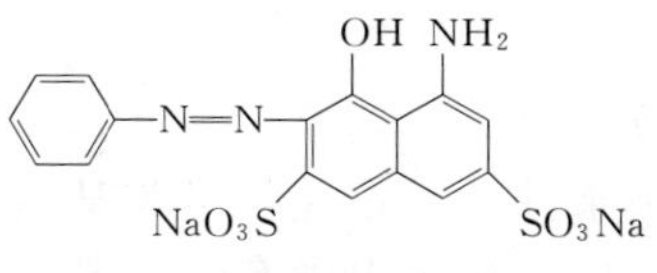   酸性大红 G

━━━━━ 习　题 ━━━━━

1. 分别指出下列化合物是芳胺还是脂肪胺，并指出其属于伯、仲、叔胺哪一类。

（1）$(CH_3)_3CNH_2$　　　　　（2）$\langle\text{—}\rangle\text{—N}(CH_3)_2$　　　　　（3）$\langle\text{—}\rangle\text{—NHCH}_3$

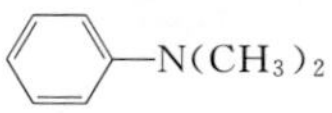

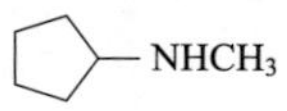

2. 用系统命名法命名下列化合物。

（1）$CH_3CH_2N(CH_3)_2$　　（2）含CH₂CH₃和NO₂取代基的苯　　（3）含N(CH₃)(C₂H₅)的苯　　（4）$CH_3CH_2NO_2$

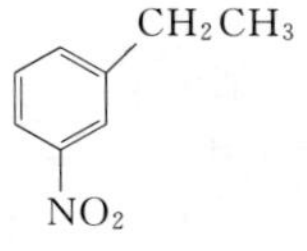

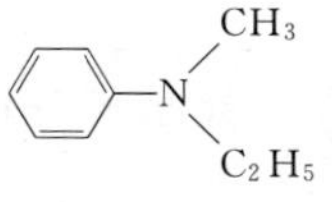

（5） 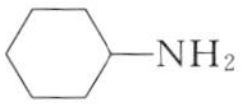 ⬡—NH₂　　（6） 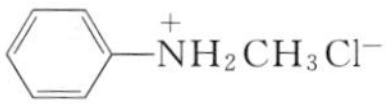 ⬡—N⁺H₂CH₃Cl⁻

（7） 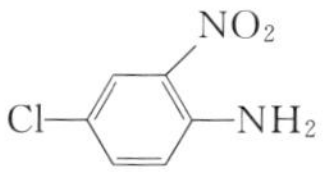 Cl—⬡(NO₂)—NH₂　　（8） 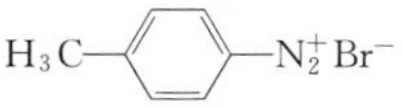 H₃C—⬡—N₂⁺Br⁻　　（9） 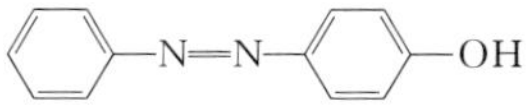 ⬡—N=N—⬡—OH

3. 写出下列化合物的结构式。

（1）二异丙胺　　　　　（2）氢氧化四丁基铵　　　（3）仲丁胺

（4）N,N-二甲基苯胺　　（5）4-溴-4′-羟基偶氮苯　　（6）丁-1,4-二胺（1,4-丁二胺）

（7）N-甲基苯磺酰胺　　（8）对氨基苯甲酸乙酯

（9）4-甲基苯-1,3-二胺(4-甲基-1,3-苯二胺)

4. 将下列各组化合物按碱性强弱顺序排列。

（1）A. 氨　　　　B. 苯胺　　　C. 二苯胺　　　D. N-甲基苯胺　　E. 乙胺

（2）A. 苯胺　　　B. 氨　　　　C. 环己胺

（3）A. 对甲苯胺　B. 苄胺　　　C. 2,4-二硝基苯胺　　D. 对硝基苯胺

5. 用化学方法鉴别下列各组化合物。

（1）A. 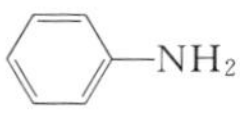 ⬡—NH₂　　　B. 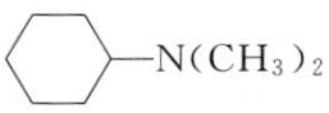 ⬡—N(CH₃)₂　　　C.  ⬡NH

（2）A. 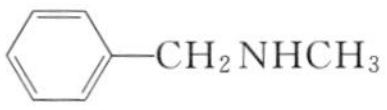 ⬡—CH₂NHCH₃　　B.  ⬡—CH₂N(CH₃)₂　　C. 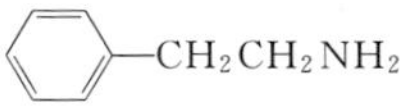 ⬡—CH₂CH₂NH₂

6. 用化学方法分离下列各组混合物。

(1) 由硝基苯、苯酚、苯胺和苯甲酸组成的混合物。

(2) 由苯胺、N-甲基苯胺和 N,N-二甲基苯胺组成的混合物。

7. 完成下列反应。

（1）H₃C—⬡—NO₂ —(Fe,HCl)→

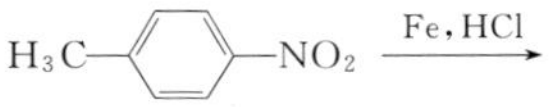

（2）⬡—CHO ＋CH₃CH₂NO₂ —(1) NaOH)(2) H₂O,△)→

（3）Cl—⬡—NO₂ ＋ CH₃CH₂ONa ⟶

（4）⬡—CH₂Br ＋ (CH₃)₃N ⟶

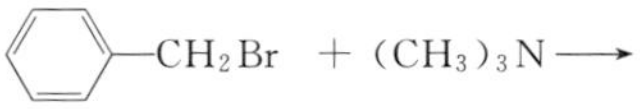

（5）⬡—CH₂NC —△→

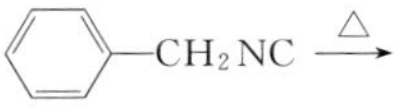

（6）⬡—CH₂CH₂C̲HCH₃ [N⁺(CH₃)₃OH⁻] —△→

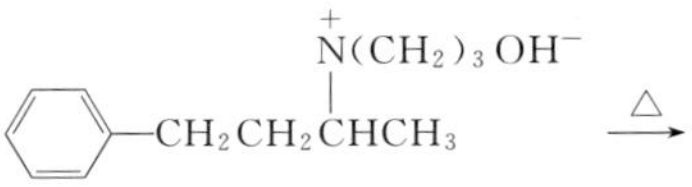

（7）⬡—NHCH₃ ＋ CH₃CH₂COCl ⟶

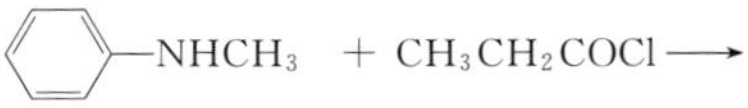

（8）⬡—NH₂ —(CH₃COCl)→ —(HNO₃/H₂SO₄)→ —(H₃O⁺)→

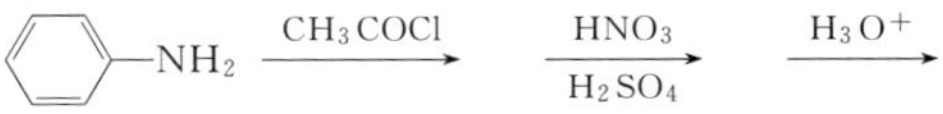

（9）H₃C—⬡—NH₂ —(NaNO₂,HCl/0~5℃)→ —(CuCN,KCN)→

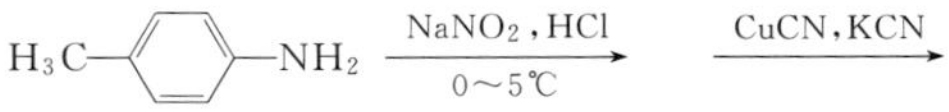

（10）⬡⬡—CH₂Cl —(NaCN)→ —(LiAlH₄)→ —((CH₃CO)₂O)→

8. 完成下列转变（必要的无机试剂及有机试剂任选）。

（1）丙烯⟶异丙胺　　　　　（2）正丁醇⟶正戊胺和正丙胺

（3）丙烯⟶丙胺　　　　　　（4）乙烯⟶丁-1,4-二胺

9. 由指定原料合成下列化合物（其它试剂任选）。

（1）由甲苯合成对氨基苯甲酸乙酯　　　　（2）由甲苯合成 3,5-二溴甲苯

（3）由苯合成间氯溴苯　　　　　　　　　（4）由甲苯合成间硝基甲苯

（5）由苯合成均三溴苯　　　　　　　　（6）由硝基苯合成对溴苯胺

（7）由对硝基甲苯合成 H₃C—⟨苯环⟩(NO₂)(NH₂)　　　　（8）由甲苯合成 ⟨苯环⟩(CN)(CN)

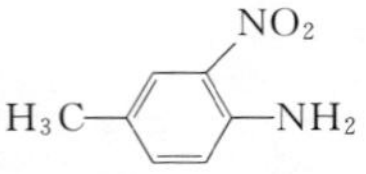

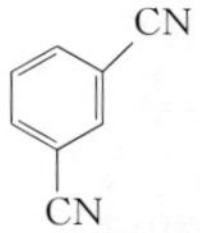

10. 某芳香族化合物 A 的分子式为 $C_7H_7NO_2$，用铁加盐酸还原得到碱性化合物 B(C_7H_9N)。B 与亚硝酸钠、盐酸在 0～5℃ 反应生成 C($C_7H_7ClN_2$)。C 的稀盐酸溶液同氰化亚铜加热生成 D(C_8H_7N)。将 D 用稀盐酸水解生成 E($C_8H_8O_2$)。E 被高锰酸钾氧化得化合物 F($C_8H_6O_4$)。加热 F 得酸酐 G($C_8H_4O_3$)。试写出 A～G 的结构式。

11. 某化合物 A 的分子式为 $C_7H_{15}N$。A 不能使溴的四氯化碳溶液褪色，能与亚硝酸作用放出气体，得到化合物 B($C_7H_{14}O$)。B 与浓硫酸共热得到化合物 C(C_7H_{12})。C 与高锰酸钾反应得到一氧化产物 D($C_7H_{12}O_3$)。D 与次碘酸钠作用生成碘仿和己二酸。试写出 A～D 结构式。

12. 某化合物 A 的分子式为 $C_5H_{11}NO_2$，还原后生成 B($C_5H_{13}N$)。B 用过量碘甲烷反应得到 C($C_8H_{20}NI$)。C 与湿的氧化银反应并加热得到三甲胺和 2-甲基-1-丁烯。试写出 A、B、C 的结构式。

第12章 含硫、含磷及含硅有机化合物

含硫、含磷和含硅有机化合物属于杂原子有机化合物，也称为元素有机化合物，它们都含有 C—Y 键（Y=S、P、Si 等杂原子），在生命科学和有机合成中有着重要的用途。

12.1 含硫有机化合物

12.1.1 含硫有机化合物的分类

分子中碳和硫直接相连的有机化合物称为有机含硫化合物（organosulfur compound），有机含硫化物都含有碳硫键。氧和硫在周期表中同为第六主族元素，它们的电子构型分别是氧为 $1s^2 2s^2 2p^4$，硫为 $1s^2 2s^2 2p^6 3s^2 3p^4$。由于这两种元素的价电子结构相似，因此硫能形成与含氧有机化合物相当的一系列含硫有机化合物，并且具有相似的化学性质（表 12-1）。

表 12-1　一些含氧有机化合物及对应的含硫有机化合物

含氧有机化合物		含硫有机化合物	
醇	ROH	硫醇	RSH
酚	ArOH	硫酚	ArSH
醚	R—C—R′	硫醚	R—S—R′
醛	$\overset{O}{\underset{}{R-\overset{\|}{C}-H}}$	硫醛	$\overset{S}{\underset{}{R-\overset{\|}{C}-H}}$
酮	$\overset{O}{\underset{}{R-\overset{\|}{C}-R'}}$	硫酮	$\overset{S}{\underset{}{R-\overset{\|}{C}-R'}}$
过氧化物	R—O—O—R′	二硫化物	R—S—S—R′
羧酸	$\overset{O}{\underset{}{R-\overset{\|}{C}-OH}}$	硫羰酸	$\overset{S}{\underset{}{R-\overset{\|}{C}-OH}}$
		硫羟酸	$\overset{O}{\underset{}{R-\overset{\|}{C}-SH}}$

氧和硫在形成二价化合物方面有类似之处，但在形成高价化合物方面两者有差别。硫原子与氧原子相比，硫原子半径较大，电负性较小，价电子离核较远，受到核的束缚力较小，3s 和 3p 电子激发后能进入 3d 轨道，利用 3d 轨道硫可形成四价或六价化合物，而氧则没有对应的化合物。例如，硫的四价有机化合物——亚砜和亚磺酸，六价有机化合物——砜和磺酸：

$$
\begin{array}{cccc}
& O & & O \\
& \parallel & & \parallel \\
& & R-S-R' & R-S-OH \\
O & O & \parallel & \parallel \\
\parallel & \parallel & O & O \\
R-S-R' & R-S-OH & & \\
\text{亚砜} & \text{亚磺酸} & \text{砜} & \text{磺酸}
\end{array}
$$

有机含硫化合物在数量上仅次于含氮和含氧化合物，它是一类重要的生物有机化合物。生物体内的许多含硫化合物有着多种多样的生理功能，是生命运动所不可缺少的物质。例如，含有巯基的辅酶 A 在生物合成和代谢中起重要作用；二硫键在蛋白质的结构中扮演着重要角色；有些含硫的有机化合物是重要的药物，如青霉素、头孢菌素、维生素 B_1 等；某些二巯基化合物是重要的重金属中毒或糜烂化学毒剂的解毒剂。

12.1.2 硫醇和硫酚

12.1.2.1 硫醇和硫酚的命名

硫醇（thiols）和硫酚（thiophenols）可看作是醇和酚分子中的氧原子被硫原子替代的化合物，通式分别为 R—SH 和 Ar—SH。—SH 称为巯基（mercapto group），它是硫醇和硫酚的官能团。

硫醇和硫酚的命名与醇和酚的命名相似，只是在相应的"醇"或"酚"字前面加一个"硫"字。英文命名通常以"thiol"结尾。例如：

$$\text{CH}_3\text{SH}\qquad \underset{\overset{|}{\text{SH}}}{\text{CH}_2}-\underset{\overset{|}{\text{SH}}}{\text{CH}}-\text{CH}_3 \qquad \text{CH}_2\text{=CHCH}_2\text{SH}$$

甲硫醇	丙-1,2-二硫醇	丙-2-烯-1-硫醇（烯丙硫醇）	苯硫酚
methanthiol	propane-1,2-dithiol	prop-2-ene-thiol	benzenethiol

12.1.2.2 硫醇和硫酚的物理性质

分子量较低的硫醇最特殊的物理性质是具有极其难闻的臭味，如乙硫醇在空气中的浓度达 $10^{-11}\text{g}\cdot\text{L}^{-1}$ 时，即能被人所感觉到其臭味。工业上常把低级硫醇作为臭味剂使用，如在燃料气中加入少量叔丁硫醇或乙硫醇来提示人们对煤气管道漏气的警觉。黄鼠狼释放的臭气中含有 3-甲基-1-丁硫醇和 2-丁烯-1-硫醇。烯丙硫醇具有大蒜的气味。随着硫醇碳原子数增加，臭味逐渐变弱，大于 9 个碳的硫醇已没有臭味。硫酚与硫醇相似，分子量较低的硫酚也具有难闻的气味。

由于硫的电负性比氧小，而原子半径又比氧大，硫醇和硫酚形成分子间氢键的能力较弱，较难缔合。因此它们与相应的醇和酚相比沸点较低，在水中溶解度也较小。例如，甲醇的沸点为 65℃，而甲硫醇的沸点为 6℃；苯酚的沸点为 181.4℃，而苯硫酚的沸点为 168℃。乙醇与水能以任意比互溶，而乙硫醇在水中的溶解度只有 1.5g。

12.1.2.3 硫醇和硫酚的制备

实验室中常用硫脲与卤代烷反应制备硫醇，例如：

$$\underset{NH_2CNH_2}{\overset{S}{\|}} + CH_3CH_2Br \longrightarrow \underset{NH_2CNH_2}{\overset{S^+-CH_2CH_3Br^-}{\|}} \xrightarrow[2)H_3O^+]{1)NaOH,H_2O} \underset{NH_2CNH_2}{\overset{O}{\|}} + CH_3CH_2SH$$

也可通过卤代烷与氢硫化钾反应制备硫醇：

$$RX + KSH \longrightarrow RSH + KX$$

在酸性条件下，用锌还原磺酰氯可制备硫酚，例如：

$$\text{〇}-SO_2Cl \xrightarrow{Zn,H_2SO_4} \text{〇}-SH$$

12.1.2.4　硫醇和硫酚的化学性质

(1) 酸性

硫原子半径比氧原子半径大，硫氢键的键长（0.182nm）比氧氢键的键长（0.144nm）长，易被极化，使得巯基中的氢比羟基中的氢容易解离，因而硫醇、硫酚的酸性比相应的醇、酚的酸性强。例如：乙硫醇（$pK_a=10$）的酸性比乙醇（$pK_a=15.9$）强得多；苯硫酚（$pK_a=7.8$）的酸性比苯酚（$pK_a=10$）强得多。

硫醇和硫酚能与氢氧化钠反应生成稳定的钠盐。例如：

$$RSH + NaOH \longrightarrow RS^-Na^+ + H_2O$$

硫醇和硫酚还能与重金属（Hg^{2+}、Bb^{2+}、Ag^+、Cu^{2+} 等）的氧化物或盐作用，生成不溶于水的硫醇盐。例如：

$$2RSH + HgO \longrightarrow Hg(SR)_2 + H_2O$$
$$2RSH + Pb(CH_3COO)_2 \longrightarrow PbSR_2 + 2CH_3COOH$$

医学上利用硫醇与重金属生成稳定盐的性质，制备了几种水溶性较大的邻二硫醇类化合物，作为重金属中毒的解毒剂。常用的是二巯基丙醇，它可以与汞等重金属结合形成稳定的螯合物从尿液中排出。

(2) 氧化反应

硫氢键比氧氢键容易断裂，所以硫醇远比醇易被氧化，并且硫醇的氧化不像醇那样发生在与羟基相连的 α-碳原子上，而是在硫原子上，在空气中与温和的氧化剂，如碘、稀过氧化氢、次碘酸钠等作用，硫醇被氧化成二硫化物（disulfides）。例如：

$$2RSH + I_2 \xrightarrow{C_2H_5OH,H_2O} RSSR + 2HI$$

二硫化合物中含有二硫键（—S—S—）（disulfide bond），它可以用温和的还原剂（如 $NaHSO_3$、$Zn+HAc$）还原成硫醇。例如：

$$RSSR \xrightarrow{[H]} 2RSH$$

硫醇在强氧化剂（如硝酸、高锰酸钾等）作用下，经过中间产物次磺酸、亚磺酸，最后生成磺酸。例如：

$$RSSR \xrightarrow{[O]} \left[RSOH \longrightarrow \underset{}{\overset{O}{\underset{\|}{R}}SOH} \right] \longrightarrow \underset{\underset{O}{\|}}{\overset{O}{\|}}RSOH$$

(3) 亲核取代反应

硫原子比氧原子易于极化，因而硫醇和硫酚比相应的醇和酚亲核性强，硫负离子比相应的氧负离子的亲核性强，即 $RS^->RO^-$，$ArS^->ArO^-$。

硫醇和硫酚在碱性溶液中与卤代烷可发生 S_N2 反应，生成相应的硫醚。例如：

$$CH_3CH_2SNa + (CH_3)_2CHCH_2Br \longrightarrow CH_3CH_2SCH_2CH(CH_3)_2 + NaBr$$

$$\text{〈苯环〉—SNa} + \text{CH}_3\text{CH}_2\text{I} \longrightarrow \text{〈苯环〉—SCH}_2\text{CH}_3 + \text{NaI}$$

硫醇也可与醛或酮发生亲核加成反应，生成相应的硫缩醛或硫缩酮。硫缩醛或硫缩酮不像缩醛或缩酮那样，容易分解为原来的醛或酮，所以一般不用于保护基团，但它们可以通过催化氢化脱硫。利用这一反应，可以将羰基转化为甲叉基。

$$\text{HSCH}_2\text{CH}_2\text{SH} + \underset{R}{\overset{O}{\underset{|}{C}}}\text{R}' \xrightarrow{H^+} \underset{R}{\overset{S \quad S}{\underset{R'}{C}}} \xrightarrow{\text{Ni, H}_2} \text{RCH}_2\text{R}' + \text{CH}_3\text{CH}_3 + \text{NiS}$$

硫醇在碱性条件下，可与直接连有吸电子基团的碳碳双键发生亲核加成反应。例如：

$$(\text{CH}_3)_3\text{CSH} + \text{CH}_2=\text{CH}-\text{CN} \xrightarrow[\text{CH}_3\text{OH}]{\text{CH}_3\text{ONa}} (\text{CH}_3)_3\text{CSCH}_2\text{CH}_2\text{CN}$$

硫醇还能与羧酸、酰卤或酸酐等发生亲核加成-消除反应，生成硫代酸酯。例如，在生物体内的糖、脂肪等代谢中起重要作用的乙酰辅酶 A，就是通过辅酶 A 与乙酸反应的产物：

$$\text{CoA}-\text{SH} + \text{CH}_3\overset{O}{\overset{||}{C}}\text{OH} \longrightarrow \text{CH}_3\overset{O}{\overset{||}{C}}\text{O}-\text{SCoA} + \text{H}_2\text{O}$$

12.1.3 硫醚

硫醚（thioether）可看作是醚分子中的氧原子被硫原子替代的化合物。其通式为 R—S—R，硫醚键（C—S—C）是硫醚的官能团。硫醚跟醚一样，也可分为单硫醚和混硫醚。

12.1.3.1 硫醚的命名

硫醚的命名与醚相似，只需在相应的"醚"字之前加一个"硫"字即可。英文命名在两个烃基名称之后加单词"sulfide"。例如：

$$\text{CH}_3\text{CH}_2\text{SCH}_2\text{CH}_3 \qquad\qquad \text{CH}_3\text{CH}_2\text{SCH}(\text{CH}_3)_2 \qquad\qquad \text{〈苯环〉—SCH}_3$$

乙硫醚　　　　　　　异丙基乙基硫醚（旧版：乙基异丙基硫醚）　　甲苯硫醚（旧版：苯甲硫醚）
diethyl sulfide　　　　isopropylethyl sulfide　　　　　methylphenyl sulfide

12.1.3.2 硫醚的性质

低级硫醚是无色液体，有臭味，不溶于水。它们与相应的醚相比，具有较高的沸点。例如，甲醚的沸点为 $-23.6℃$，而甲硫醚的沸点为 $37.6℃$。

(1) 氧化反应

硫醚很容易被氧化：在室温下，硫醚可被三氧化铬、高碘酸或过氧化氢氧化成亚砜；在高温下，硫醚被发烟硝酸、高锰酸钾等强氧化剂氧化成砜。

$$\text{CH}_3\overset{O}{\overset{||}{S}}\text{CH}_3 \xleftarrow{\text{发烟 HNO}_3} \text{CH}_3\text{SCH}_3 \xrightarrow{\text{H}_2\text{O}_2} \text{CH}_3\overset{O}{\overset{||}{S}}\text{CH}_3$$

二甲基亚砜（dimethyl sulfoxide，DMSO）为无色液体，沸点 $189℃$，极性强，可与水混溶，它既能溶解有机物，又能溶解无机物，是一种优良的非质子极性溶剂。二甲基亚砜对皮肤有较强的穿透力，当药物溶于 DMSO 中可促使药物渗入皮肤，因此可作为药物的促渗剂。

硫醚类药物在代谢过程中可被氧化成亚砜或砜。有些硫醚药物的代谢氧化产物可提高生物活性；有些硫醚药物代谢氧化后才具有生物活性。例如，抗精神失常药物硫利哒嗪经氧化代谢后生成亚砜化合物美索哒嗪，其抗精神失常活性比硫利哒嗪高一倍：

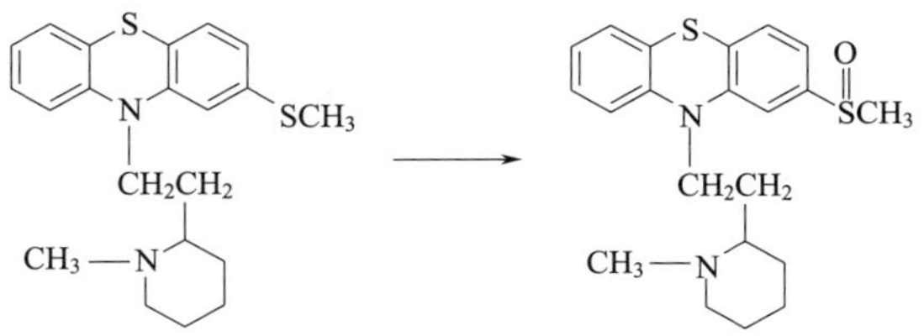

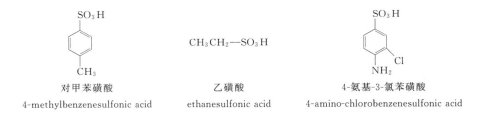

（2）锍盐的生成

硫醚与卤代烷容易发生亲核取代反应，生成锍盐。硫醚比醚的亲核性强得多。例如：

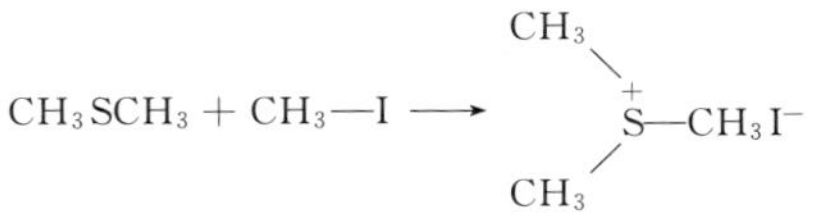

$$CH_3SCH_3 + CH_3{-}I \longrightarrow \overset{\underset{\displaystyle CH_3}{|}}{\underset{\underset{\displaystyle CH_3}{|}}{\overset{+}{S}}}{-}CH_3 I^-$$

锍盐自身也是一个烷基化试剂，与其它亲核试剂作用，硫醚作为离去基团离去。例如：

$$CH_3CH_2CH_2NH_2 + CH_3{-}\overset{+}{S}(CH_3)_2 \longrightarrow CH_3CH_2CH_2\overset{+}{N}H_2CH_3 + CH_3SCH_3$$

这种甲基转移反应在生物合成中有重要的作用，肾上腺素的生物合成就是通过锍盐参与的甲基转移反应来实现的。

12.1.4　磺酸

磺酸（RSO_3H）可看作是硫酸分子中的氢原子被烃基替代的化合物。磺基（$-SO_3H$）是磺酸的官能团。

12.1.4.1　磺酸的命名

磺酸的命名通常以磺酸作为母体。例如：

对甲苯磺酸　　　　　　　乙磺酸　　　　　　　4-氨基-3-氯苯磺酸
4-methylbenzenesulfonic acid　　ethanesulfonic acid　　4-amino-chlorobenzenesulfonic acid

12.1.4.2　磺酸的制备

（1）直接磺化法

由芳烃的直接磺化反应制备芳基磺酸［见第 4 章 4.4.1(3)］。例如：

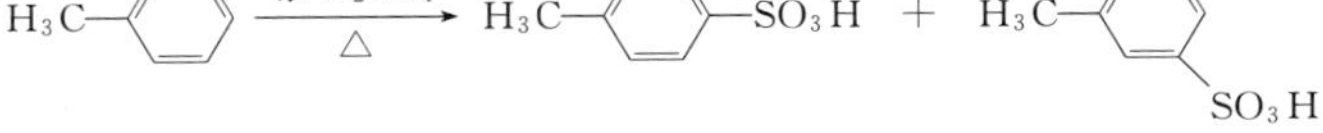

97%　　　　　　　3%

（2）间接磺化法

通过含有活泼卤原子的卤代烃与亚硫酸盐（如亚硫酸钠、亚硫酸钾、亚硫酸氢钠等）的亲核取代反应生成磺酸盐，再经酸化得到磺酸。间接磺化法既可制备脂肪族磺酸，也可制备芳香族磺酸。例如：

$$\text{C}_6\text{H}_5-\text{CH}_2\text{Cl} \xrightarrow[\triangle]{\text{Na}_2\text{SO}_3} \text{C}_6\text{H}_5-\text{CH}_2\text{SO}_3\text{Na} \longrightarrow \text{C}_6\text{H}_5-\text{CH}_2\text{SO}_3\text{H}$$

12.1.4.3 磺酸的物理性质

脂肪族磺酸一般为黏稠状液体，芳香族磺酸都是固体。磺酸与硫酸一样，具有极强的吸湿性，不溶于一般的有机溶剂而易溶于水。磺酸的钠、钾、钙、钡、铅盐均溶于水。因此，在有机分子中引入磺酸基，可显著增加其水溶性，这在制药、印染及表面活性剂等应用中具有十分重要的意义。

12.1.4.4 磺酸的化学性质

脂肪族磺酸的应用比较少，芳香族磺酸应用比较广。芳香族磺酸的反应与芳烃相似，为亲电取代反应，但是磺酸基为钝化基团，因此活性比较低。磺酸基上的反应包括质子氢的酸碱反应、羟基的取代反应和整个磺酸基的取代反应等。

(1) 酸性

芳香磺酸的酸性与硫酸相近，是强酸。能够与氢氧化钠等碱生成稳定的盐，在有机合成中常用作酸性催化剂。例如：

$$\text{C}_6\text{H}_5-\text{SO}_3\text{H} + \text{NaOH} \longrightarrow \text{C}_6\text{H}_5-\text{SO}_3\text{Na} + \text{H}_2\text{O}$$

(2) 羟基的取代反应

与羧酸类似，磺酸中的羟基也能被卤原子、氨基、烷氧基取代，生成一系列的磺酸衍生物。例如，磺酸或其钠盐与五氯化磷、三氯氧磷或氯磺酸反应，磺酸中的羟基被氯原子取代，生成磺酰氯：

$$\text{CH}_3-\text{C}_6\text{H}_4-\text{SO}_3\text{H} + \text{PCl}_5 \longrightarrow \text{CH}_3-\text{C}_6\text{H}_4-\text{SO}_2\text{Cl} + \text{POCl}_3 + \text{HCl}$$

$$2\text{CH}_3-\text{C}_6\text{H}_4-\text{SO}_3\text{Na} + \text{POCl}_3 \longrightarrow 2\text{CH}_3-\text{C}_6\text{H}_4-\text{SO}_2\text{Cl} + \text{NaCl} + \text{NaPO}_3$$

$$\text{C}_6\text{H}_6 + 2\text{ClSO}_3\text{H} \longrightarrow \text{C}_6\text{H}_5-\text{SO}_2\text{Cl} + \text{H}_2\text{SO}_4 + \text{HCl}$$

(3) 磺酸基的取代反应

在适当的条件下，芳磺酸中的磺酸基可以被氢原子、羟基等基团取代，生成相应的芳香族化合物。

在酸催化下，芳磺酸与水共热，氢原子可以取代磺酸基，生成芳烃。这也是芳烃磺化反应的逆反应。可利用磺基暂时占据芳环上某一位置，待其它反应完成之后，再经水解反应除去磺酸基。利用此方法对于制备难以分离提纯的异构体是很有用的。例如，氯代甲苯的三种异构体是很难分离提纯的，但通过下列反应，则可得到较纯的邻氯甲苯：

芳磺酸的钠盐或钾盐与氢氧化钠或氢氧化钾熔融，生成相应的酚盐，酸化后得到酚。这是制备酚类化合物的重要方法之一。例如：

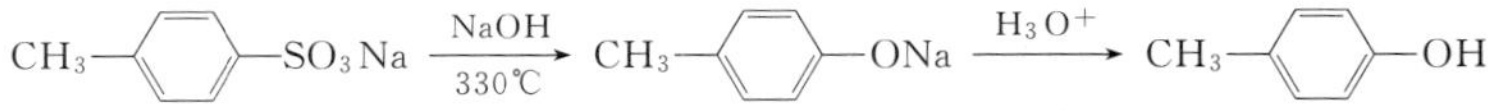

$$CH_3-\!\!\!\bigcirc\!\!\!-SO_3Na \xrightarrow[330℃]{NaOH} CH_3-\!\!\!\bigcirc\!\!\!-ONa \xrightarrow{H_3O^+} CH_3-\!\!\!\bigcirc\!\!\!-OH$$

12.2 含磷有机化合物

12.2.1 含磷有机化合物的分类和命名

有机磷化物通常是指含有碳磷键的化合物。常见的有机含磷化合物有：膦（lìn）、膦酸、磷酸酯。

磷和氮是同族元素，能生成与含氮化合物结构相似的化合物。例如，PH_3（三氢化磷）中的氢原子分别被一个、两个、三个或四个烃基取代后，形成不同取代的烃基膦和季鏻盐。例如：

RPH_2	R_2PH	R_3P	$R_4P^+X^-$
伯膦	仲膦	叔膦	季鏻盐

相应的化合物命名为：

$CH_3CH_2PH_2$	$(CH_3CH_2)_2PH$	$(CH_3)_2C_2H_5P$	$(CH_3)_4P^+Cl^-$
乙基膦	二乙基膦	乙基二甲基膦（旧版：二甲基乙基膦）	氯化四甲基鏻
ethyl phosphine	diethyl phosphine	ethyldimethyl phosphine	tetramethylphosphonium chloride

膦酸相当于磷酸分子中的羟基被氢原子取代后的化合物，烃基磷酸是分子中的羟基被烃基取代后的产物，当三个羟基均被取代时，称为三烃基氧化膦。例如：

膦酸	烷基膦酸	二烷基膦酸	三烷基氧化膦

相应的化合物命名为：

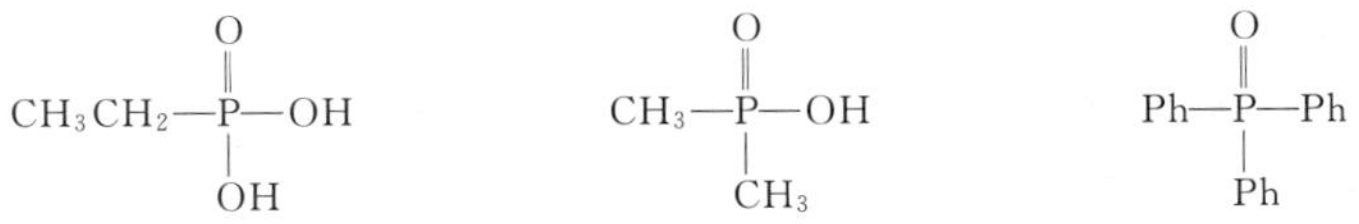

乙基膦酸	二甲基膦酸	三苯基氧化膦
ethylphosphonic acid	dimethylphosphinic acid	triphenylphosphine oxide

磷酸酯相当于磷酸分子中的氢原子被烃基取代后的化合物。例如：

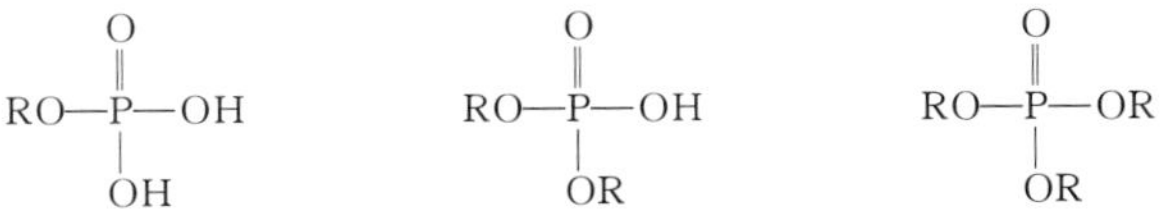

磷酸烷基酯	磷酸二烷基酯	磷酸三烷基酯

相应的化合物命名为：

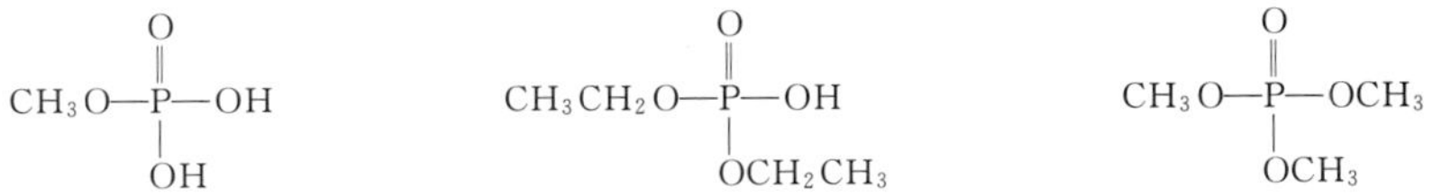

磷酸甲酯	磷酸二乙酯	磷酸三甲酯
methyl phosphate	diethyl phosphate	trimethyl phosphate

12.2.2 烃基膦的亲核取代反应

膦的分子结构与胺类似，但是膦分子中的键角比胺的小。例如，三甲胺中的 C—N—C 键角为 108°，而三甲膦分子中的 C—P—C 键角为 99°。随着膦分子中键角的减小，磷原子上的孤对电子裸露程度增大，且磷原子外层电子可极化能力强，因而膦的亲核性比相应的胺强，是很好的亲核试剂。

三烃基膦易与卤代烷发生 S_N2 反应，生成季鏻盐。生成的季鏻盐在强碱作用下脱去质子，生成维蒂希试剂。维蒂希试剂可与醛或酮区域专一性地反应生成相应的烯烃 [见第 9 章 9.1.4.1(6)]。例如：

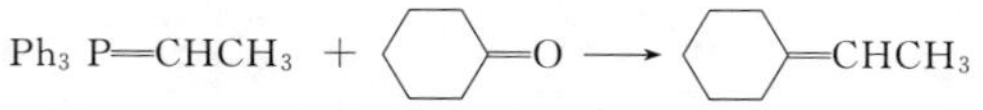

$$Ph_3 P\!=\!CHCH_3 \ + \ \bigcirc\!\!=\!\!O \longrightarrow \bigcirc\!\!=\!\!CHCH_3$$

$$Ph_3 \overset{+}{P}\!-\!\overset{-}{C}HCOOC_2H_5 \ + \ CH_3CH_2CHO \longrightarrow CH_3CH_2CH\!=\!CHCOOC_2H_5$$

12.2.3 磷酸酯

一切生物中都含有磷，生物体中的磷是以磷酸单酯、二磷酸单酯或三磷酸单酯的形式存在的。例如：

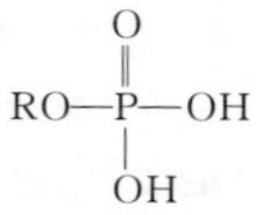

磷酸单酯 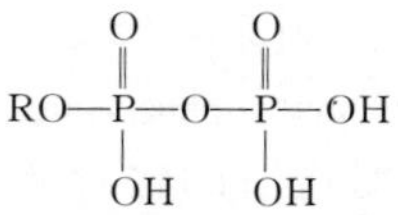　　　　　　二磷酸单酯(焦磷酸酯) 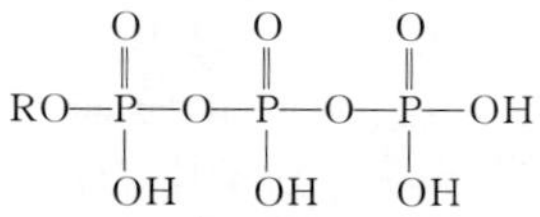　　　　　　三磷酸单酯

在二磷酸单酯和三磷酸单酯中都含有 —P—O—P— 键，类似于羧酸酐中的 —C—O—C—。其中氧磷键水解断裂时，会放出相当高的能量（$33\sim54kJ\cdot mol^{-1}$）。此类键在生命体中被称为"高能键"。例如，生物体内三磷酸腺苷（ATP）在酶的作用下水解生成二磷酸腺苷（ADP），并放出大量的能量。ATP 在体内被称作一个"能源库"，为物质的代谢过程提供所需能量。葡萄糖磷酸酯是葡萄糖在细胞内代谢的中间体，它的合成需要有 ATP 的参与。

卵磷脂是细胞膜的重要组成部分，它是磷脂与胆碱形成的（见第 14 章 14.3.1），其中 R 为饱和的烃基，R′ 为不饱和的烃基：

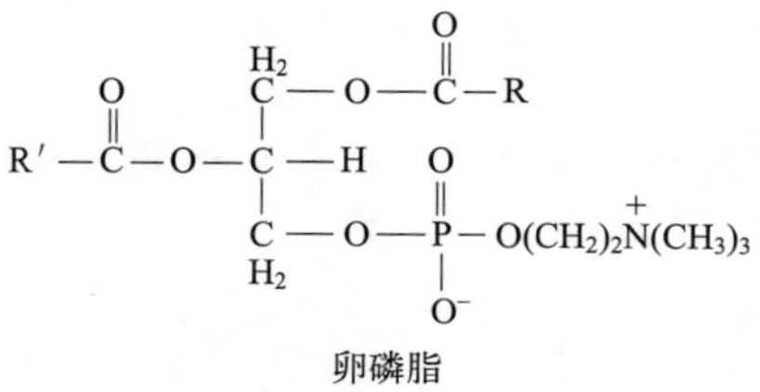

卵磷脂

这类分子一端为磷酸酯基负离子和胆碱正离子极性基团，一端为烃基非极性基团，类似于肥皂分子，可以形成半透膜保护细胞。

12.2.4 有机磷农药

大多数有机含磷化合物是有毒或是剧毒的。例如，沙林（甲氟膦酸异丙酯）和梭曼（甲氟膦酸特己酯）均是神经毒剂，在第二次世界大战中，沙林曾被用作化学武器。它们的毒性在于强烈地抑制胆碱酯酶，使人体内的神经中枢兴奋剂乙酰胆碱不能被水解，从而导致神经系统长时间处于兴奋状态，表现为瞳孔缩小、呼吸困难、四肢痉挛，直至神志不清，呼吸停止：

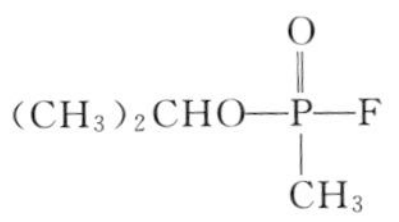

沙林 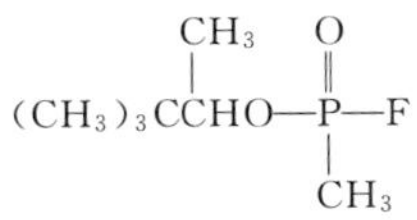　　　　　　　　　　梭曼

一些毒性较小的有机含磷化合物则被用于农业杀虫剂、杀菌剂和除草剂等，多数为磷酸酯类和硫代磷酸酯类，少数为磷酸酯和磷酰胺类化合物。许多含磷杀虫剂具有自吸性，即可被植物吸收。只要害虫吃进含有农药的植物就会被杀死，但是这也导致了植物体内残余的农药对人、畜的危害。近年来，高毒性的有机磷农药正逐步被毒性更低的农药代替。常见的有机磷农药如下：

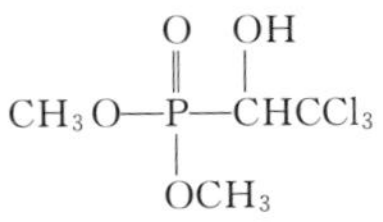

敌百虫 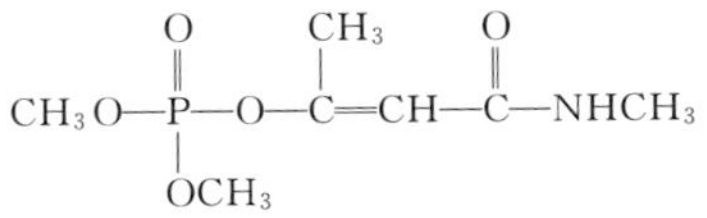　　　　　　　　　久效磷 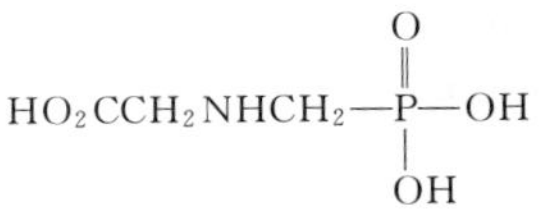　　　　　　　　　草甘膦

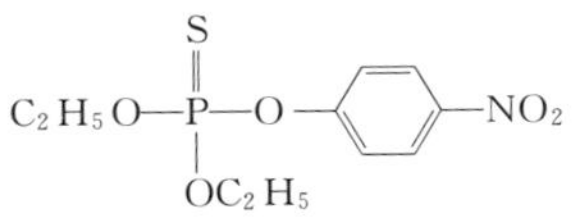

对硫磷 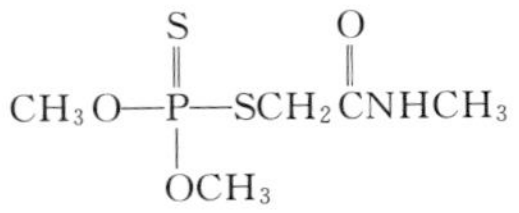　　　　　　　　　乐果 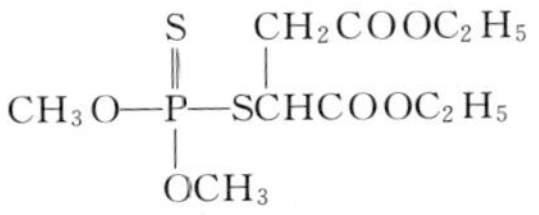　　　　　　　　　　马拉硫磷

12.3 含硅有机化合物

12.3.1 含硅有机化合物的结构

硅是元素周期表中第ⅣA族的元素，位于碳元素之下，是地球表面除氧之外含量最高的元素。与碳相似，硅大多数情况下采取 sp^3 杂化。当硅原子以单键同其它原子或基团相连时，形成四价硅化合物，分子构型为四面体。当硅原子所连的四个原子或基团都不相同时，硅原子为手性中心，分子具有手性，有一对对映体。例如：

与碳原子相比，硅的原子半径比较大（碳的原子半径为 0.077nm，硅的原子半径为 0.17nm），硅硅单键（Si—Si）键的键能比碳碳单键的键能小，容易断裂，因此硅原子难以形成以硅为骨架的长链化合物，目前已知的最高级有机硅烷是己硅烷。硅硅双键（Si=Si）和碳硅双键（Si=C）都是不稳定的。由于硅的电负性较小（碳为 2.5，硅为 1.8），当硅原子与电负性较大的原子相连时，共用电子对更加偏向于电负性较大的原子，硅氧（Si—O）键、硅氟（Si—F）键、硅氯（Si—Cl）键的键能比相应的碳氧（C—O）键、碳氟（C—F）键、碳氯（C—Cl）键明显偏大。常见的硅键和碳键的键能比较如表 12-2 所示。

表 12-2　常见的硅键和碳键的键能

共价键	键能/(kJ·mol^{-1})	共价键	键能/(kJ·mol^{-1})
Si—Si	188	C—C	347
Si—O	423	C—H	414
Si—H	304	C—O	359
Si—F	561	C—F	485
Si—Cl	368	C—Cl	339
Si—Br	296	C—Br	285
Si—I	222	C—I	218

常见的有机含硅化合物有：有机硅烷、卤硅烷、硅醇、硅氧烷和硅醚。有机硅烷可看作是硅烷（SiH$_4$）中的氢原子被烃基取代后的化合物；卤硅烷、硅醇、硅氧烷分别看作硅烷的衍生物；硅醚是含有 Si—O—Si 基团的化合物。例如：

$$CH_3CH_2SiH_3 \quad\quad (CH_3)_4Si \quad\quad (CH_3)_3SiCl$$

乙基硅烷　　　　　四甲基硅烷　　　　三甲基氯硅烷

ethylsilane　　　　tetramethylsilane　　chlorotrimethylsilane

$$(CH_3)_3SiOH \quad\quad (CH_3)_3SiOCH_2CH_3 \quad\quad (CH_3)_3Si—O—Si(CH_3)_3$$

三甲基硅醇　　乙氧基三甲基硅烷（旧版：三甲基乙氧基础烷）　　六甲基二硅氧烷

trimethylsilanol　　　　ethoxytrimethylsilane　　　　hexamethyldisiloxane

12.3.2　卤硅烷的制备和化学性质

12.3.2.1　卤硅烷的制备

（1）直接法

在高温和铜催化剂存在下，有机卤化物与硅粉能直接反应生成各种有机卤硅烷的混合物，通过分馏可将其分开。例如：

$$CH_3Cl + Si \xrightarrow[300℃]{Cu} (CH_3)_2SiCl_2 + CH_3SiCl_3 + CH_3SiHCl_2 + SiCl_4$$

硅粉和铜催化剂体系与溴甲烷、氯甲烷、溴乙烷、氯苯、溴苯等都可以反应，得到相应的产物。

（2）金属有机试剂合成法

金属有机试剂如格氏试剂或有机锂试剂能与四氯化硅或氯硅烷反应生成卤硅烷。例如：

$$C_2H_5MgBr + SiCl_4 \xrightarrow{Et_2O} (C_2H_5)_4Si + (C_2H_5)_3SiCl + (C_2H_5)_2SiCl_2 + C_2H_5SiCl_3$$

$$PhLi + (CH_3)_2SiCl_2 \xrightarrow{THF} Ph(CH_3)_2SiCl + LiCl$$

（3）有机硅烷的卤化

有机硅氢化合物与有机硅烷可与卤素反应制备卤硅烷。例如：

$$PhSiH_3 + Br_2 \longrightarrow PhSiBr_3 + HBr$$

$$Ph_2(CH_3)_2Si + Br_2 \longrightarrow (CH_3)_2SiBr_2 + PhBr$$

12.3.2.2　卤硅烷的化学性质

（1）水解

硅卤键极性比较强，要比碳卤键活泼很多。卤硅烷水解会生成硅醇，是制备硅醇的重要方法。例如：

$$(CH_3)_3SiCl + H_2O \xrightarrow{CaCO_3} (CH_3)_3SiOH + HCl$$

硅醇在酸或碱的作用下，会发生分子间的脱水反应生成硅醚，这也是制备硅醚的重要方法。例如：

$$2(CH_3)_3SiOH \xrightarrow{H^+ \text{或} OH^-} (CH_3)_3Si-O-Si(CH_3)_3$$

因此，用卤硅烷水解制备硅醇时需在中性介质中进行。例如：

$$Ph_2SiCl_2 + 2NaHCO_3 \longrightarrow Ph_2Si(OH)_2 + 2NaCl + 2CO_2$$

（2）醇解

卤硅烷醇解会生成硅氧烷，但是必须及时有效地除去反应中生成的氯化氢，因此在反应时需要加入吡啶、喹啉或苯胺。例如：

$$Ph_2SiCl_2 + 2C_2H_5OH \xrightarrow{C_6H_5NH_2} Ph_2Si(OC_2H_5)_2$$

（3）与金属有机化合物的反应

卤硅烷能与金属有机化合物如格氏试剂或锂试剂反应生成烃基硅烷。例如：

$$(CH_3)_3SiCl + CH_3CH_2MgBr \longrightarrow (CH_3)_3SiCH_2CH_3$$

$$(CH_3)_3SiCl + PhLi \longrightarrow PhSi(CH_3)_3$$

（4）还原反应

卤硅烷中的 Si—X 键可以被氢化铝锂、氢化锂、氢化钠等金属氢化物还原为 Si—H 键。例如：

$$(CH_3)_3SiCl \xrightarrow{LiAlH_4} (CH_3)_3SiH$$

$$(C_2H_5)_2SiCl_2 \xrightarrow{NaH} (C_2H_5)_2SiH_2$$

12.3.3 含硅有机化合物在合成中的应用

含硅有机化合物在有机合成中具有许多用途，其中主要的应用是作为保护基团。最常用的有机含硅化合物为三甲基硅基团 $[(CH_3)_3Si-$，简写为（TMS）] 等。

由于三甲基氯硅烷不含活泼氢，因此在氧化反应、还原反应、与金属有机试剂的反应中可作为羟基、氨基、炔基、羧基等基团的保护基，同时，TMS 保护基在酸性条件下很容易脱去恢复成原官能团。例如：

$$BrCH_2CH_2CH_2OH + (CH_3)_3SiCl \xrightarrow{Et_3N} BrCH_2CH_2CH_2OSi(CH_3)_3 \xrightarrow[Et_2O]{Mg}$$

$$BrMgCH_2CH_2CH_2OSi(CH_3)_3 \xrightarrow[2)H_3O^+]{1)PhCHO} \underset{\underset{OH}{|}}{PhCHCH_2CH_2CH_2OH}$$

习 题

1. 命名下列化合物。

(1) CH_3CH_2SH

(2) $CH_3CH_2SCH(CH_3)_2$

(3) $O_2N-\!\!\!\!\!\!\bigcirc\!\!\!\!\!\!-SH$

(4) $\underset{\underset{CH_3}{|}}{CH_3CH_2CHCH}=CHCH_2SO_3H$

(5) 间-Cl 苯基 $-SCH_2CH_3$

(6) $H_3C-\!\!\!\!\!\!\bigcirc\!\!\!\!\!\!-SO_3H$（含 H_2N）

2. 命名下列化合物。

(1) $CH_3CH_2CH_2PH_2$　　　　(2) 　　(3) 　　(4)

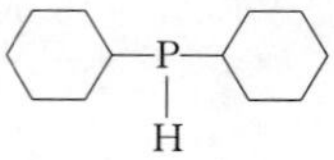

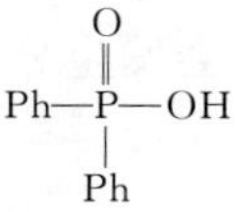

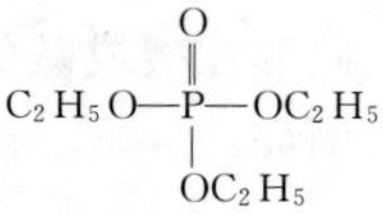

3. 完成下列反应。

(1) $CH_3CH_2CH_2SH + H_2O_2 \longrightarrow$　　　　(2) $-SNa + CH_3CH_2CH_2Br \longrightarrow$

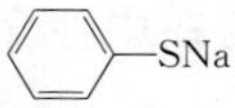

(3) $CH_3CH_2CH_2SH + (CH_3)_2CHCH_2CH_2Br \xrightarrow{NaOH}$

(4) $-SCH_3 + NaIO_4 \xrightarrow{H_2O}$

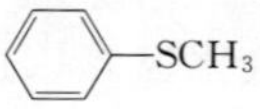

(5) $CH_3CH_2SO_3H + PCl_5 \longrightarrow \xrightarrow{CH_3CH_2NH_2}$

(6) $CH_3CH_2Br + (C_2H_5O)_3P \longrightarrow$　　　　(7) $CH_3CH_2SiCl_3 + CH_3OH \xrightarrow{C_5H_5N}$

4. 完成下列反应的转换。

(1) $-CH_2OH \longrightarrow$ $-CH_2CH_2-$

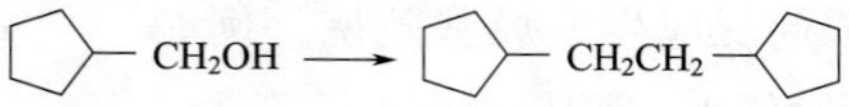

(2) $-SH \longrightarrow$

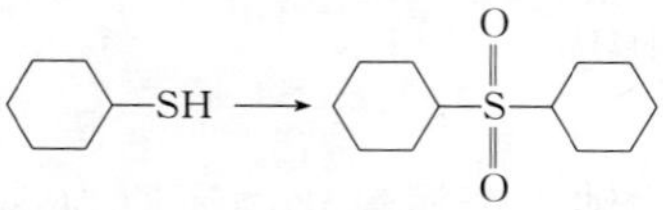

(3) $\longrightarrow$

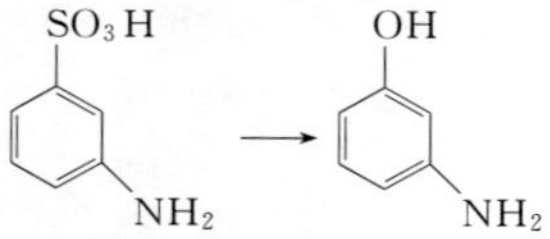

(4) $\longrightarrow$

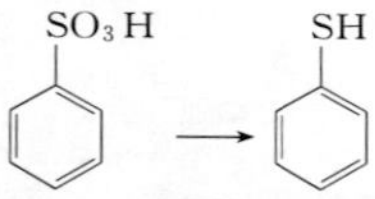

5. 选择适当的原料合成下列化合物。

(1) $C_6H_5CH=CHCOOCH_3$　　　　(2) $CH_3O-$$-CH=CHCN$

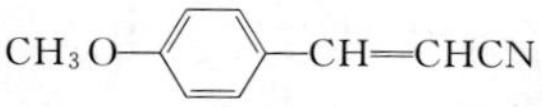

(3) $CH_2=CHCH_2Si(OC_2H_5)_3$　　　　(4) $(CH_3)_3SiCH(CH_3)_2$

第13章 杂环化合物

构成环的原子除碳原子外，还含有一个或多个非碳原子时，这类化合物称为杂环化合物（heterocyclic compound）。这些非碳原子称为杂原子，常见的杂原子有氧、硫、氮等。大多数杂环化合物具有不同程度的芳香性，环也比较稳定。

杂环化合物在人们的现实生活中占据着极其重要的地位，自然界随处可以见到它们的踪影。绝大多数药物和具有生物活性的天然有机化合物及半数以上的其它有机化合物为杂环化合物。例如我们非常熟悉的青霉素（benzylpenicillin）、头孢菌素（先锋霉素cephalosporin）、紫杉醇（taxol）等，都是含有杂环的化合物；对核酸（nucleic acid）的活性起决定作用的碱基就是杂环嘌呤（purine）和嘧啶（pyrimidine）的衍生物。又如叶绿素（chlorophyll）、氨基酸（amino acid）、维生素（vitamin）、血红素（heme）、核酸（nucleic acid）、生物碱（alkaloid）等，大多数都在生命的生长、发育、遗传和衰亡过程中起着关键作用。

13.1 杂环化合物的分类和命名

13.1.1 分类

杂环化合物根据成环原子数目，可分为三元、四元、五元、六元环系化合物。例如：

氮丙啶	硫杂环丁烷	呋喃	吡啶
aziridine	thietane	furan	pyridine
（三元环）	（四元环）	（五元环）	（六元环）

根据其分子是否具有芳香性，可分为芳香杂环化合物和非芳香杂环化合物。例如：

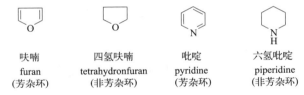

呋喃	四氢呋喃	吡啶	六氢吡啶
furan	tetrahydronfuran	pyridine	piperidine
（芳杂环）	（非芳杂环）	（芳杂环）	（非芳杂环）

根据杂环的数目和连接方式，可分为单杂环和稠杂环。例如：

呋喃	嘧啶	喹啉	嘌呤
furan	pyrimidine	quinoline	purine
(单杂环)	(单杂环)	(稠杂环)	(稠杂环)

13.1.2 命名

杂环化合物的命名比较复杂，我国目前主要采用"音译法"，即把杂环化合物的英文名称的汉字译音，再加上"口"字偏旁表示杂环名称。当杂环有取代基时，以杂环为母体，对环上的原子编号。编号的原则：从杂原子开始，依次为1，2，3……，或从杂原子旁边的碳原子开始，依次用 α、β、γ……编号，取代基的名称及在环上的位次写在杂环母体前。常见杂环化合物结构和名称见表 13-1。

表 13-1　常见杂环化合物结构和名称

杂环的种类	重要的杂环
五元杂环	呋喃 furan　　噻吩 thiophene　　吡咯 pyrrole　　噻唑 thiazole　　吡唑 pyrazole　　咪唑 imidazole
六元杂环	吡啶 pyridine　　哒嗪 pyridazine　　嘧啶 pyrimidine　　吡嗪 pyrazine　　吡喃 pyran
稠杂环	喹啉 quinoline　　异喹啉 isoquinoline　　吲哚 indole　　吖啶 acricine　　嘌呤 purine　　蝶啶 pteridine

当环上有两个或两个以上相同杂原子时，尽可能使各杂原子编号最小；如果其中的一个杂原子上连有氢原子，应从连有氢原子的杂原子开始编号。如环上有多个不同种类杂原子时，则按氧、硫、氮的顺序排列。例如：

咪唑 imidazole　　　　噻唑 thiazole　　　　噁唑 oxazole

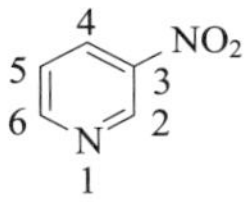

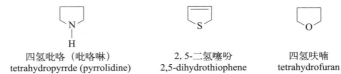

3-硝基吡啶(β-硝基吡啶)
3-nitropyridine

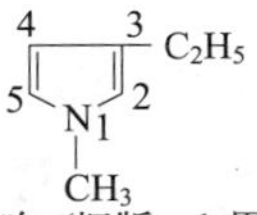

3-乙基-1-甲基吡咯 (旧版: 1-甲基-3-乙基吡咯)
3-ethyl-1-methylpyrrole

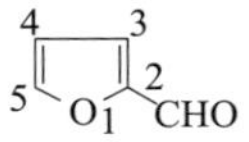

呋喃-2-甲醛 (α-呋喃甲醛)
furan-2-carbaldehyde

对于不同饱和程度的杂环化合物，命名时不但要标明氢化（饱和）程度，有时还要标出氢化的位置。例如：

四氢吡咯（吡咯啶）
tetrahydropyrrde (pyrrolidine)

2,5-二氢噻吩
2,5-dihydrothiophene

四氢呋喃
tetrahydrofuran

稠杂环有固定的编号顺序，通常从杂原子开始，依次编号一周（共用碳原子一般不编号），并尽可能使杂原子的编号小。例如：

吲哚 indole

喹啉 quin

但有些稠杂环有特殊的编号顺序。例如：

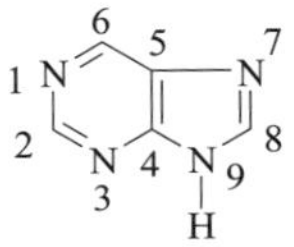

嘌呤 purine

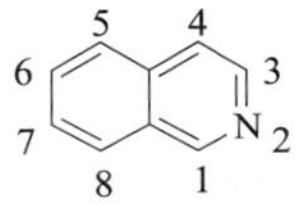

异喹啉 isoquinoline

13.2 五元杂环化合物

吡咯、呋喃与噻吩属于最重要的五元杂环化合物。如 α-呋喃甲醛，俗名糠醛，是一种重要的有机合成原料。吡咯的衍生物广泛分布于自然界，叶绿素、血红素、维生素 B_{12} 以及许多生物碱中都含有吡咯环。

13.2.1 五元杂环化合物的结构和芳香性

吡咯、呋喃与噻吩是含一个杂原子的五元杂环化合物，具有相似的电子结构，碳原子与杂原子均为 sp^2 杂化，碳原子之间以及碳原子与杂原子之间以 sp^2 杂化轨道组成 σ 键，并在一个平面上。每个碳原子和杂原子都剩下一个未参与杂化的 p 轨道，互相平行。碳原子的 p 轨道有一个电子，而杂原子的 p 轨道有两个电子，形成了一个环状封闭的 6π 电子共轭体系，π 电子数符合 $4n+2$ 规则，因此具有芳香性。杂原子的第三个 sp^2 杂化轨道中，吡咯有一个电子，与氢原子形成氮氢 σ 键，呋喃和噻吩有一对未共用电子对（又称孤对电子），详见图 13-1。

吡咯、呋喃和噻吩是具有 6 个 π 电子的五元芳杂环，环上电子云密度比苯环上的大，因此它们是"富电子"芳杂环，均比苯活泼，容易进行亲电取代反应。

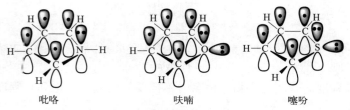

图 13-1　吡咯、呋喃和噻吩的分子轨道结构

吡咯、呋喃和噻吩的离域能分别为 $88kJ \cdot mol^{-1}$、$67kJ \cdot mol^{-1}$、$117kJ \cdot mol^{-1}$，比苯的离域能（$150kJ \cdot mol^{-1}$）低，但比大多数共轭二烯烃的离域能（$12\sim28kJ \cdot mol^{-1}$）要大得多。

吡咯、呋喃和噻吩各原子间的键长都有一定程度平均化，但平均化程度远不如苯，键长数据如图 13-2 所示。

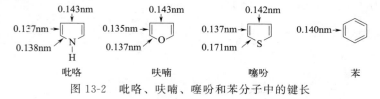

图 13-2　吡咯、呋喃、噻吩和苯分子中的键长

由上可知，吡咯、呋喃和噻吩与苯在芳香性上，既有共性又有程度上的差别。芳香性的强弱顺序与苯相比为：苯＞噻吩＞吡咯＞呋喃。

13.2.2　五元杂环化合物的化学性质

五元杂环化合物吡咯、呋喃和噻吩分子中的杂原子有供电子共轭效应，能使杂环活化，容易发生亲电取代，难以加成和氧化。α 位的电子云密度比 β 位大，当发生亲电取代反应时，优先进入 α 位，而且比苯更易进行。

不同五元杂环化合物发生亲电取代反应的活性次序为：

$$\text{(吡咯)} > \text{(呋喃)} > \text{(噻吩)} > \text{(苯)}$$

（1）卤化反应

呋喃进行卤化反应比较活泼，即使在低温下与氯气反应，也难避免二氯代物的生成。呋喃的溴化反应需要加溶剂稀释，以降低反应物的活性，同时防止反应剧烈而使呋喃环被破坏。例如：

$$\text{(呋喃)} + Cl_2 \xrightarrow{-40℃} \text{(2-氯呋喃)} + \text{(2,5-二氯呋喃)}$$

$$\text{(呋喃)} + Br_2 \xrightarrow[25℃]{1,4-\text{二氧六环}} \text{(2-溴呋喃)}$$

（2）硝化反应

呋喃和噻吩在酸性条件下不稳定，所以不能用硝酸或混酸硝化。由乙酸酐和硝酸在低温下制备的乙酰硝酸酯（CH_3COONO_2）是较温和的硝化试剂，可用于呋喃和噻吩的硝化反应。例如：

$$\text{(噻吩)} + CH_3COONO_2 \xrightarrow[0℃]{Ac_2O/HAc} \underset{66\%}{\text{(2-硝基噻吩)}} + \underset{10\%}{\text{(3-硝基噻吩)}}$$

（3）磺化反应

由于吡咯、呋喃的反应活性比噻吩还要大，在强酸条件下，一旦氢原子与杂原子结合，就会破坏环的共轭体系，环本身被破坏而生成焦油。所以，呋喃和吡咯不能直接用硫酸进行磺化反应，通常采用一种温和的磺化剂——吡啶-三氧化硫。例如：

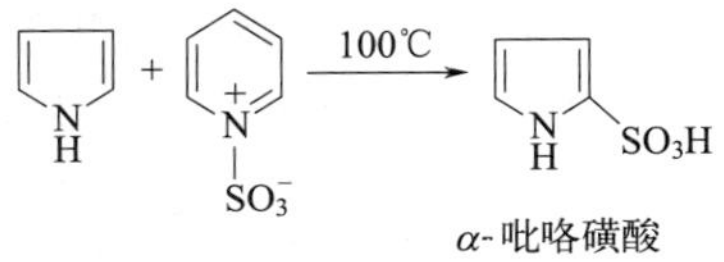

$$\text{（反应式）} \xrightarrow{100℃}$$

α-吡咯磺酸

噻吩在室温下即可与浓硫酸反应，生成噻吩-2-磺酸（旧版：2-噻吩），而苯不能在室温下磺化。利用这个反应差异，可将从煤焦油中得到的苯（混有少量噻吩）提纯。例如：

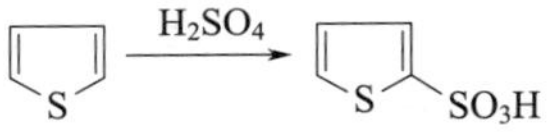

$$\text{（反应式）} \xrightarrow{H_2SO_4} \text{（SO}_3\text{H）}$$

噻吩-2-磺酸(thiophene-2-sulfonic acid)

（4）傅-克反应

呋喃、吡咯和噻吩均能发生傅-克酰基化反应，得到 α 位酰化产物。吡咯的傅-克酰基化反应无需路易斯酸催化。例如：

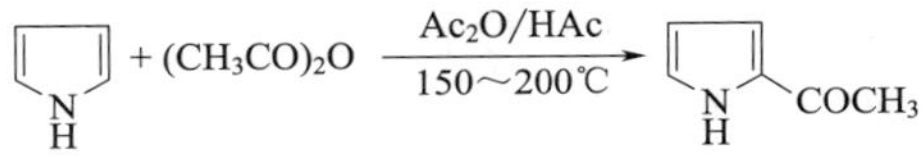

$$\text{（反应式）} + (CH_3CO)_2O \xrightarrow[150\sim200℃]{Ac_2O/HAc} \text{（COCH}_3\text{）}$$

α-吡咯乙酮

$$\text{（反应式）} + (CH_3CO)_2O \xrightarrow{BF_3} \text{（COCH}_3\text{）}$$

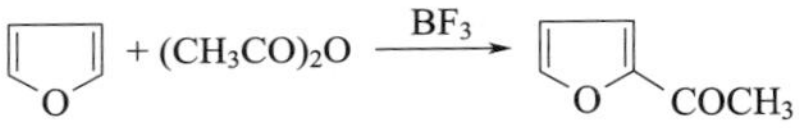

α-呋喃乙酮

（5）加成反应

五元杂环化合物在催化剂作用下都可以被还原成饱和的环状化合物。其中噻吩的催化加氢比较困难，硫原子容易使钯催化剂中毒，采用二硫化钼在高温高压下反应，可以得到四氢噻吩。例如：

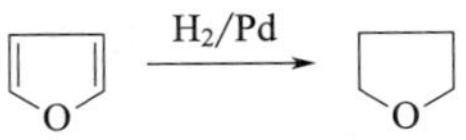

$$\text{（反应式）} \xrightarrow{H_2/Pd}$$

四氢呋喃

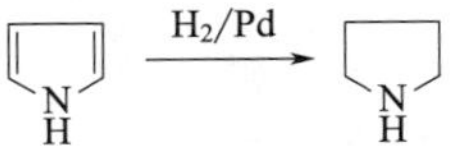

$$\text{（反应式）} \xrightarrow{H_2/Pd}$$

四氢吡咯

$$\text{（反应式）} \xrightarrow[200℃,\ 20MPa]{H_2/MoS_2} \xrightarrow{KMnO_4}$$

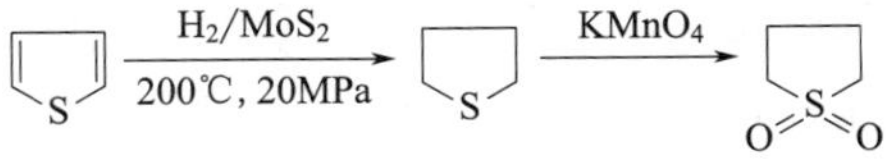

四氢噻吩　　　　环丁砜

（6）狄尔斯-阿尔德反应

呋喃可以作为双烯体与亲双烯体顺丁烯二酸酐发生狄尔斯-阿尔德反应，生成相应的产物。吡咯通常只与苯炔发生狄尔斯-阿尔德反应，噻吩一般不能发生这类反应。例如：

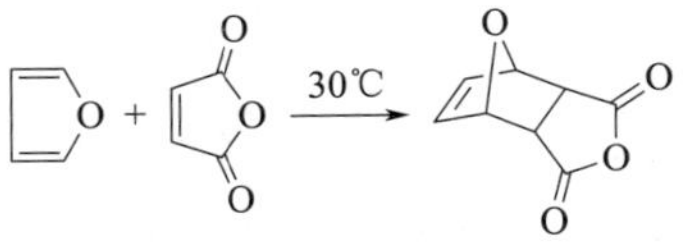

$$\text{（反应式）} + \text{（顺丁烯二酸酐）} \xrightarrow{30℃} \text{（产物）}$$

13.2.3 常见的五元杂环化合物

（1）呋喃和糠醛

呋喃是无色液体，沸点 32℃，难溶于水，易溶于有机溶剂，主要来源于松木焦油，工业上用呋喃甲醛（糠醛）在催化剂存在下脱去羰基而得。例如：

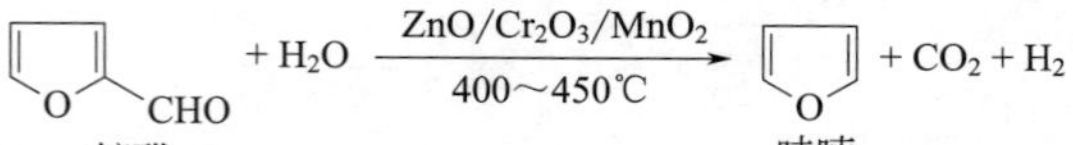

$$\text{糠醛} + H_2O \xrightarrow[400\sim450℃]{ZnO/Cr_2O_3/MnO_2} \text{呋喃} + CO_2 + H_2$$

糠醛是呋喃的重要衍生物，为无色液体，沸点 162℃。糠醛在乙酸存在下遇苯胺呈亮红色，可用来定性检验糠醛。糠醛可由农副产品如燕麦壳、玉米芯、棉籽壳等原料来制取。这些原料中含有戊醛糖的高聚物（戊聚糖）。戊聚糖用盐酸处理后，先解聚变为戊醛糖，再脱水生成糠醛。例如：

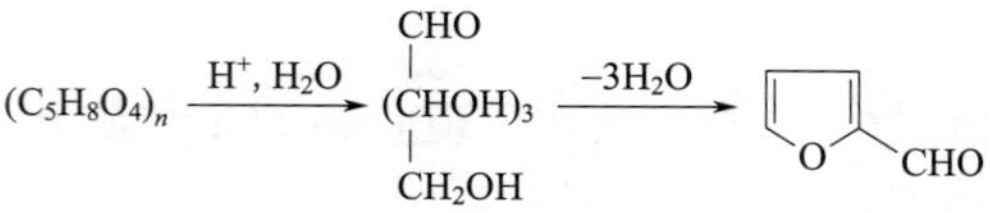

$$(C_5H_8O_4)_n \xrightarrow{H^+,\ H_2O} \begin{array}{c} CHO \\ (CHOH)_3 \\ CH_2OH \end{array} \xrightarrow{-3H_2O} \text{（呋喃）}CHO$$

醛是一个很好的溶剂，也是有机合成的原料，在空气中通常氧化为黑色。糠醛具有一般醛的性质，可以发生银镜反应，与苯甲醛和甲醛类似，在浓碱条件下可以发生康尼查罗反应生成呋喃甲醇和呋喃甲酸钠。例如：

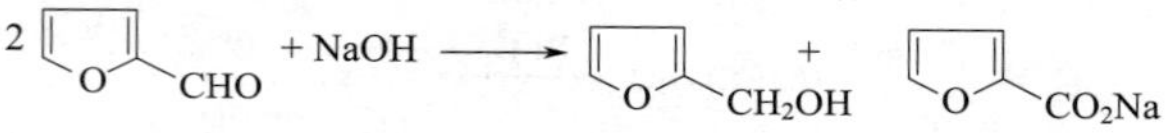

$$2\ \text{（呋喃）}CHO + NaOH \longrightarrow \text{（呋喃）}CH_2OH + \text{（呋喃）}CO_2Na$$

（2）噻吩

噻吩是无色液体，沸点 84℃，易溶于有机溶剂。在浓硫酸存在下，噻吩与靛红一起加热可发生靛吩咛反应，显出蓝色，反应很灵敏，可用于检验噻吩的存在。例如：

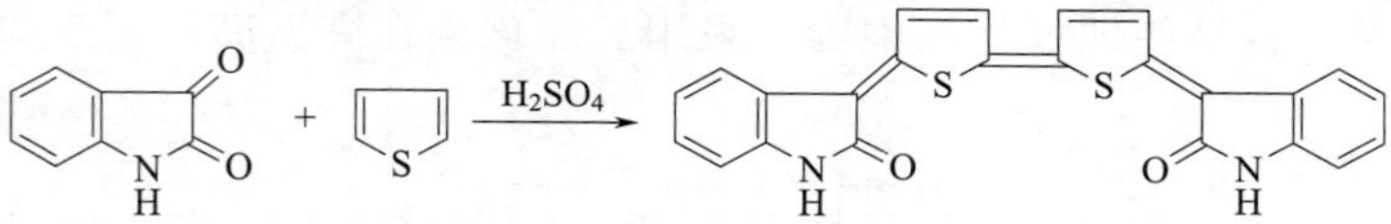

靛红　　　　　　　　　　　　　　　靛吩咛

噻吩主要来源于煤焦油和粗苯，在工业上可以由含 4 个碳原子的烃和硫在高温下迅速反应制备。例如：

$$CH_3CH_2CH_2CH_3 + 4S \xrightarrow{600\sim650℃} \text{（噻吩）} + 3H_2S$$

用 1，4-二羰基化合物与五硫化二磷一起加热，可以合成噻吩衍生物。例如：

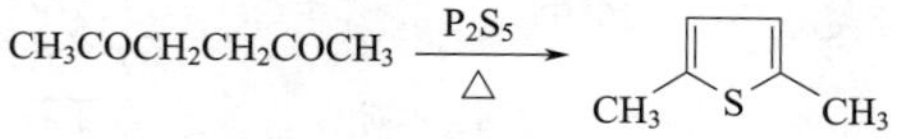

$$CH_3COCH_2CH_2COCH_3 \xrightarrow[\triangle]{P_2S_5} \text{（噻吩）}CH_3,\ CH_3$$

取代噻吩在镍催化下加氢，可以脱硫生成相应的烃。例如：

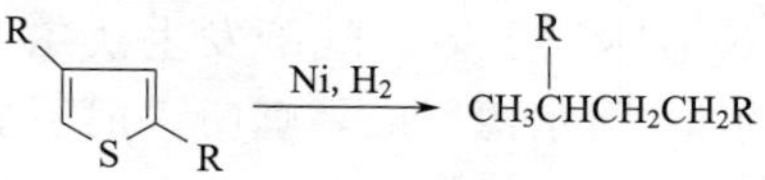

$$\text{（噻吩 R, R）} \xrightarrow{Ni,\ H_2} CH_3CHCH_2CH_2R$$

（3）吡咯

吡咯是无色液体，沸点 131℃，易溶于有机溶剂。吡咯环不如苯环稳定，易被氧化，在空气中吡咯逐渐被氧化而成褐色并发生树脂化。吡咯来源于煤焦油、骨焦油和石油，工业上可用呋喃和氨在催化剂存在下，通过气相反应制备吡咯。例如：

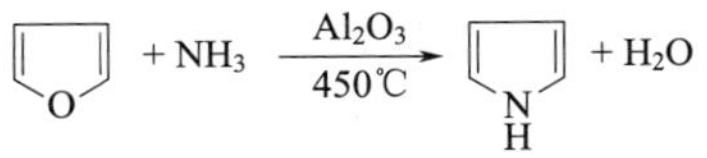

$$\text{呋喃} + NH_3 \xrightarrow[450℃]{Al_2O_3} \text{吡咯} + H_2O$$

吡咯表现出很弱的酸性，能与碱金属钾或钠、固体氢氧化钠或氢氧化钾作用，生成吡咯盐，吡咯盐遇水又形成吡咯。例如：

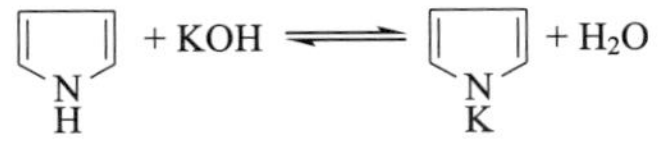

$$\text{吡咯} + KOH \rightleftharpoons \text{吡咯钾盐} + H_2O$$

吡咯衍生物广泛分布于自然界，如叶绿素、维生素 B_{12}、血红素、生物碱等。在生物体的发育、生长、能量储存和转换、生物之间的各种信息传递乃至死亡腐烂等各个过程的化学作用物质中，几乎都有吡咯衍生物参与。

叶绿素是绿色植物光合作用的催化剂（结构式如图 13-3 所示）。而血红素则存在于哺乳动物的红细胞中，与蛋白质结合成血红蛋白，是运输氧和二氧化碳的载体（结构式如图 13-4 所示）。维生素 B_{12} 分子（结构式如图 13-5 所示）是 1984 年由动物肝脏中提取到的一种深红色结晶，而后直到 1972 年才由 Woodward 等人完成了人工全合成。历时二十余年，正是在合成 B_{12} 的基础上，Woodward 等人提出了分子轨道对称守恒定则。

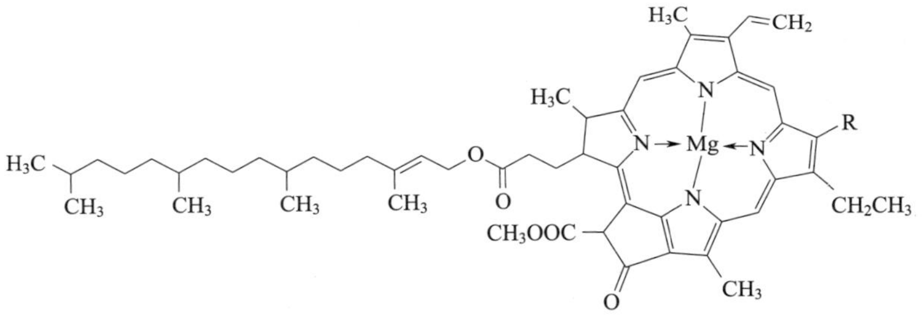

叶绿素(chlorophyll)   R=—CH_3 为叶绿素 a；R=—CHO 为叶绿素 b

图 13-3　叶绿素结构式

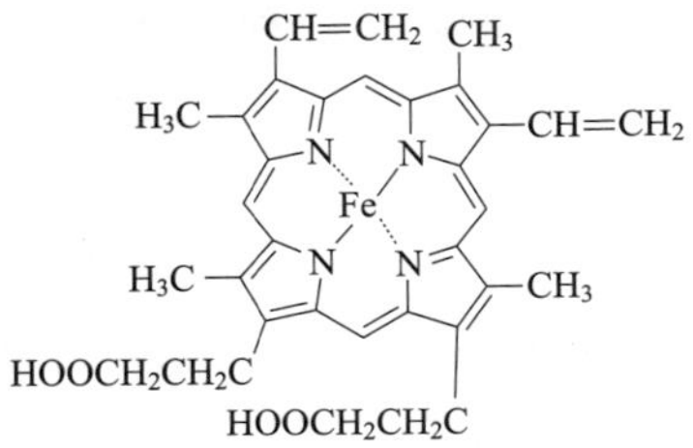

图 13-4　血红素的结构式

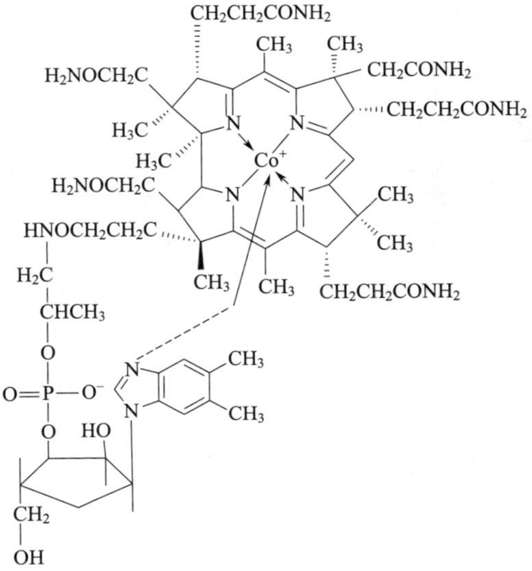

图 13-5　维生素 B_{12} 的结构式

这三种化合物都是生物体中维系生命现象的重要活性物质，虽然前者存在于植物体中，后两者存在于动物体中，但在分子结构上惊人的相似，即都具有一个卟吩结构，环中都有一个金属离子：

卟吩

13.3 六元杂环化合物

六元杂环化合物又分为含一个杂原子及多个杂原子等几类，本节着重介绍吡啶、嘧啶及其衍生物。这其中有很多我们熟悉的药品，像吗啡、古柯碱、阿托品、巴比妥酸等。

13.3.1 吡啶的结构与性质

苯环的一个 CH 换成氮原子就是吡啶。吡啶衍生物广泛存在于生物碱中，煤焦油和岩页油也含有吡啶及许多简单的烷基吡啶衍生物。例如：

吡啶	α-甲基吡啶	β-甲基吡啶
pyridine	α-methyl pyridine	β-methyl pyridine
沸点 115℃	128℃	144℃

吡啶是一种具有特殊气味的无色液体，它既能溶于水，又能溶于多种有机溶剂，是常用的高沸点溶剂，也是非常重要的有机合成原料。

在吡啶环上，五个碳原子和一个氮原子都以 sp^2 杂化轨道成键，处于同一平面上。每个原子剩下的 p 轨道相互平行重叠，形成闭合的共轭体系，氮原子上的一对未共用电子对占据在 sp^2 杂化轨道上，它不与环共平面，未参与成键，可以与质子结合，具有碱性。吡啶的分子轨道结构如图 13-6 所示。

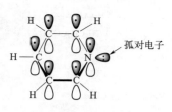

图 13-6 吡啶的分子轨道结构

吡啶环系的吡啶 π 电子数符合 $4n+2(n=1)$ 规则，因而具有芳香性。

但是在吡啶分子中，氮原子的作用类似硝基苯中的硝基，令环上的电子云密度降低了，因此它又被称为"缺 π"芳杂环。这一作用也使吡啶具有较强的极性，它可以任意比例溶于水。

（1）吡啶的碱性

吡啶分子中氮原子的一对未共用电子未参与形成闭合共轭体系，具有类似叔胺的结构，所以是一个碱，能与酸成盐。实验室中常利用吡啶的这个性质来洗除反应体系中的酸。例如：

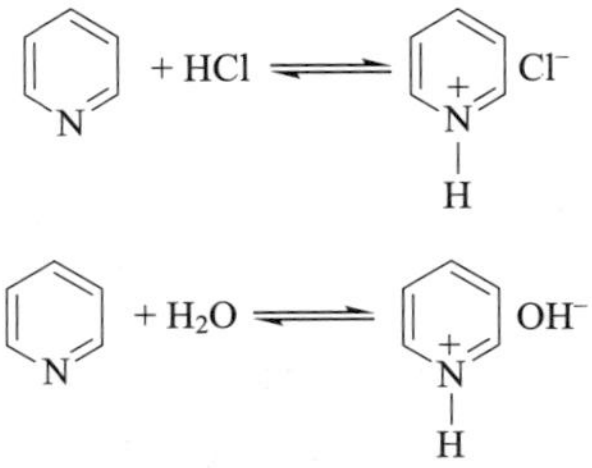

$$\text{吡啶} + HCl \rightleftharpoons \text{吡啶}^+ H \cdot Cl^-$$

$$\text{吡啶} + H_2O \rightleftharpoons \text{吡啶}^+ H \cdot OH^-$$

吡啶的 $pK_b = 8.8$，其碱性比苯胺强，比氨和脂肪胺弱，这是由于其氮原子上未参与共轭体系的一对未共用电子处于 sp^2 杂化轨道上，s 成分较多，电子受原子核束缚较强，因而碱性较弱。

（2）吡啶的亲电取代反应

吡啶是具有芳香性的环状分子，它能像苯等芳香化合物一样，发生卤化、硝化、磺化等一系列亲电取代反应。但吡啶又与吡咯不同，它是一个缺 π 电子的环系化合物，即由于氮原子的电负性大于碳原子，环上碳原子的 π 电子是"流向"氮原子的，事实上，它更像硝基苯，钝化作用使亲电取代比苯困难，取代基进入间位，收率偏低。

其次，由于所有亲电取代反应都是在酸催化下进行，当吡啶分子首先与酸成盐，氮原子带上正电荷后，更加大了它的吸引电子能力，所以亲电取代反应就更难了，像傅-克反应根本就不能发生，硝化、卤化、磺化等反应，也要在更为剧烈的条件下才能发生。例如：

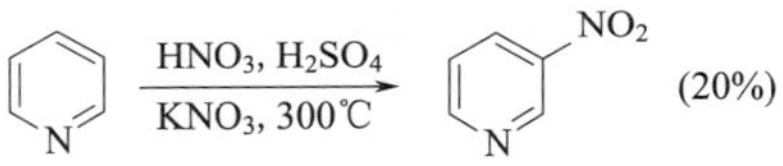

β-硝基吡啶

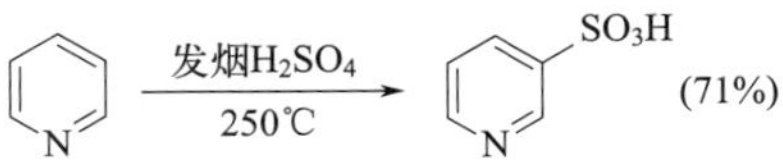

β-吡啶磺酸

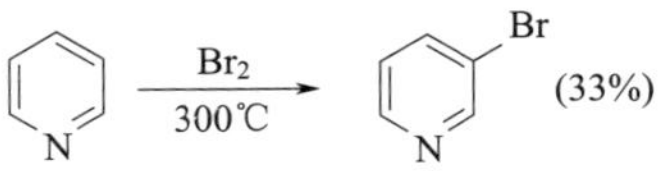

β-溴吡啶

（3）吡啶的亲核取代反应

由于吡啶环中的氮原子是一个强吸电子基团，在它的影响下，吡啶环的亲核取代反应在 α 位或 γ 位进行，恰好和亲电取代反应相反。其中 α 位占主导地位，这是因为氮原子在 α 位诱导效应较强。例如：

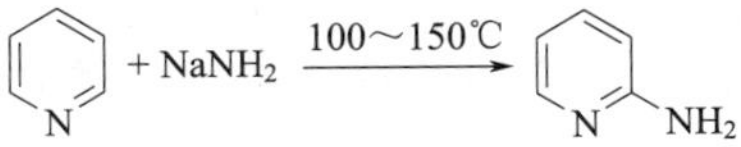

卤代吡啶也可以与亲核试剂反应：

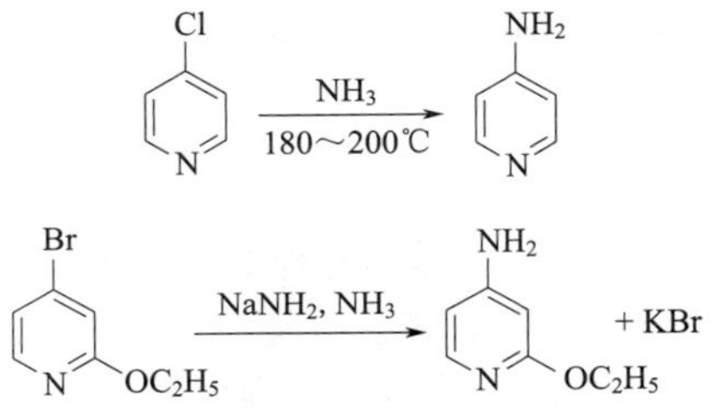

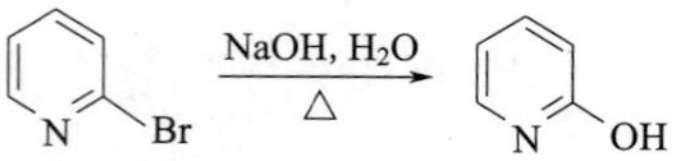

上述反应不是一个简单的取代反应，而是通过消除-加成两步机制进行的。

(4) 吡啶的氧化与还原反应

吡啶不易被氧化，这是由于环上的电子云密度因氮原子的存在而降低，所以环对氧化剂是稳定的，尤其在酸性条件下，氮原子转变为吸电子能力更强的 $N^{+}H$，环就更加稳定了。因此烷基吡啶可被氧化成吡啶甲酸，4-苯基吡啶在碱性高锰酸钾中，也被氧化为 4-吡啶甲酸。例如：

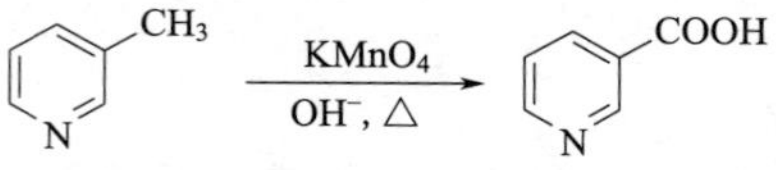

β-甲基吡啶　　　　β-吡啶甲酸

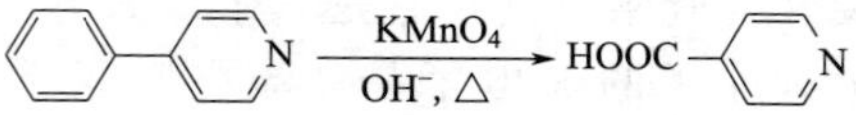

γ-吡啶甲酸

与氧化反应相反，吡啶对还原剂比苯活泼，用还原剂（钠和乙醇）或催化加氢都可使吡啶还原为哌啶。例如：

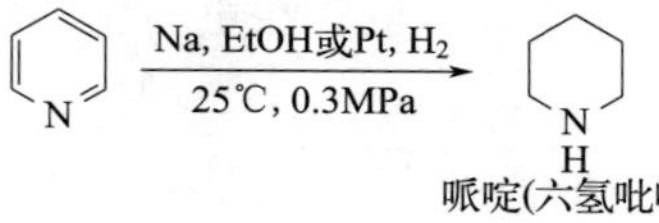

哌啶(六氢吡啶)

这是由于吡啶分子中氮原子的强吸电子作用，造成了分子的对称性下降，以及分子偶极增加等一系列的分子结构上的不均匀性，使得吡啶环比苯环更容易发生加氢反应。

13.3.2 吡啶的衍生物

吡啶的重要衍生物维生素 PP，包括β-吡啶甲酸（烟酸）和β-吡啶甲酰胺（烟酰胺），在医药上有重要作用：

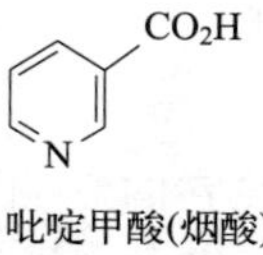

β-吡啶甲酸(烟酸)

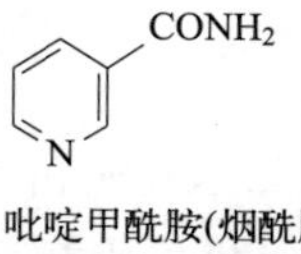

β-吡啶甲酰胺(烟酰胺)

烟酸是白色针状结晶，能溶于水和乙醇，易溶于碱液中，不溶于乙醚。

维生素 PP 是 B 族维生素之一，它能促进组织新陈代谢，体内缺乏时能引起粗皮病。

维生素 B_6 是蛋白质代谢过程中的必需物质，缺乏它蛋白质代谢就不能正常进行。维生素 B_6 包括吡哆醇（pyridoxine）、吡哆醛（pyridoxal）和吡哆胺（pyridoxamine）：

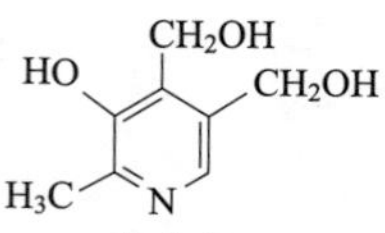

吡哆醇

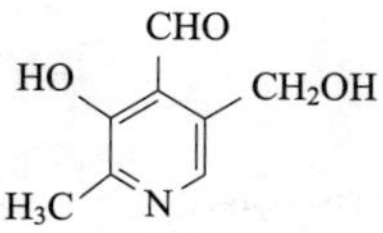

吡哆醛

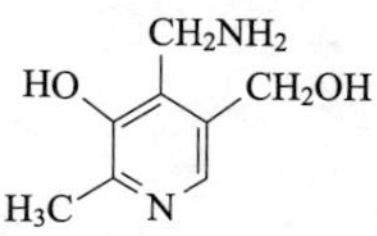

吡哆胺

异烟肼又称“雷米封（Rimifon）”，是治疗结核病的良好药物。它是白色晶体，熔点为 170～173℃，易溶于水，微溶于乙醇而不溶于乙醚，其结构式和维生素 PP 相似，对维生素 PP 有拮抗作用，若长期服用异烟肼，应适当补充维生素 PP：

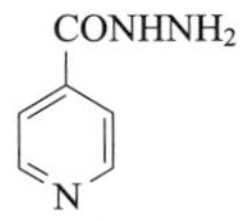

CONHNH$_2$

异烟肼

二氢吡啶类钙通道阻滞剂药物是一类在临床上广泛使用并非常重要的治疗心血管疾病药物，具有很强的扩张血管作用，在整体条件下不抑制心脏，适用于冠脉痉挛、高血压、心肌梗死等疾病，如硝苯地平（nifedipine）、尼莫地平（nimodipine）等：

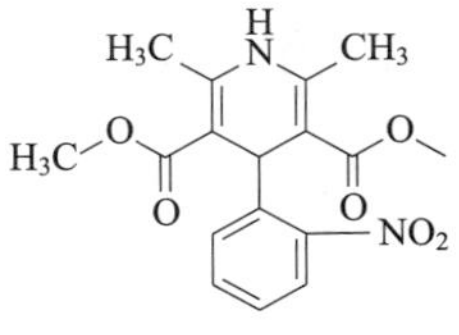

硝苯地平

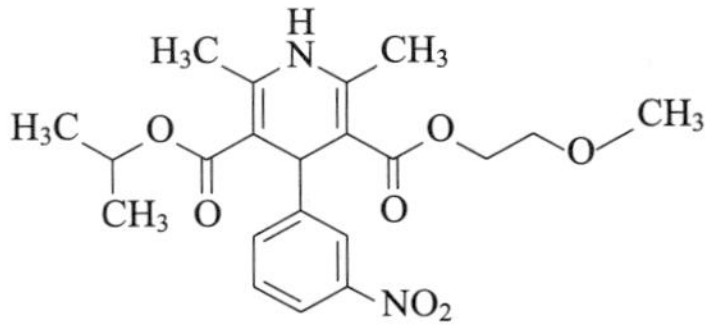

尼莫地平

13.3.3 嘧啶及其衍生物

嘧啶是含有两个氮原子的六元杂环化合物，是无色固体，熔点为 22℃，易溶于水，具有弱碱性。它本身在自然界并不存在，但它的衍生物在自然界很多，如核酸、维生素 B$_1$ 等，它们在生理和药理上都有着非常重要的作用。此外，含嘧啶环结构的药物也非常多，如维生素类、磺胺类、巴比妥类以及抗癌药物，临床治疗癌症的药物有氟尿嘧啶（fluorouracil）、盐酸阿糖胞苷（cytarabine hydrochloride）等。嘧啶结构式为：

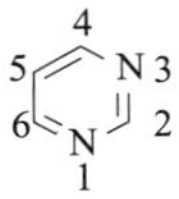

核酸是细胞中最重要的生物大分子，它的碱基组成中就有胞嘧啶（cytosine）、胸腺嘧啶（thymine）、尿嘧啶（uracil）等：

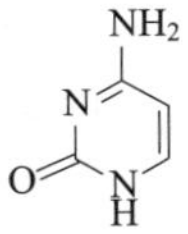

胞嘧啶(C) 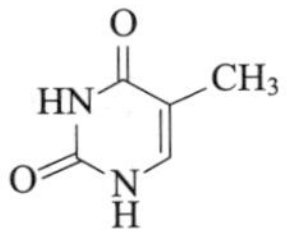　　　　胸腺嘧啶(T) 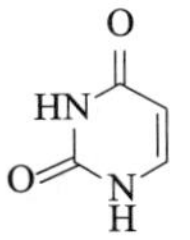　　　　尿嘧啶(U)

13.4 稠环化合物

13.4.1 苯稠杂环化合物

（1）吲哚及其衍生物

吲哚
indone

3-甲吲哚(粪臭素)
3-methylindone

吲哚本身为片状结晶，具有极臭的气味，但在极稀时则有香味，可以当作香料用，吲哚是很弱的碱，$pK_a = -3.5$。一些生物碱如马钱子碱、利血平、麦角碱、植物染料靛蓝等都含有吲哚环。

β-吲哚乙酸，首次是从尿中取得，并证明为一种植物生长激素：

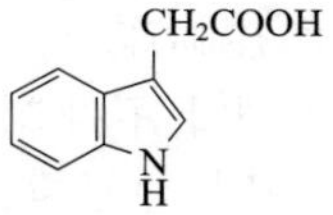

β-吲哚乙酸少量能促进植物生长，如用量大时则对植物有杀伤作用，侧链上如果再多一个甲叉基就会失去其生理效能。

色氨酸广泛存在于天然蛋白质中，但是哺乳动物自身在体内并不能合成 L-色氨酸，而是必须要通过饮食从体外吸取，色氨酸在体内经过代谢以后主要生成 5-羟色氨酸：

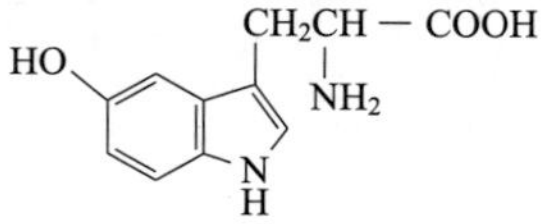

现代的研究初步证明，5-羟色氨酸在人的神经活动过程中起重要作用，也称它为神经营养物质，当人脑中的 5-羟色氨酸含量突然改变时，人就会表现出精神失常现象。

（2）喹啉及其衍生物

喹啉存在于煤焦油和骨油中，是无色油状液体，有恶臭味，气味与吡啶类似，异喹啉气味与苯甲醛相似：

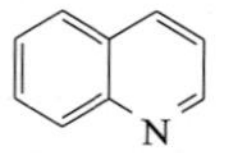

喹啉　　　　　　　　异喹啉
quinoline　　　　isoquinoline
沸点：238℃　　沸点：243℃　沸点：26.5℃

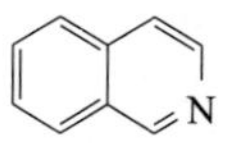

喹啉在结构上是吡啶与苯的稠合体，但它的化学性质却与萘和吡啶相近。由于喹啉和异喹啉分子中的氮原子的电子构型与吡啶中的氮原子相同，所以它们的碱性与吡啶相近，反应也类似于吡啶。其亲电取代反应通常情况下总是优先发生在苯环上，而且像萘一样，主要是在 5 位和 8 位生成取代产物。例如：

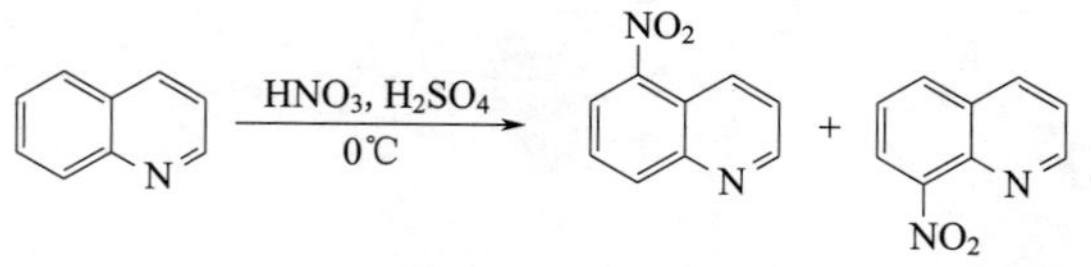

5-硝基喹啉　　8-硝基喹啉

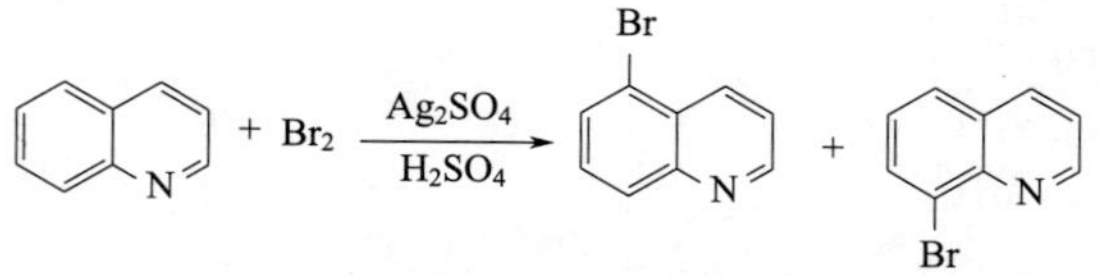

5-溴喹啉　　8-溴喹啉

喹啉与异喹啉氧化或还原都比苯容易，氧化易发生在苯环上，而还原时则保留苯环：

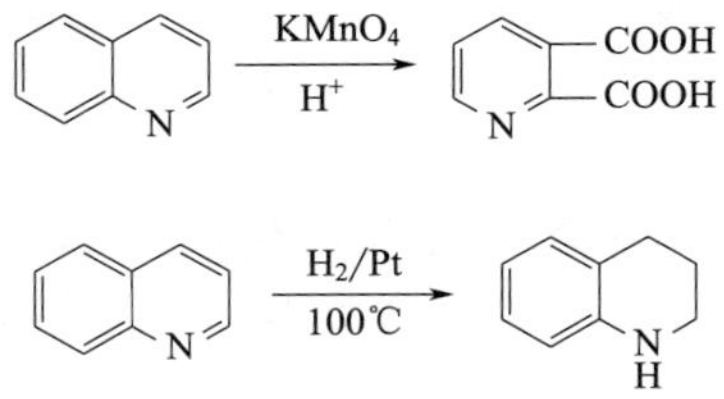

第13章　杂环化合物

13.4.2　嘌呤杂环化合物

嘌呤是咪唑和嘧啶并联的稠杂环，环上各原子具有特定的编号顺序：

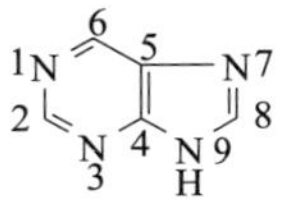

嘌呤
purine

嘌呤分子中存在互变异构体，平衡体系中主要以 $9H$-嘌呤为主：

$9H$-嘌呤　　　　　　$7H$-嘌呤

嘌呤本身在自然界中并不存在，但它的衍生物广泛分布于动植物中。许多嘌呤衍生物具有生物活性，如腺嘌呤（adenine）、鸟嘌呤（guanine）、咖啡因（caffeine）、尿酸（uric acid）、茶碱（theophylline）等：

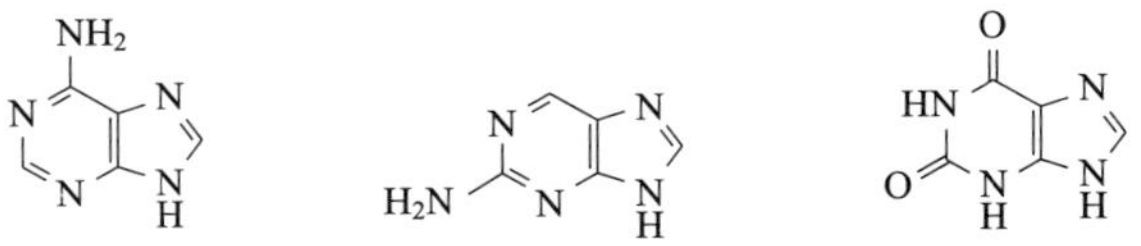

腺嘌呤(A)　　　　　黄嘌呤　　　　　鸟嘌呤(G)

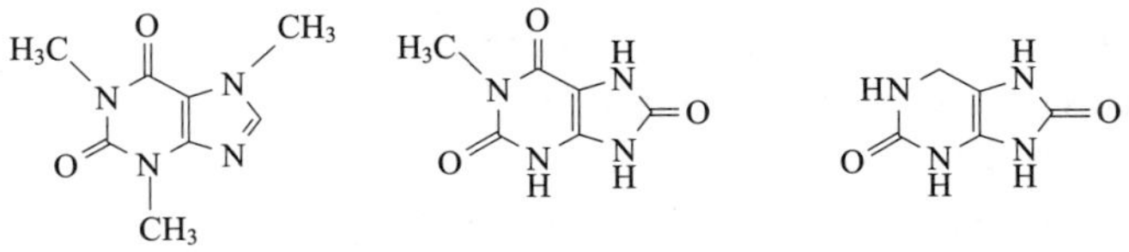

咖啡因　　　　　尿酸　　　　　茶碱

尿酸具有酮型和烯醇型两种互变异构体：

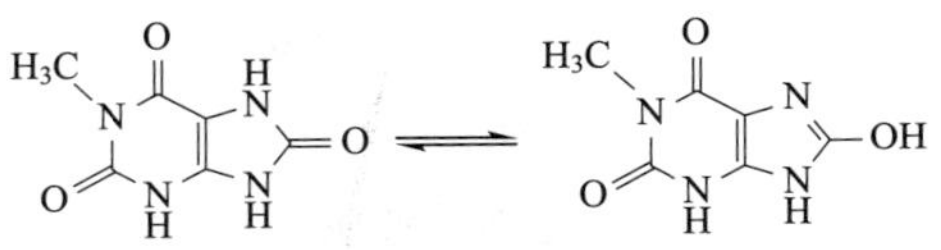

在平衡体系中，何种形式占优势，取决于溶液的 pH 值，在生理的 pH 范围内多以酮型为主。

尿酸是白色结晶，难溶于水，具有弱酸性，可与碱成盐。尿酸为哺乳动物体内嘌呤衍生物的代谢产物，随尿排出，健康人每天的排泄量为 0.5～1g，但在嘌呤代谢发生障碍时，血和尿中尿酸增加，严重时形成尿结石。血液中尿酸含量过多时，可能沉积在关节处，严重者导致痛风病。

　　阿昔洛韦（无环鸟苷，acyclovir ACA）和更昔洛韦（丙氧鸟苷，ganciclovir）均为广谱抗病毒药物，其作用机制独特，主要是抑制病毒编码的胸苷激酶和 DNA 聚合酶：

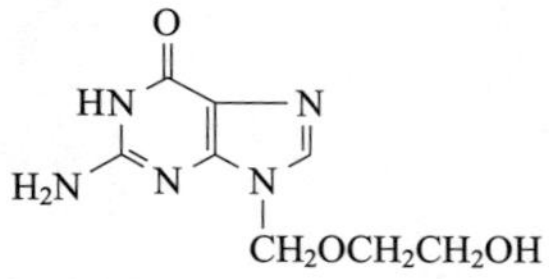

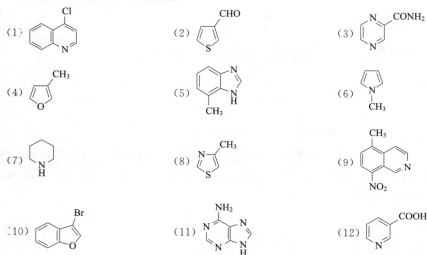

阿昔洛韦 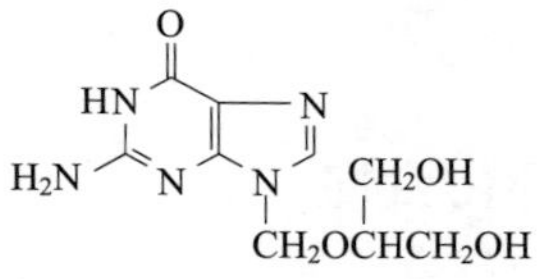　　　　　　　　　更昔洛韦

习 题

1. 用系统命名法命名下列化合物。

(1)　(2)　(3)

(4)　(5)　(6)

(7) 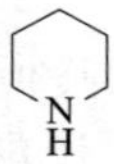　(8)　(9)

(10)　(11)　(12)

2. 写出下列化合物的结构式。

(1) 3-甲基吡啶　　　　　　　(2) γ-吡啶甲酰胺　　　　　　(3) α-呋喃甲醇

(4) 糠醛　　　　　　　　　　(5) 2,5-二氢噻吩　　　　　　(6) 8-溴异喹啉

(7) 4-氯噻吩-2-羧酸　　　　　(8) 2-甲基-5-苯基吡嗪

(9) 2-乙基-1-甲基吡咯（旧版：1-甲基-2-乙基吡咯）

3. 用化学方法区别下列各组化合物。

(1) 苯和噻吩　　　(2) 吡啶和2-甲基吡啶　　　(3) 萘、喹啉和8-羟基喹啉

4. 比较呋喃、噻吩、吡咯、吡啶和苯的亲电取代反应活性，并解释其原因。

5. 为什么吡啶的碱性比六氢吡啶更弱？

6. 完成下列反应。

(1) 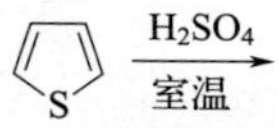 $\xrightarrow[\text{室温}]{\text{H}_2\text{SO}_4}$　　　(2) + CHO $\xrightarrow{\triangle}$

(3) + (CH$_3$CO)$_2$O $\xrightarrow{\triangle}$　　　(4) $\xrightarrow{\text{Ni, H}_2}$

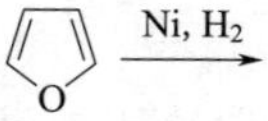

(5) 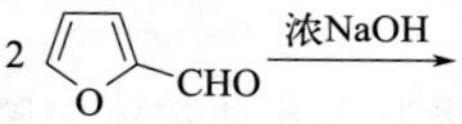 2 CHO $\xrightarrow{\text{浓NaOH}}$　　　(6) 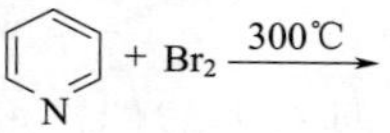 + Br$_2$ $\xrightarrow{300℃}$

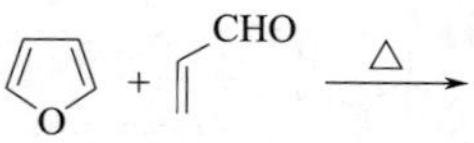

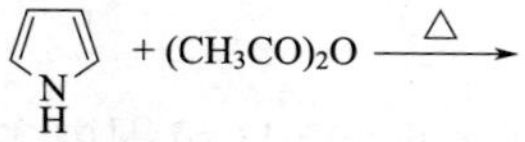

（7）　$\xrightarrow{\text{KMnO}_4}$　　（8）　$\xrightarrow[\triangle]{\text{KMnO}_4}$

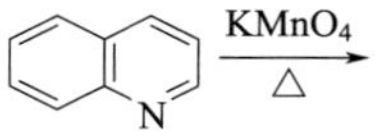

7. 由 4-甲基吡啶及必要的试剂合成吡啶-4-甲酰胺。

8. 由适当的原料合成 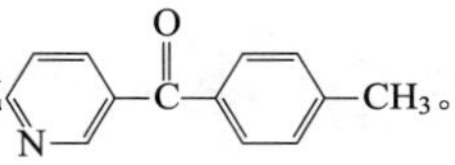 。

9. 由糠醛及必要的试剂合成 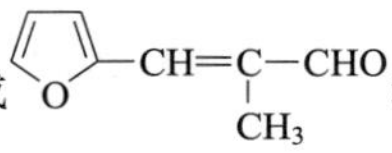 和 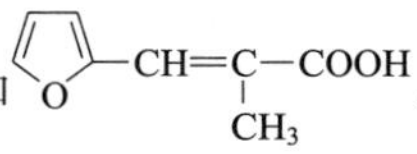 。

第 **14** 章 类脂化合物

类脂化合物是指不溶于水而易溶于非极性或弱极性有机溶剂的一类有机化合物。通常来讲，类脂化合物包括油脂、蜡、磷脂、萜类化合物和甾族化合物等。生物体内含有类脂化合物，它们具有不同的生理功能。例如，油脂是储存能量的主要形式，磷脂和甾醇是构成生物膜的重要物质，萜类和甾族化合物具有某些维生素或激素等生物功能。但这些化合物的结构差别较大，性质也有很大不同。

14.1　油脂

油脂是油和脂（肪）的总称，习惯上把室温下为液体的称为油，例如菜籽油、玉米油等；室温下为固体或半固体的称为脂（肪），例如牛油、猪油等。油脂是生活中不可缺少的营养成分，在工业上也有广泛的用途。

14.1.1　油脂的结构和组成

油脂从化学组成上看，其主要成分是三分子高级脂肪酸与甘油所形成的甘油三酯（又叫三酰甘油）。通式如下：

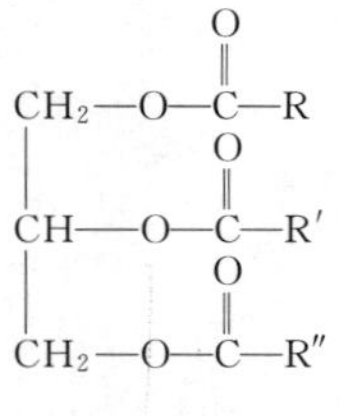

$$
\begin{array}{l}
\mathrm{CH_2-O-\overset{\displaystyle O}{\overset{\|}{C}}-R} \\[4pt]
\mathrm{CH-O-\overset{\displaystyle O}{\overset{\|}{C}}-R'} \\[4pt]
\mathrm{CH_2-O-\overset{\displaystyle O}{\overset{\|}{C}}-R''}
\end{array}
$$

如果三个脂肪酸相同，属于单甘油酯，如果两个或三个脂肪酸各不相同，属于混甘油酯。天然油脂是各种混甘油酯的混合物，来源不同其组成也不尽相同，但大多数都是混合甘油酯。其中油中含不饱和酸的甘油酯较多，而脂中含饱和酸的甘油酯较多。天然油脂中已发现的脂肪酸有几十种，一般都是含偶数碳原子的直链饱和脂肪酸和不饱和脂肪酸。饱和脂肪酸最多的是含 $12 \sim 18$ 个碳原子的，其中以十六碳酸（软脂酸）分布最广，几乎所有的油脂都含有；十八碳酸（硬脂酸）在动物脂肪中含量较多。油脂中常见的脂肪酸见表 14-1。

表 14-1　油脂中常见的脂肪酸

类型	名称	结构式
饱和脂肪酸	月桂酸(十二碳酸) lauric acid(dodecanoic acid)	$CH_3(CH_2)_{10}COOH$
	肉豆蔻酸(十四碳酸) myristric acid(tetradcoic acid)	$CH_3(CH_2)_{12}COOH$
	软脂酸(十六碳酸) palmitic acid(hexadecoic acid)	$CH_3(CH_2)_{14}COOH$
	硬脂酸(十八碳酸) steraric acid(octadecanoic acid)	$CH_3(CH_2)_{16}COOH$
	花生酸(二十碳酸) arachic aicd(eicosanoic acid)	$CH_3(CH_2)_{18}COOH$
不饱和脂肪酸	鳌酸(9-十六烯酸) palmitoleic acid(9-hexadecenoic acid)	$CH_3(CH_2)_5CH=CH(CH_2)_7COOH$
	油酸(9-十八烯酸) oleic acid(9-octadecenoic acid)	$CH_3(CH_2)_7CH=CH(CH_2)_7COOH$
	亚油酸(9,12-十八碳二烯酸) linoleic acid(9,12-octadecdienoic acid)	$CH_3(CH_2)_4(CH=CHCH_2)_2(CH_2)_6COOH$
	α-亚麻酸(9,12,15-十八碳三烯酸) α-linolenic acid(9,12,15-octadectrienoic acid)	$CH_3CH_2(CH=CHCH_2)_3(CH_2)_6COOH$
	桐油酸(9,11,13-十八碳三烯酸) eleostearic acid(9,11,13-octadectrienoic acid)	$CH_3(CH_2)_3(CH=CH)_3(CH_2)_7COOH$
	花生四烯酸(5,8,11,14-二十碳四烯酸) arachidonic acid(5,8,11,14-eicosabutenoic acid)	$CH_3(CH_2)_4(CH=CHCH_2)_4(CH_2)_2COOH$
	5,8,11,14,17-二十碳五烯酸(EPA) 5,8,11,14,17-eicosapentenoic acid	$CH_3CH_2(CH=CHCH_2)_5(CH_2)_2COOH$
	4,7,10,13,16,19-二十二碳六烯酸(DHA) 4,7,10,13,16,19-docosahexenoic acid	$CH_3CH_2(CH=CH\ CH_2)_6CH_2COOH$

　　人体可以合成大多数脂肪酸，但少数不饱和脂肪酸如亚油酸和亚麻酸不能在人体合成，花生四烯酸体内虽能合成，但数量不能完全满足人体生命活动的需求，像这些人体不能合成或合成不足，必须从食物中摄取的不饱和脂肪酸，称为必需脂肪酸（essential fatty acid）。

14.1.2　油脂的物理性质

　　纯净的油脂是无色、无味的中性化合物，但天然油脂，有的带有香味，有的带有特殊气味，并且有色，这是因为其中溶有维生素和色素。油脂的密度都小于1，不溶于水，易溶于乙醚、氯仿、丙酮、苯和热乙醇等有机溶剂。天然油脂是混甘油酯的混合物，所以没有固定的熔点和沸点。室温下是液体的油脂称为油，多来自植物；室温下是固体或半固体的称为脂肪，多来自动物。油中不饱和脂肪酸的含量较高，而脂肪中饱和脂肪酸的含量较高，因为不饱和脂肪酸中碳碳双键是顺式结构，分子呈弯曲形，互相之间不能靠近，结构比较松散，因此熔点较低，而饱和脂肪酸具有锯齿形的长链结构，分子间能够互相靠近，吸引力较强，因此熔点较高。

14.1.3 油脂的化学性质

（1）水解

将油脂与氢氧化钠或氢氧化钾的水溶液反应，可水解生成一分子甘油和三分子高级脂肪酸钠盐或钾盐。将高级脂肪酸盐加工成型即为肥皂，因此油脂在碱性条件下的水解称为皂化（saponification）。油脂不仅可以在碱的作用下水解，在酸或某些酶的作用下同样可以水解。例如：

$$
\begin{array}{l}
CH_2OCOR \\
|\\
CHOCOR' \quad + 3NaOH \longrightarrow \quad
\begin{array}{l} CH_2OH \\ | \\ CHOH \\ | \\ CH_2OH \end{array}
\quad +
\begin{array}{l} RCOONa \\ R'COONa \\ R''COONa \end{array}\\
|\\
CH_2OCOR''
\end{array}
$$

工业上将 1g 油脂完全皂化时所需氢氧化钾的毫克数称为皂化值（saponification number）。根据皂化值的大小，可以判断油脂的平均分子量。皂化值大，表示油脂的平均分子量小，反之，则表示油脂的平均分子量大。

（2）加成反应

油脂中不饱和脂肪酸的碳碳双键在金属催化下，可与氢发生加成反应，使不饱和脂肪酸变为饱和脂肪酸，这样得到的油脂称为氢化油，并且由液态变为半固态或固态，所以油脂的氢化又称为油脂的硬化，氢化油又称硬化油。工业上常通过油的硬化把液态植物油转变为人造脂肪，用于食用或制造饱和脂肪酸。

油脂中的碳碳双键也可与卤素发生加成反应，可以通过"碘值"来衡量油脂的不饱和程度。碘值是 100g 油脂所能吸收碘的最大克数（iodine number）。碘值越大，油脂的不饱和程度也越大。由于碘与碳碳双键加成反应的速度很慢，实际测定时常用氯化碘或溴化碘的冰乙酸溶液作试剂。碘值是测定化合物碳碳双键不饱和度的方法之一，主要用于油脂、蜡、不饱和酸和不饱和醇等的测定，已在生产中使用。

（3）酸败

油脂在空气中放置过久，常会变质，产生难闻的气味，这种变化称为酸败（rancidity）。酸败的主要原因是油脂中不饱的脂肪酸的双键在空气中的氧、水分和微生物的作用下，发生氧化，生成过氧化物，这些过氧化物继续分解或氧化生成有臭味的低级醛和酸等。光或潮湿可加速油脂的酸败。

油脂酸败的另一个原因是饱和脂肪酸的氧化。油脂中的饱和脂肪酸比较稳定，含量极少，但在微生物的作用下油脂发生水解生成饱和脂肪酸，饱和脂肪酸在霉菌或微生物作用下，发生 β-氧化，生成 β-酮酸，β-酮酸经酮式和酸式分解生成酮或羧酸。饱和脂肪酸的 β-氧化过程包括脱氢、水化、再脱氢和降解等四个反应。

油脂中游离脂肪酸的含量越高，酸败程度越大。油脂的酸败程度可用酸值（acid number）来表示。中和 1g 油脂中的游离脂肪酸所需氢氧化钾的毫克数称为油脂的酸值。

皂化值，碘值和酸值是油脂重要的理化指标，药典对药用油脂的皂化值、碘值和酸值均有严格的要求。常见油脂的皂化值、碘值、酸值见表 14-2。

表 14-2 常见油脂的皂化值、碘值、酸值

油脂名称	皂化值	碘值	酸值
猪油	193～200	46～66	1.56
蓖麻油	176～187	81～90	0.12～0.8
花生油	185～195	83～93	

续表

油脂名称	皂化值	碘值	酸值
茶籽油	170～180	92～109	2.4
棉籽油	191～196	103～115	0.6～0.9
豆油	189～194	124～136	
亚麻油	189～196	170～204	1～3.5
桐油	190～197	160～180	

14.2 蜡

蜡一般是指一类油腻而不溶于水，具有可塑性和易熔化的物质。它存在于一些动物的毛皮、鸟的羽毛、昆虫的外壳、植物的叶和果实及许多海洋生物中。石油和页岩油中含有石蜡，由地蜡矿经加工可获得地蜡。

蜡的主要成分是由高级脂肪酸和高级伯醇形成的酯，其中的高级脂肪酸和伯醇都由大于16的偶数个碳原子组成。其中最常见的酸是软脂酸和二十六碳酸，最常见的醇则是十六醇、二十六醇及三十醇。除高级脂肪酸的高级醇酯外，蜡中还含有少量游离的高级脂肪酸、高级醇和烃。根据来源不同，蜡可分为植物蜡和动物蜡，植物蜡的熔点较高，如表14-3所示。

表 14-3 几种常见的蜡的熔点

名称	主要成分	熔点/℃
鲸蜡	$C_{15}H_{31}COOC_{16}H_{33}$	42～45
蜂蜡	$C_{15}H_{31}COOC_{30}H_{61}$	62～65
虫蜡	$C_{25}H_{51}COOC_{26}H_{53}$	81.3～84
米糠蜡	$C_{25}H_{51}COOC_{30}H_{61}$	83～86
巴西棕榈蜡	$C_{25}H_{51}COOC_{30}H_{61}$	83～86

蜡多数为固体，少数是液体，比油脂硬而脆。其性质比较稳定，在空气中不易变质，且难以皂化。蜡主要用于制造蜡烛、蜡纸、香脂、上光剂、化妆品和鞋油等。

14.3 磷脂

磷脂（phospholipid）是分子中含有磷酸基团的高级脂肪酸酯，其广泛存在于动物的脑、肝、蛋黄，大豆等植物的种子以及微生物中，是构成细胞膜的基本成分。根据结构，磷脂分为磷酸甘油酯和鞘磷脂。

14.3.1 磷酸甘油酯

磷酸甘油酯（phosphoglyceride）又称为甘油磷脂，其母体结构是磷脂酸（phosphatidic acid），即一分子甘油与两分子高级脂肪酸和一分子磷酸通过酯键结合而成的化合物。其中脂肪酸主要包括软脂酸、硬脂酸、亚油酸和油酸等，而磷酸本身的另一个羟基可以分别与乙醇胺、丝氨酸或胆碱等分子中的羟基结合成酯。例如，主要存在于蛋黄中的卵磷脂和主要存在于动物脑中的脑磷脂，其结构式分别如下：

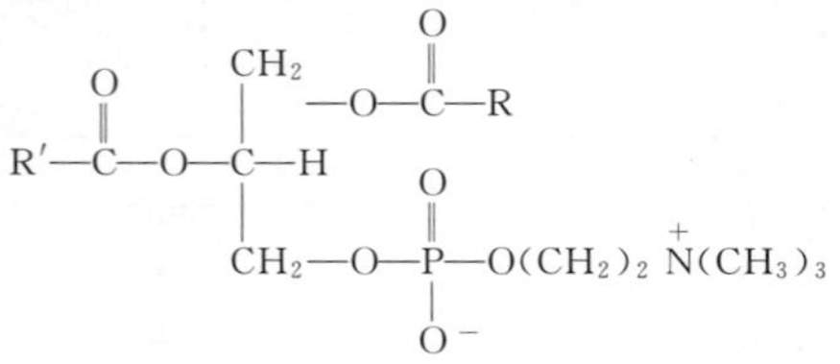

卵磷脂 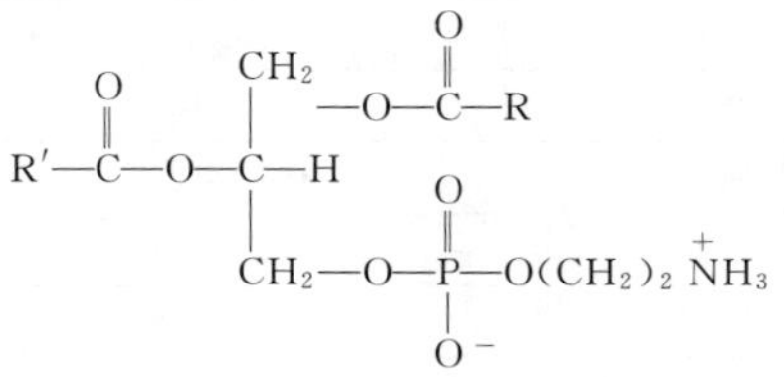　　　　　　　　　　脑磷脂

在磷脂分子中，既带有正电荷也带有负电荷，是以偶极离子存在的。偶极离子部分是亲水的，羧酸的长链烃基是疏水的。这种双亲结构特点与脂肪不同，而与洗涤剂和肥皂相似，在水中它们的极性基团指向水相，而非极性的长链烃基部分聚在一起形成双分子层的中心疏水区。磷脂的这种结构特点和与之相关的物理特性，使之成为细胞膜的主要成分。细胞膜在细胞吸收外界物质和分泌代谢产物的过程中起着重要的作用。

14.3.2　鞘磷脂

另一种重要的磷脂是神经鞘脂类，如神经鞘磷脂，其组成和结构与卵磷脂、脑磷脂不同，鞘磷脂的主链是鞘氨醇（神经氨基醇）而不是甘油。它们是神经鞘氨醇的衍生物，其结构中脂肪酸部分为软脂酸、硬脂酸、二十四酸或二十四碳烯酸。例如：

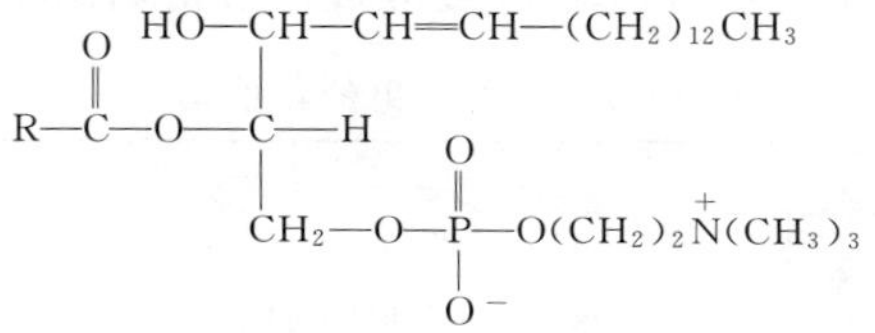

鞘磷脂是白色晶体，化学性质比较稳定，因为分子中碳碳双键少，不像卵磷脂和脑磷脂那样在空气中易被氧化，不溶于丙酮和乙醚，而溶于热乙醇中。

鞘磷脂大量存在于脑和神经组织，是围绕着神经纤维鞘样结构的一种成分，也是细胞膜的重要成分之一。

14.4　萜类化合物

萜类化合物（terpenoids）广泛存在于自然界中，如植物的叶、花和果实中提取获得的香精油以及动物中的某些色素等，其主要成分是萜类化合物。

萜类一般是指含有两个或多个异戊二烯碳骨架的不饱和烃及其氢化物和含氧化合物，其分子中的碳原子数是异戊二烯碳原子数的倍数，通式为$(C_5H_8)_n$，只有个别例外。根据分子中所含异戊二烯碳骨架的多少，萜类可以分为单萜和多萜，通称异戊二烯（isoprene）规则，如表 14-4 所示。

表 14-4　常见萜的分类

类别	异戊二烯单位	碳原子数	类别	异戊二烯单位	碳原子数
单萜	2	10	三萜	6	30
倍半萜	3	15	四萜	8	40
二萜	4	20			

14.4.1　单萜

单萜（monoterpene）是由两个异戊二烯单位组成，可分为无环单萜、单环单萜和双环单萜。单萜是某些植物香精油的主要成分，如松节油等。

无环单萜是由两个异戊二烯单元"头部"和"尾部"相连而成，可视为异戊二烯的二聚体。许多珍贵的香料是无环单萜，如橙花醇、香叶醇和香叶醛等：

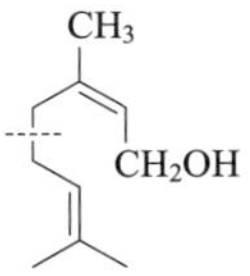

橙花醇　　　　　　　香叶醇　　　　　　　香叶醛
nerol　　　　　　　geraniol　　　　　　geraniol

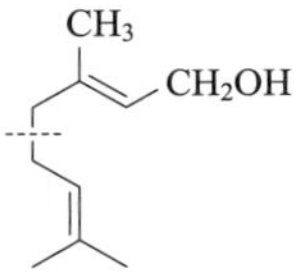

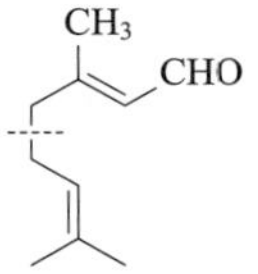

它们存在于玫瑰油、橙花油和柠檬草油中，是无色有玫瑰香气或柠檬香气的液体，用于配制香精。香叶醇还是蜜蜂之间交换食物信息的一种信息素。

单环单萜可以看作是二聚异戊二烯的环状结构，也可视为 1-甲基-4-异丙基环己烷的衍生物，主要包括苧烯、薄荷醇和薄荷酮等：

苧烯　　　　　　　薄荷醇　　　　　　　薄荷酮
limonene　　　　　menthol　　　　　　menthone

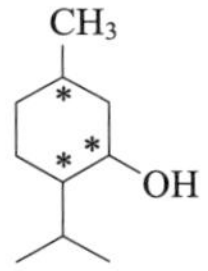

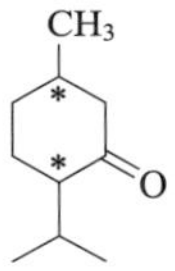

薄荷醇俗称薄荷脑，其分子中含有 3 个手性碳原子，应有 8 个立体异构体。其异构体之一的左旋体是薄荷油的主要成分，为结晶固体，熔点 42.5℃，沸点 216℃，具有强烈的薄荷气味，具有杀菌防腐和局部止痛止痒作用，常用于香料和医药中。薄荷醇氧化可得薄荷酮。

双环单萜通常是由一个六元环分别与三元、四元或五元环共用两个或两个以上碳原子构成的，它们属于桥环化合物。自然界存在较多的双环单萜是蒎烷和莰烷的衍生物。例如：

α-蒎烯　　　　　β-蒎烯　　　　　莰醇（冰片）　　　莰酮（樟脑）
α-pinene　　　　β-pinene　　　　borneol　　　　　camphor

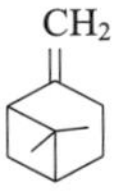

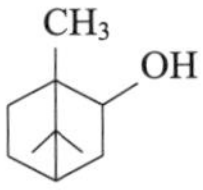

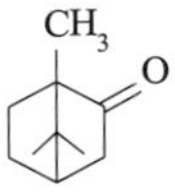

α-蒎烯和 β-蒎烯主要存在于松节油中，其中 α-蒎烯含量高达 80%，均为不溶于水的油状液体，可以作为溶剂，是自然界最多的一种萜类。冰片又称龙脑，为无色片状晶体，有清凉气味，用于医药和化妆品。冰片氧化即为樟脑，樟脑主要存在于樟树的枝干和叶子中，可以用水蒸气蒸馏法提取。

14.4.2　倍半萜

倍半萜分子中含有 3 个异戊二烯单位，如金合欢醇（法呢醇），其结构式为：

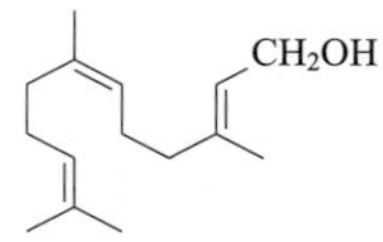

金合欢醇 (farnesol)

金合欢醇为无色液体，具有类似于百合花的香气，存在于橙叶、金合欢、玫瑰等多种植物中。在日用香精中起协调剂作用，广泛用于配制多种香精。

青蒿素是从我国传统中草药青蒿中分离得到的一种抗疟化合物，它对疟原虫红细胞具有杀灭作用，是由我国化学家和药物学家自主开发的高效低毒、抗耐药性的抗疟药物，已在国内外广泛使用。青蒿素的结构为具有过氧桥的倍半萜内酯。它可以看作是由具有杜松烷骨架的倍半萜衍生而成。青蒿素及其衍生物很容易与血红素发生烷基化反应，组成"血红素-青蒿素合成物"。疟原虫一般都将它的"家"安置在富含血红素的红细胞中，而"血红素-青蒿素合成物"正好可以消灭红细胞中的这些寄生虫，使其"家毁虫亡"。青蒿素的发现，为世界带来了一种全新的抗疟药。如今，以青蒿素为基础的联合疗法（ACT）是世界卫生组织推荐的疟疾治疗的最佳疗法，挽救了全球数百万人的生命。2015 年 10 月 5 日，瑞典卡罗琳医学院宣布将诺贝尔生理学或医学奖授予屠呦呦以及另外两名科学家，以表彰他们在寄生虫疾病治疗研究方面取得的成就。这是中国医学界迄今为止获得的最高奖项，也是中医药成果获得的最高奖项。杜松烷和青蒿素结构式为：

杜松烷 (cadinane)　　　　　　青蒿素 (arteannuin)

14.4.3　二萜

二萜是含有四个异戊二烯单位的化合物，广泛分布于动植物界。维生素 A 是一类常见的二萜类化合物，具有 A$_1$ 和 A$_2$ 两种：

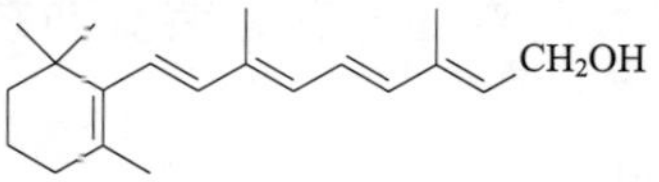

维生素A$_1$ 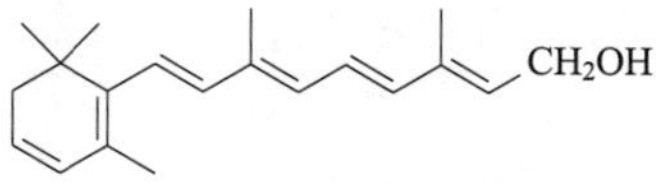　　　　　　　　　维生素A$_2$

维生素 A 主要存在于蛋黄、奶油和鱼肝油中，是不溶于水的淡黄色晶体，具有促进生长，维持皮肤、结膜、角膜等的正常功能，参与视紫红质的合成等作用，主要用于防治夜盲症、眼干燥症和角膜软化症等。

紫杉醇是一种从裸子植物红豆杉的树皮中分离提纯的天然次生代谢产物，紫杉醇是天然二萜类化合物，它具有紫杉烷-4,11-二烯骨架：

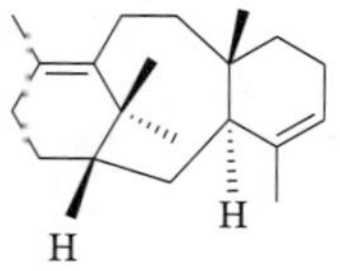

紫杉烷 -4,11-二烯 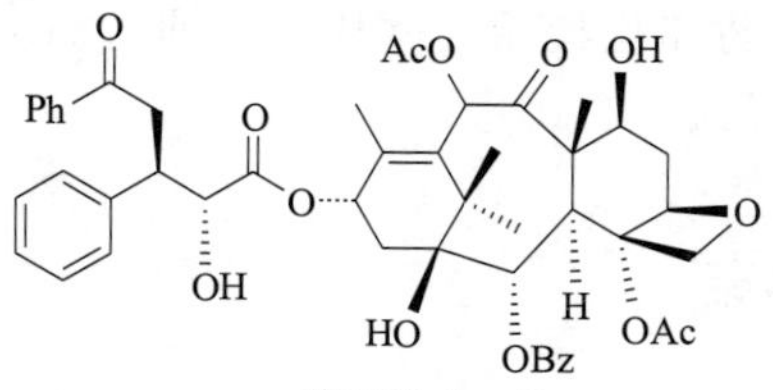　　　　　　紫杉醇 (taxol)

经临床验证，具有良好的抗肿瘤作用，特别是对癌症发病率较高的卵巢癌、子宫癌和乳腺癌等有特效。紫杉醇是近年国际市场上最热门的抗癌药物，被认为是人类未来 20 年间最有效的抗癌药物之一。由于红豆杉生长缓慢，其来源受到极大限制，因此紫杉醇及其衍生物的人工合成仍需深入研究。

14.4.4　三萜

三萜是含有六个异戊二烯单位的化合物。角鲨烯是一种重要的三萜，在自然界分布广泛，主要存在于鲨鱼的肝和人体的皮脂中，也存在于酵母、麦芽和橄榄油中。角鲨烯是不溶于水的油状液体，可用作杀菌剂、某些医药和染料中间体等，其结构式为：

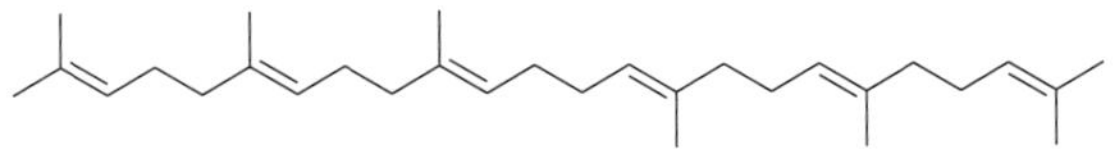

角鲨烯 (squalene)

龙涎香是抹香鲸肠胃的病状分泌物，是一种黄色、灰色或黑色蜡状物，具有类似麝香的独特香气，是一种名贵的动物性香料。其主要成分是一种三萜醇——龙涎香醇，其结构式为：

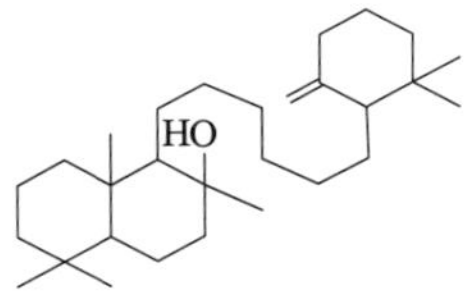

龙涎香醇（β-carotene）

14.4.5　四萜

四萜是含有八个异戊二烯单位的化合物，在自然界分布很广。这类化合物的分子结构中都含有较长的碳碳双键共轭体系，因而都具有颜色，常称为多烯色素。最早发现的这类化合物是从胡萝卜中提取得到的胡萝卜素，胡萝卜素有三种异构体，其中以 β-胡萝卜素最重要，其结构式为：

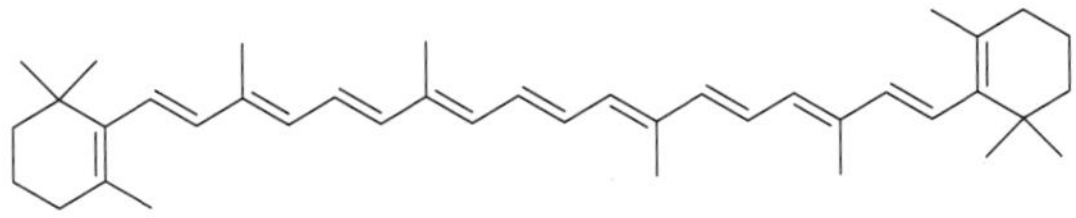

β-胡萝卜素

β-胡萝卜素在人体或动物体内酶的作用下，可以被氧化成维生素 A，因此它是一种维生素 A 的前体，称为维生素 A 原。胡萝卜素不仅存在于胡萝卜中，也广泛存在于植物的叶、花和果实以及动物的乳汁和脂肪中。因此通过食用胡萝卜或某些植物的果实等可以获得 β-胡萝卜素，进而达到获得维生素 A 的目的。

14.4.6　多萜

多萜是含有较多异戊二烯单位的化合物。天然橡胶是异戊二烯的高聚物，也可视为多萜类化合物：

$$-[CH_2-C(CH_3)=CH-CH_2]_n-$$

14.5 甾族化合物

甾族化合物（steroids）也称类固醇化合物，是广泛存在于自然界动植物体内的一类天然化合物。其共同的结构特征是包含一个稠合四环的碳骨架，四个环可以看作是部分或完全氢化的菲与环戊烷并联而成，以 A、B、C、D 区分四个环，同时还有三个侧链，其中 10 位和 13 位侧链常为甲基，称为角甲基，通常把具有这样基本结构的化合物及其衍生物称为甾族化合物：

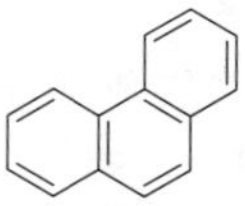

菲 (phenanthrene) 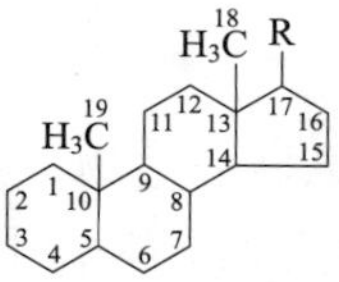　　　　甾环结构

其中存在最广泛最常见的甾族化合物是胆甾醇，也称胆固醇（cholesterol），分子结构中含有一个羟基，其结构式为：

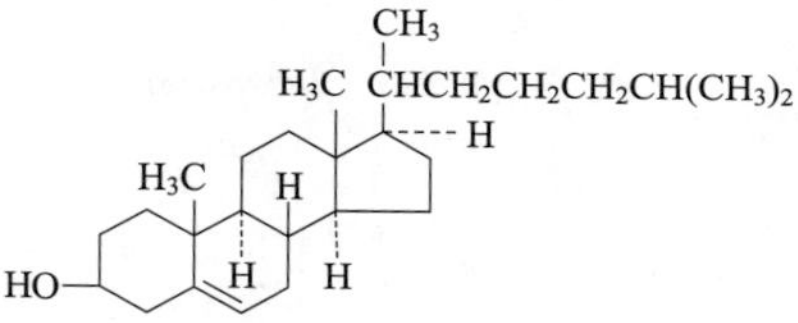

胆固醇广泛分布于人体及动物体内，尤其集中存在于脑和脊髓中，胆囊结石病的胆石中 90% 为胆固醇。胆固醇是其它甾族化合物如甾族激素、维生素 D 和胆酸等生物合成的前体。人体内胆固醇含量过高会引起动脉硬化、高血压及心脏病。

维生素 D 广泛存在于动物体内，如牛奶、蛋黄和鱼的肝脏中，其主要生理功能是促进人体内钙离子的吸收，以防止佝偻病和骨软化病等。

维生素 D 已经分离出四种，即维生素 D_2、D_3、D_4 和 D_5，不存在维生素 D_1，其中以维生素 D_2 和 D_3 的生理活性最强。维生素 D 本身的结构已经不属于甾族化合物，但它可以由甾族化合物合成。

麦角固醇是植物固醇，存在于酵母和某些植物中，在紫外照射下经一系列变化可转变为维生素 D_2，维生素 D_2 因此也称为麦角钙化甾醇：

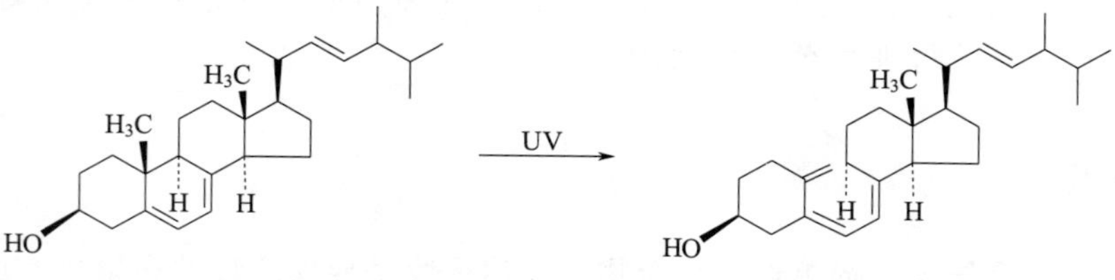

麦角固醇 (ergosterol)　　　　　　　　维生素D_2

扫码获取本章课件和微课

===== **习　题** =====

1. 写出下列化合物的结构。

（1）亚油酸　　　　　（2）软脂酸　　　　　（3）三硬脂酰甘油

（4）卵磷脂　　　　　（5）7-脱氢胆固醇　　（6）胆碱

（7）β-胡萝卜素　　　（8）樟脑　　　　　　（9）维生素 A_1

2. 判断下列化合物属于几萜类化合物？试用虚线分开其结构中异戊二烯单位。

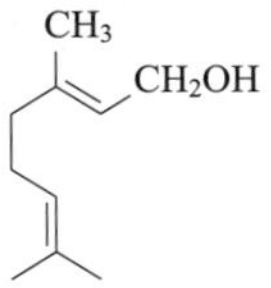

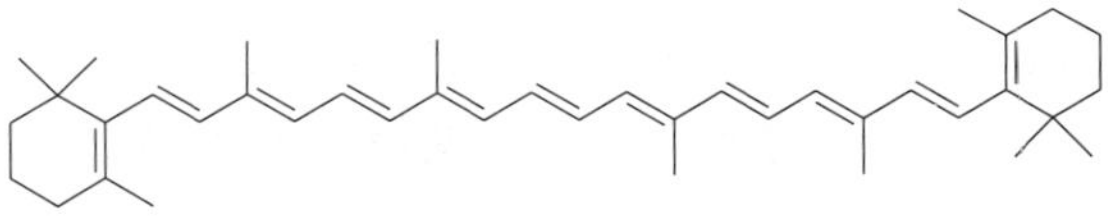

3. 天然油脂中脂肪酸的结构有哪些特点？

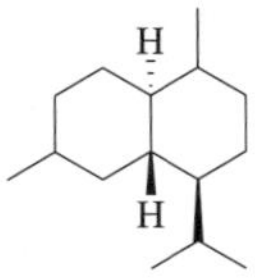

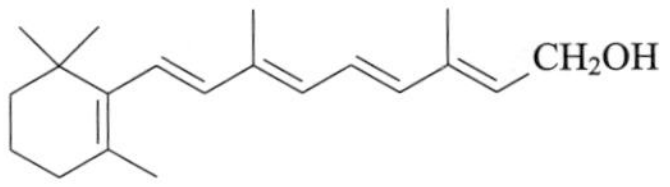

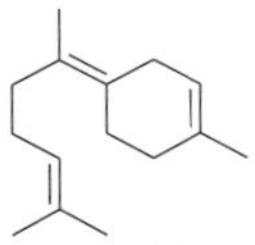

4. 什么是油脂的皂化反应？

5. 油脂、蜡和磷脂在结构上的主要区别是什么？

6. 比较 α-亚麻酸与 γ-亚麻酸结构上的相同点和不同点，两者在人体内能否相互转化，为什么？

7. 何为必需脂肪酸？常见的必需脂肪酸有哪些？

8. 室温下油和脂肪的存在状态与其分子中的脂肪酸有何关系？

9. 某单萜化合物 A 分子式为 $C_{10}H_{18}$，催化加氢生成化合物 $B(C_{10}H_{22})$。用高锰酸钾氧化 A 则得到乙酸、丙酮、4-氧代戊酸。试写出 A、B 的结构式。

第 15 章 糖 类

糖（saccharide）是自然界中存在最多、分布最广的有机化合物，它是植物光合作用的产物，占植物干重的 80%。糖类在动、植体内的代谢作用中又可被氧化，最后生成二氧化碳和水，同时释放能量以供生命活动需要。

$$nCO_2 + mH_2O \xrightarrow[\text{叶绿素}]{h\nu} C_n(H_2O)_m + nO_2$$

糖是由碳、氢、氧三种元素组成的，除碳原子外，氢和氧原子数之比与水相同，可用通式 $C_m(H_2O)_n$ 表示，故将此类物质称为碳水化合物。如葡萄糖的分子式为 $C_6H_{12}O_6$，可用 $C_6(H_2O)_6$ 表示。但后来发现不少糖类虽然结构和性质与碳水化合物相似，但不符合此化学式，如鼠李糖和岩藻糖为 $C_6H_{12}O_5$、2-脱氧核糖为 $C_5H_{10}O_4$ 等。而有些分子式符合上述通式的化合物如乙酸（$C_2H_4O_2$），其结构和性质却与糖类完全不同。因此，把糖类称为"碳水化合物"是不确切的，但因沿用已久，现仍在使用。从化学结构上讲，糖是多羟基醛或多羟基酮，或能水解产生多羟基醛或多羟基酮的化合物。

糖与蛋白质、核酸和脂类一起合称为生命活动所必需的四大类化合物，参与组织结构和提供能量是碳水化合物的主要功能。从 20 世纪 80 年代开始，糖脂和糖蛋白的研究进展迅速，不断从分子水平上揭示碳水化合物结构与功能的关系以及在生命活动中的作用，从而使我们认识到，碳水化合物不仅仅是动植物的结构组成成分，而且是重要的信息物质，在生命过程中发挥着重要的生理功能。

15.1 糖的分类

糖按照其水解情况可分为三大类。

单糖（monosaccharide） 不能水解成更小分子的多羟基醛或多羟基酮叫单糖，如葡萄糖、果糖等。

低聚糖（oligosaccharide） 也称寡糖，能水解成两个到十个单糖的碳水化合物，其中最重要的是二糖，如蔗糖、麦芽糖等。

多糖（polysaccharide） 水解后能产生十个以上单糖的碳水化合物。它们是十个到几千个单糖形成的高聚物，属于天然高分子化合物，如淀粉、纤维素等。

15.2 单糖

按分子中所含碳原子的数目，单糖可分为三碳糖、四碳糖、五碳糖和六碳糖。按分子中所含羰基的类型可分为醛糖和酮糖。自然界所发现的单糖主要是五碳糖和六碳糖，其中比较重要的五碳糖为核糖，六碳糖为葡萄糖和果糖。

15.2.1 单糖的构型和标记法

单糖构型的确定以甘油醛为标准。具体规定是：将单糖以费歇尔投影式表示，碳链竖写，按系统命名法编号，编号最大即离羰基最远的手性碳原子的构型若与 D-甘油醛的构型相同，则为 D 型；反之为 L 型。自然界存在的单糖绝大多数是 D 型糖，图 15-1 列出了由 D-

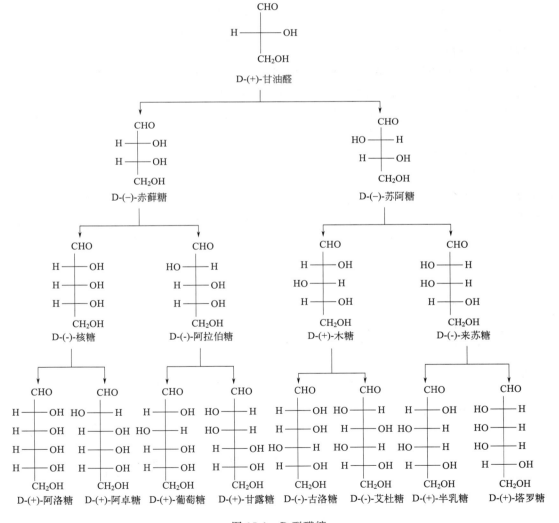

图 15-1　D 型醛糖

（＋)-甘油醛导出的 D 型醛糖。

从图中可以看出，D 构型和 L 构型与旋光方向（＋）和（－）之间没有一一对应关系，即 D 构型单糖不一定是右旋的，L 构型单糖不一定是左旋的。同时可以看出 D-葡萄糖与 D-甘露糖仅 C_2 构型不同、D-葡萄糖与 D-半乳糖仅 C_4 构型不同等，它们的差别仅是一个手性碳原子的构型不同。像这样在含有多个手性碳原子的化合物中，只有一个手性碳原子的构型不同，其它手性碳构型均相同的非对映异构体称为差向异构体（epimer）。

有时也用 R/S 标记法来标记单糖的构型，例如，D-(＋)-葡萄糖的名称是 $(2R,3S,4R,5R)$-2,3,4,5,6-五羟基己醛。

15.2.2 单糖的环状结构及霍沃思表达式

单糖的许多化学性质证明其具有多羟基醛或多羟基酮的链状结构，但这种链状结构却与某些实验事实不符。例如：

① D-葡萄糖具有醛基，但却不与 $NaHSO_3$ 发生加成反应；

② 醛在干燥氯化氢作用下应与两分子醇反应形成缩醛类化合物，但 D-葡萄糖只与一分子甲醇反应生成稳定化合物；

③ D-葡萄糖在不同的条件下可得到两种结晶，从冷乙醇中可结晶得到熔点 146℃、比旋光度为 −112° 的晶体，而从热吡啶中结晶得到熔点 150℃、比旋光度为 ＋18.7° 的晶体，上述两种晶体溶于水后，其比旋光度随时间发生变化，并都在 ＋52.7° 时稳定不变，这种比旋光度自行发生改变的现象称为变旋光现象（mutarotation）；

④ 固体葡萄糖的红外光谱没有羰基特征吸收峰。

受醛可以与醇作用生成半缩醛这一反应的启示，人们注意到，葡萄糖分子中同时存在醛基和羟基，可发生分子内的羟基与醛的缩合反应形成稳定的环状半缩醛，这种环状结构已被 X 射线衍射结果所证实。糖通常以五元或六元环形式存在，当以六元环形式存在时，与杂环化合物吡喃相似，称吡喃糖；若以五元环形式存在时，与杂环化合物呋喃相似，称呋喃糖。单糖的环状结构式称为霍沃思（Haworth）表达式。

D-葡萄糖由开链式转变为环状半缩醛式时，原来没有手性的醛基碳原子变成了手性碳，因此同一单糖有两种不同的环状半缩醛。该手性碳原子称为半缩醛碳原子，也称苷原子，与苷原子相连的羟基称为苷羟基或半缩醛羟基。苷羟基与 C5 的羟甲基位于环平面异侧的为 α 型，反之为 β 型，为非对映体。二者除半缩醛羟基构型不同外，其余手性碳原子的构型均相同，这种只有端基构型不同的异构体称为端基异构体（anomer）。例如：

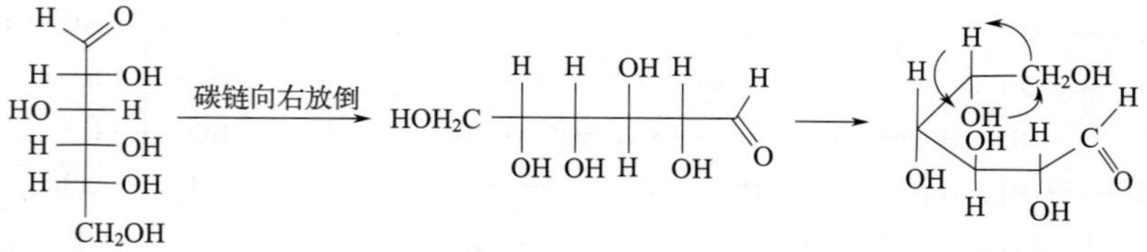

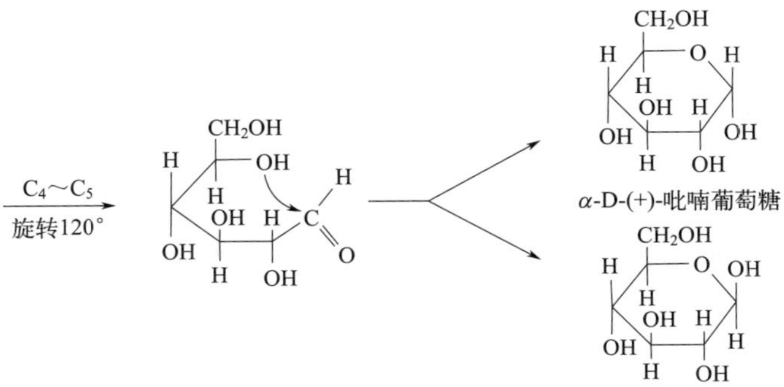

α-D-(+)-吡喃葡萄糖

β-D-(+)-吡喃葡萄糖

从乙醇中结晶的 D-葡萄糖可得到 α-D-葡萄糖，比旋光度为 +112°，从吡啶中结晶可得到 β-D-葡萄糖，比旋光度为 +18.7°。当把两种异构体溶于水后，它们可通过开链结构互相转化，最终达到动态平衡，平衡混合物中 β 异构体占 64%，α 异构体占 36%，开链结构占 0.02%，混合物比旋光度为 +52.7°。因此，当把比旋光度为 +112°的 α-D-葡萄糖溶于水后，其通过开链结构与 β-D-葡萄糖相互转化，混合物中 α 型的含量不断减少，β 型含量不断增加，比旋光度不断下降，直至达到以上三者的平衡混合物，比旋光度稳定在 +52.7°不再改变。同样，β-D-葡萄糖溶于水后，也有变旋光现象。由此可见，糖的二种环状半缩醛结构的存在，以及它们通过开链结构的互变，是产生变旋光现象的内在原因。例如：

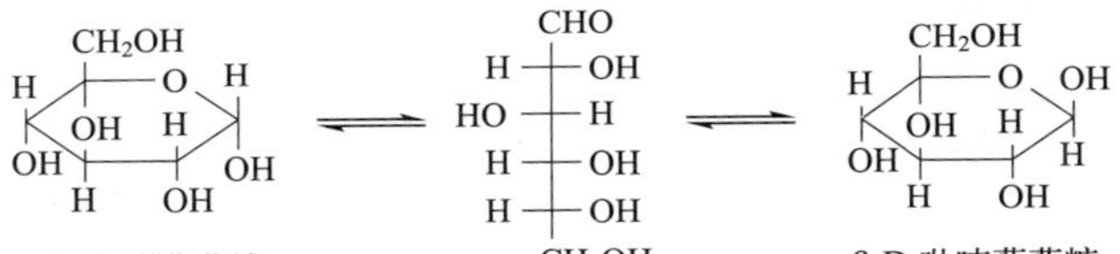

α-D-吡喃葡萄糖　　　　　　　　　　　　　　β-D-吡喃葡萄糖
36%　　　　　　　　　0.02%　　　　　　　64%

15.2.3 单糖的构象

由于六元环不是平面型的，上述吡喃糖的霍沃思表达式不能真实地反映环状半缩醛的立体结构。在 D-葡萄糖的水溶液中，β 型的含量要比 α 型高（64∶36），这是因为前者比后者稳定，这种相对稳定性与它们的构象有关。实际上，吡喃糖六元环的空间排列与环己烷类似，也具有稳定的椅式构象。如 β-D-葡萄糖的椅式构象为：

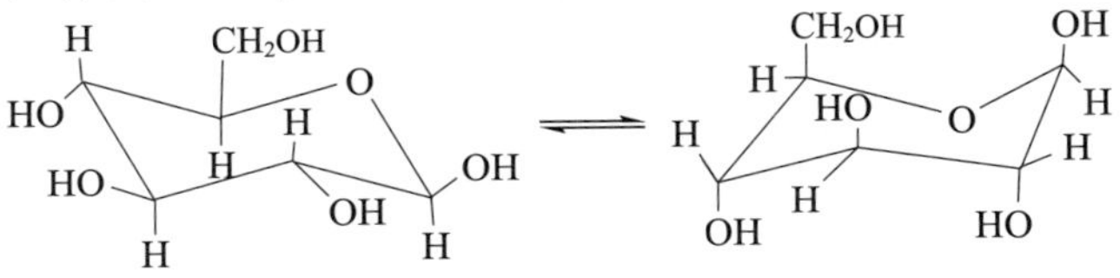

Ⅰ　　　　　　　　　　　　　　　Ⅱ

在以上两种椅式构象中，Ⅰ比Ⅱ稳定。因为Ⅰ中所有取代基都在 e 键上，而Ⅱ式中取代基均在 a 键。Ⅰ式比Ⅱ式位能低，故 β-D-葡萄糖的优势构象为Ⅰ。而在 α-D-葡萄糖的两种椅式构象Ⅲ和Ⅳ中，优势构象为Ⅲ：

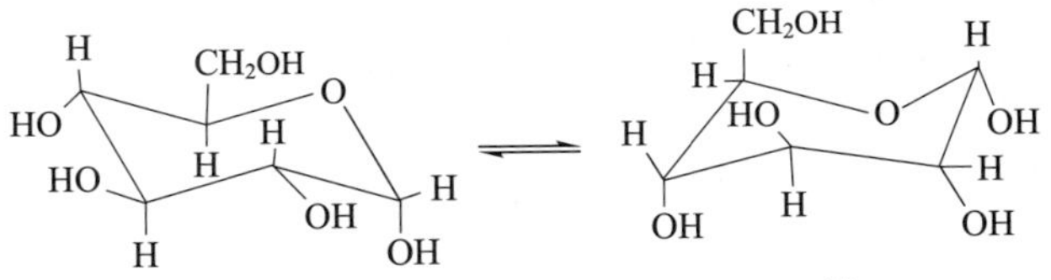

Ⅲ　　　　　　　　　　　　　　　Ⅳ

此构象中半缩醛羟基在 a 键上，故不如 β-D-葡萄糖的优势构象 Ⅰ 稳定。这就是葡萄糖的互变平衡混合物中 β 型含量较高的原因。在所有 D-己醛糖中，只有 β-D-葡萄糖的五个取代基全在 e 键上，故具有很稳定的构象。这也是 D-葡萄糖在自然界含量最丰富、分布最广泛的原因。

果糖的吡喃结构也有 α 及 β 两种异构体，在水溶液中同样存在环式和链式的互变平衡体系，而且平衡混合物中除有两种吡喃型果糖外，还有两种呋喃型异构体：

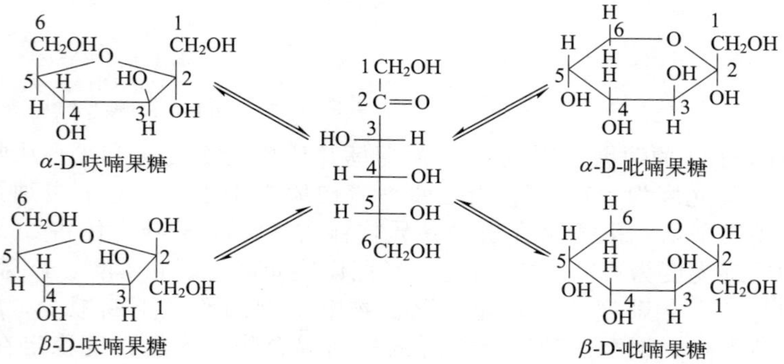

α-D-呋喃果糖　　β-D-呋喃果糖　　α-D-吡喃果糖　　β-D-吡喃果糖

15.2.4　单糖的化学性质

单糖分子中既含有多个羟基，又含有羰基，各官能团均可发生相应官能团的典型反应，如醛酮能发生氧化还原反应，醇能发生酯化反应。由于这些基团在同一分子内的相互影响，所以又有一些特殊性质。

（1）氧化

单糖可被多种氧化剂氧化，所用氧化剂不同，其氧化产物也不同。

（a）用费林试剂、托伦试剂及本内迪克特（Benedict）试剂氧化

费林试剂、托伦试剂、本内迪克特试剂（由硫酸铜、碳酸钠和柠檬酸钠配制而成，溶液呈蓝色）均为碱性弱氧化剂，能氧化醛糖和一些酮糖，分别有银镜或氧化亚铜的砖红色沉淀产生。例如：

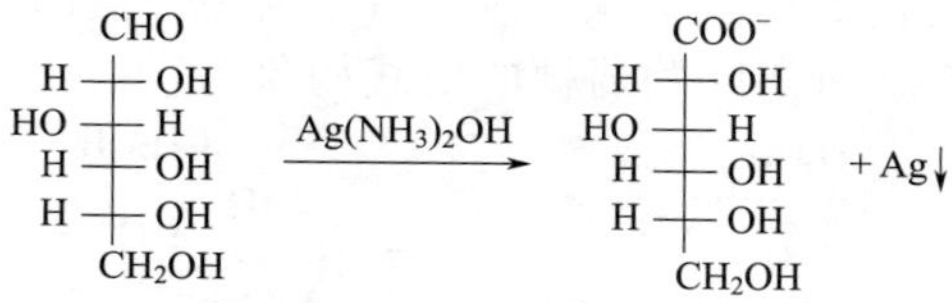

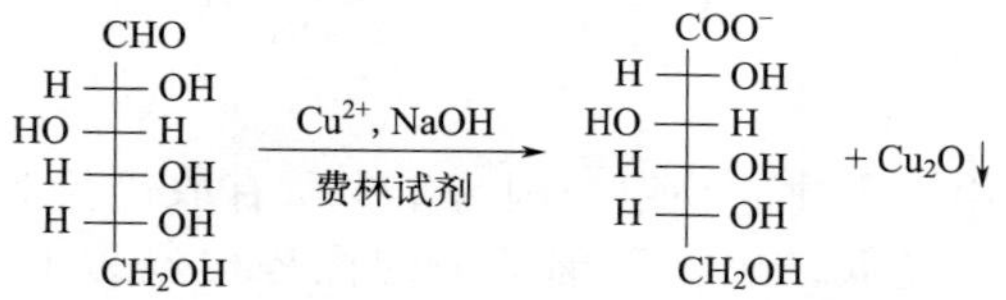

有些酮糖（如果糖）也能被上述碱性弱氧化剂氧化，这是由于在弱碱性条件下单糖能发生差向异构化的结果。凡是能被碱性弱氧化剂氧化的糖称为还原糖，反之则为非还原糖。所有单糖都能被碱性弱氧化剂氧化，为还原糖。

利用这些弱氧化剂不能区分醛糖和酮糖。因为它们都是碱性试剂，单糖在稀碱溶液中能发生醛糖和酮糖的互变异构——差向异构化。由于糖分子中 α-碳上的氢很活泼，在碱性条件下很容易经过开链结构的烯醇化，转变为其差向异构体。例如：

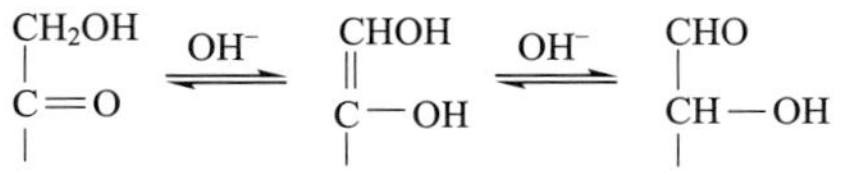

$$\underset{\text{酮糖}}{\begin{array}{c}CH_2OH\\|\\C=O\end{array}} \xrightleftharpoons[]{OH^-} \underset{\text{烯二醇中间体}}{\begin{array}{c}CHOH\\||\\C-OH\end{array}} \xrightleftharpoons[]{OH^-} \underset{\text{醛糖}}{\begin{array}{c}CHO\\|\\CH-OH\end{array}}$$

由于上述异构化，果糖等酮糖部分转变为醛糖，能够与上述三种弱氧化剂反应，因此也是还原糖。

（b）用硝酸氧化

硝酸是较强的氧化剂。在硝酸的氧化下，醛糖的醛基和末端的伯醇基均被氧化，生成二元羧酸，称为糖二酸。例如 D-葡萄糖被硝酸氧化，生成 D-葡萄糖二酸：

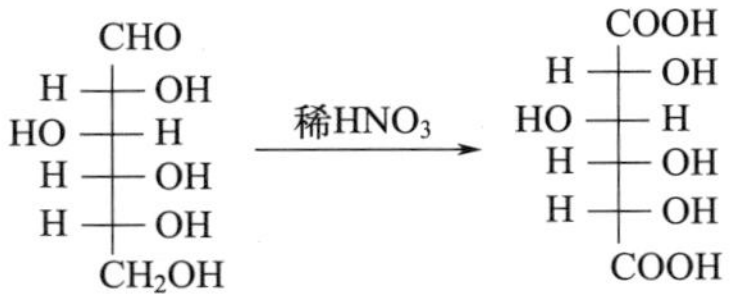

D-葡萄糖 $\xrightarrow{\text{稀}HNO_3}$ D-葡萄糖二酸

（c）用溴水氧化

溴水能与醛糖发生反应，选择性地将醛基氧化成羧基。由于在酸性条件（溴水 pH=5.00）糖不发生差向异构化，因此溴水不氧化酮糖。所以溴水可用来区别醛糖和酮糖。例如：

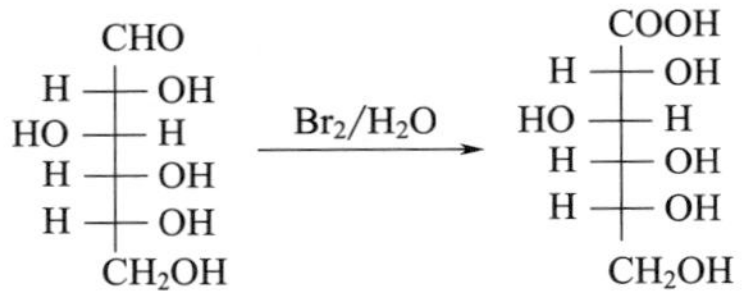

$\xrightarrow{Br_2/H_2O}$

（d）用高碘酸氧化

与邻二醇类似，糖可被高碘酸氧化，发生碳碳键断裂，每一个碳碳键消耗 1mol 高碘酸，反应是定量的，该反应可用于测定糖的结构。例如，1 分子 D-葡萄糖可消耗 5mol 高碘酸，生成 5mol 甲酸和 1mol 甲醛：

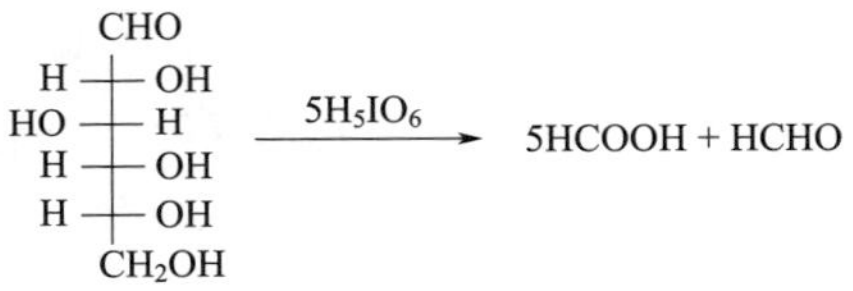

$\xrightarrow{5H_5IO_6}$ 5HCOOH + HCHO

（2）还原反应

与醛和酮类似，糖分子中的羰基也可被催化加氢或金属氢化物还原为羟基，生成糖醇，该反应也常用于糖结构的测定。例如，工业上用催化加氢还原 D-葡萄糖来生产山梨糖醇：

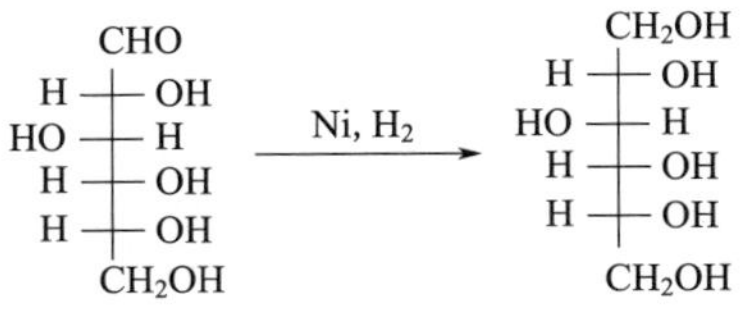

D-葡萄糖 $\xrightarrow{Ni,\ H_2}$ D-山梨糖醇

山梨糖醇无毒，为无色无臭晶体，略有甜味和吸湿性，在工业上主要作为食品添加剂和糖的替代物，还可作为合成维生素 C、树脂、表面活性剂和炸药等的原料。

(3) 糖脎的生成

醛糖或酮糖可与苯肼作用生成苯腙。在过量苯肼存在下，α-羟基会被苯肼氧化成羰基，新生成的羰基会进一步与苯肼生成一种不溶于水的黄色结晶，称为脎。例如：

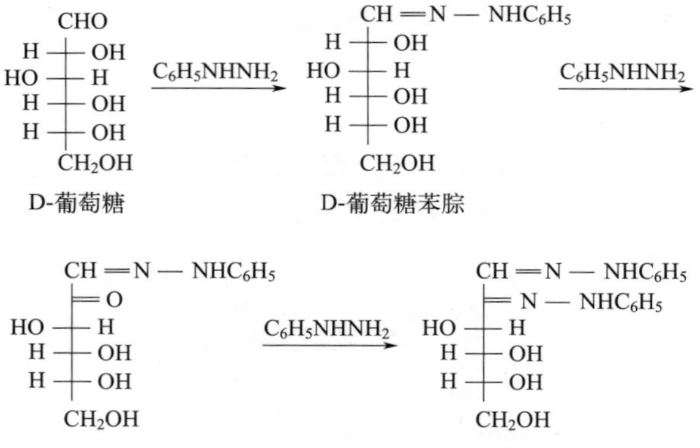

D-葡萄糖　D-葡萄糖苯腙　D-葡萄糖脎

糖脎都是不溶于水的黄色晶体。生成糖脎的反应发生在 C_1 和 C_2 上，不涉及其它碳原子，因此，凡是能生成相同糖脎的六碳糖，C_3、C_4 和 C_5 的构型是相同的。

(4) 苷的生成

单糖的环状半缩醛羟基可与含有活泼氢（如—OH，—SH，—NH_2）的化合物进行分子间脱水，生成的产物称为糖苷（glycoside)，这样的反应称为成苷反应。糖分子中参与成苷的基团为半缩醛羟基，通常称为苷羟基。例如，在干燥氯化氢存在下，D-葡萄糖与热的甲醇作用，生成甲基-D-葡萄糖苷：

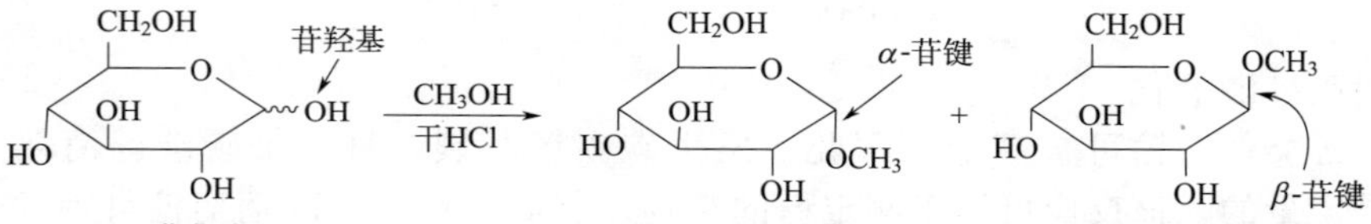

D-葡萄糖　甲基-α-D-葡萄糖苷　甲基-β-D-葡萄糖苷

糖苷由糖和非糖部分组成，非糖部分称为苷元或配基，如 CH_3OH。连接糖与苷元之间的键称为糖苷键，与糖的 α 和 β 构型相对应，苷键也有 α-苷键和 β-苷键。根据苷键原子的不同，还可将苷键分为氧苷键、氮苷键、硫苷键和碳苷键等。糖苷中已无苷羟基，不能转变为开链结构，因而糖苷无还原性，也无变旋光现象。由于糖苷在结构上为缩醛，在碱中较为稳定，但在酸或酶的作用下，苷键可断裂，生成原来的糖和苷元。

(5) 醚的生成

在氯化氢催化下，糖的苷羟基能转化成醚，但其它醇羟基则不能。然而在氧化银存在下，葡萄糖和碘甲烷可以反应得到五甲基醚，产率较高。例如：

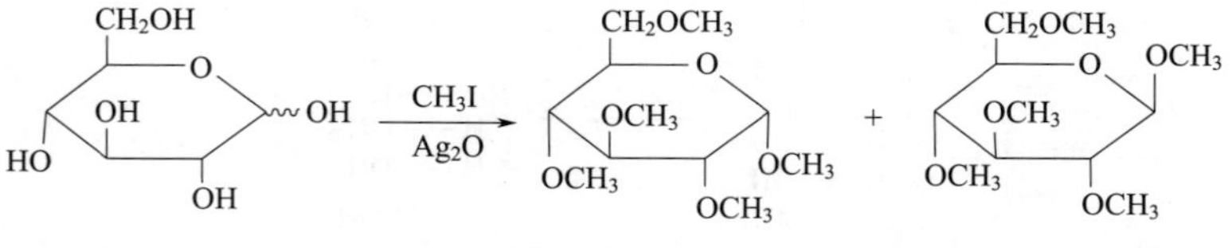

在碱性条件下，葡萄糖或葡萄糖苷与过量的硫酸二甲酯作用，同样可以得到五甲基醚。

(6) 酯的生成

糖分子中的羟基也发生酰基化反应生成酯。例如，在乙酸钠或吡啶催化下，葡萄糖与乙酸酐反应生成葡萄糖五乙酸酯：

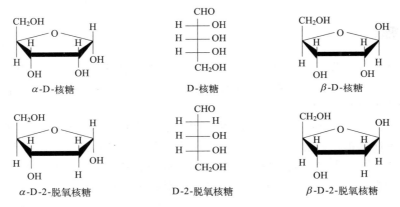

15.2.5 重要的单糖及其衍生物

（1）D-核糖及 D-2-脱氧核糖

核糖和脱氧核糖是生物体内极为重要的五碳糖，常与磷酸及某些杂环化合物结合而存在于蛋白质中。它们是核糖核酸及脱氧核糖核酸的重要组分之一。其链式结构和环状结构表示如下：

α-D-核糖   D-核糖   β-D-核糖

α-D-2-脱氧核糖   D-2-脱氧核糖   β-D-2-脱氧核糖

（2）D-葡萄糖

葡萄糖是自然界分布最广且最为重要的一种己醛糖。纯净的葡萄糖为无色晶体，有甜味但甜味不如蔗糖，易溶于水，微溶于乙醇，不溶于乙醚和烃类溶剂。天然葡萄糖水溶液旋光向右，故属于"右旋糖"。

葡萄糖多以二糖、多糖或糖苷的形式存在于生物体内。植物体内如蔬菜、水果中有游离的葡萄糖，也存在于动物的血液、淋巴液和脊髓中。

葡萄糖在生物学领域具有重要地位，是活细胞的能量来源和新陈代谢中间产物，即生物的主要供能物质。植物可通过光合作用产生葡萄糖。葡萄糖在食品工业中用以制作糖浆、糖果；在印染工业中用作还原剂；在医药领域可用于合成维生素 C 等。

（3）D-果糖

果糖是葡萄糖的同分异构体，是一种最为常见的己酮糖。它以游离状态大量存在于水果的浆汁和蜂蜜中，果糖还能与葡萄糖结合生成蔗糖。纯净的果糖为无色晶体，熔点为 103～105℃，易溶于水、乙醇和乙醚。果糖是左旋的，故又称左旋糖。D-果糖是最甜的单糖。工业上用酸或酶水解菊粉来制取果糖。

（4）D-半乳糖

D-半乳糖是一种己醛糖，是无色结晶，熔点 167℃，微甜，能溶于水和乙醇。D-半乳糖是乳糖和棉籽糖的组成部分，从蜗牛、蛙卵和牛肺中已发现由 D-半乳糖组成的多糖。它常以 D-半乳糖苷的形式存在于大脑和神经组织中，也是某些糖蛋白的重要成分，在肠道内吸收最快的单糖是半乳糖。D-半乳糖常用于有机合成及医药。

15.3 二糖

二糖是由一分子单糖的半缩醛羟基与另一分子单糖的羟基或半缩醛羟基脱水而成的，两分子单糖可以相同也可以不同。二糖也是一种糖苷，其配糖基为另一个糖分子，两分子单糖通过苷键连接在一起。重要的二糖有蔗糖、麦芽糖、乳糖和纤维二糖等。

连接两个单糖的苷键有两种情况：一种是一个单糖分子的苷羟基与另一单糖的醇羟基之间脱水形成的，这样的双糖分子中仍有一单糖保留有苷羟基，可与开链结构互相转化，所以这类双糖具有变旋光现象，能被弱氧化剂氧化，表现出还原性，故称还原性双糖。另一种是两单糖分子均以苷羟基脱水形成的糖苷，这样形成的双糖分子中不再含苷羟基，故无变旋光现象与还原性。

15.3.1 蔗糖

蔗糖是自然界分布最广的二糖，在甘蔗和甜菜中含量很高，故又称甜菜糖。蔗糖为无色晶体，熔点 $180\,^\circ\!C$，易溶于水，甜味超过葡萄糖、麦芽糖和乳糖，仅次于果糖，其相对甜度为葡萄糖：蔗糖：果糖＝1：1.45：1.65。

蔗糖分子式为 $C_{12}H_{22}O_{11}$，在酸或酶的作用下水解生成等分子的 D-葡萄糖与 D-果糖的等量混合物，说明蔗糖是一分子葡萄糖和一分子果糖的缩水产物。它不能与费林试剂和托伦试剂反应，说明不是还原糖。它不能与苯肼作用生成腙和脎，也没有变旋光现象。这些现象说明蔗糖分子中没有苷羟基，不能转变为开链式。蔗糖的结构式如下：

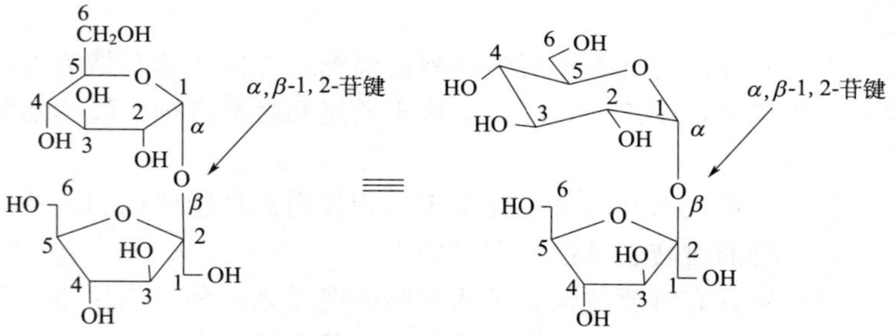

(+)-蔗糖

蔗糖的比旋光度为 $+66.7^\circ$，是右旋糖。其水解后生成的葡萄糖的比旋光度为 $+52.5^\circ$，果糖的比旋光度为 -92.4°，所以蔗糖水解后的混合物比旋光度为 -19.7°，是左旋的。水解前后旋光方向发生了改变，所以我们把蔗糖的水解过程叫转化反应，生成的葡萄糖和果糖的混合物称为转化糖：

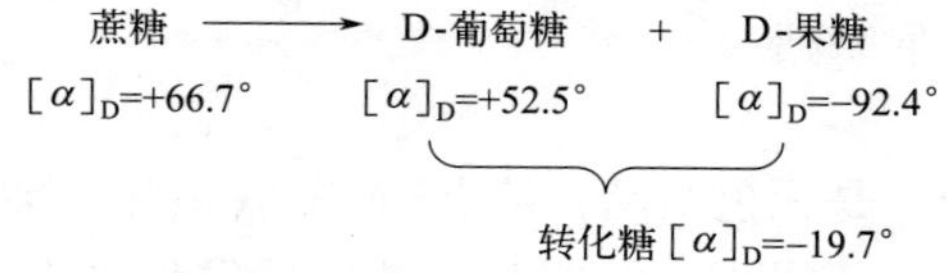

$$蔗糖 \longrightarrow D\text{-}葡萄糖 + D\text{-}果糖$$
$$[\alpha]_D=+66.7^\circ \qquad [\alpha]_D=+52.5^\circ \qquad [\alpha]_D=-92.4^\circ$$

转化糖 $[\alpha]_D=-19.7^\circ$

蜜蜂体内就含有水解蔗糖的转化酶，所以蜂蜜的主要成分是转化糖。蔗糖在医药上用作矫味剂，常制成糖浆使用，把蔗糖加热至 $200\,^\circ\!C$ 以上变成褐色焦糖后，可用作饮料和食品的着色剂。

15.3.2 麦芽糖

麦芽糖（maltose）是淀粉在淀粉酶作用下水解生成的产物。它是白色晶体，熔点160～165℃，甜度为蔗糖的40%。

麦芽糖的分子式也是 $C_{12}H_{22}O_{11}$，用无机酸水解，仅得到葡萄糖，说明麦芽糖是由两分子葡萄糖缩水而得。麦芽糖具有变旋光现象，能生成脎和脎，能与费林试剂和托伦试剂反应，说明是一个还原性二糖。麦芽糖是由一分子葡萄糖的苷羟基与另一分子葡萄糖 C_4 上的羟基脱水而成。由于一分子葡萄糖还存在苷羟基，故有 α- 和 β- 两种异头物，且两种异头物处于动态平衡，其结构式如下：

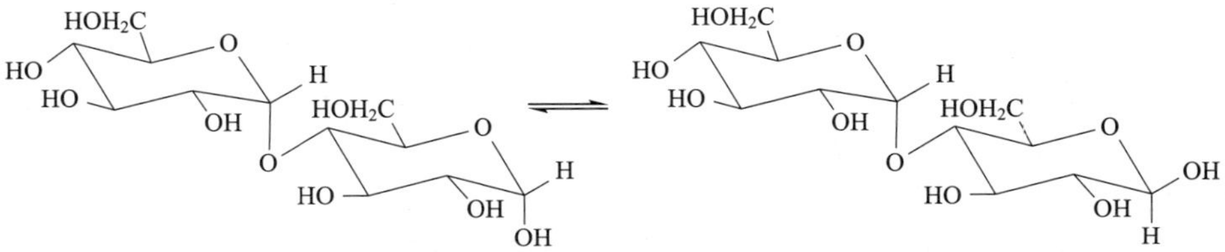

D-麦芽糖（α-异头物）　　　　D-麦芽糖（β-异头物）

麦芽糖的 α-异头物的比旋光度为 $+168°$，β-异头物的比旋光度为 $+112°$，经变旋光达到平衡后，其比旋光度为 $+136°$。

15.3.3 纤维二糖

纤维二糖（cellobiose）是纤维素部分水解生成的产物。纤维二糖是一种白色晶体，熔点225℃，可溶于水，具有右旋性。

纤维二糖分子式也是 $C_{12}H_{22}O_{11}$，一分子纤维二糖水解后也得到两分子 D-葡萄糖。与麦芽糖不同的是，纤维二糖不能被 α-葡萄糖苷酶水解，却能被 β-葡萄糖苷酶水解，因此组成纤维二糖的两个葡萄糖单位是以 β-1,4-苷键相连的：

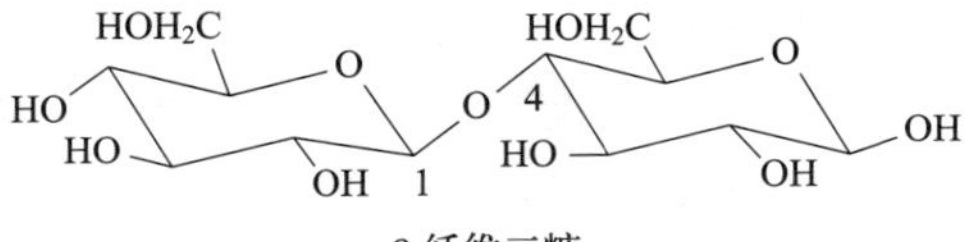

β-纤维二糖

纤维二糖化学性质与麦芽糖相似，为还原糖，有变旋光现象。由于纤维二糖与麦芽糖的苷键构型不同，使其在生理上有较大差别。如麦芽糖有甜味，可在人体内消化分解，而纤维二糖则不能被人体消化吸收，也无甜味。

15.3.4 乳糖

乳糖（lactose）为白色粉末，易溶于水，存在于哺乳动物的乳汁中，人乳中含量约7%～8%，牛乳中含量为4%～5%，工业上可从制取奶酪的副产物乳清中获得。

乳糖是由 β-D-半乳糖和 D-葡萄糖以 β-1,4-苷键结合而成的，用酸或酶水解可以得到一分子 D-半乳糖和一分子 D-葡萄糖：

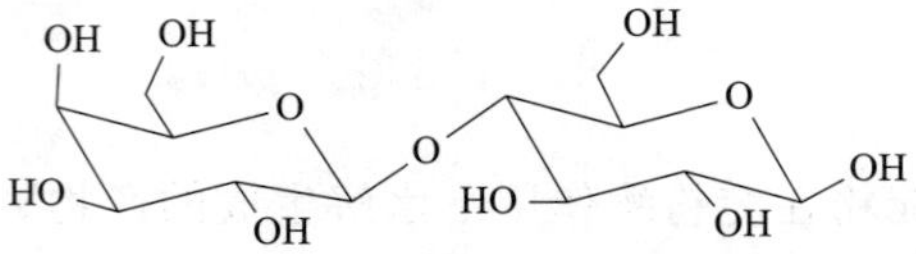

β-乳糖

乳糖晶体含一分子结晶水，熔点 202℃，比旋光度为 +53.5°，来源较少且甜味弱。乳糖是糖中水溶性较小的，医药上常利用其吸湿性小作为药物的稀释剂来配制散剂和片剂。

15.4 多糖

多糖（polysaccharide）广泛存在于自然界，是许多单糖分子以苷键结合而成的天然高分子化合物。一分子多糖完全水解后可生成几百，几千甚至上万个单糖。组成多糖的单糖可以相同也可以不同，以相同的为常见，称均多糖（homosaccharide），如淀粉、纤维素等；以不同的单糖组成的多糖称杂多糖（heterosaccharide），如阿拉伯胶最终水解产物是半乳糖和阿拉伯糖。多糖不是一种单一的化学物质，而是聚合程度不同的多种高分子化合物的混合物。

生物体内存在着两种功能的多糖：一类多糖主要参与形成动物的支持组织，如植物中的纤维素、甲壳类动物的甲壳素等；另一类多糖主要为动植物的储存养料，需要时通过酶的作用释放单糖，如植物中储藏的养分——淀粉，动物体内储藏的养分——糖原。另外，许多植物多糖还具有重要的生物活性，如黄芪糖可增强人体的免疫功能；香菇多糖和茯苓多糖有明显的抑制肿瘤生长的作用；V-岩藻多糖可诱导癌细胞"自杀"等。多糖在保健食品和药品开发利用方面具有广阔的前景。

多糖与单糖、二糖的性质相差较大。多糖大多为无定形粉末，多数不溶于水，个别能在水中形成胶体溶液，无甜味，无变旋光现象及还原性，但有旋光性。

15.4.1 淀粉

淀粉（starch）是人类获取糖类的主要来源，它广泛存在于植物的种子、果实和块茎中。淀粉是白色粉末，由直链淀粉和支链淀粉组成的混合物。这两种淀粉的结构与性质有一定的差异，它们在淀粉中所占比例随植物的品种而异。

直链淀粉也称糖淀粉，在淀粉中含量约为 20%，因来源、分离提纯方法不同，分子量也不同，不易溶于冷水，在热水中有一定的溶解度。直链淀粉一般是由 250～300 个 D-葡萄糖结构单位以 α-1,4-苷键连接而成的链状化合物，可被淀粉酶水解为葡萄糖。其结构式如下：

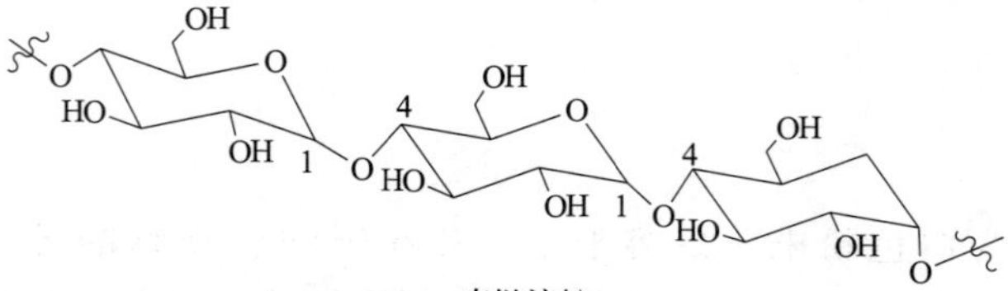

直链淀粉

直链淀粉并不是直线型分子，而是借助分子内羟基间的氢键卷曲成螺旋状，每一圈螺旋有六个葡萄糖单位。直链淀粉遇碘显蓝色，二者之间并不是形成了化学键，而是碘分子钻入了螺旋当中的空隙，如图15-2，二者依靠分子间引力形成一种蓝色络合物所致。这是用淀粉-碘化钾来检测氧化剂的基础。将被检测物加入含有碘化钾的淀粉水溶液中，若被检测物是一种氧化剂，部分碘离子会被氧

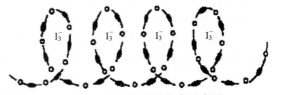

图 15-2　碘和淀粉的络合示意图

化为碘分子，这时就会和淀粉形成蓝色的络合物。此反应非常灵敏，加热蓝色消失，放冷后重现。

支链淀粉又称胶淀粉，在淀粉中的含量约占 80%，在热水中膨胀成糊状。支链淀粉与碘生成紫红色络合物。与直链淀粉一样，支链淀粉在稀酸中水解，最后生成 D-(＋)-葡萄糖，一般含 6000～40000 个 D-葡萄糖结构单位，主链由 α-1,4-苷键连接而成，分支处为 α-1,6-苷键连接。其结构式如下：

支链淀粉

15.4.2　纤维素

纤维素（cellulose）是植物细胞壁的主要组分，构成植物的支持组织，也是自然界分布最广的多糖。棉花中含量高达 98%，木材约含 50%，脱脂棉及滤纸几乎全部是纤维素。

纤维素是纤维二糖的高聚体，彻底水解产物也是 D-葡萄糖，一般由 8000～10000 个 D-葡萄糖单位以 β-1,4-苷键连接，直链，无分支。其结构式如下：

纤维素

纤维素分子长链是平行排列的，分子链之间借助分子间氢键作用拧在一起，称为"微原纤维"，即几个纤维束像麻绳一样拧在一起形成绳索状分子，它是植物细胞壁的结构骨架，提供保护和支撑细胞作用，如图15-3。

图 15-3　拧在一起的纤维素链示意图

纤维素的结构类似于直链淀粉，二者仅是苷键的构型不同。这种 α 苷键和 β 苷键的区别有重要的生理意义，人体内的没有能水解纤维素 β-1,4-苷键的纤维素酶，因此人类只能消化淀粉而不能利用纤维素作为营养物质。食草动物依靠消化道内微生物所分泌的酶，能把纤维素水解成葡萄糖，所以可用草作饲料。

　　纯粹的纤维素是白色固体，不溶于水和一般的有机溶剂，无变旋光现象，不易氧化，遇碘不显色，在酸作用下的水解较淀粉难。

　　纤维素的用途很广，除可用来制造各种纺织品和纸张外，还能制成人造丝、人造棉、玻璃纸、火棉胶、电影胶片等；纤维素用碱处理后再与氯乙酸反应即生成羧甲基纤维素钠（CMCNa），常用作增稠剂、混悬剂、黏合剂和延效剂。

扫码获取本章课件和微课

习　题

1. 写出 D-葡萄糖及其对映异构体的费歇尔投影式。

2. 写出戊醛糖的所有链式构型异构体，并用 R/S 标记法标记所有的不对称碳。

3. 写出下列化合物的霍沃思表达式，并指出有无还原性及变旋光现象，能否水解。

（1）α-D-吡喃葡萄糖　　　　　　　（2）β-D-呋喃果糖-1,6-二磷酸酯

（3）甲基-β-D-吡喃葡萄糖苷　　　　（4）2-乙酰氨基-α-D-吡喃半乳糖

（5）N-乙酰基-α-D-氨基半乳糖　　　（6）β-D-甘露糖苄基苷

（7）β-D-2-脱氧呋喃核糖　　　　　　（8）β-D-呋喃果糖

4. 写出 D-（＋）-半乳糖与下列试剂反应的主要产物。

（1）NaBH$_4$　　　（2）溴水　　　　　　（3）硝酸　　　　（4）高碘酸

（5）苯肼　　　　（6）CH$_3$OH＋HCl（干燥）　（7）乙酐　　　　（8）费林试剂

5. 下列哪些糖是还原糖？哪些是非还原糖？

（1）D-甘露糖　　（2）甲基-β-D-葡萄糖苷　　　　（3）纤维素　　（4）淀粉

（5）L-来苏糖　　（6）乳糖　　　　　　　　　　（7）半乳糖　　（8）蔗糖

（9）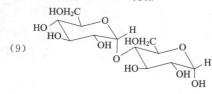

（10）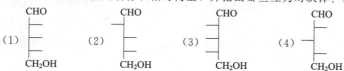

6. 试解释下列名词。

（1）变旋光现象　　　（2）端基异构体　　　（3）差向异构体

（4）苷键　　　　　　（5）还原糖与非还原糖

7. 用简便化学方法鉴别下列各组化合物。

（1）葡萄糖和果糖　　　　（2）蔗糖和麦芽糖　　　　（3）淀粉和纤维素

（4）β-D-吡喃葡萄糖甲苷和 2-O-甲基-β-D-吡喃葡萄糖

8. 写出下列五碳糖的名称、相对构型，并指出哪些互为对映体？哪些互为差向异构体？

```
      CHO              CHO              CHO              CHO
      |                |                |                |
(1) ──┤──          (2) ──┤──        (3) ──┤──        (4) ──┤──
      |                |                |                |
    CH2OH            CH2OH            CH2OH            CH2OH
```

9. 单糖是否均为固体？都溶于水？都有甜味？都有变旋光现象？

10. 葡萄糖还原时可得到单一的葡萄糖醇，果糖还原时则生成两种差向异构体，其中之一是葡萄糖醇。试解释其原因。

11. 糖苷既不与费林试剂作用，也不与托伦试剂作用，且无变旋光现象。试解释其原因。

12. 某化合物 A 的分子式为 $C_5H_{10}O_4$，有旋光性，和乙酐反应生成二乙酸酯，但不和托伦试剂反应。A 用稀硝酸处理得到化合物 B($C_4H_8O_4$) 和甲醇，B 有旋光性，和乙酐反应生成三乙酸酯。B 经还原可生成分子式为 $C_4H_{10}O_4$ 的 C，C 无旋光性，和乙酐反应生成四乙酸酯。B 温和氧化的产物 D($C_4H_8O_5$) 是一羧酸，用次氯酸钠处理 D 的酰胺得到 D-甘油醛。试写出 A～D 的结构式。

13. 某单糖衍生物 A 的分子式为 $C_8H_{16}O_5$，没有变旋光现象，也不被本内迪克特试剂氧化，A 在酸性条件下水解得到 B 和 C 两种产物。B 的分子式为 $C_6H_{12}O_6$，有变旋光现象和还原性，被溴水氧化得 D-半乳糖酸。C 的分子式为 C_2H_6O，能发生碘仿反应。试写出 A 的结构式及有关反应。

第**16**章 氨基酸、多肽、蛋白质、酶及核酸

氨基酸（amino acid）是分子中具有氨基和羧基的一类含有复合官能团的化合物，是蛋白质的基本组成成分。肽（peptide）是氨基酸分子间脱水后以肽键（peptide bond）相互结合的物质，除蛋白质部分水解可产生长短不一的各种肽段外，生物体内还有很多肽游离存在，它们具有各种特殊的生物学功能，在生长、发育、繁衍及代谢等生命过程中起着重要的作用。蛋白质可以被酸、碱或蛋白酶催化水解，在水解过程中，蛋白质分子逐渐降解成分子量越来越小的肽段，直到最终成为氨基酸混合物。酶（enzyme）是由活细胞产生的、对底物具有高度特异性和高度催化效能的蛋白质或核糖核酸。核酸（nucleic acid）是脱氧核糖核酸（DNA）和核糖核酸（RNA）的总称，是由许多核苷酸单体聚合成的生物大分子，为生命的基本物质之一。

16.1 氨基酸

16.1.1 氨基酸的结构和命名

氨基酸是羧酸碳链上的氢原子被氨基取代后的化合物，根据氨基和羧基在分子中相对位置的不同，氨基酸可分为 α-氨基酸，β-氨基酸，γ-氨基酸，$\cdots$，ω-氨基酸：

已经在自然界中发现的氨基酸约有 1000 种，但由天然蛋白质完全水解生成的氨基酸都是 α-氨基酸，且仅有 20 多种（如表 16-1 所示），与核酸中的遗传密码相对应，用于在核糖体上进行多肽合成。这 20 多种氨基酸称为编码氨基酸（coding amino acid）。

表 16-1　构成蛋白质的常见氨基酸

名称	缩写	结构式	等电点
甘氨酸（Glycine）	甘 Gly	CH₂COOH | NH₂	5.97
丙氨酸（Alanine）	丙 Ala	CH₃CHCOOH | NH₂	6.02

续表

名称	缩写	结构式	等电点
亮氨酸(Leucine)*	亮 Leu	$(CH_3)_2CHCH_2CHCOOH$ 　　　　　　NH_2	5.98
异亮氨酸(Isoleucine)*	异亮 Ile	$CH_3CH_2CHCHCOOH$ (NH_2, CH_3)	6.02
缬氨酸(Valine)*	缬 Val	$(CH_3)_2CHCHCOOH$ 　　　　NH_2	5.96
脯氨酸(Proline)	脯 Pro	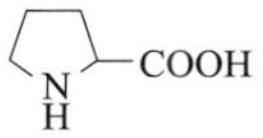 环吡咯—COOH	6.30
羟基脯氨酸(Hydrooxyproline)	羟脯 Hyp	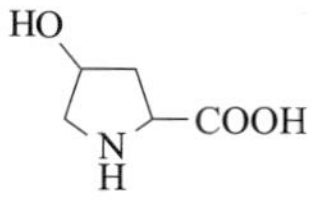 HO-环吡咯—COOH	6.33
苯丙氨酸(Phenylalanine)*	苯丙 Phe	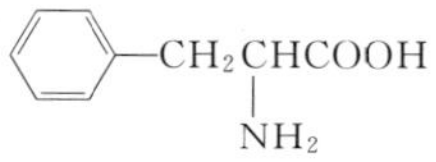 苯-$CH_2CHCOOH$ (NH_2)	5.48
蛋(甲硫)氨酸(Methionine)*	蛋 Met	$CH_3SCH_2CH_2CHCOOH$ (NH_2)	5.74
色氨酸(Tryptophan)*	色 Trp	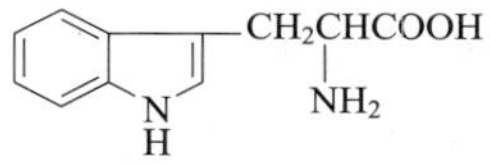 吲哚-$CH_2CHCOOH$ (NH_2)	5.89
丝氨酸(Serine)	丝 Ser	$HOCH_2CHCOOH$ (NH_2)	5.68
谷氨酰胺(Glutamine)	谷胺 Gln	$H_2NCOCH_2CH_2CHCOOH$ (NH_2)	5.65
苏氨酸(Threonine)*	苏 Thr	$CH_3CH-CHCOOH$ (OH, NH_2)	5.60
半胱氨酸(Cysteine)	半胱 Cys	$HSCH_2CHCOOH$ (NH_2)	5.07
天冬酰胺(Asparagine)	天胺 Asn	$H_2NCOCH_2CHCOOH$ (NH_2)	5.41
酪氨酸(Tyrosine)	酪 Tyr	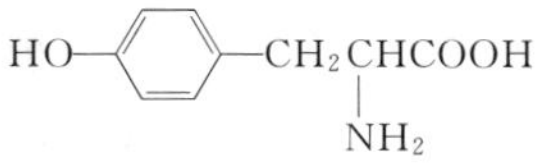 $HO-$苯$-CH_2CHCOOH$ (NH_2)	5.66
天冬氨酸(Aspartic acid)	天 Asp	$HOOCCH_2CHCOOH$ (NH_2)	2.77
谷氨酸(Glutamic acid)	谷 Glu	$HOOCCH_2CH_2CHCOOH$ (NH_2)	3.22

续表

名称	缩写	结构式	等电点
赖氨酸(Lysine)*	赖 Lys	$\underset{\underset{NH_2}{|}}{H_2NCH_2CH_2CH_2CH_2CHCOOH}$	9.74
羟基赖氨酸(Hydroxylysine)*	羟赖 Hyl	$\underset{\underset{OH}{|}\ \ \ \ \ \underset{NH_2}{|}}{H_2NCH_2CHCH_2CH_2CHCOOH}$	9.15
精氨酸(Arginine)	精 Arg	$\underset{\underset{NH_2}{|}\ \ \ \ \ \underset{NH_2}{|}}{H_2NCNHCH_2CH_2CH_2CHCOOH}$	10.76
组氨酸(Histidine)	组 His	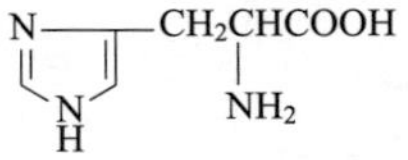 (咪唑环)CH$_2$CHCOOH，NH$_2$	7.59

* 为必需氨基酸。

氨基酸的系统命名法是将氨基作为取代基命名的，但由蛋白质水解得到的氨基酸都有俗名，且俗名更为常用（如表16-1）。例如：

$\underset{\underset{NH_2}{|}}{(CH_3)_2CHCH_2CHCOOH}$　　　　　$\underset{\underset{OH}{|}\ \ \underset{NH_2}{|}}{CH_3CH-CHCOOH}$　　　　　$\underset{\underset{NH_2}{|}}{HOOCCH_2CH_2CHCOOH}$

2-氨基-4-甲基戊酸(旧版：4-甲基-2-氨基戊酸)　　　2-氨基-3-羟基丁酸　　　　　2-氨基戊二酸

（亮氨酸）　　　　　　　　　　　　　　　（苏氨酸）　　　　　　　　（谷氨酸）

在氨基酸分子中氨基和羧基的数目不一定相等，可以有多个氨基或羧基。氨基和羧基数目相等的为中性氨基酸，如丙氨酸等；氨基数目多于羧基的为碱性氨基酸，如精氨酸等；而羧基数目多于氨基的为酸性氨基酸，如谷氨酸等。

上述编码氨基酸中除甘氨酸外，其它各种氨基酸分子中的 α-碳原子均为手性碳原子，都有旋光性。氨基酸的构型通常采用 D/L 标记法，有 D 型和 L 型两种异构体。以甘油醛为参考标准，凡氨基酸分子中 α-氨基的位置与 L-甘油醛羟基的位置相同者为 L 型，相反为 D 型，构成蛋白质的编码氨基酸均为 L 型：

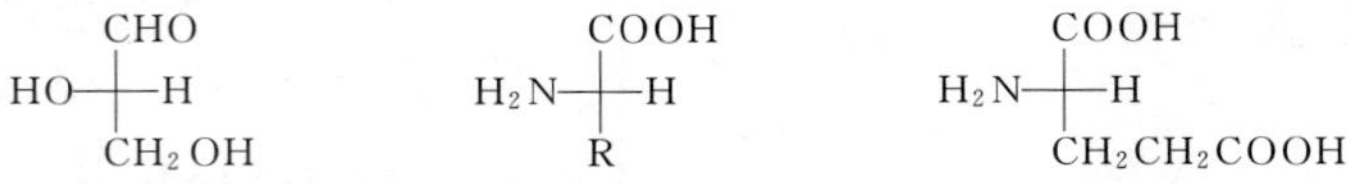

CHO　　　　　　　COOH　　　　　　　COOH
HO——H　　　　H$_2$N——H　　　　H$_2$N——H
CH$_2$OH　　　　　　R　　　　　　CH$_2$CH$_2$COOH
L-甘油醛　　　　　L-氨基酸　　　　　L-谷氨酸

氨基酸是构成蛋白质的基本组成单位，生物体中蛋白质的生物功能，与构成蛋白质的氨基酸种类、数量、排列顺序及由其形成的空间结构密切相关。因此，氨基酸对维持机体蛋白质的动态平衡有极其重要的意义。生命活动中，人及动物通过消化道吸收氨基酸并通过体内转化而维持其动态平衡，若其动态平衡失调，则机体代谢紊乱，甚至引起病变。许多氨基酸还参与代谢作用，对免疫器官、淋巴组织，单核-吞噬系统功能及抗感染能力都有一定作用，不少已用来治疗疾病。

16.1.2　氨基酸的性质

（1）物理性质

氨基酸为结晶固体，由于氨基酸能形成两性离子，晶体中氨基酸以内盐形式存在，所以熔点较高，一般在 $200 \sim 300℃$ 之间，往往在熔化前受热分解放出二氧化碳。每种氨基酸都有特殊的结晶形状，利用结晶形状可以鉴别氨基酸。各种氨基酸都能溶于水，不溶于乙醚、氯仿等非极性溶剂，而易溶于强酸、强碱中。除甘氨酸外，所有编码氨基酸都具有旋光性，用测定比旋光度的方法可以测定氨基酸的纯度。

（2）化学性质

氨基酸的化学性质取决于分子中的羧基、氨基和侧链 R 基以及这些基团间的相互影响而表现出的一些特殊性质。

（a）羧基的反应

α-氨基酸分子中的羧基具有典型的羧基性质，如能跟碱、五氯化磷、氨、醇、氢化铝锂等反应。在多肽合成中，与三氯化磷反应可以活化羧基，与苯甲醇反应可用于保护羧基。例如：

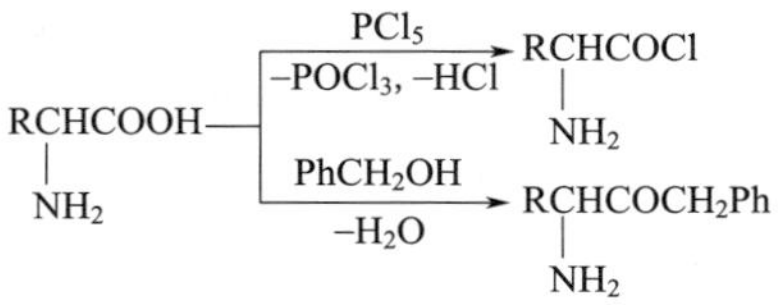

（b）氨基的反应

α-氨基酸分子中的氨基具有典型的氨基性质，如能与酸、亚硝酸、烃基化试剂、酰基化试剂、甲醛、过氧化氢等反应。例如：

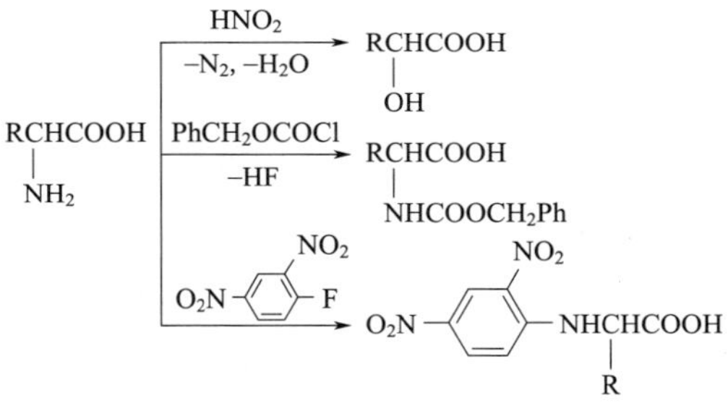

与亚硝酸反应定量放出氮气，可由氮气体积计算氨基酸含量，称为范斯莱克（van Slyke）氨基测定法；与氯代甲酸苯甲酯（缩写 Cbz）反应常用于肽的合成中氨基的保护；与 2,4-二硝基氟苯反应生成的衍生物常用于多肽端基的分析。

（c）两性与等电点

氨基酸分子中含有酸性的羧基和碱性的氨基，因此氨基酸是两性化合物，能分别与酸或碱作用成盐。氨基酸溶于水时，氨基和羧基同时电离成为一种两性离子（zwitterion）。若将此溶液酸化，则两性离子与氢离子结合成为阳离子；若向此水溶液中加碱，则两性离子与氢氧根结合成为阴离子。例如：

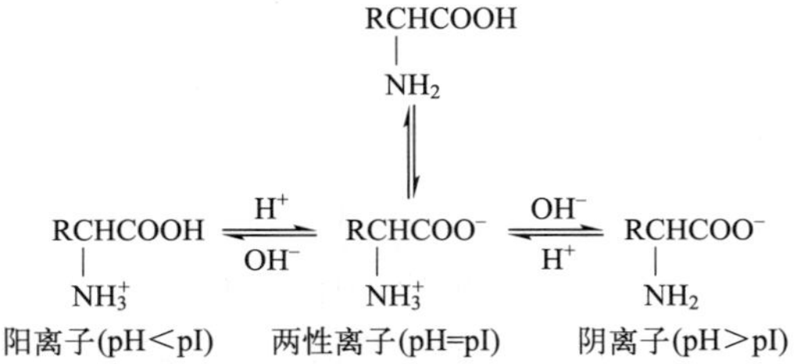

由上可见，氨基酸的电荷状态取决于溶液的 pH 值，利用酸或碱适当调节溶液的 pH 值，可使氨基酸的酸性解离与碱性解离相等，所带正、负电荷数相等。这种使氨基酸处于等电状态时溶液的 pH 值称为该氨基酸的等电点（isoelectric point），以 pI 表示。在等电点时，氨基酸溶液的 pH＝pI，氨基酸主要以电中性的两性离子存在，在电场中不向任何电极移动；溶液的 pH＜pI 时，氨基酸带正电荷，在电场中向负极移动；溶液的 pH＞pI 时，氨基酸带负电荷，在电场中向正极移动。

各种氨基酸由于组成和结构不同，具有不同的等电点。等电点是氨基酸的一个特征常数，常见氨基酸的等电点见表 16-1。中性氨基酸由于羧基的电离略大于氨基，故在纯水中呈微酸性，其 pI 略小于 7，一般在 5.0～6.5 之间，酸性氨基酸的 pI 在 2.7～3.2 之间，而碱性氨基酸的 pI 在 7.5～10.7 之间。

利用氨基酸等电点的不同，可以分离、提纯和鉴定不同氨基酸。氨基酸在等电点时，净电荷为零，在水溶液中溶解度最小。在高浓度的混合氨基酸溶液中，逐步调节溶液的 pH 值，可使不同的氨基酸在不同的 pI 时分步沉淀，即可得到较纯的氨基酸。在同一 pH 值的缓冲液中，各种氨基酸所带的电荷不同，它们在直流电场中，移动的方向和速率不同，因此可利用电泳分离或鉴定不同的氨基酸。

（d）与水合茚三酮反应

α-氨基酸与水合茚三酮溶液共热，能生成蓝紫色物质：

水合茚三酮　　　　　　　　　　（蓝紫色）

此反应非常灵敏，且生成的罗曼氏紫（Rubeman's purple）颜色的深浅及二氧化碳的生成量均可作为 α-氨基酸定量分析的依据。水合茚三酮显色反应也常用于氨基酸和蛋白质的定性鉴定及标记，如在定性检出电泳、纸层析及薄层层析中氨基酸的位置。

在 α-氨基酸中，脯氨酸与茚三酮反应显黄色。N-取代的 α-氨基酸以及 β-氨基酸、γ-氨基酸等不与茚三酮发生显色反应。

（e）脱水成肽反应

在适当条件下，氨基酸分子间氨基与羧基相互脱水缩合生成的一类化合物，叫做肽。两分子氨基酸缩合而成的肽叫二肽。例如：

$$\underset{\underset{R_1}{|}}{H_2NCHCOOH} \ + \ \underset{\underset{R_2}{|}}{H_2NCHCOOH} \xrightarrow{-H_2O} \underset{\underset{R_1}{|} \quad \underset{R_2}{|}}{H_2NCHCONHCHCOOH}$$

肽分子中的酰胺键（—CO—NH—）常称做肽键（peptide bond）。二肽分子中仍含有自由的羧基和氨基，因此可以继续与氨基酸缩合成为三肽、四肽、……、多肽、蛋白质等。生物化学中，通常将分子量在 10000 以下的称为多肽，10000 以上的称为蛋白质。

（f）脱羧反应

氨基酸与氢氧化钡共热或在高沸点溶剂中回流，可脱去羧基变成相应的胺类物质：

$$\underset{\underset{NH_2}{|}}{RCHCOOH} \xrightarrow{Ba(OH)_2} RCH_2NH_2 + CO_2\uparrow$$

生物体内脱羧反应是在酶的作用下发生的，如蛋白质腐败时，精氨酸与鸟氨酸可发生脱羧反应生成腐胺，赖氨酸脱羧生成尸胺。某些鲜活食物中含有丰富的氨基酸，如鳝鱼中含有大量的组氨酸，对人体营养成分的改善有很大益处，但鳝鱼死后一段时间，组氨酸在脱羧酶的作用下，可转变为组胺，过量的组胺在肌体内易引起变态反应。由于氨基酸脱羧生成的产物大多呈碱性，若这些物质不能正常代谢，堆积在体内，会引起碱中毒。例如：

$$H_2NCH_2CH_2CH_2CH_2CH(NH_2)COOH \xrightarrow[\triangle]{-CO_2} H_2NCH_2CH_2CH_2CH_2CH_2NH_2$$

赖氨酸　　　　尸胺

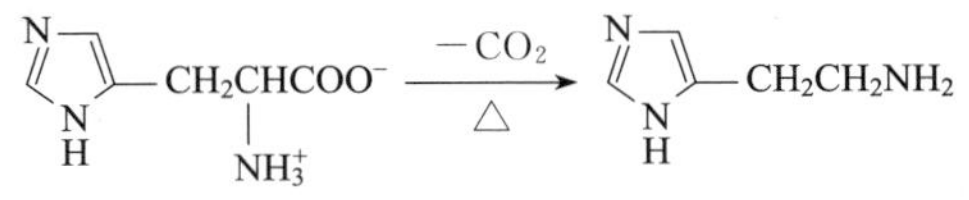

组氨酸　　　　组胺

16.2 多肽

16.2.1 多肽的结构和命名

一分子氨基酸的羧基与另一分子氨基酸的氨基脱水缩合形成二肽，由三个氨基酸缩合而成的叫三肽，由多个氨基酸缩合而成的叫多肽。组成多肽的氨基酸可以相同也可以不同。多肽和氨基酸一样也是两性离子，因此也有等电点且在等电点时溶解度最小，也可以用离子交换层析法进行分离。

多肽链中的每个氨基酸单元称为氨基酸残基（amino acid residue）。在多肽链的一端保留着未结合的—NH_3^+，称为氨基酸的 N 端，通常写在左边；在多肽链的另一端保留着未结合的—COO^-，称为氨基酸的 C 端，通常写在右边。

肽的结构不仅取决于组成肽链的氨基酸种类和数目，而且也与肽链中各氨基酸残基的排列顺序有关。例如，由甘氨酸和丙氨酸组成的二肽，可有两种不同的连接方式：

$$H_3\overset{+}{N}CH_2CONHCH(CH_3)COO^- \qquad H_3\overset{+}{N}CH(CH_3)CONHCH_2COO^-$$

甘氨酰丙氨酸（甘丙肽）　　　　丙氨酰甘氨酸（丙甘肽）

同理，由 3 种不同的氨基酸可形成 6 种不同的三肽，由 4 种不同的氨基酸可形成 24 种不同的四肽。因此氨基酸按不同的排列顺序可形成大量的异构体，它们构成了自然界中种类繁多的多肽和蛋白质。

肽的命名方法是以含 C 端的氨基酸为母体，把肽链中其它氨基酸残基称为某酰，按它们在肽链中的排列顺序由左至右逐个写在母体名称前。在大多数情况下，多肽常使用缩写式，用氨基酸的英文三字母或单字母缩写表示，连接氨基酸残基的肽键用破折号表示。例如：

$$H_3\overset{+}{N}CH_2CONHCH(CH_3)CONHCH(CH_2OH)COO^-$$

甘氨酰丙氨酰丝氨酸（甘丙丝肽）

Gly—Ala—Ser 或 G—A—S

16.2.2 多肽结构的测定

一些肽以游离状态存在于自然界，他们在生物体中起着各种不同的作用，有些作为生物化学反应的催化剂，有些具有抗生素的性质，有些则是激素等。它们的结构具有各自的特征。结构上的差异，有时甚至是很微小的差别，都会导致他们在生理功能方面显著不同。例如，催产素和加血压素都是脑垂体分泌的激素，他们所含氨基酸的顺序是类似的，只有第 8 位氨基酸单位不同，其余氨基酸和排列顺序都相同。

$$H_2N — \overset{1}{Cy} — \overset{2}{Tyr} — \overset{3}{Ile}$$
$$|$$
$$S$$
$$|$$
$$S$$
$$|$$
$$\overset{6}{Cy} — \overset{5}{Asn} — \overset{4}{Gln}$$
$$|$$
$$Pro — \overset{8}{Leu} — \overset{9}{Gly} — NH_2$$

催产素(oxytocin)

$$H_2N — \overset{1}{Cy} — \overset{2}{Tyr} — \overset{3}{Ile}$$
$$|$$
$$S$$
$$|$$
$$S$$
$$|$$
$$\overset{6}{Cy} — \overset{5}{Asn} — \overset{4}{Gln}$$
$$|$$
$$Pro — \overset{8}{Arg} — \overset{9}{Gly} — NH_2$$

加血压素(vasopressin)

两个物质结构差异虽小，但生理功能显著不同。催产素可引起子宫收缩，而加血压素有抗利尿作用，并引起血管收缩，升高血压。

由于肽的结构与其生理功能之间有着密切联系的关系，所以要研究肽的结构测定。为了确定肽的结构，通常必须进行如下测定：组成肽的氨基酸种类；每一种氨基酸的数目；这些氨基酸在肽链中的排列顺序。

(1) 肽的水解

在酸或碱的作用下，肽键断裂生成氨基酸的混合物。然后采取适当的方法，如电泳、离子交换层析或氨基酸分析仪等，测定氨基酸的种类，每一种氨基酸的数目。但氨基酸在肽链中的排列顺序还是未知。

(2) 氨基酸顺序的测定

如前所述，两个不同的氨基酸组成二肽时，有两种连接方式，随着成肽的氨基酸数目增多，则理论上的连接方式也随之增加。由三个不同氨基酸形成的三肽可能有 6 种，四肽可能有 24 种。由此可以看出，要确定肽的结构是困难的。F. Sanger 正是由于确定胰岛素（一种多肽）的结构，而于 1958 年获得诺贝尔奖。

测定肽中氨基酸顺序通常有两种方法：一种是用某些酶将原来的肽链水解为较小的片段，再分析每一片段的氨基酸组分；另一种方法是测定原肽中和通过酶水解所得片段中 C 端和 N 端氨基酸，然后将碎片拼起来得到完整的序列。现分别简述如下。

（a）酶催化部分水解肽键

测定肽链氨基酸顺序的关键是部分水解，将长链分解成为许多小肽片段，然后将这些小肽分离，再进行氨基酸分析，最终得到肽链氨基酸的顺序。通常蛋白酶可选择性地催化水解肽键，每种酶往往只能水解一定类型的肽键。如胰蛋白酶能专一性地水解精氨酸或赖氨酸的羧基肽键，其水解产物的 C 端为精氨酸或赖氨酸；糜蛋白酶可水解芳香族氨基酸的羧基肽键，从而获得各种水解肽段。通过分析各肽段中的氨基酸残基顺序，再进行组合、排列对比，找出关键性的重叠，推断各小肽片断在肽链中的位置，就可能得出整个肽链中各氨基酸残基的排列顺序。例如，将三肽半胱氨酰赖氨酰色氨酸用胃蛋白酶处理，生成游离氨基酸色氨酸及一个二肽。符合该结果的结构为：

$$H_2N—Cys—Lys—Trp—COOH \text{ 或 } H_2N—Lys—Cys—Trp—COOH$$

（b）末端残基分析

末端残基分析就是确定肽链中 N 端和 C 端各是什么氨基酸。末端残基分析法即定性确定肽链中 N 端和 C 端的氨基酸。利用某些有效的化学试剂或酶，与多肽中的游离氨基或者羧基发生反应，然后将产物水解，其中与试剂结合的氨基酸容易与其它部分分离和鉴定。N 端分析常用 2,4-二硝基氟苯（DNFB）法、丹磺酰氯（DNS-Cl）和埃德曼（Edman）降解法等。C 端的氨基酸残基的测定常采用羧肽酶法。

在弱碱性（pH 8～9）条件下，多肽链 N 端的氨基与 2,4-二硝基氟苯（DNFB）反应生成 N-二硝基苯基肽衍生物（DNP-肽），由于 DNP 基团与 N 端氨基结合较牢固，故当用酸再将 DNP-肽彻底水解成游离氨基酸时，可得黄色的 DNP-氨基酸和其它氨基酸的混合物。其中只有 DNP-氨基酸溶于乙酸乙酯，用乙酸乙酯抽提将抽提液进行色谱分析，并用标准的 DNP-氨基酸作为对照即可鉴定 N 端氨基酸。例如：

$$O_2N{-}\bigcirc{-}F\ (NO_2) + H_2NCHCONHCHCO\sim\ \ (R)(R_1)\ \xrightarrow{\text{碱性介质}}\ O_2N{-}\bigcirc{-}NHCHCONHCHCO\sim\ (NO_2)(R)(R_1)$$

$$\xrightarrow[\triangle]{HCl,H_2O}\ O_2N{-}\bigcirc{-}NHCHCOOH\ (NO_2)(R) + H_3\overset{+}{N}CHCOO^{-}\ (R_1) + 各种氨基酸$$

DNFB

DNP-氨基酸

又如，丹磺酰氯是（5-二甲氨基萘磺酰氯）一种荧光试剂，能与多肽的 N 端氨基反应生成 DNS-多肽，经水解得到的 DNS-氨基酸在紫外光下有强烈的黄色荧光，灵敏度比 DNFB 法高 100 倍，且水解后 DNS-氨基酸不需要抽提，可直接用纸电泳或薄层层析加以鉴定。丹磺酰氨基酸的结构式为：

$$\underset{SO_2NHCOOH}{\overset{N(CH_3)_2}{\bigcirc\bigcirc}}\underset{R}{}$$

瑞典科学家埃德曼（P. Edman）在上面的基础上又提出了用异硫氰酸苯酯与多肽 N 端氨基生成取代硫脲，然后用盐酸温和水解。这个方法最大的优点是能选择性地将 N 端残基以苯基乙内酰硫脲的形式水解下来并进行鉴定，而肽链的其余部分则可完整地保留。例如：

$$C_6H_5NCS + H_2NCHCONHCHCO\sim\ (R)(R_1)\ \xrightarrow{\text{碱性介质}}\ C_6H_5N\overset{H\ S}{\underset{}{-C-}}NHCHCONHCHCO\sim\ (R)$$

$$\xrightarrow[\triangle]{HCl,H_2O}\ C_6H_5{-}N\overset{S}{\underset{O}{\diamondsuit}}NH\ (R) + H_3\overset{+}{N}CHCO\sim\ (R_1)$$

此法可以反复进行，缩短后的 N 端残基可继续使用。理论上此法可测定出肽链中氨基酸残基的全部顺序，埃德曼也据此制造出蛋白质自动顺序分析仪，但实际在测定了大约 40 个氨基酸残基后，用盐酸缓慢水解形成的各种氨基酸对后续测定有较大干扰。

目前测定 C 端残基以羧肽酶法为最有效，也最常用。羧肽酶是一类肽链外切酶，它专一地从肽链的 C 端开始逐个降解，释放出氨基酸。被释放的氨基酸数目与种类随反应时间而变化。因此只要按一定时间间隔测定水解液中各氨基酸的浓度，即可推知简单肽链中氨基酸从 C 端开始的排列顺序。

16.2.3　多肽合成

许多肽和蛋白质具有十分重要的生理作用，是生命不可缺少的物质。有些肽由于有特殊的生理效能，而在临床上极为重要。因此多肽的合成是一项重要的有机合成，近三四十年来取得了很大进展。

(1) 液相合成

液相合成是一个分步缩合的反应。在这个过程中，一个氨基酸的氨基与另一个氨基酸的羧基进行缩合，这种操作重复多次，直至生成多肽。这个过程很复杂，因为每个氨基酸分子都包含氨基和羧基两种官能团，要使不同的氨基酸按照需要的顺序连接起来形成肽链，并达到较高分子量，必须注意两点：利用保护基把氨基酸中的一个基团（例如氨基）保护起来，只让留下来的羧基与另一个氨基酸分子缩合；对于保护基团的要求是不仅容易反应，而且要在形成肽键以后还容易脱去。

（a）保护氨基

氯代甲酸苯甲酯保护法：

$$\text{—CH}_2\text{OCCl} + \text{H}_3\overset{+}{\text{N}}\text{CHCOO}^- \xrightarrow{\text{OH}^-} \text{—CH}_2\text{OC—NHCHCOO}^- \quad 保护$$

氯代甲酸苯甲酯

$$\text{—CH}_2\text{OC—NHCHCOO}^- \xrightarrow{\text{H}_2 \atop \text{Pd—C}} \text{—CH}_3 + \text{CO}_2 + \text{H}_3\overset{+}{\text{N}}\text{CHCOO}^- \quad 脱保护$$

氯代甲酸叔丁酯（缩写 Boc）保护法：

$$(\text{CH}_3)_3\text{COCCl} + \text{H}_3\overset{+}{\text{N}}\text{CHCOO}^- \longrightarrow (\text{CH}_3)_3\text{COCNHCHCOOH} \quad 保护$$

氯代甲酸叔丁酯

$$(\text{CH}_3)_3\text{COCNHCHCOOH} \xrightarrow{\text{H}^+} (\text{CH}_3)_2\text{C}=\text{CH}_2 + \text{CO}_2 + \text{H}_3\overset{+}{\text{N}}\text{CHCOO}^- \quad 脱保护$$

（b）保护羧基

甲酯、乙酯、叔丁酯、苯甲酯都能保护羧基，且酯基比酰胺易水解。例如，甲酯在室温通过稀碱水解即可除去，叔丁酯可通过温和酸性水解除去，苯甲酯可通过催化加氢除去。

（c）多肽合成

多肽合成的一般步骤是，先保护 N 端氨基酸的氨基，活化 N 端被保护的氨基酸的羧基端，保护下一个氨基酸的羧基，将活化的 N 端氨基酸与下一个氨基酸相连，最后脱保护。

多肽合成蛋白质可通过类似的多次重复上述步骤来完成。我国科学工作者于 1965 年首先合成了生理活性与天然产品基本相同的牛胰岛素。它是由 51 个氨基酸组成的两个多肽（A 链、B 链）通过二硫桥连接而成（图 16-1 所示）。胰岛素的合成标志着人类在探索生命奥秘的征途上向前迈进了一步。

(2) 固相树脂合成及自动化合成

在液相合成法的每一步反应中，都需要将所得产物分离、提纯，产品的收率随着分离提纯等的操作次数增多而呈指数下降，最终所需多肽的收率甚低。20 世纪 60 年代，麦瑞菲尔德（R. B. Merrifield）发展了固相合成多肽的方法，并仅用 6 周就成功合成了含有 124 个氨基酸的核酸核苷酶，大大地缩短了合成所需的时间并提高了收率。简单来说，固相合成是在不溶的聚苯乙烯固体树脂载体上进行合成。在固体树脂的苯环上引入氯甲基（—CH$_2$Cl）后，氨基酸的羧基很容易与树脂上的苯氯甲基形成苯甲酯。树脂与第二个 N 端被保护的氨基酸在缩合剂中振荡，从而得到 N 端带有保护基的二肽。去掉保护基后重复上述步骤，得

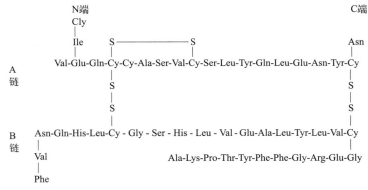

图 16-1 牛胰岛素分子中氨基酸的排列顺序

到所需多肽，再用化学方法将其从树脂上分离下来。上述步骤如图 16-2 简单表示，式中 P 表示氨基保护基。固相合成法的优点：过量的试剂可以使反应更快而有效地进行；过量试剂、副产物和溶剂容易洗去；最后只有产物留在树脂上，省去分离中间产物的步骤，易于自动化合成。

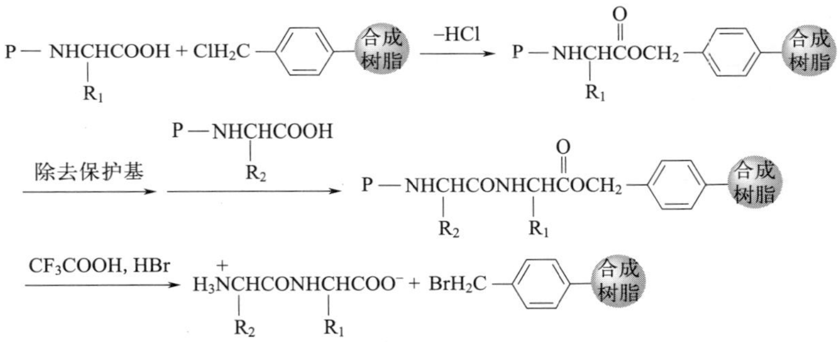

图 16-2 多肽的固相合成步骤（P 为氨基保护基团）

目前固相合成法有很大进展，已有各种不同肽链端氨基酸的树脂。应用此原理的固相合成仪（自动化合成）也被广泛应用，每步反应产率均在 99％以上，并已合成成千上万种多肽。

16.3 蛋白质

蛋白质是由许多氨基酸通过酰胺键形成的含氮生物高分子化合物，是组成人体一切细胞、组织的重要成分，在有机体内承担着各种生理作用和机械功能。

16.3.1 蛋白质的分类、组成

（1）蛋白质的分类

根据蛋白质的形状、溶解度可分为纤维蛋白和球蛋白。纤维蛋白的分子为细长形，不溶于水，如蚕丝、毛发、指甲、角、蹄等；球蛋白呈球形或椭圆形，一般能溶于水或含有盐类、酸、碱和乙醇的水溶液，如酶、蛋白激素等。根据蛋白质的化学组成可分为简单蛋白和结合蛋白。简单蛋白完全水解只生成 α-氨基酸。结合蛋白由蛋白质与非蛋白质物质结合而成，非蛋白质部分称为辅基。辅基可以是碳水化合物、脂类、核酸或磷酸酯等。例如，核蛋白的辅基为核酸，而在血红蛋白的辅基则为血红素分子。

（2）蛋白质的组成

经元素分析可知，蛋白质组成中有碳、氢、氧、氮及少量硫，有的还含有微量磷、铁、锌、钼等元素。一般干燥蛋白质的元素含量（质量分数）为：碳 $50\%\sim55\%$、氧 $20\%\sim23\%$、氢 $6\%\sim7\%$、氮 $15\%\sim17\%$、硫 $0.3\%\sim2.5\%$。

蛋白质的分子量很大，通常在 10000 以上，结构也非常复杂。它水解生成分子量大小不等的肽和氨基酸。肽链进一步水解也得到氨基酸。由于最终产物是氨基酸，所以说氨基酸是组成蛋白质的基本单位。

16.3.2 蛋白质的性质

由于蛋白质分子结构复杂，分子量很大，分子中带有很多极性基团并彼此间相互作用着，某些基团还带有电荷，所以它们表现出一系列物理和化学特性。

（1）两性和等电点

与氨基酸相似，蛋白质也具有两性特征。它与强酸和强碱都可以反应生成盐。蛋白质也有等电点，不同的蛋白质具有不同的等电点。在等电点时，蛋白质分子在电场中不迁移，这时的溶解度最小。通过调节蛋白质溶液的 pH 值至等电点，可使蛋白质从溶液中析出来。表 16-2 列出一些蛋白质的等电点。

表 16-2 一些蛋白质的等电点

蛋白质	pI	蛋白质	pI
胃蛋白酶	1.1	酪蛋白	3.7
卵白蛋白	4.7	人血清白蛋白	4.8
胰岛素	5.3	血红蛋白	6.8
核糖核酸酶	9.5	溶菌酶	11.0

（2）溶液性质

由于蛋白质分子量大，在溶液中不能透过半透膜。人们可以利用这种性质，将蛋白质和低分子化合物或无机盐通过透析法分离开来，达到分离和纯化的目的。同时，在维持蛋白质溶液形成的渗透压中也起着重要作用。

蛋白质含有大量的 $-NH_3^+$，$-COO^-$，$-CONH^-$，$-OH$，$-SH$ 等极性基团，从而导致其水溶液是一种稳定的亲水胶体。

（3）盐析

在蛋白质溶液加入无机盐（如硫酸铵、硫酸镁、氯化钠等）溶液后，蛋白质便从溶液中析出，这种作用称为盐析。这是因为蛋白质是亲水性大分子，在水溶液中形成双电层结构，保证了分子的溶解度平衡并稳定存在。当加入盐时，离子的电性破坏了蛋白质的双电层结构，从而使其析出。这是一个可逆过程，盐析出来的蛋白质还可以再溶于水，并不影响其性质。所有的蛋白质在浓的盐溶液中都可以沉淀出来（盐析），但不同的蛋白质盐析析出来时，盐的最低浓度是不同的。利用这个性质可以分离不同的蛋白质。

用乙醇等对水有很大亲和力的有机溶剂处理蛋白质的水溶液，也可使蛋白质沉淀出来，这在初期也是可逆的，而用重金属离子 Hg^{2+}、Pb^{2+} 等形成不溶性蛋白质，则是不可逆过程。

（4）变性作用

许多蛋白质在受热、紫外光照射或化学试剂作用时，性质会发生改变，溶解度降低，甚至凝固，这种现象称为蛋白质的变性。变性作用主要是由于蛋白质分子内部结构发生了变化所致。硝酸、三氯乙酸、单宁酸、苦味酸、重金属盐（如 Hg^{2+}、Pb^{2+} 等）、脲、丙酮等都可使蛋白质变性。蛋白质变性后，不仅失去了原有的可溶性，也失去了原有的许多生理效能。例如，原来的蛋白质是酶，变性后就失去了酶的催化活性。

（5）显色反应

一些试剂能与蛋白质分子中的酰胺键或不同的氨基酸残基反应，产生特有的颜色。利用这个性质，可以对蛋白质进行定性鉴定和定量分析。

（a）茚三酮反应

茚三酮可与一切具有 $-CH-\overset{\displaystyle O}{\overset{\displaystyle \|}{C}}-$ 结构的化合物生成蓝紫色物质，因此所有的蛋白质都有
此颜色反应。

（b）缩二脲反应

蛋白质与缩二脲（$H_2NCONHCONH_2$）一起，在氢氧化钠溶液中加入硫酸铜稀溶液时出现紫色或粉红色，称为缩二脲反应。二肽以上的肽和蛋白质都发生这个显色反应。

（c）蛋白质黄色反应

有些蛋白质遇浓硝酸后，即变成黄色，可能是由于蛋白质中含有苯环的氨基酸发生了硝化反应的缘故。例如，苯丙氨酸、酪氨酸和色氨酸都能发生这个反应；皮肤、指甲遇浓硝酸变成黄色也是这个缘故。

16.3.3　蛋白质的结构

蛋白质的结构很复杂，并与其功能密切相关。

每一种蛋白质分子都有特定的氨基酸组成和排列顺序，即初级结构或一级结构。各种蛋白质分子中的氨基酸的种类、组成、排列顺序和肽链的立体结构各都不同。而其特殊立体结构称为蛋白质的二级结构、三级结构或四级结构，统称为蛋白质的高级结构。蛋白质的生理作用、不稳定性及容易变性等特征，则与它们的高级结构有关。

蛋白质的高级结构与很多结构因素有关，蛋白质分子氨基酸排列顺序即一级结构是其主要影响因素之一。X 射线衍射测定结果表明（图 16-3）：肽键中的 C—N 键长为 0.132nm，较相邻的 C_α—N 单键的键长（0.147nm）短，但比一般的 C＝N 双键的键长（0.127nm）长，表明肽键中的 C—N 键具有部分双键性质，因此肽键中的 C—N 之间的旋转受到一定的

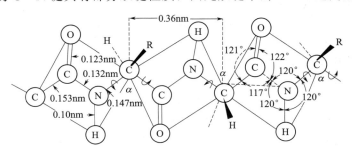

图 16-3　肽键平面及各键长、键角数据

阻碍；肽键的 C 及 N 周围的 3 个键角和均为 360°，说明与 C—N 相连的 6 个原子处于同一平面上，这个平面称为肽键平面，由于肽键不能自由旋转，肽键平面上各原子可出现顺反异构现象，与 C—N 键相连的 O 与 H 或两个 C_α 原子之间呈较稳定的反式分布。

肽键平面中除 C—N 键不能旋转外，两侧的 C_α—N 和 C—C_α 键均为 σ 键，相邻的肽键平面可围绕 C_α 旋转。因此，可把多肽链的主链看成是由一系列通过 C_α 原子衔接的刚性肽键平面所组成。肽键平面的旋转所产生的立体结构可呈多种状态，从而导致蛋白质和多肽呈现不同的构象。

蛋白质的二级结构是由肽链之间的氢键形成的。由于肽链不是直线形的，价键之间有一定的键角，而且分子中又含有许多酰胺键，因此一条肽链可以通过一个酰胺键中的氧原子与另一酰胺键中的氨基的氢原子形成氢键，而绕城螺旋形，称为 α 螺旋，这是蛋白质的一种二级结构，如图 16-4 所示。

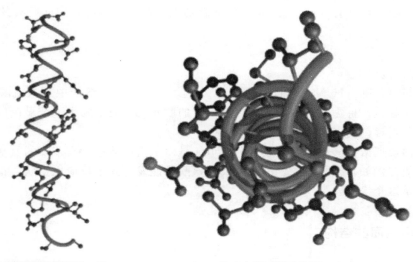

(a) α螺旋中蛋白质的一段　　　　　(b) 向上看α螺旋的纵轴

图 16-4　α 螺旋结构形态

另一种二级结构也是靠氢键将肽链拉在一起，称为 β 折叠结构，如图 16-5 所示。蛋白质中的常见的二级结构，是由伸展的多肽链组成的。折叠片的构象是通过一个肽键的羧基氧和位于同一个肽链或相邻肽链的另一个酰胺氢之间形成的氢键维持的。氢键几乎都垂直于伸展的肽链，这些肽链可以是平行排列（走向都是由 N 到 C 方向）；或者是反平行排列（肽链反向排列）。

蛋白质的空间结构首先与它的一级结构有关，即与组成它的氨基酸及其排列顺序有关。蛋白质分子中能够维持某种相当稳定的空间结构不变，必然有某些力将链与链之间，或链中某些链段之间结合在一起。这些力是由组成肽链的氨基酸分子中的各种基团之间相互作用形成的。由于肽链中除含有形成氢键的酰胺键外，有些氨基酸中还可能含有羟基、疏基、烃基、游离氨基与羧基等，这些基团可以借助静电引力、氢键、二硫键及范德瓦耳斯力等将肽链或链中的某些部分联系在一起。这些作用力使得蛋白质在二级结构的基础上进一步卷曲折叠，以一定形态的紧密结构存在，分子链中既有卷曲，又有折叠的结构，并且多次重复这两种空间结构，见图 16-6，这就是蛋白质的三级结构。

在一些蛋白质中，整个分子不止含有一个多肽链。其中每个肽链可认为是一个亚单位或亚基。蛋白质的四级结构是指亚基和亚基之间通过相互作用结合成为有序排列的特定空间结

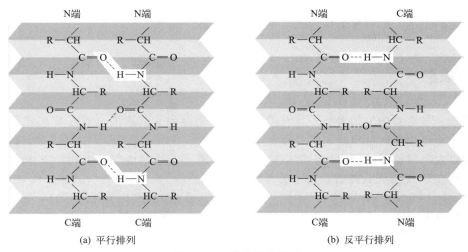

(a) 平行排列　　　　　　　(b) 反平行排列

图 16-5　β折叠结构形态

构（图 16-7）。血红蛋白分子就是含有两个由 141 个氨基酸残基组成的 α 亚基和两个由 146 个氨基酸残基组成的 β 亚基的一个球状蛋白质分子，这些亚基在空间具有特定的排列方式，每个亚基中各有一个含亚铁离子的血红素辅基。四个亚基间靠氢键和八个盐键维系着血红蛋白分子严密的空间构象。

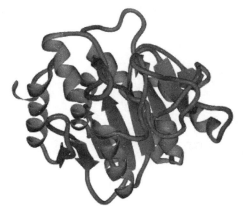

图 16-6　蛋白质的三级结构

图 16-7　血红蛋白四级结构图

16.4　酶

　　狭义上来说，酶是一种具有生物活性的蛋白质，在生物体的"化学反应"中担当催化剂的角色。但目前也发现了一些非蛋白质组成的酶，如核酸酶。

　　酶按其催化性能分为氧化还原酶、转移酶、水解酶、裂解酶、异构酶和连接酶六种。按其组成可分为单纯酶和结合酶两种。单纯酶只含有蛋白质，不含其它物质，其催化活性仅由蛋白质的结构决定。结合酶则由酶蛋白和辅助因子组成，辅助因子是结合酶催化活性中不可缺少的部分。

　　酶是一种生物催化剂（高 $10^8 \sim 10^9$ 倍）。除了高效之外，它还有高度的专一性（立体选择性和区域选择性），能从混合物中选择特定异构体进行催化反应。例如，蛋白酶只催化水解蛋白质。淀粉酶只对淀粉起催化水解作用。酶对反应环境的要求比较苛刻，pH 值、温度等都有特定的范围，如果超出该范围可引起酶的变性、失效。

16.5 核酸

核酸是一种重要的生物大分子，对遗传信息的储存和蛋白质的合成起着决定性的作用。一切生物无论大小都含有核酸，它是存在于细胞中的一种酸性物质。核酸的结构与功能比较复杂，所以人类对核酸的研究比对蛋白质的研究要晚些。核酸由瑞士生物学家米歇尔（Miescher）于 1869 年首先从脓细胞核中分离得到，当时被称为"核质"（nuclein），二十年后，更名为核酸。核酸的发现为人类提供了解开生命之谜的金钥匙。1944 年，艾弗里（O. Avery）经实验证实了 DNA 是遗传的物质基础。此后大量实验证实，生物体的生长、繁殖、遗传、变异和转化等生命现象，都与核酸有关。1953 年，沃森（Watson）和克里克（Crick）提出了 DNA 的双螺旋结构模型，巧妙地解释了遗传的奥秘，并将遗传学的研究从宏观的观察进入到分子水平。

16.5.1 核酸的组成

在酸的作用下，核酸可以完全水解生成磷酸、五碳糖和杂环碱。如果用稀酸、稀碱或某些酶，可控制部分水解生成核苷酸。核苷酸可以进一步水解为核苷和磷酸，而核苷再继续水解则生成五碳糖和杂环碱，如图 16-8 所示。

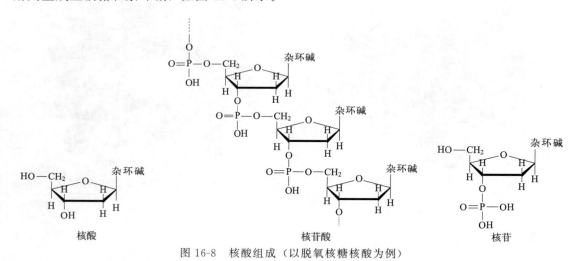

图 16-8 核酸组成（以脱氧核糖核酸为例）

核酸中的五碳糖有两类，即 β-D-核糖和 β-D-2-脱氧核糖：

β-D-核糖   β-D-2-脱氧核糖

由 β-D-2-核糖构成的核酸称为核糖核酸（ribonucleic acid，RNA），由 β-D-2-脱氧核糖构成的核酸称为脱氧核糖核酸（deoxyribonucleic acid，DNA）。约 90% 的 RNA 在细胞质中，而在细胞核内的含量约占 10%，它直接参与体内蛋白质的合成。DNA 主要存在于细胞核和线粒体内，它是生物遗传的主要物质基础，承担体内遗传信息的储存和发布。

核苷酸水解得到的杂环碱分为嘌呤衍生物和嘧啶衍生物两种。其中嘌呤衍生物通常为腺嘌呤和鸟嘌呤，嘧啶衍生物通常为尿嘧啶、胞嘧啶和胸腺嘧啶三种。结构如下：

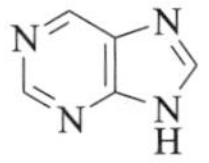

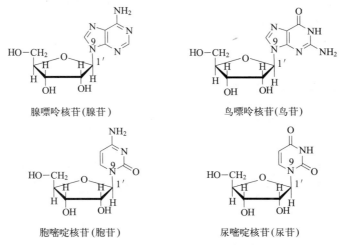

| 嘌呤 | 腺嘌呤 (A) | 鸟嘌呤 (G) |

| 嘧啶 | 胞嘧啶 (C) | 尿嘧啶 (U) | 胸腺嘧啶 (T) |

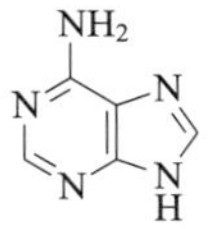

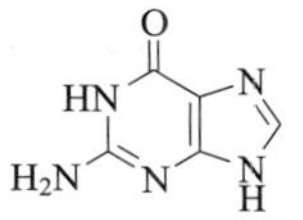

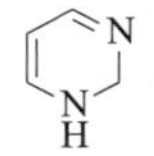

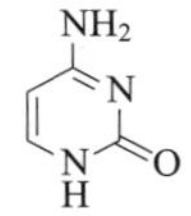

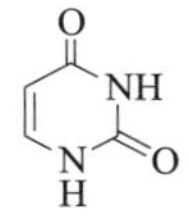

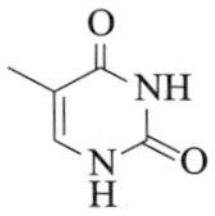

核糖核酸和脱氧核糖核酸在杂环碱的组成上也有一定区别。RNA 中杂环碱包括腺嘌呤、鸟嘌呤、尿嘧啶和胞嘧啶，而 DNA 中杂环碱包括鸟嘌呤、腺嘌呤、胞嘧啶和胸腺嘧啶。

核苷 （nucleoside） 是由五碳糖 C_1 上的 β-半缩醛羟基与嘌呤碱 9 位或嘧啶碱 1 位氮原子上的氢原子脱水缩合而成的氮苷。在核苷的结构式中，五碳糖上的碳原子的编号总是以带撇数字表示，以区别于碱基上原子的编号。

核苷命名时，如果是核糖，词尾用"苷"字，前面加上碱基名称即可，如腺嘌呤核苷，简称腺苷。如果是脱氧核糖，则在核苷前加上"脱氧"二字，如胞嘧啶脱氧核苷，简称为脱氧胞苷。

氮苷与氧苷一样对碱稳定，但在强酸溶液中可发生水解，生成相应的碱基和五碳糖。

RNA 中常见的 4 种核苷的结构式及名称如下：

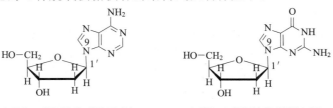

腺嘌呤核苷(腺苷)　　　　　　鸟嘌呤核苷(鸟苷)

胞嘧啶核苷(胞苷)　　　　　　尿嘧啶核苷(尿苷)

在 DNA 中常见的 4 种脱氧核糖核苷的结构式及名称如下：

腺嘌呤-2-脱氧核苷 (脱氧腺苷)　　　　鸟嘌呤-2-脱氧核苷 (脱氧鸟苷)

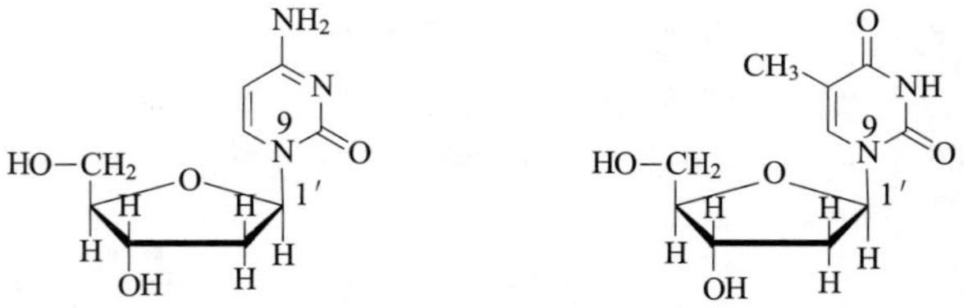

胞嘧啶-2-脱氧核苷(脱氧胞苷)　　　　胸腺嘧啶-2-脱氧核苷(脱氧胸苷)

核苷酸（nucleotide）是核苷分子中的核糖或脱氧核糖的 $3'$ 或 $5'$ 位的羟基与磷酸所生成的酯。生物体内大多数为 $5'$ 核苷酸。组成 RNA 的核苷酸有腺苷酸、鸟苷酸、胞苷酸和尿苷酸，组成 DNA 的核苷酸有脱氧腺苷酸、脱氧鸟苷酸、脱氧胞苷酸和脱氧胸苷酸。

腺苷酸和脱氧胞苷酸结构如下：

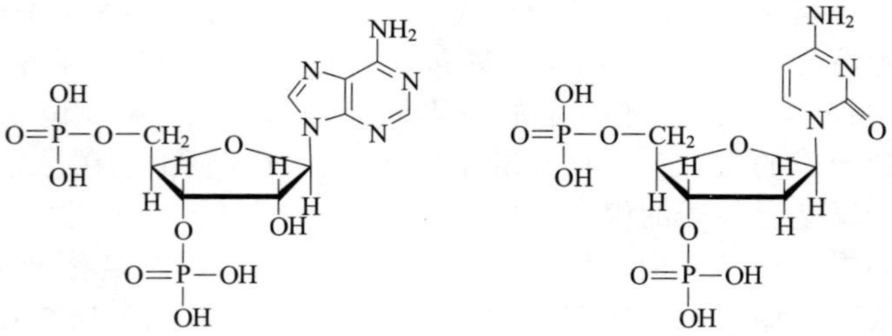

腺苷酸　　　　　　　　　　脱氧胞苷酸

核苷酸的命名要包括糖基和碱基的名称，同时要标出磷酸连在五碳糖上的位置。例如：腺苷酸又叫腺苷-5′-磷酸（adenosine-5′-phosphate）或腺苷一磷酸（adenosine monophosphate AMP）。如昊糖基为脱氧核糖，则要在核苷酸前加"脱氧"二字。例如：脱氧胞苷酸又叫脱氧胞苷-5′-磷酸或脱氧胞苷一磷酸（deoxycytidine monophosphate DCMP）等。

16.5.2　核酸的结构与生物功能

核酸分子中各种核苷酸排列的顺序即为核酸的一级结构，又称为核苷酸序列。由于核苷酸间的差别主要是碱基不同，又称为碱基序列。在核酸分子中，各核苷酸间是通过 $3'$、$5'$-磷酸二酯键来连接的。即一个核苷酸的 $3'$—羟基与另一个核苷酸 $5'$—磷酸基形成的磷酯键，这样一直延续下去，形成没有支链的核酸大分子。核酸的一级结构决定了核酸的基本性质。

关于核酸的二级结构，1953 年沃森和克里克根据前人研究的 X 射线和化学分析结果，提出了著名的 DNA 分子的双螺旋（doublehelix）结构模型。根据这一模型设想的 DNA 分子由两条核苷酸链组成。它们沿着一个共同轴心以反平行走向盘旋成右手双螺旋结构，如图 16-9 所示，在这种双螺旋结构中，亲水的脱氧五碳糖基和磷酸基位于双螺旋的外侧，而碱基朝向内侧。一条链的碱基与另一条链的碱基通过氢键结合成对，如图 16-10 所示。碱基对的平面与螺旋结构的中心轴垂直。这种结构像一个盘旋的梯子：梯子的外边，是两条由五碳糖（脱氧核糖）和磷酸基交替排列而成的多核苷酸主链，两条链之间填入相互配对的碱基，这样就形成了梯子的横档，并且把两条链拉在一起。

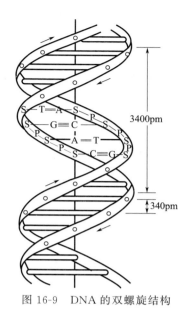

图 16-9　DNA 的双螺旋结构

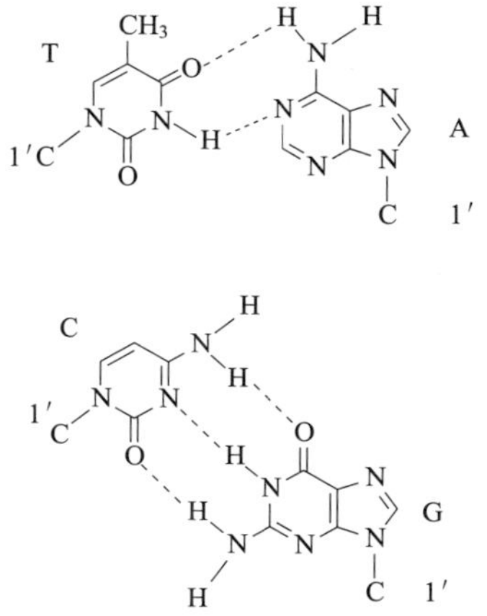

图 16-10　配对碱基间氢键示意图

配对碱基始终是腺嘌呤（A）与胸腺嘧啶（T）配对，形成两个氢键，鸟嘌呤（G）与胞嘧啶（C）配对，形成三个氢键，这种碱基对称为互补碱基。可见两条链间碱基的配对是不能随意的，必须是由一个嘌呤环与一个嘧啶环配对，遵循碱基互补的原则，这是因为如此配对成氢键时空间因素符合要求所致。

在双螺旋结构中，双螺旋直径为 2nm，相邻两个碱基对平面间距离为 0.34nm，每 10 对碱基组成一个螺旋周期，因此双螺旋的螺距为 3.4nm。碱基间的疏水作用可导致碱基堆积，这种堆积力维系着双螺旋的纵向稳定，而维系双螺旋横向稳定的因素是碱基对间的氢键。

由碱基互补规律可知，当 DNA 分子中一条多核苷酸链的碱基序列确定后，即可推知另一条互补的多核苷酸链的碱基序列。这就决定了 DNA 在控制遗传信息，从母代传到子代的高度保真性。

沿螺旋轴方向观察，碱基对并不充满双螺旋的空间。由于碱基对的方向性，使得碱基对占据的空间是不对称的，因此在双螺旋的外部形成了一个大沟（majorgroove）和一个小沟（minorgroove）。这些沟对 DNA 和蛋白质相互识别是非常重要的。因为只有在沟内才能觉察到碱基的顺序，而在双螺旋结构的表面，是脱氧核糖和磷酸的重复结构，不可能提供信息。

16.5.3　核酸的性质

（1）物理性质

DNA 为白色纤维状固体，RNA 为白色粉末。两者均微溶于水，易溶于稀碱溶液，其钠盐在水中的溶解度比较大。DNA 和 RNA 都不溶于乙醇、乙醚、氯仿等一般有机溶剂，而易溶于 2-甲氧基乙醇中。

核酸分子中存在嘌呤和嘧啶的共轭结构，所以它们在波长 260nm 左右有较强的紫外吸收，这常用于核酸、核苷酸、核苷及碱基的定量分析。

核酸溶液的黏度比较大，DNA 的黏度比 RNA 更大，这是 DNA 分子的不对称性引起的。

（2）核酸的酸碱性

核酸分子中既含磷酸基，又含嘌呤和嘧啶碱，所以它是两性化合物，但酸性大于碱性。它能与金属离子成盐，又能与一些碱性化合物生成复合物。例如：它能与链霉素结合而从溶液中析出沉淀。它还能与一些染料结合，这在组织化学研究中，可用来帮助观察细胞内核酸成分的各种细微结构。

核酸在不同的 pH 值溶液中带有不同电荷，因此它可像蛋白质一样，在电场中产生电泳现象，迁移的方向和速率与核酸分子的电荷量、分子的大小和分子的形状有关。

习　题

1. 解释下列名词。

（1）结合蛋白　　（2）RNA　　（3）α-螺旋　　（4）等电点　　（5）盐析　　（6）酶的性质

2. 命名下列氨基酸和短肽。

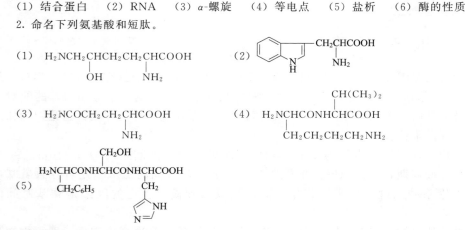

（1）$H_2NCH_2CHCH_2CH_2CHCOOH$ （下标 OH 和 NH_2）

（2）

（3）$H_2NCOCH_2CH_2CHCOOH$ （下标 NH_2）

（4）

（5）

3. 写出下列化合物的结构式。

（1）苏氨酰-丙氨酸　　　　　　　（2）甘氨酰-谷氨酰-赖氨酸

（3）天冬氨酰-脯氨酰-苯丙氨酸　　（4）丝氨酰-组氨酰-亮氨酰-脯氨酰-酪氨酸

4. 用两性离子的形式写出下列氨基酸的结构。

（1）Arg　　　（2）Trp　　　（3）Glu　　　（4）His　　　（5）Gly

5. 写出在下列 pH 介质中各氨基酸的主要电荷形式。

（1）丝氨酸在 pH＝10 的溶液中　　（2）谷酰胺在 pH＝3 的溶液中

（3）精氨酸在 pH＝3 的溶液中　　　（4）异亮氨酸在 pH＝12 的溶液中

6. 将精氨酸、酪氨酸、谷氨酸和甘氨酸混合物在 pH＝6 时进行电泳，哪些氨基酸留在原点？哪些向正极泳动？哪些向负极泳动？

7. 写出下列氨基酸的费歇尔投影式，并用 R/S 标记法标记它们的构型。

（1）L-亮氨酸　　　（2）L-赖氨酸　　　（3）L-脯氨酸　　　（4）D-组氨酸

8. 指出下列氨基酸水溶液的酸碱性。

（1）脯氨酸　　（2）谷氨酸　　（3）组氨酸　　（4）Trp　　（5）亮氨酸

9. 完成下列反应。

（1）$CH_3CHCHCH_2COOH \xrightarrow{\triangle}$ （上标 CH_3，下标 NH_2）

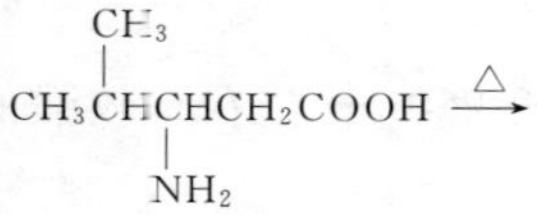

(2)

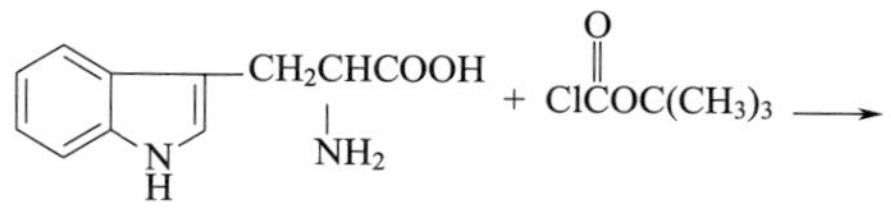

$$\underset{\underset{H}{\big|}N}{\text{（吲哚基）}}-CH_2\underset{\underset{NH_2}{\big|}}{C}HCOOH + ClCOC(CH_3)_3 \longrightarrow$$

(3)

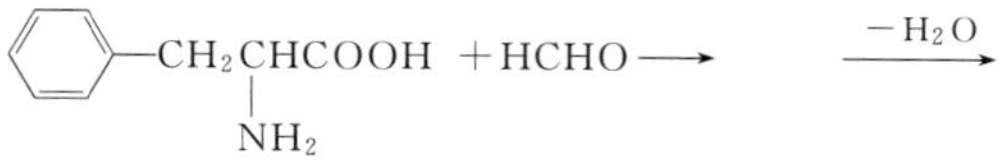

$$\text{（苯基）}-CH_2\underset{\underset{NH_2}{\big|}}{C}HCOOH + HCHO \longrightarrow \xrightarrow{-H_2O}$$

(4)

$$CH_3SCH_2CH_2\underset{\underset{NH_2}{\big|}}{C}HCOOH + O_2N\text{（二硝基苯）}F \longrightarrow$$

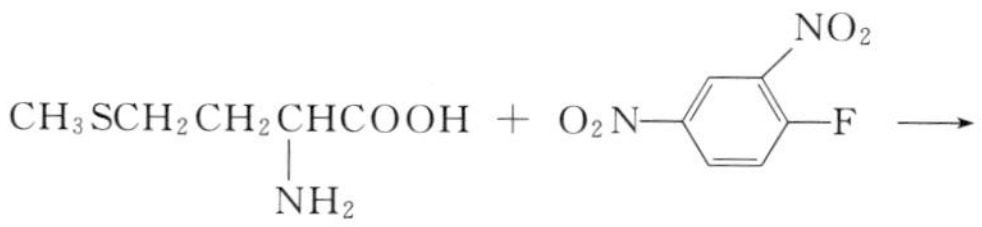

10. DNA 和 RNA 在结构上主要有什么区别？

11. 用化学方法区别下列各对化合物。

(1) 甘氨酸和丙氨酸　　　(2) 酪氨酸、色氨酸和赖氨酸　　　(3) 甘丙肽和谷胱甘肽

12. 某化合物 A 的分子式为 $C_5H_9O_4N$，具有旋光性。与碳酸氢钠作用放出二氧化碳，与亚硝酸作用产生氮气，并转变成化合物 B($C_5H_8O_5$)，B 也具旋光性。将 B 氧化得到化合物 C($C_5H_6O_5$)，C 无旋光性，但可与 2,4-二硝基苯肼作用生成黄色沉淀。C 经加热可放出二氧化碳，并生成化合物 D($C_4H_6O_3$)。D 能发生银镜反应，氧化得到产物为 E($C_4H_6O_4$)。1molE 常温下与足量的碳酸氢钠反应可生成 2mol 二氧化碳。试写出 A～E 的结构式。

13. 某三肽完全水解时生成甘氨酸和丙氨酸两种氨基酸，该三肽若用亚硝酸处理后再水解得到 2-羟基乙酸、丙氨酸和甘氨酸。试推测这三肽的可能结构式。

参 考 文 献

[1]   胡宏纹 . 有机化学，第 4 版 . 北京：高等教育出版社，2007.

[2]   张文勤，郑艳，等 . 有机化学，第 5 版 . 北京：高等教育出版社，2014.

[3]   汪秋安 . 高等有机化学，第 3 版 . 北京：化学工业出版社，2015.

[4]   刘湘，汪秋安 . 天然产物化学，第 2 版 . 北京：化学工业出版社，2009.

[5]   朱红军 . 有机化学 . 北京：化学工业出版社，2008.

[6]   梁仁望 . 有机化合物结构分析 . 北京：化学工业出版社，2019.

[7]   贺敏强 . 有机化学 . 北京：科学出版社，2010.

[8]   徐雅琴，尹彦冰 . 有机化学 . 北京：科学出版社，2012.

[9]   傅建熙 . 有机化学，第 4 版 . 北京：高等教育出版社，2018.

[10]   高鸿宾 . 有机化学，第 4 版 . 北京：高等教育出版社，2018.

[11]   邢其毅，徐瑞秋，等 . 基础有机化学，第 4 版 . 北京：北京大学出版社，2016.

[12]   Carey F A. Organic Chemistry, 5th ed. New York：McGraw-Hill Companies，Inc，2003.

[13]   胡跃飞，林国强 . 现代有机反应 . 北京：化学工业出版社，2009.

[14]   ［美］Li I J 著 . 有机人名反应——机理及应用（原书第四版）. 荣国斌译 . 北京：科学出版社，2011.

[15]   林承志 . 化学之路——新编化学发展简史 . 北京：科学出版社，2011.

[16]   汪小兰 . 有机化学，第 5 版 . 北京：高等教育出版社，2017.

[17]   Jonathan C，Nick G，Stuart W. Organic Chemistry，2nd ed. USA：Oxford University Press，2012.

[18]   Leroy G W et al. Organic Chemistry，9th ed. 北京：高等教育出版社，2019.

[19]   中国化学会 . 有机化合物命名原则 . 北京：科学出版社，2017.

[20]   Vollhardt K P C，Schore，N E. Organic Chemistry：Structure and Function. 3rd ed. New York：W H Freeman and Company，1999.

[21]   华乃震，冷阳 . 论除草剂草甘膦和助剂 . 农药，1997（03）：26-28.

[22]   戴立信，陆熙炎，朱光美 . 手性技术的兴起 . 化学通报，1995（06）：15-22.

[23]   Muxika A，Etxabide A et al. Chitosan as a bioactive polymer：Processing，properties and applications. International Journal of Biological Macromolecules，2017（105）：1358-1368.

[24]   薛永强，张蓉 . 现代有机合成方法与技术，第 2 版 . 北京：化学工业出版社，2007.

[25]   朱晓敏，章基凯 . 有机硅材料基础 . 北京：化学工业出版社，2013.

[26]   陈宏博，袁云程 . 有机立体化学，第 2 版 . 大连：大连理工大学出版社，2005.

[27]   赵玉芬，赵国辉，麻远 . 磷与生命化学 . 北京：清华大学出版社，2005.

[28]   孟令芝，龚淑玲，何永炳，等 . 有机波谱分析，第 4 版 . 武汉：武汉大学出版社，2016.

[29]   刘修堂 . 有机及生物化学，第 3 版 . 北京：中国林业大学出版社，2009.

[30]   皮尔·基尔施 . 现代有机氟化学，第 2 版 . 北京：化学工业出版社，2015.

[31]   黄宪 . 新编有机合成化学 . 北京：化学工业出版社，2003.

[32]   魏文德 . 有机化工原料大全，第 2 版 . 北京：化学工业出版社，1999.

[33]   吴海霞 . 精细化学品化学 . 北京：化学工业出版社，2010.

[34]   李兴海 . 基础杂环化学 . 北京：化学工业出版社，2019.

[35]   陈嘉川，谢益民等 . 天然高分子科学 . 北京：化学工业出版社，2008.

[36]   杜灿屏，刘鲁生，张恒，等 .21 世纪有机化学发展战略 . 北京：化学工业出版社，2002.

[37]   赵玉芬，赵国辉 . 元素有机化学 . 北京：清华大学出版社，1998.

[38]   尹莲 . 天然药物化学，第 10 版 . 北京：中国中医药出版社，2017.

[39]   王剑波 . 物理有机化学简明教程 . 北京：北京大学出版社，2013.